U0317470

国家出版基金资助项目

现代数学中的著名定理纵横谈丛书

丛书主编　王梓坤

BERNSTEIN OPERATOR

刘培杰数学工作室　编

内容简介

本书详细介绍了 Bernstein 多项式和 Bézier 曲线及曲面的相关知识. 全书共分 10 章及 5 个附录,读者通过阅读此书可以更全面地了解其相关知识及内容.

本书适合从事高等数学学习和研究的大学师生及数学爱好者参考阅读.

图书在版编目(CIP)数据

Bernstein 算子/刘培杰数学工作室编. —哈尔滨:哈尔滨工业大学出版社,2024.3

(现代数学中的著名定理纵横谈丛书)

ISBN 978－7－5767－0510－2

Ⅰ.①B…　Ⅱ.①刘…　Ⅲ.①伯恩斯坦多项式　Ⅳ.①O174.14

中国国家版本馆 CIP 数据核字(2023)第 013161 号

BERNSTEIN SUANZI

策划编辑　刘培杰　张永芹
责任编辑　张永芹　李　欣
封面设计　孙茵艾
出版发行　哈尔滨工业大学出版社
社　　址　哈尔滨市南岗区复华四道街 10 号　邮编 150006
传　　真　0451－86414749
网　　址　http://hitpress.hit.edu.cn
印　　刷　辽宁新华印务有限公司
开　　本　787 mm×960 mm　1/16　印张 47.5　字数 529 千字
版　　次　2024 年 3 月第 1 版　2024 年 3 月第 1 次印刷
书　　号　ISBN 978－7－5767－0510－2
定　　价　298.00 元

⊙代序

读书的乐趣

你最喜爱什么——书籍.

你经常去哪里——书店.

你最大的乐趣是什么——读书.

这是友人提出的问题和我的回答.真的,我这一辈子算是和书籍,特别是好书结下了不解之缘.有人说,读书要费那么大的劲,又发不了财,读它做什么?我却至今不悔,不仅不悔,反而情趣越来越浓.想当年,我也曾爱打球,也曾爱下棋,对操琴也有兴趣,还登台伴奏过.但后来却都一一断交,"终身不复鼓琴".那原因便是怕花费时间,玩物丧志,误了我的大事——求学.这当然过激了一些.剩下来唯有读书一事,自幼至今,无日少废,谓之书痴也可,谓之书橱也可,管它呢,人各有志,不可相强.我的一生大志,便是教书,而当教师,不多读书是不行的.

读好书是一种乐趣,一种情操;一种向全世界古往今来的伟人和名人求教的方法,一种和他们展开讨论的方式;一封出席各种活动、体验各种生活、结识各种人物的邀请信;一张迈进科学宫殿和未知世界的入场券;一股改造自己、丰富自己的强大力量.书籍是全人类有史以来共同创造的财富,是永不枯竭的智慧的源泉.失意时读书,可以使人重整旗鼓;得意时读书,可以使人头脑清醒;疑难时读书,可以得到解答或启示;年轻人读书,可明奋进之道;年老人读书,能知健神之理.浩浩乎!洋洋乎!如临大海,或波涛汹涌,或清风微拂,取之不尽,用之不竭.吾于读书,无疑义矣,三日不读,则头脑麻木,心摇摇无主.

潜能需要激发

我和书籍结缘,开始于一次非常偶然的机会.大概是八九岁吧,家里穷得揭不开锅,我每天从早到晚都要去田园里帮工.一天,偶然从旧木柜阴湿的角落里,找到一本蜡光纸的小书,自然很破了.屋内光线暗淡,又是黄昏时分,只好拿到大门外去看.封面已经脱落,扉页上写的是《薛仁贵征东》.管它呢,且往下看.第一回的标题已忘记,只是那首开卷诗不知为什么至今仍记忆犹新:

日出遥遥一点红,飘飘四海影无踪.

三岁孩童千两价,保主跨海去征东.

第一句指山东,二、三两句分别点出薛仁贵(雪、人贵).那时识字很少,半看半猜,居然引起了我极大的兴趣,同时也教我认识了许多生字.这是我有生以来独立看的第一本书.尝到甜头以后,我便千方百计去找书,向小朋友借,到亲友家找,居然断断续续看了《薛丁山征西》《彭公案》《二度梅》等,樊梨花便成了我心中的女英雄.我真入迷了.从此,放牛也罢,车水也罢,我总要带一本书,还练出了边走田间小路边读书的本领,读得津津有味,不知人间别有他事.

当我们安静下来回想往事时,往往会发现一些偶然的小事却影响了自己的一生.如果不是找到那本《薛仁贵征东》,我的好学心也许激发不起来.我这一生,也许会走另一条路.人的潜能,好比一座汽油库,星星之火,可以使它雷声隆隆、光照天地;但若少了这粒火星,它便会成为一潭死水,永归沉寂.

抄,总抄得起

好不容易上了中学,做完功课还有点时间,便常光顾图书馆.好书借了实在舍不得还,但买不到也买不起,便下决心动手抄书.抄,总抄得起.我抄过林语堂写的《高级英文法》,抄过英文的《英文典大全》,还抄过《孙子兵法》,这本书实在爱得狠了,竟一口气抄了两份.人们虽知抄书之苦,未知抄书之益,抄完毫末俱见,一览无余,胜读十遍.

始于精于一,返于精于博

关于康有为的教学法,他的弟子梁启超说:"康先生之教,专标专精、涉猎二条,无专精则不能成,无涉猎则不能通也."可见康有为强烈要求学生把专精和广博(即"涉猎")相结合.

在先后次序上,我认为要从精于一开始.首先应集中精力学好专业,并在专业的科研中做出成绩,然后逐步扩大领域,力求多方面的精.年轻时,我曾精读杜布(J. L. Doob)的《随机过程论》,哈尔莫斯(P. R. Halmos)的《测度论》等世界数学名著,使我终身受益.简言之,即"始于精于一,返于精于博".正如中国革命一样,必须先有一块根据地,站稳后再开创几块,最后连成一片.

丰富我文采,澡雪我精神

辛苦了一周,人相当疲劳了,每到星期六,我便到旧书店走走,这已成为生活中的一部分,多年如此.一次,偶然看到一套《纲鉴易知录》,编者之一便是选编《古文观止》的吴楚材.这部书提纲挈领地讲中国历史,上自盘古氏,直到明末,记事简明,文字古雅,又富于故事性,便把这部书从头到尾读了一遍.从此启发了我读史书的兴趣.

我爱读中国的古典小说,例如《三国演义》和《东周列国志》.我常对人说,这两部书简直是世界上政治阴谋诡计大全.即以近年来极时髦的人质问题(伊朗人质、劫机人质等),这些书中早就有了,秦始皇的父亲便是受害者,堪称"人质之父".

《庄子》超尘绝俗,不屑于名利.其中"秋水""解牛"诸篇,诚绝唱也.《论语》束身严谨,勇于面世,"己所不欲,勿施于人",有长者之风.司马迁的《报任少卿书》,读之我心两伤,既伤少卿,又伤司马;我不知道少卿是否收到这封信,希望有人做点研究.我也爱读鲁迅的杂文,果戈理、梅里美的小说.我非常敬重文天祥、秋瑾的人品,常记他们的诗句:"人生自古谁无死,留取丹心照汗青""休言女子非英物,夜夜龙泉壁上鸣".唐诗、宋词、《西厢记》《牡丹亭》,丰富我文采,澡雪我精神,其中精粹,实是人间神品.

读了邓拓的《燕山夜话》,既叹服其广博,也使我动了写《科学发现纵横谈》的心.不料这本小册子竟给我招来了上千封鼓励信.以后人们便写出了许许多多的“纵横谈”.

从学生时代起，我就喜读方法论方面的论著. 我想，做什么事情都要讲究方法，追求效率、效果和效益，方法好能事半而功倍. 我很留心一些著名科学家、文学家写的心得体会和经验. 我曾惊讶为什么巴尔扎克在51年短短的一生中能写出上百本书，并从他的传记中去寻找答案. 文史哲和科学的海洋无边无际，先哲们的明智之光沐浴着人们的心灵，我衷心感谢他们的恩惠.

读书的另一面

以上我谈了读书的好处，现在要回过头来说说事情的另一面.

读书要选择. 世上有各种各样的书：有的不值一看，有的只值看20分钟，有的可看5年，有的可保存一辈子，有的将永远不朽. 即使是不朽的超级名著，由于我们的精力与时间有限，也必须加以选择. 决不要看坏书，对一般书，要学会速读.

读书要多思考. 应该想想，作者说得对吗？完全吗？适合今天的情况吗？从书本中迅速获得效果的好办法是有的放矢地读书，带着问题去读，或偏重某一方面去读. 这时我们的思维处于主动寻找的地位，就像猎人追找猎物一样主动，很快就能找到答案，或者发现书中的问题.

有的书浏览即止，有的要读出声来，有的要心头记住，有的要笔头记录. 对重要的专业书或名著，要勤做笔记，“不动笔墨不读书”. 动脑加动手，手脑并用，既可加深理解，又可避忘备查，特别是自己的灵感，更要及时抓住. 清代章学诚在《文史通义》中说：“札记之功必不可少，如不札记，则无穷妙绪如雨珠落大海矣.”

许多大事业、大作品，都是长期积累和短期突击相结合的产物. 涓涓不息，将成江河；无此涓涓，何来江河？

爱好读书是许多伟人的共同特性，不仅学者专家如此，一些大政治家、大军事家也如此. 曹操、康熙、拿破仑、毛泽东都是手不释卷，嗜书如命的人. 他们的巨大成就与毕生刻苦自学密切相关.

王梓坤

目录

Bernstein 多项式[①]与 Bézier 曲线[②]

第 1 章

§1 引 言

世界著名数学家 Report 曾指出：只有在详尽给出现实世界的一个模型之后，数学才能出场. 数学的每一个应用都依赖于模型，而演绎的价值更多的是作为模型的属性而不是数学自身的属性，无论分析工作做得多么细致，一个基于拙劣证据的决策都可能是很糟糕的.

① 译为"伯恩斯坦多项式". ——编者注

② 译为"贝齐尔曲线". ——编者注

本书以汽车设计中用到的数学模型Bézier曲线的数学基础Bernstein多项式为主题，从各个角度对其进行介绍.这里借用一句歌词“岁月辽阔，咫尺终究是在天涯，剪不断，这无休的牵挂”来形容它.对于像Bernstein多项式与Bézier曲线这样专业的数学名词在中国是少为人知的，一直到20世纪80年代之前，它们还只限于专业数学工作者的小圈子内.中国数学的黄金时代如果说有的话，那么20世纪80年代绝对算得上一个，数学家们以忘我的钻研热情和高昂的拼搏斗志在各自的领域给出了一批国际水准的成果，同时作为科学共同体的一员，他们还没有忘了向全社会普及数学，特别是向青少年普及近代数学的责任和义务.许多著名数学家亲自操刀，写出了一批高质量的数学科普文章和著作.我们发现就其效果似乎是以高深的数学思想为背景命制一些数学竞赛试题更有效.

1986年全国高中数学联赛第二试的试题1为：

试题1 已知实数列 $a_0, a_1, a_2, \cdots$，满足

$$a_{i-1}+a_{i+1}=2a_i,\ i=1,2,3,\cdots$$

求证：对于任何自然数 n

$$\begin{aligned}P(x)=&a_0\mathrm{C}_n^0(1-x)^n+a_1\mathrm{C}_n^1x(1-x)^{n-1}+\\&a_2\mathrm{C}_n^2x^2(1-x)^{n-2}+\cdots+\\&a_{n-1}\mathrm{C}_n^{n-1}x^{n-1}(1-x)+a_n\mathrm{C}_n^nx^n\end{aligned}$$

是 x 的一次多项式或常数.［注：原题条件限制 $\{a_i\}$ 不为常数列，证明中只要证 $P(x)$ 为一次函数，是此题的一个特例.］

证明 在 $a_0=a_1=\cdots=a_n$ 时，有

$$\begin{aligned}P(x)=&a_0[\mathrm{C}_n^0(1-x)^n+\\&\mathrm{C}_n^1(1-x)^{n-1}x+\cdots+\mathrm{C}_n^nx^n]=\end{aligned}$$

$$a_0[(1-x)+x]^n=a_0$$

为常数. 对于一般情况,由已知 $a_k=a_0+kd$,d 为常数,$k=0,1,2,\cdots,n$,且因为

$$\begin{aligned}
&C_n^0(1-x)^n+1\cdot C_n^1(1-x)^{n-1}x+\cdots+\\
&kC_n^k(1-x)^{n-k}x^k+\cdots+nC_n^nx^n=\\
&nC_{n-1}^0(1-x)^{n-1}x+\cdots+\\
&nC_{n-1}^{k-1}(1-x)^{n-k}x^k+\cdots+nC_{n-1}^{n-1}x^n=\\
&nx[C_{n-1}^0(1-x)^{n-1}+\\
&C_{n-1}^1(1-x)^{n-2}x+\cdots+C_{n-1}^{n-1}x^{n-1}]=\\
&nx[(1-x)+x]^{n-1}=nx
\end{aligned}$$

所以

$$\begin{aligned}
P(x)=\ &a_0[C_n^0(1-x)^n+C_n^1(1-x)^{n-1}x+\cdots+C_n^nx^n]+\\
&d[0\cdot C_n^0(1-x)^n+\cdots+kC_n^k(1-x)^{n-k}x^k+\cdots+\\
&nC_n^nx^n]=a_0+ndx
\end{aligned}$$

为一次多项式.

这是一道背景深刻的好题,它以函数构造论中的 Bernstein 多项式及计算几何中的 Bézier 曲线为背景.

§2　同时代的两位 Bernstein

在数学史上几乎同一时期有两位同名不同国籍但同样著名的数学家 Bernstein. 一位是德国的 Bernstein Felix(1878—1956),此人生于德国的哈勒市,卒于瑞士的苏黎世市,他师从著名数学家 Cantor, Hilbert 和 Klein.

早在 1897 年,Bernstein 就首先证明了集合的等价定理:如果集合 A 与集合 B 的一个子集等价,集合 B

也和集合 A 的一个子集等价，那么集合 A 与集合 B 等价. 这是集合论的基本定理，由此可以建立基数概念. 他对数论、拉普拉斯变换、凸函数和等周问题也有贡献.

不过本节我们要介绍的是另一位 Bernstein，他就是苏联数学家 Bernstein Sergeĭ Natanovič(1880—1968)，1899 年毕业于法国巴黎大学，1901 年毕业于法国多科工艺学院(许多法国著名数学家均出于此校)，1929 年成为乌克兰科学院院士，对著名的列宁格勒数学学派影响很大.

Bernstein 的工作大体可分为三部分：

1. 函数逼近论方面，Bernstein 是当之无愧的开创者，引进了许多以他名字命名的重要概念，如本节要介绍的 Bernstein 多项式、导数的 Bernstein 不等式，并开辟了许多新的研究方向，如多项式逼近、确定单连通域上多项式逼近的准确近似度等.

2. 在微分方程领域，Bernstein 证明和涉足了著名的 Hilbert 问题的第 19 问题和第 20 问题，创造了一种求解二阶偏微分方程边值问题的新方法(Bernstein 方法).

3. 在概率论方面，他最早提出(1917 年)并发展了概率论的公理化结构，建立了关于独立随机变量之和的中心极限定理，研究了非均匀的 Markov 链. 另外，他与 Levy,Paul Pierre(1886—1971) 在研究一维 Brown 扩散运动时，曾最先尝试用概率方式研究所给随机微分方程，并将它推广到多维扩散过程. 今天随机微分方程已成为研究金融的重要工具，许多获诺贝尔经济奖的工作都与此有关.

他的这些工作都被收集在苏联科学院于 1952 年、1959 年、1960 年、1964 年出版的他的 4 卷论文集中.

由于他做出的巨大贡献与成就，Bernstein 于 1911 年获比利时科学院奖，1920 年获法国科学院奖，1962 年获苏联国家奖.

现在以 Bernstein 命名的多项式是指：

设 $f(x)$ 为定义于闭区间$[0,1]$上的函数，称多项式

$$B_n(f(x),x)=\sum_{k=0}^{n} f\left(\frac{k}{n}\right) \mathrm{C}_n^k x^k (1-x)^{n-k}$$

为函数 $f(x)$ 的 Bernstein 多项式，有时也简记为 $B_n(f,x)$ 或 $B_n(x)$.

§3　推广到 m 阶等差数列

试题 2　对于一次多项式(一阶等差数列的通项公式为一次)，当 $n \geqslant 1$ 时，它的 Bernstein 多项式 $B_n(f(x),x)$ 的次数为一次(而非 n 次).

一个自然会想到的问题是：可否将这一结论推广到 m 次多项式(m 阶等差数列的通项公式为 m 次)，即下述定理是否成立：

定理 1　若函数 $f(x)$ 是一个 m 次多项式，则当 $n \geqslant m$ 时，它的 Bernstein 多项式 $B_n(f(x),x)$ 的次数为 m 次(而非 n 次).

证明　显然，只需证明当 $f(x)=x^m$ 时定理成立即可，也就是要证明

$$\sum_{k=0}^{n} k^m \mathrm{C}_n^k x^k (1-x)^{n-k}$$

当 $n \geqslant m$ 时为一个 m 次多项式.

若把恒等式

$$\sum_{k=0}^{n} \mathrm{C}_n^k z^k = (1+z)^n$$

逐步微分 m 次且每次都乘上 z，则左边成为

$$\sum_{k=0}^{n} k^m \mathrm{C}_n^k z^k$$

右边可得到一个可以被$(1+z)^{n-m}$ 除尽的n 次多项式.

这可以对 m 用归纳法来验证，即有

$$\sum_{k=0}^{n} k^m \mathrm{C}_n^k z^k = (1+z)^{n-m} P_m(z) \tag{1}$$

令 $z=\frac{x}{1-x}$，并乘上$(1-x)^n$，则式(1) 可变为

$$\sum_{k=0}^{n} k^m \mathrm{C}_n^k x^k (1-x)^{n-k} = (1-x)^m P_m\left(\frac{x}{1-x}\right)$$

亦即为一个 m 次多项式.

利用定理 1 可得到一个很有用的结论：

对于一切实数 x，都有$\lim\limits_{n\to\infty} B_n(x^m, x) = x^m$.

而这一结果可以直接推出一个重要定理，即 Kantorovich 在 1931 年得到的一条定理：

若 $f(x)$ 为整函数，则它的 Bernstein 多项式 $B_n(f(x), x)$ 在整个数轴上都收敛于 $f(x)$.

§4　另一个推广

原石家庄师专的王玉怀先生将试题 1 做了另一个推广：

定理 2　已知实数列 $a_0, a_1, a_2, \cdots$，满足

$$a_{i-1}+a_{i+1}=2a_i, i=1,2,3,\cdots$$

求证:对于任何自然数 n 有

$$P(x)=a_0^2C_n^0(1-x)^n+a_1^2C_n^1x(1-x)^{n-1}+a_2^2C_n^2x^2(1-x)^{n-2}+\cdots+a_{n-1}^2C_n^{n-1}x^{n-1}(1-x)+a_n^2C_n^nx^n$$

是 x 的次数不超过 2 的多项式.

证明　设

$$P(x)=Ax^2+Bx+C$$

用 $x=0$ 代入,得

$$C=P(0)=a_0^2C_n^0=a_0^2$$

再用 $x=1$ 代入,得

$$A+B+C=P(1)=a_n^2$$

即

$$A+B+a_0^2=a_n^2$$

或

$$A+B=a_n^2-a_0^2$$

由题设条件 $a_0,a_1,a_2,\cdots$ 为等差数列,因此

$$a_n=a_0+n(a_1-a_0), n=0,1,2,\cdots$$

所以

$$A+B=[a_0+n(a_1-a_0)]^2-a_0^2$$

整理,得

$$A+B=n^2(a_1-a_0)^2+2n(a_1-a_0)a_0 \qquad (2)$$

又

$$P'(x)=2Ax+B$$

$$P'(x)=na_0^2C_n^0(1-x)^{n-1}(-1)+a_1^2C_n^1(1-x)^{n-1}+(n-1)a_1^2C_n^1x(1-x)^{n-2}(-1)+\cdots+(n-1)a_{n-1}^2C_n^{n-1}x^{n-2}(1-x)+(-1)a_{n-1}^2C_n^{n-1}x^{n-1}+na_n^2C_n^nx^{n-1}$$

于是,有

$$B=P'(0)=n(a_1^2-a_0^2)$$

代入式(2),得

$$A=(n^2-n)(a_1-a_0)^2$$

现在,需要证明

$$P(x)=(n^2-n)(a_1-a_0)^2x^2+n(a_1^2-a_0^2)x+a_0^2 \tag{3}$$

下面用归纳法来证明:

当 $n=1$ 时,有

$$\begin{aligned}P(x)=&a_0^2\mathrm{C}_1^0(1-x)+a_1^2\mathrm{C}_1^1x=\\&a_0^2-a_0^2x+a_1^2x=\\&(a_1^2-a_0^2)x+a_0^2\end{aligned}$$

因此,当 $n=1$ 时,式(3)成立.

设公式对于 n 成立,进而证明对 $n+1$ 也成立. 这时

$$P(x)=\sum_{i=0}^{n+1}a_i^2\mathrm{C}_{n+1}^ix^i(1-x)^{n+1-i}$$

利用公式 $\mathrm{C}_{n+1}^i=\mathrm{C}_n^{i-1}+\mathrm{C}_n^i$,做如下推导

$$\begin{aligned}P(x)=&\sum_{i=0}^{n+1}a_i^2[\mathrm{C}_n^i+\mathrm{C}_n^{i-1}]x^i(1-x)^{n+1-i}=\\&\sum_{i=0}^{n}a_i^2\mathrm{C}_n^ix^i(1-x)^{n+1-i}+\\&\sum_{i=1}^{n+1}a_i^2\mathrm{C}_n^{i-1}x^i(1-x)^{n+1-i}=\\&(1-x)\sum_{i=0}^{n}a_i^2\mathrm{C}_n^ix^i(1-x)^{n-i}+\\&x\sum_{i=1}^{n+1}a_i^2\mathrm{C}_n^{i-1}x^{i-1}(1-x)^{n-(i-1)}\end{aligned}$$

在最后一个和式中,用 i 来代替 $i-1$,得

$$P(x)=(1-x)\sum_{i=0}^{n}a_i^2C_n^ix^i(1-x)^{n-i}+$$
$$x\sum_{i=0}^{n}a_{i+1}^2C_n^ix^i(1-x)^{n-i} \tag{4}$$

注意到

$$a_{i+1}=a_i+(a_1-a_0)$$

于是,有

$$\sum_{i=0}^{n}a_{i+1}^2C_n^ix^i(1-x)^{n-i}=\sum_{i=0}^{n}[a_i+(a_1-a_0)]^2C_n^ix^i(1-x)^{n-i}=$$
$$\sum_{i=0}^{n}a_i^2C_n^ix^i(1-x)^{n-i}+$$
$$2(a_1-a_0)\cdot$$
$$\sum_{i=0}^{n}a_iC_n^ix^i(1-x)^{n-i}+$$
$$(a_1-a_0)^2\sum_{i=0}^{n}C_n^ix^i(1-x)^{n-i}$$

由试题 2 知道

$$\sum_{i=0}^{n}a_iC_n^ix^i(1-x)^{n-i}=P(x)=a_0+n(a_1-a_0)x$$

$$2(a_1-a_0)\sum_{i=0}^{n}a_iC_n^ix^i(1-x)^{n-i}=$$
$$2(a_1-a_0)[a_0+n(a_1-a_0)x]$$

又因为

$$\sum_{i=0}^{n}C_n^ix^i(1-x)^{n-i}=1$$

将它们代入式(4),得

$$P(x)=\sum_{i=0}^{n}a_i^2C_n^ix^i(1-x)^{n-i}+$$
$$2(a_1-a_0)[a_0+n(a_1-a_0)x]x+$$
$$(a_1-a_0)^2x$$

由归纳假设可知

$$
\begin{aligned}
P(x)= &(n^2-n)(a_1-a_0)^2x^2+n(a_1^2-a_0^2)x+a_0^2+\\
&2(a_1-a_0)[a_0+n(a_1-a_0)x]x+(a_1-a_0)^2x=\\
&[(n^2-n)(a_1-a_0)^2+2n(a_1-a_2)^2]x^2+\\
&[n(a_1^2-a_0^2)+2(a_1-a_0)a_0+(a_1-a_0)^2]x+a_0^2=\\
&[(n+1)^2-(n+1)](a_1-a_0)^2x^2+\\
&(n+1)(a_1^2-a_0^2)x+a_0^2
\end{aligned}
$$

这说明,式(3)对于 $n+1$ 也成立.

§5　逼近论中的 Bernstein 定理

Bernstein 多项式的产生是出于函数逼近论的需要.在函数逼近论中一个最基本的问题就是:能不能用结构最简单的函数——多项式去逼近任意的连续函数,而且具有预先给定的精确度?1885 年德国数学家 Karl Weierstrass(1815—1897)对这个问题给了肯定的答案.

这是逼近论中的一个基本定理,有许多不同的证明.苏联著名数学家 И.П.纳汤松推崇的是基于 Bernstein 定理的证明.

Bernstein 证明了:若 $f(x)$ 在闭区间$[0,1]$上连续,则对于 x 一致有$\lim\limits_{n\to\infty} B_n(f(x),x)=f(x)$.

其实对于区间$[0,1]$来说,Bernstein 定理与 Weierstrass 定理是等同的,并且它要优于后者.因为它建立了完全确定的多项式 $B_n(f(x),x)$ 的形式,而后者只确认了近似多项式的存在,并未给出其结构来.

为了使读者有感性认识，我们先做两个小的练习[①]：

问题 1　设 $f(x) \in C[0,1]$，存在常数 m, M，使得

$$m \leqslant f(x) \leqslant M, x \in [0,1]$$

求证：$m \leqslant B_n(x) \leqslant M, x \in [0,1]$.

证　利用 Bernstein 多项式

$$B_n(x) = \sum_{k=0}^{n} \binom{n}{k} f\left(\frac{k}{n}\right) x^k (1-x)^{n-k}$$

注意到 $m \leqslant f\binom{n}{k} \leqslant M, k = 0, 1, \cdots, n$ 和 $\binom{n}{k} x^k (1-x)^{n-k} \geqslant 0, x \in [0,1]$，那么

$$\sum_{k=0}^{n} \binom{n}{k} m x^k (1-x)^{n-k} \leqslant \sum_{k=0}^{n} \binom{n}{k} f\left(\frac{k}{n}\right) x^k (1-x)^{n-k} \leqslant \sum_{k=0}^{n} \binom{n}{k} M x^k (1-x)^{n-k}$$

$$x \in [0,1]$$

即

$$m \sum_{k=0}^{n} \binom{n}{k} x^k (1-x)^{n-k} \leqslant B_n(x) \leqslant M \sum_{k=0}^{n} \binom{n}{k} x^k (1-x)^{n-k}, x \in [0,1]$$

利用 $\sum_{k=0}^{n} \binom{n}{k} x^k (1-x)^{n-k} \equiv 1, x \in [0,1]$ 得

$$m \leqslant B_n(x) \leqslant M, x \in [0,1]$$

---

① 数值分析学习指导. 吴勃英，高广宏编. 北京：高等教育出版社.

问题 2 设函数 $f(x)=\sin x, x\in\left[0,\frac{\pi}{2}\right]$，试求 1 次和 3 次 Bernstein 多项式 $B_1(f,x)$ 和 $B_3(f,x)$.

解 首先利用变换 $x=\frac{\pi}{2}t$，化 $f(x)=\sin x, x\in\left[0,\frac{\pi}{2}\right]$ 为 $g(x)=\sin\frac{\pi}{2}t, t\in[0,1]$.

(1)

$$B_1(g,t)=g(0)(1-t)+g(1)t=t, t\in[0,1]$$

$$B_1(f,x)=\frac{2}{\pi}x, x\in\left[0,\frac{\pi}{2}\right]$$

(2)

$$\begin{aligned}
B_3(f,x)=&\sum_{k=0}^{n}g\left(\frac{k}{3}\right)\binom{3}{k}t^k(1-t)^{3-k}=\\
&g(0)\binom{3}{0}(1-t)^3+g\left(\frac{1}{3}\right)\binom{3}{1}t(1-t)^2+\\
&g\left(\frac{2}{3}\right)\binom{3}{2}t^2(1-t)+g(1)\binom{3}{3}t^3=\\
&\sin\frac{\pi}{6}\cdot 3t(1-t)^2+\\
&\sin\frac{\pi}{3}\cdot 3t^2(1-t)+\sin\frac{\pi}{2}t^3=\\
&\frac{3}{2}t(1-t)^2+\frac{3\sqrt{3}}{2}t^2(1-t)+t^3=\\
&\frac{3}{2}t+\left(\frac{3\sqrt{3}}{2}-3\right)t^2+\left(\frac{5}{2}-\frac{3\sqrt{3}}{2}\right)t^3
\end{aligned}$$

$$B_3(f,x)=\frac{3}{\pi}x+\frac{1}{\pi^2}(6\sqrt{3}-12)x^2+\frac{1}{\pi^3}(20-12\sqrt{3})x^3$$

用多项式去逼近一个函数，如 $f(x)=\frac{1}{1+x^2}, x\in$

$[-5,5]$，在区间$[-5,5]$上采用等距节点作 Lagrange 多项式插值. Runge(一位德国物理学家)发现：如果节点的个数趋向于无穷，那么只有在 $|x|\leqslant 3.63\cdots$ 时，插值多项式序列才趋向于函数 $f(x)$. 在这个范围之外，那个多项式序列竟是发散的！这就是著名的"Runge 现象". 为了避免此类现象的发生，我们应不拘泥于个别点上函数值的相等，而要求从整体上来说两个函数相当接近，这就是逼近理论. 我们特别希望逼近函数在很大程度上继承被逼近函数的几何形态，这才能发展出 Bernstein 定理.

Bernstein 定理的证明可以说是完全初等的，它需要两个引理.

引理 1　对于任何 x，都有

$$\sum_{k=0}^{n}(k-nx)^2\mathrm{C}_n^k(1-x)^{n-k}\leqslant\frac{n}{4}$$

证明　将恒等式

$$\sum_{k=0}^{n}\mathrm{C}_n^k z^k=(z+1)^n \tag{5}$$

两端求导并乘 z，得到

$$\sum_{k=0}^{n}k\mathrm{C}_n^k z^k=nz(z+1)^{n-1} \tag{6}$$

将式(6)两端再求导并乘 z，得到

$$\sum_{k=0}^{n}k^2\mathrm{C}_n^k z^k=nz(nz+1)(z+1)^{n-2} \tag{7}$$

在式(5)(6)(7)中，令 $z=\dfrac{x}{1-x}$，并用$(1-x)^n$乘以式(5)(6)(7)，便得到三个组合恒等式为

$$\sum_{k=0}^{n}\mathrm{C}_n^k x^k(1-x)^{n-k}=1 \tag{8}$$

$$\sum_{k=0}^{n} k\mathrm{C}_n^k x^k (1-x)^{n-k} = nx \tag{9}$$

$$\sum_{k=0}^{n} k^2\mathrm{C}_n^k x^k (1-x)^{n-k} = nx(nx+1-x) \tag{10}$$

用 n^2x^2，$-2nx$，1 分别乘以式(8)(9)(10)，并相加得

$$\sum_{k=0}^{n} (k-nx)^2\mathrm{C}_n^k x^k (1-x)^{n-k} = nx(1-x)$$

再注意到

$$x(1-x) \leqslant \left[\frac{x+(1-x)}{2}\right]^2 = \frac{1}{4}$$

可得 $$\sum_{k=0}^{n} (k-nx)^2\mathrm{C}_n^k (1-x)^{n-k} \leqslant \frac{n}{4}$$

引理 2　设 $x \in [0,1]$，且 δ 是任意正数，用 $\Delta_n(x)$ 表示整数 $0,1,2,\cdots,n$ 中满足不等式

$$\left|\frac{k}{n}-x\right| \geqslant \delta \tag{11}$$

的那些值 k 所成的集合，则

$$\sum_{k\in\Delta_n(x)} \mathrm{C}_n^k x^k (1-x)^{n-k} \leqslant \frac{1}{4n\delta^2}$$

证明　若 $k \in \Delta_n(x)$，由式(11)可得

$$\frac{(k-nx)^2}{n^2\delta^2} \geqslant 1$$

所以

$$\sum_{k\in\Delta_n(x)} \mathrm{C}_n^k x^k (1-x)^{n-k} \leqslant \frac{1}{n^2\delta^2}\sum_{k\in\Delta_n(x)} (k-nx)^2\mathrm{C}_n^k x^k (1-x)^{n-k}$$

如果在不等式右方的和中取遍 $k=0,1,2,\cdots,n$ 以求和，则此和只可能增大. 因为当 $x \in [0,1]$ 时，所有

新添的加数[对应于 0,1,2,…,n 中那些不含在 $\Delta_n(x)$ 中的 k] 都不是负的,于是由引理 1 可知引理 2 成立.

引理 2 的含义,粗略地说便是:当 n 很大时,在和 $\sum_{k=2}^{n} C_n^k x^k (1-x)^{n-k}$ 中起主要作用的只是满足条件

$$\left|\frac{k}{n}-x\right|<\delta$$

的那些 k 值所对应的加数,而其余的项对和的值几乎没有什么贡献.

由此我们不难推断,若 $f(x)$ 连续,则当 n 很大时,它与 Bernstein 多项式 $B_n(f(x),x)$ 相差极微. 由引理 2 的证明中可见,在 $\sum_{k=0}^{n} C_n^k x^k (1-x)^{n-k}$ 中 $\frac{k}{n}$ 远离 x 的那些项,几乎不起什么作用,这对于多项式 $B_n(f(x),x)$ 亦是如此. 由于因子 $f\left(\frac{k}{n}\right)$ 是有界的,所以在多项式 $B_n(f(x),x)$ 中,只有与 $\frac{k}{n}$ 十分靠近的 x 的那些加数才是重要的,可是在这些项中,因子 $f\left(\frac{k}{n}\right)$ 几乎与 $f(x)$ 无异(连续性). 这就意味着,如果用 $f(x)$ 来代替 $f\left(\frac{k}{n}\right)$ 的项,那么多项式 $B_n(f(x),x)$ 几乎没有改变. 换句话说,近似等式

$$B_n(f(x),x) \approx \sum_{k=0}^{n} f(x) C_n^k x^k (1-x)^{n-k} = f(x)\sum_{k=0}^{n} C_n^k x^k (1-x)^{n-k} = f(x)$$

成立,这就是证明 Bernstein 定理的大体思路.

$f(x)$ 在$[0,1]$上连续这一假定是不可缺少的. 考察 Dirichlet 函数

$$D(x)=\begin{cases}1,\text{当 } x \text{ 为有理数时}\\0,\text{当 } x \text{ 为无理数时}\end{cases}$$

容易看出,$B_n(0)=1$ 对 $\forall n\in\mathbf{N}$ 成立. 这说明,若不对函数 f 做一定的限制,则 $B_n(f)$ 与 f 可能毫无关联.

另外,$B_n(f(x),x)$ 也称为 Bernstein 算子,它有多种变形与推广.

G. G. Lorentz 在 1953 年用稍加修饰了的 Bernstein 算子

$$\sum_{v=0}^{n}\binom{n}{v}x^{v}(1-x)^{n-v}(n+1)\int_{\frac{v}{n+1}}^{\frac{v+1}{n+1}}f(t)\mathrm{d}t$$

解决了一系列有趣定理的证明.

1960 年,D. D. Stancu 在两篇文章中将 Bernstein 算子推广到多个变数.

对于区域 $0\leqslant x\leqslant 1,0\leqslant y\leqslant 1$ 中变数 x 与 y 的任何连续实值函数 $f(x,y)$,表示式

$$B_{m,n}(f,x,y)=\sum_{v=0}^{m}\sum_{\mu=0}^{n}\binom{m}{v}\binom{m}{\mu}x^{v}(1-x)^{m-v}y^{\mu}\cdot(1-y)^{n-\mu}f\left(\frac{v}{m},\frac{\mu}{n}\right)$$

叫作 m,n 阶 Bernstein 算子.

值得指出的是,一个变数的 Bernstein 多项式的所有重要性质对 $B_{m,n}(f,x,y)$ 都成立.

D. D. Stancu 还研究了 x 与 y 在三角形区域 $x\geqslant 0,y\geqslant 0,x+y\leqslant 1$ 的情形,并用

$$B_n(f,x,y)=\sum_{v=0}^{n}\sum_{\mu=0}^{n-v}P_n^{v,\mu}(x,y)f\left(\frac{v}{n},\frac{\mu}{n}\right)$$

定义 n 阶 Bernstein 算子. 其中

$$P_n^{v,\mu}(x,y)=\binom{n}{v}\binom{n-v}{\mu}x^v y^\mu(1-x-y)^{n-v-\mu}$$

在 Bernstein 算子逼近的研究中，还有更一般的递推公式：

设 r 是非负整数，记

$$T_{nr}(x)=\sum_{k=0}^{n}(k-nx)^r P_{nk}(x)$$

其中
$$P_{nk}(x)=\binom{n}{k}x^k(1-x)^{n-k}$$

对于 $T_{nr}(x)$ 我们有以下定理：

定理 3　设 r 是非负整数，$x\in[0,1]$，则有

$$T_{n,r+1}(x)=x(1-x)(T'_{nr}(x)+nrT_{n,r-1}(x))$$

证明　由于对 $x\in[0,1]$，有

$$x(1-x)P'_{nk}(x)=(k-nx)P_{nk}(x)$$

所以

$$\begin{aligned}x(1-x)T'_{nr}(x)=&\sum_{k=0}^{n}[(k-nx)^r x(1-x)P'_{nk}(x)-\\&nr(k-nx)^{r-1}x(1-x)P_{nk}(x)]=\\&\sum_{k=0}^{n}((k-nx)^{r+1}P_{nk}(x)-\\&nrx(1-x)(k-nx)^{r-1}P_{nk}(x))=\\&T_{n,r+1}(x)-nrx(1-x)T_{n,r-1}(x)\end{aligned}$$

稍加整理，便可得到定理 3.

n 个有用的特殊值为

$$T_{n0}(x)=1$$

$$T_{n1}(x)=0$$

$$T_{n2}(x)=nx(1-x)$$

$$T_{n3}(x)=n(1-2x)x(1-x)$$

$$T_{n4}(x)=x(1-x)[3n^2x(1-x)-2nx(1-x)+n(1-2x)^2]$$

与之相关的还有如下几个算子列：

(1)Durrmeyer-Bernstein 积分型算子列$\{D_n\}_{n\in\mathbf{N}}$：对于 $f\in C[0,1],n\in\mathbf{N}$,有

$$D_n(f,x)=(n+1)\sum_{k=0}^{n}P_{nk}(x)\int_0^1 f(t)P_{nk}(t)\mathrm{d}t,x\in[0,1]$$

(2)Bernstein-Kantorovich 算子列$\{P_n\}_{n\in\mathbf{N}}$：对于 $f\in C[0,1],n\in\mathbf{N}$,有

$$P_n(f,x)=(B_nE_n)(f,x)=(n+1)\sum_{k=0}^{n}\left(\int_{\frac{k}{n+1}}^{\frac{k+1}{n+1}}f(t)\mathrm{d}t\right)P_{nk}(x)$$

(3)Meyer-Konig-Zeller 算子列$\{M_n\}_{n\in\mathbf{N}}$：对于 $f\in C[0,1],n\in\mathbf{N}$,有

$$M_n(f,x)=\begin{cases}\sum_{k=0}^{n}f\left(\frac{k}{n+k}\right)m_{nk}(x),0\leqslant x<1\\ f(1),x=1\end{cases}$$

其中 $$m_{nk}(x)=\binom{n+k}{k}x^k(1-x)^{n+1}$$

利用这些结果我们还可以编制与试题类似的题目.

§6 数学家的语言——算子

著名数学家 L. Bers 说:“数学的力量是抽象,但是抽象只有在覆盖了大量特例时才是有用的.”

设 $f(x)$ 表示任一实变数或复变数的函数,Δ 为一差分算子,其定义为

$$\Delta f(x)=f(x+1)-f(x)$$
$$\Delta[\Delta^k f(x)]=\Delta^{k+1}f(x)$$

以算子 Δ 作成的多项式

$$p(\Delta)=p_0+p_1\Delta+p_2\Delta^2+\cdots+p_n\Delta^n$$

仍可视为一个算子,属于实数域或复数域,并规定

$$P(\Delta)f(x)=P_0f(x)+P_1\Delta f(x)+P_2\Delta^2 f(x)+\cdots+P_n\Delta^n f(x)$$

几个常用的特殊算子为:

单位算子 I　$If(x)=\Delta^0 f(x)=f(x)$

零算子 0　$0f(x)=0$

$\Delta^k+0=0+\Delta^k=\Delta^k$

移位算子 E　$Ef(x)=f(x+1)$

$E^k=E^{k-1}E$

$E^0=I$

许多著名公式用算子表示和证明都很方便,如:

Newton **定理**　设 $x\in\mathbf{Z}$,且 $0\leqslant x\leqslant n$,则

$$f(x)=f(0)+C_x^1\Delta f(0)+C_x^2\Delta^2 f(0)+\cdots+C_x^n\Delta^n f(0)$$

证明便是几句话就可解决的,即

$$f(x)=E^x f(0)=(I+0)^x f(0)=\left\{\sum_{k=0}^{x}C_x^k\Delta^k\right\}f(0)=\sum_{k=0}^{x}C_x^k\Delta^k f(0)$$

我们再看一个更复杂的结论:

设 $f(x)$ 为一 k 次多项式,则

$$f(x)=f(-1)+C_{x+1}^1\Delta f(-2)+$$

$$C_{x+2}^{2}\Delta^{2}f(-3)+\cdots+$$
$$C_{x+k}^{k}\Delta^{k}f(-k-1)$$

运用算子语言证明也十分简捷，即：

由于等式两端均为 k 次多项式，所以只要对非负整数 n 证明

$$f(n)=\sum_{\gamma=0}^{k}C_{n+\gamma}^{\gamma}\Delta^{\gamma}f(-\gamma-1)$$

即可. 我们注意到

$$\Delta^{n}f(x)=0,\ n=k+1,k+2$$

不难验算

$$(I-E^{-1}\Delta)^{n+1}\left\{\sum_{\gamma=0}^{k}C_{n+\gamma}^{\gamma}(E^{-1}\Delta)^{\gamma}\right\}f(x)=f(x)\Rightarrow$$
$$(I-E^{-1}\Delta)^{-n-1}f(x)=\left\{\sum_{\gamma=0}^{k}C_{n+\gamma}^{\gamma}(E^{-1}\Delta)^{\gamma}\right\}f(x)\Rightarrow$$
$$\sum_{\gamma=0}^{k}C_{n+\gamma}^{\gamma}\Delta^{\gamma}f(-\gamma-1)=E^{-1}\left\{\sum_{\gamma=0}^{k}C_{n+\gamma}^{\gamma}(E^{-1}\Delta)^{\gamma}f(0)\right\}=$$
$$E^{-1}(I-E^{-1}\Delta)^{-n-1}f(0)=E^{-1}E^{n+1}(E-\Delta)^{-n-1}f(0)=$$
$$E^{n}I^{-n-1}f(0)=f(n)$$

既然数学家创造了这样强有力的抽象语言——算子，那么我们能不能用它来解决开始提出的竞赛试题呢？

数列 $\{a_n\}$ 不过是以 n 为自变量的函数 $f(n)$，所以

$$Ea_i=a_{i+1},\Delta=E-I$$
$$\Delta a_i=(E-I)a_i=Ea_i-Ia_i=a_{i+1}-a_i$$

利用 E,I 可以将 $p(x)$ 写为

$$p(x)=\sum_{i=0}^{n}C_n^i x^i(1-x)^{n-i}(E^i a_0)=$$
$$\sum_{i=0}^{n}C_n^i(xE)^i[(1-x)I]^{n-i}a_0=$$

$$(I+\Delta x)^n a_0=$$
$$\sum_{i=0}^{n} C_n^i (\Delta^i a_i)^i=$$
$$[(1-x)I+xE]^n a_0$$

由已知 $\Delta a_i=\Delta a_{i+1}, i=0,1,\cdots$，故

$$\Delta^r a_i=\Delta^r a_{i+1}=0$$

所以

$$\begin{aligned}p(x)=&C_n^0\Delta^0 a_0+C_n^1(\Delta a_0)x=\\&Ia_0+n(\Delta a_0)x=\\&a_0+n(a_1-a_0)x\end{aligned}$$

即 $p(x)$ 为一次函数.

实际上差分算子在数学竞赛中应用非常广泛，有些试题本身就是用算子语言叙述的，如：

试题 3　对任一实数序列 $A=(a_1,a_2,a_3,\cdots)$，定义 ΔA 为序列 $(a_2-a_1,a_3-a_2,a_4-a_3,\cdots)$，它的第 n 项是 $a_{n+1}-a_n$. 假定序列 $\Delta(\Delta A)$ 的所有的项都是 1，且 $a_{19}=a_{92}=0$，试求 a_1.

[第十届(1992 年)美国数学邀请赛题 8]

解　设 ΔA 的首项为 d，则依条件

$$\Delta(\Delta A)=(d,d+1,d+2,\cdots)$$

其中第 n 项是 $d+(n-1)$. 因此，序列 A 可写成

$$(a_1,a_1+d,a_1+d+(d+1),a_1+d+(d+1)+(d+2),\cdots)$$

其中第 n 项是

$$a_n=a_1+(n-1)d+\frac{1}{2}(n-1)(n-2)$$

由此可知，a_n 是 n 的二次多项式，首项系数是 $\frac{1}{2}$，因为 $a_{19}=a_{92}=0$，所以

$$a_n = \frac{1}{2}(n-19)(n-92)$$

从而

$$a_1 = \frac{1}{2}(1-19)(1-92) = 819$$

§7　构造数值积分公式的算子方法

19 世纪的一些数学家们就曾经广泛地应用符号算子的运算法则(特别是微分算子的级数形式运算)去推导求积理论与插值法理论中的许多公式. 今日看来,利用符号算子的形式运算以求得某些数值积分公式的方法,仍具有深刻的启发性. 这种方法的主要价值,在于它能帮助人们去发现若干有用的较简捷的公式. 一言以蔽之,方法的主要意义是在于"发现"而不在于"论证". 当然从数学的理论观点看来,这种方法是有缺陷的,因为一般地它只是给出结果(公式或方程),但却并不能指出结果成立的条件. 例如,用它来导出一些求积公式时,它并不能给出公式中的余项或余项估计,因而无从知道所得公式的有效适用范围. 总而言之,符号算子的方法一般地只能认为是研究数值积分公式的一项补充手段(或辅助工具).

在本节的最后部分,我们将讲述 Люстерник-Диткин 关于构造多重求积分公式的一个方法,这个方法实质上只是利用某种符号算子的运算法则,以简化求积的权系数.

7.1　几个常用的符号算子及其关系式

我们知道,每一个连续函数 $f(x)$ 在正规解析点的邻域内的 Taylor 展开式都可用符号算子表示成紧缩的形式

$$f(x+t)=\sum_{n=0}^{\infty}\frac{t^n}{n!}f^{(n)}(x)=\sum_{n=0}^{\infty}\frac{t^n D^n}{n!}f(x)=\sum_{n=0}^{\infty}\frac{(tD)^n}{n!}f(x)=\mathrm{e}^{tD}f(x)=E^t f(x)=(1+\Delta)^t f(x)$$

此处 D 为微分算子,E 为移位算子,Δ 为差分算子,而它们的原始定义分别为

$$D=\frac{\mathrm{d}}{\mathrm{d}x},Ef(x)=f(x+1),E^t f(x)=f(x+t)$$

$$\Delta f(x)=f(x+1)-f(x)=(E-1)f(x)$$

在有限差分学与插值法等理论中,有时也常常用到所谓逆差算子 ∇ 与均差算子 δ,其定义分别为

$$\nabla f(x)=f(x)-f(x-1)=(1-E^{-1})f(x)$$

$$\delta f(x)=f\left(x+\frac{1}{2}\right)-f\left(x-\frac{1}{2}\right)=(E^{\frac{1}{2}}-E^{-\frac{1}{2}})f(x)$$

以上的某些恒等式表明了各种符号算子之间存在着某些等价关系. 为了简便,不妨把 $f(x)$ 略去,而将它们简记成

$$\mathrm{e}^D=E=1+\Delta \tag{12}$$

$$\Delta=E-1,\nabla=1-E^{-1} \tag{13}$$

$$\delta=E^{\frac{1}{2}}-E^{-\frac{1}{2}}=E^{\frac{1}{2}}\nabla \tag{14}$$

在式(12)(13)中出现的1可以理解为不动算子 I,其作用是 $If(x)=f(x)$. 为了使指数律普遍成立,不妨规定

$$\Delta^0 = E^0 = \nabla^0 = D^0 = I \tag{15}$$

容易验证，以 Δ，E 等为变元（系数属于实数域或复数域）的代数多项式全体恰好构成一个交换环，其中零元素 0 的定义是

$$0f(x) = 0 \tag{16}$$

对一切 $f(x)$ 成立. 既然如此，故在一切算子多项式之间，凡加、减、乘等代数运算皆可畅行无阻，无所顾忌. 事实上，假如算子用以作用的对象 $f(x)$，$g(x)$ 等本身限于多项式或其他初等函数时，则对算子亦可进行除法等运算.

例如 $D^{-1} = \dfrac{1}{D}$ 可以理解为积分算子，而 $(1-\lambda D)^{-1}$ 可以展开为

$$\frac{1}{1-\lambda D} = 1 + \lambda D + \lambda^2 D^2 + \cdots \tag{17}$$

这些都是在常系数线性微分方程算子解法中我们所熟知的内容. 但一般说来，由算子间的除法及幂级数的形式展开等解析运算所导出的各种算子等式，只能看作是探求其他有用公式的简便手段或辅助工具，而不能当作是论证工具. 当我们采用那些算子等式去获得某些在数学分析上可能有意义的公式时，我们仍然需要独立地给予解析论证.

显然从式(12)及式(13)可以导出如下的算子等式

$$D = \ln E = \ln(1+\Delta) = \Delta - \frac{\Delta^2}{2} + \frac{\Delta^3}{3} - \frac{\Delta^4}{4} + \cdots \tag{18}$$

$$\ln E = -\ln(1-\nabla) = \nabla + \frac{\nabla^2}{2} + \frac{\nabla^3}{3} + \frac{\nabla^4}{4} + \cdots \tag{19}$$

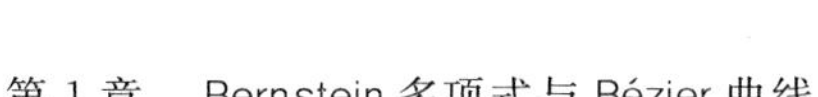

$$E=1+\Delta=(1-\nabla)^{-1}=1+\nabla+\nabla^{2}+\nabla^{3}+\cdots \tag{20}$$

$$-\ln\nabla=E^{-1}+\frac{E^{-2}}{2}+\frac{E^{-3}}{3}+\frac{E^{-4}}{4}+\cdots \tag{21}$$

$$D^{-1}=\frac{1}{\ln E},D^{-k}=\left(\frac{\mathrm{d}}{\mathrm{d}x}\right)^{-k}=\left(\frac{1}{\ln E}\right)^{k} \tag{22}$$

又从式(14) 可以得出

$$\delta^{2}=(E^{\frac{1}{2}}-E^{-\frac{1}{2}})^{2}=E+E^{-1}-2I$$

由此解二次方程

$$E^{2}-(2+\delta^{2})E+I=0$$

我们便得到

$$E=1+\frac{1}{2}\delta^{2}+\delta\sqrt{1+\frac{1}{4}\delta^{2}} \tag{23}$$

作为习题,读者不难自行推导如下的一些恒等式

$$\Delta=\nabla(1-\nabla)^{-1}=\delta\left(1+\frac{1}{4}\delta^{2}\right)^{\frac{1}{2}}+\frac{1}{2}\delta^{2}=\mathrm{e}^{D}-1 \tag{24}$$

$$\nabla=\Delta(1+\Delta)^{-1}=\delta\left(1+\frac{1}{4}\delta^{2}\right)^{\frac{1}{2}}-\frac{1}{2}\delta^{2}=1-\mathrm{e}^{-D} \tag{25}$$

$$\delta=\Delta(1+\Delta)^{-\frac{1}{2}}=\nabla(1-\nabla)^{-\frac{1}{2}}=2\sinh\frac{1}{2}D \tag{26}$$

利用以上的某些算子恒等式,我们能够立即推出一些熟知的插值公式与数值微分公式. 例如,根据式(20) 可以立即得到 Newton 的两个插值公式

$$f(x)=(1+\Delta)^{x}f(0)=\left\{1+\binom{x}{1}\Delta+\binom{x}{2}\Delta^{2}+\cdots\right\}f(0) \tag{27}$$

$$f(x)=(1+\nabla)^{-x}f(0)=$$
$$\left\{1+\binom{x}{1}\nabla+\binom{x+1}{2}\nabla^2+\cdots\right\}f(0)$$
$$(28)$$

根据式(18)及式(19)可立即得到 Gregory-Markoff 的微分公式

$$f'(x)=\Delta-\frac{1}{2}\Delta^2+\frac{1}{3}\Delta^3-\frac{1}{4}\Delta^4+\cdots \quad (29)$$

$$f'(x)=\nabla+\frac{1}{2}\nabla^2+\frac{1}{3}\nabla^3+\frac{1}{4}\nabla^4+\cdots \quad (30)$$

还可以验证,由式(23)的两边取 x 次方再展开为 δ 的幂级数,便能推导出 Stirling 的插值公式来.

7.2 Euler 求和公式的导出

在数值积分理论与级数求和法中,Euler-Maclaurin 公式是一个极有用的工具,这里我们将根据算子运算的观点来推导这个公式.

设 $f(x)$ 是一个无穷可微分函数. 让我们考虑如下的算子 J 与 S,即

$$Jf(0)=\int_0^1 f(x)\mathrm{d}x, Sf(0)=\sum_{i=1}^{n}c_i f(x_i)$$

此处 x_i 为固定的节点,c_i 为权系数,而 $c_1+c_2+\cdots+c_n=1$. 容易看出,算子 J 和 S 可通过算子 D 表现出来. 事实上,由式(12)可知

$$Jf(0)=\int_0^1 \mathrm{e}^{xD}f(0)\mathrm{d}x=\int_0^1 \mathrm{e}^{xD}\mathrm{d}xf(0)=\frac{\mathrm{e}^D-1}{D}f(0)$$

$$Sf(0)=\sum_{i=1}^{n}c_iE^{x_i}f(0)=\sum_{i=0}^{n}c_i\mathrm{e}^{x_iD}f(0)$$

因此,我们有

$$J=\frac{\mathrm{e}^D-1}{D},S=\sum_{i=1}^{n}c_i\mathrm{e}^{x_iD}$$

两者之差为

$$J-S=J(I-J^{-1}S)=J\left(I-\sum_{i=1}^{n}c_i\frac{D\mathrm{e}^{x_iD}}{\mathrm{e}^D-1}\right)\quad(31)$$

我们知道，Bernoulli多项式 $B_k(x)$ 是由如下的展开式（母函数）产生的（或定义的）

$$\frac{t\mathrm{e}^{xt}}{\mathrm{e}^t-1}=\sum_{k=0}^{\infty}B_k(x)\frac{t^k}{k!}$$

因此式(31)可以改写成

$$J-S=J\left[I-\sum_{i=1}^{n}c_i\left(\sum_{k=0}^{\infty}B_k(x_i)\frac{D^k}{k!}\right)\right]=$$

$$-J\left[\sum_{i=1}^{n}c_i\left(\sum_{k=1}^{\infty}B_k(x_i)\frac{D^k}{k!}\right)\right]\quad(32)$$

这时我们用到了简单事实

$$\sum_{i=1}^{n}c_iB_0(x_i)=\sum_{i=1}^{n}c_i=1$$

注意

$$J[D^kf(0)]=\int_0^1D^kf(x)\mathrm{d}x=f^{(k-1)}(1)-f^{(k-1)}(0)$$

由此代入式(32)，我们便得到一般化的Euler-Maclaurin公式

$$\int_0^1f(x)\mathrm{d}x=\sum_{i=1}^{n}c_if(x_i)-\sum_{k=1}^{\infty}\left[\sum_{i=1}^{n}c_i\frac{B_k(x_i)}{k!}\right]\cdot\left[f^{(k-1)}(1)-f^{(k-1)}(0)\right]$$

特别地，当 $n=2$，取 $c_1=c_2=\frac{1}{2}$，$x_1=0$，$x_2=1$ 时，由于 $B_k(0)=(-1)^kB_k(1)$，易见上式可简化成如下熟知的形式

$$\int_0^1 f(x)\mathrm{d}x = \frac{f(0)+f(1)}{2} - \sum_{v=1}^{\infty} \frac{B_{2v}(0)}{(2v)!}\left[f^{(2v-1)}(1) - f^{(2v-1)}(0)\right] \tag{33}$$

其中 $B_{2v}(0)$ 即通常所说的 Bernoulli 数.

7.3 利用符号算子表示的数值积分公式

在本小节中我们将推导几个求积分公式,在推导的过程中遇有逐项积分时,都假定那是行之有效的.(事实上,这在足够强的条件下总是可行的.)

首先,根据式(27)我们立即能得到

$$\int_0^1 f(x)\mathrm{d}x = \int_0^1 \mathrm{e}^{xD} f(0)\mathrm{d}x = \int_0^1 \sum_{v=0}^{\infty} \binom{x}{v} \Delta^v f(0)\mathrm{d}x = \sum_{v=0}^{\infty} \Delta^v f(0) \int_0^1 \binom{x}{v} \mathrm{d}x$$

记

$$A_v = \int_0^1 \binom{x}{v} \mathrm{d}x, v=0,1,2,\cdots \tag{34}$$

则 $A_0 = 1, A_1 = \frac{1}{2}, A_2 = -\frac{1}{12}, A_3 = \frac{1}{24}, \cdots$

于是上述公式可写作

$$\int_0^1 f(x)\mathrm{d}x = f(0) + \frac{1}{2}\Delta f(0) - \frac{1}{12}\Delta^2 f(0) + \frac{1}{24}\Delta^3 f(0) + \cdots \tag{35}$$

同理,对于多元函数 $f(x_1,\cdots,x_n)$ 而言,如引进偏微分算子

$$D_1=\frac{\partial}{\partial x_1},\cdots,D_n=\frac{\partial}{\partial x_n}$$

则根据多元函数的 Taylor 展开式或者反复利用式(31)都容易立即得出

$$e^{x_1D_1+\cdots+x_nD_n}f(0,\cdots,0)=e^{x_1D_1}\cdots e^{x_nD_n}f(0,\cdots,0)=f(x_1,\cdots,x_n)$$

将算子函数全部展开，易得出如下的多重级数(仿上文所述)

$$\sum_{v_i=0}^{\infty}\binom{x_i}{v_i}\Delta_1^{v_1}\cdots\Delta_n^{v_n}f(0,\cdots,0)=f(x_1,\cdots,x_n)$$

其中 $\Delta_k(k=1,\cdots,n)$ 为对变数 x_k 作用的差分算子. 于是将上式代入多重积分的被积函数，再逐项积分，便得到如下的多重求积分公式

$$\int_0^1\cdots\int_0^1 f(x_1,\cdots,x_n)\mathrm{d}x_1\cdots\mathrm{d}x_n=\sum_{v_i=0}^{\infty}A_{v_1}\cdots A_{v_n}\Delta_1^{v_1}\cdots\Delta_n^{v_n}f(0,\cdots,0)\tag{36}$$

§8　将 B_n 也视为算子

其实 $B_n(f(x),x)$ 相当于将一个函数变为多项式的变换，所以也可将 B_n 视为“算子”，即

$$f(x)\xrightarrow{B_n}B_n(f(x),x)$$

为了应用它，我们需要了解这个“算子”有什么特性：

(1)
$$1\xrightarrow{B_n}1$$
$$x\xrightarrow{B_n}x$$

即 1 与 x 在变换 B_n 作用之下不变，仍为自身.

(2)
$$B_n(f,0)=f(0)$$
$$B_n(f,1)=f(1)$$
即在[0,1]上,多项式曲线 $y=B_n(f,x)$ 与代表函数的曲线 $y=f(x)$ 有相同的起点和终点.

(3)B_n 为线性算子,即:

①$B_n(f+g,x)=B_n(f,x)+B_n(g,x)$;

② 当 C 为任一常数时,有
$$B_n(Cf,x)=CB_n(f,x)$$

(4)B_n 是正算子,即对任意 $x\in[0,1]$,则有 $B_n(f,x)\geqslant 0$.

这一性质可推出:若 $f(x)\geqslant g(x)$ 对[0,1]成立,则 $B_n(f,x)\geqslant B_n(g,x)$ 也对[0,1]成立.

以上这几条性质都十分容易验证,但下面这条性质就比较难,我们称之为 B_n 的磨光性.它是 1967 年由两位美国数学家 R. P. Kelisky 和 T. J. Rivlin 证明的.我们先介绍一下迭代的概念:

一般而言,设 $f(x)$ 是定义于集合 M 上,且在 M 中取值的映射——若 M 是数集合,$f(x)$ 就是一个函数.这时,对于 M 中任一个 x,$f(f(x))$,$f(f(f(x)))$ 都是有意义的,记
$$f^0(x)=x$$
$$f^{n+1}(x)=f(f^n(x)),x\in M,n=0,1,2,\cdots$$
则 $f^n(x)$ 对一切非负整数 n 是有意义的,$f^n(x)$ 叫作 $f(x)$ 的 n 次迭代函数,或简称为 f 的 n 次迭代.这里,我们记 $B_n^k(f,x)$ 为 B_n 对 f 的 k 次迭代,即变换 B_n 对函数 $f(x)$ 连续作用 k 次所得的多项式.

R. P. Kelisky 和 T. J. Rivlin 要回答的问题是:

当 $n\in\mathbf{N}$ 固定后,而让迭代次数 k 无止境地增加

时，多项式序列 $B_n^k(f,x)$ 会趋于一个怎样的极限？

他们得到如下结果：

Kelisky-Rivlin 定理　对于给定的 $n\in\mathbf{N}$，以及任何定义于[0,1]上的函数 f，有

$$\lim_{k\to\infty} B_n^k(f,x)=[f(1)-f(0)]x+f(0)$$

为此，我们先证一个引理：

引理 3　$B_n[x(1-x),x]=\left(1-\frac{1}{n}\right)x(1-x)$

利用二项式定理和组合恒等式

$$\frac{k}{n}\mathrm{C}_n^k=\mathrm{C}_{n-1}^{k-1}$$

$$\left(\frac{k}{n}\right)^2\mathrm{C}_n^k=\frac{1}{n}\mathrm{C}_{n-1}^{k-1}+\left(1-\frac{1}{n}\right)\mathrm{C}_{n-2}^{k-2}$$

容易计算得

$$B_n(x,x)=x$$

$$B_n(x^2,x)=\frac{1}{n}x+\left(1-\frac{1}{n}\right)x^2$$

所以

$$\begin{aligned}B_n[x(1-x),x]=&B_n(x-x^2,x)=\\&B_n(x,x)+B_n(-x^2,x)=\\&[\text{根据特性(1)}]\\&B_n(x,x)-B_n(x^2,x)=\\&[\text{根据特性(2)}]\\&x-\left[\frac{1}{n}x+\left(1-\frac{1}{n}\right)x^2\right]=\\&\left(1-\frac{1}{n}\right)x(1-x)\end{aligned}$$

现在我们来证明 Kelisky-Rivlin 定理.

首先对一类特殊函数，即 $f(x)=x^m(m\in\mathbf{N})$ 证明

定理成立，即

$$\lim_{k\to\infty} B_n^k(x^m,x)=x \tag{37}$$

由于 $x\in[0,1]$，所以

$$\begin{aligned}0\leqslant x-x^m=&(x-x^2)+(x^2-x^3)+\cdots+\\&(x^{m-1}-x^m)=\\&(x+x^2+\cdots+x^{m-1})(1-x)\leqslant\\&(x+x+\cdots+x)(1-x)=\\&(m-1)x(1-x)\end{aligned}$$

因为 B_n 是正线性算子，可得

$$\begin{aligned}0\leqslant x-B_n(x^m,x)=&\\&B_n(x,x)-B_n(x^m,x)=\\&B_n(x-x^m,x)\leqslant\\&B_n[(m-1)x(1-x),x]=\\&(m-1)B_n[x(1-x),x]\end{aligned}$$

由引理 3 可得

$$0\leqslant x-B_n(x^m,x)\leqslant(m-1)\left(1-\frac{1}{n}\right)x(1-x)$$

再用 B_n 作用于上式，再一次使用引理 3，得

$$0\leqslant x-B_n^2(x^m,x)\leqslant(m-1)\left(1-\frac{1}{n}\right)^2x(1-x)$$

用 B_n 连续作用 k 次后，则有

$$0\leqslant x-B_n^k(x^m,x)\leqslant(m-1)\left(1-\frac{1}{n}\right)^kx(1-x)$$

注意到，$m-1$ 为常数，$0<1-\dfrac{1}{n}<1$ 亦为常数. 从而当 $k\to\infty$ 时，有 $\left(1-\dfrac{1}{n}\right)^k\to 0$. 故有

$$\lim_{k\to\infty} B_n^k(x^m,x)=x$$

现在我们来证明：对于 f 是定义于 $[0,1]$ 上的任一

函数,定理也成立. 因为 $B_n(f,x)$ 是一个不超过 n 次的多项式,所以可设

$$B_n(f,x)=a_0x^n+a_1x^{n-1}+\cdots+a_{n-1}x+a_n$$

当经过 $k+1$ 次迭代后,有

$$B_n^{k+1}(f,x)=a_0B_n^k(x^n,x)+\cdots+a_{n-1}B_n^k(x,x)+a_n$$

注意到式(37),可得

$$\begin{aligned}\lim_{k\to\infty}B_n^k(f,x)=&\lim_{k\to\infty}a_0B_n^k(x^n,x)+\cdots+\\&\lim_{k\to\infty}a_{n-1}B_n^k(x,x)+\lim_{k\to\infty}a_n=\\&a_0\lim_{k\to\infty}B_n^k(x^n,x)+\cdots+\\&a_{n-1}\lim_{k\to\infty}B_n^k(x,x)+a_n=\\&a_0x+a_1x+\cdots+a_{n-1}x+a_n=\\&(a_0+a_1+\cdots+a_{n-1}+a_n-a_n)x+a_n\end{aligned}$$

由特性(2) 知

$$a_0+a_1+\cdots+a_n=B_n(f,1)=f(1)$$
$$a_n=B_n(f,0)=f(0)$$

所以

$$\lim_{k\to\infty}B_n^k(f,x)=[f(1)-f(0)]x+f(0)$$

这个定理的原始证明用到了高深的数学工具,后经中国科学技术大学的常庚哲教授的改进才得以以现在这样初等的面貌出现. 需要指出的是,这种初等化的证明从某种意义上说更难,更见功力. 当年匈牙利数学家 Erdös 给出了被 Hardy 称为永远不可能初等化的素数定理的初等证明,从而一举成名.

现在,我们回到开始提到的"磨光性",从直观上看,曲线 $y=B_n(f,x)$ 比曲线 $y=f(x)$ 要"光滑"一些,即前者的扭摆次数绝不会多于后者的扭摆次数. 用 B_n 作用于 f 相当于将较"粗糙"的图像"打磨"了一次,如

果反复作用，则在序列

$$f(x), B_n(f,x), B_n^2(f,x), B_n^3(f,x), \cdots$$

中，后一个总比前一个光滑，作为它们的极限，则是一条最光滑的曲线 —— 直线. 注意到，由特性(2) 知，它又必须经过原曲线 $y=f(x)$ 的起点和终点，因此必须取 $[f(1)-f(0)]x+f(0)$.

现在，我们可以彻底回答试题 1 所隐含的全部问题了. 由特性(1) 知，1 与 x 是 B_n 变换之下的不动点；再由特性(3) 知，对任何常数 c 及 d，$cx+d$ 都是 B_n 的不动点，即

$$\begin{aligned} B_n(c+dx, x) = {} & B_n(c,x)+B_n(dx,x)= \\ & cB_n(1,x)+dB_n(x,x)= \\ & c+dx \end{aligned}$$

这就是说，所有一次函数都是 B_n 的不动点. 由试题 1 中所给条件 $a_{i-1}+a_{i+1}=2a_i$，以及该数列不为常数列表明这是一个等差数列，而等差数列的通项公式为一次函数. 注意到它有 $n+1$ 项，所以

$$f(x)=a_0+ndx$$

它是 B_n 作用之下的不动点，故

$$P(x)=B_n(f(x),x)=f(x)=a_0+ndx$$

现在一个自然的问题产生了，是不是 B_n 的不动点只能是一次函数，而不能再有其他函数了呢? Kelisky-Rivlin 定理肯定地告诉了我们：是的，别无选择!

设 B_n 有一个不动点 f，即 $B_n(f,x)=f(x)$. 再用 B_n 作用于 $B_n(f(x),x)$，有 $B_n^2(f,x)=B_n(f,x)=f(x)$. 这样一直进行下去，得 $B_n^k(f,x)=f(x)$ 对一切自然数都成立. 取极限，由 Kelisky-Rivlin 定理知

$$f(x)=\lim_{n\to\infty}B_n^k(f,x)=[f(1)-f(0)]x+f(0)$$

只能是一次函数.

由此可见,试题 1 只是 Bernstein 多项式这座巨大冰山浮出水面的一角.

§9　来自宾夕法尼亚大学女研究生的定理

人们在了解到试题 1 的背景以后,会产生这样的疑问:$a_{i-1}+a_{i+1}=2a_i$ 相当于一个一次函数 $f(n)=an+b$ 在三点处的值,既然 Bernstein 多项式 $B_n(f,x)$ 将 $f(n)=an+b$ 又变为 $f(n)$,并且一次以上多项式经 B_n 作用后,都会发生改变,那么在这一变换中,会不会将 $f(x)$ 原有的一些特性改变了呢? 如单调性、凸凹性等. 我们说这一变换有良好的继承性,并不改变 $f(x)$ 本身的性质. 我们有以下的结论:

(1) 当 $f(x)$ 单调增(减)时,$B_n(f,x)$ 也单调增(减),我们只需考察 $B'_n(f,x)$ 的正负即可

$$B'_n(f,x)=n\sum_{k=0}^{n-1}\left[f\left(\frac{k+1}{n}\right)-f\left(\frac{k}{n}\right)\right]J_k^{n-1}(x)$$

其中

$$J_k^n(x)=C_n^k x^k(1-x)^{n-k},k=0,1,\cdots,n$$

称为 $B_n(f,x)$ 的基函数.

当 $f(x)$ 为单调增函数时

$$f\left(\frac{k+1}{n}\right)-f\left(\frac{k}{n}\right)\geqslant 0\Rightarrow B'_n(f,x)\geqslant 0$$

当 $f(x)$ 为单调减函数时

$$f\left(\frac{k+1}{n}\right)-f\left(\frac{k}{n}\right)\leqslant 0\Rightarrow B'_n(f,x)\leqslant 0$$

(2) 当 $f(x)$ 是凸函数时，$B_n(f,x)$ 也是凸函数.

判断一个函数的凸凹性只需考察其二阶导数的情形. 注意到

$$B''_n(f,x)=n(n-1)\sum_{k=0}^{n-2}\left[f\left(\frac{k+1}{n}\right)-2f\left(\frac{k}{n}\right)+f\left(\frac{k-1}{n}\right)\right]J_k^{n-2}(x)$$

若 $f(x)$ 是凸函数时，由 Jensen 不等式知

$$\frac{1}{2}\left[f\left(\frac{k+1}{n}\right)+f\left(\frac{k-1}{n}\right)\right]\geqslant f\left\{\frac{1}{2}\left[\left(\frac{k+1}{n}\right)+\left(\frac{k-1}{n}\right)\right]\right\}=f\left(\frac{k}{n}\right)$$

故
$$B''_n(f,x)\geqslant 0$$

关于凸性，1954 年美国宾夕法尼亚大学的一位女研究生 Averbach 证明了一个有趣的结论：

若 $f(x)$ 在 $[0,1]$ 上是凸函数，则有 $B_n(f,x)\geqslant B_{n+1}(f,x)$ 对所有 $n\in\mathbf{N}$ 及 $x\in[0,1]$ 成立.

对于这一必须使用高深工具才能得到的结果，中国科学技术大学数学系 1982 级的一位学生陈发来凭借纯熟的初等数学技巧给出了一个证明. 他先证明了一个引理，即所谓：

升阶公式

$$B_n(f,x)=\sum_{k=0}^{n+1}\left[\frac{k}{n+1}f\left(\frac{k-1}{n}\right)+\left(1-\frac{k}{n+1}\right)f\left(\frac{k}{n}\right)\right]J_k^{n+1}(x)$$

其意义是：任一个 n 次 Bernstein 多项式都可看成一个 $n+1$ 次 Bernstein 多项式.

它的证明是容易的,先注意到

$$J_k^n(x)=\left(1-\frac{k}{n+1}\right)J_k^{n+1}(x)+\frac{k+1}{n+1}J_{k+1}^{n+1}(x)$$

于是

$$\begin{aligned}B_n(f,x)=&\sum_{k=0}^{n}f\left(\frac{k}{n}\right)\left[\left(1-\frac{k}{n+1}\right)J_k^{n+1}(x)+\right.\\&\left.\frac{k+1}{n+1}J_{k+1}^{n+1}(x)\right]=\\&\sum_{k=0}^{n+1}\left[\left(1-\frac{k}{n+1}\right)f\left(\frac{k}{n}\right)+\right.\\&\left.\frac{k}{n+1}f\left(\frac{k-1}{n}\right)\right]J_k^{n+1}(x)\end{aligned}$$

当 $k=-1,n=1$ 时,$f\left(\frac{k}{n}\right)=0$.

有了以上的升阶公式,Averbach 的结论(可称 Averbach 定理)即可很容易得证.

由于 $f(x)$ 是$[0,1]$上的凸函数,所以

$$\begin{aligned}f\left(\frac{k}{n+1}\right)=&f\left[\frac{k}{n+1}\left(\frac{k-1}{n}\right)+\left(1-\frac{k}{n+1}\right)\frac{k}{n}\right]\leqslant\\&\frac{k}{n+1}f\left(\frac{k-1}{n}\right)+\left(1-\frac{k}{n+1}\right)f\left(\frac{k}{n}\right)\end{aligned}$$

从而

$$\begin{aligned}B_{n+1}(f,x)=&\sum_{k=0}^{n+1}f\left(\frac{k}{n+1}\right)J_k^{n+1}(x)\leqslant\\&\sum_{k=0}^{n+1}\left[\frac{k}{n+1}f\left(\frac{k-1}{n}\right)+\right.\\&\left.\left(1-\frac{k}{n+1}\right)f\left(\frac{k}{n}\right)\right]J_k^{n+1}(x)=\\&(\text{由升阶公式})B_n(f,x)\end{aligned}$$

由此可见,升阶公式在这里起了关键作用.

作为练习可以证明:以$(1,0,\varepsilon,0,1)$为 Bernstein

系数的四次多项式在[0,1]上为凸的充要条件是$|\varepsilon|\leqslant 1$.

1960年，罗马尼亚数学家L. Kosmak证明了Averbach定理的逆定理，开了逼近论中逆定理证明的先河. 后来，Z. Ziegler、张景中、常庚哲等对此文做出了改进并给出了初等证明，而陈发来则又利用升阶公式对一类函数证明了Averbach定理的逆定理.

俄罗斯数学家E. V. Voronovskaya从另一个角度证明了：如果函数$f(x)$的二阶导数连续，则

$$f(x)-B_n(f,x)=-\frac{x(1-x)}{2n}f''(x)+O\left(\frac{1}{n}\right)$$

S. N. Bernstein证明了：如果函数$f(x)$有更高阶的导数，则可以从偏差$f(x)-B_n(f,x)$的渐近展开式中再分出一些项来. E. M. Wright和E. V. Kontororn研究了解析函数$f(x)$的Bernstein多项式$B_n(f,x)$在区间[0,1]之外的收敛性，Bernstein得到了关于$B_n(f,x)$的收敛区域对[0,1]上的解析函数$f(x)$的奇点分布的依赖性的进一步结果. A. O. Gelfond对函数系$\{x^{\alpha}\lg^k x\}$，$\alpha>0,k\geqslant 0$构造了Bernstein多项式，并把关于Bernstein多项式的收敛性和收敛速度的一些估计推广到这种情况.

在《美国数学月刊》上曾有这样一个征解问题：

设$f\in C[0,1]$，$(B_n f)(x)$表示Bernstein多项式

$$\sum_{k=0}^{n}\mathrm{C}_n^k x^k(1-x)^{n-k}f\left(\frac{k}{n}\right)$$

证明：如果$f\in C^2[0,1]$，那么对$0\leqslant x\leqslant 1,n=1,2,\cdots$成立

$$|(B_n f)(x)-(B_{n+1}f)(x)|\leqslant$$

$$\frac{x(1-x)}{n+1}\left(\frac{1}{3n}\int_0^1 |f'(t)|^2 \mathrm{d}t\right)^{\frac{1}{2}}$$

证明　我们有恒等式

$$(B_n f)(x)-(B_{n+1} f)(x)=$$

$$\frac{x(1-x)}{n(n+1)}\sum_{k=1}^{n} \mathrm{C}_{n-1}^{k-1} x^{k-1}(1-x)^{n-k}\left[f;\frac{k-1}{k},\frac{k}{n+1},\frac{k}{n}\right]$$

其中

$$[f;x_1,x_2,x_3]=\frac{1}{x_3-x_1}\left[\frac{f(x_3)-f(x_2)}{x_3-x_2}-\frac{f(x_2)-f(x_1)}{x_2-x_1}\right]=\int_0^1 H_k(t) f'(t)\mathrm{d}t$$

是 f 的二阶导差，而

$$(x_3-x_1)H_k(t)=\begin{cases}\dfrac{t-x_1}{x_2-x_1}, x_1<t\leqslant x_2\\ \dfrac{x_3-t}{x_3-x_2}, x_2\leqslant t<x_3\end{cases}$$

在其他地方，上式的值为零. 这里还有

$$\int_0^1 H_k^2(t)\mathrm{d}t=\frac{n}{3}$$

这样，从一开始的恒等式和 Cauchy-Schwarz 不等式就可导出所需的绝对值不等式.

§10　计算几何学与调配函数

计算几何学是一门用计算机综合几何形状信息的边缘学科，它与逼近论、计算数学、数控技术、绘图学等学科紧密联系，涉及的领域异常广阔.

在计算几何中，调配函数是一个重要方法. 假定已知若干个点的坐标，它们可以是设计人员给出的，也可以是测量的结果，技术人员面临的任务是从这些已知点的坐标数据得到一条理想的曲线或一张曲面，工程上称这些已知的点为型值点. 从给定的型值点生成曲线，通常是将型值点的坐标各自配上函数.

我们举个最简单的例子：

设有两个已知型值点 $\boldsymbol{p}_0, \boldsymbol{p}_1$（$\boldsymbol{p}_0, \boldsymbol{p}_1$ 表示向量）

$$\boldsymbol{p}_0 = (x_0, y_0, z_0)$$

$$\boldsymbol{p}_1 = (x_1, y_1, z_1)$$

连接 $\boldsymbol{p}_0$ 与 $\boldsymbol{p}_1$ 的直线段可表示为

$$\boldsymbol{p}(t) = (1-t)\boldsymbol{p}_0 + t\boldsymbol{p}_1, t \in [0,1]$$

记

$$1 - t = \varphi_0(t), t = \varphi_1(t)$$

若 t 值给定，则 $\varphi_0(t), \varphi_1(t)$ 表示对型值点 $\boldsymbol{p}_0$ 与 $\boldsymbol{p}_1$ 作加权平均时所用的系数，由于这些系数表现为相应型值点影响的大小，故这类函数我们称之为调配函数.

设 $\boldsymbol{p}_0, \boldsymbol{p}_1, \cdots, \boldsymbol{p}_n$ 为型值点，给每一点配以一个函数，写出如下形式的曲线

$$\boldsymbol{p}(t) = \sum_{i=0}^{n} \boldsymbol{p}_i \varphi_i(t), t \in [0,1]$$

关键的问题是如何选择调配函数 $\varphi_0(t)$, $\varphi_1(t), \cdots, \varphi_n(t)$.

在计算机辅助设计与制造（CAD/CAM）的典型问题中，人们归纳出调配函数生成的一般准则：

（1）当 $\boldsymbol{p}_0 = \boldsymbol{p}_1 = \boldsymbol{p}_2 = \cdots = \boldsymbol{p}_n$ 时，$\boldsymbol{p}(t)$ 应收缩为一点，于是从 $\boldsymbol{p}(t) = \boldsymbol{p}_0 = \sum_{i=0}^{n} \boldsymbol{p}_0 \varphi_i(t) = \boldsymbol{p}_0 \sum_{i=0}^{n} \varphi_i(t)$ 可以

推出 $\sum_{i=0}^{n}\varphi_i(t)=1$.

(2) 曲线 $\boldsymbol{p}(t)$ 落在以型值点为顶点的凸多边形内,且保持型值点的凸性,这时要求函数满足条件

$$\varphi_i(t)\geqslant 0, i=0,1,2,\cdots,n, t\in[0,1]$$

(3) 为了使给定次序的型值点生成的曲线在反方向(即将 $\boldsymbol{p}_i$ 换成 $\boldsymbol{p}_{i-1}$)之下是不变的,要求调配函数满足条件

$$\varphi_i(t)=\varphi_{n-i}(1-t), i=0,1,2,\cdots,n, t\in[0,1]$$

(4) 为了便于计算,调配函数应该有尽量简单的结构,通常取它们为某种多项式、分段多项式或简单的有理函数.

§11　Bézier 曲线与汽车设计

数学家 H. F. Fehr 指出:"数学在 20 世纪已被新的、有力的、令人振奋的思想所主宰. 这些新概念一方面是想象力的有趣创造,另一方面在科学、技术,甚至在所谓人文科学研究中也是有用的."

Bernstein 多项式作为纯数学中的一个理论工具,当它被数学家充分研究之后,发现其具有许多优良的几何性质. 近三十年来,这些性质不仅在理论研究中起到了重要作用,而且在工程实践中也发现了可喜的应用,如在汽车工业中. 法国工程师 P. Bézier 提出了一套利用 Bernstein 多项式的电子计算机设计汽车车身的数学方法.

Bézier 生于 1910 年 9 月 1 日,是法国雷诺汽车公司

的优秀工程师.他从 1933 年起,独立完成一种曲线与曲面的拟合研究,提出了一套自由曲线设计方法,成为该公司第一条工程流水线的数学基础.

设 $\boldsymbol{p}_0,\boldsymbol{p}_1,\cdots,\boldsymbol{p}_n$ 为 $n+1$ 个给定的控制点,它们可以是平面的点,也可以是空间的点,以 Bernstein 多项式的基函数为调配函数作成的曲线

$$B^n(t)=B^n(\boldsymbol{p}_0,\boldsymbol{p}_1,\boldsymbol{p}_2,\cdots,\boldsymbol{p}_n;t)=\sum_{i=0}^{n}\boldsymbol{p}_iB_i^n(t),t\in[0,1]$$

就叫作以 $\boldsymbol{p}_i(i=0,1,2,\cdots,n)$ 为控制点的 n 次 Bézier 曲线,$\boldsymbol{p}_i(i=0,1,2,\cdots,n)$ 叫作 Bézier 点,顺次以直线段连接 $\boldsymbol{p}_0,\boldsymbol{p}_1,\cdots,\boldsymbol{p}_n$ 的折线,不管是否闭合都叫作 Bézier 多边形.[注:这里的 $B_i^n(t)$ 相当于 $J_n^i(t)$.]

在数学中有一个所谓的关于周期点列的 Bézier 拟合问题.

任意给定点列 $\boldsymbol{P}_i\in\mathbf{R}^d,i=0,1,2,\cdots,n$,并依序重复排列,形成无穷的周期点列

$$\boldsymbol{P}_{j+kn}=\boldsymbol{P}_j,j=0,1,2,\cdots,n-1;k=1,2,3,\cdots$$

已证明如下定理:对上述无穷点列作 Bézier 曲线拟合,则对任意 $t\in(0,1)$,以及任意正整数 m,都有

$$\lim_{n\to\infty}B^n(\boldsymbol{P}_m,\boldsymbol{P}_{m+1},\cdots,\boldsymbol{P}_{m+n};t)=\boldsymbol{P}^*$$

其中 $\boldsymbol{P}^*=\frac{1}{n}\sum_{j=0}^{n-1}\boldsymbol{P}_j$.

但 Bézier 最初定义 Bézier 曲线时是用多边形的边向量 $\boldsymbol{a}_i,i=1,2,\cdots,n$,加上首项点向量 $\boldsymbol{a}_0=\boldsymbol{p}_0$ 来定义曲线

$$\boldsymbol{p}(t)=\sum_{i=0}^{n}\boldsymbol{a}_if_i^n(t),t\in[0,1]$$

其中

$$\begin{cases} f_0^n(t)=1 \\ f_i^n(t)=\dfrac{(-t)^i}{(i-1)!}\dfrac{\mathrm{d}^{i-1}}{\mathrm{d}t^{i-1}}\dfrac{(1-t)^n-1}{t}, i=1,2,\cdots,n \end{cases}$$

这个包含了一系列的高阶导数运算的定义令人很费解，日本学者穗坂和黑田满曾评价说："它是从天上掉下来的."

后来经数学家整理，发现它们的理论基础就是 Bernstein 多项式. 不难验证，函数族 $\{f_i^n(x), i=0,1,\cdots,n\}$ 与 Bernstein 多项式的基多项式族 $\{B_i^n(t), i=0,1,2,\cdots,n\}$ 有如下的关系：

(1) $f_i^n(t)=1-\sum\limits_{j=0}^{n-1}B_j^n(t), j=1,2,\cdots,n$;

(2) $f_i^n(t)-f_{i+1}^n(t)=B_i^n(t), i=0,1,\cdots,n$;

(3) $\dfrac{\mathrm{d}}{\mathrm{d}t}(f_i^n(t))=nB_{i-1}^{n-1}(t), i=1,2,\cdots,n.$

利用这三个关系式及边向量与顶点向量的关系，$\boldsymbol{a}_i=\boldsymbol{p}_i-\boldsymbol{p}_{i-1}(i=1,2,\cdots,n)$ 不难看出 Bézier 曲线还可定义为一种远比 Bézier 开始的定义更直观的定义形式

$$B^n(t)=B^n(\boldsymbol{p}_0,\boldsymbol{p}_1,\boldsymbol{p}_2,\cdots,\boldsymbol{p}_n;t)=$$

$$\sum_{i=0}^{n}\boldsymbol{p}_iB_i^n(t), t\in[0,1]$$

容易验证 Bernstein 多项式的基多项式具有如下性质：

(1) 非负性

$$B_i^n(t)>0, t\in[0,1]$$

$$B_i^n(0)=B_i^n(1)=0, i=1,2,\cdots,n-1$$

$$B_0^n(0)=B_n^n(1)=1$$

$$B_0^n(1)=B_n^n(0)=0$$

$$0 < B_0^n(t), \cdots, B_n^n(t) < 1, t \in (0,1)$$

(2) 对称性

$$B_i^n(t) = B_{n-i}^n(1-t), t \in [0,1]$$

(3) 单位分解

$$\sum_{i=0}^{n} B_i^n(t) = 1$$

(4) 递推关系

$$B_i^n(t) = (1-t)B_i^{n-1}(t) + tB_{i-1}^{n-1}(t)$$

由此我们发现 Bernstein 多项式的基多项式满足前面所述准则的大部分. 但是,只有一个所谓的局部性原则不满足,而这可以通过在使用时采用分段拟合技术加以弥补.

正是由于 Bézier 在计算机辅助工程设计与教育上的贡献,1985 年在 SIGGRAPH 大会上他被授予 Coons 奖. 事实上比 Bézier 早些时期,F. de Castelian 在 1959 年就独立地在雪铁龙汽车公司创造了这一方法,并同样应用于 CAD 系统. 只不过由于雷诺汽车公司以 Bézier 方法为基础的自动化生产流水线于 20 世纪 60 年代初实现,并在一些出版物上公开发表出来,所以现在这些方法被命名为 Bézier 方法.

在 CAD/CAM 中大量用到圆锥曲线,而这些可在有理形式下得到精确统一的表示,为了方便软件设计,人们又把多项式 Bézier 曲线推广到有理 Bézier 曲线. 这一转化,只需作变换

$$t(u) = \frac{cu}{1-u+cu}$$

其中,c 为任意实数,且显然 $t(0)=0, t(1)=1$. 这样一来

$$
\begin{aligned}
\boldsymbol{p}(u) = B^n(\boldsymbol{p}_0, \boldsymbol{p}_1, \cdots, \boldsymbol{p}_n; t) = \\
& \sum_{i=0}^{n} \boldsymbol{p}_i B_i^n(t) = \\
& \sum_{i=0}^{n} \boldsymbol{p}_i B_i^n\left(\frac{cu}{1-u+cu}\right) = \\
& \sum_{i=0}^{n} \boldsymbol{p}_i \mathrm{C}_n^i \left(1-\frac{cu}{1-u+cu}\right)^{n-i}\left(\frac{cu}{1-u+cu}\right)^i = \\
& \sum_{i=0}^{n} \boldsymbol{p}_i \mathrm{C}_n^i \left(\frac{1-u}{1-u+cu}\right)^{n-i}\left(\frac{cu}{1-u+cu}\right)^i = \\
& \frac{\sum_{i=0}^{n} \boldsymbol{p}_i \mathrm{C}_n^i (1-u)^{n-i}(cu)^i}{(1-u+cu)^n} = \\
& \frac{\sum_{i=0}^{n} \boldsymbol{p}_i c_i B_i^n(u)}{\sum_{i=0}^{n} c_i B_i^n(u)}
\end{aligned}
$$

这便是权系数为 c_i 的有理形式的 Bézier 曲线. 那么 Bernstein 多项式作为调配函数是如何构造出来的呢? 有多种方法,当然也有 Bernstein 本人出于函数逼近论的考虑构造出来的. 我们再介绍 Friedman 利用原先用于研究随机过程的 URN 模型构造出的 Bernstein 多项式.

假定有一个盒子装有 w 个白球和 b 个黑球,现在从盒中任意取出一个球,并记录其颜色,然后再放回盒中. 如果取出的是白球,则向盒中增添 c_1 个白球和 c_2 个黑球,并记录其颜色;反之,如果取出的是黑球,则向盒内增添 c_1 个黑球和 c_2 个白球(这里 $c_1, c_2 \in \mathbf{N}$).

在前次试验的基础上,再任意取一个球时,仍依原规则,据抽取的球的颜色来决定增添同色球 c_1 个以及

另一色球 c_2 个,这个过程一直进行下去.

设 c_1,c_2 为常数,令 $a_1=\frac{c_1}{w+b},a_2=\frac{c_2}{w+b}$.

t 为第一次试验取出白球的概率,视它为变数.又记 $D_k^N(t)=D_k^N(a_1,a_2,t)$ 为前 N 次试验恰好取出 k 次白球的概率.在前 N 次试验中恰好取出 k 次白球的情况下,第 $N+1$ 次试验取出白球的概率记为

$$S_k^N(t)=S_k^N(a_1,a_2,t)$$

取出黑球的概率记为

$$F_k^N(t)=F_k^N(a_1,a_2,t)$$

显然

$$D_k^N(t)\geqslant 0,\sum_k D_k^N(t)=1,t\in[0,1]$$

这样一来,为了考察在 $N+1$ 次试验取 k 次白球,那么必然在前 N 次试验中或者取 k 次白球,或者取 $k-1$ 次白球,故

$$D_k^{N+1}(t)=S_{k-1}^N(t)D_{k-1}^N(t)+F_k^N(t)D_k^N(t)$$

显然 $$S_k^N(t)=\frac{t+ka_1+(N-k)a_2}{1+N(a_1+a_2)}$$

$$F_k^N(t)=\frac{1-t+(N-k)a_1+ka_2}{1+N(a_1+a_2)}$$

初始条件为

$$D_0^1(t)=1-t,D_1^1(t)=t$$

当 $k>N$ 或 $k<0$ 时,规定

$$D_k^N=S_k^N=F_k^N=0$$

当我们取 $a_1=a_2=0$,即不向盒中增添任何球时,有

$$S_k^N(t)=t,F_k^N(t)=1-t$$

上述递推式可化简为

$$D_k^{N+1}(t)=tD_{k-1}^N(t)+(1-t)D_k^N(t)$$

注意到

$$D_0^1(t)=1-t, D_1^1(t)=t$$

当 $N=2$ 时，有

$$D_2^2(t)=t^2$$

$$D_1^2(t)=2t(1-t)$$

$$D_0^2(t)=(1-t)^2$$

当 $N=3$ 时，有

$$D_3^3(t)=t^3$$

$$D_2^3(t)=3t^2(1-t)$$

$$D_1^3(t)=3t(1-t)^2$$

$$D_0^3(t)=(1-t)^3$$

如此递推下去，不难发现这恰好是 Bernstein 多项式的基函数（基多项式）

$$B_j^n(t)=\mathrm{C}_n^j(1-t)^{n-j}t^j$$

1992 年，Kirov 给出如下定理：假设 $y=f(x)$ 在区间 $[0,1]$ 上具有 r 阶连续导数，对任意给定的正整数 n，定义

$$B_{n,r}(f,x)=\sum_{k=0}^{n}\sum_{i=0}^{r}\frac{1}{i!}f^{(i)}\left(\frac{k}{n}\right)\left(x-\frac{k}{n}\right)^i B_{n,k}(x)$$

其中

$$B_{n,k}(x)=\binom{n}{k}x^k(1-x)^{n-k}$$

$$\binom{n}{k}=\frac{n!}{k!\ (n-k)!}$$

那么，当 $n\to\infty$ 时，在区间 $[0,1]$ 上，多项式序列 $B_{n,r}(f,x)$ 一致收敛于 $f(x)$.

显然，当 $r=0$ 时，$B_{n,r}(f,x)$ 就是通常人们了解的 Bernstein 多项式. 在 Kirov 逼近定理的基础上，可以相应地建立广义 Bézier 方法. 特别对 $r=1$ 的情形，广义 Bézier 方法有助于附加切线条件的曲线拟合问题.

关于 Bézier 曲线可参见《曲线曲面设计技术与显示原理》(方逵等编著，国防科技大学出版社出版) 和《自由曲线曲面造型技术》(朱心雄著，科学出版社出版).

§12 推广到三角域

利用移位算子，我国著名数学家、中国科学技术大学的常庚哲教授将 Bernstein 多项式推广到三角域上，并研究了它的凸性.

在三角形 T 上定义

$$B_n(f,p)=\sum_{i+j+k=n} f_{i,j,k}\,\frac{n!}{i!\;j!\;k!}u^i v^j w^k$$

称为 T 上的 n 次 Bernstein 多项式，其中 (u,v,w) 是点 p 关于三角形 T 的重心坐标.

为了介绍什么是重心坐标，我们先来介绍一下面积坐标. 在计算机辅助几何曲面造型中广泛采用张量积型的曲面表达，但三角曲面片更能适应具有任意拓扑的二维流形，因此三角曲面片日益成为几何造型的重要工具. 表达三角曲面片，采用面积坐标更为方便简洁.

首先回顾一下熟知的实数轴. 在一条直线上取定一点作为原点，规定一个方向为正向，再规定一个长度单位，于是任何实数都与这条直线上的点一一对应，直线上的点所对应的数就是该点的坐标. 实际上，还可以

用另外的坐标来描述直线上的点.

在直线上取定线段 T_1T_2，它的长度为 L. 如果规定直线上线段 P_1P_2（P_1，P_2 分别为始末两点）的长度为正，那么写成 P_2P_1 时，该线段的长度便是负值.

如果点 P 位于 T_1，T_2 之间，记号 $\overline{PT_2}$，$\overline{T_1P}$ 分别表示线段 PT_2，T_1P 的长度，且

$$\frac{\overline{PT_2}}{L}=r,\frac{\overline{T_1P}}{L}=s$$

这里 $r>0,s>0$. 如果 P 位于 T_1T_2 之外，那么按照长度的正负值规定，r 与 s 中有一个为负数. 不管 P 在哪里出现，总有 $r+s=1$. 这样一来，我们将点 P 与 (r,s) 这一对数对应起来，(r,s) 叫作点的“长度”坐标，记为 $P=(r,s)$. 特别地，有 $T_1=(1,0)$，$T_2=(0,1)$.

平面上的“面积”坐标是上述“长度”坐标向平面情形的推广.

取平面上的一个三角形，其顶点为 T_1，T_2，T_3，三角形的面积 $S_{\triangle T_1T_2T_3}=S$. 当三角形的顶点 $T_1\to T_2\to T_3$ 为逆时针方向时，规定 S 的值为正；而顶点次序为顺时针方向时，规定面积为负值. 对平面上的角度，当 $T_1T_2T_3$ 为逆时针次序时，规定 $\angle T_1T_2T_3$ 为正角，否则为负角. 总之，规定面积与角度都有正有负，分别称之为有向面积与有向角.

任意给定平面上的一个点 P，连接 PT_1，PT_2，PT_3 得到三个三角形[图 1(a)(b)]，其有向面积分别记为

$$S_{\triangle PT_2T_3}=S_1,S_{\triangle T_1PT_3}=S_2,S_{\triangle T_1T_2P}=S_3$$

于是给出了三个数

$$u=\frac{S_1}{S},v=\frac{S_2}{S},w=\frac{S_3}{S} \tag{38}$$

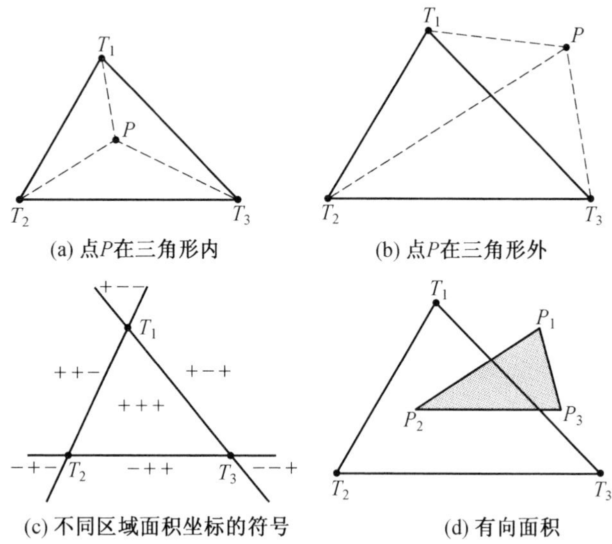

图 1　面积坐标

这时数组(u,v,w)叫作点 P 关于三角形 T 的面积坐标，三角形叫作坐标三角形. 从上面的规定知，u,v,w 可能出现负值(当点 P 位于三角形之外时)，但不论怎样，总有

$$u+v+w=1$$

可见 u,v,w 并非完全独立，任意指定两个值之后，第三个值就确定了. 如果任意给定数组(u,v,w)，且满足 $u+v+w=1$，那么唯一确定了平面上的点 P，于是将这种一一对应的关系记为 $P=(u,v,w)$，容易看出如下事实：

(1) $T_1=(1,0,0)$，$T_2=(0,1,0)$，$T_3=(0,0,1)$.

(2) 记通过 T_2,T_3 的直线为 l_1，通过 T_1,T_3 及 T_1,T_2 的直线分别为 l_2 和 l_3，那么

$$P\in l_1\Leftrightarrow u=0,P\in l_2\Leftrightarrow v=0,P\in l_3\Leftrightarrow w=0$$

(3) 如果点 P 位于坐标三角形的内部，则有 $u>0, v>0, w>0$. 在平面上任给一个点，它位于平面上如图 1(c) 所示的七个区域中的某个区域. 不难看出，在这七个区域中，点 (u,v,w) 的面积坐标的符号呈现图中标出的规律.

如果点 P 的直角坐标为 (x,y)，T_1, T_2, T_3 的直角坐标分别为 (x_1,y_1)，(x_2,y_2)，(x_3,y_3)，则由

$$S=\frac{1}{2}\begin{vmatrix}1&1&1\\x_1&x_2&x_3\\y_1&y_2&y_3\end{vmatrix}, S_1=\frac{1}{2}\begin{vmatrix}1&1&1\\x&x_2&x_3\\y&y_2&y_3\end{vmatrix}$$
$$S_2=\frac{1}{2}\begin{vmatrix}1&1&1\\x_1&x&x_3\\y_1&y&y_3\end{vmatrix}, S_3=\frac{1}{2}\begin{vmatrix}1&1&1\\x_1&x_2&x\\y_1&y_2&y\end{vmatrix} \tag{39}$$

及式(38) 得到用面积坐标表示直角坐标的关系式

$$\begin{pmatrix}1\\x\\y\end{pmatrix}=\begin{pmatrix}1&1&1\\x_1&x_2&x_3\\y_1&y_2&y_3\end{pmatrix}\begin{pmatrix}u\\v\\w\end{pmatrix} \tag{40}$$

设平面上任意给定三个点 $P_i=(u_i,v_i,w_i), i=1,2,3$[图 1(d)]. 利用式(38) 及式(39)，容易得到 $\triangle P_1P_2P_3$ 的有向面积公式

$$S_{\triangle P_1P_2P_3}=S\begin{vmatrix}u_1&u_2&u_3\\v_1&v_2&v_3\\w_1&w_2&w_3\end{vmatrix}$$

特别地，以 $P=(u,v,w)$ 取代 P_3，并令 P 位于通过 P_1，P_2 的直线上，则得两点式的直线方程

$$\begin{vmatrix}u&u_1&u_2\\v&v_1&v_2\\w&w_1&w_2\end{vmatrix}=0$$

有了上面的基本知识之后，我们用面积坐标表达 Bézier 三角曲面片.

首先注意，用数学归纳法容易证明，对任意正整数 n，有如下所谓"三项式"定理，它可认为是熟知的二项式定理的推广

$$(a+b+c)^n=\sum_{i+j+k=n}\frac{n!}{i!\ j!\ k!}a^ib^jc^k$$

设 (u,v,w) 是点 P 关于某坐标三角形的面积坐标，定义

$$b^n_{i,j,k}(P)=\frac{n!}{i!\ j!\ k!}u^iv^jw^k,i+j+k=n$$

由于关于 u,v,w 的任何一个次数不超过 n 的多项式都可以唯一地表示成它们的线性组合，所以称之为面积坐标下的 Bernstein 基函数. 由三项式展开式可知这样的基函数有下列性质

$$b^n_{i,j,k}(P)\geqslant 0,P\in\triangle,i+j+k=n;\ \sum_{i+j+k=n}b^n_{i,j,k}(P)=1$$

将坐标三角形的每条边 n 等分之后，得到自相似的剖分下的 n^2 个全等的子三角形，这些子三角形的顶点有

$$\frac{(n+1)(n+2)}{2}$$

个，子三角形顶点[图 2(a) 中黑圆点所示]的面积坐标为

$$P_{i,j,k}=\left(\frac{i}{n},\frac{j}{n},\frac{k}{n}\right),i+j+k=n$$

对应于 $P_{i,j,k}$ 给定一个数组 $\{Q_{i,j,k},i+j+k=n\}$，那么将它们结合起来得到空间中的点

$$P=(P_{i,j,k},Q_{i,j,k}),i+j+k=n$$

这组点称为控制点[图 2(b) 中空圆点所示]，控制点形成的网称为控制网，其上的 Bézier 三角曲面片为

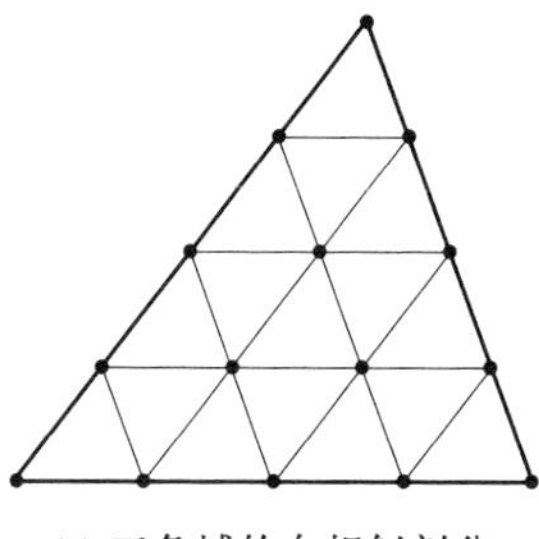

(a) 三角域的自相似剖分

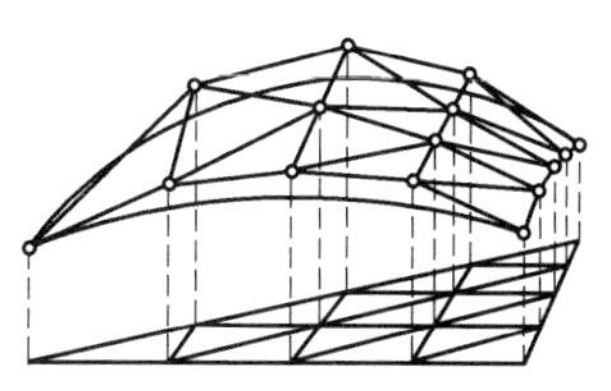

(b) Bézier 三角曲面片

图 2　三角域的自相似剖分及 Bézier 三角曲面片

$$B(P)=\sum_{i+j+k=n} Q_{i,j,k}b^n_{i,j,k}(P)$$

类似单变量的情形，也有相应的升阶公式，也就是说，若

$$B(P)=\sum_{i+j+k=n+1} Q'_{i,j,k}b^{n+1}_{i,j,k}(P)$$

则有

$$Q'_{i,j,k}=\frac{iQ_{i-1,j,k}+jQ_{i,j-1,k}+kQ_{i,j,k-1}}{n+1}, i+j+k=n+1$$

有了面积坐标的基础，我们就可以来介绍什么是重心坐标.

类比平面情形的面积坐标，自然可以得出空间情形的重心坐标. 对三维几何对象，有时采用空间的重心坐标更为方便. 进一步，基于 m 维单纯形的重心坐标无疑有其理论与应用上的重要价值.

在平面面积坐标下，可以引入记号

$$I=(i,j,k),\ |I|=i+j+k$$

及

$$U=(u,v,w),\ |U|=u+v+w$$

记三角形上的 Bézier 曲面片表达式为

$$P_n(U)=\sum_{|I|=n}B_I^n(U)P_I$$

其中 $B_I^n(U)$ 是 n 次 Bernstein 基函数

$$B_I^n(U)=\binom{n}{I}U^I=\frac{n!}{i!\ j!\ k!}u^iv^jw^k,\ |I|=n,\ |U|=1$$

进而注意 n 项式的展开式

$$(x_1+x_2+\cdots+x_m)^n=$$

$$\sum_{n_1+n_2+\cdots+n_m=n}\frac{n!}{n_1!\ n_2!\ \cdots n_m!}x_1^{n_1}x_2^{n_2}\cdots x_m^{n_m}$$

可以一般性地研究 n 维单纯形上的 Bézier 曲面理论.

如果不借助于面积坐标,我们也可以引入重心坐标,不过这时需要引入仿射空间的概念.

这里,重心坐标是这样定义的:首先了解一下仿射空间,对于实数域 $\mathbf{R}$ 上的向量空间 V 与集合 A,在任意的向量 $\boldsymbol{a}\in V$ 与任意的元素 $\boldsymbol{p}\in A$ 之间定义和 $\boldsymbol{p}+\boldsymbol{a}\in A$,设它满足以下条件:

(1)$\boldsymbol{p}+\boldsymbol{0}=\boldsymbol{p}$($\boldsymbol{0}$ 是零向量);

(2)$(\boldsymbol{p}+\boldsymbol{a})+\boldsymbol{b}=\boldsymbol{p}+(\boldsymbol{a}+\boldsymbol{b})(\boldsymbol{a},\boldsymbol{b}\in V)$;

(3)对任意的元素 $\boldsymbol{q}\in A$,存在唯一的向量 $\boldsymbol{a}\in V$,使得 $\boldsymbol{q}=\boldsymbol{p}+\boldsymbol{a}$.

这时,A 称为仿射空间(在中学阶段我们所遇到的都是 n 维仿射空间 E^n). 取有关的 $n+1$ 个点 $\mathbf{A}_0$,$\mathbf{A}_1,\cdots,\mathbf{A}_n$,设从点 $\mathbf{O}$ 到这些点的位置向量分别为 $\boldsymbol{\alpha}_0$,$\boldsymbol{\alpha}_1,\cdots,\boldsymbol{\alpha}_n$. 这时,任意点 $\mathbf{Z}\in E^n$ 可以由使得

$$\mathbf{Z}=\mathbf{O}+\sum_{j=0}^{n}\lambda_j\boldsymbol{\alpha}_j,\ \sum_{j=0}^{n}\lambda_j=1$$

的数组$(\lambda_0,\lambda_1,\cdots,\lambda_n)$表示,称它为 E^n 的重心坐标,它与点 $\mathbf{O}$ 的取法无关.

由于近年来三角域上的 Bernstein 多项式已被广

泛地应用于"计算机辅助几何设计",则

$$B_n(f,p)=\sum_{i+j+k=n}f_{i,j,k}\frac{n!}{i!\ j!\ k!}u^iv^jw^k$$

可以视为一个曲面,令

$$f=\{f_{i,j,k}\mid i+j+k=n\}$$

称为此曲面的 Bézier 坐标集.这是设计人员事先给定并可以调整的一组数据,由于此曲面要用于汽车外形设计,所以需要对这一组数据提出若干易于检验的条件以保证曲面在 T 上是凸的.

1984 年常庚哲教授与他的合作者,美国数学家 P. J. Davis 在 *Approximation Theory* 上发表文章,证明了:如果

$$\Delta_{i,j,k}^{(1)}\triangleq(E_2-E_1)(E_3-E_1)f_{i,j,k}\geqslant 0$$

$$\Delta_{i,j,k}^{(2)}\triangleq(E_3-E_2)(E_1-E_2)f_{i,j,k}\geqslant 0$$

$$\Delta_{i,j,k}^{(3)}\triangleq(E_1-E_3)(E_2-E_3)f_{i,j,k}\geqslant 0$$

这里

$$i+j+k=n-2$$

而 E_1,E_2,E_3 是移位算子

$$E_1f_{i,j,k}=f_{i+1,j,k}$$

$$E_2f_{i,j,k}=f_{i,j+1,k}$$

$$E_3f_{i,j,k}=f_{i,j,k+1}$$

这里

$$i+j+k=n-1$$

那么,$B_n(f,p)$ 在 T 上是凸的.后来在《自然杂志》(7 卷 10 期)上,人们又将其改进为:如果 f 适合条件

$$\Delta_{i,j,k}^{(2)}+\Delta_{i,j,k}^{(3)}\geqslant 0$$

$$\Delta_{i,j,k}^{(3)}+\Delta_{i,j,k}^{(1)}\geqslant 0$$

$$\Delta_{i,j,k}^{(1)}+\Delta_{i,j,k}^{(2)}\geqslant 0$$

$$\Delta_{i,j,k}^{(2)}\Delta_{i,j,k}^{(3)}+\Delta_{i,j,k}^{(3)}\Delta_{i,j,k}^{(1)}+\Delta_{i,j,k}^{(1)}\Delta_{i,j,k}^{(2)}\geqslant 0$$

其中 $i+j+k=n-2$，那么 $B_n(f,p)$ 在 T 上是凸的.

可惜的是对于二维情况，Averbach 定理仍然成立，但其逆定理就不成立了.

设 T 是平面上任给的一个三角形，三个顶点分别为

$$T_1(x_1,y_1),T_2(x_2,y_2),T_3(x_3,y_3)$$

$(x_i,y_i)(i=1,2,3)$ 为直角坐标. 对平面上任意点 $p(x,y)$，存在唯一的数组 (u,v,w)，使得 $p=uT_1+vT_2+wT_3$[或写成 $(x,y)=(ux_1+vx_2+wx_3,uy_1+vy_2+wy_3)$]，其中，$0\leqslant u,v,w\leqslant 1,u+v+w=1$.

$p(u,v,w)$ 称为 p 的面积坐标. 设 $F(x,y)$ 是 T 上的任一函数，定义

$$f(u,v,w)=F(x_1u+x_2v+x_3w,y_1u+y_2v+y_3w)$$

$f(x,y)$ 的 Bernstein 多项式定义为

$$B_n(f,p)=\sum_{i+j+k=n}f\left(\frac{i}{n},\frac{j}{n},\frac{k}{n}\right)J_{i,j,k}^{n}(p)$$

其中，$J_{i,j,k}^{n}(p)=\dfrac{n!}{i!\ j!\ k!}u^iv^jw^k,0\leqslant u,v,w\leqslant 1,u+v+w=1$.

比如取 T 为这样的三角形，其三个顶点分别为 $T_1(0,0),T_2(1,0),T_3(0,1)$，定义

$$F(x,y)=x^2+8xy+8y^2$$

则按定义易得

$$B_n(f,p)=\left(1-\frac{1}{n}\right)(u^2+8uv+8v^2)+\frac{1}{n}(u+8v)$$

容易证明，当 $0\leqslant u,v,u+v\leqslant 1$ 时，有

$$B_n-B_{n-1}=\frac{1}{n(n+1)}(u+8v-u^2-8uv-8v^2)\geqslant 0$$

但是 $F(p)$ 并不是凸的！

我们可以直接按凸函数定义去验证它是否满足

$$F\left(\frac{p_1+p_2}{2}\right)\leqslant\frac{F(p_1)+F(p_2)}{2}$$

取两点$(1,0)$，$\left(0,\frac{1}{2}\right)$，计算可知

$$F(1,0)+F\left(0,\frac{1}{2}\right)=3<\frac{7}{2}=2F\left(\frac{1}{2},\frac{1}{4}\right)$$

最近人们进一步研究发现，Bernstein 多项式还与组合数学的重要对象幻方有关. 在计算几何学中，有人发现以幻方为控制网数据矩阵而生成的 Bézier-Bernstein 曲面具有单向积分不变的特性，而这一特性是其他熟知的逼近方式所不具备的.

设有方阵 $\boldsymbol{F}=(f_{ij})$，$i,j=0,1,\cdots,n$，满足条件：

(1) $\sum\limits_{i}f_{ij}=\sum\limits_{j}f_{ij}=\delta_{n+1}$（常数与 n 无关）；

(2) $\sum\limits_{i=j}f_{ij}=\sum\limits_{i+j=n+1}f_{ij}=\delta_{n+1}$.

则称 $\boldsymbol{F}$ 为 $n+1$ 阶幻方. 如果 $\boldsymbol{F}$ 的元素为前$(n+1)^2$ 个自然数，则

$$C_n=\frac{n(n^2+1)}{2}$$

记$[0,1]\times[0,1]$上的曲面

$$B(u,v)=\sum_{i=0}^{n}\sum_{j=0}^{n}f_{ij}B_i^n(u)B_j^n(v),u,v\in[0,1]$$

其中

$$B_i^n(t)=\binom{n}{i}(1-t)^{n-i}t^i,i=0,1,\cdots,n$$

f_{ij} 为幻方 $\boldsymbol{F}$ 的元素，我们称 $B(u,v)$ 为幻曲面.

类似于幻方的结构对称性，Bézier-Bernstein 算子

也有类似的性质

$$\int_0^1 B(u,v)\mathrm{d}u = c, \forall v \in [0,1]$$

$$\int_0^1 B(u,v)\mathrm{d}v = c, \forall u \in [0,1]$$

§13 Bernstein 多项式的多元推广

考虑 k 维方体

$$S_k = \{(x_1,\cdots,x_k) \in \mathbf{R}^k \mid 0 \leqslant x_i \leqslant 1, i = 1,\cdots,k\}$$

对于给定的 k 元实值连续函数 $f(x_1,\cdots,x_k) \in C(S_k)$，构造 k 元乘积型 Bernstein 多项式

$$B^f_{n_1,\cdots,n_k}(x_1,\cdots,x_k) = \sum_{v_1=0}^{n_1}\cdots\sum_{v_k=0}^{n_k} f\left(\frac{v_1}{n_1},\cdots,\frac{v_k}{n_k}\right)\cdot p_{n_1,v_1}(x_1)\cdots p_{n_k,v_k}(x_k)$$

可以证明在 S_k 上一致地有

$$\lim_{n_i\to\infty} B^f_{n_1,\cdots,n_k}(x_1,\cdots,x_k) = f(x_1,\cdots,x_k), i=1,\cdots,k$$

与此相对应地，还可考虑 k 维单纯形上的 Bernstein 多项式，定义

$$\Delta_k = \{(x_1,\cdots,x_k) \in \mathbf{R}^k \mid x_1+\cdots+x_k \leqslant 1, x_i \geqslant 0, i=1,\cdots,k\}$$

函数 $f(x_1,\cdots,x_k) \in C(\Delta_k)$ 的 Bernstein 多项式定义为

$$\overline{B}^f_n(x_1,\cdots,x_k) = \sum_{\substack{v_1,\cdots,v_k\geqslant 0\\ v_1+\cdots+v_k\leqslant n}} f\left(\frac{v_1}{n},\cdots,\frac{v_k}{n}\right)\cdot p_{n,v_1,\cdots,v_k}(x_1,\cdots,x_k)$$

式中

$$p_{n,v_1,\cdots,v_k}(x_1,\cdots,x_k)=\binom{n}{v_1,\cdots,v_k}x_1^{v_1}\cdots x_k^{v_k}\cdot$$

$$(1-x_1-\cdots-x_k)^{n-v_1-\cdots-v_k}\binom{n}{v_1,\cdots,v_k}=$$

$$\frac{n!}{v_1!\ v_2!\ \cdots\ v_k!\ (n-v_1-\cdots-v_k)!}$$

对此我们有如下定理：

定理 4　若 $f(x_1,\cdots,x_k)\in C(\Delta_k)$，则在 Δ_k 上一致地有

$$\lim_{n\to\infty}\overline{B}^f(x_1,\cdots,x_k)=f(x_1,\cdots,x_k)$$

由此可见，算子是数学家语言中的重要词汇，犹如文学家使用成语一样，试想一下如果一篇文章中全是大白话，没有一个成语，那将会多么冗长、乏味啊！

Bernstein 多项式和保形逼近[①]

第2章

在一类实际问题里，要求被拟合的曲线具有某种几何特征，例如，有单调或凸的性质. 在本章里我们将看到，Bernstein 多项式有很好的几何性质，当 $f(x)$ 在 $[a,b]$ 上是单调增（或凸）函数时，其相应的 Bernstein 多项式 $B_n(f,x)$ 在 $[a,b]$ 上也具有单调增（或凸）的性质. 正因为如此，Davis 曾猜测，对于个别点的逼近精度要求不高，但整体逼近要求高的那一类实际逼近问题，Bernstein 多项式或许会找到它的应用. 近几年来，Bernstein 多项式果真在自由

① 黄友谦. 曲线曲面的数值表示和逼近. 上海：上海科学技术出版社，1984.

外形设计中开始找到了它的应用，出现了 Bézier 曲线等. 但它有一个严重缺点，就是收敛速度太慢. 1977 年 Passow 和 Roulier 等人将这一工作推进了一步，利用 Bernstein 多项式构造了保单调（凸）的插值函数. 他们将样条函数的思想同 Bernstein 多项式巧妙地结合起来，做出了有意义的工作. 本章将侧重介绍 Bernstein 多项式在保形逼近问题中的应用.

§1　Bernstein 多项式的性质

我们先引进凸函数概念：

定义 1　假定 $f(x)$ 定义在$[a,b]$上，如果连接曲线上任意两点 A,B 的直线段都在曲线段$\overset{\frown}{AB}$ 的上（下）面，则称 $f(x)$ 是$[a,b]$上的下凸（上凸）函数. 今后我们将下凸函数简称为凸函数(Convex functions)，参见图 1.

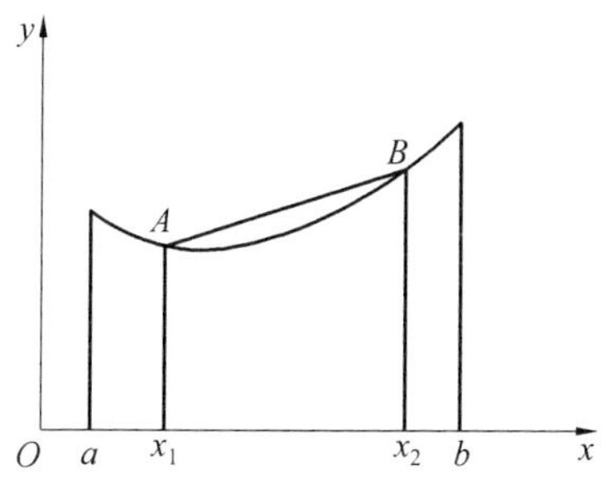

图 1

显然，函数 $y=x^2$ 在任意$[a,b]$上都是凸函数.

记 $p_1(f,x)$ 是函数 $f(x)$ 关于任意节点 x_1,x_2 的

一次插值函数，于是 $f(x)$ 是凸函数等价于下式

$$f(x)-p_1(f,x)\leqslant 0,a\leqslant x_1\leqslant x\leqslant x_2\leqslant b \quad (1)$$

成立. 注意到，$\frac{1}{2}(f(x_1)+f(x_2))$ 是梯形 Ax_1x_2B(图1) 的中线长度. 因而，如果 $f(x)$ 是凸函数，则必有

$$f\left(\frac{x_1+x_2}{2}\right)\leqslant\frac{1}{2}(f(x_1)+f(x_2))$$

从而有下述引理：

引理 1 假定 $f(x)$ 是$[a,b]$上的凸函数，如果

$$a\leqslant x_0<x_0+h<x_0+2h\leqslant b$$

那么，下式

$$\Delta^2 f(x_0)=f(x_0+2h)-2f(x_0+h)+f(x_0)\geqslant 0 \quad (2)$$

成立.

引理 2 假定$f''(x)$ 在(a,b) 上存在，那么 $f(x)$ 是$[a,b]$上的凸函数的充要条件是

$$f''(x)\geqslant 0,a<x<b$$

证明 由插值余项表达式可知，对于 $x_1\leqslant x\leqslant x_2$，恒有

$$f(x)-p_1(f,x)=\frac{1}{2}(x-x_1)(x-x_2)f''(\xi)$$

$$x_1<\xi<x_2$$

假定在(a,b) 上 $f''(x)\geqslant 0$，则由于

$$(x-x_1)(x-x_2)\leqslant 0,x_1\leqslant x\leqslant x_2$$

推得

$$f(x)-p_1(f,x)\leqslant 0,x_1\leqslant x\leqslant x_2$$

从而 $f(x)$ 是凸函数.

下面，应用反证法完成定理必要性的证明. 假如 $f(x)$ 是凸函数，而对于(a,b) 中某个 x，有

$$f''(x)=k<0$$

由二阶导数定义，恒有

$$\lim_{h\to 0^+}\frac{f'(x+h)-f'(x-h)}{2h}=k$$

因此 $k<0$，故存在充分小的正数 h_1，使对于 $0<h<h_1$，有

$$x-h,x+h\in(a,b)$$

且

$$\frac{f'(x+h)-f'(x-h)}{2h}=k_1<0$$

于是

$$\int_0^{h_1}[f'(x+h)-f'(x-h)]\mathrm{d}h<\int_0^{h_1}2k_1\cdot h\mathrm{d}h=k_1h_1^2$$

注意，上式左端的积分等于

$$f(x+h_1)-2f(x)+f(x-h_1)$$

因而

$$f(x+h_1)-2f(x)+f(x-h_1)<0$$

而这与式(2)矛盾.引理证毕.

Bernstein 多项式与保凸逼近有着紧密的联系.

定义 2　假定 $f(x)$ 在 $[a,b]$ 上有定义，称

$$B_n(f,x)=\frac{1}{(b-a)^n}\sum_{m=0}^{n}f(a+mh)\cdot\binom{n}{m}(x-a)^m(b-x)^{n-m}\tag{3}$$

为函数 $f(x)$ 在 $[a,b]$ 上的 n 次 Bernstein 多项式.这里

$$h=\frac{b-a}{n}$$

$$\binom{n}{m}=\frac{n!}{m!\ (n-m)!}$$

容易验明,下列关系式

$$B_n(f(a),x)=f(a)$$

$$B_n(f(b),x)=f(b)$$

$$B_n(1,x)\equiv\frac{1}{(b-a)^n}(x-a+b-x)^n=1$$

$$B_n(x,x)\equiv\frac{1}{(b-a)^n}\sum_{m=0}^{n}\left(a+\frac{m(b-a)}{n}\right)\cdot\binom{n}{m}(x-a)^m(b-x)^{n-m}\equiv$$

$$a+\frac{x-a}{(b-a)^{n-1}}\cdot\sum_{m=1}^{n}\binom{n-1}{m-1}\cdot(x-a)^{m-1}(b-x)^{n-1-(m-1)}\equiv$$

$$a+x-a\equiv x$$

成立.所以,Bernstein 多项式具有保值的几何性质,即线性函数的 Bernstein 多项式仍是它自己.

为了进一步研究 Bernstein 多项式 $B_n(f,x)$ 的几何性质,先来导出 $B_n(f,x)$ 的求导公式.为了强调差分算子的步长为 h,记

$$\Delta_h f(x)=f(x+h)-f(x)$$

我们有下述引理:

引理 3 对于 $B_n(f,x)$ 的 p 阶导数,有

$$B_n^{(p)}(f,x)=\frac{n!}{(n-p)!\ (b-a)^n}\sum_{t=0}^{n-p}\Delta_h^p f(a+th)\cdot\binom{n-p}{t}(x-a)^t(b-x)^{n-p-t}\tag{4}$$

成立.其中 Δ_h^p 表示步长为 h 的 p 阶向前差分算符.

证明 注意 Leibniz 公式

$$(u(x)v(x))^{(p)}=\sum_{j=0}^{p}\binom{p}{j}u^{(j)}(x)v^{(p-j)}(x)$$

由式(3)有

$$B_n^{(p)}(f,x)=\frac{1}{(b-a)^n}\sum_{m=0}^{n}f(a+mh)\binom{n}{m}\cdot\sum_{j=0}^{p}\binom{p}{j}[(x-a)^m]^{(j)}\cdot[(b-x)^{n-m}]^{(p-j)}$$

注 1　$$(x^k)^{(j)}=\frac{k!\ x^{k-j}}{(k-j)!},k-j\geqslant 0$$

$$[(b-x)^{n-m}]^{(p-j)}=(-1)^{p-j}(n-m)!\cdot\frac{(b-x)^{n-m-p+j}}{(n-m-p+j)!}$$

$$n-m-p+j\geqslant 0$$

便有

$$B_n^{(p)}(f,x)=\frac{1}{(b-a)^n}\sum_{m=0}^{n}\sum_{j=0}^{p}(-1)^{p-j}\cdot\frac{n!}{(n-m-p+j)!\ (m-j)!}\cdot\binom{p}{j}(x-a)^{m-j}\cdot(b-x)^{n-m-p+j}\cdot f(a+mh)$$

令 $m-j=t$,则上式可写成

$$B_n^{(p)}(f,x)=\frac{n!}{(b-a)^n}\sum_{t=0}^{n-p}\frac{(x-a)^t(b-x)^{n-p-t}}{t!\ (n-p-t)!}\cdot\sum_{j=0}^{p}(-1)^{p-j}\binom{p}{j}\cdot f(a+th+jh)=\frac{n!}{(n-p)!\ (b-a)^n}\sum_{t=0}^{n-p}\Delta_h^p f(a+th)\cdot\binom{n-p}{t}(x-a)^t(b-x)^{n-p-t}$$

引理 4 我们有

$$\begin{cases} B_n^{(p)}(f,a) = \dfrac{1}{(b-a)^p}\,\dfrac{n!}{(n-p)!}\Delta_h^p f(a) \\ B_n^{(p)}(f,b) = \dfrac{1}{(b-a)^p}\,\dfrac{n!}{(n-p)!}\nabla_h^p f(b) \end{cases} \tag{5}$$

这里 ∇_h^p 表示步长为 h 的 p 阶向后差分.

证明 由引理 3,令 $x=a$,便得

$$B_n^{(p)}(f,a) = \frac{n!}{(n-p)!\ (b-a)^n}\Delta_h^p f(a)(b-a)^{n-p}$$

类似地,令 $x=b$,便有

$$B_n^{(p)}(f,b) = \frac{n!}{(n-p)!\ (b-a)^n}\cdot \Delta_h^p f(a+(n-p)h)(b-a)^{n-p}$$

注意

$$\Delta_h^p f(a+(n-p)h) = \Delta_h^p f(b-ph) = \nabla_h^p f(b)$$

便得证.

定理 1 若 $f(x)$ 在 $[a,b]$ 上是单调增(或凸)函数,则 $f(x)$ 的 n 次 Bernstein 多项式在 $[a,b]$ 上也是单调增(或凸)函数.

证明 若 $f(x)$ 在 $[a,b]$ 上是单调增函数,显然有

$$\Delta_h f(a+th) \geqslant 0,t=0,1,\cdots,n-1$$

由式(4)有

$$B'_n(f,x) \geqslant 0$$

即 $B_n(f,x)$ 在 $[a,b]$ 上是单调增函数.同理,若 $f(x)$ 在 $[a,b]$ 上是凸函数,则由式(2)知

$$\Delta_h^2 f(a+th) \geqslant 0,t=0,1,\cdots,n-2$$

由式(4)有

$$B''_n(f,x) \geqslant 0$$

再据引理 2 便知,$B_n(f,x)$ 是 $[a,b]$ 上的凸函数.证毕.

定理 2　假定 p 是满足 $0 \leqslant p \leqslant n$ 的某一固定整数. 如果

$$m \leqslant f^{(p)}(x) \leqslant M$$

那么

$$m \leqslant c_p B_n^{(p)}(f,x) \leqslant M, a \leqslant x \leqslant b \tag{6}$$

其中

$$c_p = \begin{cases} 1, p = 1 \\ \dfrac{n^p}{n(n-1)\cdots(n-p+1)}, p > 1 \end{cases} \tag{6'}$$

证明　由式(4) 注意到差分与导数的联系

$$\Delta_h^p f(a+th) = h^p f^{(p)}(\xi_t), a+th < \xi_t < a+(t+p)h$$

便有

$$B_n^{(p)}(f,x) = \frac{n!\ h^p}{(n-p)!\ (b-a)^n} \sum_{t=0}^{n-p} f^{(p)}(\xi_t) \cdot \binom{n-p}{t}(x-a)^t (b-x)^{n-p-t}$$

由于

$$\frac{n!\ h}{(n-p)!\ (b-a)^n} = n(n-1)\cdots(n-p+1)n^{-p}(b-a)^{p-n}$$

$$\sum_{t=0}^{n-p}\binom{n-p}{t}(x-a)^t(b-x)^{n-p-t} = (x-a+b-x)^{n-p} = (b-a)^{n-p}$$

利用式(6′) 便得到定理的结论.

定理 3　假定 $f(x)$ 是区间$[a,b]$上的凸函数,则对于 $n=2,3,\cdots$ 恒有

$$B_{n-1}(f,x) \geqslant B_n(f,x), a \leqslant x \leqslant b \tag{7}$$

证明　记 $t = \dfrac{x-a}{b-x}$,我们有

$$\left(\frac{b-a}{b-x}\right)^{n}(B_{n-1}(f,x)-B_n(f,x))=$$

$$\sum_{m=0}^{n-1} f\left(a+m\frac{b-a}{n-1}\right)\binom{n-1}{m}t^{m}(t+1)-$$

$$\sum_{m=0}^{n} f\left(a+m\frac{b-a}{n}\right)\binom{n}{m}t^{m}=$$

$$\sum_{m=1}^{n-1} f\left(a+m\frac{b-a}{n-1}\right)\binom{n-1}{m}t^{m}+f(a)+$$

$$\sum_{m=1}^{n-1} f\left(a+(m-1)\frac{b-a}{n-1}\right)t^{m}\binom{n-1}{m-1}+$$

$$f(b)t^{n}-\sum_{m=1}^{n-1} f\left(a+m\frac{b-a}{n}\right)\binom{n}{m}t^{m}-$$

$$f(a)-f(b)t^{n}=\sum_{m=1}^{n-1}c_m t^{m}$$

其中

$$c_m=\frac{n!}{m!\ (n-m)!}\left[\frac{n-m}{n}f\left(a+m\frac{b-a}{n-1}\right)+\frac{m}{n}f\left(a+(m-1)\frac{b-a}{n-1}\right)-f\left(a+m\frac{b-a}{n}\right)\right]$$

对 $f(x)$ 取插值节点

$$x_1=a+m\frac{b-a}{n-1},x_2=a+(m-1)\frac{b-a}{n-1}$$

相应的线性插值多项式为

$$p_1(f,x)=\frac{x-\left(a+(m-1)\dfrac{b-a}{n-1}\right)}{\dfrac{b-a}{n-1}}f\left(a+m\frac{b-a}{n-1}\right)+\frac{a+m\dfrac{b-a}{n-1}-x}{\dfrac{b-a}{n-1}}f\left(a+(m-1)\frac{b-a}{n-1}\right)$$

令 $x=a+\frac{m}{n}(b-a)$，便有

$$p_1(f,a+m\frac{b-a}{n})=\frac{n-m}{n}f\left(a+m\frac{b-a}{n-1}\right)+$$
$$\frac{m}{n}f\left(a+(m-1)\frac{b-a}{n-1}\right)$$

因为

$$a+(m-1)\frac{b-a}{n-1}<a+m\frac{b-a}{n}<$$
$$a+m\frac{b-a}{n-1}$$

又 $f(x)$ 是凸函数，故

$$p_1\left(f,a+m\frac{b-a}{n}\right)\geqslant f\left(a+m\frac{b-a}{n}\right)$$

因而

$$c_m\geqslant 0$$

注意到

$$t=\frac{x-a}{b-x}$$

故当 $a<x<b$ 时，$t\geqslant 0$，因而

$$B_{n-1}(f,x)\geqslant B_n(f,x)$$

证毕.

推论 1　若 $f(x)$ 是$[a,b]$上的上凸函数，则对于 $n=2,3,\cdots$ 恒有

$$B_{n-1}(f,x)\leqslant B_n(f,x),a\leqslant x\leqslant b \tag{8}$$

推论 2　如果 $f(x)$ 在每个子区间

$$\left[a+(m-1)\frac{b-a}{n-1},a+m\frac{b-a}{n-1}\right],m=1,2,\cdots,n-1$$

上是线性函数，那么

$$B_{n-1}(f,x)=B_n(f,x)$$

反之,如果 $f \in C[a,b]$,且 $B_{n-1}(f,x)=B_n(f,x)$,则 $f(x)$ 在上述的每个子区间上是线性函数.

证明 如果 $f(x)$ 在子区间

$$\left[a+(m-1)\frac{b-a}{n-1},a+m\frac{b-a}{n-1}\right]$$

上是线性函数,那么由定理 3 恒有

$$p_1(f,x)=f(x)$$

$$p_1\left(f,a+m\frac{b-a}{n}\right)=f\left(a+m\frac{b-a}{n}\right)$$

故

$$c_m=0,m=1,2,\cdots,n-1$$

从而

$$B_{n-1}(f,x)=B_n(f,x)$$

反之,如果 $B_{n-1}(f,x)=B_n(f,x)$,那么对一切 $m=1,2,\cdots,n-1$,有 $c_m=0$. 从而

$$p_1\left(f,a+m\frac{b-a}{n}\right)=f\left(a+m\frac{b-a}{n}\right)$$

进一步由 $f(x)$ 的凸性和连续性推知,$f(x)$ 在每个子区间

$$\left[a+(m-1)\frac{b-a}{n-1},a+m\frac{b-a}{n-1}\right]$$

上是线性函数. 推论 2 得证.

这表明,当 $f(x)\in C[a,b]$ 时,式(7)保持严格的不等号[除非 $f(x)$ 在上述的每个子区间上是线性函数].

图 2 画出了一个上凸函数的 Bernstein 多项式逼近图.

Bernstein 多项式的良好几何性质在曲线保形逼近中将有重要应用.

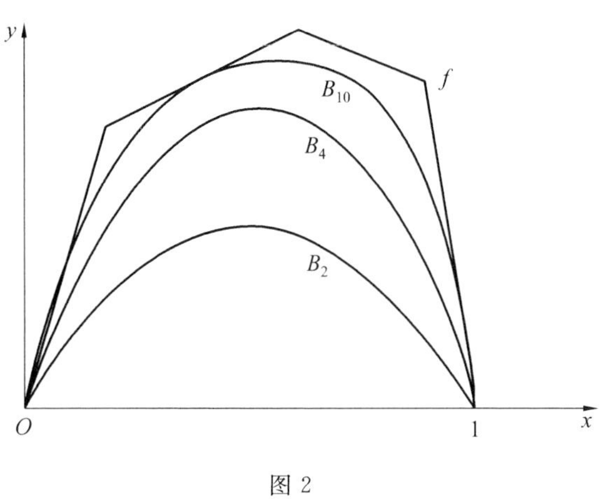

图 2

§2　保形插值的样条函数方法

定义 3　对于$[a,b]$的一个分划

$$\pi: a=x_0<x_1<\cdots<x_N=b$$

在每个节点x_i上给定相应的型值y_i，$i=0,1,\cdots,N$. 如果

$$y_i \leqslant y_{i+1}(y_i \geqslant y_{i+1}), i=0,1,\cdots,N-1 \qquad (9)$$

成立，则称数组$\{y_i\}_0^N$具有单调增(减)性质.

如果

$$\frac{y_i-y_{i-1}}{x_i-x_{i-1}} \leqslant \frac{y_{i+1}-y_i}{x_{i+1}-x_i}, i=1,2,\cdots,N-1 \qquad (9')$$

成立，则称数组$\{y_i\}_0^N$具有凸(下凸)性质. 将式(9′)中的不等号换成"$\geqslant$"，则称$\{y_i\}_0^N$具有上凸性质.

我们将构造一个插值函数$f(x)$，它能模拟数组$\{y_i\}_0^N$的单调和凸的性质，为此先给出几个定义.

定义 4 假定数值$\{y_i\}_0^N$具有单调增(减)性质. 如果函数 $f(x)$ 满足

$$f(x_i)=y_i, i=0,1,\cdots,N$$

且函数 $f(x)$ 在$[a,b]$上具有单调增(减)性质,则称函数 $f(x)$ 是数组$\{y_i\}_0^N$的保单调插值函数.

定义 5 假定数组$\{y_i\}_0^N$是凸的,如果函数 $f(x)$ 在$[a,b]$上是凸函数且满足

$$f(x_i)=y_i, i=0,1,\cdots,N$$

则称函数 $f(x)$ 是数组$\{y_i\}_0^N$的保凸插值函数.

定义 6 若有一组单调增(或凸)的数组$\{y_i\}_0^N$和一组满足 $0<\alpha_i<1, i=1,2,\cdots,N$ 的数组$\{\alpha_i\}_1^N$,记

$$\bar{x}_i=x_{i-1}+\alpha_i\Delta x_{i-1}, \Delta x_{i-1}=x_i-x_{i-1}, i=1,2,\cdots,N$$

假定有这样一组数据$\{t_i\}_1^N$,使得由点列

$$(x_0,y_0),(\bar{x}_1,t_1),(\bar{x}_2,t_2),\cdots,(\bar{x}_N,t_N),(x_N,y_N)$$

所连成的折线 $L(x)$ 满足

$$L(x_i)=y_i$$

且 $L(x)$ 是单调增(或凸)函数,便称$(\bar{x}_i,t_i), i=1,2,\cdots,N$是$(x_i,y_i), i=0,1,\cdots,N$对应于$\{\alpha_i\}_1^N$的容许点列.

图 3 中的 c_i 分别表示保单调的容许点列.

通常,将保单调或保凸拟合统称为几何保形逼近. 如果已知数组$\{y_i\}_0^N$是单调增(或凸)的,那么如何去选取保形插值函数呢? 这里,我们假定数组的容许点列是存在的,这时存在一插值函数 $L(x)$(由容许点列连成的折线),它具有保形性质,但是它的光滑度是低的. 为了提高光滑度,我们将在每个子区间$[x_{i-1},x_i]$上作 $L(x)$ 的适当次 Bernstein 多项式,并且证明这些 Bernstein 多项式在整体上具有适当阶的光滑度. 也就

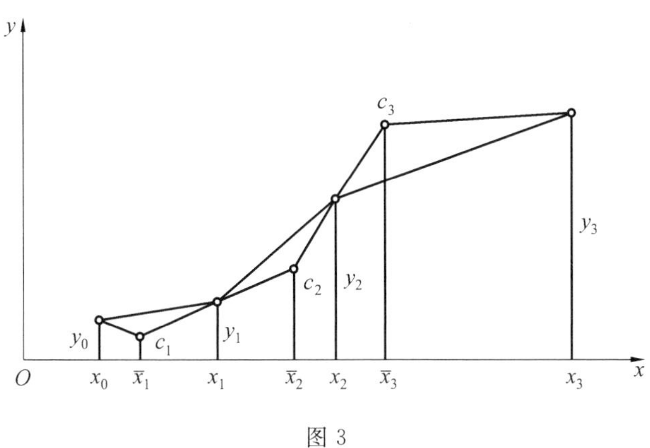

图 3

是说，我们将用分片 Bernstein 多项式来作几何保形逼近. 这样，便将样条函数和 Bernstein 多项式联系在一起了.

下面便来叙述这一方法：假定单调（或凸）的数组 $\{y_i\}_0^N$ 存在容许点列

$$(\bar{x}_i, t_i), i=1,2,\cdots,N$$

这里

$$\bar{x}_i = x_{i-1} + \alpha_i \Delta x_{i-1}, \Delta x_{i-1} = x_i - x_{i-1}, 0 < \alpha_i < 1$$

依定义，由点列

$$(x_0, y_0), (\bar{x}_1, t_1), \cdots, (\bar{x}_N, t_N), (x_N, y_N)$$

连成的折线 $L(x)$ 具有保单调（或凸）的性质，且满足

$$L(x_i) = y_i, i=0,1,\cdots,N$$

函数 $L(x)$ 在 $[x_{i-1}, x_i]$ 上由 (x_{i-1}, y_{i-1})，$(\bar{x}_i, t_i)$，(x_i, y_i) 三点连成的折线组成，将它记成 $L_i(x)$. 下面，我们假定 α_i 可写成两个正整数 m_i，n_i 之比，即

$$\alpha_i = \frac{m_i}{n_i} = \frac{km_i}{kn_i} \tag{10}$$

这里 $m_i < n_i$，k 为任意正整数.

在区间$[x_{i-1}, x_i]$上作$L_i(x)$的kn_i次Bernstein多项式

$$q_i(x)=\frac{1}{(\Delta x_{i-1})^{kn_i}}\sum_{v=0}^{kn_i}L_i\left(x_{i-1}+\frac{v}{kn_i}\Delta x_{i-1}\right)\cdot \binom{kn_i}{v}(x-x_{i-1})^v(x_i-x)^{kn_i-v} \tag{11}$$

其中 $x\in[x_{i-1}, x_i]$. 由引理 4 可知，$q_i(x)$ 满足插值条件且其各阶导数有表达式

$$\begin{cases} q_i(x_{i-1})=L_i(x_{i-1})=y_{i-1}, q_i(x_i)=L_i(x_i)=y_i \\ q_i^{(j)}(x_{i-1})=\dfrac{1}{(\Delta x_{i-1})^j}\dfrac{(kn_i)!}{(kn_i-j)!}\Delta_{h_i}^j L_i(x_{i-1}) \\ q_i^{(j)}(x_i)=\dfrac{1}{(\Delta x_{i-1})^j}\dfrac{(kn_i)!}{(kn_i-j)!}\nabla_{h_i}^j L_i(x_i) \end{cases} \tag{12}$$

其中

$$h_i=\frac{\Delta x_{i-1}}{kn_i}, 1\leqslant j\leqslant kn_i$$

从而，有

$$q'_i(x_{i-1})=\frac{kn_i}{\Delta x_{i-1}}\Delta_{h_i}L_i(x_{i-1})= \frac{kn_i}{\Delta x_{i-1}}\left(L_i\left(x_{i-1}+\frac{\Delta x_{i-1}}{kn_i}\right)-L_i(x_{i-1})\right)$$

注意到

$$x_{i-1}<x_{i-1}+\frac{\Delta x_{i-1}}{kn_i}<x_{i-1}+\frac{km_i}{kn_i}\Delta x_{i-1}=\overline{x}_i$$

故点 $x_{i-1}+\dfrac{\Delta x_{i-1}}{kn_i}$ 在区间$(x_{i-1}, \overline{x}_i)$中，但 $L_i(x)$ 在 $(x_{i-1}, \overline{x}_i)$上是线性函数，于是

$$L_i\left(x_{i-1}+\frac{\Delta x_{i-1}}{kn_i}\right)=L_i(x_{i-1})+\frac{t_i-y_{i-1}}{\overline{x}_i-x_{i-1}}\cdot\frac{\Delta x_{i-1}}{kn_i}$$

从而导得

$$q'_i(x_{i-1})=\frac{t_i-y_{i-1}}{\overline{x}_i-x_{i-1}} \tag{13}$$

同理,我们有

$$q'_i(x_i)=\frac{kn_i}{\Delta x_{i-1}}\nabla_{h_i}L_i(x_i)=$$

$$\frac{kn_i}{\Delta x_{i-1}}\left(L_i(x_i)-L_i\left(x_i-\frac{\Delta x_{i-1}}{kn_i}\right)\right)$$

注意到

$$x_i>x_i-\frac{\Delta x_{i-1}}{kn_i}=x_{i-1}+\frac{kn_i-1}{kn_i}\Delta x_{i-1}>$$

$$x_{i-1}+\frac{km_i}{kn_i}\Delta x_{i-1}$$

故点 $x_i-\dfrac{\Delta x_{i-1}}{kn_i}$ 在区间$(\overline{x}_i,x_i)$中,但 $L_i(x)$ 在$(\overline{x}_i,x_i)$上是线性函数,因而,类似于式(13)有

$$q'_i(x_i)=\frac{y_i-t_i}{x_i-\overline{x}_i} \tag{13'}$$

现在以 x_{i-1} 为出发点对函数 $L(x)$ 作步长 h_i 的 km_i 阶向前差分,它由点列

$$x_{i-1},x_{i-1}+h_i,\cdots,x_{i-1}+km_ih_i$$

相应的函数值

$$L(x_{i-1}),L(x_{i-1}+h_i),\cdots,L(x_{i-1}+km_ih_i)$$

组成.注意到

$$x_{i-1}+km_ih_i=x_{i-1}+\frac{m_i}{n_i}\Delta x_{i-1}=\overline{x}_i$$

而 $L(x)$ 在$[x_{i-1},\overline{x}_i]$上是线性函数,故

$$\Delta_{h_i}^{km_i}L(x_{i-1})=0$$

从而由式(12)有

$$q_i^{(j)}(x_{i-1})=0, j=2,3,\cdots,m_ik \tag{14}$$

同理，以 x_i 为出发点，对 $L(x)$ 作步长 h_i 的 $(n_i-m_i)k$ 阶向后差分，注意到末端的差分节点为

$$x_i-k(n_i-m_i)h_i=x_{i-1}+\alpha_i\Delta x_{i-1}=\overline{x}_i$$

故

$$q_i^{(j)}(x_i)=0, j=2,3,\cdots,(n_i-m_i)k \tag{14'}$$

此外，作 $L(x)$ 在 $[x_i,x_{i+1}]$ 的 kn_{i+1} 次 Bernstein 多项式，由式(12) 和式(13) 有

$$q_{i+1}(x_i)=y_i=q_i(x_i), q'_{i+1}(x_i)=\frac{t_{i+1}-y_i}{\overline{x}_{i+1}-x_i}$$

注意到 $(\overline{x}_i,t_i)$，(x_i,y_i)，$(\overline{x}_{i+1},t_{i+1})$ 三点共线，便有

$$q'_{i+1}(x_i)=\frac{t_{i+1}-y_i}{\overline{x}_{i+1}-x_i}=\frac{y_i-t_i}{x_i-\overline{x}_i}=q'_i(x_i)$$

于是

$$q_{i+1}(x_i)=q_i(x_i), q'_{i+1}(x_i)=q'_i(x_i) \tag{15}$$

记 $q(x)$ 是定义在 $[a,b]$ 上的函数，它在 $[x_{i-1},x_i]$ 上的表达式为 $q_i(x)$，即式(11)，则由式(14)(15) 可知：

(1) $q(x)$ 在 $[x_{i-1},x_i]$ 上是次数不超过 kn 次的多项式，其中 $n=\max\limits_{1\leqslant i\leqslant N} n_i$，$k$ 是任意正整数；

(2) $q(x)$ 在节点 x_i 处有直到 mk 阶为止的连续导数，其中 $m=\min\limits_{1\leqslant i\leqslant N}(m_i,n_i-m_i)$.

引进符号 $s_q^p(\pi)$，它表示以 π 的分点 $\{x_i\}_0^N$ 为节点，有 p 阶连续导数的 q 次多项式样条函数的空间(这里假定 $p<q$).

上面定义的函数 $q(x)$，它在 $[x_{i-1},x_i]$ 上的表达式为 $q_i(x)$[它是 $L_i(x)$ 的 kn_i 次 Bernstein 多项式]，即

$$q_i(x)=\frac{1}{(\Delta x_{i-1})^{kn_i}}\sum_{v=0}^{kn_i}L_i\left(x_{i-1}+\frac{v}{kn_i}\Delta x_{i-1}\right)\cdot$$
$$(x-x_{i-1})^v(x_i-x)^{kn_i-v} \tag{16}$$

不难看出，$q(x)\in s_{kn}^{km}(\pi)$，且 $q(x)$ 是关于数组 $\{y_i\}_0^N$ 的保单调(或凸)插值函数. 这里

$$\begin{cases} n=\max\limits_{1\leqslant i\leqslant N} n_i \\ m=\min\limits_{1\leqslant i\leqslant N}(m_i,n_i-m_i) \end{cases} \tag{17}$$

§3　容许点列的构造

在 §2 中，我们假定数组 $\{y_i\}_0^N$ 的容许点列是存在的，于是，可利用分片 Bernstein 多项式构造保形插值.

定义 7　如果数组 $\{y_i\}_0^N$ 的容许点列是存在的，则称数组 $\{y_i\}_0^N$ 是正则的.

3.1　单调数组的容许点列构造

先假定数组 $\{y_i\}_0^N$ 是严格单调的，即对于任意 j，有

$$y_{j+1}>y_j, j=0,1,\cdots,N-1$$

将 $A_i(x_i,y_i)$ 连成折线，过每一点 $A_i(x_i,y_i)$ 作平行于 x 轴、y 轴的直线. 这样，在 $A_{i-1}A_i$ 上构成一个辅助矩形 R_{i-1}，它以 $A_{i-1}A_i$ 为对角线，矩形 R_{i-1} 的边分别平行于 x 轴、y 轴(图 4).

作 A_0A_1 的延长线，它将 R_1 分成两部分；同样地，A_1A_2 的延长线也将 R_2 分成两部分.

在 A_0A_1 一侧选取一个三角形，例如在 A_0A_1 的下

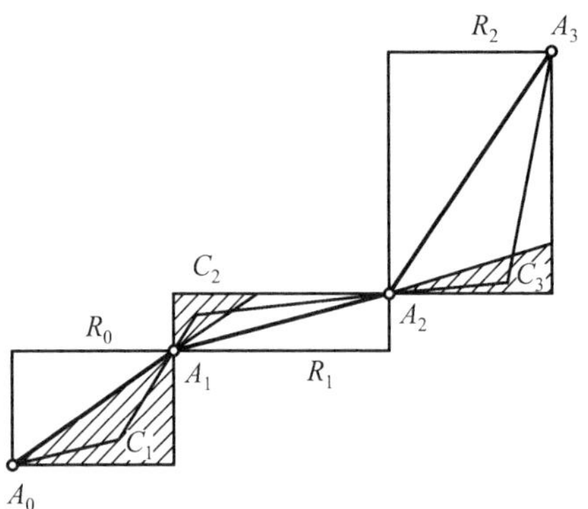

图 4

侧，那么，在 R_1 中，A_0A_1 的延长线所截的矩形上方部分便是容许点所在的区域；同理，在 A_1A_2 的延长线截 R_2 的下方区域便是容许点所在的区域（图 4、图 5 阴影部分便是容许点所在区域）.

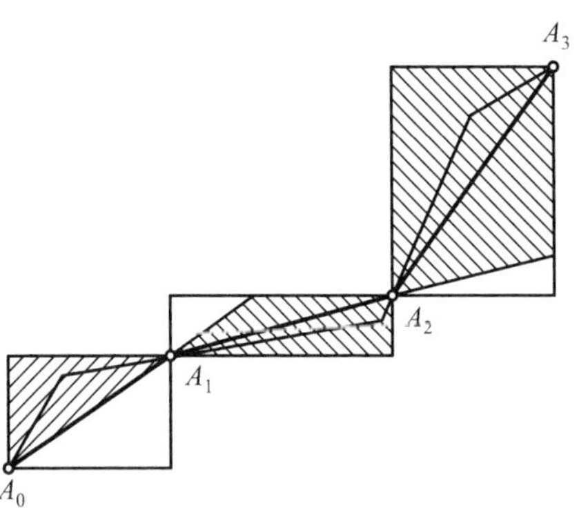

图 5

寻找容许点时，只要在 R_0 的阴影部分寻找一点 C_1，再作 C_1A_1 的延长线交 R_1 的阴影部分为一直线段；在这条直线段上任取一点 C_2，取 C_2A_2 的延长线交 R_2

的阴影部分为一直线段；在这条直线段上任取一点 C_3，那么 C_1，C_2，C_3 便是一组容许点列.

由于容许点列存在阴影区域中，我们可不断调整 C_i 的位置，使拟合曲线达到问题的要求. 换句话说，可通过人机对话，调整曲线的位置. 因而，对于严格单调的数组，容许点列是存在的.

如果存在某个 j，使得 $y_j = y_{j+1}$，即 A_jA_{j+1} 平行于 x 轴，那么容许点列就不一定存在(图 6).

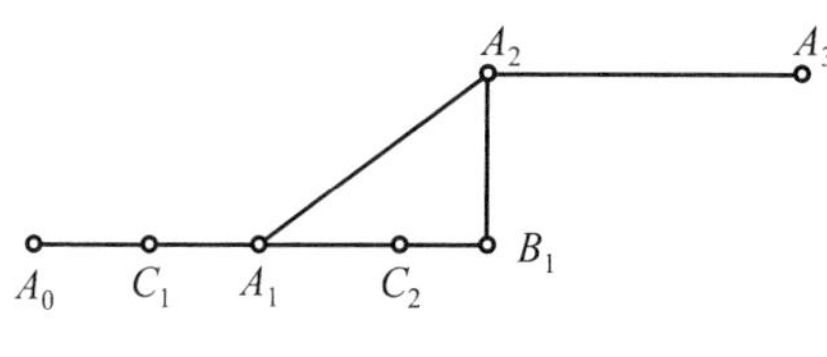

图 6

图 6 中，A_0A_1 的容许点 C_1 必在线段 A_0A_1 上，而 A_1A_2 的容许点 C_2 必在 A_1B_1 上，但 A_2A_3(除掉端点)上任一点与 C_2 的连线均不通过 A_2，因而数组的容许点列不存在.

进一步分析，便可得到如下结论：

如果存在某个 j，m，使得

$$\Delta y_i > 0, i = j+1, \cdots, j+m-2$$

而

$$\Delta y_j = 0, \Delta y_{j+m-1} = 0 \tag{18}$$

那么，当 m 是偶数时，数组 $\{y_i\}_0^N$ 是正则的.

如果式(18)成立，但 m 是奇数，那么情况就会比较复杂. 假定找到某个 $k(j+2 \leqslant k \leqslant j+m)$，使得

$$(-1)^{k-j}\Delta s_{k-j} > 0$$

$$s_k = \frac{y_k - y_{k-1}}{x_k - x_{k-1}}, s_k \text{ 为线段} \overline{A_{k-1}A_k} \text{ 的斜率} \tag{19}$$

那么数组$\{y_i\}_0^N$是正则的.

3.2 凸数组的容许点列构造

假定数组$\{y_i\}_0^N$是凸的.记

$$s_i=\frac{y_i-y_{i-1}}{x_i-x_{i-1}}$$

即s_i为线段$\overline{A_{i-1}A_i}$的斜率,有$s_i\leqslant s_{i+1}$.我们在线段$\overline{A_{i-1}A_i}$上构造$\triangle A_{i-1}B_iA_i$(图7):作$\overline{A_{i-2}A_{i-1}}$和$\overline{A_{i+1}A_i}$的延长线交于$B_i$,这样,便在$\overline{A_{i-1}A_i}$的一侧得到辅助$\triangle A_{i-1}B_iA_i$.在特殊的情况下,$\triangle A_{i-1}B_iA_i$退化成直线段$\overline{A_{i-1}A_i}$.对于最右端线段$\overline{A_{N-1}A_N}$,则作$\overline{A_{N-2}A_{N-1}}$的延长线与过$A_N$且与$x$轴垂直的直线相交于$B_N$,构成$\triangle A_{N-1}B_NA_N$;对于最左端线段$\overline{A_0A_1}$,作$\overline{A_1A_2}$的延长线与过$A_0$且与$x$轴垂直的直线交于$B_1$,从而形成$\triangle A_0B_1A_1$.

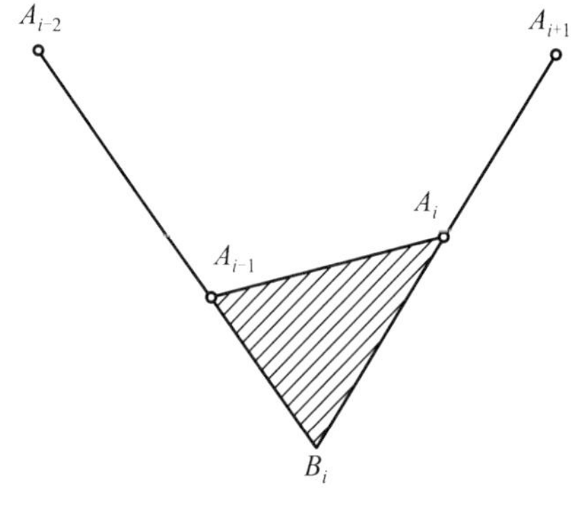

图 7

假定$\triangle A_{i-1}B_iA_i$是非退化的,设$\triangle A_{i-1}B_iA_i$的三

边 B_iA_{i-1}, $A_{i-1}A_i$, A_iB_i 的斜率分别为 s_{i-1}, s_i, s_{i+1}. 在 $\triangle A_{i-1}B_iA_i$ 中任取一点 C_i，可以验明：线段$\overline{C_iA_i}$ 的斜率 s_i 大于或等于线段$\overline{C_iA_{i-1}}$ 的斜率.

利用这一原理，我们可求得容许点列的区域，它存在于辅助 $\triangle A_{i-1}B_iA_i$ 中.

图 8 和图 9 作出了容许点列，在图 10 中容许点列不存在. 从而，对于凸数组 $\{y_i\}_0^N$，若存在某个 i 满足

$$\begin{cases}\Delta^2 y_{i-1}=\Delta^2 y_{i+1}=0\\ \Delta^2 y_i\neq 0, 1\leqslant i\leqslant N-3\end{cases}\tag{20}$$

则容许点列不存在. 反之，如果式(20) 不成立，则容许点列一定存在.

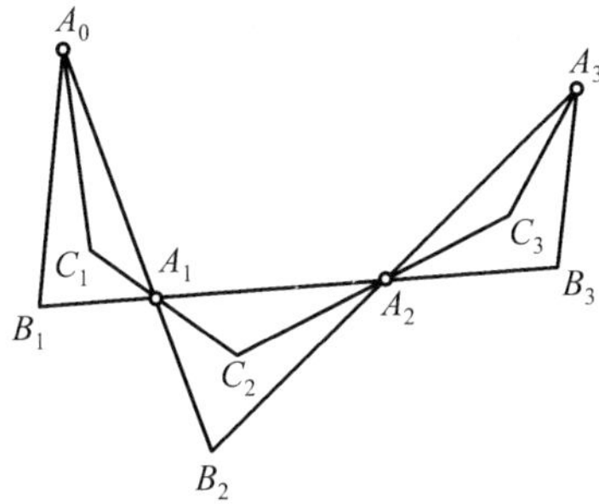

图 8

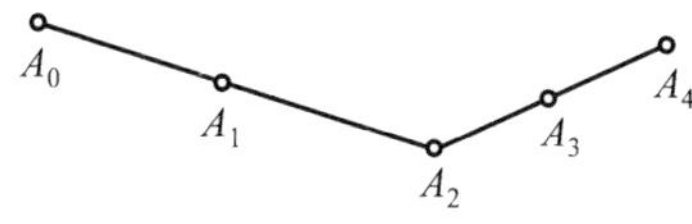

图 9

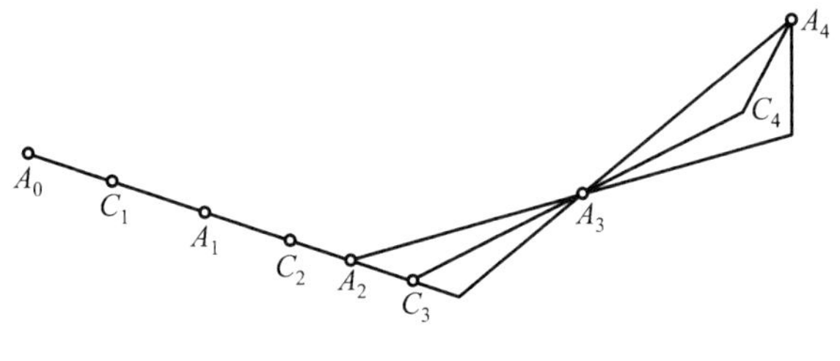

图 10

3.3 数值例子

例 1 给定一组数据 $A_i(x_i, y_i)$：(5,15)，(10,10)，(15,10)，(20,10)，(25,12)，(30,19)，(35,33). 容易验明$\{y_i\}_0^6$是凸的. 记

$$\bar{x}_i = x_{i-1} + \alpha_i(x_i - x_{i-1})$$

取

$$\alpha_i = \frac{1}{2}, i = 1, 2, \cdots, 6$$

可以验明容许点列 C_i 可取为(7.5,10)，(12.5,10)，(7.5,10)，(22.5,10)，(27.5,14)，(32.5,23.5).

进一步利用 Bernstein 多项式构造 $s^{\frac{1}{2}}(\pi)$ 的保形插值样条 $f(x)$(图 11)

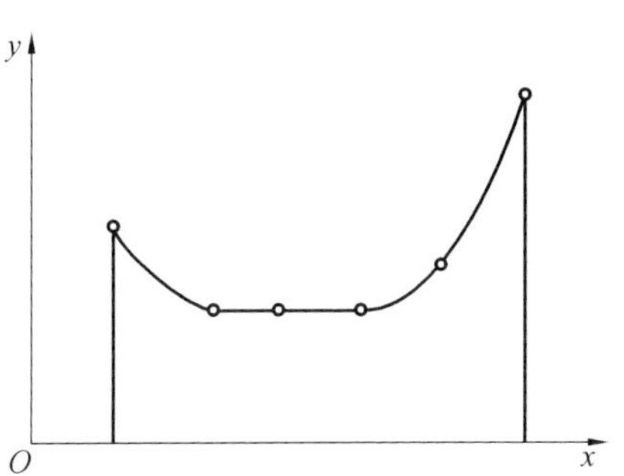

图 11

$$f(x)=\begin{cases}\dfrac{1}{25}(5x^2-100x+750),5\leqslant x\leqslant 10\\10,10\leqslant x\leqslant 15\\10,15\leqslant x\leqslant 20\\\dfrac{1}{25}(2x^2-80x+1\ 050),20\leqslant x\leqslant 25\\\dfrac{1}{25}(3x^2-130x+1\ 675),25\leqslant x\leqslant 30\\\dfrac{1}{25}(4x^2-190x+2\ 575),30\leqslant x\leqslant 35\end{cases}$$

§4　分片单调保形插值

在一类实用问题中，曲线 $y=f(x)$ 并不在$[a,b]$上单调，但在每个子区间$[x_{i-1},x_i]$上它是单调的，这就要求我们去构造一条保形曲线，使它在每个子区间$[x_{i-1},x_i]$上与 $f(x)$ 有相同的单调性，称为 PMI 问题. 给定$[a,b]$的一个分划

$$\pi:a=x_0<x_1<\cdots<x_N=b$$

假定 $f(x)$ 在每个 $[x_{i-1},x_i]$ 上是单调的，记 $f(x_i)=y_i$. 要求寻找一个在 $[a,b]$ 上有适当光滑度的函数 $q(x)$，满足

$$\begin{cases} q(x_i)=y_i, i=0,1,\cdots,N \\ q(x) \text{ 在 } [x_{i-1},x_i] \text{ 上与 } f(x) \text{ 有同样的} \\ \text{单调性}, i=1,2,\cdots,N \end{cases} \tag{21}$$

现在介绍两个解决办法：

方法 1 对 $[a,b]$ 做扩充分划

$$\pi': a=x_0<\bar{x}_1<x_1<\cdots<x_{N-1}<\bar{x}_N<x_N=b$$

这里

$$\bar{x}_i=\frac{x_i+x_{i-1}}{2}, i=1,2,\cdots,N$$

不妨假定 $y_{i-1}\leqslant y_i$. 我们来建立 $[x_{i-1},x_i]$ 上的保形插值函数，它满足

$$q(x_{i-1})=y_{i-1}, q(x_i)=y_i$$

$q(x)$ 在 $[x_{i-1},x_i]$ 是单调上升的.

作辅助点列

$$(x_{i-1},y_{i-1}),\left(\frac{x_{i-1}+\bar{x}_i}{2},y_{i-1}\right),(\bar{x}_i,\bar{y}_i)$$
$$\left(\frac{x_i+\bar{x}_i}{2},y_i\right),(x_i,y_i) \tag{22}$$

这里

$$\bar{y}_i=\frac{y_{i-1}+y_i}{2}$$

将这些点连成折线，记为 $L_i(x)$. 显然，在 $[x_{i-1},x_i]$ 上函数 $L_i(x)$ 是递增的，但是 $L_i(x)$ 的光滑度差. 不难看出，点列

$$\left(\frac{x_{i-1}+\bar{x}_i}{2},y_{i-1}\right),\left(\frac{x_i+\bar{x}_i}{2},y_i\right)$$

是(x_{i-1},y_{i-1})，$(\overline{x}_i,\overline{y}_i)$，$(x_i,y_i)$对应于$\alpha=\frac{1}{2}$的容许点列.

由于$\alpha=\frac{m_i}{n_i}=\frac{1}{2}$，取$n_i=2n$，$m_i=n$($n$为任意正整数).

在$[x_{i-1},\overline{x}_i]$，$[\overline{x}_i,x_i]$上分别作函数$L_i(x)$的$2n$次Bernstein多项式[参见式(11)]$q_i(x)$，有

$$q_i(x)=\begin{cases}\dfrac{2^{2n}}{(\Delta x_{i-1})^{2n}}\sum\limits_{v=0}^{2n}L_i\left(x_{i-1}+\dfrac{v}{4n}\Delta x_{i-1}\right)\dbinom{2n}{v}\cdot \\ (x-x_{i-1})^v(\overline{x}_i-x)^{2n-v},x\in(x_{i-1},\overline{x}_i) \\ \dfrac{2^{2n}}{(\Delta x_{i-1})^{2n}}\sum\limits_{v=0}^{2n}L_i\left(\overline{x}_i+\dfrac{v}{4n}\Delta x_{i-1}\right)\dbinom{2n}{v}\cdot \\ (x-\overline{x}_i)^v(x_i-x)^{2n-v},x\in(\overline{x}_i,x_i)\end{cases} \tag{23}$$

注意到式(13)、式(13′)和式(22)，有

$$q'_i(x_{i-1}+)=q'_i(x_i-)=0$$

再综合式(14)、式(14′)得

$$\begin{cases}q_i(x_{i-1})=y_{i-1},q_i(x_i)=y_i \\ q_i^{(j)}(x_{i-1}+)=q_i^{(j)}(x_i-)=0,j=1,2,\cdots,n \\ q'_i(x)\geqslant 0,x\in(x_{i-1},x_i)\end{cases} \tag{24}$$

由于$q_i^{(j)}(x_{i-1}+)=q_i^{(j)}(x_i-)=0$，$j=1,2,\cdots,n$，所以在$[a,b]$上，函数$q_i(x)$是有$n$阶连续导数的分片$2n$次多项式，且在每个子区间上与$f(x)$的单调性相同.

方法 2　在$[x_{i-1},x_i]$上作$2n+1$次Hermite型插值

$$\begin{cases}q_i(x_{i-1})=y_{i-1},q_i(x_i)=y_i \\ q_i^{(j)}(x_{i-1})=q_i^{(j)}(x_i)=0,j=1,2,\cdots,n\end{cases} \tag{25}$$

容易看出，$q'_i(x)$ 在 x_{i-1}，x_i 处分别有 n 重根，而 $q'_i(x)$ 是不超过 $2n$ 次的多项式，因而 $q'_i(x)$ 在 (x_{i-1}, x_i) 内无根，即 $q'_i(x)$ 在 (x_{i-1}, x_i) 上保号. 如果 $y_{i-1} \leqslant y_i$，则 $q_i(x)$ 单调上升；如果 $y_{i-1} \geqslant y_i$，则 $q_i(x)$ 单调下降. 而在 $[a,b]$ 上，$q_i(x)$ 是有 n 阶连续导数的分片 $2n+1$ 次多项式.

如果在端点 x_i 处减少 $q_i^{(n)}(x_i)=0$ 的条件，那么 $q_i(x)$ 便成为具有 $n-1$ 次连续导数的 $2n$ 次分片多项式.

上述的 Hermite 插值函数可由重节点 Newton 差商公式给出.

§5　多元推广的 Bernstein 算子的逼近性质[①]

5.1　引言

设 $C[0,1]$ 表示定义在 $[0,1]$ 上连续函数的全体，在 $C[0,1]$ 上定义 Bernstein 算子为

$$B_n(f,x)=\sum_{k=0}^{n} f\left(\frac{k}{n}\right) p_{n,k}(x)$$

$$p_{n,k}(x)=\binom{n}{k} x^k (1-x)^{n-k} \tag{26}$$

关于 Bernstein 算子逼近问题的研究已有很多成果. Stance 给出了一种推广的 Bernstein 算子

① 选自李风军、徐宗本的文章.

$$B_n^{\alpha,\beta}(f,x)=\sum_{k=0}^{n} f\left(\frac{k+\alpha}{n+\beta}\right)\binom{n}{k}x^k(1-x)^{n-k} \quad (27)$$

并且研究了这类算子的逼近性质. 人们自然要问:对这类多元推广的 Bernstein 算子,是否也有类似结果? 但是,由于多元函数展开方向的无穷性,部分连续模选择的多样性以及函数定义域边界的复杂性等,使得多元线性算子逼近与一元情形相比更具有难度和复杂性(当然,更具有普遍性),并非是一元情形的简单推广. 相应地,人们对多元 Bernstein 算子研究起步也较晚,直到 1986 年,Ditzian 才对多元 Bernstein 算子进行了研究,开创了这方面工作的先河. 本节的工作在于构造一类多元序列,找到该序列一致收敛于被逼近函数的充要条件,以此序列为基础,运用多元函数的全连续模和部分连续模来刻画这种推广的多元 Bernstein 算子的逼近性质,肯定地回答了上述问题.

5.2　基本引理

我们将这类 Bernstein 算子推广到多元情形,得到

$$B_{\boldsymbol{n},d}^{\boldsymbol{\alpha},\boldsymbol{\beta}}(f,\boldsymbol{x})=\prod_{l=1}^{d}\sum_{k_l=0}^{n_l} f\left(\frac{k_1+\alpha_1}{n_1+\beta_1},\frac{k_2+\alpha_2}{n_2+\beta_2},\cdots,\frac{k_d+\alpha_d}{n_d+\beta_d}\right)\cdot \prod_{i=1}^{d}\binom{n_i}{k_i}x_i^{k_i}(1-x_i)^{n_i-k_i} \quad (28)$$

其中,$\boldsymbol{x}=(x_1,x_2,\cdots,x_d)$,$0\leqslant x_i\leqslant 1$,$\boldsymbol{\alpha}=(\alpha_1,\alpha_2,\cdots,\alpha_d)$,$\boldsymbol{\beta}=(\beta_1,\beta_2,\cdots,\beta_d)$,$0\leqslant \alpha_i\leqslant \beta_i$,$i=1,2,\cdots,d$,$\boldsymbol{n}=(n_1,n_2,\cdots,n_d)$ 为多元正整数.

设 $f(\boldsymbol{x})\in C[0,1]^d$,定义

$$\| f\|_C=\max_{\boldsymbol{x}\in[0,1]^d}|f(\boldsymbol{x})|$$

对任意的 $0\leqslant \gamma_{k_i,n_i}\leqslant 1$,$i=1,2,\cdots,d$,构造多元序列

$\{T_n f(\boldsymbol{x})\}$ 如下

$$T_n(f;\boldsymbol{x}) = \prod_{l=1}^{d}\sum_{k_l=0}^{n_l} f(\gamma_{k_1,n_1},\gamma_{k_2,n_2},\cdots,\gamma_{k_d,n_d}) \cdot \prod_{i=1}^{d}\binom{n_i}{k_i} x_i^{k_i}(1-x_i)^{n_i-k_i} \tag{29}$$

序列 $\{T_n f(\boldsymbol{x})\}$ 有如下的性质：

引理 5　$\lim\limits_{\boldsymbol{n}\to\infty}\| T_n f - f\|_C = 0$ 的充要条件是

$$\lim_{\boldsymbol{n}\to\infty}\left\| \prod_{l=1}^{d}\sum_{k_l=0}^{n_l}\prod_{i=1}^{d}\binom{n_i}{k_i} x_i^{k_i}(1-x_i)^{n_i-k_i} - 1\right\|_C = 0 \tag{30}$$

$$\lim_{\boldsymbol{n}\to\infty}\left\| \prod_{l=1}^{d}\sum_{k_l=0}^{n_l}\gamma_{k_i,n_i}\prod_{j=1}^{d}\binom{n_j}{k_j} \cdot x_j^{k_j}(1-x_j)^{n_j-k_j} - x_i\right\|_C = 0, i=1,2,\cdots,d \tag{31}$$

$$\lim_{\boldsymbol{n}\to\infty}\left\| \prod_{l=1}^{d}\sum_{k_l=0}^{n_l}\sum_{i=1}^{d}\gamma_{k_i,n_i}^2\prod_{j=1}^{d}\binom{n_j}{k_j} \cdot x_j^{k_j}(1-x_j)^{n_j-k_j} - \sum_{i=1}^{d} x_i^2\right\|_C = 0 \tag{32}$$

其中，多元正整数 $\boldsymbol{n}\to\infty$ 意味着它的每一个分量 $n_i\to\infty, i=1,2,\cdots,d$.

5.3　主要结果

设 $f:[0,1]^d\to\mathbf{R}$ 是一个连续函数，给定正数 δ，定义 $f(\boldsymbol{x})$ 的部分连续模和全连续模如下

$$\omega_{x_i}^1(f;\delta) = \max_{\substack{0\leqslant x_j\leqslant 1\\ j=1,2,\cdots,d,j\neq i}}\ \max_{|x_i-y_i|\leqslant\delta} | f(x_1,x_2,\cdots,x_d) - f(x_1,\cdots,x_{i-1},y_i,x_{i+1},\cdots,x_d) | \tag{33}$$

⋮

$$\omega^{d-1}_{x_1,\cdots,x_{i-1},x_{i+1},\cdots,x_d}(f;\delta)=$$
$$\max_{0\leqslant x_i\leqslant 1}\max_{\sqrt{\sum\limits_{\substack{j=1\\j\neq i}}^{d}(x_j-y_j)^2}\leqslant\delta}|f(x_1,x_2,\cdots,x_d)-$$
$$f(y_1,\cdots,y_{i-1},x_i,y_{i+1},\cdots,y_d)| \tag{34}$$

$$\omega^d_{\boldsymbol{x}}(f;\delta)=\max_{\sqrt{\sum\limits_{i=1}^{d}(x_i-y_i)^2}\leqslant\delta}|f(x_1,x_2,\cdots,x_d)-$$
$$f(y_1,y_2,\cdots,y_d)| \tag{35}$$

可以看出

$$\lim_{\delta\to\infty}\omega^1_{x_i}(f;\delta)=0,i=1,2,\cdots,d,\cdots,\lim_{\delta\to\infty}\omega^d_{\boldsymbol{x}}(f;\delta)=0$$

对任意的 $\lambda>0$,有

$$\omega^1_{x_i}(f;\delta)\leqslant(\lambda+1)\omega^1_{x_i}(f;\delta),i=1,2,\cdots,d,\cdots,$$
$$\omega^d_{\boldsymbol{x}}(f;\delta)\leqslant(\lambda+1)\omega^d_{\boldsymbol{x}}(f;\delta)$$

利用全连续模及部分连续模来刻画算子序列 $\{B^{\boldsymbol{\alpha},\boldsymbol{\beta}}_{\boldsymbol{n},d}(f,\boldsymbol{x})\}$ 的收敛性可以得到下面的逼近定理.

定理 4　若 $f:[0,1]^d\to\mathbf{R}$ 为连续函数,则

$$\lim_{\boldsymbol{n}\to\infty}\|B^{\boldsymbol{\alpha},\boldsymbol{\beta}}_{\boldsymbol{n},d}(f,\boldsymbol{x})-f(\boldsymbol{x})\|_C=0$$

证明　因为 $0\leqslant\alpha_i\leqslant\beta_i,0\leqslant k_i\leqslant n_i,i=1,2,\cdots,d$,所以 $0\leqslant\dfrac{k_i+\alpha_i}{n_i+\beta_i}\leqslant 1,i=1,2,\cdots,d$. 故由引理 5 可知,只需证明序列 $\{B^{\boldsymbol{\alpha},\boldsymbol{\beta}}_{\boldsymbol{n},d}(f,\boldsymbol{x})\}$ 满足式(30)(31) 和式(32) 即可,定理 4 得证.

定理 5　设 $f(\boldsymbol{x})$ 是定义在$[0,1]^d$ 上的连续函数,则:

(1) $|B^{\boldsymbol{\alpha},\boldsymbol{\beta}}_{\boldsymbol{n},d}(f,\boldsymbol{x})-f(\boldsymbol{x})|\leqslant\dfrac{3}{2}\sum\limits_{i=1}^{d}\omega^1_{x_i}\left(f;\dfrac{\sqrt{n_i+4\beta_i^2}}{n_i+\beta_i}\right)$.

(2) $|B^{\boldsymbol{\alpha},\boldsymbol{\beta}}_{\boldsymbol{n},d}(f,\boldsymbol{x})-f(\boldsymbol{x})|\leqslant\dfrac{3}{2}\sum\limits_{\substack{m=1\\m\neq i,j}}^{d}\omega^1_{x_m}\left(f;\dfrac{\sqrt{n_m+4\beta_m^2}}{n_m+\beta_m}\right)+$

$$\frac{3}{2}\omega_{x_i,x_j}^{2}\left(f;\sqrt{\sum_{m=i,j}\frac{n_m+4\beta_m^2}{(n_m+\beta_m)^2}}\right).$$

(3) $|B_{\boldsymbol{n},d}^{\boldsymbol{\alpha},\boldsymbol{\beta}}(f,\boldsymbol{x})-f(\boldsymbol{x})|\leqslant\frac{3}{2}\omega_{x_i}^{1}\left(f;\frac{\sqrt{n_i+4\beta_i^2}}{(n_i+\beta_i)^2}\right)+$

$$\frac{3}{2}\omega_{x_1,\cdots,x_{i-1},x_{i+1},\cdots,x_d}^{d-1}\left(f;\sqrt{\sum_{\substack{j=1\\j\neq i}}^{d}\frac{n_j+4\beta_j^2}{(n_j+\beta_j)^2}}\right).$$

(4) $|B_{\boldsymbol{n},d}^{\boldsymbol{\alpha},\boldsymbol{\beta}}(f,\boldsymbol{x})-f(\boldsymbol{x})|\leqslant\frac{3}{2}\omega_{\boldsymbol{x}}^{d}\left(f;\sqrt{\sum_{i=1}^{d}\frac{n_i+4\beta_i^2}{(n_i+\beta_i)^2}}\right).$

证明 由于(1)～(4)的证明类似,故只给出(4)的证明.因为

$$B_{\boldsymbol{n},d}^{\boldsymbol{\alpha},\boldsymbol{\beta}}(f,\boldsymbol{x})-f(\boldsymbol{x})=\prod_{l=1}^{d}\sum_{k_l=0}^{n_l}\prod_{i=1}^{d}\binom{n_i}{k_i}x_i^{k_i}(1-x_i)^{n_i-k_i}\cdot$$

$$\left\{f\left(\frac{k_1+\alpha_1}{n_1+\beta_1},\frac{k_2+\alpha_2}{n_2+\beta_2},\cdots,\frac{k_d+\alpha_d}{n_d+\beta_d}\right)-f(x_1,x_2,\cdots,x_d)\right\}$$

所以,由连续模的性质及 Cauchy 不等式可得

$$|B_{\boldsymbol{n},d}^{\boldsymbol{\alpha},\boldsymbol{\beta}}(f,\boldsymbol{x})-f(\boldsymbol{x})|=$$

$$\left|\prod_{l=1}^{d}\sum_{k_l=0}^{n_l}\prod_{i=1}^{d}\binom{n_i}{k_i}x_i^{k_i}(1-x_i)^{n_i-k_i}\cdot\right.$$

$$\left.\left\{f\left(\frac{k_1+\alpha_1}{n_1+\beta_1},\frac{k_2+\alpha_2}{n_2+\beta_2},\cdots,\frac{k_d+\alpha_d}{n_d+\beta_d}\right)-f(x_1,\cdots,x_d)\right\}\right|\leqslant$$

$$\prod_{l=1}^{d}\sum_{k_l=0}^{n_l}\prod_{i=1}^{d}\binom{n_i}{k_i}x_i^{k_i}(1-x_i)^{n_i-k_i}\cdot$$

$$\left|f\left(\frac{k_1+\alpha_1}{n_1+\beta_1},\frac{k_2+\alpha_2}{n_2+\beta_2},\cdots,\frac{k_d+\alpha_d}{n_d+\beta_d}\right)-f(x_1,\cdots,x_d)\right|\leqslant$$

$$\prod_{l=1}^{d}\sum_{k_l=0}^{n_l}\prod_{i=1}^{d}\binom{n_i}{k_i}x_i^{k_i}(1-x_i)^{n_i-k_i}\cdot$$

$$\omega_{\boldsymbol{x}}^{d}\left(f;\sqrt{\sum_{i=1}^{d}\left(\frac{k_i+\alpha_i}{n_i+\beta_i}-x_i\right)^2}\right)\leqslant$$

$$\prod_{l=1}^{d}\sum_{k_l=0}^{n_l}\prod_{i=1}^{d}\binom{n_i}{k_i}x_i^{k_i}(1-x_i)^{n_i-k_i}\cdot$$

$$\left[\frac{1}{\delta_{\boldsymbol{n}}^d}\sqrt{\sum_{i=1}^{d}\left(\frac{k_i+\alpha_i}{n_i+\beta_i}-x_i\right)^2}+1\right]\omega_{\boldsymbol{x}}^d(f;\delta_{\boldsymbol{n}}^d)\leqslant$$

$$\left\{\frac{1}{\delta_{\boldsymbol{n}}^d}\prod_{l=1}^{d}\sum_{k_l=0}^{n_l}\sqrt{\sum_{i=1}^{d}\left(\frac{k_i+\alpha_i}{n_i+\beta_i}-x_i\right)^2}\prod_{i=1}^{d}\binom{n_i}{k_i}x_i^{k_i}(1-x_i)^{n_i-k_i}+\right.$$

$$\left.\prod_{l=1}^{d}\sum_{k_l=0}^{n_l}\prod_{i=1}^{d}\binom{n_i}{k_i}x_i^{k_i}(1-x_i)^{n_i-k_i}\right\}\omega_{\boldsymbol{x}}^d(f;\delta_{\boldsymbol{n}}^d)=$$

$$\left\{\frac{1}{\delta_{\boldsymbol{n}}^d}\prod_{l=1}^{d}\sum_{k_l=0}^{n_l}\sqrt{\sum_{i=1}^{d}\left(\frac{k_i+\alpha_i}{n_i+\beta_i}-x_i\right)^2}\cdot\right.$$

$$\left.\prod_{i=1}^{d}\binom{n_i}{k_i}x_i^{k_i}(1-x_i)^{n_i-k_i}+1\right\}\omega_{\boldsymbol{x}}^d(f;\delta_{\boldsymbol{n}}^d)\leqslant$$

$$\left\{\frac{1}{\delta_{\boldsymbol{n}}^d}\left[\prod_{l=1}^{d}\sum_{k_l=0}^{n_l}\left(\sum_{i=1}^{d}\left(\frac{k_i+\alpha_i}{n_i+\beta_i}-x_i\right)^2\right)^2\cdot\right.\right.$$

$$\left.\left.\prod_{i=1}^{d}\binom{n_i}{k_i}x_i^{k_i}(1-x_i)^{n_i-k_i}\right]^2+1\right\}\omega_{\boldsymbol{x}}^d(f;\delta_{\boldsymbol{n}}^d)\leqslant$$

$$\left\{\frac{1}{2\delta_{\boldsymbol{n}}^d}\sqrt{\sum_{i=1}^{d}\frac{n_i+4\beta_i^2}{(n_i+\beta_i)^2}}+1\right\}\omega_{\boldsymbol{x}}^d(f;\delta_{\boldsymbol{n}}^d)$$

其中，当 $\boldsymbol{n}\to\infty$ 时，$\delta_{\boldsymbol{n}}^d\to 0$. 令 $\delta_{\boldsymbol{n}}^d=\sqrt{\sum_{i=1}^{d}\frac{n_i+4\beta_i^2}{(n_i+\beta_i)^2}}$，则 (4) 得证.

定理 5 体现了用多元函数的部分连续模来刻画多元推广的 Bernstein 算子的逼近性质的多样性. 由连续模的性质

$$\omega(f;\xi+\eta)\leqslant\omega(f;\xi)+\omega(f;\eta),\xi,\eta\geqslant 0 \quad (36)$$

可知，用全连续模来刻画该类算子的逼近精度效果最好. 这一结论从下面的例子也可以看出.

例 1 取函数 $f(x_1,x_2,x_3)=x_1^3x_2^2x_3$，$x_1,x_2,x_3\in[0,1]$，$\beta_1=1,\beta_2=2,\beta_3=3$，并设

$$误差\ 1=\frac{3}{2}[\omega_{x_1}^1(f;\delta_{n_1}^1)+\omega_{x_2}^1(f;\delta_{n_2}^1)+\omega_{x_3}^1(f;\delta_{n_3}^1)]$$

$$误差\ 2=\frac{3}{2}[\omega_{x_3}^1(f;\delta_{n_3}^1)+\omega_{x_1,x_2}^2(f;\delta_{n_1,n_2}^2)]$$

$$误差\ 3=\frac{3}{2}[\omega_{x_2}^1(f;\delta_{n_2}^1)+\omega_{x_1,x_3}^2(f;\delta_{n_1,n_3}^2)]$$

$$误差\ 4=\frac{3}{2}[\omega_{x_1}^1(f;\delta_{n_1}^1)+\omega_{x_2,x_3}^2(f;\delta_{n_2,n_3}^2)]$$

$$误差\ 5=\frac{3}{2}\omega_{x_1,x_2,x_3}^3(f;\delta_{n_1,n_2,n_3}^3)$$

利用函数 f 的部分连续模及全连续模来刻画该类算子的逼近精度，结果见表 1. 表中数据是利用 Maple 8 计算得出的.

表 1 利用函数 f 的部分连续模及全连续模来刻画该类算子的逼近精度

n_1,n_2,n_3	误差 1	误差 2	误差 3	误差 4	误差 5
2	1.567 143	1.373 641	1.372 584	1.372 241	0.965 782
2^2	1.566 852	1.373 419	1.372 262	1.372 018	0.965 429
2^3	1.562 373	1.373 103	1.372 018	1.370 785	0.965 017
2^4	1.557 149	1.372 012	1.371 781	1.367 748	0.954 546
2^5	1.517 272	1.324 468	1.322 415	1.316 921	0.906 321
2^6	1.254 629	1.128 166	1.125 564	1.123 684	0.813 865
2^7	0.896 356	0.791 894	0.789 242	0.783 636	0.625 743
2^8	0.614 629	0.572 436	0.570 283	0.569 413	0.497 958
2^9	0.436 797	0.425 910	0.423 187	0.422 572	0.382 042
2^{10}	0.192 468	0.177 465	0.176 291	0.174 586	0.170 664

Bernstein 多项式性质的研究

第3章

§1 论一种离散性的 Bernstein 多项式

早在 1956 年，著名数学家徐利治、王在申两位教授就研究了这样一个问题：设 $f(x)$ 是定义在 $[0,1]$ 上的一个连续函数. 我们知道 $f(x)$ 的 n 次 Bernstein 多项式需要用到 $f(x)$ 在 $n+1$ 个内插点上的值，即用到 $f(0)$，$f\left(\frac{1}{n}\right)$，…，$f\left(\frac{n}{n}\right)$. 现在我们提出这样一个问题：对于某一序列次数 n 来说，可否将内插点数弄得相当稀少，而使得某种修改后的 Bernstein 多项式所成的序列仍能收敛于 $f(x)$？

为此，他们定义了一种所谓“离散性”的 Bernstein 多项式，而这种多项式并不雷同于已有的各种推广的 Bernstein 多项式. 任意给定如下的一个整数序列

$$0=r_0<r_1<r_2<\cdots<r_n<\cdots, r_n\to\infty$$

对于 $f(x)$ 作多项式

$$\beta_{f,r_n}(x)=\sum_{k=0}^{n} f\left(\frac{r_k}{r_n}\right)\binom{r_n}{r_k}(r_{k+1}-r_k)x^{r_k}(1-x)^{r_n-r_k}$$

$$0\leqslant x\leqslant 1$$

由于多项式的次数 r_n 可以比内插点个数 $n+1$ 大得多，因此便称它为离散性的 Bernstein 多项式.

我们的问题便是：整数列 $\{r_n\}$ 的分布可以稀疏到怎样的程度，而使得对于每一个 $x(0<x<1)$ 来说，总是有

$$\beta_{f,r_n}(x)\to f(x)$$

关于这个问题，我们在本节中将提供一个解答，但还不能说问题已被完全解决.

我们先来建立下面一个引理：

引理 1 若 $\{r_n\}$ 符合条件

$$\lim_{n\to\infty}\frac{r_n-r_{n-1}}{\sqrt{r_n}}=0 \tag{1}$$

则有

$$\lim_{n\to\infty}\sum_{k=0}^{n}\binom{r_n}{r_k}(r_{k+1}-r_k)x^{r_k}(1-x)^{r_n-r_k}=1, 0<x<1 \tag{2}$$

证明 先证 $\lim\limits_{n\to\infty}\dfrac{r_n-r_{n-1}}{\sqrt{r_n}}=0$ 成立的充分必要条件是

$$\lim_{n\to\infty}\max_{0\leqslant k\leqslant n}\frac{r_{k+1}-r_k}{\sqrt{r_n}}=0 \tag{3}$$

充分性是不证自明的. 现在来证条件的必要性. 任给 $\varepsilon>0$, 根据式(1) 及 $r_n\to\infty$, 显然存在 N_ε 使得 $\frac{r_n-r_{n-1}}{\sqrt{r_n}}<\varepsilon,\frac{r_{n+1}-r_n}{\sqrt{r_n}}<\varepsilon,n>N_\varepsilon=N$. 固定 N, 再取 $M>N$ 使得 $\frac{r_1-r_0}{\sqrt{r_M}},\cdots,\frac{r_N-r_{N-1}}{\sqrt{r_M}}$ 都小于 ε. 于是当 $n\geqslant M$ 时可见

$$\max_{0\leqslant k\leqslant M}\frac{r_{k+1}-r_k}{\sqrt{r_M}}<\varepsilon$$

因此由式(1) 可推出式(3).

现在我们证明对于任给 $\varepsilon>0$, 恒有 N 存在, 使得

$$\left|\sum_{k=0}^{n}\binom{r_n}{r_k}(r_{k+1}-r_k)x^{r_k}(1-x)^{r_n-r_k}-1\right|<\varepsilon,n>N \tag{4}$$

为此先引进符号

$$\sum_{[-A,A]}{}'=\sum_{-A\leqslant\frac{r_k-xr_n}{\sqrt{r_nx(1-x)}}\leqslant A}\binom{r_n}{r_k}(r_{k+1}-r_k)x^{r_k}(1-x)^{r_n-r_k}$$

$$\sum_{>A}{}'=\sum_{\frac{r_k-xr_n}{\sqrt{r_nx(1-x)}}>A}\binom{r_n}{r_k}(r_{k+1}-r_k)x^{r_k}(1-x)^{r_n-r_k}$$

$$\sum_{[-A,A]}{}^{*}=\sum_{-A\leqslant\frac{k-xr_n}{\sqrt{r_nx(1-x)}}\leqslant A}\binom{r_n}{k}x^{k}(1-x)^{r_n-k}$$

同样, 我们可以规定 $\sum\limits_{<-A}{}'$, $\sum\limits_{>A}{}^{*}$, $\sum\limits_{<-A}{}^{*}$ 等符号的意义.

取 A 为充分大数值, 使得

$$1-\frac{1}{8}\varepsilon<\frac{1}{\sqrt{2\pi}}\int_{-A+1}^{A-1}\mathrm{e}^{-\frac{1}{2}t^2}\,\mathrm{d}t<1 \tag{5}$$

于是根据式(3)以及熟知的 de Moivre-Laplace 定理易得出

$$\begin{aligned}\lim_{n\to\infty}\sum_{[-A,A]}{}' &= \frac{1}{\sqrt{2\pi}}\lim_{n\to\infty}\sum_{[-A,A]}\left\{\mathrm{e}^{-\frac{1}{2}\left(\frac{r_k-xr_n}{\sqrt{r_nx(1-x)}}\right)^2}\frac{r_{k+1}-r_k}{\sqrt{r_nx(1-x)}}+\right.\\ &\qquad \left.\theta C\frac{r_{k+1}-r_k}{r_n}\right\}=\\ &\qquad \frac{1}{\sqrt{2\pi}}\lim_{n\to\infty}\sum_{[-A,A]}\mathrm{e}^{-\frac{1}{2}t_k^2}\Delta t_k=\\ &\qquad \frac{1}{\sqrt{2\pi}}\int_{-A}^{A}\mathrm{e}^{-\frac{1}{2}t^2}\,\mathrm{d}t\end{aligned}$$

此处 $0<|\theta|<1$，$t_k=\dfrac{r_k-xr_n}{\sqrt{r_nx(1-x)}}$，而 $C=C(x)$ 与 n，k 无关.

既证上述极限式，故可选取 n_0 使得 $n>n_0$ 时有

$$\left|\sum_{[-A,A]}{}'-\frac{1}{\sqrt{2\pi}}\int_{-A}^{A}\mathrm{e}^{-\frac{1}{2}t^2}\,\mathrm{d}t\right|<\frac{1}{8}\varepsilon \tag{6}$$

于是由式(5)(6)可知，当 $n>n_0$ 时有

$$1+\frac{1}{8}\varepsilon>\sum_{[-A,A]}{}'>1-\frac{1}{4}\varepsilon \tag{7}$$

令
$$l_n=\max_k\left(\frac{r_{k+1}-r_k}{\sqrt{r_nx(1-x)}}\right)$$

此处 max 底下的 k 取遍那些不超过 n 的正整数，使得 $\dfrac{r_k-xr_n}{\sqrt{r_nx(1-x)}}>A$，显而易见 $l_n\to 0$. 因此又可选取 $n_1>n_0$ 使得 $l_n<1(n>n_1)$.

我们来把 $\sum_{v=0}^{r_n}\binom{r_n}{v}x^v(1-x)^{r_n-v}\equiv 1$ 分拆为三段之

和

$$\sum_{<-A}^{*}+\sum_{[-A,A]}^{*}+\sum_{>A}^{*}$$

从而根据式(5)又可选取 $n_2>n_1$，使得 $n>n_2$ 时有

$$\sum_{<-A}^{*}+\sum_{>A-1}^{*}<\frac{1}{4}\varepsilon \tag{8}$$

将 $\sum\limits_{<-A}'$，$\sum\limits_{>A}'$ 与 $\sum\limits_{<-A}^{*}$，$\sum\limits_{>A-1}^{*}$ 分别进行比较，由二项分布曲线在$(-\infty,-A)$上的单调上升性可知

$$\sum_{<-A}'\leqslant\sum_{<-A}^{*}<\frac{1}{4}\varepsilon \tag{9}$$

又由二项分布曲线在(A,∞)上的单调下降性易看出

$$\frac{1}{4}\varepsilon>\sum_{>A-1}^{*}\geqslant\sum_{>A-l_n}^{*}\binom{r_n}{v}x^{v}(1-x)^{r_n-v}\geqslant\sum_{>A}' \tag{10}$$

故由式(7)(9)(10)得出：当 $n>n_2=N$ 时有

$$1+\frac{5}{8}\varepsilon>\sum_{k=0}^{n}\binom{r_n}{r_k}(r_{k+1}-r_k)x^{r_k}(1-x)^{r_n-r_k}>1-\frac{1}{4}\varepsilon \tag{11}$$

这证明确有 $N=N_{(\varepsilon)}$ 存在，使得式(4)成立. 引理证毕.

令 δ 为一给定的小正数. 那么利用 $\log\Gamma(p)$ 的含有余项 $O(p^{-5})$ 的渐近展开式于 $\binom{r_n}{r_k}x^{r_k}(1-x)^{r_n-r_k}$，只需经过一些初等计算，便易验知上述证明中出现的 $C=C(x)$ 在 $\delta\leqslant x\leqslant 1-\delta$ 上有一个有限的上界 $M(\delta)$. 因此就闭区间 $\delta\leqslant x\leqslant 1-\delta$ 而言，我们还可以选择与 x 无关的 $N=N_{(\varepsilon)}$ 使得式(4)成立. 也就是说，在$[\delta,1-\delta]$上，式(2)右端的多项式序列一致地收敛于 1.

现在我们便很容易地导出：

定理1 若$\lim\limits_{n\to\infty}\dfrac{r_n-r_{n-1}}{\sqrt{r_n}}=0$,则对于每一连续函数$f(x)(0\leqslant x\leqslant 1)$,我们有

$$\lim_{n\to\infty}\beta_{f,r_n}(x)=f(x),0<x<1 \tag{12}$$

而且在$\delta\leqslant x\leqslant 1-\delta$上收敛性是一致的.

为证明本定理,首先只需指出对于任意给定的$\varepsilon>0$及小正数δ,恒存在N_ε使得$n>N_\varepsilon$时有

$$1+\varepsilon>\sum_{\left|\frac{r_k}{r_n}-x\right|<\delta}\binom{r_n}{r_k}(r_{k+1}-r_k)x^{r_k}(1-x)^{r_n-r_k}>1-\varepsilon$$

$$\sum_{\left|\frac{r_k}{r_n}-x\right|\geqslant\delta}\binom{r_n}{r_k}(r_{k+1}-r_k)x^{r_k}(1-x)^{r_n-r_k}<2\varepsilon$$

然而,根据引理1中的式(2)及其证明中的式(7)(9)(10),这是显而易见的.

显然对于原先任意给定的$\varepsilon>0$,总可选取$\delta>0$使得当$|x_1-x_2|<\delta$时有$|f(x_1)-f(x_2)|<\varepsilon$.于是,仿照通常的证法,把$\beta_{f,r_n}(x)$的加式进行分拆,并经过分段估计的结果,便易得出

$$|\beta_{f,r_n}(x)-f(x)|<8M\varepsilon,n>N_\varepsilon$$

此处$M=\max|f(x)|,0\leqslant x\leqslant 1$.(推导的步骤,因与寻常证法极相似,故无须赘述.)

容易看出,在$x=0$和$x=1$处,多项式序列$\{\beta_{f,r_n}(x)\}$未必收敛于$f(x)$,但只要稍经修改,便可避免这一问题.让我们假定$r_1=1$,并且定义

$$\beta^*_{f,r_n}(x)=\sum_{k=0}^{n-1}f\left(\frac{r_k}{r_n}\right)\binom{r_n}{r_k}(r_{k+1}-r_k)x^{r_k}(1-x)^{r_n-r_k}+f(1)x^{r_n} \tag{13}$$

于是,显然可得$\beta^*_{f,r_n}(0)=f(0)$;$\beta^*_{f,r_n}(1)=f(1)$.

又因为在引理 1 的假设下我们有

$$\lim_{n\to\infty}|\beta^*_{f,r_n}(x)-\beta_{f,r_n}(x)|=$$

$$\lim_{n\to\infty}(r_{n+1}-r_n-1)|f(1)x^{r_n}|\leqslant$$

$$\lim_{n\to\infty}\frac{r_{n+1}-r_n}{\sqrt{r_n}}(\sqrt{r_n}x^{r_n})|f(1)|=0,0<x<1$$

因此引理 1 对于多项式 $\beta^*_{f,r_n}(x)$ 而言仍然成立，故又有下述结果：

定理 2　若令 $r_1=1$，则在定理 1 的同样假设下我们有

$$\lim_{n\to\infty}\beta^*_{f,r_n}(x)=f(x),0\leqslant x\leqslant 1 \tag{14}$$

现举一例，我们取

$$r_n=[n^\alpha],n=0,1,2,\cdots \tag{15}$$

此处 α 为任一正常数且 $1<\alpha<2$，又 $[u]$ 表示 u 的整数部分. 容易验证 $\{r_n\}$ 满足条件 $\lim\limits_{n\to\infty}\dfrac{r_n-r_{n-1}}{\sqrt{r_n}}=0$. 因此对于这样的 r_n，定理 1 及定理 2 是恒成立的.

现在来分析一下一般性的条件 $\lim\limits_{n\to\infty}\dfrac{r_n-r_{n-1}}{\sqrt{r_n}}=0$. 由于式(1) 与式(3) 是等价的，因此立即导出

$$r_n=\sum_{k=1}^{n}(r_k-r_{k-1})=\sum_{k=1}^{n}o(\sqrt{r_n})=o(n\sqrt{r_n}),n\to\infty$$

亦即

$$r_n^2=o(n^2r_n) \text{ 或 } r_n=o(n^2)$$

这样，反过来我们自然会问：阶的条件 $r_n=o(n^2)$ 是否足以保证多项式序列 $\{\beta_{f,r_n}(x)\}$ 对 $f(x)$ 的收敛性 $(0<x<1)$？对于这个问题我们尚未能得出一般性的答案；据猜想，答案应该是属于否定方面的. 但是我们却可以证明如下的一个定理：

定理 3　设 $r_n = o(n^2)$，并且存在一个常数 K 使得[①]

$$\left| \sqrt{r_{n+1}} - 2\sqrt{r_n} + \sqrt{r_{n-1}} \right| < K \cdot \frac{1}{n}, n = 1, 2, 3, \cdots \tag{16}$$

那么引理 1 中的式(1) 即被满足，而有定理 1 的结论.

证明　令 $b_n = \frac{1}{n}\sqrt{r_n}, n = 1, 2, 3, \cdots$. 则由 $r_n = o(n^2)$ 可知 $b_n \to 0, n \to \infty$. 令 $\sqrt{r_n} = a_1 + a_2 + \cdots + a_n$，则 $a_n = \sqrt{r_n} - \sqrt{r_{n-1}}$. 由假设

$$\left| a_{n+1} - a_n \right| = \left| \sqrt{r_{n+1}} - 2\sqrt{r_n} + \sqrt{r_{n-1}} \right| < K \cdot \frac{1}{n}$$

因此 Hardy-Landau 定理的条件被满足，从而得到 $\lim\limits_{n \to \infty} a_n = 0$. 此外，由于 $\{r_n\}$ 为单调增加序列，故又得

$$0 \leqslant \frac{r_n - r_{n-1}}{\sqrt{r_n}} = \frac{(\sqrt{r_n} - \sqrt{r_{n-1}})(\sqrt{r_n} + \sqrt{r_{n-1}})}{\sqrt{r_n}} \leqslant$$

$$\frac{(\sqrt{r_n} - \sqrt{r_{n-1}})(\sqrt{r_n} + \sqrt{r_n})}{\sqrt{r_n}} = 2a_n \to 0, n \to \infty$$

于是引理 1 的条件被满足，进而本定理得证.

最后，我们通过某种几何的直观，猜想有下面的一个命题：

假设整数序列 $0 = r_0 < r_1 < r_2 < \cdots < r_n < \cdots$，$r_n \to \infty$ 具有性质

---

① 注意满足式(16) 的数列是多不胜举的，$r_n = n^{\alpha}(n = 0, 1, 2, \cdots; 1 \leqslant \alpha < 2)$ 就是一个简单的例子. 又由定理 3，如此的 r_n 必满足式(1)，从而可知 $r'_n = [n^{\alpha}]$ 亦同时满足式(1). 这样，我们便推知定理 1 及定理 2 对于式(15) 中所定义的整数序列而言，确实是恒成立的.

$$r_1 - r_0 < r_2 - r_1 < r_3 - r_2 < \cdots <$$
$$r_n - r_{n-1} < \cdots$$

那么使极限式(12) 恒成立的充分必要条件便是引理 1 中的式(1).

§2　分段二次函数的 Bernstein 多项式的退化性及递推公式

当区间$[0,1]$二等分时，合肥工业大学基础部的邬弘毅教授于 1993 年给出了两类分段二次函数的 Bernstein 多项式的退化性及递推公式. 其中一类，$(0-1)$ 属于$C^1[0,1]$，另一类，$(0-2)$ 即 $f(x)\in C[0,1]$ 且 $f''\left(\frac{1}{2}-0\right)=f''\left(\frac{1}{2}+0\right)$. 这里所有的条件都是重要的，他还举例说明不满足上述条件的函数的 Bernstein 多项式的复杂性.

对于区间$[0,1]$上的分段线性连续函数，D. Freedman 与 E. Passow 已证明其 Bernstein 多项式具有退化性 $B_{mn+1}(x)=B_{mn}(x)$，其中 m 表示区间$[0,1]$作 m 等分，$n\geqslant 1$ 为任意自然数. 至于分段二次函数的 Bernstein 多项式的退化性，目前尚未见到什么结果.

本节在区间$[0,1]$二等分时讨论两类分段二次函数的 Bernstein 多项式的退化性及递推公式. 其中一类，$(0-1)$ 属于 $C^1[0,1]$，另一类，$(0-2)$ 即 $f(x)\in C[0,1]$ 且 $f''\left(\frac{1}{2}-0\right)=f''\left(\frac{1}{2}+0\right)$. 下面在第 1 条中将给出$(0-1)$ 类函数 $B_{2n+2}(x)$ 的退化公式，在第 2 条中讨论$(0-2)$ 类函数 $B_{2n+3}(x)$ 的退化公式. 为了说明

这些条件的重要性，第 4 条中通过若干例子指出，当这些条件不满足时，分段二次函数的 Bernstein 多项式的复杂性.

以下总设函数 $f(x) \in C[0,1]$，它的 n 次 Bernstein 多项式为

$$B_n(f,x)=\sum_{i=0}^{n} f\left(\frac{i}{n}\right) C_n^i x^i (1-x)^{n-i} \tag{17}$$

其中

$$C_n^i=\begin{cases}\dfrac{n!}{i!\ (n-i)!}, i=0,1,\cdots,n \\ 0, i<0 \text{ 或 } i>n\end{cases} \tag{18}$$

用 π_n 表示次数不超过 n 的多项式全体.

1. $f(x)$ 属于 $(0-1)$ 类.

先考虑分段二次函数 $f(x) \in C^1[0,1]$ 的情况，我们有：

定理 4 设函数 $f(x) \in C^1[0,1]$，且在 $\left[0,\frac{1}{2}\right]$ 及 $\left[\frac{1}{2},1\right]$ 上分别为二次多项式，则它的 $2n+2$ 次 Bernstein 多项式 $B_{2n+2}(f,x)$ 具有退化性 $B_{2n+2}(x) \in \pi_{2n+1}$，且有以下的递推公式

$$(n+1)B_{2n+2}(f,x)-(2n+1)B_{2n+1}(f,x)+nB_{2n}(f,x)=0 \tag{19}$$

证明 根据 Bernstein 多项式的升阶公式

$$B_n(g,x)=\sum_{k=0}^{n+1}\left[g\left(\frac{k-1}{n}\right)\frac{k}{n+1}+g\left(\frac{k}{n}\right)\frac{n+1-k}{n+1}\right]\cdot C_{n+1}^k x^k (1-x)^{n+1-k} \tag{20}$$

这里的函数 $g(x)$ 在 $[0,1]$ 之外可任意定义. 当 $k=0$ 或 $k=n+1$ 时，由于 $\frac{k}{n+1}=0$ 或 $\frac{n+1-k}{n+1}=0$，结果不变，

故有

$$B_{2n+1}(f,x)=\sum_{i=0}^{2n+2}\left[f\left(\frac{i-1}{2n+1}\right)\frac{i}{2n+2}+ f\left(\frac{i}{2n+1}\right)\frac{2n+2-i}{2n+2}\right]\cdot C_{2n+2}^{i}x^{i}(1-x)^{2n+2-i}$$

$$B_{2n}(f,x)=\sum_{i=0}^{2n+2}\left[f\left(\frac{i-2}{2n}\right)\frac{(i-1)i}{(2n+1)(2n+2)}+ 2f\left(\frac{i-1}{2n}\right)\frac{(2n+2-i)i}{(2n+1)(2n+2)}+ f\left(\frac{i}{2n}\right)\frac{(2n+1-i)(2n+2-i)}{(2n+1)(2n+2)}\right]\cdot C_{2n+2}^{i}x^{i}(1-x)^{2n+2-i}$$

利用组合恒等式

$$\frac{k}{n}C_{n}^{k}=C_{n-1}^{k-1} \tag{21}$$

可得

$$\begin{aligned}&(n+1)B_{2n+2}(f,x)-(2n+1)B_{2n+1}(f,x)+nB_{2n}(f,x)=\\&\sum_{i=0}^{2n+2}\left\{(n+1)f\left(\frac{i}{2n+2}\right)C_{2n+2}^{i}-(2n+1)\left[f\left(\frac{i-1}{2n+1}\right)C_{2n+1}^{i-1}+f\left(\frac{i}{2n+1}\right)C_{2n+1}^{i}\right]+n\left[f\left(\frac{i-2}{2n}\right)C_{2n}^{i-2}+2f\left(\frac{i-1}{2n}\right)C_{2n}^{i-1}+f\left(\frac{i}{2n}\right)C_{2n}^{i}\right]\right\}x^{i}(1-x)^{2n+2-i}=\\&\sum_{i=2}^{2n+2}L[f;i]x^{i}(1-x)^{2n+2-i}\end{aligned} \tag{22}$$

其中的线性算子 $L[f;i]$ 定义为

$$L[f;i]=(n+1)f\left(\frac{i}{2n+2}\right)C_{2n+2}^{i}-$$
$$(2n+1)\left[f\left(\frac{i-1}{2n+1}\right)C_{2n+1}^{i-1}+\right.$$
$$\left.f\left(\frac{i}{2n+1}\right)C_{2n+1}^{i}\right]+$$
$$n\left[f\left(\frac{i-2}{2n}\right)C_{2n}^{i-2}+\right.$$
$$\left.2f\left(\frac{i-1}{2n}\right)C_{2n}^{i-1}+f\left(\frac{i}{2n}\right)C_{2n}^{i}\right]$$
$$i=0,1,\cdots,2n+2 \tag{23}$$

利用另一组合恒等式

$$C_{n+1}^{i}=C_{n}^{i}+C_{n}^{i-1} \tag{24}$$

容易看出

$$L[1;i]=(n+1)C_{2n+2}^{i}-(2n+1)[C_{2n+1}^{i-1}+C_{2n+1}^{i}]+$$
$$n[C_{2n}^{i-2}+2C_{2n}^{i-1}+C_{2n}^{i}]=0$$
$$i=0,1,\cdots,2n+2 \tag{25}$$

$$L[x;i]=(n+1)C_{2n+1}^{i-1}-(2n+1)[C_{2n}^{i-2}+C_{2n}^{i-1}]+$$
$$n[C_{2n-1}^{i-3}+2C_{2n-1}^{i-2}+C_{2n-1}^{i-1}]=0$$
$$i=0,1,\cdots,2n+2 \tag{26}$$

$$L[x^{2};i]=\frac{i}{2}C_{2n+1}^{i-1}-(i-1)C_{2n}^{i-2}-iC_{2n}^{i-1}+$$
$$\frac{(i-2)^{2}}{4n}C_{2n}^{i-2}+\frac{(i-1)^{2}}{2n}C_{2n}^{i-1}+\frac{i^{2}}{4n}C_{2n}^{i}=$$
$$\left[-\left(\frac{i}{2}-1\right)+\frac{(i-2)^{2}}{4n}\right]C_{2n}^{i-2}+$$
$$\left[-\frac{i}{2}+\frac{(i-1)^{2}}{2n}\right]C_{2n}^{i-1}+\frac{i^{2}}{4n}C_{2n}^{i}=$$
$$-\frac{2n+2-i}{2}C_{2n-1}^{i-3}+$$

$$\frac{(i-1)^2-ni}{2n}\mathrm{C}_{2n}^{i-1}+\frac{i}{2}\mathrm{C}_{2n-1}^{i-1}=$$

$$-\frac{1}{2}\ \frac{(2n-1)!}{(i-3)!\ (2n+1-i)!}+$$

$$[(i-1)^2-n!\ ]\frac{(2n-1)!}{(i-1)!\ (2n+1-i)!}+$$

$$\frac{i(2n-1)!}{2(i-1)!\ (2n-i)!}=$$

$$\frac{(2n-1)!}{2(i-1)!\ (2n+1-i)!}\cdot$$

$$[-(i-1)(i-2)+$$

$$2(i^2-2i+1-ni)+$$

$$i(2n+1-i)]=0$$

$$i=0,1,\cdots,2n+2 \tag{27}$$

由式(25)～(27)可知，对任何二次多项式 $\varphi(x)\in\pi_2$ 恒有

$$L[\varphi;i]=0,i=0,1,\cdots,2n+2 \tag{28}$$

根据定理 4 的条件 $f(x)\in C^1[0,1]$，故可设

$$f(x)=\begin{cases}a_0+a_1(x-\frac{1}{2})+a_2(x-\frac{1}{2})^2,x\in[0,\frac{1}{2}]\\ a_0+a_1(x-\frac{1}{2})+a'_2(x-\frac{1}{2})^2,x\in[\frac{1}{2},1]\end{cases}=$$

$$f_1(x)+f_2(x) \tag{29}$$

其中

$$f_1(x)=a_0+a_1(x-\frac{1}{2}),x\in[0,1] \tag{30}$$

$$f_2(x)=\begin{cases}a_2(x-\frac{1}{2})^2,x\in[0,1]\\ a'_2(x-\frac{1}{2})^2,x\in[\frac{1}{2},1]\end{cases} \tag{31}$$

不妨设 $a_2\neq a'_2$，因为当 $a_2=a'_2$ 时，$f_2(x)\in\pi_2$，式

(28) 显然成立. 又

$$L[f_1;i]=0, i=0,1,\cdots,2n+2 \tag{32}$$

从而只要证明当 $a_2\neq a'_2$ 时, $L[f_2;i]=0$ 对 $i=0,1,\cdots,2n+2$ 成立, 则式(19) 就成立. 分两种情况讨论(图 1).

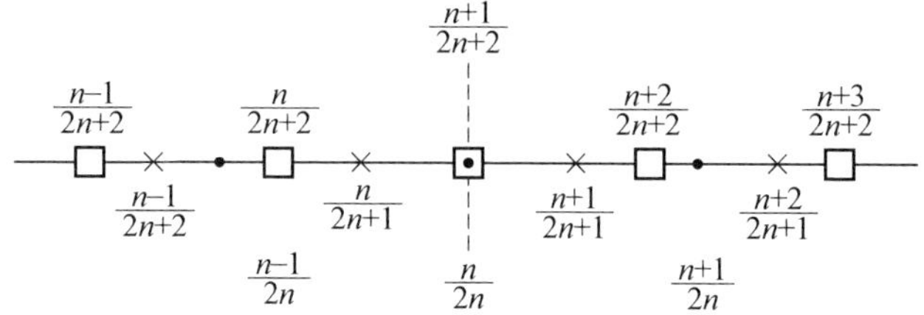

图 1 $2n,2n+1,2n+2$ 等分节点分布

(1) 当 $0\leqslant i\leqslant n$ 或 $n+2\leqslant i\leqslant 2n+2$ 时, 式(23) 中右边的函数 f 在 $\frac{i}{2n+2}$, $\frac{i-1}{2n+1}$, $\frac{i}{2n+1}$, $\frac{i-2}{2n}$, $\frac{i-1}{2n}$, $\frac{i}{2n}$ 处取值, 这些点全在 $x=\frac{1}{2}$ 的一侧, f 或等于 $a_2\left(x-\frac{1}{2}\right)^2$ 或等于 $a'_2\left(x-\frac{1}{2}\right)^2$. 由式(28) 知

$$L[f;i]=0, i=0,1,\cdots,n \text{ 或 } i=n+2,\cdots,2n+2 \tag{33}$$

(2) 当 $i=n+1$ 时, 由式(23) 知

$$\begin{aligned}L[f_2;n+1]=&-(2n+1)\left[a_2\left(\frac{n}{2n+1}-\frac{1}{2}\right)^2\cdot\right.\\&\left.C_{2n+1}^{n}+a'_2\left(\frac{n+1}{2n+1}-\frac{1}{2}\right)^2C_{2n+1}^{n+1}\right]+\\&n\left[a_2\left(\frac{n-1}{2n}-\frac{1}{2}\right)^2C_{2n}^{n-1}+\right.\\&\left.a'_2\left(\frac{n+1}{2n}-\frac{1}{2}\right)^2C_{2n}^{n+1}\right]=\end{aligned}$$

$$a_2\left[-\frac{1}{4(2n+1)}C_{2n+1}^{n}+\frac{1}{4n}C_{2n}^{n-1}\right]+$$
$$a'_2\left[-\frac{1}{4(2n+1)}C_{2n+1}^{n+1}+\frac{1}{4n}C_{2n}^{n+1}\right]=$$
$$0 \tag{34}$$

于是 $L[f;i]=L[f_1;i]+L[f_2;i]=0, i=0,1,\cdots,2n+2$，代入式(22)，即得式(19).

2. $f(x)$ 属于 $(0-2)$ 类.

现讨论 $f(x)\in(0-2)$ 类的情况，它与 $(0-1)$ 类的递推公式有所不同.

定理 5　设 $f(x)\in C[0,1]$，在 $\left[0,\frac{1}{2}\right]$ 及 $\left[\frac{1}{2},1\right]$ 上分别为不同的二次多项式，且满足

$$f''\left(\frac{1}{2}-0\right)=f''\left(\frac{1}{2}+0\right) \tag{35}$$

则 $f(x)$ 的 $2n+3$ 次 Bernstein 多项式 $B_{2n+3}(f,x)\in\pi_{2n+2}$ 且有递推式

$$(2n+3)(2n+2)[B_{2n+3}-B_{2n+2}]=$$
$$(2n+1)(2n)[B_{2n+1}-B_{2n}] \tag{36}$$

证明　类似于定理 4 的证明，利用升阶公式

$$(2n+3)(2n+2)[B_{2n+3}-B_{2n+2}]-$$
$$(2n+1)(2n)[B_{2n+1}-B_{2n}]=$$
$$\sum_{i=0}^{2n+3}M[f;i]x^i(1-x)^{2n+3-i} \tag{37}$$

其中线性算子

$$M[f;i]=(2n+3)(2n+2)\left[f\left(\frac{i}{2n+3}\right)C_{2n+3}^{i}-\right.$$
$$\left.f\left(\frac{i-1}{2n+2}\right)C_{2n+2}^{i-1}-f\left(\frac{i}{2n+2}\right)C_{2n+2}^{i}\right]-$$

$$(2n+1)(2n)\Big[f\left(\frac{i-2}{2n+1}\right)C_{2n+1}^{i-2}+$$
$$2f\left(\frac{i-1}{2n+1}\right)C_{2n+1}^{i-1}+f\left(\frac{i}{2n+1}\right)C_{2n+1}^{i}-$$
$$f\left(\frac{i-3}{2n}\right)C_{2n}^{i-3}-3f\left(\frac{i-2}{2n}\right)C_{2n}^{i-2}-$$
$$3f\left(\frac{i-1}{2n}\right)C_{2n}^{i-1}-f\left(\frac{i}{2n}\right)C_{2n}^{i}\Big]$$
$$i=0,1,\cdots,2n+3 \tag{38}$$

容易验证当 $f(x)=1,x$ 时有

$$M[1;i]=M[x;i]=0,i=0,1,\cdots,2n+3 \tag{39}$$

当 $f(x)=x$ 时,经过计算可得

$$M[x^2;i]=(2n+2)iC_{2n+2}^{i-1}-(2n+3)(i-1)\cdot$$
$$C_{2n+1}^{i-2}-(2n+3)iC_{2n+1}^{i-1}-$$
$$2n(i-2)C_{2n}^{i-3}-2(2n)(i-1)\cdot$$
$$C_{2n}^{i-2}-2niC_{2n}^{i-1}+(2n+1)\frac{(i-3)^2}{2n}\cdot$$
$$C_{2n}^{i-3}+3(2n+1)\frac{(i-2)^2}{2n}C_{2n}^{i-2}+$$
$$3(2n+1)\frac{(i-1)^2}{2n}C_{2n}^{i-1}+$$
$$(2n+1)\frac{i^2}{2n}C_{2n}^{i}=$$
$$\frac{2n+1}{2n}\Big\{i^2C_{2n}^{i}+[3(i-1)^2-2ni]\cdot$$
$$C_{2n}^{i-1}+[3(i-2)^2+2n(3-2i)]\cdot$$
$$C_{2n}^{i-2}+[(i-3)^2+(3-i)2n]C_{2n}^{i-3}\Big\}=$$
$$\frac{(2n+1)(2n)!}{2n}\cdot$$
$$\Big\{\frac{(2i-3)(i-1)}{(i-1)!\ (2n+1-i)!}-$$

$$\left.\frac{(2i-3)(2n+2-i)}{(i-2)!\ (2n+2-i)!}\right\}=0$$

$$i=0,1,\cdots,2n+3 \tag{40}$$

因此对任何二次多项式 $\varphi(x)\in\pi_2$ 有

$$M[\varphi;i]=0,i=0,1,\cdots,2n+3 \tag{41}$$

设 $f(x)$ 满足式(35)，则可分解为

$$f(x)=f_1(x)+f_2(x) \tag{42}$$

其中

$$f_1(x)=a+c(x-\frac{1}{2})^2,x\in[0,1]$$

$$f_2(x)=\begin{cases}b\left(x-\frac{1}{2}\right),x\in\left[0,\frac{1}{2}\right]\\ b'\left(x-\frac{1}{2}\right),x\in\left[\frac{1}{2},1\right]\end{cases} \tag{43}$$

显然

$$M[f_1;i]=0,i=0,1,\cdots,2n+3 \tag{44}$$

$$M[f_2;i]=0,i=0,1,\cdots,2n+3,i\neq n+1,n+2 \tag{45}$$

故只要讨论 $M[f_2;n+1]$ 及 $M[f_2;n+2]$，将式(43)代入式(38)有

$$\begin{aligned}&M[f_2;n+1]=\\&(2n+3)(2n+2)\left[-\frac{b}{2(2n+3)}C_{2n+3}^{n+1}+\frac{b}{2n+2}C_{2n+2}^{n}\right]-\\&(2n+2)(2n)\left[-\frac{3b}{2(2n+1)}C_{2n+1}^{n-1}-\frac{b}{2n+1}C_{2n+1}^{n}+\right.\\&\left.\frac{b'}{2(2n+1)}C_{2n+1}^{n+1}+\frac{b}{n}C_{2n}^{n-2}+\frac{3b}{2n}C_{2n}^{n-1}-\frac{b'}{2n}C_{2n}^{n+1}\right]=\\&b[-(n+1)C_{2n+3}^{n+1}+(2n+3)C_{2n+2}^{n}+3nC_{2n+1}^{n-1}+\\&2nC_{2n+1}^{n}-2(2n+1)C_{2n}^{n-2}-3(2n+1)C_{2n}^{n-1}]+\\&b'[-nC_{2n+1}^{n+1}+(2n+1)C_{2n}^{n+1}]=\end{aligned}$$

$$b\left\{\left[3n\frac{2n+1}{n-1}-2(2n+1)\right]C_{2n}^{n-2}+\right.$$

$$\left.\left[2(2n+1)-3(2n+1)\right]C_{2n}^{n-1}\right\}=0 \tag{46}$$

同理有

$$M[f_2;n+2]=0 \tag{47}$$

由式(37)(42)(44)(45)(46)及式(47)知式(36)成立.

3. 附记.

为了表明定理4和定理5中区间[0,1]作二等分及函数属于(0－1)类或(0－2)类这些条件的重要性,我们举例说明不满足上述条件时,分段二次多项式的Bernstein多项式的复杂性.

例1

$$f(x)=\begin{cases}x(2x-1),0\leqslant x\leqslant\frac{1}{2}\\(2x-1)(-4x+3),\frac{1}{2}<x\leqslant 1\end{cases}$$

例2

$$g(x)=\begin{cases}x(3x-1),0\leqslant x\leqslant\frac{1}{3}\\-\frac{1}{3}(3x-1)(3x-2),\frac{1}{3}<x\leqslant\frac{2}{3}\\-\frac{1}{3}(3x-2)(6x-5),\frac{2}{3}<x\leqslant 1\end{cases}$$

$f(x)\in C[0,1]$,但不属于$(0-1)$类或$(0-2)$类,其$2\sim 10$次Bernstein多项式的系数见表1:

表 1　$f(x)$ 的 2 ~ 10 次 Bernstein 多项式的系数

	1	x	x^2	x^3	x^4	x^5	x^6	x^7	x^8	x^9	x^{10}
B_2	0	0	-1								
B_3	0	$-\frac{1}{3}$	1	$-\frac{5}{3}$							
B_4	0	$-\frac{1}{2}$	$\frac{3}{2}$	$-\frac{3}{2}$	$-\frac{1}{2}$						
B_5	0	$-\frac{3}{5}$	$\frac{8}{5}$	0	-3	1					
B_6	0	$-\frac{2}{3}$	$\frac{5}{3}$	0	$-\frac{5}{3}$	$-\frac{4}{3}$	1				
B_7	0	$-\frac{5}{7}$	$\frac{12}{7}$	0	$\frac{5}{7}$	$-\frac{51}{7}$	6	$-\frac{10}{7}$			
B_8	0	$-\frac{3}{4}$	$\frac{7}{4}$	0	0	$-\frac{7}{4}$	$-\frac{21}{4}$	$\frac{30}{4}$	$-\frac{10}{4}$		
B_9	0	$-\frac{7}{9}$	$\frac{16}{9}$	0	0	$\frac{28}{9}$	$-\frac{196}{9}$	$\frac{260}{9}$	-15	$\frac{25}{9}$	
B_{10}	0	$-\frac{4}{5}$	$\frac{9}{5}$	0	0	0	0	-24	45	-30	7

这时区间$[0,1]$被三等分，且 $g(x)\in C^1[0,1]$，其 Bernstein 多项式的系数见表 2：

表 2　$g(x)$ 的 2 ~ 10 次 Bernstein 多项式的系数

	1	x	x^2	x^3	x^4	x^5	x^6	x^7	x^8	x^9	x^{10}
B_2	0	$\frac{1}{6}$	$\frac{1}{6}$								
B_3	0	0	0	$\frac{1}{3}$							
B_4	0	$-\frac{1}{4}$	$\frac{5}{4}$	$-\frac{23}{12}$	$\frac{5}{4}$						
B_5	0	$-\frac{2}{5}$	$\frac{32}{15}$	$-\frac{52}{15}$	2	$\frac{1}{15}$					
B_6	0	$-\frac{1}{2}$	$\frac{5}{2}$	$-\frac{10}{3}$	0	$\frac{5}{2}$	$-\frac{5}{6}$				

续表 2

	1	x	x^2	x^3	x^4	x^5	x^6	x^7	x^8	x^9	x^{10}
B_7	0	$-\frac{4}{7}$	$\frac{18}{7}$	$-\frac{40}{21}$	$-\frac{30}{7}$	$\frac{45}{7}$	$-\frac{34}{21}$	$-\frac{2}{7}$			
B_8	0	$-\frac{5}{8}$	$\frac{21}{8}$	$-\frac{7}{12}$	$-\frac{105}{24}$	$\frac{157}{12}$	$-\frac{35}{6}$	$\frac{15}{8}$	$-\frac{5}{8}$		
B_9	0	$-\frac{2}{3}$	$\frac{8}{3}$	0	$-\frac{28}{3}$	$\frac{28}{3}$	0	$-\frac{4}{3}$	$-\frac{2}{3}$	$\frac{1}{3}$	
B_{10}	0	$-\frac{7}{10}$	$\frac{27}{10}$	0	$-\frac{56}{10}$	$-\frac{84}{10}$	$-\frac{82}{3}$	$-\frac{1\,276}{30}$	$\frac{296}{10}$	$-\frac{133}{10}$	$\frac{85}{30}$

例 3

$$h(x)=\begin{cases}0,0\leqslant x\leqslant\frac{1}{4}\\(x-\frac{1}{4})^2,\frac{1}{4}<x\leqslant\frac{1}{2}\\\frac{1}{16}+\frac{1}{2}(x-\frac{1}{2})-\frac{5}{3}(x-\frac{1}{2})^2,\frac{1}{2}<x\leqslant\frac{3}{4}\\\frac{1}{3}(1-x),\frac{3}{4}<x\leqslant 1\end{cases}$$

这里区间$[0,1]$被四等分且$h(x)\in C^1[0,1]$，其 2 ~ 10 次 Bernstein 多项式的系数见表 3：

表 3　$h(x)$ 的 2 ~ 10 次 Bernstein 多项式系数

	1	x	x^2	x^3	x^4	x^5	x^6	x^7	x^8	x^9	x^{10}
B_2	0	$\frac{1}{8}$	$-\frac{1}{8}$								
B_3	0	$\frac{1}{48}$	$\frac{37}{144}$	$-\frac{5}{8}$							
B_4	0	0	$\frac{3}{8}$	$-\frac{5}{12}$	$\frac{1}{24}$						
B_5	0	0	$\frac{9}{40}$	$\frac{17}{60}$	$-\frac{109}{120}$	$\frac{2}{5}$					

续表 3

	1	x	x^2	x^3	x^4	x^5	x^6	x^7	x^8	x^9	x^{10}
B_6	0	0	$\frac{5}{48}$	$\frac{5}{6}$	$-\frac{235}{144}$	$\frac{49}{72}$	$\frac{1}{72}$				
B_7	0	0	$\frac{3}{112}$	$\frac{55}{56}$	$-\frac{355}{336}$	$-\frac{29}{28}$	$\frac{127}{588}$	$-\frac{9}{56}$			
B_8	0	0	0	$\frac{7}{8}$	0	$-\frac{77}{24}$	$\frac{77}{24}$	$-\frac{5}{6}$	$-\frac{1}{24}$		
B_9	0	0	0	$\frac{7}{12}$	$\frac{91}{72}$	$-\frac{469}{108}$	$\frac{77}{54}$	$\frac{55}{18}$	$-\frac{541}{216}$	$\frac{14}{27}$	
B_{10}	0	0	0	$\frac{3}{10}$	$\frac{21}{8}$	$-\frac{63}{10}$	$-\frac{7}{4}$	$\frac{9}{2}$	$-\frac{147}{40}$	$\frac{5}{6}$	$-\frac{1}{30}$

例 2、例 3 说明当 $m \geqslant 3$ 时，分段二次函数 $f(x) \in C^1[0,1]$，它们的 Bernstein 多项式一般说来极为复杂，需附加一些其他条件才能得到退化性.

应用本节介绍的方法，即升阶公式容易证明 Freedman-Passow 关于分段线性连续函数的结果，这里就不再重复了.

§3　三角域上分片二次函数 Bernstein 多项式的退化性

合肥工业大学的邬弘毅教授于 1994 年给出了在 $S_2(T)$ 下分片二次函数 $f(P) \in C^1(T)$ 的 Bernstein 多项式的退化性及递推公式，这里的条件 $S_2(T)$ 及 $C^1(T)$ 类都是重要的，并且举例说明了更一般情况下分片二次函数的 Bernstein 多项式的复杂性.

对于 $[0,1]$ 区间上连续的分段线性函数，D. Freedman 和 E. Passow 已证明其 Bernstein 多项式具有退化性.利用常庚哲的方法很容易将这一结论推广到三角域上.本节考虑三角域上分片 Davis 二次函数的 Bernstein 多项式的退化问题.

给定三角域 $T=\triangle ABC$,与 T 在同一平面上的任一点 P 的重心坐标为 $P=(u,v,w)$. 当 $n\geqslant 2$ 时,节点

$$P_{i,j,k}^{(n)}=\left(\frac{i}{n},\frac{j}{n},\frac{k}{n}\right),i\geqslant 0,j\geqslant 0,k\geqslant 0,i+j+k=n$$

将 T 分成 n^2 个子三角形 $T_1^{(n)},T_2^{(n)},\cdots,T_n^{(n)}$. T 的这种划分称 n 阶剖分 $S_n(T)$. 在 T 上定义的函数 $f(P)=f(u,v,w)$ 对应的 n 次 Bernstein 多项式为

$$B_n(f,P)=\sum_{i+j+k=n} f_{i,j,k}\mathrm{C}_n^{i,j,k}u^iv^jw^k \tag{48}$$

其中

$$f_{i,j,k}=f(P_{i,j,k}^{(n)})$$

$$\mathrm{C}_n^{i,j,k}=\begin{cases}\dfrac{n!}{i!\ j!\ k!},i\geqslant 0,j\geqslant 0,k\geqslant 0\\ 0,i,j,k\text{ 中至少有一个小于零}\end{cases}$$

利用升阶公式

$$B(f,P)=\sum_{i+j+k=n+1}\frac{1}{n+1}\left[if\left(\frac{i-1}{n},\frac{j}{n},\frac{k}{n}\right)+jf\left(\frac{i}{n},\frac{j-1}{n},\frac{k}{n}\right)+kf\left(\frac{i}{n},\frac{j}{n},\frac{k-1}{n}\right)\right] \tag{49}$$

经计算整理得

$$(n+1)B_{2n+2}(f,P)-(2n+1)B_{2n+1}(f,P)+nB_{2n}(f,P)=\sum_{i+j+k=2n+2}L[f;i,j,k]u^iv^jw^k \tag{50}$$

这里的线性算子 L 定义为

$$L[f;i,j,k]=(n+1)\mathrm{C}_{2n+2}^{i,j,k}f(P_{i,j,k}^{(2n+2)})-$$

$$
\begin{aligned}
&(2n+1)\left[\mathrm{C}_{2n+1}^{i-1,j,k} f(P_{i-1,j,k}^{(2n+1)})+\right.\\
&\mathrm{C}_{2n+1}^{i,j-1,k} f(P_{i,j-1,k}^{(2n+1)})+\\
&\left.\mathrm{C}_{2n+1}^{i,j,k-1} f(P_{i,j,k-1}^{(2n+1)})\right]+\\
&n\left[\mathrm{C}_{2n}^{i-2,j,k} f(P_{i-2,j,k}^{(2n)})+\right.\\
&\mathrm{C}_{2n}^{i,j-2,k} f(P_{i,j-2,k}^{(2n)})+\\
&\mathrm{C}_{2n}^{i,j,k-2} f(P_{i,j,k-2}^{(2n)})+\\
&2\mathrm{C}_{2n}^{i-1,j-1,k} f(P_{i-1,j-1,k}^{(2n)})+\\
&2\mathrm{C}_{2n}^{i-1,j,k-1} f(P_{i-1,j,k-1}^{(2n)})+\\
&\left.2\mathrm{C}_{2n}^{i,j-1,k-1} f(P_{i,j-1,k-1}^{(2n)})\right]
\end{aligned} \tag{51}
$$

其中 $i+j+k=2n+2$.

可以验证：

引理 2　对任何定义在 T 上的二次函数 $f(P)=au^2+bv^2+cw^2+duv+evw+euw+hvw$，恒有

$$
L[f;i,j,k]=0, i\geqslant 0, j\geqslant 0, k\geqslant 0
$$
$$
i+j+k=2n+2 \tag{52}
$$

本节的主要结果为：

定理 6　设 $f(P)$ 为在三角域 T 的剖分 $S_2(T)$ 下的分片二次函数，且有 $f(P)\in C^1(T)$. 则对一切 $n\geqslant 1$ 的整数，$f(P)$ 的 $2n+2$ 次 Bernstein 多项式 $B_{2n+2}(f,P)$ 退化为 u,v,w 的次数不超过 $2n+1$ 的多项式，且有递推式

$$
\begin{aligned}
&(n+1)B_{2n+2}(f,P)-(2n+1)\cdot\\
&\quad B_{2n+1}(f,P)+nB_{2n}(f,P)=0
\end{aligned} \tag{53}
$$

证明　设 T 在 $S_2(T)$ 下的子三角形为 $T_a^{(2)}(a=1,2,3,4)$(图 2)，$f(P)$ 在 $T_a^{(2)}$ 可表示为

$$
\begin{aligned}
f(P)=\ &A_a\left(u-\frac{1}{2}\right)^2+B_a\left(v-\frac{1}{2}\right)^2+C_a\left(w-\frac{1}{2}\right)^2+\\
&D_a\left(u-\frac{1}{2}\right)\left(v-\frac{1}{2}\right)+E_a\left(u-\frac{1}{2}\right)\left(w-\frac{1}{2}\right)+
\end{aligned}
$$

$$H_a\left(v-\frac{1}{2}\right)\left(w-\frac{1}{2}\right),P\in T_a^{(2)} \tag{54}$$

根据 $P_{i,j,k}^{(2n+2)}$ 在子三角形 $T_a^{(2)}$ 中的不同位置，式(50)右端的求和可分为三部分(图 3).

(1) $P_{i,j,k}^{(2n+2)}$ 不在子三角形的交线 Q_1Q_2，Q_2Q_3 或 Q_3Q_1 上，即 i,j,k 全不等于 $n+1$. 这时 $L[f;i,j,k]$ 中与 $P_{i,j,k}^{(2n+2)}$(用“•”表示，如 M,R)相邻的诸点 $P_{i-1,j,k}^{(2n+1)}$，$P_{i,j-1,k}^{(2n+1)}$，$P_{i,j,k-1}^{(2n+1)}$(用“×”表示)以及 $P_{i-2,j,k}^{(2n)}$，…，$P_{i,j-1,k-1}^{(2n)}$(用“▭”表示)都位于同一子三角形 $T_a^{(2)}$ 上，由引理 2 可知这部分之和等于零.

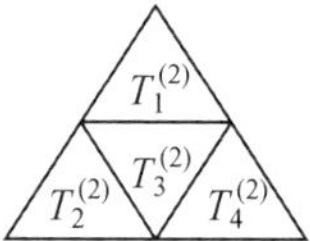

图 2　T 的剖分 $S_2(T)$

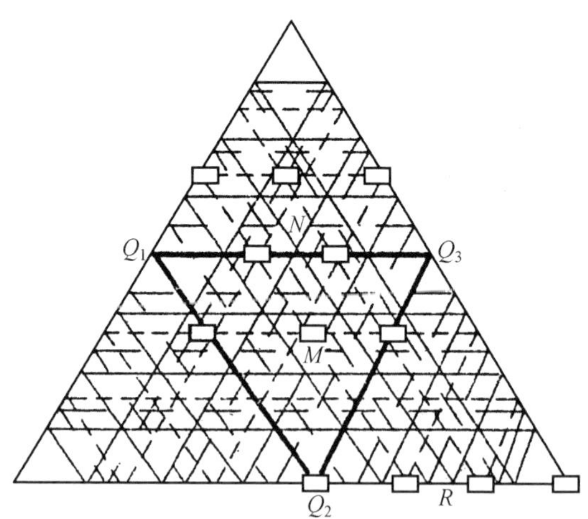

图 3　在 $S_2(T)$ 下 $n=3$ 时算子 L 中的节点分布

(2) $P_{i,j,k}^{(2n+2)}$ 属于交线 Q_1Q_2，Q_2Q_3 或 Q_3Q_1 的内点，

即 $i=n+1, 1\leqslant j\leqslant n$ 或 $j=n+1, 1\leqslant k\leqslant n$ 或 $k=n+1, 1\leqslant i\leqslant n$. 以 $i=n+1, 1\leqslant j\leqslant n$ 为例，如图 3 中点 N，这时 L 中与之相邻的诸点位于两个不同的子三角形 $T_1^{(2)}$ 与 $T_3^{(2)}$ 中. 由于 $f(P)\in C^1(T)$，故 $B_1=B_3, C_1=C_3, D_1=D_3, E_1=E_3, H_1=H_3$，只需考虑 $A_1\neq A_3$，则有

$$\begin{aligned}L[f;i,j,k]= & A_1\Big\{-\frac{1}{4(2n+1)}\big[\mathrm{C}_{2n+1}^{n+1,j-1,k}+\mathrm{C}_{2n+1}^{n+1,j,k-1}\big]+\\ & \frac{1}{4n}\big[\mathrm{C}_{2n}^{n+1,j-2,k}+\mathrm{C}_{2n}^{n+1,j,k-2}+2\mathrm{C}_{2n}^{n+1,j-1,k-1}\big]\Big\}+\\ & A_3\left[-\frac{1}{4(2n+1)}\mathrm{C}_{2n+1}^{n,j,k}+\frac{1}{4n}\mathrm{C}_{2n}^{n-1,j,k}\right]=0\end{aligned}$$

因此这一部分之和亦为零.

(3) 剩下三点 Q_1, Q_2 或 Q_3，以 $Q_1=P_{n+1,n+1,0}^{(2n+2)}$ 为例，则有 $A_2=A_3, B_1=B_3, C_1=C_2=C_3, D_1=D_2=D_3, E_1=E_2=E_3, H_1=H_2=H_3$，而 $A_1\neq A_3, B_2\neq B_3$，这时

$$\begin{aligned}&L[f;n+1,n+1,0]=\\ &(A_1+B_1)\left[-\frac{1}{4(2n+1)}\mathrm{C}_{2n+1}^{n+1,n,0}+\frac{1}{4n}\mathrm{C}_{2n}^{n+1,n-1,0}\right]+\\ &(A_2+B_2)\left[-\frac{1}{4(2n+1)}\mathrm{C}_{2n+1}^{n,n+1,0}+\frac{1}{4n}\mathrm{C}_{2n}^{n-1,n+1,0}\right]=0\end{aligned}$$

这部分之和亦为零，综上所述有

$$\sum_{i+j+k=2n+2}L[f;i,j,k]u^iv^jw^k=0$$

从而式(53) 成立，定理证毕.

为说明定理 6 中的条件 $S_2(T)$ 及 $f(P)\in C^1(T)$ 的重要性，看下面两个函数

$$f(P)=\begin{cases}2u^2-u,0\leqslant u\leqslant\frac{1}{2}\\-8u^2+10u-3,\frac{1}{2}<u\leqslant 1\end{cases}$$

$$g(P)=\begin{cases}3u^2-u,0\leqslant u\leqslant\frac{1}{3}\\-\frac{1}{3}(9u^2-9u+2),\frac{1}{3}<u\leqslant\frac{2}{3}\\\frac{1}{3}(18u^2-27u+10),\frac{2}{3}<u\leqslant 1\end{cases}$$

在 $S_2(T)$ 下 $f(P)\in C(T)$,但 $f(P)\overline{\in} C^1(T)$,而在 $S_3(T)$ 下 $g(P)\in C^1(T)$,它们的 2 ~ 10 次 Bernstein 多项式都不退化,由此可知一般情况下分片二次函数的 Bernstein 多项式的复杂性.

§4 关于 Bernstein 的一个插值多项式

1997 年,中国人民大学信息学院的朱来义教授证得$\overline{\lim\limits_{n\to\infty}}\sup\limits_{f\in C_{[-1,1]}}\max\limits_{x\in[-1,1]}|P_n(f,x)|=\infty$,因此 $P_n(f,x)$ 不能对一切 $f(x)C_{[-1,1]}$ 在$[-1,1]$上一致收敛于 $f(x)$.

设

$$x_k=\cos\frac{2k-1}{2n}\pi,k=1,2,\cdots,n$$

是第一类 Chebyshev 多项式 $T_n(x)=\cos n\arccos x$ 的零点,$f(x)\in C_{[-1,1]}$, 则 $f(x)$ 在 $\{x_k\}_{k=1}^n$ 上的 Lagrange 插值多项式 $L_n(f,x)$ 为

$$L_n(f,x)=\sum_{k=1}^n f(x_k)l_k^{(n)}(x)\qquad(55)$$

其中

$$I_k^{(n)}(x)=\frac{\omega_n(x)}{(x-x_k)\omega'_k(x_k)},\omega_n(x)=\prod_{k=1}^{n}(x-x_k) \tag{56}$$

$f(x)$ 在 $\{x_k\}_{k=1}^n$ 上的 Hermite-Fejér 插值多项式 $H_{2n-1}(f,x)$ 为

$$H_{2n-1}(f,x)=\sum_{k=1}^{n}f(x_k)(1-xx_k)\left[\frac{T_n(x)}{x-x_k}\right]^2 \tag{57}$$

由 Faber 和 Bernstein 的定理知道：存在 $f(x)\in C_{[-1,1]}$，使得 $L_n(f,x)$ 在 $[-1,1]$ 上不一致收敛于 $f(x)$. 由 Fejér 的定理知道：对任何 $f(x)\in C_{[-1,1]}$，$H_{2n-1}(f,x)$ 在 $[-1,1]$ 上一致收敛于 $f(x)$. 这是由于 $H_{2n-1}(f,x)$ 的次数是 $L_n(f,x)$ 的次数的两倍. 1930 年，Bernstein 在哈尔科夫召开的"全苏数学代表大会"上提出了如下问题：给定 λ，$1<\lambda<2$，对于任意的连续函数 $f(x)$，是否可以构造次数 $M<\lambda N$ 的插值多项式与 $f(x)$ 在给定的 N 个点上相同，当 $N\to\infty$ 时，一致收敛于 $f(x)$？在 *On a class of modifing Lagrange interpolation formulea* 中，Bernstein 构造了 $2l$-adjusted 插值多项式回答了上述的问题. 关于 $2l$-adjusted 插值多项式的最新结果可参看《关于修正的 Lagrange 插值多项式》. 另外，在 *Trigonometric Series* 中，Bernstein 还构造了一种修正的 Lagrange 插值多项式

$$P_n(f,x)=\frac{2T_n(x)}{n(2h+1)}\sum_{k=1}^{n}\frac{(-1)^{k+1}f(x_k)\sqrt{1-x_k^2}}{(x-x_k)^2}\cdot \sin(2h+1)\arcsin\frac{x-x_k}{2} \tag{58}$$

其中 $f(x)\in C_{[-1,1]}$，$0<\delta_1\leqslant\dfrac{2h}{n}<\delta_2<1$，$h$ 是自然数，δ_1，δ_2 是给定的正数. 这是一个 $n+2h-1$ 次多项式，在 n 个点 $\{x_k\}_{k=1}^{n}$ 上与 $f(x)$ 的值相同. 我们知道，对任意的正数 ε，设 p_ε 是满足 $\dfrac{4L}{\pi\delta_1 p_\varepsilon}<\dfrac{\varepsilon}{2}$ 的自然数，$L=\max\limits_{x\in[-1,1]}|f(x)|\xlongequal{\text{记}}\|f\|$，当 n 满足 $3p_\varepsilon\omega\left(\dfrac{2p_\varepsilon\pi}{n}\right)<\dfrac{\varepsilon}{2}$ 时，对任何 $x\in(-1,1)$ 有

$$\sqrt{1-x^2}\,|P_n(f,x)-f(x)|<3p_\varepsilon\omega\left(\frac{2p_\varepsilon\pi}{n}\right)+\frac{4L}{\pi\delta_1 p_\varepsilon}<\varepsilon \tag{59}$$

这里 $\omega(t)$ 是 $f(x)$ 在 $[-1,1]$ 上的连续模.

显然，式(59)不足以说明对任何 $f(x)\in C_{[-1,1]}$，$P_n(f,x)$ 在端点 -1 和 1 处不收敛于 $f(x)$. 本节证得

$$\varlimsup_{n\to\infty}\sup_{\substack{f\in C_{[-1,1]}\\ \|f\|\leqslant 1}}\max_{x\in[-1,1]}|P_n(f,x)|=\infty$$

从而说明了插值多项式 $P_n(f,x)$ 不能对一切 $f(x)\in C_{[-1,1]}$，在 $[-1,1]$ 上一致收敛于 $f(x)$. 结果为：

定理 7 设 $n=2m+1$，$h=\left[\dfrac{m}{2}\right]$，存在 $f_m(x)\in C_{[-1,1]}$，$\|f_m\|\leqslant 1$，使得

$$P_{2m+1}(f_m,1)\geqslant\frac{\sqrt{2}}{\pi^2}\ln m \tag{60}$$

由此即得如下推论：

推论 1 对于插值多项式(58)，有

$$\varlimsup_{n\to\infty}\sup_{\substack{f\in C_{[-1,1]}\\ \|f\|\leqslant 1}}\max_{x\in[-1,1]}|P_n(f,x)|=\infty \tag{61}$$

定理 7 的证明 由于

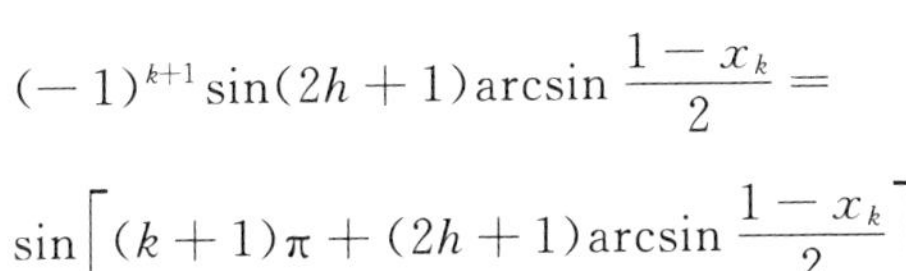

$$(-1)^{k+1}\sin(2h+1)\arcsin\frac{1-x_k}{2}=$$

$$\sin\left[(k+1)\pi+(2h+1)\arcsin\frac{1-x_k}{2}\right]$$

构造线性函数 $f_m(x)$ 使得

$$f_m(x_k)=\operatorname{sgn}\left(\sin\left[(k+1)\pi+(2h+1)\arcsin\frac{1-x_k}{2}\right]\right)\tag{62}$$

则

$$P_n(f_m,1)=\frac{2}{n(2h+1)}\sum_{k=1}^{n}\frac{\sqrt{1-x_k^2}}{(1-x_k)^2}\cdot\left|\sin(2h+1)\arcsin\frac{1-x_k}{2}\right|$$

这里 $n=2m+1,h=\left[\frac{m}{2}\right]$ 且

$$\frac{n+2h-1}{n}=1+\frac{2\left[\frac{m}{2}\right]-1}{2m+1}\to\frac{3}{2}$$

因此

$$P_n(f_m,1)\geqslant\frac{2}{n(2h+1)}\sum_{k=1}^{n}\frac{\sqrt{1-x_k^2}}{(1-x_k)^2}\cdot\left|\sin(2h+1)\arcsin\frac{1-x_k}{2}\right|\tag{63}$$

由于

$$x_k=\cos\frac{2k-1}{4m+2}\pi,\frac{1-x_k}{2}=\sin^2\frac{2k-1}{8m+4}\pi,k=1,2,\cdots,h$$

则

$$0\leqslant\frac{1-x_k}{2}\leqslant\sin^2\frac{\pi}{8}=\frac{2-\sqrt{2}}{4}\tag{64}$$

又由于

$$\left|\sin(2h+1)\arcsin\frac{1-x_k}{2}\right|=$$

$$\left|\cos(2h+1)\arccos\frac{1-x_k}{2}\right|=$$

$$\left|T_{2h+1}\left(\frac{1-x_k}{2}\right)\right|$$

$T_{2h+1}(x)$ 的零点为 $x_j^{(h)}=\cos\dfrac{2j-1}{4h+2}\pi$, $j=1,2,\cdots,2h+1$. 则当 $j=h+1$ 时

$$x_j^{(h)}=0, x_h^{(h)}=\sin\frac{\pi}{2h+1}$$

即 $T_{2h+1}(x)$ 在 $[0,1]$ 中最靠近 0 的一个零点为 $\sin\dfrac{\pi}{2h+1}$,在这之间 $T_{2h+1}(x)$ 不变号. 另外,当 $1\leqslant k\leqslant[\sqrt{m}]$ 时

$$0\leqslant\frac{1-x_k}{2}=\sin^2\frac{2k-1}{8m+4}\pi\leqslant\left(\frac{\pi}{4\sqrt{m}}\right)^2\leqslant\sin\frac{\pi}{2(2h+1)}$$

从而

$$0\leqslant(2h+1)\arcsin\frac{1-x_k}{2}\leqslant\frac{\pi}{2} \tag{65}$$

因此由式(63)(65)可得

$$P_n(f_m,1)\geqslant\frac{2}{(2m+1)(2h+1)}\sum_{k=1}^{[\sqrt{m}]}\frac{\sqrt{1-x_k^2}}{(1-x_k)^2}\cdot$$

$$\sin(2h+1)\arcsin\frac{1-x_k}{2}\geqslant$$

$$\frac{2}{(2m+1)(2h+1)}\sum_{k=1}^{[\sqrt{m}]}\frac{1}{(1-x_k)^{\frac{3}{2}}}\cdot$$

$$\frac{2(2h+1)\arcsin\frac{1-x_k}{2}}{\pi}\geqslant$$

$$\frac{2}{(2m+1)\pi}\sum_{k=1}^{[\sqrt{m}]}\frac{1}{\sqrt{1-x_k}}$$

由于 $1-x_k=2\sin^2\dfrac{2k-1}{8m+4}\pi$，因此

$$\sqrt{1-x_k}\leqslant\sqrt{2}\pi\frac{2k-1}{8m+4}\tag{66}$$

由式(65)(66)可得

$$P_n(f_m,1)\geqslant\frac{4\sqrt{2}}{\pi^2}\sum_{k=1}^{[\sqrt{m}]}\frac{1}{2k-1}\geqslant\frac{2\sqrt{2}}{\pi^2}\sum_{k=1}^{[\sqrt{m}]}\frac{1}{k}\geqslant\frac{\sqrt{2}}{\pi^2}\ln m$$

这就完成了定理的证明.

§5　二元 Bernstein 多项式的 Lipschitz 常数

宁夏大学的杨汝月和湖北大学的李落清两位教授给出如下结论：

设 $f(x,y)$ 是 $\mathbf{R}^2$ 中的单纯形

$$T=\{(x,y)\mid 0\leqslant x,y\leqslant 1,x+y\leqslant 1\}$$

上的连续函数，其 Bernstein 多项式为

$$B_n^*(f,x,y)=\sum_{k=0}^{n}\sum_{l=0}^{n-k}f\left(\frac{k}{n},\frac{l}{n}\right)p_{nkl}(x,y)$$

其中

$$P_{nkl}(x,y)=\binom{n}{k,l}x^ky^l(1-x-y)^{n-k-l}=$$

$$\frac{n!}{k!\ l!\ (n-k-l)!}x^ky^l(1-x-y)^{n-k-l}$$

我们说 $f\in\mathrm{Lip}_A\mu$ 是指

$$|f(x_1,y_1)-f(x_2,y_2)|\leqslant$$
$$A(|x_1-x_2|^\mu+|y_1-y_2|^\mu)$$

对任何$(x_1,y_1),(x_2,y_2)\in T$成立. 这里$0<\mu\leqslant 1$,A是与f和μ有关的 Lipschitz 常数.

由于一元 Bernstein 多项式有

$$B_n(t^\mu,h)\leqslant h^\mu,0\leqslant h\leqslant 1,0<\mu\leqslant 1$$

因此立得:

引理 3 设$0<\mu\leqslant 1$,则

$$B_n^*(u^\mu+v^\mu,x,y)\leqslant x^\mu+y^\mu,(x,y)\in T$$

本节的主要结果是:

定理 8 设f是T上的连续函数,则$f\in \mathrm{Lip}_A\mu$的充要条件是,对一切自然数n,$B_n^*(f)\in \mathrm{Lip}_A\mu$.

当取$f_0(x,y)=A(x^\mu+y^\mu)$,$x_1=1$,$x_2=0$,$y_1=y_2=0$时,$B_n^*(f_0)$的 Lipschitz 常数A不能再减小.

对于正方形$I=[0,1]\times[0,1]$上的 Bernstein 多项式

$$B_{n,m}(f,x,y)=\sum_{k=0}^{n}\sum_{l=0}^{m}f\left(\frac{k}{n},\frac{l}{m}\right)\binom{n}{k}\cdot x^k(1-x)^{n-k}\binom{m}{l}y^l(1-y)^{m-l}$$

来说,亦有类似的结论.

上述结果不仅可以拓广到更高的情形,而且对于B_n^*和$B_{n,m}$的迭代算子也成立.

§6 单纯形上的 Bernstein 多项式

浙江大学数学系的贾荣庆、吴正昌两位教授于1988年研究了单纯形上的 Bernstein 多项式的一系列性质. 他们给出了 Bernstein 多项式逼近连续函数的精

确误差界，确定了 Bernstein 多项式的最佳逼近度，并得到了 Bernstein 算子及其逆算子的渐近展开式. 最后，这些结果被应用于单纯形上的 Bézier 网的研究.

由于 Bernstein 多项式的良好性质，它的研究一直受到人们的重视. 在本节我们要讨论单纯形上的 Bernstein 多项式逼近的精确误差界、Bernstein 算子逼近的饱和度、Bernstein 算子及其逆算子的渐近展开. 这些结果将应用于单纯形上 Bézier 网的研究，导出 Bézier 网逼近多项式的精确误差界.

我们先引进一些记号. 如同往常，$\mathbf{R}$ 表示全体实数的集合，$\mathbf{Z}$ 表示全体整数的集合，而 $\mathbf{Z}_+$ 表示非负整数的集合. 于是，$\mathbf{R}^m$ 表示 m 维欧几里得空间，而 $\mathbf{Z}_+^m$ 表示 m 重指标的集合. 对于

$$\boldsymbol{x}=(x_1,\cdots,x_m)\in\mathbf{R}^m,\boldsymbol{y}=(y_1,\cdots,y_m)\in\mathbf{R}^m$$

我们以 $\boldsymbol{x}\cdot\boldsymbol{y}$ 表示 $\boldsymbol{x}$ 与 $\boldsymbol{y}$ 的内积，亦即

$$\boldsymbol{x}\cdot\boldsymbol{y}:=\sum_{i=1}^{m}x_iy_i$$

对于 $\boldsymbol{x}\in\mathbf{R}^m$，我们以 $\|\boldsymbol{x}\|$ 表示 $\boldsymbol{x}$ 的欧几里得范数，即 $\|\boldsymbol{x}\|=(\boldsymbol{x}\cdot\boldsymbol{x})^{\frac{1}{2}}$. 我们以 π_n 表示所有次数不超过 n 的多项式所成的空间. 对于 $\boldsymbol{\alpha}=(\alpha_1,\cdots,\alpha_m)\in\mathbf{Z}_+^m$，其长度(length) $|\boldsymbol{\alpha}|$ 定义为 $\sum_{i=1}^{m}\alpha_i$，并约定

$$\boldsymbol{\alpha}!=\alpha_1!\cdots\alpha_m!,\binom{|\boldsymbol{\alpha}|}{\boldsymbol{\alpha}}=\frac{|\boldsymbol{\alpha}|!}{\boldsymbol{\alpha}!}$$

对于 $\boldsymbol{\alpha},\boldsymbol{\beta}\in\mathbf{Z}_+^m$，若 $\alpha_i\leqslant\beta_i,i=1,\cdots,m$，则记作 $\boldsymbol{\alpha}\leqslant\boldsymbol{\beta}$. 当 $\boldsymbol{\alpha}\leqslant\boldsymbol{\beta}$ 时，规定

$$\binom{\boldsymbol{\beta}}{\boldsymbol{\alpha}}=\frac{\boldsymbol{\beta}!}{\boldsymbol{\alpha}!\,(\boldsymbol{\beta}-\boldsymbol{\alpha})!}$$

我们以 $\boldsymbol{e}_i$ 表示 $\mathbf{R}^m$ 里第 i 个分量为 1，其余分量为 0 的向量$(i=1,\cdots,m)$，而以 $\boldsymbol{e}^i$ 表示 $\mathbf{Z}_+^{m+1}$ 里第 i 个分量为 1，其余分量为 0 的 $m+1$ 重指标$(i=0,1,\cdots,m)$. 对于 $\boldsymbol{y}\in\mathbf{R}^m$，我们以 D_y 表示关于向量 $\boldsymbol{y}$ 的方向导数

$$D_y f(\boldsymbol{x}) := \lim_{t\to 0}[f(\boldsymbol{x}) - f(\boldsymbol{x} - t\boldsymbol{y})]/t$$

微分算子 D_{e_i} 将简记为 D_i.

设 σ 是 $\mathbf{R}^m$ 中的一个 m 维单纯形，$V=\{\boldsymbol{v}^0,\boldsymbol{v}^1,\cdots,\boldsymbol{v}^m\}$ 为其顶点集，此时记 $\sigma=(\boldsymbol{v}^0,\boldsymbol{v}^1,\cdots,\boldsymbol{v}^m)$. 我们以 $C^k(\sigma)$ 表示 σ 上全体 k 次连续可微函数所成的空间，当 $k=0$ 时，$C^0(\sigma)$ 简记为 $C(\sigma)$. 以 $\|\cdot\|_{\infty,\sigma}$ 表示空间 $C(\sigma)$ 里的一致范数，在不致引起混淆时，下标 σ 将省去. 对于 $\boldsymbol{\alpha}=(\alpha_0,\cdots,\alpha_m)\in\mathbf{Z}_+^{m+1}$，引进 Bernstein 多项式 $B_{\boldsymbol{\alpha}}$ 如下

$$B_{\boldsymbol{\alpha}}(\boldsymbol{x}) := \binom{|\boldsymbol{\alpha}|}{\boldsymbol{\alpha}}\boldsymbol{\xi}^{\boldsymbol{\alpha}}$$

其中 $\boldsymbol{\xi}=(\xi_0,\cdots,\xi_m)$ 是 $\boldsymbol{x}$ 关于 σ 的重心坐标，即

$$\boldsymbol{x}=\sum_{i=0}^m \xi_i \boldsymbol{v}^i,\ \sum_{i=0}^m \xi_i = 1$$

而

$$\boldsymbol{\xi}^{\boldsymbol{\alpha}} := \xi_0^{\alpha_0}\cdots\xi_m^{\alpha_m}$$

于是，$\{B_{\boldsymbol{\alpha}}:|\boldsymbol{\alpha}|=n\}$ 构成 π_n 的一组基. 设 n 是一个正整数，$|\boldsymbol{\alpha}|=n$，记

$$\boldsymbol{x}_{\boldsymbol{\alpha}}=\sum_{i=0}^m \alpha_i \boldsymbol{v}'/n$$

Bernstein 算子 B_n 由下式所定义

$$B_n f(\boldsymbol{x}) = \sum_{|\boldsymbol{\alpha}|=n} f(\boldsymbol{x}_{\boldsymbol{\alpha}})B_{\boldsymbol{\alpha}}(\boldsymbol{x}),\ f\in C(\sigma)$$

给定 $f\in C(\sigma)$，$B_n f$ 称为 f 的 n 次 Bernstein 多项式，我们要考虑 $B_n f$ 对于 f 的逼近问题.

吴正昌在研究这一问题时引进了有心单纯形的概念. 若其外接球的球心落在该单纯形里，则该单纯形称为是“有心”的. 任给一个单纯形 σ，σ 必有一个面（其维数 $\geqslant 1$）是“有心”的，σ 的所有“有心”面的外接球半径的最大值记为 ρ. 对于 $f \in C^1(\sigma)$，记

$$M = \max_{1 \leqslant i, j \leqslant m} \| D_i D_j f \|_\infty$$

吴正昌得到

$$\| f - B_n f \|_\infty \leqslant \frac{mM\rho^2}{2} \cdot \frac{1}{n} + O\left(\frac{1}{n^2}\right) \quad (67)$$

并证明了上式中 $\frac{1}{n}$ 前的系数 $\frac{mM\rho^2}{2}$ 是最佳的. 由于式(67) 中右端 $O\left(\frac{1}{n^2}\right)$ 项的出现，该式中 $\frac{1}{n}$ 前的系数仅是在渐近意义下为最佳的. 它是否对于所有 n 都是最佳的？换句话说，式(67) 中右端的 $O\left(\frac{1}{n^2}\right)$ 项能否去掉？这是我们要回答的第一个问题.

定理 9　设 $f \in C^2(\sigma)$，$M = \max_{1 \leqslant i, j \leqslant m} \| D_i D_j f \|_\infty$，则

$$\| f - B_n f \|_\infty \leqslant \frac{m}{2} M\rho^2 \cdot \frac{1}{n} \quad (68)$$

而且上式中 $\frac{1}{n}$ 前的系数是最佳的.

证明　吴正昌已证明了系数的最佳性，故我们只要证明式(68) 即可. 设 $f \in C^2(\sigma)$，由 Taylor 公式得

$$f(\boldsymbol{y}) = f(\boldsymbol{x}) + D_{\boldsymbol{y}-\boldsymbol{x}} f(\boldsymbol{x}) + \frac{1}{2} D_{\boldsymbol{y}-\boldsymbol{x}}^2 f(\boldsymbol{x} + \theta(\boldsymbol{y} - \boldsymbol{x}))$$

$$0 < \theta < 1$$

于是

$$B_n f(\boldsymbol{x}) - f(\boldsymbol{x}) = \sum_{|\boldsymbol{\alpha}|=n} [f(\boldsymbol{x}_{\boldsymbol{\alpha}}) - f(\boldsymbol{x})] B_{\boldsymbol{\alpha}}(\boldsymbol{x}) =$$
$$\sum_{|\boldsymbol{\alpha}|=n} [D_{\boldsymbol{x}_{\boldsymbol{\alpha}}-\boldsymbol{x}} f(\boldsymbol{x})] B_{\boldsymbol{\alpha}}(\boldsymbol{x}) +$$
$$\sum_{|\boldsymbol{\alpha}|=n} \frac{1}{2} D^2_{\boldsymbol{x}_{\boldsymbol{\alpha}}-\boldsymbol{x}} f(\boldsymbol{x} + \theta(\boldsymbol{x}_{\boldsymbol{\alpha}} - \boldsymbol{x})) B_{\boldsymbol{\alpha}}(\boldsymbol{x})$$

由于 Bernstein 算子保持线性函数不变,上式右端第一个和式为零. 注意到

$$\| D^2_{\boldsymbol{x}_{\boldsymbol{\alpha}}-\boldsymbol{x}} f \|_\infty \leqslant M \sum_{i,j} [(\boldsymbol{x}_{\boldsymbol{\alpha}} - \boldsymbol{x}) \cdot \boldsymbol{e}_i] \cdot$$
$$[(\boldsymbol{x}_{\boldsymbol{\alpha}} - \boldsymbol{x}) \cdot \boldsymbol{e}_j] =$$
$$M[\sum_i (\boldsymbol{x}_{\boldsymbol{\alpha}} - \boldsymbol{x}) \cdot \boldsymbol{e}_i]^2 \leqslant$$
$$M \sum_{i=1}^m [(\boldsymbol{x}_{\boldsymbol{\alpha}} - \boldsymbol{x}) \cdot \boldsymbol{e}_i]^2 (\sum_{k=1}^m 1) =$$
$$Mm \| \boldsymbol{x}_{\boldsymbol{\alpha}} - \boldsymbol{x} \|^2$$

这样

$$\| B_n f - f \|_\infty \leqslant \frac{mM}{2} \sum_{|\alpha|=n} \| \boldsymbol{x}_{\boldsymbol{\alpha}} - \boldsymbol{x} \|^2 B_{\boldsymbol{\alpha}}(x) \tag{69}$$

记

$$h(x) := \sum_{i=0}^m \xi_i \boldsymbol{v}^i \cdot \boldsymbol{v}^i - \sum_{i=0}^m \sum_{j=0}^m \xi_i \xi_j \boldsymbol{v}^i \cdot \boldsymbol{v}^j \tag{70}$$

其中 $\boldsymbol{\xi} = (\xi_0, \cdots, \xi_m)$ 是 $\boldsymbol{x}$ 关于 σ 的重心坐标. 我们指出

$$\sum_{|\boldsymbol{\alpha}|=n} \| \boldsymbol{x}_{\boldsymbol{\alpha}} - \boldsymbol{x} \|^2 B_{\boldsymbol{\alpha}}(x) = h(\boldsymbol{x})/n \tag{71}$$

实际上,由于

$$\boldsymbol{x}_{\boldsymbol{\alpha}} - \boldsymbol{x} = \sum_{i=0}^m \left(\frac{\alpha_i}{n} - \xi_i \right) \boldsymbol{v}^i$$

我们有

$$\sum_{|\boldsymbol{\alpha}|=n} \| \boldsymbol{x}_{\boldsymbol{\alpha}} - \boldsymbol{x} \|^2 B_{\boldsymbol{\alpha}}(\boldsymbol{x}) =$$

$$\sum_{|\boldsymbol{\alpha}|=n}\sum_{0\leqslant i,j\leqslant m}\left(\frac{\alpha_i\alpha_j}{n^2}-\frac{\alpha_i}{n}\xi_j-\frac{\alpha_j}{n}\xi_i+\xi_i\xi_j\right)\boldsymbol{v}^i\cdot\boldsymbol{v}^j\binom{n}{\boldsymbol{\alpha}}\boldsymbol{\xi}^{\boldsymbol{\alpha}} \tag{72}$$

容易验证

$$\sum_{|\boldsymbol{\alpha}|=n}\frac{\alpha_i}{n}\xi_j\binom{n}{\boldsymbol{\alpha}}\boldsymbol{\xi}^{\boldsymbol{\alpha}}=\xi_i\xi_j \tag{73}$$

且当 $i\neq j$ 时

$$\sum_{|\boldsymbol{\alpha}|=n}\frac{\alpha_i\alpha_j}{n^2}\binom{n}{\boldsymbol{\alpha}}\boldsymbol{\xi}^{\boldsymbol{\alpha}}=\xi_i\sum_{|\boldsymbol{\alpha}|=n}\frac{\alpha_j}{n}\binom{n-1}{\boldsymbol{\alpha}-\boldsymbol{e}^i}\boldsymbol{\xi}^{\boldsymbol{\alpha}-\boldsymbol{e}^i}=\frac{n-1}{n}\xi_i\xi_j \tag{74}$$

而当 $i=j$ 时

$$\sum_{|\boldsymbol{\alpha}|=n}\frac{\alpha_i^2}{n^2}\binom{n}{\boldsymbol{\alpha}}\boldsymbol{\xi}^{\boldsymbol{\alpha}}=\xi_i\sum_{|\boldsymbol{\alpha}|=n}\frac{\alpha_i}{n}\binom{n-1}{\boldsymbol{\alpha}-\boldsymbol{e}^i}\boldsymbol{\xi}^{\boldsymbol{\alpha}-\boldsymbol{e}^i}=$$

$$\xi_i\cdot\frac{1}{n}\sum_{|\boldsymbol{\alpha}|=n}\binom{n-1}{\boldsymbol{\alpha}-\boldsymbol{e}^i}\boldsymbol{\xi}^{\boldsymbol{\alpha}-\boldsymbol{e}^i}+$$

$$\xi_i\frac{n-1}{n}\sum_{|\boldsymbol{\alpha}|=n}\frac{\alpha_i-1}{n-1}\binom{n-1}{\boldsymbol{\alpha}-\boldsymbol{e}^i}\boldsymbol{\xi}^{\boldsymbol{\alpha}-\boldsymbol{e}^i}=$$

$$\frac{\xi_i}{n}+\frac{n-1}{n}\xi_i^2 \tag{75}$$

由式(72) ~ (75),便得欲证的式(71).

注意,由式(70) 及式(71) 可知

$$h(\boldsymbol{x})\geqslant 0,\forall\,\boldsymbol{x}\in\sigma$$

其中等号当且仅当 $\boldsymbol{x}\in V(\sigma$ 的顶点集) 时成立.

由式(69) 及式(71) 可得 Bernstein 多项式逼近的点态估计

$$|B_nf(\boldsymbol{x})-f(\boldsymbol{x})|\leqslant\frac{mM}{2}\frac{h(\boldsymbol{x})}{n} \tag{76}$$

最后,我们指出

$$\max_{x\in\boldsymbol{\alpha}}[h(\boldsymbol{x})]=\rho^2 \tag{77}$$

其中ρ是σ的有心面的外接球半径的最大值. 这已由吴正昌所证明. 在此我们利用 Lagrange 乘子法给出一个更简单的证明. 设τ是σ的一个k维面($1\leqslant k\leqslant m$)使得τ的外接球半径为ρ且其外接球球心z落在τ里. 不妨设$\tau=(\boldsymbol{v}^0,\boldsymbol{v}^1,\cdots,\boldsymbol{v}^k)$. 设$z$关于$\sigma$的重心坐标为$(\zeta_0,\zeta_1,\cdots,\zeta_m)$,则

$$\zeta_{k+1}=\cdots=\zeta_m=0$$

由于

$$\|\boldsymbol{v}^i-z\|=\rho,\forall i,0\leqslant i\leqslant k$$

我们有

$$\begin{aligned}h(z)=&\sum_{i=0}^m\zeta_i\boldsymbol{v}^i\cdot\boldsymbol{v}^i-\sum_{i=0}^m\zeta_i\zeta_j\boldsymbol{v}^i\cdot\boldsymbol{v}^j=\\&\sum_{i=0}^m\zeta_i\boldsymbol{v}^i\cdot\boldsymbol{v}^i-2\Big(\sum_{i=0}^m\zeta_i\boldsymbol{v}^i\Big)\cdot z+z\cdot z=\\&\sum_{i=0}^m\zeta_i(\boldsymbol{v}^i-z)\cdot(\boldsymbol{v}^i-z)=\Big(\sum_{i=0}^m\zeta_i\Big)\rho^2=\rho^2\end{aligned}$$

这表明

$$\max_{y\in\sigma}[h(y)]\geqslant\rho^2$$

尚须证明反方向的不等式. 设$\boldsymbol{x}\in\sigma$使得

$$h(\boldsymbol{x})=\max_{\boldsymbol{y}\in\sigma}[h(\boldsymbol{y})]$$

则$\boldsymbol{x}\notin V$. 因此x必落在σ的某个k维面τ的内部($1\leqslant k\leqslant m$). 不妨设$\tau=(\boldsymbol{v}^0,\boldsymbol{v}^1,\cdots,\boldsymbol{v}^k)$. 令

$$F(\boldsymbol{\xi})=h(\boldsymbol{y})-\lambda(\xi_0+\cdots+\xi_k-1),\boldsymbol{\xi}=(\xi_0,\cdots,\xi_k)$$

其中$\boldsymbol{y}=\sum_{i=0}^k\xi_i\boldsymbol{v}^i$,而$\lambda$是 Lagrange 乘子. 于是,在$\boldsymbol{\xi}$处必有

$$\frac{\partial F}{\partial\xi_i}=0,i=0,\cdots,k$$

即

$$v^i \cdot v^i - 2\Big(\sum_{j=0}^{k}\xi_j v^j\Big)\cdot v^i = \lambda, i=0,\cdots,k$$

因此

$$v^i \cdot (v^i - 2x) = \lambda$$

从而对于 $i=0,\cdots,k$ 有

$$(v^i - x)\cdot(v^i - x) = v^i \cdot (v^i - 2x) + \|x\|^2 = \lambda + \|x\|^2$$

这表明 x 必须是 τ 的外接球球心，所以 $h(x)\leqslant\rho^2$. 至此，定理 9 的证明已经完成.

在一元情形($m=1$)，Lorentz 已确定了 Bernstein 算子逼近的饱和度为 $\frac{h(x)}{n}$，此时 $h(x)=x(1-x)$. 这一结果可推广到多元情形.

定理 10　设 $f\in C(\sigma)$，则当 $n\to\infty$ 时

$$|f(x)-B_n f(x)| = o\left(\frac{h(x)}{n}\right) \tag{78}$$

的充分必要条件是 f 为线性函数.

注 1　式(78) 的意义是：对任意 $x\notin V$，有

$$\lim_{n\to\infty}\left[\frac{n|f(x)-B_n f(x)|}{h(x)}\right]=0$$

上述极限的收敛性不必是一致的.

定理 10 的证明建立在下面的引理的基础上.

引理 4　设 σ 是 $\mathbf{R}^m$ 里一个非退化的单纯形，$V=\{v^0,\cdots,v^m\}$ 是 σ 的顶点集，$f\in C(\sigma)$，$x^0\in\sigma\backslash V$，$f(x^0)>0$，$f(v^i)=0$，$i=0,1,\cdots,m$，那么可以找到一个二次多项式 $p(x)$，即

$$p(x)=\alpha\|x-a\|^2+r, \alpha<0 \tag{79}$$

使得：

(1) $p(\boldsymbol{x}) \geqslant f(\boldsymbol{x})$ 对所有 $\boldsymbol{x} \in \sigma$ 成立；

(2) 存在某一点 $\boldsymbol{y} \in \sigma \backslash V$ 使得 $p(\boldsymbol{y}) = f(\boldsymbol{y})$.

证明 取 a 为 σ 的外接球的球心，ρ 为外接球的半径. 取 $\alpha < 0$，$|\alpha|$ 充分小使得

$$f(\boldsymbol{x}^0) > |\alpha| (\rho^2 - \|\boldsymbol{x}^0 - a\|^2)$$

令

$$p_\alpha(\boldsymbol{x}) = \alpha \|\boldsymbol{x} - a\|^2$$

于是

$$p_\alpha(\boldsymbol{v}^i) - f(\boldsymbol{v}^i) = \alpha\rho^2 > p_\alpha(\boldsymbol{x}^0) - f(\boldsymbol{x}^0), i = 0, \cdots, m \tag{80}$$

令

$$c := \min_{y \in \sigma} \{p_\alpha(\boldsymbol{y}) - f(\boldsymbol{y})\}, p(\boldsymbol{x}) := p_\alpha(\boldsymbol{x}) - c$$

则 $p(\boldsymbol{x})$ 是一个形如式(79) 的二次多项式. 显然

$$p(\boldsymbol{x}) \geqslant f(\boldsymbol{x}), \boldsymbol{x} \in \sigma$$

且必有 $\boldsymbol{y} \in \sigma$ 使得 $p_\alpha(\boldsymbol{y}) - f(\boldsymbol{y}) = c$，从而对于 $\boldsymbol{y}$，$p(\boldsymbol{y}) = f(\boldsymbol{y})$. 又由式(80) 知 $\boldsymbol{y} \notin V$. 引理 4 证毕.

现在我们可以着手证明定理 10. 当 f 为线性函数时，$|f(\boldsymbol{x}) - B_n f(\boldsymbol{x})| = 0$，此时式(78) 当然成立. 现设 $f \in C(\sigma)$，且式(78) 成立，要证 f 是线性函数. 令 l 是对 f 在 $v^0, \cdots, v^m$ 处插值的线性函数，再令 $g := f - l$，则

$$g(\boldsymbol{v}^i) = 0, i = 0, \cdots, m$$

此时由式(78) 导出

$$|B_n g(\boldsymbol{x}) - g(\boldsymbol{x})| = o\left(\frac{h(\boldsymbol{x})}{n}\right) \tag{81}$$

我们要证对所有 $\boldsymbol{x} \in \sigma$，有 $g(\boldsymbol{x}) = 0$. 如若不然，则有 $\boldsymbol{x}_0 \in \sigma$ 使得 $g(\boldsymbol{x}_0) \neq 0$. 不失普遍性，可设 $g(\boldsymbol{x}_0) > 0$. 由引理 4 知，存在二次多项式 $p(\boldsymbol{x}) = \alpha \|\boldsymbol{x} - a\|^2 +$

$r(\alpha<0)$ 使得 $p(\boldsymbol{x})\geqslant g(\boldsymbol{x})$ 且存在某个 $\boldsymbol{y}\in\sigma\backslash V$ 适合 $p(\boldsymbol{y})=g(\boldsymbol{y})$. 二次多项式 $p(\boldsymbol{x})$ 可改写为

$$(B_n g)(\boldsymbol{y})-g(\boldsymbol{y})=B_n(g-g(\boldsymbol{y}))(\boldsymbol{y})\leqslant$$
$$B_n(p-p(\boldsymbol{y}))(\boldsymbol{y})=\alpha B_n(\|\cdot-\boldsymbol{y}\|^2)(\boldsymbol{y})$$

再由式(71) 知上式右端等于 $\frac{\alpha h(\boldsymbol{y})}{n}$. 由于 $\alpha<0$,这与式(81) 相矛盾. 定理 10 证毕.

易见 Bernstein 算子 B_n 将 π_n 一一地映到 π_n 上,从而 $B_n|_{\pi_n}$ 有逆映射,记这个算子为 Q_n. 注意 B_n 定义在连续函数空间上,而 Q_n 仅定义在 π_n 上. 当 $k\leqslant n$ 时,由于 π_k 是 B_n 的不变子空间,所以它也是 Q_n 的不变子空间. 我们将 π_n 看成 $C(\sigma)$ 的子空间,从而它赋有一致范数 $\|\cdot\|_\infty$. 再则,π_n 上的恒等算子以 I 表示. 在下文中,const_k 表示一个仅依赖于 k 的常数(在不同的场合它可以表示不同的常数).

引理 5　对于 $k\leqslant n$,在 π_k 上

$$\|B_n-I\|\leqslant \mathrm{const}_k\frac{1}{n},\ \|Q_n-I\|\leqslant \mathrm{const}_k\frac{1}{n}$$

成立.

证明　对于 $p\in\pi_k$,由定理 9 知

$$\|B_n p-p\|_\infty\leqslant\frac{m}{2}M\rho^2\frac{1}{n}$$

其中

$$M=\max_{1\leqslant i,j\leqslant m}\|D_iD_jp\|_\infty$$

由多元多项式的 Markov 不等式可知

$$M\leqslant \mathrm{const}_k\|p\|_\infty$$

这证明了前一个不等式. 后一个不等式可由如下考虑而得. 设

$$\|B_n-I\|\leqslant c_k/n$$

不妨设 $n > c_k$. 于是

$$\begin{aligned}\| Q_n - I \| = \| (I-(I-B_n))^{-1} - I \| &\leqslant \\ \sum_{j=1}^{\infty} \| (I-B_n)^j \| &\leqslant \\ \sum_{j=1}^{\infty} \left(\frac{c_k}{n}\right)^j &\leqslant \text{const}_k \frac{1}{n}\end{aligned}$$

证毕.

对于算子 Q_n 可导出与定理 9 相类似的结果.

定理 11　对于 $p \in \pi_k$ 有

$$\| Q_n p - p \|_\infty \leqslant \frac{mM}{2n}\rho^2 + O\left(\frac{1}{n^2}\right) \tag{82}$$

成立,其中 $M = \max\limits_{1\leqslant i,j\leqslant m} \| D_i D_j p \|_\infty$,$\rho$ 的意义如同定理 9,而且上式中$\frac{1}{n}$ 前的系数是最佳的.

证明　易见

$$\| Q_n p - p \| = \| Q_n(p - B_n p) \| \leqslant \| Q_n \| \ \| p - B_n p \|$$

再结合定理 9 及引理 5 即得欲证结果.

注 1　与定理 9 不同,式(78) 右端的 $O\left(\frac{1}{n^2}\right)$ 项一般不能去掉.

例如,$m=1$,$\sigma=[0,1]$,$p(x)=x^2$. 此时

$$Q_n p(x) = \frac{n}{n-1}x^2 - \frac{1}{n-1}x$$

于是,$\| Q_n p - p \| = \frac{1}{4(n-1)}$,但是$\frac{mM}{2n}\rho^2 = \frac{1}{4n}$.

欲考察 Bernstein 算子及其逆算子的渐近展开,我们需要引进如下的微分算子 T:对于 $f \in C^2(\sigma)$,有

$$(Tf)(\boldsymbol{x}) := \frac{1}{2}\sum_{i=0}^{m} \xi_i(1-\xi_i)(\partial_i^2 f)(\boldsymbol{x}) -$$

$$\sum_{0\leqslant i<j\leqslant m}\xi_i\xi_j(\partial_i\partial_j f)(\boldsymbol{x}) \tag{83}$$

其中$(\xi_0,\cdots,\xi_m)$是x关于σ的重心坐标,$\partial_i:=D_{v^i}$,$i=0,\cdots,m$.

定理 12　对于$f\in C^2(\sigma)$,当$n\to\infty$时有

$$B_n f=f+\frac{1}{n}(Tf)+o\left(\frac{1}{n}\right)$$

对于$p\in\pi_k$(k固定),当$n\to\infty$时有

$$Q_n p=p-\frac{1}{n}(Tp)+o\left(\frac{1}{n}\right)$$

证明　前一论断的证明可在 D. D. Stancu 的文章中找到. 后一结论可结合引理 5 而得.

对于$f\in C^4(\sigma)$,我们需要更强的关于渐近展开的结果.

定理 13　设$f\in C^4(\sigma)$,则当$n\to\infty$时有

$$B_n f=f+\frac{1}{n}(Tf)+O\left(\frac{1}{n^2}\right) \tag{84}$$

对于$p\in\pi_k$(k固定),当$n\to\infty$时有

$$Q_n p=p-\frac{1}{n}(Tp)+O\left(\frac{1}{n^2}\right) \tag{85}$$

证明　若已证明式(84),则式(85)容易得到,这是因为

$$Q_n p-p=Q_n(p-B_n p)=$$
$$p-B_n p+(Q_n-I)(p-B_n p)$$

而

$$(Q_n-I)(p-B_n p)=O\left(\frac{1}{n^2}\right)$$

现设$f\in C^4(\sigma)$,那么

$$B_n f(\boldsymbol{x})-f(\boldsymbol{x})=\sum_{|\boldsymbol{\alpha}|=n}\frac{1}{2}D^2_{\boldsymbol{x}_{\boldsymbol{\alpha}}-\boldsymbol{x}}f(\boldsymbol{x})B_{\boldsymbol{\alpha}}(\boldsymbol{x})+$$

$$\frac{1}{6}\sum_{|\boldsymbol{\alpha}|=n} D^3_{\boldsymbol{x}_{\boldsymbol{\alpha}}-\boldsymbol{x}} f(\boldsymbol{x}) B_{\boldsymbol{\alpha}}(\boldsymbol{x}) +$$
$$\frac{1}{24}\sum_{|\boldsymbol{\alpha}|=n} D^4_{\boldsymbol{x}_{\boldsymbol{\alpha}}-\boldsymbol{x}} f(\boldsymbol{x}+$$
$$\theta(\boldsymbol{x}_{\boldsymbol{\alpha}}-\boldsymbol{x})) B_{\boldsymbol{\alpha}}(\boldsymbol{x}), 0<\theta<1 \tag{86}$$

易证式(86)右端第一个和式即是$\frac{1}{n}Tf(\boldsymbol{x})$. 因此，欲证式(84)，只要证明式(86)右端的第二个及第一个和式关于$\boldsymbol{x}$一致地有$O\left(\frac{1}{n^2}\right)$即可. 这可由下述引理得到.

引理 6 设$\boldsymbol{\mu}\in \mathbf{Z}_+^{m+1}$，$\boldsymbol{\mu}$固定，$|\boldsymbol{\mu}|\geqslant 3$，则当$n\to\infty$时

$$\sum_{|\boldsymbol{\alpha}|=n}\left(\boldsymbol{\xi}-\frac{\boldsymbol{\alpha}}{n}\right)^{\boldsymbol{\mu}}\binom{n}{\boldsymbol{\alpha}}\boldsymbol{\xi}^{\boldsymbol{\alpha}}=O\left(\frac{1}{n^2}\right)$$

证明 由二项式定理可得

$$\left(\boldsymbol{\xi}-\frac{\boldsymbol{\alpha}}{n}\right)^{\boldsymbol{\mu}}=\sum_{\boldsymbol{\beta}\leqslant\boldsymbol{\mu}}(-1)^{|\boldsymbol{\beta}|}\binom{\boldsymbol{\mu}}{\boldsymbol{\beta}}\left(\frac{\boldsymbol{\alpha}}{n}\right)^{\boldsymbol{\beta}}\boldsymbol{\xi}^{\boldsymbol{\mu}-\boldsymbol{\beta}}$$

存在一个次数不超过β_i-2的多项式q使得

$$\alpha_i^{\beta_i}=\alpha_i(\alpha_i-1)\cdots(\alpha_i-\beta_i+1)+\frac{\beta_i(\beta_i-1)}{2}\alpha_i\cdot\cdots\cdot(\alpha_i-\beta_i+2)+q(\alpha_i) \tag{87}$$

易见，若p是一个次数为d的多项式，则

$$\sum_{|\boldsymbol{\alpha}|=n}\frac{p(\boldsymbol{\alpha})}{n^k}\binom{n}{\boldsymbol{\alpha}}\boldsymbol{\xi}^{\boldsymbol{\alpha}}=O\left(\frac{1}{n^{k-d}}\right) \tag{88}$$

于是，由式(87)及式(88)可得

$$\sum_{|\boldsymbol{\alpha}|=n}\left(\boldsymbol{\xi}-\frac{\boldsymbol{\alpha}}{n}\right)^{\boldsymbol{\mu}}\binom{n}{\boldsymbol{\alpha}}\boldsymbol{\xi}^{\boldsymbol{\alpha}}=$$
$$\sum_{\boldsymbol{\beta}\leqslant\boldsymbol{\mu}}(-1)^{|\boldsymbol{\beta}|}\binom{\boldsymbol{\mu}}{\boldsymbol{\beta}}\boldsymbol{\xi}^{\boldsymbol{\mu}-\boldsymbol{\beta}}\sum_{|\boldsymbol{\alpha}|=n}\left(\frac{\boldsymbol{\alpha}}{n}\right)^{\boldsymbol{\beta}}\binom{n}{\boldsymbol{\alpha}}\boldsymbol{\xi}^{\boldsymbol{\alpha}}=$$

$$\sum_{\boldsymbol{\beta}\leqslant\boldsymbol{\mu}}(-1)^{|\boldsymbol{\beta}|}\binom{\boldsymbol{\mu}}{\boldsymbol{\beta}}\xi^{\boldsymbol{\mu}-\boldsymbol{\beta}}\sum_{|\boldsymbol{\alpha}|=n}\left(\frac{1}{n}\right)^{|\boldsymbol{\beta}|}\frac{\boldsymbol{\alpha}!}{(\boldsymbol{\alpha}-\boldsymbol{\beta})!}\frac{n!}{\boldsymbol{\alpha}!}\xi^{\boldsymbol{\alpha}}+$$

$$\sum_{\boldsymbol{\beta}\leqslant\boldsymbol{\mu}}(-1)^{|\boldsymbol{\beta}|}\binom{\boldsymbol{\mu}}{\boldsymbol{\beta}}\xi^{\boldsymbol{\mu}-\boldsymbol{\beta}}\sum_{|\boldsymbol{\alpha}|=n}\left(\frac{1}{n}\right)^{|\boldsymbol{\beta}|}\cdot$$

$$\sum_{i=0}^{m}\frac{\beta_i(\beta_i-1)}{2}\frac{\boldsymbol{\alpha}!}{(\boldsymbol{\alpha}-\boldsymbol{\beta}+e^i)!}\frac{n!}{\boldsymbol{\alpha}!}\xi^{\boldsymbol{\alpha}}+O\left(\frac{1}{n^2}\right)$$

将上式右端第一个和式记为 S_1，第二个和式记为 S_2. 我们只要证明当 $|\mu|\geqslant 3$ 时 $S_1=O\left(\frac{1}{n^2}\right)$ 且 $S_2=O\left(\frac{1}{n^2}\right)$ 即可. 首先估计 S_1，即

$$S_1=\sum_{\boldsymbol{\beta}\leqslant\boldsymbol{\mu}}(-1)^{|\boldsymbol{\beta}|}\binom{\boldsymbol{\mu}}{\boldsymbol{\beta}}\xi^{\boldsymbol{\mu}-\boldsymbol{\beta}}\left(\frac{1}{n}\right)^{|\boldsymbol{\beta}|}\frac{n!}{(n-|\boldsymbol{\beta}|)!}\xi^{\boldsymbol{\beta}}\cdot$$

$$\sum_{|\boldsymbol{\alpha}|=n}\frac{(n-|\boldsymbol{\beta}|)!}{(\boldsymbol{\alpha}-\boldsymbol{\beta})!}\xi^{\boldsymbol{\alpha}-\boldsymbol{\beta}}=$$

$$\xi^{\boldsymbol{\mu}}\sum_{\boldsymbol{\beta}\leqslant\boldsymbol{\mu}}(-1)^{|\boldsymbol{\beta}|}\binom{\boldsymbol{\mu}}{\boldsymbol{\beta}}\frac{n!}{n^{|\boldsymbol{\beta}|}(n-|\boldsymbol{\beta}|)!}=$$

$$\xi^{\boldsymbol{\mu}}\sum_{\boldsymbol{\beta}\leqslant\boldsymbol{\mu}}(-1)^{|\boldsymbol{\beta}|}\binom{\boldsymbol{\mu}}{\boldsymbol{\beta}}\left(1-\frac{|\boldsymbol{\beta}|(|\boldsymbol{\beta}|-1)}{2n}\right)+$$

$$O\left(\frac{1}{n^2}\right)$$

当 $|\boldsymbol{\mu}|\geqslant 1$ 时，我们有

$$\sum_{\boldsymbol{\beta}\leqslant\boldsymbol{\mu}}(-1)^{|\boldsymbol{\beta}|}\binom{\boldsymbol{\mu}}{\boldsymbol{\beta}}=\prod_{i=0}^{m}\left(\sum_{\beta_i\leqslant\mu_i}(-1)^{\beta_i}\binom{\mu_i}{\beta_i}\right)=0$$

又

$$|\boldsymbol{\beta}|(|\boldsymbol{\beta}|-1)=2\sum_{0\leqslant i<j\leqslant m}\beta_i\beta_j+\sum_{i=0}^{m}\beta_i(\beta_i-1)$$

我们指出

$$\sum_{\boldsymbol{\beta}\leqslant\boldsymbol{\mu}}(-1)^{|\boldsymbol{\beta}|}\binom{\boldsymbol{\mu}}{\boldsymbol{\beta}}\beta_i(\beta_i-1)=0, i=0,\cdots,m, \mid\boldsymbol{\mu}\mid\geqslant 3 \tag{89}$$

其实,当 $\mu_i\leqslant 1$ 时,式(89)显然成立;而当 $\mu_i\geqslant 2$ 时

$$\sum_{\boldsymbol{\beta}\leqslant\boldsymbol{\mu}}(-1)^{|\boldsymbol{\beta}|}\binom{\boldsymbol{\mu}}{\boldsymbol{\beta}}\beta_i(\beta_i-1)=$$

$$\mu_i(\mu_i-1)\sum_{\boldsymbol{\beta}\leqslant\boldsymbol{\mu}}(-1)^{|\boldsymbol{\beta}|}\binom{\boldsymbol{\mu}-2\boldsymbol{e}^i}{\boldsymbol{\beta}-2\boldsymbol{e}^i}=$$

$$\sum_{\boldsymbol{r}\leqslant\boldsymbol{\mu}-2\boldsymbol{e}^i}(-1)^{|\boldsymbol{r}|}\binom{\boldsymbol{\mu}-2\boldsymbol{e}^i}{\boldsymbol{r}}=0$$

同理,当 $\mid\boldsymbol{\mu}\mid\geqslant 3$ 时

$$\sum_{\boldsymbol{\beta}\leqslant\boldsymbol{\mu}}(-1)^{|\boldsymbol{\beta}|}\binom{\boldsymbol{\mu}}{\boldsymbol{\beta}}\beta_i\beta_j=0, i\neq j$$

综上所证,当 $\mid\boldsymbol{\mu}\mid\geqslant 3$ 时有

$$S_1=O\left(\frac{1}{n^2}\right)$$

尚须估计 S_2. 我们有

$$\sum_{|\boldsymbol{\alpha}|=n}\frac{(n-\mid\boldsymbol{\beta}\mid+1)!}{(\boldsymbol{\alpha}-\boldsymbol{\beta}+\boldsymbol{e}^i)!}\boldsymbol{\xi}^{\boldsymbol{\alpha}-\boldsymbol{\beta}+\boldsymbol{e}^i}=1$$

而

$$\frac{n!}{n^{|\boldsymbol{\beta}|}(n-\mid\boldsymbol{\beta}\mid+1)!}=\frac{1}{n}+O\left(\frac{1}{n^2}\right)$$

因此

$$S_2=\frac{1}{n}\sum_{i=0}^{m}\sum_{\boldsymbol{\beta}\leqslant\boldsymbol{\mu}}(-1)^{|\boldsymbol{\beta}|}\binom{\boldsymbol{\mu}}{\boldsymbol{\beta}}\boldsymbol{\xi}^{\boldsymbol{\mu}-\boldsymbol{e}^i}\frac{\beta_i(\beta_i-1)}{2}+O\left(\frac{1}{n^2}\right)$$

再应用式(89)便得

$$S_2=O\left(\frac{1}{n^2}\right)$$

引理 6 证毕.

现在回到定理 13 的证明上来. 由引理 6 知式(86)右端第二个和式关于 x 一致地有 $O\left(\frac{1}{n^2}\right)$. 对于第三个和式,注意到

$$\| \boldsymbol{x}_{\boldsymbol{\alpha}} - \boldsymbol{x} \|^4 = \sum_{i,j,k,l} \left(\frac{\alpha_i}{n} - \xi_i\right)\left(\frac{\alpha_j}{n} - \xi_j\right)\left(\frac{\alpha_k}{n} - \xi_k\right) \cdot \left(\frac{\alpha_l}{n} - \xi_l\right)(\boldsymbol{v}^i \cdot \boldsymbol{v}^j)(\boldsymbol{v}^k \cdot \boldsymbol{v}^l)$$

从而由引理 6 推得

$$\sum_{|\boldsymbol{\alpha}|=n} \| \boldsymbol{x}_{\boldsymbol{\alpha}} - \boldsymbol{x} \|^4 B_{\boldsymbol{\alpha}}(\boldsymbol{x}) = O\left(\frac{1}{n^2}\right)$$

这就证明了定理 13.

令 $E := \{\boldsymbol{x}_{\boldsymbol{\alpha}} : |\boldsymbol{\alpha}| = n\}$,$E$ 中的点称为网点,易知必存在 σ 的一个单纯剖分 $\{\tau\}$ 使得:

(1) 每一个单纯形 τ 的顶点属于 E;

(2) 对任何 $\boldsymbol{x}, \boldsymbol{y} \in \tau$,它们关于 σ 的重心坐标 $\boldsymbol{\xi}$ 及 $\boldsymbol{\eta}$ 满足

$$|\xi_i - \eta_i| \leqslant \frac{1}{n}, i = 0, \cdots, m$$

固定这样的一个单纯剖分.

设 $p \in \pi_n$,则 p 可以表示为

$$p(x) = \sum_{|\boldsymbol{\alpha}|=n} q(\boldsymbol{x}_{\boldsymbol{\alpha}}) B_{\boldsymbol{\alpha}}(\boldsymbol{x})$$

其中 $q \in \pi_n$. 由 σ 的已选定的单纯剖分 $\{\tau\}$,可以唯一地决定一个分片线性函数 b^n 使得 b^n 在每个 τ 上是线性函数,且 $b^n(\boldsymbol{x}_{\boldsymbol{\alpha}}) = q(\boldsymbol{x}_{\boldsymbol{\alpha}})$ 对所有 α, $|\boldsymbol{\alpha}| = n$ 成立. 这样,b^n 由 p 所唯一确定,称为由 p 决定的 n 阶 Bézier 网. 给定 σ 上的一个连续函数 f,$B_k f$ 是一个次数不超过 k 的多项式,记它为 p. 当 $n \geqslant k$ 时,由 $p = B_k f$ 决定的 n 阶 Bézier 网记为 b^n. Farin 及其以后很多作者考虑过 b^n 对

$B_k f$ 的逼近问题. 注意这一问题仅牵涉到 f 相应的 k 次 Bernstein 多项式 p,而与函数 f 无关,所以实质上是 Bézier 网对多项式的逼近问题. 当 $m=2$ 时,Farin 证明了当 $n\to\infty$ 时,$\| b^n-p \| \to 0$. 进一步,冯玉瑜及孙家昌和赵康考虑了逼近阶的问题,得到

$$\| b^n - p \| = O\left(\frac{1}{n}\right)$$

下面的结果给出了最佳系数.

定理 14 当 $n\to\infty$ 时

$$\| b^n - p \|_{\infty} \leqslant \frac{mM}{2n}\rho^2 + O\left(\frac{1}{n^2}\right) \tag{90}$$

其中 $M=\max\limits_{1\leqslant i,j\leqslant n} \| D_i D_j p \|_{\infty}$,$\rho$ 是 σ 的有心面的外接球半径的最大值. 在式(90)中,$\frac{1}{n}$ 之前的系数 $\frac{mM\rho^2}{2}$ 是最佳的.

证明 设 $\{\tau\}$ 是 σ 的满足以上条件(1)及(2)的单纯剖分. 固定 $\boldsymbol{x}\in\sigma$,于是 $\boldsymbol{x}$ 必落在某个单纯形 τ 里. 设 τ 的顶点是 $\boldsymbol{x}_{\alpha_0},\cdots,\boldsymbol{x}_{\alpha_m}$,则

$$\boldsymbol{x} = \sum_{i=0}^{m} \lambda_i \boldsymbol{x}_{\alpha_i}, \lambda_i \geqslant 0, \sum_{i=0}^{m} \lambda_i = 1$$

那么

$$b^n(\boldsymbol{x}) = \sum_{i=0}^{m} \lambda_i b^n(\boldsymbol{x}_{\alpha_i})$$

所以

$$p(\boldsymbol{x}) - b^n(\boldsymbol{x}) = \left[p(\boldsymbol{x}) - \sum_{i=0}^{m} \lambda_i p(\boldsymbol{x}_{\alpha_i})\right] + \sum_{i=0}^{m} \lambda_i [p(\boldsymbol{x}_{\alpha_i}) - b^n(\boldsymbol{x}_{\alpha_i})]$$

由《n 维单形上 Bernstein 多项式逼近的精确误差界》

的结果知存在绝对常数 const(不依赖于 $\boldsymbol{x}$) 使得

$$\left|p(\boldsymbol{x})-\sum_{i=0}^{m}\lambda_i p(\boldsymbol{x}_{\alpha_i})\right|\leqslant \mathrm{const}\,\frac{1}{n^2}$$

再由定理 11 知

$$\left|\sum_{i=0}^{m}\lambda_i[p(\boldsymbol{x}_{\alpha_i})-b^n(\boldsymbol{x}_{\alpha_i})]\right|=$$

$$\left|\sum_{i=0}^{m}\lambda_i[p(\boldsymbol{x}_{\alpha_i})-(Q_n p)(\boldsymbol{x}_{\alpha_i})]\right|\leqslant$$

$$\| p-Q_n p \| \leqslant \frac{mM}{2n}\rho^2+O\left(\frac{1}{n^2}\right)$$

这就证明了式(90). 而系数最优性的证明如同文章《n 维单形上 Bernstein 多项式逼近的精确误差界》中有关的证明. 定理 14 证毕.

关于 Bézier 网对多项式逼近的点态估计, 由定理 13 可导出如下结果:

定理 15　设 b^n 是多项式 $p\in\pi_k(k\leqslant n)$ 所对应的 Bézier 网, 则当 $n\to\infty$ 时

$$p(\boldsymbol{x})-b^n(\boldsymbol{x})=\frac{1}{n}(Tp)(\boldsymbol{x})+O\left(\frac{1}{n^2}\right)$$

特别地, 关于 x 一致地成立

$$\lim_{n\to\infty}[n(p(\boldsymbol{x})-b^n(\boldsymbol{x}))]=(Tp)(\boldsymbol{x})$$

最后, 我们要讨论逼近的饱和度问题. 当 $m=2$ 时, 冯玉瑜曾证明了 $\| p-b^n \| =o\left(\frac{1}{n}\right)$ 的充要条件是 p 为线性函数. 这一结果可以推广到 $m>2$ 的情形.

定理 16　$\| p-b^n \| =o\left(\frac{1}{n}\right)$ 的充要条件是 p 为线性函数.

证明　当 p 是线性函数时, $p-b^n=0$. 现设 $\| p-$

$b^n \| = o\left(\frac{1}{n}\right)$，则由定理 15 知，对所有 $x \in \sigma$，$Tp(x) = 0$，即

$$\frac{1}{2}\sum_{i=0}^{m}\xi_i(1-\xi_i)(\partial_i^2 p) - \sum_{0\leqslant i<j\leqslant m}\xi_i\xi_j(\partial_i\partial_j p)(\boldsymbol{x}) = 0$$

其中$(\xi_0,\cdots,\xi_m)$是 $\boldsymbol{x}$ 关于σ 的重心坐标. 令 l 是适合以下条件的线性函数

$$l(\boldsymbol{v}^i) = p(\boldsymbol{v}^i), i = 0, \cdots, m$$

于是 $Tl = 0$，因此 $T(p-l) = 0$. 将 $p-l$ 展开为

$$p(\boldsymbol{x}) - l(\boldsymbol{x}) = \sum_{|\boldsymbol{\alpha}|=k} b(\boldsymbol{\alpha}) B_{\boldsymbol{\alpha}}(\boldsymbol{x})$$

其中 b 是 E 上的实函数. 这样

$$\begin{aligned}\xi_i\xi_j D^2_{v^i-v^j}(p-l) = & \sum_{|\boldsymbol{\alpha}|=k-l}\Big\{[b(\boldsymbol{\alpha}+2\boldsymbol{e}^i) - 2b(\boldsymbol{\alpha}+\boldsymbol{e}^i+\boldsymbol{e}^j) + \\ & b(\boldsymbol{\alpha}+2\boldsymbol{e}^j)]\times k(k-1)\binom{k-2}{\boldsymbol{\alpha}}\boldsymbol{\xi}^{\boldsymbol{\alpha}}\xi_i\xi_j\Big\} = \\ & \sum_{|\boldsymbol{\alpha}|=k}[b(\boldsymbol{\alpha}+\boldsymbol{e}^i-\boldsymbol{e}^j) - 2b(\boldsymbol{\alpha}) + \\ & b(\boldsymbol{\alpha}+\boldsymbol{e}^j-\boldsymbol{e}^i)]\alpha_i\alpha_j\binom{k}{\boldsymbol{\alpha}}\boldsymbol{\xi}^{\boldsymbol{\alpha}}\end{aligned}$$

所以

$$\begin{aligned}T(p-l)(\boldsymbol{x}) = & \sum_{|\boldsymbol{\alpha}|=k}\sum_{0\leqslant i<j\leqslant m}\alpha_i\alpha_j[b(\boldsymbol{\alpha}+\boldsymbol{e}^i-\boldsymbol{e}^j) - \\ & 2b(\boldsymbol{\alpha}) + b(\boldsymbol{\alpha}+\boldsymbol{e}^j-\boldsymbol{e}^i)]B_{\boldsymbol{\alpha}}(\boldsymbol{x})\end{aligned}$$

由此推出对所有 $\boldsymbol{\alpha}$，$|\boldsymbol{\alpha}| = k$，有

$$\sum_{0\leqslant i<j\leqslant m}\alpha_i\alpha_j[b(\boldsymbol{\alpha}+\boldsymbol{e}^i-\boldsymbol{e}^j) - 2b(\boldsymbol{\alpha}) + b(\boldsymbol{\alpha}+\boldsymbol{e}^j-\boldsymbol{e}^i)] = 0 \tag{91}$$

成立. 由式(91)可导出

$$b(\boldsymbol{\alpha}) = \sum_{0\leqslant i<j\leqslant m}\left[\frac{\alpha_i\alpha_j}{2\sum_{0\leqslant i<j\leqslant m}\alpha_i\alpha_j}(b(\boldsymbol{\alpha}+\boldsymbol{e}^i-\boldsymbol{e}^j) +\right.$$

$$b(\boldsymbol{\alpha}+\boldsymbol{e}^j-\boldsymbol{e}^i))\Big] \tag{92}$$

我们要证对所有 $\boldsymbol{\alpha}$，$b(\boldsymbol{\alpha})=0$. 如若不然，则存在 $\boldsymbol{r}$ 使得 $b(\boldsymbol{r})\neq 0$，不妨设 $b(\boldsymbol{r})>0$. 设在 $\boldsymbol{\alpha}$ 处 $b(\boldsymbol{\alpha})$ 达到最大值：$b(\boldsymbol{\alpha})=\max\limits_{r}\{b(\boldsymbol{r})\}$，则由式(92) 可知

$$b(\boldsymbol{\alpha})=b(\boldsymbol{\alpha}+\boldsymbol{e}^i-\boldsymbol{e}^j),\ \forall\, i,j$$

由此推得 $b(\boldsymbol{\alpha})=b(k\boldsymbol{e}^0)$. 但是 $(p-l)(\boldsymbol{v}^i)=0$，$i=0,\cdots,m$. 因此 $b(k\boldsymbol{e}^0)=0$，从而 $b(\boldsymbol{\alpha})=0$. 这是一个矛盾. 这表明 $p-l$ 必须为 0，从而 p 是线性函数. 定理 16 证毕.

§7　高维单纯形上 Bernstein 多项式的凸性定理的逆定理

中国科学院成都分院数理科学研究室的张景中研究员、中国科学技术大学数学系的常庚哲教授、中国科学院成都分院数理科学研究室的杨路研究员在 1989 年提出：设 f 是 m 维单形 $\mathscr{D}$ 上的连续函数，$B^n(f;x)$ 是 f 的 n 次 Bernstein 多项式. 则对于 $\mathscr{D}$ 的内点 Q，如果恒有 $B^n(f,Q)\geqslant B^{n+1}(f,Q)$，那么 Q 不可能是 f 的非平凡极大值点. 由此推出，若 f 在 $\mathscr{D}$ 上是逐块线性函数，则 $B^n(f,x)\geqslant B^{n+1}(f,x)$（对一切正整数 n 和任一 $x\in\mathscr{D}$）蕴含 f 是 $\mathscr{D}$ 上的凸函数.

7.1　引言

设 $f(x)$ 是 $[0,1]$ 上的函数，而 $B^n(f,x)$ 是 f 的 n 次 Bernstein 多项式. 众所周知，若 $f(x)$ 在 $[0,1]$ 上是凸的，则 $B^n(f,x)$ 也是凸的，并且对一切 $x\in[0,1]$ 和

一切正整数 n，有 $B^n(f,x)\geqslant B^{n+1}(f,x)$.

在 1960 年，Kosmak 证明了：如果 f 在 $[0,1]$ 上二阶连续可微，则不等式 $B^n(f,x)\geqslant B^{n+1}(f,x)$（对一切 $x\in[0,1]$ 和一切正整数 n）成立蕴含 f 在 $[0,1]$ 上是凸的. 1968 年，Zve Ziegler 证明了：把对 f 的要求减弱为在 $[0,1]$ 上连续，这一论断依然成立. 我们称这个结果为凸性定理的逆定理.

后来，这些结果开始被考虑推广到多元的 Bernstein 多项式. 令

$$B^n(f,P)=\sum_{i+j+k=n} f\left(\frac{i}{n},\frac{j}{n},\frac{k}{n}\right)B^n_{i,j,k}(P)$$

是定义于三角域 T 的函数 f 的 n 次 Bernstein 多项式，这里

$$B^n_{i,j,k}(P)=\frac{n!}{i!\ j!\ k!}u^i\boldsymbol{v}^j w^k$$

而 (u,v,w) 是点 P 关于以 T 的顶点为基点的重心坐标. 常庚哲和 Davis 证明了：对于 T 上的凸函数 f，其 Bernstein 多项式序列当 n 增加时依然是递减的. 但他们找出了这样的在 T 上的凸函数 f，它的 Bernstein 多项式 $B^2(f,P)$ 却不在 T 上凸. 可是，他们又证明了：如果 f 在 T 上的 n 阶 Bézier 网是凸的，则 $B^n(f,x)$ 凸. 这里，所谓 f 的 n 阶 Bézier 网，是指 T 上的逐片线性函数 $\hat{f}_n(P)$，它在 T 的 n 阶三角剖分所得的每个以 $\left(\frac{i}{n},\frac{j}{n},\frac{k}{n}\right)$ $(i+j+k=n)$ 为顶点的子三角形上是线性的，并且有

$$\hat{f}_n\left(\frac{i}{n},\frac{j}{n},\frac{k}{n}\right)=f\left(\frac{i}{n},\frac{j}{n},\frac{k}{n}\right),i+j+k=n$$

对于函数 $f(P)=u^2+v^2-w^2$，易知它在 T 上不

是凸的，但却有 $B^n(f,P)\geqslant B^{n+1}(f,P)$ 对一切 $P\in T$，$n=1,2,3,\cdots$ 成立. 本节考虑了这样的问题：对于什么样的函数，凸性定理的逆定理成立？常庚哲等证明了：如果 f 在 T 内有非平凡的极大值点 Q（亦即，f 在 Q 取局部极大且在 Q 的邻域不为常数），则不可能对一切正整数 n 和一切 $P\in T$ 有 $B^n(f,P)\geqslant B^{n+1}(f,P)$. 这就推出了：对 T 上的分片线性连续函数 f，凸性定理的逆定理为真. 这是因为，如果分片线性连续函数 f 非凸，则必存在线性函数 L，使 $\widetilde{f}=f+L$ 在 T 内有非平凡的极大值点. 于是对某个 n 和 P 有

$$B^n(\widetilde{f},P)<B^{n+1}(\widetilde{f},P)$$

但又有

$$B^n(\widetilde{f},P)=B^n(f,P)+L(P)$$
$$B^{n+1}(\widetilde{f},P)=B^{n+1}(f,P)+L(P)$$

于是

$$B^n(f,P)<B^{n+1}(f,P)$$

可以把 Bernstein 多项式的概念推广到更高维的单形 $\mathscr{D}$ 上. 对应地，也可以构造高维单形 $\mathscr{D}$ 上的 Bézier 网. Dahmen 和 Micchelli 考虑了这方面的细节. 他们指出，在 $m>2$ 维的单形上，对给定的 f，其 Bézier 网 $\hat{f}_n(P)$ 在 $n\geqslant 2$ 时不是唯一确定的. 由此可见，对这类函数的凸性的研究，从低维到高维的推广也是非平凡的.

本节将把所获得的结果从 2 维推广到高维. 作为推论，我们证明了：如果 $\varphi(P)$ 是某个 f 的某阶 Bézier 网，则凸性定理的逆定理关于 φ 成立. 亦即，由 $B^n(\varphi,P)\geqslant B^{n+1}(\varphi,P)$ 对一切正整数 n 及 $P\in\mathscr{D}$ 成立可推出 φ 在 $\mathscr{D}$ 上为凸.

7.2 关于 Bernstein 多项式的几个引理

设 $\mathbf{R}^m$ 中的单形 $A_0A_1A_2\cdots A_m$，记为 $\mathscr{D}$，以 A_i 为基点建立重心坐标系 $(x_0,x_1,\cdots,x_m)$，则对 $\mathscr{D}$ 上的任一点 $X=(x_0,x_1,\cdots,x_m)$ 有

$$x_0+x_1+\cdots+x_m=1, x_i\geqslant 0, i=0,1,\cdots,m$$

任取一点 $O(p_0,p_1,\cdots,p_m)\in\mathscr{D}$，使得

$$p_0+p_1+\cdots+p_m=1, p_i>0, i=0,1,\cdots,m$$

设

$$0<\beta\leqslant\min_{0\leqslant i\leqslant m}\{p_i\}\leqslant\min_{0\leqslant i,j\leqslant m}\left\{\frac{p_i}{p_j}\right\}\leqslant\max_{0\leqslant i,j\leqslant m}\left\{\frac{p_i}{p_j}\right\}\leqslant\alpha \tag{93}$$

对任一自然数 n，记

$$B_{i_0,i_1,\cdots,i_m}^{(n)}(O)=\frac{n!}{i_0!\ i_1!\ \cdots i_m!}p_0^{i_0}p_1^{i_1}\cdots p_m^{i_m} \tag{94}$$

其中 $i_0+i_1+\cdots+i_m=n$，$i_k(k=0,1,\cdots,m)$ 是非负整数. 在不至于引起混淆时，$B_{i_0,i_1,\cdots,i_m}^{(n)}(O)$ 可简记作 $B_{(i)}$[用 (i) 表示数组 $(i_0,i_1,\cdots,i_m)$]，又约定 $B_{(i),k,l}=B_{i'_0,i'_1,\cdots,i'_m}$（两端标号均为非负整数），其中 $i'_s=i_s(s\neq k,l)$，$i'_k=i_k-1$，$i'_l=i_l+1$.

我们称 $\left(\frac{i_0}{n},\frac{i_1}{n},\cdots,\frac{i_m}{n}\right)$ 为对应于 $B_{(i)}^{(n)}$ 的格点.

引理 7 $\frac{B_{(i),k,l}}{B_{(i)}}=\frac{i_k}{i_l+1}\cdot\frac{p_l}{p_k}$. 因而有：

(1) 当 $\frac{i_l+1}{i_k}\leqslant\frac{p_l}{p_k}$ 时，$B_{(i)}\leqslant B_{(i),k,l}$；

当 $\frac{i_l+1}{i_k}\geqslant\frac{p_l}{p_k}$ 时，$B_{(i)}\geqslant B_{(i),k,l}$.

(2) 当 $\frac{i_l+1}{i_k}\leqslant\frac{p_l}{p_k}-\delta$ 时，$B_{(i)}<(1+\beta\delta)^{-1}B_{(i),k,l}$；

当$\frac{i_l+1}{i_k}\geqslant\frac{p_l}{p_k}+\delta$时，$B_{(i)}>(1+\beta\delta)B_{(i),k,l}$.

这里$\delta\in(0,\beta)$，β的定义见式(93).

证明　(1) 是显然的.

(2) 当$\frac{i_l+1}{i_k}\leqslant\frac{p_l}{p_k}-\delta$时

$$\frac{B_{(i)k,l}}{B_{(i)}}=\left(\frac{i_l+1}{i_k}\right)^{-1}\cdot\frac{p_l}{p_k}\geqslant\left(\frac{p_l}{p_k}-\delta\right)^{-1}\cdot\frac{p_l}{p_k}=$$

$$1+\frac{\delta}{\frac{p_l}{p_k}-\delta}>1+\frac{p_k}{p_l}\cdot\delta\geqslant 1+\beta\delta$$

当$\frac{i_l+1}{i_k}\geqslant\frac{p_l}{p_k}+\delta$时

$$\frac{B_{(i),k,l}}{B_{(i)}}=\left(\frac{i_l+1}{i_k}\right)^{-1}\cdot\frac{p_l}{p_k}\leqslant\left(\frac{p_l}{p_k}+\delta\right)^{-1}\cdot\frac{p_l}{p_k}=$$

$$\left(1+\frac{p_k}{p_l}\cdot\delta\right)^{-1}<(1+\beta\delta)^{-1}$$

由以上推导，(2) 得证.

引理 8　对于一组$(i)=(i_0,i_1,\cdots,i_m)$和任一固定的$0\leqslant k\leqslant m$和i_k，有：

(1) $$\sum_{\substack{\sum\limits_{\substack{l\neq k\\0\leqslant l\leqslant m}} i_l=n-i_k}}B_{(i)}^{(n)}=\frac{n!}{i_k!\ (n-i_k)!}p_k^{i_k}(1-p_k)^{n-i_k}$$

$$\xlongequal{\text{令}}A_{i_k}^{(n)}(p_k);$$

(2) 对于$\delta\in(0,\beta)$，当$\frac{i_k+1}{n+1}\leqslant p_k-\delta$时，

$A_{i_k}^{(n)}(p_k)<(1+\delta)^{-1}A_{i_k+1}^{(n)}(p_k)$;

(3) 设r为非负整数，$r\leqslant(p_k-\delta)(n+1)-1$，则

$$\sum_{i_k\leqslant r}B_{(i)}^{(n)}\leqslant\frac{1+\delta}{\delta}\sum_{i_k=r}B_{(i)}^{(n)}=\frac{1+\delta}{\delta}A_r^{(n)}(p_k)$$

证明 (1) 由对称性,不妨设 $k=0$,则

$$\sum_{\sum_{l=1}^{m} i_l=n-i_0} B_{(i)}^{(n)}=\sum_{\sum_{l=1}^{m} i_l=n-i_0}\frac{n!}{i_0!\ i_1!\ i_2\cdots i_m!}\cdot p_0^{i_0}p_1^{i_1}\cdots p_m^{i_m}=$$

$$\frac{n!\ p_0^{i_0}}{i_0!\ (n-i_0)!}\cdot\sum_{\sum_{l=1}^{m} i_l=n-i_0}\frac{(n-i_0)!}{i_1 i_2!\ \cdots i_m!}p_1^{i_1}p_2^{i_2}\cdots p_m^{i_m}=$$

$$\frac{n!\ p_0^{i_0}}{i_0(n-i_0)!}\cdot(p_1+p_2+\cdots+p_m)^{n-i_0}=$$

$$\frac{n!}{i_0!\ (n-i_0)!}\cdot p_0^{i_0}(1-p_0)^{n-i_0}$$

(2) $$\frac{A_{i_k+1}^{(n)}(p_k)}{A_{i_k}^{(n)}(p_k)}=\frac{(n+1)-(i_k+1)}{i_k+1}\cdot\frac{p_k}{1-p_k}=$$

$$\frac{1-\frac{i_k+1}{n+1}}{\frac{i_k+1}{n+1}}\cdot\frac{p_k}{1-p_k}\geqslant$$

$$\frac{1-p_k+\delta}{p_k-\delta}\cdot\frac{p_k}{1-p_k}=$$

$$\frac{1+\frac{\delta}{1-p_k}}{1-\frac{\delta}{p_k}}>1+\delta$$

(3) 由(1)得

$$\sum_{i_k\leqslant r}B_{(i)}^{(n)}=\sum_{i_k=0}^{r}A_{i_k}^{(n)}(p_k)$$

由于 $r\leqslant(p_k-\delta)(n+1)-1$,即得 $\frac{r+1}{n+1}\leqslant p_k-\delta$,由(2)知,对 $i_k=0,1,\cdots,r$ 有 $A_{i_k}^{(n)}(p_k)<(1+$

$\delta)^{-1}A_{i_k+1}^{(n)}(p_k)<\cdots<(1+\delta)^{-(r-i_k)}A_r^{(m)}(p_k)$，对 $i_k=0$，$1,2,\cdots,r$ 相加有

$$\sum_{i_k\leqslant r}A_{i_k}^{(n)}(p_k)<A_r^{(n)}(p_k)\sum_{l=0}^{n}(1+\delta)^{-l}=\frac{1+\delta}{\delta}A_r^{(n)}(p_k)$$

引理 9 对任给的 $0<\varepsilon<1$，当 $n\geqslant\frac{1}{\varepsilon}\left(\frac{1}{p_0}+\frac{1}{p_1}+\cdots+\frac{1}{p_m}\right)$ 时，所有 $B_{(i)}^{(n)}$ 中最大者若为 $B_{(i^*)}^{(n)}$，$(i^*)=(i_0^*,i_1^*,i_2^*,\cdots,i_m^*)$，则必有

$$\frac{i_k^*}{n}>(1-\varepsilon)p_k,0\leqslant k\leqslant m \tag{95}$$

证明 设 $(i)=(i_0,i_1,\cdots,i_m)$ 不满足式(95)，我们证明对应的 $B_{(i)}^{(n)}$ 一定不是最大的，不妨设

$$\frac{i_0}{n}\leqslant(1-\varepsilon)p_0 \tag{96}$$

因为

$$p_0(1-\varepsilon)+\frac{1}{n}(i_1+i_2+\cdots+i_m)\geqslant$$
$$\frac{1}{n}(i_0+i_1+\cdots+i_n)=$$
$$1=p_0+p_1+\cdots+p_m$$

所以

$$\frac{1}{n}(i_1+i_2+\cdots+i_m)\geqslant p_1+p_2+\cdots+p_m+\varepsilon p_0$$

故 m 个不等式 $\frac{i_l}{n}\geqslant p_l+\frac{\varepsilon p_0}{m}(l=1,2,\cdots,m)$ 中至少有一个成立，不妨设

$$\frac{i_1}{n}\geqslant p_1+\frac{\varepsilon p_0}{m} \tag{97}$$

又因

$$n \geqslant \frac{1}{\varepsilon}\left(\frac{1}{p_0}+\frac{1}{p_1}+\cdots+\frac{1}{p_m}\right)$$

可得$\frac{1}{n}<\varepsilon p_0$，故

$$\frac{i_0+1}{n}=\frac{i_0}{n}+\frac{1}{n}<(1-\varepsilon)p_0+\varepsilon p_0=p_0[\text{由式}(96)]$$

显然又有 $i_1>np_1>1$[由式(97)]，故 $B_{(i),1,0}^{(n)}(=B_{i_0+1,i_1-1,i_2,\cdots,i_m}^{(n)})$ 有意义，而且

$$\frac{i_0+1}{i_1}=\frac{\frac{i_0+1}{n}}{\frac{i_1}{n}}<\frac{p_0}{p_1}$$

由引理 7 知，$B_{(i)}^{(n)}<B_{(i),1,0}^{(n)}$，故知 $B_{(i)}^{(n)}$ 不是最大的.

约定，以 $O(p_0,p_1,\cdots,p_m)$ 为内点的 m 维闭单形为

$$Q_\varepsilon=\{(x_0,x_1,\cdots,x_m)\mid x_k\geqslant(1-\varepsilon)p_k(k=0,1,\cdots,m),\\ x_0+x_1+\cdots+x_m=1\}$$

显然，如果 $\delta<\varepsilon$，则 $Q_\delta\subseteq Q_\varepsilon$.

引理 10　$\forall\varepsilon\in(0,1)$，$\exists\delta\in(0,\varepsilon)$ 和 n_0，使得当 $n\geqslant n_0$ 时，如果 $\left(\frac{i_0}{n},\frac{i_1}{n},\cdots,\frac{i_m}{n}\right)\notin\Omega_\varepsilon$，而 $\left(\frac{j_0}{n},\frac{j_1}{n},\cdots,\frac{j_m}{n}\right)\in\Omega_\delta$，则有

$$B_{(i)}^{(n)}<B_{(j)}^{(n)}$$

$[(i)=(i_0,i_1,\cdots,i_m),(j)=(j_0,j_1,\cdots,j_m),i_l,j_s$ 皆为非负整数，$i_0+i_1+\cdots+i_m=j_0+j_1+\cdots+j_m=n]$

证明　对于给定的 $\varepsilon\in(0,1)$，总可以取 $\delta\in(0,\varepsilon)$ 足够小，以至

$$\left(\frac{1+m\alpha\delta}{1-\delta}\right)^{(m+1)\delta}<\left(1+\frac{\beta^2\varepsilon}{2}\right)^{r\varepsilon}\tag{98}$$

这里取

$$r=\left(2m\left(\frac{1}{p_0}+\frac{1}{p_1}+\cdots+\frac{1}{p_m}\right)\right)^{-1} \tag{99}$$

再取 n_0 足够大,使得

$$n_0 r\delta>2, n_0 r\varepsilon>2 \tag{100}$$

以下证明这样的 n_0 和 δ 满足要求. 下设 $n \geqslant n_0$,设 $\left(\frac{i_0}{n},\frac{i_1}{n},\cdots,\frac{i_m}{n}\right) \notin \Omega_\varepsilon$,则 $m+1$ 个不等式 $\frac{i_k}{n}<(1-\varepsilon)p_k(0 \leqslant k \leqslant m)$ 中至少有一个成立,不妨设

$$\frac{i_0}{n}<p_0(1-\varepsilon) \tag{101}$$

与式(97) 同理,亦不妨设

$$\frac{i_1}{n}>p_1+\frac{\varepsilon p_0}{m} \tag{102}$$

作序列

$$\begin{aligned}
B_{(i)_0}^{(n)} &= B_{(i)}^{(n)} \\
B_{(i)_1}^{(n)} &= B_{(i)_0,1,0}^{(n)} \\
B_{(i)_2}^{(n)} &= B_{(i)_1,1,0}^{(n)} \\
&\vdots \\
B_{(i)_l}^{(n)} &= B_{(i)_{l-1},1,0}^{(n)}
\end{aligned} \tag{103}$$

即序列中每一项的第 0 标号比前项多 1,而第 1 标号比前项少 1,并约定序列的项数 l_0+1 满足

$$l_0=\max\left\{l \in \mathbf{Z}_+ \left\lvert\, \frac{i_0+l}{n}<p_0\left(1-\frac{\varepsilon}{2}\right), \frac{i_1-l}{n}>p_1\right.\right\}$$

设 $l_{0,1}=\max\left\{l \in \mathbf{Z}_+ \left\lvert\, \frac{i_0+l}{n}<p_0\left(1-\frac{\varepsilon}{2}\right)\right.\right\}$, $l_{0,2}=\max\left\{l \in \mathbf{Z}_+ \left\lvert\, \frac{i_1-l}{n}>p_1\right.\right\}$ ($\mathbf{Z}_+$ 为自然数集),则得

$$i_0+l_{0,1} \geqslant np_0\left(1-\frac{\varepsilon}{2}\right)-1$$

所以由式(101)有

$$l_{0,1} \geqslant np_0\left(1-\frac{\varepsilon}{2}\right)-1-i_0 >$$

$$np_0\left(1-\frac{\varepsilon}{2}\right)-1-np_0(1-\varepsilon)=$$

$$\frac{np_0\varepsilon}{2}-1 \tag{104}$$

又由 $l_{0,2}$ 的定义及式(102)有

$$l_{0,2} \geqslant i_1-np_1-1 > n\left(p_1+\frac{\varepsilon p_0}{m}\right)-np_1-1=$$

$$\frac{np_0\varepsilon}{m}-1 \tag{105}$$

因 l_0 是 $l_{0,1}$ 和 $l_{0,2}$ 中的较小者,故由式(104)和式(105)有

$$l_0 > \frac{np_0\varepsilon}{2m}-1 \tag{106}$$

于是由 l_0 的定义对一切 $l=0,1,2,\cdots,l_0-1$ 总有

$$\frac{(i_0+l)+1}{i_1-l} < \frac{i_0+l_0}{i_1-l_0} = \frac{\frac{i_0+l_0}{n}}{\frac{i_1-l_0}{n}} <$$

$$\frac{p_0\left(1-\frac{\varepsilon}{2}\right)}{p_1} = \frac{p_0}{p_1}\left(1-\frac{\varepsilon}{2}\right) \tag{107}$$

由式(107)及引理 7 的(2)知,对序列式(103)中的诸项有

$$B_{(i)_l}^{(n)} < \left(1+\beta\cdot\frac{p_0}{p_1}\cdot\frac{\varepsilon}{2}\right)^{-1}\cdot B_{(i)_l,1,0}^{(n)} =$$

$$\left(1+\beta\cdot\frac{p_0}{p_1}\cdot\frac{\varepsilon}{2}\right)^{-1} B_{(i)_{l+1}} \leqslant$$

$$\left(1+\beta^2\ \frac{\varepsilon}{2}\right)^{-1} B_{(i)_{l+1}}, l=0,1,2,\cdots,l_0-1$$

因而

$$B_{(i)}^{(n)}=B_{(i)_0}^{(n)}<\left(1+\frac{\beta^2\varepsilon}{2}\right)^{-l_\varepsilon}B_{(i)_{l_0}}^{(n)}\leqslant$$

$$\left(1+\frac{\beta^2\varepsilon}{2}\right)^{-\left(\frac{np_0\varepsilon}{2m}-1\right)}\cdot B_{(i^*)}^{(n)}\qquad(108)$$

这里 $B_{(i^*)}^{(n)}=\max\left\{B_{(i)}^{(n)}\middle|\left(\frac{i_0}{n},\frac{i_1}{n},\cdots,\frac{i_m}{n}\right)\in\mathscr{D}\right\}$.

以下考虑对应于 $\left(\frac{j_0}{n},\frac{j_1}{n},\cdots,\frac{j_m}{n}\right)\in\Omega_\delta$ 的 $B_{(j)}^{(n)}$，由式(100)知，$n_0>\frac{2}{\delta}\cdot\frac{1}{r}$，由式(99)知

$$n_0>\frac{4}{\delta}\left(\frac{1}{p_0}+\frac{1}{p_1}+\cdots+\frac{1}{p_m}\right)$$

由引理 9 知，当 $n\geqslant n_0$ 时

$$B_{(i^*)}^{(n)}\in\Omega_\delta$$

由 Ω_δ 的定义可知$\frac{j_k}{n}\geqslant(1-\delta)p_k(k=0,1,\cdots,m)$，故

$$p_0+p_1+\cdots+p_m=\frac{j_0+j_1+\cdots+j_m}{n}\geqslant$$

$$\frac{j_0}{n}+(1-\delta)(p_1+p_2+\cdots+p_m)$$

所以

$$-\delta p_0\leqslant\frac{j_0}{n}-p_0\leqslant\delta(p_1+p_2+\cdots+p_m)=\delta(1-p_0)$$

同理

$$-\delta p_k\leqslant\frac{j_k}{n}-p_k\leqslant\delta(1-p_k),k=0,1,\cdots,m$$

$$-\delta p_k\leqslant\frac{i_k^*}{n}-p_k\leqslant\delta(1-p_k),k=0,1,\cdots,m\qquad(109)$$

由式(109)得

$$\left|\frac{i_k - i_k^*}{n}\right| \leqslant \delta, k = 0, 1, \cdots, m \tag{110}$$

现在我们再构造序列

$$B_{(j)_0}^{(n)} = B_{(j)}^{(n)}, B_{(j)_1}^{(n)}, B_{(j)_2}^{(n)}, \cdots, B_{(j)_N}^{(n)} = B_{(i^*)}^{(n)} \tag{111}$$

这个序列从 $B_{(j)}^{(n)}$ 开始，到 $B_{(i^*)}^{(n)}$ 为止，使得：

(1) 相邻两项，$m+1$ 个指标中恰有两个相对应的指标不同；

(2) 相邻两项，不同的两个相应的指标，其差的绝对值为 1；

(3) 每项与最后一项对应指标差的绝对值之和依次减 2.

也就是说：

设

$$(i^*) = (i_0^*, i_1^*, \cdots, i_m^*)(i_0^* + \cdots + i_m^* = n)$$

$$(j)_k = (j_0^k, j_1^k, \cdots, j_m^k)(j_0^k + j_1^k + \cdots + j_m^k = n)$$

记 $E_k = |i_0^* - j_0^k| + |i_1^* - j_1^k| + \cdots + |i_m^* - j_m^k|$

则

$$E_k = E_{k+1} + 2, E_{N-1} = 2$$

并且 $|j_0^k - j_0^{k+1}| + |j_1^k - j_1^{k+1}| + \cdots + |j_m^k - j_m^{k+1}| = 2$.（即一个指标加 1，一个指标减 1，其余不变.）

由此可知 j_l^k 一定在 j_l^0 和 i_l^* 之间，因而

$$\left(\frac{j_0^k}{n}, \frac{j_1^k}{n}, \cdots, \frac{j_m^k}{n}\right) \in \Omega_\delta, k = 0, 1, \cdots, N$$

由于 $|j_0^0 - i_0^*| + |j_1^0 - i^*| + \cdots + |j_m^0 - i_m^*| = |j_0 - i_0^*| + |j_1 - i_1^*| + \cdots + |j_m - i_m^*| \leqslant (m+1)n\delta$[由式(110)]，故序列式(111)的总项数 $N+1$ 不超过 $\frac{(m+1)n\delta}{2} + 1$，即

$$N \leqslant \frac{(m+1)n\delta}{2} \tag{112}$$

现在估计序列式(111) 中相邻两项之比,设这两项是 $B_{(i)}^{(n)}$ 和 $B_{(i),k,l}^{(n)}[(i)=(i_0,i_1,\cdots,i_m)]$. 由于这两项对应的格点都在 Ω_ε 之中,由式(109) 可得

$$p_l(1-\delta)\leqslant\frac{i_l+1}{n}\leqslant p_l+(1-p_l)\delta$$

$$p_k(1-\delta)\leqslant\frac{i_k}{n}\leqslant p_k(1-p_k)\delta$$

由此可见

$$\frac{p_k(1-\delta)}{p_l+(1-p_l)\delta}\cdot\frac{p_l}{p_k}\leqslant\frac{B_{(i),k,l}^{(n)}}{B_{(i)}^{(n)}}=\frac{i_k}{i_1+1}\cdot\frac{p_l}{p_k}\leqslant \frac{p_k+(1-p_k)\delta}{p_l(1-\delta)}\cdot\frac{p_l}{p_k}$$

即

$$\frac{1-\delta}{1+\left(\frac{1-p_l}{p_l}\right)\delta}\leqslant\frac{B_{(i),k,l}^{(n)}}{B_{(i)}^{(n)}}\leqslant\frac{1+\left(\frac{1-p_k}{p_k}\right)\delta}{1-\delta}\tag{113}$$

由 α 的定义

$$\frac{1-p_j}{p_j}=\frac{p_0+p_1+p_2+\cdots+p_m-p_l}{p_j}<m\alpha$$

$$j=0,1,\cdots,m$$

故由式(113) 有

$$\frac{1-\delta}{1+m\alpha\delta}<\frac{B_{(i),k,l}^{(n)}}{B_{(i)}^{(n)}}<\frac{1+m\alpha\delta}{1-\delta}\tag{114}$$

将之用于序列式(111) 可得

$$\frac{B_{(i^*)}^{(n)}}{B_{(i)}^{(n)}}=\frac{B_{(i^*)}^{(n)}}{B_{(i)_{N-1}}^{(n)}}\cdot\frac{B_{(i)_{N-1}}^{(n)}}{B_{(i)_{N-2}}^{(n)}}\cdots\frac{B_{(j)_1}^{(n)}}{B_{(j)_1}^{(n)}}\cdot\frac{B_{(i)_1}^{(n)}}{B_{(j)_1}^{(n)}}\leqslant\left(\frac{1+m\alpha\delta}{1-\delta}\right)^N$$

由式(112) 知

$$B_{(j)}^{(n)}\geqslant\left(\frac{1+m\alpha\delta}{1-\delta}\right)^{-\frac{(m+1)n\delta}{2}}\cdot B_{(i^*)}^{(n)}\tag{115}$$

把式(115)与式(108)相比,再由式(98)(99)得

$$\frac{B_{(j)}^{(n)}}{B_{(i)}^{(n)}}>\frac{\left(\frac{1+m\alpha\delta}{1-\delta}\right)^{-\frac{(m+1)n\delta}{2}}}{\left(1+\frac{\beta^2\varepsilon}{2}\right)^{-\left(\frac{np_0\varepsilon}{2m}-1\right)}}=\frac{\left(1+\frac{\beta^2\varepsilon}{2}\right)^{\frac{np_0\varepsilon}{2m}-1}}{\left(\frac{1+m\alpha\delta}{1-\delta}\right)^{\frac{(m+1)n\delta}{2}}}>$$

$$\frac{\left(1+\frac{\beta^2\varepsilon}{2}\right)^{\frac{np_0\varepsilon}{2m}}}{\left(\frac{1+m\alpha\delta}{1-\delta}\right)^{(m+1)n\delta}}=\left[\frac{\left(1+\frac{\beta^2\varepsilon}{2}\right)^{\frac{p_0\varepsilon}{2m}}}{\left(\frac{1+m\alpha\delta}{1-\delta}\right)^{(m+1)\delta}}\right]^n>1$$

$\left(\text{注意 } r<\frac{p_0}{2m}\right)$.

引理 11 设 Δ_d 是 $A_0A_1A_2\cdots A_m$ 内开的单纯形域,Δ_d 的各个 $m-1$ 维面平行于 $A_0A_1\cdots A_m$ 的各面,两个单形的体积之比

$$V(\Delta_d)/V(A_0A_1\cdots A_m)=d>0$$

则有 $n_0>0$,使得当 $n\geqslant n_0$ 时,落在单形 Δ_d 内的 n 阶格点的数目 $N_n(d)\geqslant\lambda_m n^m d$,这里 λ_m 是仅与 m 有关的正常数[n 阶格点即形为 $\left(\frac{i_0}{n},\frac{i_1}{n},\cdots,\frac{i_m}{n}\right)$ 的点,这里 i_l 是非负整数,$i_0+i_1+\cdots+i_m=n$].

证明 因单形 $A_0A_1A_2\cdots A_m$ 中 n 阶格点数目为 $Q_m(n)$,这里 Q_m 是某个 m 次多项式,首项系数为正.显然

$$\lim_{n\to\infty}\frac{N_n(d)}{Q_m(n)}=\frac{V(\Delta_d)}{V(A_0A_1\cdots A_m)}=d$$

故对足够大的 n,有 $N_n(d)>\frac{Q_m(n)}{2}d>\frac{a_m n^m d}{4}$,$a_m$ 为 Q_m 的首项系数.

7.3 主要定理的证明

为了方便,我们引入"非平凡极大"的概念:如果

函数 f 在点 P 的任一邻域不为常数，且存在 P 的某邻域 $U(P)$，使 $f(P)$ 是 f 在 $U(P)$ 上的最大值，则称 f 在点 P 取到非平凡局部极大. 或简单地说，f 在 P 取到非平凡极大.

定理 17　设 Q 是单形 $\mathscr{D}=A_0A_1A_2\cdots A_m$ 的一个内点，f 是 $\mathscr{D}$ 上的连续函数，设 f 在 $X=Q$ 处取到非平凡局部极大，则存在 n_0，使得当 $n\geqslant n_0$ 时有

$$\sum_{\substack{i_0+i_1+\cdots+i_m=n\\ i_l\geqslant 0(0\leqslant l\leqslant m)}} B_{(i)}^{(n)}(Q)f\left(\frac{i_0}{n},\frac{i_1}{n},\cdots,\frac{i_m}{n}\right)<f(Q)=f(p_0,p_1,\cdots,p_m)$$

证明　不失一般性，设 Q 即 $O(p_0,p_1,\cdots,p_m)$，且 $f(Q)=f(O)=0$，则 $\exists\,\varepsilon\in(0,\beta)$，使得 f 在 Ω_ε 上非正. 由引理 10，有 n_0^r 和 $\delta\in(0,\varepsilon)$，使得当 $n\geqslant n'_0$ 时，如果 $\left(\frac{i_0}{n},\frac{i_1}{n},\cdots,\frac{i_m}{n}\right)\notin\Omega_\varepsilon$，而且 $\left(\frac{j_0}{n},\frac{j_1}{n},\cdots,\frac{j_m}{n}\right)\in\Omega_\delta$，则有 $B_{(i)}^{(n)}\leqslant B_{(j)}^{(n)}$.

又由假设，在 Ω_δ 内有单形 Δ_d，使 f 在 Δ_d 上的上确界 $(-h)<0$，又有 n''_0 使得当 $n\geqslant n''_0$ 时，落在 Δ_d 内的 n 阶格点的数目 $N(d)>\lambda_m n^m d$，不妨设 $n''_0\geqslant\frac{2}{\beta\varepsilon}$. 又设在 $\mathscr{D}$ 上有

$$|f(X)|\leqslant L>0$$

我们来估计

$$\sum_{\substack{i_0+i_1+\cdots+i_m=n\\ i_l\geqslant 0(0\leqslant l\leqslant m)}} B_{(i)}^{(n)}f_{(i)}=\sum\nolimits_1+\sum\nolimits_2+\sum\nolimits_3 \tag{116}$$

其中
$$f_{(i)}=f\left(\frac{i_0}{n},\frac{i_1}{n},\cdots,\frac{i_m}{n}\right)$$

$$\sum\nolimits_1=\sum_{\left(\frac{i_0}{n},\frac{i_1}{n},\cdots,\frac{i_m}{n}\right)\notin\Omega_s} B_{(i)}^{(n)}f_{(i)}$$

$$\sum\nolimits_2 = \sum_{\left(\frac{i_0}{n},\frac{i_1}{n},\cdots,\frac{i_m}{n}\right)\in\Delta_d} B_{(i)}^{(n)} f_{(i)}$$

$$\sum\nolimits_3 = \sum_{\left(\frac{i_0}{n},\frac{i_1}{n},\cdots,\frac{i_m}{n}\right)\in\Omega_s/\Delta_d} B_{(i)}^{(n)} f_{(i)}$$

设 $$b_n = \min\left\{B_{(i)}^{(n)}\ \middle|\ \left(\frac{i_0}{n},\frac{i_1}{n},\cdots,\frac{i_m}{n}\right)\in\Omega_\delta\right\}$$

$$a_n = \max\left\{B_{(i)}^{(n)}\ \middle|\ \left(\frac{i_0}{n},\frac{i_1}{n},\cdots,\frac{i_m}{n}\right)\notin\Omega_\varepsilon\right\}$$

由 n 和 Ω_ε 及 Ω_δ 的取法可知 $a_n < b_n$. 由 Ω_ε 的定义有

$$\sum\nolimits_1 \leqslant \sum_{\frac{i_0}{n}<(1-\varepsilon)p_0} + \sum_{\frac{i_1}{n}<(1-\varepsilon)p_1} + \cdots + \sum_{\frac{i_m}{n}<(1-\varepsilon)p_m} \tag{117}$$

取 $i_k = \max\{i_k \mid i_k < n(1-\varepsilon)p_k\}$，则

$$\sum_{\frac{i_k}{n}<(1-\varepsilon)p_k} B_{(i)}^{(n)} = \sum_{i_k<l_k} B_{(i)}^{(n)}$$

而 $i_k < n(1-\varepsilon)p_k < p_k(1-\varepsilon)(n+1) =$

$$\left(p_k - \frac{p_k\varepsilon}{2}\right)(n+1)$$

$$-(n+1)\frac{p_k\varepsilon}{2} \leqslant \left(p_k - \frac{p_k\varepsilon}{2}\right)(n+1) - 1$$

（注意 $n''_0 \geqslant \dfrac{2}{\beta\varepsilon}$ 及 β 的取法）

由引理 8 的(3) 得

$$\sum_{i_k\leqslant i_k} B_{(i)}^{(n)} \leqslant \frac{1+\frac{p_k\varepsilon}{2}}{\frac{p_k\varepsilon}{2}} \sum_{i_k\leqslant i_k} B_{(i)}^{(n)} \leqslant \frac{3}{\beta\varepsilon}\cdot n^{m-1} a_n$$

（由 a_n 的定义）

由式(117)，对 $k=0,1,\cdots,m$ 求和得

$$\sum_1 = \sum_{k=0}^{m}\Big(\sum_{\frac{i_k}{n}<(1-\varepsilon)p_k} B_{(i)}^{(n)}\Big) = \sum_{k=0}^{m}\Big(\sum_{i_k\leqslant j_k} B_{(i)}^{(n)}\Big) \leqslant \frac{3(m+1)}{\beta\varepsilon} n^{m-1} a_n$$

所以

$$\Big|\sum_1\Big| \leqslant \frac{3(m+1)n^{m-1}a_nL}{\beta\varepsilon} \tag{118}$$

（注意 L 的取法）

显然

$$\sum_3 \leqslant 0 \tag{119}$$

由 Δ_d 的取法及 b_n 的定义可得

$$\sum_{\left(\frac{i_0}{n},\frac{i_1}{n},\cdots,\frac{i_n}{n}\right)\in\Delta_d} B_{(i)}^{(n)} \geqslant \lambda_m n^m \cdot d \cdot b_n$$

所以

$$\sum_2 < -\lambda_m n^m d b_n h \tag{120}$$

由式(118) ~ (120) 得

$$\begin{aligned}\sum_{\substack{i_0+i_1+\cdots+i_m=n\\ i_l\geqslant 0(0\leqslant l\leqslant m)}} B_{(i)}^{(n)} f_{(i)} = \sum_1 + \sum_2 + \sum_3 &< \\ -\lambda_n n^m d b_n h + \Big|\sum_1\Big| &\leqslant \\ -\lambda_m n^m d b_n h + \frac{3(m+1)n^{m-1}a_nL}{\beta\varepsilon} &< \\ n^{m-1} b_n\left[-\lambda_m n d h + \frac{3(m+1)L}{\beta\varepsilon}\right]&\end{aligned}$$

可见，如取 $n_0 = \max\left\{n'_0, n''_0, \dfrac{3(m+1)L}{\lambda_m d h\beta\varepsilon}\right\}$，当 $n \geqslant n_0$ 时有

$$\sum_{\substack{i_0+i_1+\cdots+i_m=n\\ i_l\geqslant 0(0\leqslant l\leqslant m)}} B_{(i)}^{(n)} f_{(i)} < 0$$

于是马上得到：

推论 1　如果 f 是 $\mathscr{D}$ 上的连续函数，且对 $\mathscr{D}$ 的某内点 P，当 n 足够大时恒有 $B^n(f,P) \geqslant B^{n+1}(f,P)$，则 f 不可能在 P 取到非平凡局部极大.

为了把以上结果用来研究凸性定理的逆，我们还需要下列引理：

引理 12　设 f 是定义于 m 维单形 $\mathscr{D}$ 上的连续函数. 又设 $\mathscr{D}$ 被剖分为有限个单形

$$\mathscr{D}_i, i = 1, 2, \cdots, l$$

而 f 在每个 $\mathscr{D}_i$ 上都是线性函数. 如果 f 不是 $\mathscr{D}$ 上的凸函数，则必存在线性函数 L，使 $f+L$ 在 $\mathscr{D}$ 内至少有一个非平凡局部极大.

这一论断在 $m=1$ 时是显然的. 一般情形可对 m 行数学归纳而推出. 证明从略.

于是，我们可得到关于高维单形上的分块线性函数的凸性定理的逆.

定理 18　设 f 是 m 维单形 $\mathscr{D}$ 上的连续函数，又设 $\mathscr{D}$ 被剖分为有限个多面体 $\Omega_1, \Omega_2, \cdots, \Omega_k$. 而在每个 Ω_i 上都是线性函数. 如果有 n_0 使对一切正整数 $n \geqslant n_0$ 和一切点 $P \in \mathscr{D}$ 恒有 $B^n(f,P) \geqslant B^{n+1}(f,P)$，则 f 是 $\mathscr{D}$ 上的凸函数.

证明　显然，我们可以把每个多面体进一步剖分为单形，使 f 满足引理 12 中的条件. 如果 f 非凸，按引理 12，必存在某个线性函数 L 使得 $\tilde{f} = f + L$ 在 $\mathscr{D}$ 内某点 Q 处取到非平凡极大. 由定理 17 的推论 1，必有某个 n_0 使 $B^n(\tilde{f},Q) < B^{n+1}(\tilde{f},Q)$. 但是

$$B^n(\tilde{f},Q) = B^n(f,Q) + L$$
$$B^{n+1}(\tilde{f},Q) = B^{n+1}(f,Q) + L$$

于是导出 $B^n(f,Q) < B^{n+1}(f,Q)$，这与假设矛盾，证毕.

把这一结果用于 Bézier 网上，可得：

推论 1　如果 φ 是 f 在 m 维单形 $\mathscr{D}$ 上的 s 阶 Bézier 网，即 $\varphi(P)=f_s(P)$，又设有 n_0 使对一切整数 $n\geqslant n_0$ 和一切 $P\in\mathscr{D}$ 恒有 $B^n(\varphi,P)\geqslant B^{n+1}(\varphi,P)$，则 φ 在 $\mathscr{D}$ 上是凸函数.

我们至此已知，f 是凸函数乃是 $B^n(f,P)$ 当 n 增加时单调递减的充分条件，而 f 与任一线性函数的和没有非平凡极大是序列 $B^n(f,P)$ 单调递减的必要条件，在一维情形，f 是凸函数等价于 f 与任一线性函数的和无非平凡极大，所以便得到了 $B^n(f,P)$ 递减的充要条件是什么，这是一个有趣的问题.

§8　单纯形上 Bernstein 多项式凸性定理的逆定理的一个简短证明

1991 年，中国科学技术大学数学系的常庚哲和陈发来两位教授又给出了张景中、常庚哲、杨路所证明的《高维单纯形上 Bernstein 多项式凸性定理的逆定理》的一个简短证明.

8.1　介绍

我们先引入多重指标的概念. 设 σ 是 m 维欧氏空间 $\mathbf{R}^m$ 中的单纯形，其顶点为 $v^0,v^1,\cdots,v^m$. σ 中任一点 x 可唯一地表示为

$$x=\sum_{i=0}^{m}\lambda_i v^i \tag{121}$$

其中 $\lambda_i(i=0,1,\cdots,m)$ 非负，且 $\sum_{i=0}^{m}\lambda_i=1$. 称 $\lambda=(\lambda_0,\lambda_1,\cdots,\lambda_m)$ 为 x 关于 σ 的重心坐标.

用 $\mathbf{Z}_+^{m+1}$ 表示 $m+1$ 重非负整数指标集. 对于 $a=(a_0,a_1,\cdots,a_m)\in\mathbf{Z}_+^{m+1}$，定义

$$|a|=a_0+a_1+\cdots+a_m \tag{122}$$

$$a!=a_0!\ a_1!\ \cdots a_m! \tag{123}$$

$$\lambda^a=\lambda_0^{a_0}\lambda_1^{a_1}\cdots\lambda_m^{a_m} \tag{124}$$

设 $f(x)$ 是 σ 上的函数，与它相应的 n 阶 Bernstein 多项式定义为

$$B_n(f,x)=\sum_{\substack{|a|=n\\ a\in Z_-^{m+1}}}f\left(\frac{a}{n}\right)B_n^a(\lambda,\sigma) \tag{125}$$

其中 $B_n^a(\lambda,\sigma)$ 为 Bernstein 基函数，由下式定义

$$B_n^a(\lambda,\sigma)=\frac{n!}{a!}\lambda^a \tag{126}$$

熟知，如果 $f(x)$ 于 σ 上凸且连续，那么

$$B_n(f,x)\geqslant f(x) \tag{127}$$

对所有 $n\in\mathbf{N}_+$（全体自然数集）及 $x\in\sigma$ 成立.

常庚哲、张景中等考虑了上述问题的反问题，得出了下面的主要结论.

定理 19　设 $f(x)\in C(\sigma)$，而 $f(x)$ 是 σ 上连续函数. 如果式(127)对所有 $n\in\mathbf{N}_+$ 及 $x\in\sigma$ 成立，那么 f 于 σ 内达不到非平凡极大.

这里 f 于内点 Q 达到非平凡极大是指，f 于 Q 达到极大，且 Q 的任一邻域内 f 都不是常数.

张景中与常庚哲的证明相当冗长、繁杂，而我们的简化证明相当简洁明了.

8.2　主要引理

我们首先给出一个定义. 设 $Q=(q_0,q_2,\cdots,q_m)$ 是 σ 的一个内点,对任意 $\varepsilon(0<\varepsilon<1)$,定义

$$\Omega_\varepsilon:=\{(\lambda_0,\lambda_1,\cdots,\lambda_m)\in\sigma\mid\lambda_i\geqslant q_i(1-\varepsilon),i=0,1,\cdots,m\}\tag{128}$$

我们有下面的重要引理:

引理 13　对 $\forall\varepsilon\in(0,1)$,都存在 $\delta(0<\delta<\varepsilon)$ 使 $n_0\in\mathbf{N}_+$ 使得,如果 $\dfrac{\alpha}{n}\in\sigma-\Omega_\varepsilon$, $\dfrac{\beta}{n}\in\Omega_\delta$,并且 $n\geqslant n_0$,那么

$$B_n^\beta(Q)>n^{m+1}B_n^\alpha(Q)\tag{129}$$

这里 $\alpha,\beta\in\mathbf{Z}_+^{m+1}$ 且 $|\alpha|=|\beta|=n$.

证明　假设 $a_i>0(i=0,1,\cdots,m)$. 由 Stirling 公式,我们有

$$\frac{n!}{\alpha!}=\frac{\sqrt{2\pi n}\left(\dfrac{n}{\mathrm{e}}\right)^n\mathrm{e}^\theta}{\prod\limits_{i=0}^m\sqrt{2\pi a_i}\left(\dfrac{a_i}{\mathrm{e}}\right)^{a_i}\mathrm{e}^{\theta_i}}=\sqrt{\frac{n}{(2\pi)^m\prod\limits_{i=0}^m a_i}}\cdot\frac{n^n}{\prod\limits_{i=0}^m a_i^{a_i}}\mathrm{e}^{\bar\theta}\tag{130}$$

其中 $0<\theta_0,\theta_1,\cdots,\theta_m,\theta<1,\bar\theta=\theta-\theta_0-\theta_1-\cdots-\theta_m$. 于是

$$B_n^\alpha(\theta)=\sqrt{\frac{n}{(2\pi)^m\prod\limits_{i=0}^m a_i}}\cdot\prod_{i=0}^m\left(\frac{nq_i}{a_i}\right)^{a_i}\mathrm{e}^{\bar\theta}\tag{131}$$

令

$$p_i=\frac{a_i}{n},i=0,1,\cdots,m\tag{132}$$

注意到 $p_0+p_1+\cdots+p_m=1$,式(131) 可改写成

$$B_n^{\alpha}(Q)=\sqrt{\frac{n}{(2\pi)^m\prod_{i=0}^{m}a_i}}\left(\prod_{i=0}^{m}\left(\frac{q_i}{p_i}\right)^{p_i}\right)^n e^{\bar{\theta}} \tag{133}$$

由一个基本不等式有

$$\prod_{i=0}^{m}\left(\frac{q_i}{p_i}\right)^{p_i}\leqslant\sum_{i=0}^{m}p_i\cdot\frac{q_i}{p_i}=1 \tag{134}$$

等号成立当且仅当 $p_i=q_i(i=0,1,\cdots,m)$. 令

$$\rho:=\max_{\lambda\in\sigma-\Omega_\varepsilon}\prod_{i=0}^{m}\left(\frac{q_i}{\lambda_i}\right)^{\lambda_i}<1 \tag{135}$$

则由式(133)知

$$B_n^{\alpha}(Q)\leqslant\sqrt{\frac{n}{(2\pi)^m}}\rho^n e \tag{136}$$

同时,存在 $\delta(0<\delta<\varepsilon)$ 使得

$$\tau:=\min_{\lambda\in\Omega_\varepsilon}\prod_{i=0}^{m}\left(\frac{q_i}{\lambda_i}\right)^{\lambda_i}>\rho \tag{137}$$

类似展开 $B_n^{\beta}(Q)$ 可得

$$B_n^{\beta}(Q)\geqslant\sqrt{\frac{1}{(2\pi n)^m}}\tau^n e^{-(m+1)} \tag{138}$$

比较式(136)(138)即知式(129)对充分大的 n 成立.

8.3 定理的证明

假设 $f(x)$ 于内点 Q 达到非平凡极大. 不妨设 $f(Q)=0$,则存在 $\varepsilon\in(0,1)$ 使得 $f(x)$ 于 Ω_ε 上非正. 由主要引理知,存在 $\delta(0<\delta<\varepsilon)$ 及 $n_0\in\mathbf{N}_+$ 使得,如果

$$\frac{\alpha}{n}\in\sigma-\Omega_\varepsilon,\frac{\beta}{t}\in\Omega_\delta\text{ 且 }n\geqslant n_0$$

那么

$$B_n^{\beta}(Q)>n^{m+1}B_n^{\alpha}(Q) \tag{139}$$

记

$$a_n := \max\left\{B_n^{\alpha}(Q)\ \middle|\ \frac{a}{n} \in \sigma - \Omega_{\varepsilon}, \alpha \in \mathbf{Z}_+^{m+1}, \mid a \mid = n\right\} \tag{140}$$

$$b_n := \min\left\{B_n^{\beta}(Q)\ \middle|\ \frac{\beta}{n} \in \Omega_{\varepsilon}, \beta \in \mathbf{Z}_+^{m+1}, \mid \beta \mid = n\right\} \tag{141}$$

则

$$b_n > n^{m+1} a_n \tag{142}$$

对 $n \geqslant n_0$ 成立.

注意到 $f(x)$ 于 Q 达到非平凡极大,所以存在区域 $\Delta(\subset \Omega_{\delta})$, $f(x)$ 于 Δ 上的最大值(记为 $-h, h > 0$) 是负的. 记 $f(x)$ 于 σ 上的最大值为 L,于是

$$B_n(f,Q) = \sum_{\frac{a}{n} \in \sigma - \Omega_{\varepsilon}} f\left(\frac{a}{n}\right) B_n^a(Q) + \sum_{\frac{a}{n} \in \Omega_{\varepsilon} - \Delta} f\left(\frac{a}{n}\right) B_n^a(Q) + \sum_{\frac{a}{n} \in \Delta} f\left(\frac{a}{n}\right) B_n^a(Q) \tag{143}$$

记上式右边三项分别为 $\sum_1, \sum_2, \sum_3$,则

$$\sum\nolimits_1 < La_n \sum_{\frac{a}{n} \in \sigma} ! \ = L\binom{m+n}{m} a_n \leqslant L(m+1)n^m a_n \tag{144}$$

$$\sum\nolimits_2 \leqslant 0 \tag{145}$$

$$\sum\nolimits_3 \leqslant -hbn \leqslant -hn^{m+1} a_n \tag{146}$$

因此

$$B_n(f,Q) < (L(m+1) - hn) n^m a_n < 0 \tag{147}$$

对 $n > \max\{n_0, L(m+1)/h\}$ 成立. 这是不可能的.

Bernstein 多项式的逼近度

第4章

§1 离散性 Bernstein 多项式逼近连续函数的估计

早在1957年中国科学院数学研究所的邵品琮研究员就曾研究指出：

众所周知的1912年由 Bernstein 首创的著名的 Bernstein 多项式

$$B_n(x)=B_n^f(x)=\sum_{v=0}^{n} f\left(\frac{r}{n}\right)\binom{n}{v}x^v(1-x)^{n-v} \tag{1}$$

可以一致逼近定义在闭区间[0,1]上的连续函数 $f(x)$.

1935年，Popovicin 就 $f(x)$ 以 $B_n(x)$ 来逼近时做出了其逼近阶(Order)的一个很好的估计，他的结果是

$$|B_n(x)-f(x)| \leqslant \frac{5}{4}\omega\left(\frac{1}{\sqrt{n}}\right) \tag{2}$$

这里 $\omega(\delta)$ 表示区间长为 δ 的 $f(x)$ 的连续模

$$\omega(\delta)=\sup_{|x'-x''|\leqslant\delta}|f(x')-f(x'')|$$

1956 年，徐利治、王在申提出了可用多项式的次数与插点不一致的办法来逼近连续函数 $f(x)$，有所谓“离散性”的 Bernstein 多项式

$$\beta_{f,r_n}(x)=\sum_{k=0}^{n} f\left(\frac{r_k}{r_n}\right)\binom{r_n}{r_k}(r_{k+1}-r_k)x^{r_k}(1-x)^{r_n-r_k} \tag{3}$$

徐利治和王在申证明了当插点的稀少程度满足某种条件时，例如在条件

$$\lim_{n\to\infty}\frac{r_n-r_{n-1}}{\sqrt{r_n}}=0 \tag{4}$$

之下，对每一连续函数 $f(x)(0\leqslant x\leqslant 1)$，可用式(3)来在闭区间 $\eta\leqslant x\leqslant 1-\eta$ 上一致逼近(其中 η 是任意小的正数).

本节的目的仅在于将徐利治和王在申在文章《论一种离散性的 Bernstein 多项式》中所作 $\beta_{f,r_n}(x)$ 逼近 $f(x)$ 的程度，加以明确定量. 有下面的估计：当

$$r_n-r_{n-1}=O(r_n^a),0\leqslant a<\frac{1}{2} \tag{5}$$

时，有结果为：

定理 1

$$\beta_{f,r_n}(x)=f(x)+O(\omega(r_n^{-\frac{1}{1}+\varepsilon}))+O(r_n^{-\frac{1}{2}+\alpha+\varepsilon}) \tag{6}$$

此处 $\varepsilon>0$ 为任意常数.

若 $r_n=n$，即 $\alpha=0$ 时，有式(3) 即式(1)，此时我们建议采用 Popovicin 的估计. 但在一般情况下，当 $\alpha\neq 0$

时，则式(6)就是此种情形的一个一般估计. 实际上，我们在证明里将看到可以有

$$\beta_{f,r_n}(x)=f(x)+O(\omega(r_n^{-\frac{1}{2}}\ln r_n))+O(r_n^{-\frac{1}{2}+\alpha}\ln r_n) \tag{7}$$

这并不是理想结果，我们猜想，对于式(3)的一般估计[在式(5)条件下]，应有

$$\beta_{f,r_n}(x)=f(x)+O(\omega(r_n^{-\frac{1}{2}}))+O(r_n^{-\frac{1}{2}+\alpha}) \tag{8}$$

考虑 r_n 次多项式

$$H_{r_n}(x)=\sum_{k=0}^{n}\binom{r_n}{r_k}(r_{k+1}-r_k)x^{r_k}(1-x)^{r_n-r_k}=$$

$$\sum_{-A,A}{}'+\sum_{<-A}{}'+\sum_{>A}{}' \tag{9}$$

以下所论的 x 是在闭区间 $\eta\leqslant x\leqslant 1-\eta,\eta>0$ 上，其中

$$\sum_{-A,A}{}'\equiv\sum_{-A\leqslant\frac{r_k-xr_n}{\sqrt{r_nx(1-x)}}\leqslant A}\binom{r_n}{r_k}(r_{k+1}-r_k)\cdot$$

$$x^{r_k}(1-x)^{r_n-r_k}=\frac{1}{\sqrt{2\pi}}\sum_{-A\leqslant\frac{r_k-xr_n}{\sqrt{r_nx(1-x)}}\leqslant A}$$

$$\left\{\mathrm{e}^{-\frac{1}{2}\left(\frac{r_k-xr_n}{\sqrt{r_nx(1-x)}}\right)^2}\frac{r_{k+1}-r_k}{\sqrt{r_nx(1-x)}}+\right.$$

$$\left.\vartheta c\frac{r_{k+1}-r_k}{r_n}\right\}$$

此处 $0<|\vartheta|<1$，而 $c=c(x)$ 与 n,k 无关，令 $t_k=\frac{r_k-xr_n}{\sqrt{r_nx(1-x)}}$，且用 $r_{k+1}-r_k=O(r_{k+1}^{\alpha})=O(r_n^{\alpha})$，则有

$$\sum_{-A,A}{}'=\frac{1}{\sqrt{2\pi}}\sum_{-A\leqslant t_k\leqslant A}\mathrm{e}^{-\frac{1}{2}t_k^2}\Delta t_k+$$

$$O\Big(\sum_{-A\sqrt{r_nx(1-x)}+xr_n\leqslant r_k\leqslant A\sqrt{r_nx(1-x)}} + xr_nr_n^{\alpha-1}\Big)=$$

$$\frac{1}{\sqrt{2\pi}}\int_{-A}^{A}\mathrm{e}^{-\frac{1}{2}t^2}\,\mathrm{d}t+O(r_n^{-\frac{1}{2}})+$$

$$O(Ar_n^{\frac{1}{2}}\cdot r_n^{\alpha-1})=$$

$$\frac{1}{\sqrt{2\pi}}\int_{-A}^{A}\mathrm{e}^{-\frac{1}{2}t^2}\,\mathrm{d}t+O(Ar_n^{-\frac{1}{2}+\alpha}) \tag{10}$$

以下所有记号 $\sum_{<-A}^{*}$, $\sum_{>A}^{*}$, $\sum_{-A,A}^{*}$, l_n 等的意义请见《论一种离散性的 Bernstein 多项式》. 当有

$$\sum_{<-A}^{*}+\sum_{>A}^{*}\equiv 1-\sum_{-A,A}^{*}=$$

$$1-\sum_{-A\leqslant\frac{k-xr_n}{\sqrt{r_nx(1-x)}}\leqslant A}\binom{r_n}{k}x^k(1-x)^{r_k-k}=$$

$$1-\frac{1}{\sqrt{2\pi}}\sum_{-A\leqslant\frac{k-xr_n}{\sqrt{r_nx(1-x)}}\leqslant A}\cdot$$

$$\left\{\mathrm{e}^{-\frac{1}{2}\left(\frac{k-xr_n}{\sqrt{r_nx(1-x)}}\right)^2}\frac{1}{\sqrt{r_nx(1-x)}}+O\Big(\frac{1}{r_n}\Big)\right\}$$

记 $\tau_k=\dfrac{k-xr_n}{\sqrt{r_nx(1-x)}}$,则有

$$\sum_{<-A}^{*}+\sum_{>A}^{*}=1-\frac{1}{\sqrt{2\pi}}\sum_{-A\leqslant\tau_k\leqslant A}\mathrm{e}^{-\frac{1}{2}\tau_k^2}\Delta\tau_k+$$

$$O\Big(\sum_{-A\sqrt{r_nx(1-x)}+xr_n\leqslant k\leqslant A\sqrt{r_nx(1-x)}+xr_n}\frac{1}{r_n}\Big)=$$

$$1-\frac{1}{\sqrt{2\pi}}\int_{-A}^{A}\mathrm{e}^{-\frac{1}{2}t^2}\,\mathrm{d}t+$$

$$O(r_n^{-\frac{1}{2}})+O(Ar_n^{-\frac{1}{2}})=$$

$$1-\frac{1}{\sqrt{2\pi}}\int_{-A}^{A}\mathrm{e}^{-\frac{1}{2}t^2}\,\mathrm{d}t+O(Ar_n^{-\frac{1}{2}}) \tag{11}$$

注意当 A 足够大时，有

$$\frac{1}{\sqrt{2\pi}}\int_{-A}^{A}\mathrm{e}^{-\frac{1}{2}t^2}\,\mathrm{d}t=1+O(\mathrm{e}^{-A}) \tag{12}$$

于是

$$\sum_{<-A}{}' \leqslant \sum_{<-A}{}^{*} \leqslant \sum_{<-A}{}^{*}+\sum_{>A}{}^{*}=O(\mathrm{e}^{-A})+O(Ar_n^{-\frac{1}{2}}) \tag{13}$$

以及

$$\begin{aligned}\sum_{>A}{}' &\leqslant \sum_{>A-l_n}{}^{*}\binom{r_n}{v}x^{v}(1-x)^{r_n-v}\leqslant \\ &\sum_{>A-1}{}^{*}\leqslant \sum_{>A-1}{}^{*}+\sum_{<-(A-1)}{}^{*}= \\ &O(\mathrm{e}^{-A})+O(Ar_n^{-\frac{1}{2}})\end{aligned} \tag{14}$$

取 $A=\frac{1}{2}\ln r_n$，则由式(10)(12)及式(13)(14)得

$$H_{r_n}(x)=\sum_{-A,A}{}'+\sum_{<-A}{}'+\sum_{>A}{}'=1+O(r_n^{-\frac{1}{2}+\alpha}\ln r_n) \tag{15}$$

于是连续函数 $f(x)$ 可写成

$$f(x)=f(x)H_{r_n}(x)+O(r_n^{-\frac{1}{2}+\alpha}\ln r_n)$$

由此即得

$$\begin{aligned}\beta_{f,r_n}(x)-f(x)=&\sum_{k=0}^{n}\binom{r_n}{r_k}(r_{k+1}-r_k)x^{r_k}(1-x)^{r_n-r_k}\cdot \\ &\left(f\left(\frac{r_k}{r_n}\right)-f(x)\right)+O(r_n^{-\frac{1}{2}+\alpha}\ln r_n)\end{aligned} \tag{16}$$

记 $\lambda(x',x'';\delta)=[|x'-x''|/\delta]$，这里 $[x]$ 表示 x 的整数部分，则有

$$|\beta_{f,r_n}(x)-f(x)|\leqslant \sum_{k=0}^{n}\binom{r_n}{r_k}(r_{k+1}-r_k)x^{r_k}(1-x)^{r_n-r_k}\cdot$$

$$\left|f\left(\frac{r_k}{r_n}\right)-f(x)\right|+O(r_n^{-\frac{1}{2}+\alpha}\ln r_n)\leqslant$$

$$\sum_{k=0}^{n}\binom{r_n}{r_k}(r_{k+1}-r_k)x^{r_k}(1-x)^{r_n-r_k}\cdot$$

$$\left(\lambda\left(\frac{r_k}{r_n},x;\delta\right)+1\right)\omega(\delta)+$$

$$O(r_n^{-\frac{1}{2}+\alpha}\ln r_n)=$$

$$\omega(\delta)H_{r_n}(x)+\omega(\delta)\sum_{k=0}^{n}\binom{r_n}{r_k}(r_{k+1}-r_k)$$

$$x^{r_k}(1-x)^{r_n-r_k}\lambda\left(\frac{r_k}{r_n},x;\delta\right)+$$

$$O(r_n^{-\frac{1}{2}+\alpha}\ln r_n)=$$

$$\omega(\delta)\left\{1+\sum_{k=0}^{n}\binom{r_n}{r_k}(r_{k+1}-r_k)\cdot\right.$$

$$\left.x^{r_k}(1-x)^{r_n-r_k}\left[\frac{\left|\frac{r_k}{r_n}-x\right|}{\delta}\right]\right\}+$$

$$O(r_n^{-\frac{1}{2}+\alpha}\ln r_n)\leqslant$$

$$\omega(\delta)\left\{1+\sum_{k=0}^{n}\binom{r_n}{r_k}(r_{k+1}-r_k)\cdot\right.$$

$$\left.x^{r_k}(1-x)^{r_n-r_k}\frac{\left(\left(\frac{r_k}{r_n}-x\right)^2\right)^s}{\delta^{2s}}\right\}+$$

$$O(r_n^{-\frac{1}{2}+\alpha}\ln r_n)$$

这里 $s\geqslant\frac{1}{2}$,上式皆正确,于是有

$$|\beta_{f,r_n}(x)-f(x)|\leqslant\omega(\delta)\left\{1+\frac{1}{\delta^{2s}}\sum_{k=0}^{n}\binom{r_n}{r_k}(r_{k+1}-r_k)\cdot\right.$$

$$x^{r_k}(1-x)^{r_n-r_k}\left(\left(\frac{r_k-xr_n}{r_n}\right)^2\right)^s\Bigg\}+$$

$$O(r_n^{-\frac{1}{2}+\alpha}\ln r_n)=$$

$$\omega(\delta)\left\{1+\frac{1}{\delta^{2s}r_n^{2s}}T_{r_n}\right\}+$$

$$O(r_n^{-\frac{1}{2}+\alpha}\ln r_n) \tag{17}$$

现在来估计 T_{r_n}，即

$$T_{r_n}=\sum_{k=0}^{n}\binom{r_n}{r_k}(r_{k+1}-r_k)x^{r_k}\cdot$$

$$(1-x)^{r_n-r_k}((r_k-xr_n)^2)^s=$$

$$\sum_{-B,B}{}''+\sum_{<-B}{}''+\sum_{>B}{}'' \tag{18}$$

这里

$$\sum_{-B,B}{}''=\sum_{-B\leqslant\frac{r_k-xr_n}{\sqrt{r_nx(1-x)}}\leqslant B}\binom{r_n}{r_k}(r_{k+1}-r_k)\cdot$$

$$x^{r_k}(1-x)^{r_n-r_k}((r_k-xr_n)^2)^s=$$

$$\frac{1}{\sqrt{2\pi}}\sum_{-B\leqslant t_k\leqslant B}\mathrm{e}^{-\frac{1}{2}t_k^2}r_n^sx^s(1-x)^s(t_k^2)^s\Delta t_k+$$

$$O\Bigg(\sum_{-B\sqrt{r_nx(1-x)}\leqslant r_k-xr_n\leqslant B\sqrt{r_nx(1-x)}}$$

$$\frac{r_{k+1}-r_k}{r_n}((r_k-xr_n)^2)^s\Bigg)=$$

$$\frac{x^s(1-x)^s}{\sqrt{2\pi}}r_n^s\cdot 2\sum_{0\leqslant t_k\leqslant B}t_k^{2s}\mathrm{e}^{-\frac{1}{2}t_k^2}\Delta t_k+$$

$$O\left((Br_n^{\frac{1}{2}})^{2s}\cdot\frac{r_n^a}{r_n}\cdot Br_n^{\frac{1}{2}}\right)=$$

$$O\Big(r_n^s\cdot\sum_{0\leqslant t_k\leqslant B}B^{2s}\Delta t_k\Big)+O(B^{2s+1}r_n^{s-\frac{1}{2}+a})=$$

$$O(r_n^sB^{2s+1}) \tag{19}$$

另外

$$\sum_{<-B}'' = \sum_{\frac{r_k - xr_n}{\sqrt{r_n x(1-x)}} < -B} \binom{r_n}{r_k} (r_{k+1} - r_k) \cdot$$

$$x^{r_k}(1-x)^{r_n - r_k}((r_k - xr_n)^2)^s =$$

$$\sum_{\frac{r_k - xr_n}{\sqrt{r_n x(1-x)}} < -B} \binom{r_n}{r_k} (r_{k+1} - r_k) \cdot$$

$$x^{r_k}(1-x)^{r_n - r_k}(\max_{0 \leqslant k \leqslant n}(r_k - xr_n)^2)^s \leqslant$$

$$r_n^{2s} \sum_{<B}' \leqslant r_n^{2s} \sum_{<-B}^{*} =$$

$$O(r_n^{2s} \mathrm{e}^{-B}) + O(r_n^{2s} B r_n^{-\frac{1}{2}}) =$$

$$O(r_n^{2s} \mathrm{e}^{-B}) + O(r_n^{2s-\frac{1}{2}} B) \tag{20}$$

同理有

$$\sum_{>B}'' \leqslant r_n^{2s} \sum_{>B}' = O(r_n^{2s} \mathrm{e}^{-B}) + O(r_n^{2s-\frac{1}{2}} B) \tag{21}$$

结合式(18) ~ (21),并取 $B = \ln r_n$,则有

$$T_{r_n} = O(r_n^s \ln^{2s+1} r_n) + O(r_n^{2s-1}) + O(r_n^{2s-\frac{1}{2}} \ln r_n) \tag{22}$$

今取 $s = \frac{1}{2}$,从式(22)即得不等式

$$\beta_{f,r_n}(x) - f(x) = O\left(\omega(\delta)\left(1 + \frac{1}{\delta r_n} \cdot r_n^{\frac{1}{2}} \ln^2 r_n\right)\right) +$$

$$O(r_n^{-\frac{1}{2}+a} \ln r_n)$$

今取 $\delta = r_n^{-\frac{1}{2}} \ln r_n$,则有

$$\beta_{f,r_n}(x) = f(x) + O(\omega(r_n^{-\frac{1}{2}} \ln r_n)) +$$

$$O(r_n^{-\frac{1}{2}+a} \ln r_n)$$

此即式(7),由此式(6)已证得.

注 1　如果 $f(x)$ 在[0,1]上有连续微商 $f'(x)$,

则我们有结果为

$$\beta_{f,x_n}(x)=f(x)+O(r_n^{-\frac{1}{2}+\alpha}\ln r_n) \tag{23}$$

这是因为当 $\delta=r_n^{-\frac{1}{2}}\ln r_n$ 时，有

$$\begin{aligned}\omega(\delta)=&\sup_{|x'-x''|\leqslant\delta}|f(x')-f(x'')|=\\&\sup_{|x'-x''|\leqslant\delta}|(x'-x'')f'(x''+\theta(x'-x''))|\leqslant\\&\sup_{|x'-x''|\leqslant\delta}|x'-x''|\cdot\max_{0\leqslant x\leqslant1}|f'(x)|=\\&O(\delta)=O(r_n^{-\frac{1}{2}}\ln r_n)\end{aligned}$$

再由式(7)，即有式(23)成立.

§2 Bernstein 算子的逼近

2005年，河北师范大学数学与信息科学学院的郭顺生、李翠香、齐秋兰三位教授利用点态光滑模 $\omega_{\varphi^\lambda}^{2r}(f,t)$ 研究了Bernstein算子的 r 阶线性组合的点态逼近. 当 $1-\frac{1}{r}\leqslant\lambda\leqslant1$ 时，用 $\omega_{\varphi^\lambda}^{2r}(f,t)$ 给出了一个点态逼近等价定理，且用反例说明了当 $0\leqslant\lambda<1-\frac{1}{r}$ 时，此结论不成立. 但若限制 $0<\alpha<\min\left\{\frac{2(r+1)}{2-\lambda},2r\right\}$，则用 $\omega_{\varphi^\lambda}^{2r}(f,t)$ 给出了一个等价定理. 所得结果统一了已有的关于古典光滑模和Ditzian-Totik模的结果.

Bernstein 算子定义为

$$B_n(f,x)=\sum_{k=0}^{n}f\left(\frac{k}{n}\right)p_{n,k}(x),\ p_{n,k}(x)=\binom{n}{k}x^k(1-x)^{n-k}$$

该算子长期以来一直受到人们的特别关注，已有的研究成果十分丰富.

首先，他们给出光滑模的定义：设 $f(x)\in C[0,1]$，$0\leqslant\lambda\leqslant 1$，则 r 阶光滑模定义为 $\omega_{\varphi^\lambda}^{2r}(f,t)=\sup_{0<h\leqslant t}\sup_{x\pm\frac{r}{2}h\varphi^\lambda(x)\in[0,1]}|\Delta_{h\varphi^\lambda(x)}^r f(x)|$，其中

$$\Delta_h f(x)=f\left(x+\frac{h}{2}\right)-f\left(x-\frac{h}{2}\right)$$

$$\Delta_h^r f(x)=\Delta_h(\Delta_h^{r-1}f(x)),\varphi(x)=\sqrt{x(1-x)}$$

当 $\lambda=0$ 时，记为 $\omega^r(f,t)$，当 $\lambda=1$ 时，记为 $\omega_\varphi^r(f,t)$.

对于此算子，Ditzian 证明（$\alpha<2r,0\leqslant\lambda\leqslant 1$）了

$$B_n(f,x)-f(x)=O\left(\left(\frac{\varphi^{1-\lambda}(x)}{\sqrt{n}}\right)^\alpha\right)\Leftrightarrow\omega_{\varphi^\lambda}^2(f,t)=O(t^\alpha)\tag{24}$$

这个结果统一并包含了古典光滑模（$\lambda=0$）及 Ditzian-Totik 模（$\lambda=1$）的结果.

为了提高其逼近阶及应用高阶光滑模的工具，引入 Bernstein 算子的线性组合如下

$$B_{n,r}(f,x)=\sum_{i=0}^{r-1}C_i(n)B_{n_i}(f,x)\tag{25}$$

其中 $C_i(n)$ 及 n_i 满足：

(1)$n=n_0<n_1<\cdots<n_{r-1}\leqslant Kn$.

(2)$\sum_{i=0}^{r-1}|C_i(n)|\leqslant C$.

(3)$\sum_{i=0}^{r-1}C_i(n)=1$.

(4)$\sum_{i=0}^{r-1}C_i(n)n_i^{-\rho}=0,\rho=1,2,\cdots,r-1$.

对于算子 $B_{n,r}(f,x)$，Ditzian 证明了：对 $\alpha<2r$，有

$$\| B_{n,r}(f,x)-f(x) \| =O(n^{-\alpha/2})\Leftrightarrow\omega_{\varphi}^{2r}(f,t)=O(t^{\alpha}) \tag{26}$$

其中 $\| \cdot \|$ 表示确界范. 显然式(26) 是式(24) 的推广. 我们得到如下结果($0<\alpha<r, 0\leqslant\lambda\leqslant 1$)

$$B_{n,r}(f,x)-f(x)=O((n^{-\frac{1}{2}}\delta_n^{1-\lambda}(x))^{\alpha})\Leftrightarrow\omega_{\varphi^{\lambda}}^{r}(f,t)=O(t^{\alpha}) \tag{27}$$

当 $\lambda=0$ 时,类似于式(26) 的结论是不成立的. Ditzian 在评论结果式(27) 时指出:人们应注意到,当 $\lambda=1$ 时,已知的结果式(26) 在本质上更优于式(27),但是这个不同是由问题本身决定的. 事实上,当 $\lambda=0$ 时,式(27) 中用 $\omega^{2r}(f,t)$ 代替 $\omega^{r}(f,t)$ 是不可能的. 那么对于哪些 λ 值,式(27) 中可以用 $\omega_{\varphi^{\lambda}}^{2r}(f,t)$ 代替 $\omega_{\varphi^{\lambda}}^{r}(f,t)$,对于哪些 λ 值不能? 什么情况下式(27) 中 $\delta_n(x)$ 可用 $\varphi(x)$ 代替? 何时不能代替? 本节统一处理了上述问题,结果如下:

定理 2　对 $f\in C[0,1], r\in\mathbf{N}_+$,有:

(1) 当 $1-\frac{1}{r}\leqslant\lambda\leqslant 1, 0<\alpha<2r$ 时

$$B_{n,r}(f,x)-f(x)=O((n^{-\frac{1}{2}}\varphi^{1-\lambda}(x))^{\alpha})\Leftrightarrow\omega_{\varphi^{\lambda}}^{2r}(f,t)=O(t^{\alpha}) \tag{28}$$

(2) 当 $0\leqslant\lambda<1-\frac{1}{r}(r\geqslant 2), 0<\alpha<\frac{2(r+1)}{2-\lambda}$ 时

$$B_{n,r}(f,x)-f(x)=O((n^{-\frac{1}{2}}\delta_n^{1-\lambda}(x)))^{\alpha}\Leftrightarrow\omega_{\varphi^{\lambda}}^{2r}(f,t)=O(t^{\alpha}) \tag{29}$$

此处 $\delta_n(x)=\varphi(x)+\frac{1}{\sqrt{n}}$. 显然定理 2 优于式(27),当 $\lambda=1$ 时,式(26) 是式(28) 的特殊情况. 我们也指出在

式(29)中 $\delta_n(x)$ 不能用 $\varphi(x)$ 代替.

在本节中,C 表示不依赖于 n 及 x 的常数,在不同的地方,值可能不同.

引理 1　对 $f(x)\in C[0,1]$,$r\geqslant 2$,$f^{(2r-1)}(x)\in$ A. C. loc,当 $r\lambda-m>0$ 时,有

$$\|\varphi^{2r\lambda-2m}f^{(2r-m)}\|\leqslant C(\|f\|+\|\varphi^{2r\lambda}f^{(2r)}\|) \tag{30}$$

证明　首先注意到

$$\left|f^{(2r-m)}\left(\frac{1}{2}\right)\right|\leqslant C(\|f\|_{\left[\frac{1}{4},\frac{3}{4}\right]}+\|f^{(2r)}\|_{\left[\frac{1}{4},\frac{3}{4}\right]})\leqslant C(\|f\|+\|\varphi^{2r\lambda}f^{(2r)}\|)$$

对 $r\lambda-m>0$,当 x 在 0 附近时$\left(x\leqslant\frac{1}{2}\right)$,有

$$\left|f^{(2r-m)}(x)-f^{(2r-m)}\left(\frac{1}{2}\right)\right|\leqslant\int_x^{\frac{1}{2}}|f^{(2r-m+1)}(u)|\,\mathrm{d}u\leqslant C\|x^{r\lambda-m+1}f^{(2r-m+1)}(x)\|_{\left[0,\frac{1}{2}\right]}x^{-(r\lambda-m)}$$

即

$$\begin{aligned}&\|x^{r\lambda-m}f^{(2r-m)}(x)\|_{\left[0,\frac{1}{2}\right]}\\ \leqslant\ &C(\|f\|+\|\varphi^{2r\lambda}f^{(2r)}\|)+\\ &\|x^{r\lambda-m+1}f^{(2r-m+1)}(x)\|_{\left[0,\frac{1}{2}\right]}\end{aligned} \tag{31}$$

由此当 $m=1$ 时,式(30)成立. 这样由式(31),利用递推的方法可得式(30). 当 $\frac{1}{2}<x\leqslant 1$ 时,类似可得.

引理 2　设 $R_{2r}(f,t,x)=\int_x^t(t-u)^{2r-1}f^{(2r)}(u)\mathrm{d}u$,$r\in\mathbf{N}_+$,则当 $x\in E_n=\left[\frac{1}{n},1-\frac{1}{n}\right]$ 时,有

$$|B_n(R_{2r}(f,x)x)|\leqslant C(n^{-\frac{1}{2}}\varphi^{1-\lambda}(x))^{2r}\|\varphi^{2r\lambda}f^{(2r)}\|$$

定理 3　对 $f(x)\in C[0,1]$,$r\in\mathbf{N}_+$,$0\leqslant\lambda\leqslant 1$,

$J=\max\{i \mid r\lambda-2r+i\leqslant 0, i\leqslant 2r-1\}$，则有

$$
\begin{aligned}
&|B_{n,r}(f,x)-f(x)|\leqslant \\
&C\Big(\sum_{i=r+1}^{J}\omega^{i}(f,(n^{-r}\varphi^{2(i-r)}(x))^{\frac{1}{i}})+ \\
&\omega_{\varphi^{\lambda}}^{2r}(f,n^{-\frac{1}{2}}\varphi^{1-\lambda}(x))+\frac{\varphi^{2r(1-\lambda)}(x)}{n^{r}}\|f\|\Big) \qquad (32)
\end{aligned}
$$

证明　首先给出 K－泛函的定义：$K_{\varphi^{\lambda}}^{r}(f,t^{r})=\inf_{g(r-1)\in \mathrm{A.C.loc}}\{\|f-g\|+t^{r}\|\varphi^{r\lambda}g^{(r)}\|\}$．又知，$\omega_{\varphi^{\lambda}}^{r}(f,t)\sim K_{\varphi^{\lambda}}^{r}(f,t^{r})$（$x\sim y$，是指存在 $c_1,c_2>0$，使得$c_1x\leqslant y\leqslant c_2x$ 成立）．

下面分两种情况证明：

（1）当 $x\in E_n=\left[\frac{1}{n},1-\frac{1}{n}\right]$时，对于固定的 x,λ 可选择 $g\equiv g_{n,x,\lambda}$ 使得

$$
\begin{aligned}
\|f-g\|+(n^{-\frac{1}{2}}\varphi^{1-\lambda}(x))^{2r}\|\varphi^{2r\lambda}g^{2r}\|\leqslant \\
C\omega_{\varphi^{\lambda}}^{2r}(f,n^{-\frac{1}{2}}\varphi^{1-\lambda}(x)) \qquad (33)
\end{aligned}
$$

由于

$$
\begin{aligned}
|B_{n,r}(f,r)-f(x)|\leqslant C\|f-g\|+ \\
|Bn,r(g,x)-g(x)|
\end{aligned}
$$

为了估计第二项，记

$$R_{n,i}(x)=B_{n,r}((t-x)^{i},x)$$

$$\overline{\Delta}_{h}f(x)=f(x+h)-f(x)$$

$$\overline{\Delta}_{h}^{r}f(x)=\overline{\Delta}_{h}(\overline{\Delta}_{h}^{r-1}f(x))$$

$$\overline{\omega}^{r}(f,t)=\sup_{<h\leqslant t}\sup_{x,x+rh\in I}|\overline{\Delta}_{h}^{r}f(x)|$$

定义

$$T_{n,i}(g,x)=-\frac{1}{i!}(\operatorname{sgn}R_{n,i}(x))\overline{\Delta}^{i}_{|R_{n,i(x)}|^{\frac{1}{i}}}g(x)$$

$$r+1\leqslant i\leqslant J$$

通过计算得

$$T_{n,i}((t-x)^j,x)=\begin{cases}0,j<i\\-R_{n,i}(x),j=i\\c_{i,j}\mid R_{n,i}(x)\mid^{\frac{j}{i}}(\operatorname{sgn} R_{n,i}(x)),j>i\end{cases}$$

其中 $c_{i,j}$ 是不依赖 n 和 x 的常数.

由此再定义

$$T_{n,i,j_1}(g,x)=-\frac{c_{i,j_1}}{j_1!}\operatorname{sgn} R_{n,i}(x)\overline{\Delta}^{j_1}_{|R_{n,i(x)}|^{\frac{1}{i}}}g(x)$$

$$i<j_1\leqslant J$$

一般地,若

$$T_{n,i,j_1,\cdots,j_{k-1}}((t-x)^{j_k},x)=$$

$$c_{i,j_1,\cdots,j_k}(\operatorname{sgn} R_{n,i}(x))\mid R_{n,i}(x)\mid^{\frac{j_k}{i}}$$

$$i<j_1<\cdots<j_k\leqslant J$$

则定义

$$T_{n,i,j_1,\cdots,j_k}(g,x)=-\frac{c_{i,j_1,\cdots,j_k}}{j_k}(\operatorname{sgn} R_{n,i}(x))\overline{\Delta}^{j_k}_{|R_{n,i(x)}|^{\frac{1}{i}}}g(x)$$

这些算子有以下性质

$$\mid T_{n,i,j_1,\cdots,j_k}(g,x)\mid\leqslant C\omega^{j_k}(g,\mid R_{n,i}(x)\mid^{\frac{1}{i}})$$

$$T_{n,i,j_1,\cdots,j_k}((t-x)^j,x)=$$

$$\begin{cases}0,j<j_k\\-c_{i,j_1,\cdots,j_k}(\operatorname{sgn} R_{n,i}(x))\mid R_{n,i}(x)\mid^{\frac{j_k}{i}},j=j_k\\c_{i,j_1,\cdots,j_k,j}\mid R_{n,i}(x)\mid^{\frac{j}{i}}(\operatorname{sgn} R_{n,i}(x))\mid,j>j_k\end{cases}$$

其中 $c_{i,j_1,\cdots,j_k,j}$ 是不依赖于 n 和 x 的常数.

令 $A_n(g,x)=B_{n,r}(g,x)+\sum\limits_{i=r+1}^{J}\{T_{n,i}(g,x)+\sum\limits_{r+1\leqslant i\leqslant j_1<\cdots<j_k\leqslant J}T_{n,i,j_1,\cdots,j_k}(g,x)\}$,其中第二个和是对所

有满足 $r+1\leqslant i<j_1<\cdots<j_k\leqslant J$ 的序列 $j_1,\cdots,j_k$ 求和. 则有

$$\|A_n\|\leqslant M+\sum_{i=r+1}^{J}\left\{\frac{2^i}{i!}+\sum_{r+1\leqslant i\leqslant j_1<\cdots<j_k\leqslant J}|c_{i,j_1,\cdots,j_k}|\frac{2^{j^k}}{j_k!}\right\}\leqslant C \tag{34}$$

当 $x\in E_n$ 时, $\varphi^{-1}(x)\leqslant\sqrt{n}$, 对 $J+1\leqslant j\leqslant 2r-1$, 又知

$$|A_n((t-x)^j,x)|\leqslant C|R_{n,i}(x)|^{\frac{j}{i}}\leqslant C(n^{-r}\varphi^{2(i-r)}(x))^{\frac{j}{i}}\leqslant Cn^{-r}\varphi^{2(j-r)}(x) \tag{35}$$

从 $A_n(g,x)$ 的定义知

$$A_n(g,x)-g(x)=\sum_{j=J+1}^{2r-1}\frac{1}{j!}A_n((t-x)^j,x)g^{(j)}(x)+A_n(R_{2r}(g,x),x)=:I_1+I_2 \tag{36}$$

首先估计 I_1. 由式(35)及引理1得(注意到 $r=1$ 时, I_1 不存在)

$$|I_1|\leqslant C|n^{-r}\varphi^{2(j-r)}(x)g^{(j)}(x)|\leqslant Cn^{-r}\varphi^{2r(1-\lambda)}(x)(\|g\|+\|\varphi^{2r\lambda}g^{(2r)}\|) \tag{37}$$

从

$$|T_{n,i,j_1,\cdots,j_k}(R_{2r}(g,\cdot,x),x)|\leqslant C\|\varphi^{2r\lambda}g^{(2r)}\|\varphi^{-2r\lambda}(x)|R_{n,i}(x)|^{\frac{2r}{i}}\leqslant Cn^{-r}\varphi^{2r(1-\lambda)}(x)\|\varphi^{2r\lambda}g^{2r}\|$$

及引理2得

$$|I_2|\leqslant Cn^{-r}\varphi^{2r(1-\lambda)}(x)\|\varphi^{2r\lambda}g^{(2r)}\| \tag{38}$$

从式(36)~(38)及 $A_n(g,x)$ 定义知

$$|B_{n,r}(g,x)-g(x)|\leqslant$$

$$C\Big(\sum_{i=r+1}^{J}\omega^i(g,(n^{-r}\varphi^{2(i-r)}(x))^{\frac{1}{i}})+$$

$$\frac{\varphi^{2r(1-\lambda)(x)}}{n^r}(\|g\|+\|\varphi^{2r\lambda}g^{(2r)}\|)\Big)\leqslant$$

$$C\Big(\|f-g\|+\frac{\varphi^{2r(1-\lambda)}(x)}{n^r}\Big)(\|\varphi^{2r\lambda}g^{(2r)}\|)+$$

$$\sum_{i=r+1}^{J}\omega^i(f,(n^{-r}\varphi^{2(i-r)}(x))^{\frac{1}{i}})+$$

$$\frac{\varphi^{2r(1-\lambda)}}{n^r}\|r\| \tag{39}$$

再由式(33)知式(32)成立.

(2) 当 $x\in E_n^c=\left[0,\frac{1}{n}\right)\cup\left(1-\frac{1}{n},1\right]$ 时,对于固定的 x,可选择 $g=g_{n,x}$ 使得

$$\|f-g\|+\frac{\varphi^2(x)}{n^r}\|g^{(r+1)}\|\leqslant C\omega^{r+1}\Big(f,\Big(\frac{\varphi^2(x)}{n^r}\Big)^{\frac{1}{r+1}}\Big)$$

利用

$$B_{n,r}((t-x)^i,x)=0,i=1,\cdots,r$$

及

$$B_n((t-x)^{r+1},x)\leqslant C\frac{\varphi^2(x)}{n^r},x\in E_n^c$$

得

$$|B_{n,r}(f,x)-f(x)|\leqslant$$

$$C\|f-g\|+|B_{n,r}(g,x)-g(x)|\leqslant$$

$$C\|f-g\|+|B_{n,r}\Big(\int_x^t(t-u)^r g^{(r+1)}(u)\mathrm{d}u,x\Big)|\Big)\leqslant$$

$$C\|f-g\|+\sum_{i=0}^{r-1}|C_i(n)|B_{n_i}\cdot$$

$$\Big(|\int_x^t(t-u)^r g^{(r+1)}(u)\mathrm{d}u|,x\Big)\leqslant$$

$$C\|f-g\|+C\frac{\varphi^{2}(x)}{n^{r}}\|g^{(r+1)}\|\leqslant$$

$$C\omega^{r+1}\left(f,\left(\frac{\varphi^{2}(x)}{n^{r}}\right)^{\frac{1}{r+1}}\right)$$

综上所述，定理 3 成立.

为证定理 2，我们先给出下面一个引理.

引理 3 对 $0<\alpha<\min\left\{\frac{2(r+1)}{2-\lambda},2r\right\}$，$0\leqslant\lambda\leqslant 1$，若 $\omega_{\varphi^{\lambda}}^{2r}(f,t)=O(t^{\alpha})$，则

$$\omega^{i}(f,t)=O(t^{\alpha(1-\frac{\lambda}{2})}),r+1\leqslant i\leqslant 2r \qquad (40)$$

证明 利用关系式 $\omega^{s}(f,t^{\frac{1}{1-\frac{\lambda}{2}}})\leqslant M\omega_{\varphi^{\lambda}}^{s}(f,t)$，及关系式 $\omega^{s}(f,t)\leqslant Ct^{s}\left\{\int_{s}^{c}\frac{\omega^{s+1}(f,u)}{u^{s+1}}\mathrm{d}u+\|f\|\right\}$（$c$ 是正常数），因为当 $0<\alpha<\min\left\{\frac{2r}{2-\lambda},2r\right\}$ 时，$0<\alpha\left(1-\frac{\lambda}{2}\right)<r+1$，我们能推断出：若 $\omega_{\varphi^{\lambda}}^{2r}(f,t)=O(t^{\alpha})$，则

$$\begin{aligned}\omega^{2r-1}(f,t)&\leqslant Ct^{2r-1}\left\{\int_{2r-1}^{c}\frac{\omega^{2r}(f,u)}{u^{2r}}\mathrm{d}u+\|f\|\right\}\leqslant\\&Ct^{2r-1}\{t^{\alpha(1-\frac{\lambda}{2})-2r+1}+\|f\|\}\leqslant\\&Ct^{\alpha(1-\frac{\lambda}{2})}\end{aligned}$$

连续利用 $r-1$ 次可获得式(40).

定理 2 中“$\Leftarrow$”的证明 我们分以下三种情况讨论.

(1) 当 $1-\frac{1}{r}<\lambda\leqslant 1$，$0<\alpha<2r$ 时，定理 3 的式(32) 中的 $J=r$，则在式(32) 中的第一项和不存在，故有

$$|B_{n,r}(f,x)-f(x)|\leqslant$$
$$C\left(\omega_{\varphi^{\lambda}}^{2r}(f,n^{-\frac{1}{2}}\varphi^{1-\lambda}(x))+\frac{\varphi^{2r(1-\lambda)}(x)}{n^{r}}\|f\|\right)$$

由此可推得：当 $1-\frac{1}{r}<\lambda\leqslant 1,0<\alpha<2r$ 时，式(29)中“$\Leftarrow$”成立.

(2) 当 $\lambda=1-\frac{1}{r},0<\alpha<2r$ 时，$J=r+1$，由定理 3 及引理 3，并注意到

$$\varphi^{\frac{2\alpha\left(1-\frac{\lambda}{2}\right)}{r+1}}(x)=\varphi^{\alpha(1-\lambda)}(x),n^{-r\frac{2\alpha\left(1-\frac{\lambda}{2}\right)}{r+1}}=n^{-\frac{\alpha}{2}}$$

有

$$|B_{n,r}(f,x)-f(x)|\leqslant C(n^{-r}\varphi^{2}(x))^{\frac{\alpha\left(1-\frac{\lambda}{2}\right)}{r+1}}+$$
$$C(n^{-\frac{1}{2}}\varphi^{1-\lambda}(x))^{\alpha}\leqslant C(n^{-\frac{1}{2}}\varphi^{1-\lambda}(x))^{\alpha}$$

(3) 当 $0\leqslant\lambda<1-\frac{1}{r}$ 时，由定理 3 知

$$|B_{n,r}(f,x)-f(x)|\leqslant$$
$$C\Big(\sum_{i=r+1}^{J}\omega^{i}(f,(n^{-r}\varphi^{2(i-r)}(x))^{\frac{1}{i}})+$$
$$\omega_{\varphi^{\lambda}}^{2r}(f,n^{-\frac{1}{2}}\varphi^{1-\lambda}(x))+\frac{\varphi^{2r(1-\lambda)}(x)}{n^{r}}\|f\|\Big)\qquad(41)$$

此时右端第一项和式中的各项，应用引理 3 已不能再得出 $O((n^{-\frac{1}{2}}\varphi^{1-\lambda}(x))^{\alpha})$ 的结论. 如 $i=r+1$ 时

$$\omega^{r+1}(f,(n^{-r}\varphi^{2}(x))^{\frac{1}{r+1}})=O((n^{-r}\varphi^{2}(x))^{\frac{\alpha\left(1-\frac{\lambda}{2}\right)}{r+1}})$$
$$\neq O((n^{-\frac{1}{2}}\varphi^{1-\lambda}(x))^{\alpha})$$

事实上，当 $0\leqslant\lambda<1-\frac{1}{r}$ 时，有 $r(1-\lambda)>1$，若

$$(n^{-r}\varphi^{2}(x))^{\frac{\alpha\left(1-\frac{\lambda}{2}\right)}{r+1}}\leqslant C(n^{-\frac{1}{2}}\varphi^{1-\lambda}(x))^{\alpha}$$

则有$\left(\frac{1}{\sqrt{n}\varphi(x)}\right)^{\alpha\frac{r(1-\lambda)-1}{r+1}}\leqslant C$. 当 $x\to 0$ 时，这是不可能的. 故得不到与(1)(2)相同的结论(见下面注 1 的反例). 但由式(41)可知

$$|B_{n,r}(f,x)-f(x)|\leqslant C\left(\sum_{i=r+1}^{J}\omega^{i}(f,(n^{-r}\delta^{2(i-r)}(x))^{\frac{1}{i}})+\omega_{\varphi^{\lambda}}^{2r}(f,n^{-\frac{1}{2}}\delta^{1-\lambda}(x))+\frac{\delta^{2r(1-\lambda)}(x)}{n^{r}}\|f\|\right)\tag{42}$$

从而应用引理 3 可知当 $0<\alpha<\frac{2(r+1)}{2-\lambda}$ 时

$$|B_{n,r}(f,x)-f(x)|\leqslant C\sum_{i=r+1}^{J}(n^{-r}\delta_n^{2(i-r)}(x))^{\frac{\alpha(1-\frac{\lambda}{2})}{i}}+C(n^{-\frac{1}{2}}\delta_n^{1-\lambda}(x))^{\alpha}$$

因此 $\delta_n^{-1}(x)\leqslant\sqrt{n}$，所以当 $r+1\leqslant i\leqslant J$，$r\lambda-2r+i\leqslant 0$ 时

$$(n^{-r}\delta_n^{2(i-r)}(x))^{\frac{\alpha(1-\frac{\lambda}{2})}{i}}=(n^{-\frac{1}{2}}\delta_n^{1-\lambda}(x))^{\alpha}n^{-\frac{\alpha(2r-r\lambda-i)}{2i}}\delta^{\frac{\alpha(2r-r\lambda-i)}{i}}(x)\leqslant(n^{-\frac{1}{2}}\delta_n^{1-\lambda}(x))^{\alpha}$$

所以式(29)中关系“$\Leftarrow$”成立.

注 1 在定理 3 中，当 $0\leqslant\lambda<1-\frac{1}{r}$ 时，$\delta_n(x)$ 不能被 $\varphi(x)$ 代替.

反例：令 $f(t)=t^{r+1}$，$r\geqslant 2$，显然 $\omega_{\varphi^{\lambda}}^{2r}(f,t)=0$. 取 $x=\frac{1}{n^{s}}$，经计算知

$$B_{n,r}(f,x)-f(x)=B_{n,r}((t-x)^{r+1},x)\sim\frac{\varphi^{2}(x)}{n^{r}}\sim\frac{1}{n^{r+s}}$$

且$(n^{-\frac{1}{2}}\varphi^{1-\lambda}(x))^{\alpha}\sim n^{-\frac{\alpha}{2}}x^{\frac{\alpha(1-\lambda)}{2}}\sim n^{-\frac{\alpha}{2}-\frac{\alpha(1-\lambda)s}{2}}$.

另外，我们知道，当 $0 \leqslant \lambda < 1-\frac{1}{r}, r \geqslant 2, 0 < \alpha < \frac{2(r+1)}{2-\lambda}$，所以可选 α 满足 $\alpha(1-\lambda) > 2$. 这样若取 $s > \frac{2r-\alpha}{\alpha(1-\lambda)-2}$，则 $\frac{\alpha}{2}+\frac{\alpha(1-\lambda)s}{2} > r+s$. 这就表明 $\varphi(x)$ 不能代替 $\delta_n(x)$.

注 2　在上例中，若令 $x=\frac{1}{n}$，也可看出，当 $\alpha > \frac{2(r+1)}{2-\lambda}, 0 \leqslant \lambda < 1-\frac{1}{r}, r \geqslant 2$ 时，定理 3 中"$\Leftarrow$"不成立.

注 3　因为当 $0 \leqslant \lambda < 1-\frac{1}{r}, r \geqslant 2$ 时，$\frac{2(r+1)}{2-\lambda} < 2r$，由定理 3 及注 2 得，当 $1-\frac{1}{r} \leqslant \lambda \leqslant 1$ 时，可以用 $\omega_{\varphi^\lambda}^{2r}(f,t)$ 代替 $\omega_{\varphi^\lambda}^{r}(f,t)$；当 $0 \leqslant \lambda < 1-\frac{1}{r}$ 时，不能.

引理 4　当 $0 < t < \frac{1}{16r}, rt \leqslant x \leqslant 1-rt, 0 < \beta \leqslant 2r$ 时，下式成立

$$\int \cdots \int_{-\frac{t}{2}}^{\frac{t}{2}} \varphi^{-\beta}(x+u_1+\cdots+u_{2r}) \mathrm{d}u_1 \cdots \mathrm{d}u_{2r} \leqslant C t^{2r} \varphi^{-\beta}(x) \tag{43}$$

证明　当 $\beta=2r$ 时，式(43)成立. 事实上，当 $r=1$ 时，即为陈文忠的《算子逼近论》226 页中的引理 3.15. 对于任意的 r，当 $x \in \left[rt, \frac{1}{2}\right]$ 时，有

$$\int \cdots \int_{-\frac{t}{2}}^{\frac{t}{2}} \varphi^{-2r}(x+u_1+\cdots+u_{2r}) \mathrm{d}u_1 \cdots \mathrm{d}u_{2r} \leqslant$$

$$C \prod_{j=1}^{r} \iint_{-\frac{t}{2}}^{\frac{t}{2}} \varphi^{-2}(x-(r-1)t+u_{2j-1}+u_{2j}) \mathrm{d}u_{2j-1} \mathrm{d}u_{2j} \leqslant$$

$$C\prod_{j=1}^{r}(t^2\varphi^{-2}(x-(r-1)t))\leqslant Ct^{2r}\varphi^{-2r}(x)$$

当 $x\in\left[\frac{1}{2},1-rt\right]$时,可类似证明.

对于任意的 $0<\beta<2r$,利用 Hölder 不等式可知引理 4 成立.

定理 2 中"⇒"的证明 以下记 $\gamma_{n,\lambda}(x)=n^{-\frac{1}{2}}\delta_n^{1-\lambda}(x)$. 若 $B_{n,r}(f,x)-f(x)=O(\gamma_{n,\lambda}^{\alpha}(x))$,则对任意的 $n>2r$ 有

$$\begin{aligned}|\Delta_{t\varphi^{\lambda}(x)}^{2r}f(x)|\leqslant{}&|\Delta_{t\varphi^{\lambda}(x)}^{2r}(B_{n,r}(f,x)-f(x))|+\\&|\Delta_{t\varphi^{\lambda}(x)}^{2r}(B_{n,r}(f,x))|\leqslant\\&C\gamma_{n,\lambda}^{\alpha}(x)+\sum_{i=0}^{r-1}|C_i(n)|\cdot\\&\int\cdots\int_{-\frac{t\varphi^{\lambda}(x)}{2}}^{\frac{t\varphi^{\lambda}(x)}{2}}\left|B_{n_i}^{(2r)}\left(f,x+\sum_{j=1}^{2r}u_j\right)\right|\mathrm{d}u_1\cdots\mathrm{d}u_{2r}\leqslant\\&C\gamma_{n,\lambda}^{\alpha}(x)+\sum_{i=0}^{r-1}|C_i(n)|\cdot\\&\int\cdots\int_{-\frac{t\varphi^{\lambda}(x)}{2}}^{\frac{t\varphi^{\lambda}(x)}{2}}\left|B_{n_i}^{(2r)}\left(f-g,x+\sum_{j=1}^{2r}u_j\right)\right|\mathrm{d}u_1\cdots\mathrm{d}u_{2r}+\\&\sum_{i=0}^{r-1}|C_i(n)|\cdot\\&\int\cdots\int_{-\frac{t\varphi^{\lambda}(x)}{2}}^{\frac{t\varphi^{\lambda}(x)}{2}}\left|B_{n_i}^{(2r)}\left(g,x+\sum_{j=1}^{2r}u_j\right)\right|\mathrm{d}u_1\cdots\mathrm{d}u_{2r}\equiv\end{aligned}$$

$$C\gamma_{n,\lambda}^{\alpha}(x)+J_1+J_2$$

利用文献 *Moduli of Smoothness* 中的式(9.4.3)，知 $B_n^{(m)}(f,x)=\dfrac{n!}{(n-m)!}\sum\limits_{k=0}^{n-m}\overrightarrow{\Delta}_{\frac{1}{n}}^{m}f\left(\dfrac{k}{n}\right)p_{n-m,k}(x)$，我们能推出

$$|B_n^{(2r)}(f,x)|\leqslant Cn^{2r}\|f\| \tag{44}$$

再由文献 *Moduli of Smoothness* 中的式(9.3.5)，知 $\|\varphi^{2r}(x)B_n^{(2r)}f\|\leqslant Cn^{r}\|r\|$，可得

$$|B_n^{(2r)}(f,x)|\leqslant Cn^{r}\varphi^{-2r}(x)\|f\| \tag{45}$$

这样由式(44)(45) 及引理 4 得到

$$J_1\leqslant Ct^{2r}\gamma_{n,\lambda}^{-2r}(x)\|f-g\| \tag{46}$$

另外，还可得 $|B_n^{(2r)}(f,x)|\leqslant C\varphi^{-2r\lambda}(x)\|\varphi^{2r\lambda}f^{(2r)}\|$。利用引理 4 能推出

$$J_2\leqslant Ct^{2r}\|\varphi^{2r\lambda}g^{(2r)}\| \tag{47}$$

选择合适的 g，利用式(46)(47) 可得

$$|\Delta_{t\varphi^{\lambda}(x)}^{2r}f(x)|\leqslant C\left(\gamma_{n,\lambda}^{\alpha}(x)+\frac{t^{2r}}{\gamma_{n,\lambda}^{2r}(x)}\omega_{\varphi^{\lambda}}^{2r}(f,\gamma_n,\lambda(x))\right)$$

对任意固定的 $0<\delta<\dfrac{1}{16r}$，取 n 充分大使得：$\gamma_{n,\lambda}(x)\leqslant\delta\leqslant 2\gamma_{n,\lambda}(x)$，对每个 $x\in[0,1]$ 成立，这样有

$$|\Delta_{t\varphi^{\lambda}(x)}^{2r}f(x)|\leqslant C\left(\delta^{\alpha}+\left(\frac{t}{\delta}\right)^{2r}\omega_{\varphi^{\lambda}}^{2r}(f,\delta)\right)$$

从而有

$$\omega_{\varphi^{\lambda}}^{2r}(f,t)\leqslant C\left(\delta^{\alpha}+\left(\frac{t}{\delta}\right)^{2r}\omega_{\varphi^{\lambda}}^{2r}(f,\delta)\right)$$

利用 Berens-Lorentz 引理可推出

$$\omega_{\varphi^{\lambda}}^{2r}(f,t)=O(t^{\alpha})$$

又因为 $B_{n,r}(f,x)-f(x)=O((n^{-\frac{1}{2}}\varphi(x))^{\alpha})$ 蕴含

了 $B_{n,r}(f,x)-f(x)=O(\gamma_{n,\lambda}^{\alpha}(x))$，故定理 2 中关系“$\Rightarrow$”成立.

§3 关于 Bernstein 多项式的逼近度

厦门大学数学系的李文清教授指出：

设 $f(x)$ 为$[0,1]$上的连续函数，$B_n(x)$ 表示 $f(x)$ 的 Bernstein 多项式，即 $B_n(x)=\sum_{k=0}^{n}f\left(\frac{k}{n}\right)C_n^k x^k(1-x)^{n-k}$. 在 G. G. Lorentz 所著《Bernstein 多项式》一书中的第 20 页有下列结果

$$|B_n(x)-f(x)|<\frac{5}{4}\omega\left(\frac{1}{\sqrt{n}}\right) \tag{48}$$

他把上述结果改进为

$$|B_n(x)-f(x)|<\frac{19}{16}\omega\left(\frac{1}{\sqrt{n}}\right) \tag{49}$$

式中 $\omega(\delta)$ 表示 $f(x)$ 的连续模. $\omega(\delta)=\max\limits_{|x-y|\leqslant\delta}|f(x)-f(y)|$，$x,y\in[0,1]$.

为了建立式(49)，我们需要下列公式

$$S_n(x)=\sum_{k=0}^{n}(k-nx)^4C_n^k(1-x)^{n-k}=$$
$$nx(1-x)(1-6x+6x^2)+3n^2x^2(1-x)^2 \tag{50}$$

对 $S_n(x)$ 做下列估计

$$S_n(x)\leqslant\frac{3n^2}{16},n\geqslant2,0\leqslant x\leqslant1 \tag{51}$$

我们证明式 (51) 成立：

因为

$$S_n(x)=nx(1-x)\{1-6x+6x^2+3nx(1-x)\}\leqslant$$

$$\frac{n}{4}\mid 1-6x+6x^2+3nx(1-x)\mid$$

$$0\leqslant x\leqslant 1$$

令 $f(x)=1-6x+6x^2+3nx(1-x)$，$f'\left(\frac{1}{2}\right)=0$，若 $n\geqslant 3$，则

$$\mid f(x)\mid\leqslant \max\left\{\left| f\left(\frac{1}{2}\right)\right|,\mid f(1)\mid,\mid f(0)\mid\right\}=$$

$$\left| f\left(\frac{1}{2}\right)\right|=\frac{3n}{4}-\frac{1}{2}\leqslant\frac{3n}{4}$$

所以 $S_n(x)\leqslant\frac{3n^2}{16}$. 即式(51)在 $n\geqslant 3$ 时成立.

当 $n=2$ 时

$$S_n(x)\leqslant\frac{n}{4}\mid 1-6x+6x^2+6x(1-x)\mid=\frac{n}{4}\leqslant\frac{3n^2}{16}$$

故式(51)对 $n\geqslant 2$ 都成立. 利用不等式(51)可得下列定理.

定理 4　设 $f(x)\in C[0,1]$，$B_n(x)$ 为其 Bernstein 多项式，则

$$\mid B_n(x)-f(x)\mid\leqslant\frac{19}{16}\omega\left(\frac{1}{\sqrt{n}}\right)，对任意的 n 均成立$$

证明　当 $x_1,x_2\in[0,1]$ 时，设 $\delta>0$，以 $\lambda=\lambda(x_1,x_2,\delta)$ 表示 $[\mid x_1-x_2\mid\delta^{-1}]$，此时[　]表示整数部分，则下式

$$\mid f(x_1)-f(x_2)\mid\leqslant(\lambda+1)\omega(\delta)$$

$$\mid B_n(x)-f(x)\mid\leqslant\sum_{k=0}^{n}\left| f\left(\frac{k}{n}\right)-f(x)\right|\cdot C_n^k x^k(1-x)^{n-k}\leqslant$$

$$\omega(\delta)\sum_{k=0}^{n}\left\{1+\lambda\left(x,\frac{k}{n},\delta\right)\right\}\cdot$$
$$C_n^k x^k(1-x)^{n-k}\leqslant$$
$$\omega(\delta)\left\{1+\sum_{\lambda\geqslant 1}\lambda\left(x,\frac{k}{n},\delta\right)\right\}\cdot$$
$$C_n^k x^k(1-x)^{n-k}\leqslant$$
$$\omega(\delta)\left\{1+\sum_{\lambda\geqslant 1}\lambda^4\left(x,\frac{k}{n},\delta\right)\right\}\cdot$$
$$C_n^k x^k(1-x)^{n-k}\leqslant$$
$$\omega(\delta)\left\{1+\delta^4\sum_{k=0}^{n}\left(x-\frac{k}{n}\right)^4\cdot\right.$$
$$\left.C_n^k x^k(1-x)^{n-k}\right\}\leqslant$$
$$\omega(\delta)\left\{1+\frac{1}{(n\delta)^4}S_n(x)\right\}\leqslant$$
$$\omega(\delta)\left\{1+\frac{1}{(n\delta)^4}\frac{3n^2}{16}\right\},n\geqslant 2$$

成立.

令 $\delta^{-1}=\sqrt{n}$,得:当 $n\geqslant 2$ 时

$$|B_n(x)-f(x)|\leqslant\left(1+\frac{3}{16}\right)\omega\left(\frac{1}{\sqrt{n}}\right)$$

当 $n=1$ 时

$$|B_n(x)-f(x)|\leqslant|(f(0)-f(x))(1-x)|+$$
$$|(f(1)-f(x))x|\leqslant$$
$$\omega(1)\leqslant\frac{19}{16}\omega(1)$$

故对任意的 n,式(49)成立.

用类似的计算可得下列定理.

定理 5　令 $f(x)$ 在 $[0,1]$ 上有连续的导数 $f'(x)$. 设 $\omega_1(\delta)$ 表示 $f'(x)$ 的连续模,则

$$|B_n(x)-f(x)|\leqslant \frac{11}{16}\frac{1}{\sqrt{n}}\omega_1\left(\frac{1}{\sqrt{n}}\right)$$

因证明与定理 4 相似,故证明从略.

§4　关于 k 维空间的 Bernstein 多项式的逼近度

厦门大学数学系的李文清教授,讨论了 k 维空间的 Bernstein 多项式在不同的距离下的逼近度.所谓在 k 维单位区间上的 Bernstein 多项式是指

$$B^f_{n_1,n_2,\cdots,n_k}(x_1,x_2,\cdots,x_k)=$$
$$\sum_{v_1=0}^{n_1}\cdots\sum_{v_k=0}^{n_k} f\left(\frac{v_1}{n_1},\cdots,\frac{v_k}{n_k}\right)P^{v_1;\cdots;v_k}_{n_1;\cdots;n_k}(x_1,x_2,\cdots,x_k)$$

其中

$$P^{v_1;\cdots;v_k}_{n_1;\cdots;n_k}=\binom{n_1}{v_1}\binom{n_2}{v_2}\cdots\binom{n_k}{v_k}x_1^{v_1}(1-x_1)^{n_1-v_1}\cdots x_k^{v_k}(1-x_k)^{n_k-v_k}$$

他建立了下列关于连续函数的逼近度:

1. $|B^f_{n_1,n_2,\cdots,n_k}(x_1,x_2,\cdots,x_k)-f(x_1,x_2,\cdots,x_k)|\leqslant \left(1+\frac{3k}{16}\right)\omega_f\left(\frac{1}{\sqrt{n_1}},\frac{1}{\sqrt{n_2}},\cdots,\frac{1}{\sqrt{n_k}}\right)$.

2. $|B^f_{n_1,n_2,\cdots,n_k}(x_1,x_2,\cdots,x_k)-f(x_1,x_2,\cdots,x_k)|\leqslant \frac{5}{4}\omega_2\left(\sqrt{\sum_{i=1}^{k}\frac{1}{n_i}}\right)$.

3. $|B^f_{n_1,n_2,\cdots,n_k}(x_1,x_2,\cdots,x_k)-f(x_1,x_2,\cdots,x_k)|\leqslant \frac{19}{16}\omega_4\left(\left(\sum_1^k\frac{1}{n_i^2}\right)^{\frac{1}{2}}\right)$.

式中 $\omega_f(\delta_1,\delta_2,\cdots,\delta_k)$ 表示 $f(x_1,x_2,\cdots,x_k)$ 的连续

模即

$$\omega_f(\delta_1,\delta_2,\cdots,\delta_k)=$$

$$\max_{|x_1-y_1|\leqslant\delta_1,\cdots,|x_k-y_k|\leqslant\delta_k}|f(x_1,x_2,\cdots,x_k)-$$

$$f(y_1,y_2,\cdots,y_k)|$$

$$W_2(\delta)=\max_{\|X-Y\|_2\leqslant\delta}|f(X)-f(Y)|$$

$$X=(x_1,\cdots,x_k),Y=(y_1,\cdots,y_k)$$

而 $\|X-Y\|_2$ 表示 $\left(\sum_{k=1}^{k}(x_i-y_i)^2\right)^{\frac{1}{2}}$.

$$\omega_4(\delta)=\max_{\|X-Y\|_4\leqslant\delta}|f(X)-f(Y)|$$

$$\|X-Y\|_4=\left(\sum_{i=1}^{k}(x_i-y_i)^4\right)^{\frac{1}{4}}$$

此外建立了在单纯形 $0\leqslant x_1+x_2+\cdots+x_k\leqslant 1,x_i\geqslant 0,i=1,2,\cdots,k$ 上的 Bernstein 多项式即

$$B_n^f(x_1,\cdots,x_k)=$$

$$\sum_{v_1\geqslant 0,v_1+v_2+\cdots+v_k\leqslant n}f\left(\frac{v_1}{n},\cdots,\frac{v_k}{n}\right)P_{v_1,\cdots,v_k,n}(x_1,\cdots,x_k)$$

的逼近度,式中

$$P_{v_1,\cdots,v_k,n}(x_1,\cdots,x_k)=$$

$$\binom{n}{v_1\cdots v_h}x_1^{v_1}\cdots x_k^{v_k}(1-x_1-\cdots-x_k)^{n-v_1-\cdots-v_k}$$

$$\binom{n}{v_1\cdots v_k}=\frac{n!}{v_1!\ \cdots v_k!\ (n-v_1-\cdots-v_k)!}$$

本节建立了下列关于连续函数的逼近度

$$|B_n^f(x_1,\cdots,x_k)-f(x_1,\cdots,x_k)|\leqslant 2\omega_2\left(\frac{1}{\sqrt{n}}\right)$$

最后一式与维数 k 无关.

关于一维空间的 Bernstein 多项式的逼近度的问题已在 1961 年被 P. C. Sikkema 解决. 即当 $\omega(\delta)$ 表示

连续模

$$\omega(\delta)=\max_{|x-y|\leqslant\delta}|f(x)-f(y)|,x,y\in[0,1] \tag{52}$$

时，以 Bernstein 多项式

$$B_n(x)=\sum_{v=0}^{n}f\left(\frac{v}{n}\right)\binom{n}{v}x^v(1-x)^{n-v} \tag{53}$$

逼近在$[0,1]$上定义的连续函数 $f(x)$ 时得到下列不等式

$$\max_{0\leqslant x\leqslant 1}|f(x)-B_n(x)|\leqslant K\omega(n^{-\frac{1}{2}}),n=1,2,\cdots \tag{54}$$

此处 $K=\frac{4\ 306+637\sqrt{6}}{5\ 832}=1.089\ 98\cdots$，此常数不能再改小，这个问题自1935年被 T. Popoviciu 提出后，经过20多年终于获得解决，但对于多变数 Bernstein 多项式，到目前为止有了各种收敛定理，而对误差计算的文献尚不多见，故对多维空间的 Bernstein 多项式的逼近度做一探讨，以补其缺. 所谓多维 Bernstein 多项式即

$$\begin{aligned}&B^f_{n_1,n_2,\cdots,n_k}(x_1,x_2,\cdots,x_k)=\\&\sum_{v_1=0}^{n_1}\cdots\sum_{v_k=0}^{n_k}f\left(\frac{v_1}{n_1},\cdots,\frac{v_k}{n_k}\right)\\&P^{v_1;\cdots;v_k}_{n_1;\cdots;n_k}(x_1,x_2,\cdots,x_k)\end{aligned} \tag{55}$$

此时

$$\begin{aligned}&P^{v_1;\cdots;v_k}_{n_1;\cdots;n_k}(x_1,x_2,\cdots,x_k)=\\&\binom{n_1}{v_1}\binom{n_2}{v_2}\cdots\binom{n_k}{v_k}x_1^{v_1}(1-x_1)^{n_1-v_1}\cdots\\&x_k^{v_k}(1-x_k)^{n_k-v_k}\end{aligned}$$

而 $f(x_1,\cdots,x_k)$ 表示在单位区间 $0\leqslant x_i\leqslant 1,i=1,$

2,…,k 上的连续函数. 本节只讨论连续函数的逼近. 在多维空间逼近多项式的形式较为复杂,同时在定义连续模时可以用不同的距离的概念. 虽然在泛函分析中取模 $\| X \| = \sum_{1}^{n} | x_i |$ 或 $\| x \| = (\sum_{1}^{n} | x_i |^p)^{\frac{1}{p}}$, $p \geqslant 1$ 都是拓扑等价的,但在计算函数逼近的误差大小时,选不同的距离将得到不同的估计,故在多元函数逼近论中适当选择距离可以使所得到的误差估计减小. 本节分几个部分来叙述. 首先依照通常的习惯取连续模.

$$\omega_f(\delta_1, \delta_2, \cdots, \delta_k) = \max_{\substack{|x_i - y_i| \leqslant \delta_i \\ i=1,2,\cdots,k}} | f(x_1, x_2, \cdots, x_k) - f(y_1, y_2, \cdots, y_k) | \tag{56}$$

式中点 $(x_1, x_2, \cdots, x_k)$, $(y_1, y_2, \cdots, y_k)$ 含在区间 $0 \leqslant x_i \leqslant 1 (i = 1, 2, \cdots, k)$ 中.

今令 X 表示 $(x_1, x_2, \cdots, x_k)$, Y 表示 $(y_1, y_2, \cdots, y_k)$. 我们可以取连续模如下

$$\max_{\| X-Y \| \leqslant \delta} | f(X) - f(Y) | = \omega(\delta)$$

$$X, Y \in [0, 1], i = 1, 2, \cdots, k$$

而 $\| X - Y \|$ 可以取不同的距离,如

$$\| X - Y \|_2 = \sqrt{(x_1 - y_1)^2 + \cdots + (x_k - y_k)^2}$$

或

$$\| X - Y \|_4 = \sqrt[4]{\sum_{i=1}^{k} (x_i - y_i)^4}$$

最后讨论一下

$$\| X - Y \|_p = \sqrt[p]{\sum_{i=1}^{k} | x_i - y_i |^p}$$

我们为了区别不同的距离的模,利用下列记号

$$\max_{\|X-Y\|_p\leqslant\delta}|f(X)-f(Y)|=W_p(\delta)\qquad(57)$$

本节中求出了下列不等式

$$|B^f_{n_1,n_2,\cdots,n_k}(x_1,\cdots,x_k)-f(x_1,\cdots,x_k)|\leqslant\left(1+\frac{3k}{16}\right)\omega_f\left(\frac{1}{\sqrt{n_1}},\frac{1}{\sqrt{n_2}},\cdots,\frac{1}{\sqrt{n_k}}\right)\qquad(58)$$

$$|B^f_{n_1,n_2,\cdots,n_k}(x_1,\cdots,x_k)-f(x_1,\cdots,x_k)|\leqslant\frac{5}{4}\omega_2\left(\sqrt{\sum_1^k\frac{1}{n_i}}\right)\qquad(59)$$

$$|B^f_{n_1,n_2,\cdots,n_k}(x_1,\cdots,x_k)-f(x_1,\cdots,x_k)|\leqslant\frac{19}{16}\omega_4\left(\left(\sum_1^k\frac{1}{n_i^2}\right)^{\frac{1}{4}}\right)\qquad(60)$$

上列不等式都可以看作 Popoviciu 不等式的推广. 此外又讨论了在单纯形 $0\leqslant x_1+x_2+\cdots+x_k\leqslant 1$, $x_i\geqslant 0, i=1,2,\cdots,k$ 上的 Bernstein 多项式的逼近度: 其 Bernstein 多项式为

$$B^f_n(x_1,\cdots,x_k)=\sum_{v_i\geqslant 0,v_1+v_2+\cdots+v_k\leqslant n}f\left(\frac{v_1}{n},\cdots,\frac{v_k}{n}\right)P_{v_1,\cdots,v_k,n}(x_1,\cdots,x_k)\qquad(61)$$

$$P_{v_1,\cdots,v_k,n}(x_1,\cdots,x_k)=\binom{n}{v_1\cdots v_k}x_1^{v_1}\cdots x_k^{v_k}(1-x_1-\cdots-x_k)^{n-v_1-\cdots-v_k}$$

$$\binom{n}{v_1,\cdots,v_k}=\frac{n!}{v_1!\cdots v_k!(n-v_1-\cdots-v_k)!}$$

本节建立了下列不等式

$$|B^f_n(x_1,\cdots,x_k)-f(x_1,\cdots,x_k)|\leqslant 2\omega_2\left(\frac{1}{\sqrt{n}}\right)\qquad(62)$$

本节的主要内容是把一个变数的 Bernstein 多项式所满足的 Popoviciu 不等式

$$|f(x)-B_n(x)| \leqslant \frac{5}{4}\omega(n^{-\frac{1}{2}}) \tag{63}$$

做一推广. 上式中 $f(x)\in C[0,1]$,且

$$B_n(x)=\sum_{k=0}^{n} f\left(\frac{k}{n}\right)\binom{n}{k}x^k(1-x)^{n-k}$$

引理 5 令 $W_f(\delta_1,\delta_2,\cdots,\delta_k)$ 表示式(56)所规定的 $f(x_1,x_2,\cdots,x_k)$ 在 k 维空间内单位立方体上的连续模,则下列不等式成立

$$|f(x_1,x_2,\cdots,x_k)-f(y_1,y_2,\cdots,y_k)| \leqslant \omega(\delta_1,\delta_2,\cdots,\delta_k)[1+\lambda_1+\cdots+\lambda_k] \tag{64}$$

此时 $\lambda_i=\left[\frac{|x_i-y_i|}{\delta_i}\right]$, $i=1,2,\cdots,k$, $[\quad]$ 表示整数部分.

证明 今证公式(64)在 $n=2$ 时成立. 令

$$\omega_f(\delta_1,x_2)=\sup_{|x_1-y_1|\leqslant\delta_1}|f(x_1,x_2)-f(y_1,x_2)|$$

$$\omega_f(x_1,\delta_2)=\sup_{|x_2-y_2|\leqslant\delta_2}|f(x_1,x_2)-f(x_1,y_2)|$$

则得

$$\begin{aligned}
|f(x_1,x_2)-f(y_1,y_2)| \leqslant &\left[\frac{|x_1-y_1|}{\delta_1}\right]\omega_f(\delta_1,x_2)+\\
&\left[\frac{|x_2-y_2|}{\delta_2}\right]\omega_f\left(x_1+\delta_1\left[\frac{|x_1-y_1|}{\delta_1}\right],\delta_2\right)+\\
&\left|f\left(\delta_1\left[\frac{|x_1-y_1|}{\delta_1}\right]+x_1,\right.\right.\\
&\left.\left.\delta_2\left[\frac{|x_2-y_2|}{\delta_2}\right]+x_2\right)-f(y_1,y_2)\right| \leqslant\\
&\lambda_1\omega_f(\delta_1,\delta_2)+\lambda_2\omega_f(\delta_1,\delta_2)+\omega_f(\delta_1,\delta_2)=\\
&(1+\lambda_1+\lambda_2)\omega_f(\delta_1,\delta_2)
\end{aligned}$$

至于 n 维的情况可以类似的证明.

定理 6　设 $f(x_1,x_2,\cdots,x_k)$ 在 $0\leqslant x_i\leqslant 1$ 连续，$B^f_{n_1,\cdots,n_k}(x_1,x_2,\cdots,x_k)$ 表示 n 维空间的 Bernstein 多项式如式(55) 中所示，令 $\omega_f(\delta_1,\delta_2,\cdots,\delta_k)$ 为 $f(x_1,\cdots,x_k)$ 的式(56) 所表示的连续模，则下列不等式成立

$$|B^f_{n_1,n_2,\cdots,n_k}(x_1,x_2,\cdots,x_k)-f(x_1,x_2,\cdots,x_k)|\leqslant \left(1+\frac{3k}{16}\right)\omega(n_1^{-\frac{1}{2}},n_2^{-\frac{1}{2}},\cdots,n_k^{-\frac{1}{2}}) \tag{65}$$

证明　因

$$B^f_{n_1,\cdots,n_k}(x_1,x_2,\cdots,x_k)=\sum_{v_1=0}^{n_1}\sum_{v_2=0}^{n_2}\cdots\sum_{v_k=0}^{n_k}f\left(\frac{v_1}{n_1},\frac{v_2}{n_2},\cdots,\frac{v_k}{n_k}\right)\cdot P^{v_1,v_2,\cdots,v_k}_{n_1,\cdots,n_k}(x_1,x_2,\cdots,x_k)$$

$$P^{v_1,\cdots,v_k}_{n_1,\cdots,n_k}(x_1,x_2,\cdots,x_k)=\binom{n_1}{v_1}\cdots\binom{n_k}{v_k}x_1^{v_1}(1-x_1)^{n_1-v_1}\cdots x_k^{v_k}(1-x_k)^{n_k-v_k}$$

显然当 $f(x_1,x_2,\cdots,x_k)\equiv 1$ 时

$$B^f_{n_1,\cdots,n_k}(x_1,x_2,\cdots,x_k)=1$$

从而得到

$$f(x_1,x_2,\cdots,x_k)=\sum_{v_1=0}^{n_1}\sum_{v_2=0}^{n_2}\cdots\sum_{v_k=0}^{n_k}f(x_1,x_2,\cdots,x_k)\cdot P^{v_1,v_2,\cdots,v_k}_{n_1,\cdots,n_k}(x_1,x_2,\cdots,x_k) \tag{66}$$

利用式(66) 及引理 5. 做下列估计

$$|B^f_{n_1,n_2,\cdots,n_k}(x_1,x_2,\cdots,x_k)-f(x_1,x_2,\cdots,x_k)|\leqslant$$

$$\sum_{v_1=0}^{n_1}\sum_{v_2=0}^{n_2}\cdots\sum_{v_k=0}^{n_k}\left|f\left(\frac{v_1}{n_1},\cdots,\frac{v_k}{n_k}\right)-f(x_1,x_2,\cdots,x_k)\right|\cdot P^{v_1,v_2,\cdots,v_k}_{n_1,n_2,\cdots,n_k}(x_1,x_2,\cdots,x_k)\leqslant$$

$$\sum_{v_1=0}^{n_1}\sum_{v_2=0}^{n_2}\cdots\sum_{v_k=0}^{n_k}(1+\lambda_1+\lambda_2+\cdots+\lambda_k)\omega_f(\delta_1,\delta_2,\cdots,\delta_k)\cdot$$

$$P_{n_1,n_2,\cdots,n_k}^{v_1,v_2,\cdots,v_k}(x_1,x_2,\cdots,x_k)=$$

$$\omega_f(\delta_1,\delta_2,\cdots,\delta_k)\Big[1+\sum_{j=1}^{k}\sum_{v_1=0}^{n_1}\sum_{v_2=0}^{n_2}\cdots\sum_{v_k=0}^{n_k}\lambda_j\cdot$$

$$P_{n_1,n_2,\cdots,n_k}^{v_1,v_2,\cdots,v_k}(x_1,x_2,\cdots,x_k)\Big] \tag{67}$$

现在计算

$$\sum_{v_1=0}^{n_1}\sum_{v_2=0}^{n_2}\cdots\sum_{v_k=0}^{n_k}\lambda_j P_{n_1,n_2,\cdots,n_k}^{v_1,v_2,\cdots,v_k}(x_1,x_2,\cdots,x_k)$$

因 $\lambda_1,\lambda_2,\cdots,\lambda_k$ 的对称性,只计算 $j=1$ 的情况就够了.

$$\sum_{v_1=0}^{n_1}\sum_{v_2=0}^{n_2}\cdots\sum_{v_k=0}^{n_k}\lambda_1 P_{n_1,n_2,\cdots,n_k}^{v_1,v_2,\cdots,v_k}(x_1,x_2,\cdots,x_k)=$$

$$\sum_{v_1=0}^{n_1}\sum_{v_2=0}^{n_2}\cdots\sum_{v_k=0}^{n_k}\left[\frac{\left|x_1-\frac{v_1}{n_1}\right|}{\delta_1}\right]\binom{n_1}{v_1}\cdots\binom{n_k}{v_k}\cdot$$

$$x_1^{v_1}(1-x_1)^{n_1-v_1}x_2^{v_2}(1-x_2)^{n_2-v_2}\cdot\cdots\cdot$$

$$x_k^{v_k}(1-x_k)^{n_k-v_k}=$$

$$\sum_{v_1=0}^{n_1}\left[\frac{\left|x_1-\frac{v_1}{n_1}\right|}{\delta_1}\right]\binom{n_1}{v_1}x_1^{v_1}(1-x_1)^{n_1-v_1}\cdot$$

$$\Big(\sum_{v_2=0}^{n_2}\cdots\sum_{v_k=0}^{n_k}\binom{n_2}{v_2}\cdots\binom{n_k}{v_k}x_x^{v_2}(1-x_2)^{n_2-v_2}\cdot\cdots\cdot$$

$$x_k^{v_k}(1-x_k)^{n_k-v_k}\Big)=$$

$$\sum_{\lambda_1\geqslant 1}\left[\frac{\left|x_1-\frac{v_1}{n_1}\right|}{\delta_1}\right]\binom{n_1}{v_1}x_1^{v_1}(1-x_1)^{n_1-v_1}\leqslant$$

$$\sum_{v_1=0}^{n_1}\frac{\left(x_1-\frac{v_1}{n_1}\right)^4}{\delta_1^4}\binom{n_1}{v_1}x_1^{v_1}(1-x_1)^{n_1-v_1}=$$

$$\frac{1}{n_1^4\delta_1^4}\{n_1x_1(1-x_1)(1-6x_1+6x_1^2)+3n_1^2x_1^2(1-x_1)^2\}\leqslant$$

$$\frac{1}{n_1^4\delta_1^4}\frac{3n_1^2}{16}=\frac{3}{16n_1^2\delta_1^4},0\leqslant x_1\leqslant 1$$

故得下列估计

$$|B_{n_1,n_2,\cdots,n_k}^f(x_1,x_2,\cdots,x_k)-f(x_1,x_2,\cdots,x_k)|\leqslant$$

$$W(\delta_1,\delta_2,\cdots,\delta_n)\left\{1+\frac{3}{16}\left[\sum_{j=1}^{k}\frac{1}{n_j^2\delta_j^4}\right]\right\}$$

令 $\delta_j=\sqrt{\frac{1}{n_j}}$ 得到

$$|B_{n_1,\cdots,n_k}^f(x_1,x_2,\cdots,x_k)-f(x_1,x_2,\cdots,x_k)|\leqslant$$

$$\left(1+\frac{3k}{16}\right)\omega\left(\frac{1}{\sqrt{n_1}},\frac{1}{\sqrt{n_2}},\cdots,\frac{1}{\sqrt{n_k}}\right)$$

注 1　上列结果当 $k=1$ 时，即

$$|B_n^f(x)-f(x)|\leqslant\frac{19}{16}\omega\left(\frac{1}{\sqrt{n}}\right)$$

即为 Popoviciu 的结果的改进形.

注 2　此结果还有改进的余地.

首先考虑通常的欧几里得距离

$$\rho_2(X,Y)=\left(\sum_{j=1}^{k}(x_i-y_i)^2\right)^{\frac{1}{2}}$$

此时

$$X=(x_1,x_2,\cdots,x_k),Y=(y_1,y_2,\cdots,y_k)$$

设

$$f(X)=f(x_1,x_2,\cdots,x_k)$$

在单位区间 $I:0\leqslant x_i\leqslant 1,i=1,2,\cdots,k$ 连续. 我们定义 $f(x)$ 的连续模如下

$$\omega_2^f(\delta)=\max_{\rho_2(X,Y)\leqslant\delta}|f(X)-f(Y)|$$

此时

$$X,Y\in I,i=1,2,\cdots,k$$

考虑 Bernstein 多项式

$$B_{n_1,\cdots,n_k}^{f}(x_1,\cdots,x_k)=\sum_{v_1=0}^{n_1}\cdots\sum_{v_k=0}^{n_k}f\left(\frac{v_1}{n_1},\cdots,\frac{v_k}{n_k}\right)\cdot P_{n_1}^{v_1}\cdots P_{n_k}^{v_k}(x_1,x_2,\cdots,x_k)$$

的逼近如下

$$|B_{n_1,n_2,\cdots,n_k}^{f}(x_1,\cdots,x_k)-f(x_1,\cdots,x_k)|\leqslant \sum_{v_1=0}^{n_1}\sum_{v_2=0}^{n_2}\cdots\sum_{v_k=0}^{n_k}\left|f\left(\frac{v_1}{n_1},\cdots,\frac{v_k}{n_k}\right)-f(x_1,\cdots,x_k)\right|\cdot P_{n_1,\cdots,n_k}^{v_1,v_2,\cdots,v_k}(x_1,x_2,\cdots,x_k)\leqslant \sum_{v_1=0}^{n_1}\sum_{v_2=0}^{n_2}\cdots\sum_{v_k=0}^{n_k}(1+\lambda)\omega_2(\delta)P_{n_1,n_2,\cdots,n_k}^{v_1,v_2,\cdots,v_k}(x_1,x_2,\cdots,x_k) \tag{68}$$

上式中

$$\lambda=\left[\frac{\rho\left(X,\left(\frac{v_1}{n_1},\cdots,\frac{v_k}{n_k}\right)\right)}{\delta}\right]$$

[ ]表示整数部分,则得

$$|B_{n_1,n_2,\cdots,n_k}^{f}(x_1,\cdots,x_k)-f(x_1,\cdots,x_k)|\leqslant \omega_2(\delta)\left\{1+\sum_{v_1=0}^{n_1}\cdots\sum_{v_k=0}^{n_k}\left[\frac{\rho\left(X,\left(\frac{v_1}{n_1},\cdots,\frac{v_k}{n_k}\right)\right)}{\delta}\right]\cdot P_{n_1,n_2,\cdots,n_k}^{v_1,v_2,\cdots,v_k}(x_1,x_2,\cdots,x_k)\right\}\leqslant \omega_2(\delta)\left\{1+\sum\cdots\sum_{\lambda\geqslant 1}\left[\frac{\rho\left(X,\left(\frac{v_1}{n_1},\cdots,\frac{v_k}{n_k}\right)\right)}{\delta}\right]\cdot P_{n_1,n_2,\cdots,n_k}^{v_1,v_2,\cdots,v_k}(x_1,x_2,\cdots,x_k)\right\}\leqslant \omega_2(\delta)\left\{1+\sum\cdots\sum_{\lambda\geqslant 1}\frac{\left(x_1-\frac{v_1}{n_1}\right)^2+\cdots+\left(x_k-\frac{v_k}{n_k}\right)^2}{\delta^2}\cdot\right.$$

$$P_{n_1;\cdots;n_k}^{v_1;\cdots;v_k}(x_1,x_2,\cdots,x_k)\Bigg\}\leqslant$$

$$\omega_2(\delta)\left\{1+\frac{1}{\delta^2}\sum_{j=1}^{k}\sum_{v_1=0}^{n_1}\sum_{v_2=0}^{n_2}\cdots\sum_{v_k=0}^{n_k}\left(x_j-\frac{v_j}{n_j}\right)^2\cdot\right.$$

$$\left.P_{n_1;\cdots;n_k}^{v_1;\cdots;v_k}(x_1,\cdots,x_k)\right\} \tag{69}$$

重复定理 6 的计算得

$$|B_{n_1,n_2,\cdots,n_k}^{f}(x_1,\cdots,x_k)-f(x_1,\cdots,x_k)|\leqslant$$

$$\omega_2(\delta)\left\{1+\frac{1}{\delta^2}\sum_{j=1}^{k}\left[\sum_{v_j=0}^{n_j}\left(x_j-\frac{v_j}{n_j}\right)^2P_{n_j}^{v_j}(x_j)\right]\right\}$$

式中

$$P_{n_j}^{v_j}(x_j)=\binom{n_j}{v_j}x_j^{v_j}(1-x_j)^{n_j-v_j}$$

且

$$\sum_{v_j=0}^{n_j}\left(x_j-\frac{v_j}{n_j}\right)^2P_{n_j}^{v_j}(x_j)\leqslant\frac{x_j(1-x_j)}{n_j}$$

$$|B_{n_1,n_2,\cdots,n_k}^{f}(x_1,x_2,\cdots,x_k)-f(x_1,\cdots,x_k)|\leqslant$$

$$\omega_2(\delta)\left\{1+\frac{1}{4\delta^2}\sum_{j=1}^{k}\frac{1}{n_j}\right\}\leqslant$$

$$\frac{5}{4}\omega_2\left(\sqrt{\sum_{j=1}^{k}\frac{1}{n_j}}\right) \tag{70}$$

上式中令 $\delta=\left(\sum_{j=1}^{k}\frac{1}{n_j}\right)^{\frac{1}{2}}$ 而得. 特别地，当 $n_1=n_2=\cdots=n_k=n$ 则

$$|B_{n_1,n_2,\cdots,n_k}^{f}(x_1,x_2,\cdots,x_k)-f(x_1,\cdots,x_k)|\leqslant$$

$$\left(1+\frac{k}{4\delta^2}\frac{1}{n}\right)\omega_2(\delta)\leqslant$$

$$\left(1+\frac{k}{4}\right)\omega_2\left(\frac{1}{\sqrt{n}}\right) \tag{71}$$

上式中令 $\delta=\frac{1}{\sqrt{n}}$ 而得. 总括起来得到下列定理:

定理 7 令

$$\omega_2(\delta)=\max_{P_2(X,Y)\leqslant\delta}|f(X)-f(Y)|$$

$$X,Y\in I:0\leqslant x_i\leqslant 1,i=1,2,\cdots,k$$

则下列不等式

$$|B^f_{n_1,n_2,\cdots,n_k}(x_1,x_2,\cdots,x_k)-f(x_1,x_2,\cdots,x_k)|\leqslant \frac{5}{4}\omega_2\left(\sqrt{\sum_{j=1}^{n}\frac{1}{n_j}}\right)$$

成立.

特殊情况下当 $n_1=n_2=\cdots=n_k=n$ 时得

$$|B^f_{n_1,n_2,\cdots,n_k}(x_1,x_2,\cdots,x_k)-f(x_1,x_2,\cdots,x_k)|\leqslant \left(1+\frac{k}{4}\right)\omega_2\left(\frac{1}{\sqrt{n}}\right)$$

现在我们考虑 $\rho_4(X,Y)=\{(x_1-y_1)^4+(x_2-y_2)^4+\cdots+(x_k-y_k)^4\}^{\frac{1}{4}}$ 的距离下的 Bernstein 多项式的逼近度.

类似 $\rho_2(X,Y)$ 的估计如下

$$|B^f_{n_1,n_2,\cdots,n_k}(x_1,x_2,\cdots,x_k)-f(x_1,x_2,\cdots,x_k)|\leqslant$$

$$\omega_4(\delta)\left\{1+\frac{1}{\delta^4}\sum_{v_1=0}^{n_1}\cdots\sum_{v_k=0}^{n_k}\left(x_1-\frac{v_1}{n_1}\right)^4+\cdots+\left(x_k-\frac{v_k}{n_k}\right)^4P^{v_1,\cdots,v_k}_{n_1,\cdots,n_k}(x_1,\cdots,x_k)\right\}\leqslant$$

$$\omega_4(\delta)\left\{1+\frac{1}{\delta^4}\sum_{j=1}^{k}\sum_{v_j=0}^{n_j}\left(x_j-\frac{v_j}{n_j}\right)^4\cdot\binom{n_j}{v_j}x_jv_j(1-x_j)^{n_j-v_j}\right\}\leqslant$$

$$\omega_4(\delta)\left\{1+\frac{1}{\delta^4}\sum_{j=1}^{k}n_jx_j(1-x_j)(1-6x_j+6x_j^2)+\right.$$

$$\left.3n_j^2x_j^2(1-x_j)^2\right\}\frac{1}{n_j^4}\leqslant$$

$$\omega_4(\delta)\left\{1+\frac{1}{\delta^4}\sum_{j=1}^{k}\frac{3n_j^2}{16n_j^4}\right\}=W_4(\delta)\left\{1+\frac{3}{16\delta^4}\sum_{j=1}^{k}\frac{1}{n_j^2}\right\}\leqslant$$

$$\frac{19}{16}\omega_4\left(\left[\sum_{j=1}^{k}\frac{1}{n_j^2}\right]^{\frac{1}{4}}\right)\tag{72}$$

若取距离

$$\rho_p(X,Y)=\left(\sum_{j=1}^{k}|x_j-y_j|^p\right)^{\frac{1}{p}}$$

取正整数 $p=1,2,3,4,5,\cdots$ 可以得到不同的连续模的定义

$$\omega_p^f(\delta)=\max_{\rho_p(X,Y)\leqslant\delta}|f(X)-f(Y)|\tag{73}$$

则由前文的方法对距离

$$\rho_p(X,Y)=\left(\sum_{j=1}^{k}|x_j-y_j|^p\right)^{\frac{1}{p}}$$

可做下列估计

$$|B_{n_1,n_2,\cdots,n_k}^f(x_1,x_2,\cdots,x_k)-f(x_1,x_2,\cdots,x_k)|\leqslant$$

$$\omega_p(\delta)\left\{1+\frac{1}{\delta^p}\sum_{j=1}^{n}\sum_{v_j=0}^{n_j}\left|x_j-\frac{v_j}{n_j}\right|^pP_{n_j}^{v_j}(x)\right\}\tag{74}$$

当 P 是偶数时，$P=2s$，则

$$|B_{n_1,n_2,\cdots,n_k}^f(x_1,x_2,\cdots,x_k)-f(x_1,x_2,\cdots,x_k)|\leqslant$$

$$\omega_{2s}(\delta)\left\{1+\frac{1}{\delta^{2s}}\sum_{j=1}^{k}\sum_{v_j=0}^{n_j}(n_jx_j-v_j)^{2s}P_{n_j}^{v_j}(x_j)\right\}$$

则上列估值问题化为在$[0,1]$上求

$$T_{ns}(x)=\sum_{v=0}^{n}(v-nx)^sP_n^v(x)$$

的最大值问题(式中 $P_n^v(x)=\binom{n}{v}x^v(1-x)^{n-v}$). 其中

$$T_{n0}(x)=1,T_{n1}(x)=0,T_{n2}(x)=nx(1-x)$$

$$T_{n3}=n(1-2x)x(1-x)$$

$$T_{n4}(x)=3n^2x^2(1-x)^2+nx(1-x)(1-6x+6x^2)$$

且 $T_{ns}(x)$ 满足回归公式

$$T_{n,s+1}(x)=x(1-x)[T'_{ns}(x)+nsT_{n,s-1}(x)]$$

当 P 是奇数时,则估计

$$T_{np}^*(x)=\sum_{v=0}^{n}|v-nx|^pP_n^v(x)$$

利用布涅柯夫斯基不等式得

$$T_{np}^*(x)=\sum_{v=0}^{n}|v-nx|^pP_n^v(x)\leqslant$$

$$\sqrt{\sum_{v=0}^{n}P_n^v(x)(v-nx)^{2p}}\sqrt{\sum_{v=0}^{n}P_n^v(x)}=$$

$$\sqrt{\sum_{v=0}^{n}(v-nx)^{2p}P_n^v(x)}$$

即奇数的情况可化为偶数的情况.

一个函数的逼近度与用以逼近的多项式有关且与连续模的取法有关,同时与函数的定义域的大小也有关.一般地,定义域越小其逼近的误差也越小,本节的讨论也符合这个想法.

本节所讨论的在单纯形 $0\leqslant x_1+x_2+\cdots+x_k\leqslant 1,0\leqslant x_i,i=1,2,\cdots,k$ 上的 Bernstein 多项式如下

$$B_n^f(x_1,x_2,\cdots,x_k)=$$

$$\sum_{v_j>0,v_1+v_2+\cdots+v_k\leqslant n}f\left(\frac{v_1}{n},\frac{v_2}{n},\cdots,\frac{v_k}{n}\right)\cdot$$

$$P_{v_1,v_2,\cdots,v_k}(x_1,\cdots,x_k) \tag{75}$$

此时

$$P_{v_1,\cdots,v_k:n}(x_1,x_2,\cdots,x_k)=$$

$$\binom{n}{v_1,\cdots,v_k}x_1^{v_1}\cdots x_k^{v_k}(1-x_1-\cdots-x_k)^{n-v_1-v_2-\cdots-v_k}$$

$$\binom{n}{v_1,v_2,\cdots,v_k}=\frac{n!}{v_1!\ \cdots v_k!\ (n-v_1-\cdots-v_k)}$$

我们需要建立下列公式

$$\begin{cases}\sum\limits_{v_i>0,v_1+v_2+\cdots+v_k\leqslant n}P_{v_1,v_2,\cdots,v_k:n}(x_1,x_2,\cdots,x_k)=1\\ \sum\limits_{v_i>0,v_1+v_2+\cdots+v_k\leqslant n}v_jP_{v_1,v_2,\cdots,v_k:n}(x_1,x_2,\cdots,x_k)=nx_j\\ \sum\limits_{v_i>0,v_1+v_2+\cdots+v_k\leqslant n}v_j^2P_{v_1,v_2,\cdots,v_k:n}(x_1,x_2,\cdots,x_k)=\\ \qquad nx_j+n(n-1)x_j^2\end{cases} \tag{76}$$

上列第 2 式由第 1 式对 x_j 求偏导数再乘以 x_j 计算而得,第 3 式由第 2 式求偏导数再乘以 x_j 计算而得,计算稍繁,略去以节约篇幅. 今取

$$\rho_2(X,Y)=\sqrt{\sum_{i=1}^{k}(x_i-y_i)^2}$$

的连续模,则连续模的定义取

$$\omega_2(\delta)=\max_{\rho_2(X,Y)\leqslant\delta}\{f(X)-f(Y)\} \tag{77}$$

做估计如下

$$|B_n^f(x_1,x_2,\cdots,x_k)-f(x_1,x_2,\cdots,x_k)|\leqslant$$

$$\sum_{v_i>0,v_1+v_2+\cdots+v_k\leqslant n}\left|f\left(\frac{v_1}{n},\cdots,\frac{v_k}{n}\right)-f(x_1,x_2,\cdots,x_k)\right|\cdot$$

$$P_{v_1,v_2,\cdots,v_k:n}(x_1,\cdots,x_k)\leqslant$$

$$\sum_{v_i>0,v_1+v_2+\cdots+v_k\leqslant n}\left\{1+\left[\frac{\rho_2\left(\left(\frac{v_1}{n},\cdots,\frac{v_k}{n}\right),(x_1,\cdots,x_k)\right)}{\delta}\right]\right\}\cdot$$

$$\omega_2(\delta)P_{v_1,\cdots,v_k:n}(x_1,\cdots,x_k)\leqslant$$

$$\omega_2(\delta)\left[1+\frac{1}{\delta^2}\sum_{i=1}^{k}\sum_{v_i>0,v_1+v_2+\cdots+v_k\leqslant n}\left(\frac{v_i}{n}-x_i\right)^2\cdot\right.$$

$$\left.P_{v_1,v_2,\cdots,v_k:n}(x_1,\cdots,x_k)\right]=$$

$$\omega_2(\delta)\left[1+\frac{1}{n^2\delta^2}\sum_{j=1}^{k}(nx_i+n(n-1)x_i^2)-2n^2x_i^2+n^2x_j^2\right]=$$

$$\omega_2(\delta)\left[1+\frac{1}{n^2\delta^2}\sum_{i=1}^{k}(nx_i-nx_i^2)\right]\leqslant$$

$$\omega_2(\delta)\left[1+\frac{n}{n^2\delta^2}\sum_{i=1}^{k}(x_i-x_i^2)\right]\leqslant$$

$$\omega_2(\delta)\left[1+\frac{1}{n\delta^2}(1-\sum_{j=1}^{k}x_i^2)\right]\leqslant$$

$$\omega_2(\delta)\left[1+\frac{1}{n\delta^2}\right]=2\omega_2\left(\frac{1}{\sqrt{n}}\right)\tag{78}$$

总括起来得下列定理.

定理 8 设 $f(x_1,x_2,\cdots,x_k)$ 在 $0\leqslant x_1+x_2+\cdots+x_k\leqslant 1,x_i\geqslant 0,i=1,2,\cdots,k$ 单纯形上连续, $B_n^f(x_1,\cdots,x_k)$ 是式(76) 的 Bernstein 多项式,则下列不等式

$$|B_n^f(x_1,x_2,\cdots,x_k)-f(x_1,\cdots,x_k)|\leqslant 2\omega_2\left(\frac{1}{\sqrt{n}}\right)$$

成立.

注 1 读者注意式(78) 中的误差与维数 k 无关. 而式(71) 在单位区间上的逼近度为

$$\left(1+\frac{k}{4}\right)\omega_2\left(\frac{1}{\sqrt{n}}\right)$$

故当维数 k 大于 4 时，式(78) 的逼近度比式(71) 小.

注 2　取不同的距离

$$\rho_p(X,Y)=\sqrt[p]{\sum_{i=1}^{k}|x_i-y_i|^p}$$

可计算出不同的误差，在此不一一叙述了.

§5　矩形上的 Bernstein 多项式的逼近阶

中国科学技术大学的冯玉瑜教授于 1985 年研究了“矩形上的 Bernstein 多项式的逼近阶”这一课题.

5.1　引言

设 $f(x)$ 是定义在$[0,1]$区间上的函数，与它相联系的 Bernstein 多项式为

$$B_n(f,x):=\sum_{i=0}^{n}f\left(\frac{i}{n}\right)J_i^n(x) \tag{79}$$

这里

$$J_i^n(x):=\binom{n}{i}x^i(1-x)^{n-i}$$

人们熟知用 $B_n(f)$ 来逼近函数 f 有如下结果：

当 $f\in C[0,1]$ 时

$$\|f-B_n(f)\|_\infty=O(\omega(n^{-\frac{1}{2}})) \tag{80}$$

当 $f\in C^1[0,1]$ 时

$$\|f-B_n(f)\|_\infty=O(n^{-\frac{1}{2}}w(f';n^{-\frac{1}{2}})) \tag{81}$$

当 $f\in C^2[0,1]$ 时

$$\|f-B_n(f)\|_\infty=O(n^{-1}) \tag{82}$$

1981 年，H. H. Gonska 证明了

$$\|f-B_n(f)\|_\infty\leqslant 3.25w_2(f;n^{-\frac{1}{2}}) \tag{83}$$

这里 $\omega_2(f;n^{-\frac{1}{2}})$ 是二阶的平滑模. 式(83) 包含了式(80) ～ (82) 的结果.

本节的目的是对两个变量的 Bernstein 多项式讨论相应的问题.

设 $f(x,y)\in C(D)$,这里 D 表示单位正方形 $[0,1]\times[0,1]$,与函数 f 相联系的 Bernstein 多项式为

$$B_{m,n}(f,x,y):=\sum_{i=0}^{m}\sum_{j=0}^{n}f\left(\frac{i}{m},\frac{j}{n}\right)J_i^m(x)J_j^n(y) \tag{84}$$

本节证明了下述的主要定理:

定理 9 设 $f\in C(D)$,则

$$\|f-B_{m,n}(f)\|_\infty\leqslant 3.25(\omega_{2,0}(f;m^{-\frac{1}{2}})+\omega_{0,2}(f;n^{-\frac{1}{2}})+4\omega_{1,1}(f;m^{-\frac{1}{2}},n^{-\frac{1}{2}}))$$

且当函数 $f(x,y)$ 不依赖于 y 时,有

$$\|f-B_m(f)\|_\infty\leqslant 3.25\omega_2(f;m^{-\frac{1}{2}})$$

其中

$$w_{2,0}(f;h_1):=\sup_{|t|\leqslant h_1,(x,y)\in\Omega_{t,0}}|f(x+t,y)-2f(x,y)+f(x-t,y)|$$

$$w_{0,2}(f;h_2):=\sup_{|s|\leqslant h_2,(x,y)\in\Omega_{0,s}}|f(x,y+s)-2f(x,y)+f(x,y-s)|$$

$$w_{1,1}(f;h_1,h_2):=\sup_{|t|\leqslant h_1,|s|\leqslant h_2,(x,y)\in\Omega_{\frac{t}{2},\frac{s}{2}}}\left|f\left(x+\frac{t}{2},y+\frac{s}{2}\right)-f\left(x+\frac{t}{2},y-\frac{s}{2}\right)-f\left(x-\frac{t}{2},y+\frac{s}{2}\right)+f\left(x-\frac{t}{2},y-\frac{s}{2}\right)\right| \tag{85}$$

这里

$$\Omega_{t,s}:=\{(x,y)\mid(x,y),(x\pm t,y\pm s)\in D\}$$

5.2　几个引理

引理 6　设 $f(x,y)\in C(D)$，$|t|\leqslant h_1\leqslant 1$，$|s|\leqslant h_2\leqslant 1$ 且 $(x,y),(x+t,y+s),(x-t,y-s)\in D$ 则

$$\begin{aligned}\omega_2(f;h_1,h_2):=&|f(x+t,y+s)-\\&2f(x,y)+f(x-t,y-s)|\leqslant\\&w_{2,0}(f;h_1)+w_{0,2}(f;h_2)+\\&2w_{1,1}(f;h_1,h_2)\end{aligned}$$

证明

$$\begin{aligned}&|f(x+t,y+s)-2f(x,y)+f(x-t,y-s)|=\\&\frac{1}{4}|f(x+t,y+s)-2f(x,y+s)+\\&f(x-t,y+s)+f(x+t,y+s)-2f(x+t,y)+\\&f(x+t,y-s)+f(x+t,y-s)-2f(x,y-s)+\\&f(x-t,y-s)+f(x-t,y+s)-2f(x-t,y)+\\&f(x-t,y-s)+2(f(x+t,y+s)-f(x+t,y-s)-\\&f(x-t,y+s)+f(x-t,y-s))+2(f(x,y+s)-\\&2f(x,y)+f(x,y-s))+2(f(x+t,y))-\\&2f(x,y)+f(x-t)-2f(x,y)+f(x-t,y)|\leqslant\\&\omega_{2,0}(f;h_1)+\omega_{0,2}(f;h_2)+2\omega_{1,1}(f;h_1,h_2)=\\&\omega_2(f;h_1,h_2)\end{aligned}$$

最后的不等式利用了

$$\omega_{1,1}(f;2h_1,2h_2)\leqslant 4\omega_{1,1}(f;h_1,h_2)$$

在矩形$[-h_1,1+h_1]\times[-h_2,1+h_2]$上引前辅助函数 $F(x,y)$ 为

$$F(x,y):=\begin{cases} f(x,y),(x,y)\in D \\ T_{x,h_1}f(x,y) \\ (x,y)\in[-h_1,0]\times[0,1] \\ P_{x,h_1}f(x,y) \\ (x,y)\in[1,1+h_1]\times[0,1] \\ T_{y,h_2}f(x,y) \\ (x,y)\in[0,1]\times[-h_2,0] \\ P_{y,h_2}f(x,y) \\ (x,y)\in[0,1]\times[1,1+h_2] \\ T_{x,h_1}T_{y,h_2}f(x,y) \\ (x,y)\in[-h_1,0]\times[-h_2,0] \\ T_{x,h_1}P_{y,h_2}f(x,y) \\ (x,y)\in[-h_1,0]\times[1,1+h_2] \\ P_{x,h_1}T_{y,h_2}f(x,y) \\ (x,y)\in[1,1+h_1]\times[-h_2,0] \\ P_{x,h_1}P_{y,h_2}f(x,y) \\ (x,y)\in[1,1+h_1]\times[1,1+h_2] \end{cases} \tag{86}$$

其中

$$T_{x,h_1}f(x,y)=f(x+h_1,y)-f(h_1,y)+f(0,y)$$

$$P_{x,h_1}f(x,y)=f(x-h_1,y)-f(1-h_1,y)+f(1,y)$$

$$\begin{aligned} P_{x,h_1}T_{y,h_2}f(x,y)=&f(x-h_1,y+h_2)-\\ &f(1-h_1,y+h_2)+\\ &f(1,y+h_2)-f(x-h_1,h_2)+\\ &f(1-h_1,h_2)-f(1,h_2)+\\ &f(x-h_1,0)-f(1-h_1,0)+\\ &f(1,0) \end{aligned}$$

等等.

下面我们证明引理 7.

引理 7 设 $|t|\leqslant h_1\leqslant 1$，$|s|\leqslant h_2\leqslant 1$，$(x,y)\in D$ 和 $y^*\in[-h_2,1+h_2]$ 则：

(1) $|F(x+t,y+s)-2F(x,y)+F(x-t,y-s)|\leqslant 3\omega_2(f;h_1,h_2)+4\omega_{1,1}(f;h,h_2)$.

(2) $|F(x+h_1,y^*)-2F(x,y^*)+F(x-h_1,y^*)|\leqslant 2\omega_{2,0}(f;h_1)+2\omega_{1,1}(f;h_1,h_2)$.

(3) $|F(x+t,y+s)+F(x-t,y-s)-F(x-t,y+s)-F(x+t,y-s)|\leqslant 10\omega_{1,1}(f;h_1,h_2)$.

证明 先证明(1)，令

$$\Delta_{t,s}^2F(x,y):=F(x+t,y+s)-2F(x,y)+F(x-t,y-s)$$

不失一般性，可设 $s\geqslant 0,t\geqslant 0$. 下面分几种情况讨论.

(A) 设 $x-t,x+t\in[0,1]$.

A_1. 如果 $y-s,y+s\in[0,1]$，由引理 6 和式(86)，有

$$|\Delta_{t,s}^2F(x,y)|=|\Delta_{t,s}^2f(x,y)|\leqslant\omega_2(f;h_1,h_2)\tag{87}$$

A_2. 如果 $y-s<0,y+s\in[0,1]$，这时有 $y\leqslant s\leqslant h_2$ 和 $y\leqslant\frac{1}{2}$.

$$\begin{aligned}|\Delta_{t,s}^2F(x,y)|=&|f(x+t,y+s)-2f(x,y)+\\&f(x-t,y-s+h_2)-f(x-t,h_2)+\\&f(x-t,0)|\leqslant\\&|f(x-t,0)-2f(x,y)+\\&f(x+t,2y)|+\\&\left|f(x+t,y+s)-2f\left(x,y+\frac{1}{2}h_2\right)+\right.\end{aligned}$$

$$f(x-t,y-s+h_2)\Big|+\Big|-f(x+t,2y)+2f\left(x,y+\frac{1}{2}h_2\right)-f(x-t,h_2)\Big|$$

由引理 6 得到

$$|\Delta_{t,s}^2F(x,y)|\leqslant 3\omega_2(f;h_1,h_2) \tag{88}$$

A_3. 如果 $y-s\in[0,1]$，$y+s>1$，与 A_2 中的证明类似，得到

$$|\Delta_{t,s}^2F(x,y)|\leqslant 3\omega_2(f;h_1,h_2) \tag{89}$$

A_4. 如果 $y-s<0$，$y+s>1$，这时有 $\frac{1}{2}\leqslant s\leqslant h_2$.

$$\begin{aligned}|\Delta_{t,s}^2F(x,y)|=&|f(x+t,y+s-h_2)-\\&f(x+t,1-h_2)+\\&f(x+t,1)-2f(x,y)+\\&f(x-t,y-s+h_2)-\\&f(x-t,h_2)+f(x-t,0)|\leqslant\\&|f(x+t,y+s-h_2)-2f(x,y)+\\&f(x-t,y-s+h_2)|+\\&\Big|-f(x+t,1-h_2)+\\&2f\left(x,\frac{1}{2}\right)-f(x-t,h_2)\Big|+\\&\Big|f(x+t,1)-2f\left(x,\frac{1}{2}\right)+\\&f(x-t,0)\Big|\leqslant\\&3\omega_2(f;h_1,h_2)\end{aligned} \tag{90}$$

式(87)～(90)表明，对情况(A)，都有

$$|\Delta_{t,s}^2F(x,y)|\leqslant 3\omega_2(f;h_1,h_2) \tag{91}$$

(B) 设 $x-t<0$，$x+t\in[0,1]$，这时有 $x<\frac{1}{2}$，

和 $x<t<h_1$.

B_1. 如果 $y-s, y+s\in[0,1]$,类似于 A_2 中的证明,得到

$$|\Delta_{t,s}^2 F(x,y)|\leqslant 3\omega_2(f;h_1,h_2) \tag{92}$$

B_2. 如果 $y-s<0, y+s\in[0,1]$ 这时有 $y\leqslant\frac{1}{2}$ 且 $y\leqslant s\leqslant h_2$.

$$\begin{aligned}|\Delta_{t,s}^2 F(x,y)|=&|f(x+t,y+s)-2f(x,y)+\\&f(x-t+h_1,y-s+h_2)-\\&f(h_1,y-s+h_2)+\\&f(0,y-s+h_2)-f(x-t+h_1,h_2)+\\&f(h_1,h_2)-f(0,h_2)+f(x-t+h_1,0)-\\&f(h_1,0)+f(0,0)|\leqslant\\&|f(0,0)-2f(x,y)+f(2x,2y)|+\\&\left|-f(2x,2y)+2f\left(x+\frac{h_1}{2},y+\frac{h_2}{2}\right)-\right.\\&\left.f(h_1,h_2)\right|+\left|f(x+t,y+s)-\right.\\&2f\left(x+\frac{h_1}{2},y+\frac{1}{2}h_2\right)+\\&\left.f(x-t+h_1,y-s+h_2)\right|+\\&|-f(h_1,y-s+h_2)+\\&f(0,y-s+h_2)+f(h_1,h_2)-\\&f(0,h_2)|+|-f(x-t+h_1,h_2)+\\&f(h_1,h_2)+f(x-t+h_1,0)-\\&f(h_1,0)|=:T_1+T_2+\\&T_3+T_4+T_5\end{aligned}$$

由引理 6 知,T_1,T_2,T_3 都不大于 $\omega_2(f;h_1,h_2)$;由式(85)知 T_4 和 T_5 都不大于 $\omega_{1,1}(f;h_1,h_2)$,因而

$$|\Delta_{t,s}^{2}F(x,y)|\leqslant 3\omega_2(f;h_1,h_2)+2\omega_{1,1}(f;h_1,h_2) \tag{93}$$

B_3. 如果 $y-s\in[0,1]$, $y+s>1$, 这时有 $\frac{1}{2}\leqslant s\leqslant h_2$ 和 $y\geqslant s\geqslant\frac{1}{2}$.

$$\begin{aligned}|\Delta_{t,s}^{2}F(x,y)|=&|f(x+t,y+s-h_2)-\\&f(x+t,1-h_2)+f(x+t,1)-\\&2f(x,y)+f(x-t+h_1,y-s)-\\&f(h_1,y-s)+f(0,y-s)|\leqslant\\&|f(2x,1)-2f(x,y)+f(0,2y-1)|+\\&|-f(2x,1)-f(x+t,1-h_2)+\\&f(x+t,1)+f(2x,1-h_2)|+\\&|-f(0,2y-1)-f(h_1,y-s)+\\&f(0,y-s)+f(h_1,2y-1)|+\\&|f(x+t,y+s-h_2)+\\&f(x-t+h_1,y-s)-\\&f(2x,1-h_2)-f(h_1,2y-1)|=:\\&T_1+T_2+T_3+T_4\end{aligned}$$

由引理 6 知, $T_1\leqslant\omega_2(f;h_1,h_2)$, 又 T_2,T_3 都不大于 $\omega_{1,1}(f;h_1,h_2)$, 而

$$\begin{aligned}T_4\leqslant&\left|f(x+t,y+s-h_2)-\right.\\&2f\left(x+\frac{h_1}{2},y-\frac{h_2}{2}\right)+\\&\left.f(x-t+h_1,y-s)\right|+\\&\left|-f(2x,1-h_2)+\right.\\&2f\left(x+\frac{h_1}{2},y-\frac{h_2}{2}\right)-\end{aligned}$$

$$f(h_1,2y-1)\Big|\leqslant 2\omega_2(f;h_1,h_2)$$

所以

$$|\Delta_{t,s}^2 F(x,y)|\leqslant 3\omega_2(f;h_1,h_2)+2\omega_{1,1}(f;h_1,h_2) \tag{94}$$

B_4. 如果 $y-s<0,y+s>1$，这时有 $s\geqslant\frac{1}{2}$ 和 $y\leqslant s\leqslant h_2$.

$$\begin{aligned}|\Delta_{t,s}^2 F(x,y)|=&|f(x+t,y+s-h_2)-\\&f(x+t,1-h_2)+f(x+t,1)-\\&2f(x,y)+f(x-t+h_1,\\&y-s+h_2)-f(h_1,y-s+h_2)+\\&f(0,y-s+h_2)-f(x-t+h_1,h_2)+\\&f(h_1,h_2)-f(0,h_2)+\\&f(x-t+h_1,0)-f(h_1,0)+\\&f(0,0)|\leqslant|f(2x,y+s-h_2)-\\&2f(x,y)+f(0,y-s+h_2)|+\\&|-f(2x,y+s-h_2)+\\&f(x+t,y+s-h_2)+\\&f(x-t+h_1,y-s+h_2)-\\&f(h_1,y-s+h_2)|+\\&|-f(x+t,1-h_2)+f(x+t,1)-\\&f(0,h_2)+f(0,0)|+\\&|-f(x-t+h_1,h_2)+f(h_1,h_2)+\\&f(x-t+h_1,0)-f(h_1,0)|=:\\&T_1+T_2+T_3+T_4\end{aligned}$$

利用引理 6 和式(85)知

$$T_1\leqslant\omega_2(f;h_1,h_2);T_4\leqslant\omega_{1,1}(f;h_1,h_2)$$

又　$T_2\leqslant|-f(x-t+h_1,y+s-h_2)+$

$$
\begin{aligned}
&f(h_1, y+s-h_2)+\\
&f(x-t+h_1, y-s+h_2)-\\
&f(h_1, y-s+h_2)|+\\
&|-f(2x, y+s-h_2)+\\
&f(x+t, y+s-h_2)|+\\
&f(x-t+h_1, y+s-h_2)-\\
&f(h_1, y+s-h_2)\leqslant\\
&2\omega_{1,1}(f; h_1, h_2)+2\omega_{2,0}(f; h_1)
\end{aligned}
$$

类似地,可以证明

$$T_3 \leqslant 2\omega_{1,1}(f; h_1, h_2)+2\omega_{0,2}(f; h_1, h_2)$$

所以

$$|\Delta_{t,s}^2 F(x, y)| \leqslant 3\omega_2(f; h_1, h_2)+\omega_{1,1}(f; h_1, h_2) \tag{95}$$

这就证明了,对情况(B),引理 7 的(1) 成立.

(C) 设 $x-t \in [0,1]$, $x+t>1$;类似于情况(B)中的证明,引理 7 的(1) 成立.

(D) 设 $x-t<0$, $x+t>1$. 这时我们仅需要讨论 $y-s<0$, $y+s>1$ 的情况,注意这时有 $\frac{1}{2} \leqslant t \leqslant h_1$ 和 $\frac{1}{2} \leqslant s \leqslant h_2$.

$$
\begin{aligned}
|\Delta_{t,s}^2 F(x, y)| = |&f(x+t-h_1, y+s-h_2)-\\
&f(1-h_1, y+s-h_2)+\\
&f(1, y+s-h_2)-\\
&f(x+t-h_1, 1-h_2)+\\
&f(1-h_1, 1-h_2)-\\
&f(1, 1-h_2)+f(x+t-h_1, 1)-\\
&f(1-h_1, 1)+\\
&f(1, 1)-2f(x, y)+
\end{aligned}
$$

$$f(x-t+h_1,y-s+h_2)-$$
$$f(h_1,y-s+h_2)+$$
$$f(0,y-s+h_2)-$$
$$f(x-t+h_1,h_2)+$$
$$f(h_1,h_2)-f(0,h_2)+$$
$$f(x-t+h_1,0)-f(h_1,0)+f(0,0)\,|$$

利用引理 6 和式(85) 得到

$$\begin{aligned}|\Delta_{t,s}^2F(x,y)|\leqslant{}&|f(x+t-h_1,y+s-h_2)-\\&2f(x,y)+f(x-t+h_1,y-s+h_2)|+\\&|-f(1-h_1,1-h_2)-f(h_1,h_2)+\\&f(1,1)+f(0,0)|+4\omega_{1,1}(f;h_1,h_2)\leqslant\\&3\omega_2(f;h_1,h_2)+4\omega_{1,1}(f;h_1,h_2)\end{aligned}\tag{96}$$

因而,我们完成了引理 7 的(1) 的证明.用类似的办法可以证明(2)(3) 也成立.至此,引理 7 证毕.

令

$$f_{h_1,h_2}(x,y):=\frac{1}{h_1^2h_2^2}\int_{-\frac{1}{2}h_1}^{\frac{1}{2}h_1}\int_{-\frac{1}{2}h_1}^{\frac{1}{2}h_1}\int_{-\frac{1}{2}h_2}^{\frac{1}{2}h_2}\int_{-\frac{1}{2}h_2}^{\frac{1}{2}h_2}F(x+t_1+t_2,y+s_1+s_2)\mathrm{d}s_1\mathrm{d}s_2\mathrm{d}t_1\mathrm{d}t_2\tag{97}$$

我们证明下述引理:

引理 8　下列各估计式:

(1) $\|f-f_{h_1,h_2}(x,y)\|_\infty\leqslant\frac{3}{2}\omega_2(f;h_1,h_2)+2\omega_{1,1}(f;h_1,h_2)$.

(2) $\left\|\frac{\partial^2}{\partial X^2}f_{h_1,h_2}\right\|_\infty\leqslant\frac{2}{h_1^2}(\omega_{2,0}(f;h_1)+\omega_{1,1}(f;h_1,h_2))$.

(3) $\left\|\frac{\partial^2}{\partial y^2} f_{h_1,h_2}\right\|_\infty \leqslant \frac{2}{h_2^2}(\omega_{2,0}(f;h_2)+\omega_{1,1}(f;h_1,h_2))$.

(4) $\left\|\frac{\partial^2}{\partial x\partial y} f_{h_1,h_2}\right\|_\infty \leqslant 10\omega_{1,1}(f;h_1,h_2)/h_1h_2$

成立.

证明 (1) 利用式(97) 和引理 7 的(1),得到

$$\begin{aligned}|f-f_{h_1,h_2}|=&\left|\frac{1}{4h_1^2h_2^2}\int\cdots\int\{F(x+t_1+t_2,y+s_1+s_2)-\right.\\&2f(x,y)+F(x-t_1-t_2,y-s_1-s_2)+\\&F(x-t_1+t_2,y-s_1+s_2)-2f(x,y)+\\&F(x+t_1-t_2,y+s_1-s_2)\}\\&\left.\mathrm{d}s_1\mathrm{d}s_2\mathrm{d}t_1\mathrm{d}t_2\right|\leqslant\\&\frac{3}{2}\omega_2(f;h_1,h_2)+2\omega_{1,1}(f;h_1,h_2)\end{aligned}$$

(2) 利用式(97) 和引理 7 的(2),得到

$$\begin{aligned}\left|\frac{\partial^2}{\partial x^2}f_{h_1,h_2}\right|=&\frac{1}{h_1^2h_2^2}\left|\iint_{-\frac{h_2}{2}}^{\frac{h_2}{2}}\{F(x+h_1,y+s_1+s_2)-\right.\\&2F(x,y+s_1+s_2)+\\&\left.F(x-h_1,y+s_1+s_2)\}\mathrm{d}s_1\mathrm{d}s_2\right|\leqslant\\&\frac{2}{h_1^2}(\omega_{2,0}(f;h_1)+\omega_{1,1}(f;h_1,h_2))\end{aligned}$$

(3) 与(2) 中的证明类似,立得

$$\left|\frac{\partial^2}{\partial y^2}f_{h_1,h_2}\right|\leqslant\frac{2}{h_2^2}(\omega_{0,2}(f;h_2)+\omega_{1,1}(f;h_1,h_2))$$

(4) 由式(97) 知

$$\left|\frac{\partial^2}{\partial x\partial y}f_{h_1,h_2}\right|=\frac{1}{h_1^2h_2^2}\left|\int_{-\frac{h_1}{2}}^{\frac{h_1}{2}}\int_{-\frac{h_2}{2}}^{\frac{h_2}{2}}\right.$$

$$
\begin{aligned}
&\Big\{F\Big(x+t_2+\frac{h_1}{2},y+s_2+\frac{h_2}{2}\Big)-\\
&F\Big(x+t_2+\frac{h_1}{2},y+s_2+\frac{h_2}{2}\Big)-\\
&F\Big(x+t_2-\frac{h_1}{2},y+s_2+\frac{h_2}{2}\Big)+\\
&F\Big(x+t_2-\frac{h_1}{2},y+s_2-\frac{h_2}{2}\Big)\Big\}\mathrm{d}s_2\mathrm{d}t_2\Big|
\end{aligned}
$$

利用上述积分区间对原点的对称性和引理 7 的(3),容易得到

$$\left|\frac{\partial^2}{\partial x\partial y}f_{h_1,h_2}\right|\leqslant\frac{10}{h_1h_2}\omega_{1,1}(f;h_1,h_2)$$

引理 9　设 $f(x,y)\in C^2(D)$ 则

$$
\begin{aligned}
|f-B_{m,n}(f,x,y)|\leqslant&\frac{x(1-x)}{2m}\|f''_{xx}\|_\infty+\\
&\frac{y(1-y)}{2n}\|f''_{yy}\|_\infty+\\
&\Big(\frac{x(1-x)y(1-y)}{mn}\Big)^{\frac{1}{2}}\|f''_{xy}\|_\infty
\end{aligned}
$$

证明

$$
\begin{aligned}
&|f(x,y)-B_{m,n}(f,x,y)|=\\
&\left|\sum_{i=0}^{m}\sum_{j=0}^{n}f(x,y)-f\Big(\frac{i}{m},\frac{j}{n}\Big)J_i^m(x)J_j^n(y)\right| \qquad (98)
\end{aligned}
$$

由于

$$
\begin{aligned}
f\Big(\frac{i}{m},\frac{j}{n}\Big)=&f(x,y)-\Big(x-\frac{i}{m}\Big)\frac{\partial f}{\partial x}(x,y)-\\
&\Big(y-\frac{j}{n}\Big)\frac{\partial f}{\partial y}(x,y)+\\
&\frac{1}{2}\Big(x-\frac{i}{m}\Big)^2f''_{xx}+
\end{aligned}
$$

$$\frac{1}{2}\left(y-\frac{j}{n}\right)^{2}f''_{yy}+$$

$$\left(x-\frac{i}{m}\right)\left(y-\frac{j}{n}\right)f''_{xy} \tag{99}$$

将式(99) 代入式(98),注意到算子 $B_{m,n}$ 对线性函数是不变的,得到

$$\begin{aligned}&|f(x,y)-B_{m,n}(f,x,y)|\leqslant\\&\frac{1}{2}\|f''_{xx}\|_{\infty}\sum_{ij}\left(x-\frac{i}{m}\right)^{2}J_i^m(x)J_j^n(y)+\\&\frac{1}{2}\|f''_{yy}\|_{\infty}\sum_{ij}\left(y-\frac{j}{n}\right)^{2}J_i^m(x)J_j^n(y)+\\&\sum_{ij}\left|x-\frac{i}{m}\right|\left|y-\frac{j}{n}\right|J_i^m(x)J_j^n(y)\cdot\|f''_{yy}\|_{\infty}\end{aligned} \tag{100}$$

利用恒等式

$$\sum_{i=1}^{m}\left(x-\frac{i}{m}\right)^{2}J_i^m(x)=\frac{1}{m}x(1-x)$$

和不等式

$$\sum_{i=1}^{m}\left|x-\frac{i}{m}\right|J_i^m(x)\leqslant\left[\frac{x(1-x)}{m}\right]^{\frac{1}{2}}$$

得到

$$\begin{aligned}|f(x,y)-B_{m,n}(f,x,y)|\leqslant&\frac{x(1-x)}{2m}\|f''_{xx}\|_{\infty}+\\&\frac{y(1-y)}{2n}\|f''_{yy}\|_{\infty}+\\&\left[\frac{x(1-x)y(1-y)}{mn}\right]^{\frac{1}{2}}\cdot\\&\|f''_{xy}\|_{\infty}\end{aligned}$$

5.3　主要定理的证明

证明

$$\begin{aligned}|f(x,y)-B_{m,n}(f,x,y)| &= |(f-f_{h_1,h_2}+f_{h_1,h_2})(x,y)|- \\ &\quad B_{m,n}(f-f_{h_1,h_2}+f_{h_1,h_2},x,y)\leqslant \\ &\quad |(f-f_{h_1,h_2})(x,y)- \\ &\quad B_{m,n}(f-f_{h_1,h_2},x,y)|+ \\ &\quad |f_{h_1,h_2}(x,y)- \\ &\quad B_{m,n}(f_{h_1,h_2},x,y)|\leqslant \\ &\quad 2\|f-f_{h_1,h_2}\|_\infty+ \\ &\quad \|f_{h_1,h_2}(x,y)- \\ &\quad B_{m,n}(f_{h_1,h_2})x,y\|_\infty \end{aligned} \tag{101}$$

由引理 8 中的(1),有

$$2\|f-f_{h_1,h_2}\|_\infty\leqslant 3\omega_2(f;h_1,h_2)+4\omega_{1,1}(f;h_1,h_2) \tag{102}$$

由引理 9 和引理 8 中的(2)(3)(4) 得到

$$\begin{aligned}&\|f_{h_1,h_2}-B_{m,n}(f_{h_1,h_2})\|_\infty\leqslant \\ &\frac{1}{4mh_1^2}(\omega_{2,0}(f;h_1)+\omega_{1,1}(f;h_1,h_2))+ \\ &\frac{1}{4nh_2^2}(\omega_{0,2}(f;h_2)+\omega_{1,1}(f;h_1,h_2))+ \\ &\frac{5}{2m^{\frac{1}{2}}n^{\frac{1}{2}}h_1h_2}\omega_{1,1}(f;h_1,h_2)\end{aligned} \tag{103}$$

特别取 $h_1=m^{-\frac{1}{2}},h_2=n^{-\frac{1}{2}}$,由式(101)(102) 和(103) 得到

$$\begin{aligned}\|f-B_{m,n}(f)\|_\infty\leqslant 3.25(&\omega_{2,0}(f;m^{-\frac{1}{2}})+ \\ &\omega_{0,2}(f;n^{-\frac{1}{2}})+ \\ &4\omega_{1,1}(f,n^{-\frac{1}{2}},m^{-\frac{1}{2}}))\end{aligned}$$

又当 $f(x,y)$ 不依赖于 y 时，显然有

$$\| f(x)-B_m(f,x)\|_\infty \leqslant 3.25\omega_{2r}(f;m^{-\frac{1}{2}})$$

§6　n 维单纯形上 Bernstein 多项式逼近的精确误差界

浙江大学的吴正昌教授在 20 世纪 80 年代就研究了 n 维单纯形上的 Bernstein 多项式对可微函数的逼近. 在讨论 n 维单纯形上线性插值误差最佳估计的基础上，得到 n 维单纯形上的 Bernstein 多项式逼近的精确误差界. 他所用的方法和引入的与 n 维单纯形外接球半径有关的量 ρ 在多元逼近问题中具有一定的普遍意义.

文章 *Error bound for Bernstein-Bézier triangular approximation* 中研究了平面三角形区域上的 Bernstein-Bézier 多项式的逼近问题. 设 T 是顶点为 $T_1(x_1,y_1)$，$T_2(x_2,y_2)$，$T_3(x_3,y_3)$ 的三角形，三边长 $h_1\leqslant h_2\leqslant h_3$. 设

$$f\in C^2(T), M := \sup_{(x,y)\in T}\max\left(\left|\frac{\partial^2 f}{\partial x^2}\right|,\left|\frac{\partial^2 f}{\partial x\partial y}\right|,\left|\frac{\partial^2 f}{\partial y^2}\right|\right)$$

$B_m(f)$ 是 f 的 m 次 Bernstein-Bézier 多项式，证得：

定理 10

$$\| B_m(f)-f\|_\infty = Mh_2^2/m+O(1/m^2)$$

且系数 1 是最佳的.

为证明这个定理，我们引入下面的引理：

引理 10　设 $P(f;x,y)$ 是满足插值条件

$$P(f;x_i,y_i)=f(x_i,y_i)$$

的线性函数，那么有误差估计

$$\| f - P(f) \|_{\infty} \leqslant Mh_2^2 \tag{104}$$

且上式系数 1 是最佳的.

关于 $\| f - P(f) \|_{\infty}$ 的估计，还有

$$\| f - P(f) \|_{\infty} \leqslant 4Mh_3^2 \tag{105}$$

将具有最佳意义的估计式(104) 与上面的式(105) 比较：系数 4 变为 1，h_3 由 h_2 替代. 我们问什么量能对应于具最佳意义的估计式(104) 中的 h_2，在一般 n 维单形上线性插值误差估计中才是典型意义？另外，回忆一维时的情况，在点 a,b 对函数 $f(x)$ 的线性插值函数是

$$P(f;x) = \frac{b-x}{b-a} f(a) + \frac{x-a}{b-a} f(b)$$

若 $f \in C^2$ 时

$$\| P(f) - f \|_{\infty} = M(b-a)^2/8 \tag{106}$$

这里

$$M = \max_{x \in [a,b]} | f''(x) |$$

上面估计式中的 $\frac{1}{8}$ 是最佳的. 这样又产生一个问题：对应不同维数空间中的线性插值问题，其误差估计，如式(104)(106)，可否有统一的形式？对于上述问题本节得到 n 维单形上线性插值精确误差估计的统一形式.

$\mathbf{R}^n$ 是 n 维欧几里得空间. $\boldsymbol{e}_1, \boldsymbol{e}_2, \cdots, \boldsymbol{e}_n$ 是 $\mathbf{R}^n$ 的单位坐标向量. 对

$$\boldsymbol{y} = y_1 \boldsymbol{e}_1 + y_2 \boldsymbol{e}_2 + \cdots + y_n \boldsymbol{e}_n$$

可以定义沿方向 $\boldsymbol{y}$ 的方向导数为

$$D_y f = \sum_{i=1}^{n} y_i D_{e_i} f$$

设 $\boldsymbol{\xi}^0, \boldsymbol{\xi}^1, \cdots, \boldsymbol{\xi}^n \in \mathbf{R}^n$ 仿射线性无关. $\boldsymbol{\xi}^i = (\xi_1^i,$

$\xi_2^i,\cdots,\xi_n^i)$. 由 $\boldsymbol{\xi}^0,\boldsymbol{\xi}^1,\cdots,\boldsymbol{\xi}^n$ 张成的凸闭包记为 S. 任一 $x\in\mathbf{R}^n$ 有唯一的实数组 $\lambda_0(x),\lambda_1(x),\cdots,\lambda_n(x)$ 满足

$$x=\lambda_0(x)\boldsymbol{\xi}^0+\lambda_1(x)\boldsymbol{\xi}^1+\cdots+\lambda_n(x)\boldsymbol{\xi}^n \tag{107}$$

$$\lambda_0(x)+\lambda_1(x)+\cdots+\lambda_n(x)=1$$

称 $\lambda_0(x),\lambda_1(x),\cdots,\lambda_n(x)$ 为 x 关于 $\boldsymbol{\xi}^0,\boldsymbol{\xi}^1,\cdots,\boldsymbol{\xi}^n$ 的重心坐标. $x\in S$ 当且仅当

$$\lambda_i(x)\geqslant 0,0\leqslant i\leqslant n$$

由式(107)得到几个有用的等式

$$\sum_{i=0}^n\lambda_i(x)(x-\boldsymbol{\xi}^i)=0 \tag{108}$$

$$\sum_{i=0}^n D_{e_j}\lambda_i(x)=0,j=1,2,\cdots,n \tag{109}$$

$$\sum_{i=0}^n\xi_j^iD_{e_l}\lambda_i=\delta_{jl} \tag{110}$$

这里 δ_{jl} 是 Kronecker 符号.

$f(x)$ 是定义在 S 上的实函数. 由于 $\boldsymbol{\xi}^0,\boldsymbol{\xi}^1,\cdots,\boldsymbol{\xi}^n$ 仿射线性无关,所以满足插值条件

$$P(\boldsymbol{\xi}^i)=f(\boldsymbol{\xi}^i),i=0,1,2,\cdots,n \tag{111}$$

的线性函数

$$P(x)=a_1x_1+a_2x_2+\cdots+a_nx_n+a_{n+1}x_{n+1}$$

存在唯一,其系数 $a_1,a_2,\cdots,a_{n+1}$ 可由方程组(111)解得. 但更方便的是将 $P(x)$ 表示为如下的形式

$$P(f;x)=\lambda_0(x)f(\boldsymbol{\xi}^0)+\lambda_1(x)f(\boldsymbol{\xi}^1)+\cdots+\lambda_n(x)f(\boldsymbol{\xi}^n) \tag{112}$$

设 $f(x)\in C^2$,由 Taylor 公式,有

$$f(\boldsymbol{\xi}^i)-f(x)=D_{\boldsymbol{\xi}^i-x}f(x)+\frac{1}{2}D_{\boldsymbol{\xi}^i-x}D_{\boldsymbol{\xi}^i-x}f(x+\theta_i(\boldsymbol{\xi}^i-x))$$

$$i=0,1,2,\cdots,n,0<\theta_i<1$$

注意到式(109) 和式(112),得到

$$P(f;x)-f(x)=$$

$$\frac{1}{2}\sum_{i=0}^{n}\lambda_i(x)D_{\boldsymbol{\xi}^i-x}D_{\boldsymbol{\xi}^i-x}f(x+\theta_i(\boldsymbol{\xi}^i-x))$$

也记　　$M_2=\max\limits_{1\leqslant i,j\leqslant n}\max\limits_{x\in s}|D_{e_i}D_{e_j}f(x)|$

当 $x\in S$ 时,$\lambda_i(x)\geqslant 0$,用 Cauchy-Schwarz 不等式,得

$$|P(f;x)-f(x)|\leqslant\frac{1}{2}\sum_{i=0}^{n}\lambda_i(x)|D_{\boldsymbol{\xi}^i-x}D_{\boldsymbol{\xi}^i-x}\cdot$$

$$f(x+\theta_i(\boldsymbol{\xi}^i-x))|\leqslant$$

$$\frac{1}{2}M_2\sum_{i=0}^{n}\lambda_i(x)\left(\sum_{j=1}^{n}|\xi_j^i-x_j|\right)^2\leqslant$$

$$\frac{n}{2}M_2\sum_{i=0}^{n}\lambda_i(x)\left(\sum_{j=1}^{n}|\xi_j^i-x_j|^2\right)\tag{113}$$

记　　$h(x)=\sum\limits_{i=0}^{n}\lambda_i(x)\left(\sum\limits_{j=1}^{n}|\xi_j^i-x_j|^2\right)$

下面求 $\max\limits_{x\in S}h(x)$

$$D_{e_i}h=\sum_{i=0}^{n}D_{e_i}\lambda_i(x)\left(\sum_{j=1}^{n}(\xi_j^i-x_j)^2\right)+$$

$$\sum_{i=0}^{n}\lambda_i(x)(2(x_l-\xi_l^i))$$

由于式(108) ~ (110),有

$$D_{e_i}h=\sum_{i=0}^{n}D_{e_i}\lambda_i(x)\left(\sum_{j=1}^{n}(\xi_j^i-x_j)^2\right)=$$

$$\sum_{i=0}^{n}D_{e_i}\lambda_i(x)\left(\sum_{j=1}^{n}(\xi_j^i)^2\right)-2\sum_{i=0}^{n}D_{e_i}\lambda_i(x)\left(\sum_{j=1}^{n}\xi_j^ix_j\right)+$$

$$\sum_{i=0}^{n}D_{e_i}\lambda_i(x)\left(\sum_{j=1}^{n}x_j^2\right)=$$

$$\sum_{i=0}^{n} D_{e_i}\lambda_i(x)\Big(\sum_{j=1}^{n}(\xi_j^i)^2\Big)-2\sum_{j=1}^{n}x_j\Big(\sum_{i=0}^{n}D_{e_l}\lambda_i(x)\xi_j^i\Big)=$$
$$\sum_{i=0}^{n} D_{e_l}\lambda_i(x)\Big(\sum_{j=1}^{n}(\xi_j^i)^2\Big)-2x_l$$

记

$$x_l^*=\frac{1}{2}\sum_{i=0}^{n}D_{e_l}\lambda_i(x)\Big(\sum_{j=1}^{n}(\xi_j^i)^2\Big),l=1,2,\cdots,n$$

那么 $\boldsymbol{x}^*=(x_1^*,\cdots,x_n^*)$ 满足 $(D_{e_l}h)(\boldsymbol{x}^*)=0,l=1,2,\cdots,n$. 又因

$$D_{e_j}D_{e_l}h=-2\delta_{jl}$$

所以二次型

$$\sum_{j,l=1}^{n}D_{e_j}D_{e_l}h(\boldsymbol{x}^*)x_jx_l=-2(x_1^2+x_2^2+\cdots+x_n^2)$$

负定. 这样,我们证明了 $\boldsymbol{x}^*$ 是 $h(\boldsymbol{x})$ 的极大值点. 先揭示 $\boldsymbol{x}^*$ 的几何意义. 考察方程组

$$\sum_{j=1}^{n}(\xi_j^0-x_j)^2=\sum_{j=1}^{n}(\xi_j^1-x_j)^2=\cdots=\sum_{j=1}^{n}(\xi_j^n-x_j)^2$$

经简单的代数运算,此方程组即为

$$\begin{cases}\sum\limits_{j=1}^{n}(\xi_j^1-\xi_j^0)x_j=\dfrac{1}{2}\Big(\sum\limits_{j=1}^{n}(\xi_j^1)^2-\sum\limits_{j=1}^{n}(\xi_j^0)^2\Big)\\ \sum\limits_{j=1}^{n}(\xi_j^2-\xi_j^0)x_j=\dfrac{1}{2}\Big(\sum\limits_{j=1}^{n}(\xi_j^2)^2-\sum\limits_{j=1}^{n}(\xi_j^0)^2\Big)\\ \qquad\vdots\\ \sum\limits_{j=1}^{n}(\xi_j^n-\xi_j^0)x_j=\dfrac{1}{2}\Big(\sum\limits_{j=1}^{n}(\xi_j^n)^2-\sum\limits_{j=1}^{n}(\xi_j^0)^2\Big)\end{cases} \tag{114}$$

用 Cramer 法则解这个方程组,与方程组(107)的解 $\lambda_0,\cdots,\lambda_n$ 的表达式相比较,利用行列式的初等性质易知式(114)的解即为 $(x_1^*,x_2^*,\cdots,x_n^*)$. 因此 $\mathbf{R}^n$ 中的

点 $\boldsymbol{x}^*=(x_1^*,\cdots,x_n^*)$ 是 S 的(n 维)外接球的球心.

由以上分析可知,若 $\boldsymbol{x}^*\in S$,则

$$\max_{x\in S}h(\boldsymbol{x})=\max\{h(\boldsymbol{x}^*),\max_{x\in S}h(\boldsymbol{x})\}$$

这里 ∂S 是 S 的边界.

若 $\boldsymbol{x}^*\ \overline{\in}\ S$,则

$$\max_{x\in S}h(\boldsymbol{x})=\max_{x\in\partial S}h(\boldsymbol{x})$$

设 S_{n-1} 是以 $\boldsymbol{\xi}^1,\boldsymbol{\xi}^2,\cdots,\boldsymbol{\xi}^n$ 为顶点的 $n-1$ 维单形,$S_{n-1}\subset\partial S$,则 $\boldsymbol{x}\in S_{n-1}$ 当且仅当 $\lambda_0(\boldsymbol{x})=0$. 所以

$$h(\boldsymbol{x})\mid_{S_{n-1}}=\sum_{i=1}^n\lambda_i(\boldsymbol{x})\Big(\sum_{j=1}^n(\xi_j^i-x_j)^2\Big)$$

且当 $\boldsymbol{x}\in S_{n-1}$ 时

$$\lambda_1(\boldsymbol{x})+\lambda_2(\boldsymbol{x})+\cdots+\lambda_n(\boldsymbol{x})=1$$

这样就可以同样的方式讨论 $\max\limits_{x\in S}h(\boldsymbol{x})$.

在下面,若 S_k 是 S 的一个 k 维边界面且 S_k 的外接(k 维)球球心落在 S_k 的闭包中,我们称 S_k 为 S 的一个"有心"k 维边界面. S 的"有心"k 维边界面的并记为 C_k. 当 ϕ 是空集时,对任何实函数 $f(\boldsymbol{x})$ 规定 $\max\limits_{x\in\phi}f(\boldsymbol{x})=0$. 记

$$r_k=\max_{x\in C_k}h(\boldsymbol{x})$$

那么,综上分析有

$$r=:\max_{x\in S}h(\boldsymbol{x})=\max_{1\leqslant k\leqslant n}r_k$$

显然 $r>0$,因为

$$r_1=\max_{i,j}\frac{1}{4}\sum_{i=1}^n\mid\xi_l^i-\xi_l^j\mid^2>0$$

因此记 $r=\rho^2$ 时,得到

$$\max_{x\in S}\mid f(\boldsymbol{x})-P(f;\boldsymbol{x})\mid\leqslant$$

$$\frac{n}{2}M_2\sum_{i=0}^{n}\lambda_i(\boldsymbol{x})\left(\sum_{j=1}^{n}|x_j-\xi_j^i|^2\right)\leqslant\frac{n}{2}M_2\rho^2 \tag{115}$$

我们对量 ρ 做进一步的考察. 上面已说明 $\boldsymbol{x}^*$ 是 S 的外接球球心,现若 $\boldsymbol{x}^*\in S$,证明

$$\rho^2=h(\boldsymbol{x}^*)=\sum_{j=1}^{n}|\xi_j^i-x_j^*|^2 \tag{116}$$

此时,从几何意义上来说,ρ 就是S 的外接球的半径. 事实上,设以 $\xi^{i_0},\cdots,\xi^{i_k}$ 为顶点的 k 维边界面是“有心”的. 令 $\boldsymbol{x}^*$ 向 $\xi^{i_0},\cdots,\xi^{i_k}$ 所在的超平面投影,设其投影为 $\boldsymbol{y}^*$,因为

$$\sum_{j=1}^{n}|x_j^*-\xi_j^{i_0}|^2=\sum_{j=1}^{n}|x_j^*-\xi_j^{i_1}|^2=\cdots=\sum_{j=1}^{n}|x_j^*-\xi_j^{i_k}|^2$$

$$\boldsymbol{x}^*-\boldsymbol{\xi}^{i_l}=\boldsymbol{x}^*-\boldsymbol{y}^*+\boldsymbol{y}^*-\boldsymbol{\xi}^{i_l}$$

由于$(\boldsymbol{x}^*-\boldsymbol{y}^*)\perp(\boldsymbol{y}^*-\boldsymbol{\xi}^{i_l})$,所以

$$\sum_{j=1}^{n}|x_j^*-\xi_j^{i_l}|^2=\sum_{j=1}^{n}|x_j^*-y_j^*|^2+\sum_{j=1}^{n}|y_j^*-\xi_j^{i_l}|^2$$

这样就得到

$$\sum_{j=1}^{n}|y_j^*-\xi_j^{i_0}|^2=\sum_{j=1}^{n}|y_j^*-\xi_j^{i_1}|^2=\cdots=\sum_{j=1}^{n}|y_j^*-\xi_j^{i_k}|^2$$

及
$$\sum_{j=1}^{n}|x_j^*-\xi_j^{i_l}|^2\geqslant\sum_{j=1}^{n}|x_j^*-\xi_j^{i_l}|^2$$

这就证明了式(116). 这个事实在证明式(115) 的精确性时需要.

在一般的情形,当 $x^*\overline{\in}S$ 时,ρ 是“有心” 边界面

的外接球半径的最大值.

下面证明估计式(115)是精确的. 为此设

$$\boldsymbol{\xi}^0=(1,1,\cdots,1),\boldsymbol{\xi}^1=(-1,-1,\cdots,-1),$$

$$\boldsymbol{\xi}^2=(1,-1,\cdots,-1),\cdots,\boldsymbol{\xi}^n=(1,1,\cdots,1,-1)$$

$\boldsymbol{\xi}^0,\boldsymbol{\xi}^1,\cdots,\boldsymbol{\xi}^n$ 仿射线性无关. 原点 $O=(0,0,\cdots,0)$ 是外接球球心且 $O\in S$. 因此 $\rho=\sqrt{n}$. 原点 $(0,\cdots,0)$ 关于 $\boldsymbol{\xi}^0,\boldsymbol{\xi}^1,\cdots,\boldsymbol{\xi}^n$ 的重心坐标是 $\frac{1}{2},\frac{1}{2},0,\cdots,0$. 对函数

$$f(x)=(x_1+x_2+\cdots+x_n)^2$$

显然 $M_2=2$, 且因

$$P(f;x)=\lambda_0(x)f(\boldsymbol{\xi}^0)+\cdots+\lambda_n(x)f(\boldsymbol{\xi}^n)$$

那么

$$\max_{x\in S}|f(x)-P(f;x)|\geqslant$$

$$|f(0)-P(f;0)|=\left|O-\left(\frac{1}{2}n^2+\frac{1}{2}n^2\right)\right|=$$

$$n^2=\frac{n}{2}M_2\rho^2$$

所以式(115)成立等号. 这样就证明了式(115)是精确的.

讨论: 当 $n=1$ 时, 由式(115)立即得式(116).

当 $n=2$ 时, 设 $\triangle ABC$ 是平面上的非退化三角形, 三边边长 $h_1,h_2,h_3,h_1\leqslant h_2\leqslant h_3,x^*$ 是 $\triangle ABC$ 的外接球球心.

情况 Ⅰ　x^* 落在 $\triangle ABC$ 中, $\angle Ax^*B\geqslant\frac{\pi}{2}$, 所以有 $h_2>\rho$.

情况 Ⅱ　x^* 不在 $\triangle ABC$ 中, 这时

$$\rho=\frac{h_3}{2}<\frac{1}{2}(h_2+h_1)\leqslant\frac{1}{2}\cdot 2h_2=h_2$$

因此, 当 $\triangle ABC$ 非退化时, 恒有严格不等式 $\rho<$

h_2，这样由式(115)得

$$\max_{x\in S}|f(x)-P(f;x)|\leqslant M_2\rho^2<M_2h_2^2$$

可见，当 $n=2$ 时，引理 A 中式(104)右端的 h_2 易为 ρ 后，其估计式的最佳意义更恰当.

本节讨论 n 维单形上 Bernstein 多项式逼近的误差估计. 沿用前文的记号. 设 $x\in S$，$\lambda_0,\lambda_1,\cdots,\lambda_n$ 是 x 的重心坐标，作 m 次 Bernstein 多项式

$$B_m(f,x)=\sum_{i_0+i_1+\cdots+i_n=m}f\left(\frac{i_0}{m},\frac{i_1}{m},\cdots,\frac{i_n}{m}\right)\frac{m!}{i_0!\ \cdots i_n!}\lambda_0^{i_0}\lambda_1^{i_1}\cdots\lambda_n^{i_n}$$

记

$$P^m_{i_0,i_1,\cdots,i_n}=\frac{m!}{i_0!\ i_1!\ \cdots i_n!}\lambda_0^{i_0}\lambda_1^{i_1}\cdots\lambda_n^{i_n}$$

由于 $\lambda_0+\lambda_1+\cdots+\lambda_n=1$，经简单的计算，得

$$P^m_{i_0,i_1,\cdots,i_n}=\frac{1}{m+1}[(i_0+1)P^{m+1}_{i_0+1,i_1,\cdots,i_n}+(i_1+1)P^{m+1}_{i_0,i_1+1,\cdots,i_n}+\cdots+(i_n+1)P^{m+1}_{i_0,i_1,\cdots,i_n+1}]$$

这样，可以把 Bernstein 多项式 $B_m(f,x)$ 改写为

$$\begin{aligned}B_m(f,x)=&\sum_{i_0+i_1+\cdots+i_n=m}f\left(\frac{i_0}{m},\frac{i_1}{m},\cdots,\frac{i_n}{m}\right)P^m_{i_0,i_1,\cdots,i_n}=\\&\frac{1}{m+1}\sum_{i_0+i_1+\cdots+i_n=m}f\left(\frac{i_0}{m},\cdots,\frac{i_n}{m}\right)\cdot\\&[(i_0+1)P^{m+1}\ i_0+1,i_1,\cdots,i_n+\cdots+\\&(i_n+1)P^{m+1}_{i_0,\cdots,i_n+1}]=\\&\frac{1}{m+1}\sum_{i_0+i_1+\cdots+i_n=m+1}\Big[f\Big(\frac{i_0-1}{m},\\&\frac{i_1}{m},\cdots,\frac{i_n}{m}\Big)i_0+\cdots+\end{aligned}$$

$$f\left(\frac{i_0}{m},\cdots,\frac{i_{n-1}}{m},\frac{i_n-1}{m}\right)i_n\Big]P_{i_0,\cdots,i_n}^{m+1}$$

据式(112),在重心坐标为

$$\left(\frac{i_0-1}{m},\frac{i_1}{m},\cdots,\frac{i_n}{m}\right),\left(\frac{i_0}{m},\frac{i_1-1}{m},\cdots,\frac{i_n}{m}\right),\cdots,$$
$$\left(\frac{i_0}{m},\frac{i_1}{m},\cdots,\frac{i_n-1}{m}\right)$$

的 $n+1$ 个点处对 $f(x)$ 插值的线性函数是

$$\begin{aligned}\hat{f}(\lambda_0,\lambda_1,\cdots,\lambda_n)=&(i_0-m\lambda_0)f\left(\frac{i_0-1}{m},\frac{i_1}{m},\cdots,\frac{i_n}{m}\right)+\\&(i_1-m\lambda_1)f\left(\frac{i_0}{m},\frac{i_1-1}{m},\cdots,\frac{i_n}{m}\right)+\cdots+\\&(i_n-m\lambda_n)f\left(\frac{i_0}{m},\frac{i_1}{m},\cdots,\frac{i_n-1}{m}\right)\end{aligned}$$

而当 $i_0+i_1+\cdots+i_n=m+1$ 时,有

$$\begin{aligned}&\left(\frac{i_0}{m+1},\frac{i_1}{m+1},\cdots,\frac{i_n}{m+1}\right)=\\&\frac{i_0}{m+1}\left(\frac{i_0-1}{m},\frac{i_1}{m},\cdots,\frac{i_n}{m}\right)+\\&\frac{i_1}{m+1}\left(\frac{i_0}{m},\frac{i_1-1}{m},\cdots,\frac{i_n}{m}\right)+\cdots+\\&\frac{i_n}{m+1}\left(\frac{i_0}{m},\frac{i_1}{m},\cdots,\frac{i_n-1}{m}\right)\end{aligned}$$

所以

$$\begin{aligned}&\hat{f}\left(\frac{i_0}{m+1},\frac{i_1}{m+1},\cdots,\frac{i_n}{m+1}\right)=\\&\frac{1}{m+1}\left[i_0f\left(\frac{i_0-1}{m},\frac{i_1}{m},\cdots,\frac{i_n}{m}\right)+\right.\\&i_1f\left(\frac{i_0}{m},\frac{i_1-1}{m},\cdots,\frac{i_n}{m}\right)+\cdots+\\&\left.i_nf\left(\frac{i_0}{m},\frac{i_1}{m},\cdots,\frac{i_n-1}{m}\right)\right]\end{aligned}$$

因此

$$B_m(f,x)=\sum_{i_0+i_1+\cdots+i_n=m+1}\hat{f}\left(\frac{i_0}{m+1},\frac{i_1}{m+1},\cdots,\frac{i_n}{m+1}\right)P^{m+1}_{i_0,i_1,\cdots,i_n}$$

$$B_{m+1}(f,x)-B_m(f,x)=\sum_{i_0+\cdots+i_n=m+1}\left[f\left(\frac{i_0}{m+1},\cdots,\frac{i_n}{m+1}\right)-\hat{f}\left(\frac{i_0}{m+1},\cdots,\frac{i_n}{m+1}\right)\right]P^{m+1}_{i_0,i_1,\cdots,i_n}$$

由前面的结论知

$$\left|f\left(\frac{i_0}{m+1},\cdots,\frac{i_n}{m+1}\right)-\hat{f}\left(\frac{i_0}{m+1},\cdots,\frac{i_n}{m+1}\right)\right|\leqslant\frac{n}{2}M_2\left(\frac{\rho}{m}\right)^2$$

这样

$$\max_{x\in S}|B_{m+1}(f,x)-B_m(f,x)|\leqslant\frac{n}{2}M_2\rho^2\frac{1}{m^2}$$

从而

$$\max_{x\in S}|B_m(f,x)-B_{m+l}(f,x)|\leqslant\frac{n}{2}M_2\rho^2\sum_{i=1}^{l}\frac{1}{(m+i-1)^2}$$

当 f 连续时,我们知道 $\lim\limits_{m\to\infty}B_m(f,x)=f(x)$,所以

$$\max_{x\in S}|B_m(f,x)-f(x)|\leqslant\frac{n}{2}M_2\rho^2\sum_{k=m}^{\infty}\frac{1}{k^2}$$

这样,得到:

定理 10　$f\in C^2$,那么

$$\|B_m(f)-f\|_\infty=\frac{n}{2}M_2\rho^2\frac{1}{m}+O\left(\frac{1}{m^2}\right)\tag{117}$$

而且上式是精确的.

证明　尚需证明的是式(117)的精确性.为此仍设

$$\boldsymbol{\xi}^0=(1,1,\cdots,1)$$
$$\boldsymbol{\xi}^1=(-1,-1,\cdots,-1)$$
$$\boldsymbol{\xi}^2=(1,-1,\cdots,-1)$$
$$\vdots$$
$$\boldsymbol{\xi}^n=(1,1,\cdots,1,-1)$$
$$f(x)=(x_1+x_2+\cdots+x_n)^2$$

x 的重心坐标为 $\lambda_0,\lambda_1,\cdots,\lambda_n$，那么

$$\begin{aligned}f(x)=(x_1+\cdots+x_n)^2=\\&[n\lambda_0-n\lambda_1-(n-2)\lambda_2-\cdots-\\&(n-2(n-1))\lambda_n]^2\end{aligned}$$

$$B_m(f,x)=\sum_{i_0+\cdots+i_n=m}f\left(\frac{i_0}{m},\frac{i_1}{m},\cdots,\frac{i_n}{m}\right)P^n_{i_0,\cdots,i_n}$$

因原点 O 的重心坐标为 $\frac{1}{2},\frac{1}{2},0,\cdots,0$，因此

$$\begin{aligned}B_m(f,0)=&\sum_{i_0+i_1=m}\frac{m!}{i_0!\ i_1!}\left(\frac{n(i_0-i_1)}{m}\right)^2\left(\frac{1}{2}\right)^{i_0}\left(\frac{1}{2}\right)^{i_1}=\\&\frac{n^2}{m^2}\ \frac{1}{2^m}\sum_{i_0+i_1=m}\frac{m!}{i_0!\ i_1!}(i_0-i_1)^2\end{aligned}$$

注意到

$$\sum_{i_0+i_1=m}\frac{m!}{i_0!\ i_1!}i_0^2=m2^{m-1}+m(m-1)2^{m-2}$$

$$\sum_{i_0+i_1=m}\frac{m!}{i_0!\ i_1!}i_0i_1=m(m-1)2^{m-2}$$

有
$$B_m(f,0)=\frac{n^2}{m}$$

所以

$$\|B_m(f)-f\|_\infty\geqslant|B_m(f,0)-f(0)|=\frac{n^2}{m}$$

而此时 $\rho=\sqrt{n}$，$M_2=2$，可见式(117)是精确的.

第5章 与 Bernstein 算子相关的算子

§1 Bernstein-Sikkema 算子的正逆定理

1996 年武汉大学数学系的李松教授给出了 Bernstein-Sikkema 算子的一个积分型估计式以及一个弱型逆定理.

我们知道定义在 $C[0,1]$ 上的 Bernstein-Sikkema 算子为

$$C_n(f;x)=\sum_{k=0}^{n}\binom{n}{k}x^k(1-x)^{n-k}f\left(\frac{k}{n+\alpha(n)}\right)$$

$$f\in C[0,1],0\leqslant\alpha(n)\leqslant q,q>0$$

文章*Uber die Schurerschen Linearen pesitiven Operatoren Indag* 讨论了它的逼近性质,当 $\alpha(n)=0$ 时即为 Bernstein 算子. 文章 *Meduli of Smoothness* 给出

了 Bernstein 算子的强型正定理和弱型逆定理，得到了

$$\| B_n f - f \|_{C[0,1]} = O(n^{-\alpha}) \Leftrightarrow W_{\varphi}^2(f,t)_{\infty} = O(t^{2\alpha})$$

这里 $0 < \alpha < 1$，$W_{\varphi}^2(f,t)$ 是 Ditzian-Totik 模. 由于当 $\alpha(n) > 0$ 时，Bernstein-Sikkema 算子不是保线性的，所以给出它的强型正定理非常困难. 本章借助最佳多项式逼近与 Ditzian-Totik 模之间的关系，给出了 Bernstein-Sikkema 算子的一个积分型估计，同时也给出了一个弱型逆定理，由此得出

$$\| C_n f - f \|_{C[0,1]} = O(n^{-\alpha}) \Leftrightarrow W^2 \varphi(f,t)_{\infty} = O(t^{2\alpha})$$

定义 1　令 $f \in C[0,1]$，$n \in \mathbf{N}_+$，则

$$E_n(f)_{\infty} = \inf\{ \| f - P_n \|_{\infty} : P_n \text{ 为阶数小于等于 } n \text{ 的多项式的全体}\}$$

引理 1　设 $\varphi(x) = \sqrt{x(1-x)}$，$n > 2$，则

$$E_n(f)_{\infty} \leqslant M_1 W_{\varphi}^2\left(f, \frac{1}{n}\right)_{\infty}$$

其中 M_1 是不依赖于 n 和 f 的常数，$W_{\varphi}^2(f,t)_{\infty}$ 是 Ditzian-Totik 光滑模.

证明　略.

引理 2　令 $f \in C[0,1]$，$\varphi(x) = \sqrt{x(1-x)}$，$n \in \mathbf{N}_+$，则

$$\| \varphi^2 P''_n(f) \|_{\infty} \leqslant M_2 n^2 W_{\varphi}^2\left(f, \frac{1}{n}\right)_{\infty}$$

其中 M_2 是不依赖于 n 和 f 的常数，$P_n(f)$ 是 f 的最佳（代数）逼近多项式.

证明　略.

引理 3　设 P_n 是 n 阶代数多项式，$n \in \mathbf{N}_+$，则

$$\| P'_n \|_{C[0,1]} \leqslant n^2 \| P_n \|_{C[0,1]}$$

证明　见文章《函数逼近论》(上海科学技术出版

社,1981).

引理 4 设 $C_n(f,x)$ 是 Bernstein-Sikkema 算子,$f \in C^2[0,1]$,$n \in \mathbf{N}_+$,则

$$\| C_n(f) - f \|_\infty \leqslant \frac{M_3}{n}(\| f' \|_\infty + \| \varphi^2 f'' \|_\infty)$$

其中 M_3 是不依赖于 n 和 f 的常数,$\varphi^2(x) = x(1-x)$.

证明 令 $B_n(f,x)$ 是定义在 $C[0,1]$ 上的 Bernstein 算子,由于

$$\| B_n f - f \|_\infty \leqslant \frac{M_4}{n} \| \varphi^2 f'' \|_\infty$$

从而

$$\| C_n f - f \|_\infty \leqslant \| C_n f - B_n f \|_\infty + \| B_n f - f \|_\infty \leqslant \frac{M_3}{n}(\| f' \|_\infty + \| \varphi^2 f'' \|_\infty)$$

引理 5 若 $C_n f$ 是定义在 $C[0,1]$ 上的 Bernstein-Sikkema 算子,$f \in C[0,1]$,$\varphi^2(x) = x(1-x)$,则

$$\| \varphi^2 C''_n f \|_\infty \leqslant M_5 n \| f \|_\infty$$

证明 如果我们注意到 $f\left(\frac{k}{n-\alpha(n)}\right) \leqslant \| f \|_\infty$. 用文章 *An Interpo Tation Theorem and its Application to Pesitive Operators* 中引理 3.5 的方法,即可得到引理的证明.

引理 6 $C_n f$ 的定义如引理 5,$f \in C[0,1]$,则 $\| C'_n(f) \|_\infty \leqslant 2n \| f \|_\infty$.

证明 由于

$$C'_n(f,x) = n \sum_{k=0}^{n-1} P_{n-1,k}^{(x)} \left(f\left(\frac{k+1}{n+\alpha(n)}\right) - f\left(\frac{k}{n+\alpha(n)}\right) \right)$$

所以

$$\| C'_n(f) \|_\infty \leqslant 2n \| f \|_\infty$$

引理 7　若 $C_n f$ 的定义如引理 5，$\varphi^2(x) = x(1-x)$，则

$$\| C'_n(f) \|_\infty \leqslant \| f' \|_\infty, f \in C'[0,1]$$

$$\| \varphi^2 C''_n(f) \|_\infty \leqslant M(\| f' \|_\infty + \| \varphi^2 f'' \|_\infty)$$

证明　由于引理 6 的导数公式，第一个不等式是显然的. 又因为

$$\begin{aligned}
&x(1-x)C''_n(f,x) = \\
&\sum_{k=0}^{n-2} P_{n-1,k}^{(x)} \left(f\left(\frac{k+2}{n+\alpha(n)}\right) - 2f\left(\frac{k+1}{n+\alpha(n)}\right) + f\left(\frac{k}{n+\alpha(n)}\right) \right) = \\
&\left\{ \sum_{k=1}^{n-3} P_{n-2,k}^{(x)} \left(f\left(\frac{k+2}{n+\alpha(n)}\right) - 2f\left(\frac{k+1}{n+\alpha(n)}\right) + f\left(\frac{k}{n+\alpha(n)}\right) \right) \right\} x(1-x)n(n-1) + \\
&\left\{ P_{n-2,0}^{(x)} \left(f\left(\frac{2}{n+\alpha(n)}\right) - 2f\left(\frac{1}{n+\alpha(n)}\right) + f(0) \right) \right\} \cdot x(1-x)n(n-1) + \\
&\left\{ P_{n-2,n-2}^{(x)} \left(f\left(\frac{n}{n+\alpha(n)}\right) - 2f\left(\frac{n-1}{n+\alpha(n)}\right) + f\left(\frac{n-2}{n+\alpha(n)}\right) \right) \right\} x(1-x)n(n-1) \triangleq \\
&I_1 + I_2 + I_3
\end{aligned}$$

以下我们分别估计 I_1, I_2, I_3.

$$\begin{aligned}
| I_1 | \leqslant & \sum_{k=1}^{n-3} (k+1)(n-k-1) P_{n,k+1}^{(x)} \cdot \\
& \iint_0^{\frac{1}{n+\alpha(n)}} f''\left(\frac{k}{n+\alpha(n)} + u + v\right) uv \leqslant \\
& \sum_{k=1}^{n-3} P_{n,k+1}^{(x)} (k+1)(n-k-1) \cdot
\end{aligned}$$

$$\iint_0^{\frac{1}{n+\alpha(n)}} \frac{\|\varphi^2 f''\|_\infty u v}{\left(\frac{k}{n+\alpha(n)}+u+v\right)\left(1+\frac{k}{n+\alpha(k)}-u-v\right)} \leqslant$$

$$\sum_{k=1}^{n-3} P_{n,k+1}^{(x)}(k+1)(n-k-1) \cdot$$

$$\frac{\|\varphi^2 f''\|_\infty}{k(n+\alpha(n)-k-2)} \leqslant 4\|\varphi^2 f''\|_\infty$$

$$|I_2| \leqslant n(n-1)x(1-x)P_{n-2,0}^{(x)} 2\frac{1}{n+\alpha(n)}\|f'\|_\infty \leqslant 2\|f'\|_\infty$$

$$|I_3| \leqslant n(n-1)x(1-x)\frac{2}{n+\alpha(n)}\|f'\|_\infty P_{n-2,n-2}^{(x)} \leqslant 2\|f'\|_\infty$$

定理 1 若 $C_n(f,x)$ 是 $C[0,1]$ 上的 Bernstein-Sikkema 算子，$f\in C[0,1]$，$4\leqslant n\in \mathbf{N}_+$，则

$$\|C_n(f)-f\|_\infty \leqslant M\left\{\int_{\frac{1}{\sqrt{n}}}^{\frac{1}{2}} \frac{W_\varphi^2(f,t)_\infty}{t^3}t + E_0(f)_\infty\right\}/n$$

其中 M 是不依赖于 n 和 f 的正常数，$W_\varphi^2(f,t)_\infty$ 是 Ditzian-Totik 光滑模.

证明 对于 $4\leqslant n\in\mathbf{N}_+$，我们选择 $2\leqslant m\in\mathbf{N}_+$，使得

$$2^{m-1}\leqslant\sqrt{n}<2^m$$

令 $P_n(f)$ 是 f 在 $C[0,1]$ 中阶数小于等于 n 的最佳逼近代数多项式，那么由引理 2 ~ 4 得到

$$\begin{aligned}\|C_n(f)-f\|_\infty \leqslant & \|C_n(f-P_{2^m}(f))\|_\infty + \\ & \|f-P_{2^m}(f)\|_\infty + \\ & \|C_n(P_{2^m}(f))-P_{2^m}(f)\|_\infty \leqslant \\ & 2\|f-P_{2^m}(f)\|_\infty + \\ & \frac{M_3}{n}\|P'_{2^m}(f)\|_\infty +\end{aligned}$$

$\| \varphi^2 P''_{2^m}(f) \|_\infty) \leqslant$

$2E_{2^m}(f)_\infty +$

$\frac{M_3}{n}(M_2(2^m)^2 W_\varphi^2(f, 2^{-m})_\infty +$

$\sum_{j=1}^{m} \| P'_{2^j}(f) - P'_{2^{j-1}}(f) \|_\infty +$

$\| P'_1(f) - P'_0(f) \|_\infty) \leqslant$

$2M_1 W_\varphi^2(f, 2^{-m})_\infty +$

$\frac{M_3}{n} M_2 \{2^{2m} W_\varphi^2(f, 2^{-m})_\infty +$

$\| P_1(f) - P_0(f) \|_\infty +$

$\sum_{j=1}^{n} (\| P_{2^j}(f) - P_{2^{j-1}}(f) \|_\infty 2^{2j})\} \leqslant$

$(2M_1 + 2M_3 M_2) W_\varphi^2(f, 2^{-m})_\infty +$

$\frac{2M_3 M_2 E_0(f)_\infty}{n} +$

$\left\{\sum_{j=1}^{m} (2^{2j+1} E_{2^{j-1}}(f)_\infty)\right\} \frac{M_3 M_2}{n} \leqslant$

$(2M_1 + 2M_3 M_2) W_\varphi^2(f, 2^{-m})_\infty +$

$26E_0(f)_\infty \frac{M_3 M_2}{n} + \frac{2M_3 M_2}{n}$ ·

$\sum_{j=3}^{m} \{2^{2j} W_\varphi^2(f, 2^{1-j})_\infty\} \leqslant$

$\frac{2M_1 + 4M_3 M_2}{n}$ ·

$\sum_{j=3}^{m} \{2^{2j} W_\varphi^2(f, 2^{1-j})_\infty\} +$

$26E_0(f)_\infty \frac{M_3 M_2}{n} \leqslant$

$\frac{2M_1 + 4M_3 M_2}{n}$ ·

$$\sum_{j=3}^{m}\left\{\frac{4}{\ln 2}\int_{2^{1-j}}^{2^{2-j}}\frac{W_{\varphi}^{2}(f,t)}{t^{3}}t\right\}+$$

$$26E_0(f)_\infty\frac{M_3M_2}{n}\leqslant$$

$$\frac{M\left\{\int_{\frac{1}{\sqrt{n}}}^{\frac{1}{2}}\frac{W_{\varphi}^{2}(f,t)_\infty}{t^{3}}\mathrm{d}t+E_0(f)_\infty\right\}}{n}$$

定理 2 若 $C_n(f)$ 是定义在 $C[0,1]$ 上的 Bernstein-Sikkema 算子，$\beta\geqslant 0$，则

$$W_{\varphi}^{2}\left(f,\frac{1}{\sqrt{n}}\right)_\infty\leqslant Cn^{-1}\cdot$$

$$\left(\sum_{k=1}^{n}\left(\frac{n}{k}\right)^{\beta}\|C_kf-f\|_\infty+n^{\beta}\|f\|_\infty\right)$$

证明 我们引入 $K-$泛函

$$K(f,t)_\infty=\inf_{g\in C^2[0,1]}\{\|f-g\|_\infty+$$

$$t(\|g\|_\infty+\|g'\|_\infty+\|\varphi^2g''\|_\infty)\mathrm{big}\},$$

$$\varphi^2(x)=x(1-x)$$

那么由引理 5 ～ 7，我们得到

$$K\left(f,\frac{1}{n}\right)_\infty\leqslant Mn^{-1}\left(\sum_{k=1}^{n}\left(\frac{n}{k}\right)^{\beta}\|C_kf-f\|_\infty+n^{\beta}\|f\|_\infty\right)$$

又因为

$$W_{\varphi}^{2}\left(f,\frac{1}{\sqrt{n}}\right)_\infty\leqslant M_0K\left(f,\frac{1}{n}\right)$$

从而

$$W_{\varphi}^{2}\left(f,\frac{1}{\sqrt{n}}\right)_\infty$$

$$\leqslant Cn^{-1}\left(\sum_{k=1}^{n}\left(\frac{n}{k}\right)^{\beta}\|C_kf-f\|_\infty+n^{\beta}\|f\|_\infty\right)$$

推论 1 若 $C_n(f)$ 是定义在 $C[0,1]$ 上的

Bernstein-Sikkema 算子，$0<\alpha<1$，则

$$W_{\varphi}^{2}(f,t)_{\infty}=O(t^{2\alpha})\Leftrightarrow \| C_n f-f\|_{\infty}=O(n^{-\alpha})$$

§2　关于 Bernstein-Kantorovich 多项式在 $L_p[0,1]$ 空间中的逼近阶

1985 年杭州大学的周信龙教授指出：

对于 $1\leqslant p<\infty$，以 $L_p[a,b]$ 表示适合 $\| f\|_{L_p[a,b]}=\left\{\int_a^b |f(x)|^p\mathrm{d}x\right\}^{\frac{1}{p}}<\infty$ 的 f 全体. 记 $L_\infty[a,b]\equiv C[a,b]$，$\| f\|_{L_\infty[a,b]}=\max\limits_{x\in[a,b]}|f(x)|$. 若 $a=0,b=1$，简记 $\| f\|_{L_p[0,1]}=\| f\|_{L_p}$. 又设

$$B_p=\{g:g(x),g'(x),x(1-x)g'(x)\in L_p[0,1];\ x(1-x)g'(x)|_{x=0,1}=0\}$$

$$K_p(f,h)=\inf_{g\in B_p}\{\| f-g\|_{L_p}+h(\| g'\|_{L_p}+\| x(1-x)g'(x)\|_{L_p})\}$$

所谓 Bernstein-Kantorovich 多项式是指

$$B_n^*(f,x)=(n+1)\sum_{k=0}^{n}\int_{I_{kn}} f(t)\mathrm{d}t\, b_{nk}(x)$$

$$b_{nk}(x)=\binom{n}{k}x^k(1-x)^{n-k}$$

其中 $I_{kn}=\left[\frac{k}{n+1},\frac{k+1}{n+1}\right]$.

关于在 L_p 尺度下用 B_n^* 逼近的问题已有不少工作.

W. Hoeffding 证得：若 $f\in L_1[0,1]$ 且在 $(0,1)$ 中任一闭区间上是有界变差的，则 $\| B_n^*(f)-f\|_{L_1}\leqslant$

$\sqrt{\frac{2}{e}}J(f)n^{-\frac{1}{2}}$. 其中 $J(f)=\int_0^1 x^{\frac{1}{2}}(1-x)^{\frac{1}{2}}\mid df\mid$.

令 $\omega_k(f,\delta)_{L_p}$ 为 f 在$[0,1]$上 k 阶积分模，则 H. Berens 和 R. A. DeVore 获得

$$\| B_n^*(f)-f\|_{L_p}\leqslant C\left\{\frac{1}{n}\omega_1(f,1)_{L_p}+\omega_2\left(f,\frac{1}{\sqrt{n}}\right)_{L_p}\right\} \tag{1}$$

其中 C 是绝对常数.

另外，Z. Ditzian 和 C. P. May 建立了 L_p 空间中的局部逆定理：

设 $f\in L_p[0,1]$，$0<a<b<1$，$0<\beta<2$，那么 $\| B_n^* f-f\|_{L_p[a,b]}=O(n^{-\frac{\beta}{2}})$ 含有 $f\in \mathrm{Lip}^*_{[a+\varepsilon,b-\varepsilon]}\beta$. 其中 ε 是任一固定的正数.

他们说关于整体逆定理还无法证明. 并且在 1979 年 Z. Ditzian 再次提及了这个问题. 另外，A. Grundmann 用 K－泛函描述了 B_n^* 的 L_1 逼近特征. 他证得：若 $f\in L_1[0,1]$，$0<\beta<2$，则

$$\| B_n^*(f)-f\|_{L_1}=O\left(\widetilde{K}\left(f,\frac{1}{n}\right)\right)$$

且 $\| B_n^*(f)-f\|_{L_1}=O(n^{-\frac{\beta}{2}})$ 的充要条件是 $\widetilde{K}(f,h^2)=O(h^\beta)$. 其中

$$\widetilde{K}(f,h^2)=\inf_{g\in D}\{\| f-g\|_{L_1}+h^2\bigvee_0^1 x(1-x)g'(x)\}$$

$$D=\{g:g\in C'[0,1]\cap L_1[0,1]\}$$

$$x(1-x)g'(x)\in BV[0,1], x(1-x)g'(x)\mid_{x=0,1}=0$$

本节的目的是：(1) 拓广 A. Grundmann 的定理. (2) 回答 Z. Ditzian 的问题. (3) 说明估计式(1)不是最佳的.

定理 3　若 $f\in L_p[0,1]$，则

$$\| B_n^*(f)-f \|_{L_p}=O\left(K_p\left(f,\frac{1}{n}\right)\right) \qquad (2)$$

若 $0<\beta<2$,则下列关系式彼此等价：

(1) $\| B_n^*(f)-f \|_{L_p}=O(n^{-\frac{\beta}{2}})$.

(2) $K_p(f,t^2)=O(t^\beta)$.

(3) $\delta_B^p(f,t)+\omega_1(f,t^2)_{L_p}=O(t^\beta)$

其中

$$\delta_B^p(f,t)=\sup_{0<\eta\leqslant t}\left\{\int_{E_\eta}|\Delta_\eta^2\sqrt{x(1-x)}f(x)|^p\mathrm{d}x\right\}^{\frac{1}{p}}$$

$$\Delta_\varphi f(x)=f(x)-f(x+\varphi),E_\eta=\left[0,\frac{1}{1+4\eta^2}\right]$$

定理 4　(1) $K_p(f,h^2)\leqslant C\{h^2\omega_1(f,1)_{L_p}+\omega_2(f,h)_{L_p}\}$.

(2) 存在 $f_0(x)\in L_p[0,1]$ 使得

$$\lim_{h\to 0}\frac{K_p(f_0,h^2)}{\omega_2(f_0,h)_{L_p}}=0$$

定理 3 描述了 B_n^* 的 L_p 整体逼近特性,从而回答了 Z. Ditzian 的问题. 另外,本定理说明,若 $0<\beta<2$,则泛函 $\widetilde{K}(f,h^2)=O(h^\beta)$ 与 $K_1(f,h^2)=O(h^\beta)$ 等价. 因此本定理拓广了 A. Grundmann 定理. 同时也描述了泛函 $K_p(f,h^2)=O(h^\beta)$ 的特征. 定理 4 表明量 $K_p(f,h^2)$ 更小于量 $\omega_2(f,h)_{L_p}$. 因此,估计式(1)不是最佳的.

首先建立几个引理.

引理 8　若 $f\in L_p[0,1]$,则

$$\| B_n^{*\prime}(f,x) \|_{L_p}=O(n\| f \|_{L_p}) \qquad (3)$$

$$\| x(1-x)B_n^{*\prime\prime}(f,x) \|_{L_p}=O(n\| f \|_{L_p}) \qquad (4)$$

若 $f\in B_p$,则

$$\| B_n^*(f)-f \|_{L_p}=$$

$$O\left(\frac{1}{n}(\|f'\|_{L_p}+\|x(1-x)f'_{(x)}\|_{L_p})\right) \qquad (5)$$

$$\|B_n^{*\prime}(f,x)\|_{L_p}=O(\|f'\|_{L_p}) \qquad (6)$$

$$\|x(1-x)B_n^{*\prime\prime}(f,x)\|_{L_p}=$$

$$O(\|f'\|_{L_p}+\|x(1-x)f'_{(x)}\|_{L_p}) \qquad (7)$$

证明 由 B_n^* 的定义易验证式(3)(4)成立．式(5)的证明见文章 *Approximation Theory*．以下证明式(6)．记 $b_{n-1,n}=0, b_{n-1,-1}=0$，那么

$$B_n^{*\prime}(f,x)=(n+1)\sum_{k=0}^{n}\int_{I_{kn}}f(t)\mathrm{d}t\cdot n\{b_{n-1,k-1}(x)-b_{n-1,k}(x)\}$$

由 Abel 变换得

$$B_n^{*\prime}(f,x)=n(n+1)\sum_{k=0}^{n-1}\int_0^{\frac{1}{n+1}}\int_{I_{kn}}f'(t+u)\mathrm{d}t\mathrm{d}u b_{n-1,k}(x)$$

对每一个 $g\in L_p[0,1]$，考虑线性算子

$$L_n(g,x)=n(n+1)\sum_{k=0}^{n-1}\int_0^{\frac{1}{n+1}}\int_{I_{kn}}g(t+u)\mathrm{d}t\mathrm{d}u b_{n-1,k}(x)$$

易知，若 $g\in L_\infty[0,1]$，则

$$\|L_n(g)\|_{L_\infty}\leqslant\|g\|_{L_\infty}$$

若 $g\in L_1[0,1]$，则

$$\|L_n(g)\|_{L_1}\leqslant n(n+1)\sum_{k=0}^{n-1}\int_0^{\frac{1}{n+1}}\int_{I_{kn}}|g(t+u)|\mathrm{d}t\mathrm{d}u\cdot\int_0^1 b_{n-1,k}(x)\mathrm{d}x$$

但 $\int_0^1 b_{n-1,k}(x)\mathrm{d}x=\frac{1}{n}$．因而

$$\|L_n(g)\|_{L_1}\leqslant\|g\|_{L_1}$$

故由 Riesz-Thorin 定理知对每一 $g\in L_p[0,1]$，$1\leqslant p\leqslant\infty$，也有

$$\| L_n(g) \|_{L_p} \leqslant \| g \|_{L_p}$$

而从 B_p 的定义知，当 $f \in B_p$ 时，$f' \in L_p[0,1]$. 于是

$$\| L_n(f') \|_{L_p} \leqslant \| f' \|_{L_p}$$

但 $L_n(f') = B_n^{*\prime}(f)$. 于是式(6) 成立.

为证式(7) 我们注意到

$$b''_{n,k}(x) = n(n-1)(b_{n-2,k-2} - 2b_{n-2,k-1} + b_{n-2,k})$$

于是

$$B_n^{*\prime\prime}(f,x) = (n+1)n(n-1)\sum_{k=0}^{n}\int_{I_{kn}} f(t)\mathrm{d}t(b_{n-2,k-2}(x) - 2b_{n-2,k-1}(x) + b_{n-2,k}(x))$$

因为 $f \in B_p$，所以利用二次 Abel 变换即得

$$\begin{aligned}B_n^{*\prime\prime}(f,x) = &(n+1)n(n-1)\left\{\int_0^{\frac{1}{n+1}}\int_1^{\frac{1}{n+1}}\mathrm{d}\tau_1\mathrm{d}\tau_2 \cdot \right.\\ &\left[\int_0^{\frac{1}{n+1}} f''(t+\tau_1+\tau_2)\mathrm{d}t b_{n-2,0}(x) + \right.\\ &\left.\left.\int_{\frac{n-2}{n+1}}^{\frac{n-1}{n+1}} f''(t+\tau_1+\tau_2)\mathrm{d}t b_{n-2,n-2}(x)\right]\right\} + \\ &(n+1)n(n-1)\sum_{k=1}^{n-3}\int_0^{\frac{1}{n+1}}\int_0^{\frac{1}{n+1}}\mathrm{d}\tau_1\mathrm{d}\tau_2 \cdot \\ &\int_{I_{kn}} f''(t+\tau_1+\tau_2)\mathrm{d}t b_{n-2,k}(x) \equiv \\ &I_{n_1}(f) + I_{n_2}(f)\end{aligned}$$

其中

$$\begin{aligned}I_{n_1}(f) = &(n+1)n(n-1)\left\{\int_0^{\frac{1}{n+1}}\int_0^{\frac{1}{n+1}}\mathrm{d}\tau_1\mathrm{d}\tau_2 \cdot \right.\\ &\left[\int_0^{\frac{1}{n+1}} f''(t+\tau_1+\tau_2)\mathrm{d}t b_{n-2,0}(x) + \right.\\ &\left.\left.\int_{\frac{n-2}{n+1}}^{\frac{n-1}{n+1}} f''(t+\tau_1+\tau_2)\mathrm{d}t b_{n-2,n-2}(x)\right]\right\} =\end{aligned}$$

$$(n+1)n(n-1)\int_0^{\frac{1}{n+1}}\int_0^{\frac{1}{n+1}}\mathrm{d}\tau_1\mathrm{d}\tau_2\cdot$$

$$\left\{f'\left(\frac{1}{n+1}+\tau_1+\tau_2\right)-f'(\tau_1+\tau_2)\right\}b_{n-2,0}(x)+$$

$$(n+1)n(n-1)\int_0^{\frac{1}{n+1}}\int_0^{\frac{1}{n+1}}\mathrm{d}\tau_1\mathrm{d}\tau_2\cdot$$

$$\left\{f'\left(\frac{n-1}{n+1}+\tau_1+\tau_2\right)-f'\left(\frac{n-2}{n+1}+\tau_1+\tau_2\right)\right\}\cdot$$

$$b_{n-2,n-2}(x)$$

但 $f'\in L_p[0,1]$. 因此，类似于式(6)的证明即有

$$\|x(1-x)I_{n_1}(f)\|_{L_p}\leqslant C\|f'\|_{L_p}\tag{8}$$

对于 $I_{n_2}(f)$，我们有

$$I_{n_2}(f)=(n+1)n(n-1)\sum_{0<k<n-2}\int_0^{\frac{1}{n+1}}\int_0^{\frac{1}{n+1}}\mathrm{d}\tau_1\mathrm{d}\tau_2\cdot$$

$$\int_{I_{kn}}f''(t+\tau_1+\tau_2)\frac{(t+\tau_1+\tau_2)(1-t-\tau_1-\tau_2)}{(t+\tau_1+\tau_2)(1-t-\tau_1-\tau_2)}\cdot$$

$$\mathrm{d}tb_{n-2,k}(x)$$

线性算子

$$\widetilde{L}_n(g)=x(1-x)(n+1)n(n-1)\sum_{0<k<n-2}\int_0^{\frac{1}{n+1}}\int_0^{\frac{1}{n+1}}\mathrm{d}\tau_1\mathrm{d}\tau_2\cdot$$

$$\int_{I_{kn}}g(t+\tau_1+\tau_2)\frac{b_{n-2,k}(x)\mathrm{d}t}{(t+\tau_1+\tau_2)(1-t-\tau_1-\tau_2)}$$

满足

$$\|\widetilde{L}_n(g)\|_{L_p}\leqslant C\|g\|_{L_p}$$

事实上，当 $g\in L_\infty[0,1]$ 时

$$\|\widetilde{L}_n(g)\|_{L_\infty}\leqslant\|g\|_{L_\infty}\cdot$$

$$\left\|\sum_{k=1}^{n-3}\frac{x(1-x)n(n-1)}{k(n-k-2)}b_{n-2,k}(x)\right\|_{L_\infty}\leqslant$$

$$4\|g\|_{L_\infty}\cdot\left\|\sum_{k=1}^{n-3}b_{n,k+1}(x)\right\|_{L_\infty}\leqslant$$

$$4\|g\|_{L_\infty}$$

当 $g\in L_1[0,1]$ 时

$$\|\widetilde{L}_n(g)\|_{L_1}\leqslant 4(n+1)^3\sum_{k=1}^{n-3}\int_0^{\frac{1}{n+1}}\int_0^{\frac{1}{n+1}}\mathrm{d}\tau_1\mathrm{d}\tau_2\cdot\int_{I_{kn}}|g(t+\tau_1+\tau_2)|\mathrm{d}\tau\int_0^1 b_{n,k+1}(x)\mathrm{d}x=4(n+1)^2\sum_{k=1}^{n-3}\int_0^{\frac{1}{n+1}}\int_0^{\frac{1}{n+1}}\mathrm{d}\tau_1\mathrm{d}\tau_2\cdot\int_{I_{kn}}|g(t+\tau_1+\tau_2)|\mathrm{d}t\leqslant 4\|g\|_{L_1}$$

剩下的只是利用 Riesz-Thorin 定理，注意到 $f\in B_p$ 含有 $f''(x)\cdot x(1-x)\in L_p[0,1]$，从而

$$\|I_{n_2}(f)\cdot x(1-x)\|_{L_p}=\|\widetilde{L}_n(x(1-x)f'')\|_{L_p}\leqslant C\|x(1-x)f''\|_{L_p}\tag{9}$$

由于

$$\|x(1-x)B_n^{*\prime}(f)\|_{L_p}\leqslant\|x(1-x)I_{n_1}(f)\|_{L_p}+\|x(1-x)I_{n_2}(f)\|_{L_p}$$

所以式(7)可由式(8)及式(9)推出.引理 8 证毕.

引理 9　若 $f\in L_p[0,1]$，则函数

$$F_n(x)=F_n(f,x)=\frac{1}{6}\int_0^1\left\{2f\left(x+\frac{\sqrt{x(1-x)}}{\sqrt{n}}t\right)-f\left(x+2\frac{\sqrt{x(1-x)}}{\sqrt{n}}t\right)\right\}t^2(1-t)^2\mathrm{d}t$$

满足下列关系

$$\|F'_n(x)\|_{L_p\left[\frac{4}{n+4},\frac{n}{n+4}\right]}=O(n\|f\|_{L_p})\tag{10}$$

$$\|x(1-x)F''_n(x)\|_{L_p\left[\frac{4}{n+4},\frac{n}{n+4}\right]}=O(n\|f\|_{L_p})\tag{11}$$

当 $f\in B_p$ 时

$$\|F'_n(x)\|_{L_p\left[\frac{4}{n+4},\frac{n}{n+4}\right]}=O(\|f'\|_{L_p})\tag{12}$$

$$\| x(1-x)F''_n(x) \|_{L_p\left[\frac{4}{n+4},\frac{n}{n+4}\right]} = O(\| f' \|_{L_p} + \| x(1-x)f'' \|_{L_p}) \tag{13}$$

当 $\delta_B^p(f,t)=O(t^\beta)$ 时

$$\| F_n(x)-f(x) \|_{L_p\left[\frac{4}{n+4},\frac{n}{n+4}\right]} = O(n^{-\frac{\beta}{2}}) \tag{14}$$

证明 一般地，对所有的 $x\in[0,1]$，$F_n(x)$ 无意义. 但是当 $x\in\left[\frac{4}{n+4},\frac{n}{n+4}\right]$ 时却不然. 事实上，此时 $x+2\frac{\sqrt{x(1-x)}}{\sqrt{n}}$ 不大于 1. 因为式(10) ~ (14) 是在 $\left[\frac{4}{n+4},\frac{n}{n+4}\right]$ 上对 $F_n(x)$ 运算的，所以均有意义. 下面证明引理. 式(14) 显然，式(10)(11) 可从

$$F_n(f,x)=\frac{1}{6}\int_x^{x+\sqrt{\frac{x(1-x)}{n}}} 2f(y)(y-x)^2 \cdot \left(\frac{n}{x(1-x)}\right)^{\frac{3}{2}}\left(1-(y-x)\sqrt{\frac{n}{x(1-x)}}\right)^2 dy - \frac{1}{6}\int_x^{x+2\sqrt{\frac{x(1-x)}{n}}} f(y)\frac{1}{8}(y-x)^2\left(\frac{n}{x(1-x)}\right)^{\frac{3}{2}} \cdot \left(1-\frac{1}{2}(y-x)\sqrt{\frac{n}{x(1-x)}}\right)^2 dy$$

对 x 直接求导得到. 式(12)(13) 的证明是相同的，我们仅给出式(13) 的证明. 记

$$J_n(f,x)=\frac{2}{6}\int_0^1 f\left(x+\frac{\sqrt{x(1-x)}}{\sqrt{n}}t\right)t^2(1-t)^2 dt$$

$$f\in B_p$$

显然，若能证明

$$\| J''_n(f)\cdot x(1-x) \|_{L_p\left[\frac{4}{n+4},\frac{n}{n+4}\right]} = O(\| f' \|_{L_p} + \| x(1-x)f'' \|_{L_p})$$

那么，由 $F_n(x)$ 的定义即能证实式(13). 若 $x \in \left[\frac{4}{n+4},\frac{n}{n+4}\right]$，不难验证

$$\frac{x(1-x)+\frac{t}{\sqrt{n}}\sqrt{x(1-x)}}{\left(x+\frac{t}{\sqrt{n}}\sqrt{x(1-x)}\right)\left(1-x-\frac{t}{\sqrt{n}}\sqrt{x(1-x)}\right)} \leqslant \begin{cases} C\dfrac{x(1-x)+\frac{t}{\sqrt{n}}\sqrt{x(1-x)}}{x+\frac{t}{\sqrt{n}}\sqrt{x(1-x)}}, x \leqslant \dfrac{1}{2} \\ C\left\{\dfrac{1-x^2}{1-x-\frac{t}{\sqrt{n}}\sqrt{x(1-x)}}+\dfrac{1}{x+\frac{t}{\sqrt{n}}\sqrt{x(1-x)}}\right\}, \\ x > \dfrac{1}{2} \end{cases} \tag{15}$$

$$\frac{x(1-x)\left(1+\frac{t(1-2x)}{\sqrt{nx(1-x)}}\right)}{\left[x+2\frac{t\sqrt{x(1-x)}}{\sqrt{n}}\right]\left[1-x-2\frac{t\sqrt{x(1-x)}}{\sqrt{n}}\right]} = O\left(\frac{1}{1-t}\right) \tag{16}$$

以及

$$1+\frac{t(1-2x)}{\sqrt{nx(1-x)}} \sim 1, \forall x \in \left[\frac{4}{n+4},\frac{n}{n+4}\right]$$

于是

$$J''_n(f,x)=$$

$$\frac{1}{3}\int_0^1\left\{f''\left[x+\frac{\sqrt{x(1-x)}}{\sqrt{n}}t\right]\left(1+\frac{1-2x}{2\sqrt{nx(1-x)}}t\right)^2+\right.$$

$$f'\left[x+\frac{\sqrt{x(1-x)}}{\sqrt{n}}t\right]\left(\frac{1-2x}{2\sqrt{nx(1-x)}}t\right)'\Bigg\}\times t^2(1-t)^2\mathrm{d}t=$$

$$\frac{1}{3}\int_0^1 f''\left(x+\frac{t}{\sqrt{n}}\sqrt{x(1-x)}\right)\left(1+\frac{1-2x}{2\sqrt{nx(1-x)}}t\right)^2\cdot$$

$$t^2(1-t)^2\mathrm{d}t+\frac{1}{8}\int_0^1 f'\left[x+\frac{\sqrt{x(1-x)}}{\sqrt{n}}t\right]\cdot$$

$$\left(\frac{-2t}{\sqrt{nx(1-x)}}-\frac{n^{-\frac{1}{2}}}{2}\frac{(1-2x)^2}{(x(1-x))^{\frac{3}{2}}}t\right)t^2(1-t)^2\mathrm{d}t\equiv$$

$$I_1+I_2$$

现在

$$x(1-x)I_1=\frac{1}{3}\int_0^1 f''\left[x+\frac{\sqrt{x(1-x)}}{\sqrt{n}}t\right]\left[x+\frac{\sqrt{x(1-x)}}{\sqrt{n}}t\right]\cdot$$

$$\left[1-x-\frac{\sqrt{x(1-x)}}{\sqrt{n}}t\right]\left(1+\frac{t(1-2x)}{2\sqrt{nx(1-x)}}\right)\cdot$$

$$\frac{x(1-x)+\dfrac{t(1-2x)\sqrt{x(1-x)}}{2\sqrt{n}}}{\left[x+\dfrac{\sqrt{x(1-x)}}{\sqrt{n}}t\right]\left[1-x-\dfrac{\sqrt{x(1-x)}}{\sqrt{n}}t\right]}\cdot$$

$$t^2(1-t)^2\mathrm{d}t$$

由式(15)知

$$\|x(1-x)I_1\|_{L_p\left[\frac{4}{n+4},\frac{n}{n+4}\right]}=O(\|x(1-x)f''\|_{L_p})$$

类似地

$$\|x(1-x)I_2\|_{L_p\left[\frac{4}{n+4},\frac{n}{n+4}\right]}=O(\|f'\|_{L_p})$$

从而 $\|x(1-x)J''_n(f)\|_{L_p\left[\frac{4}{n+4},\frac{n}{n+4}\right]}=O(\|f'\|_{L_p}+\|x(1-x)f''\|_{L_p})$. 引理 9 证毕.

定理 3 的证明 先证式(2),由引理 8 知,式(5)对每一个 $g\in B_p$,有

$$\|B_n^*(f)-f\|_{L_p}\leqslant 2\|f-g\|_{L_p}+\|B_n^*(g)-g\|_{L_p}\leqslant$$

$$C\{\|f-g\|+\frac{1}{n}[\|g'\|_{L_p}+\|x(1-x)g''\|_{L_p}]\}$$

因而

$$\|B_n^*(f)-f\|_{L_p}\leqslant C\inf_g\left\{\|f-g\|_{L_p}+\frac{1}{n}[\|g'\|_{L_p}+\|x(1-x)g''\|_{L_p}]\right\}\leqslant CK_p\left(f,\frac{1}{n}\right)$$

此即式(2). 下面证明(1)(2)(3) 的等价性.

(1)⇒(2). 若 $\|B_n^*(f)-f\|_{L_p}=O(n^{-\frac{\beta}{2}})$，则由式(3)(4)(6)(7)，对每一个 $g\in B_p$，有

$$\begin{aligned}K_p(f,t^2)\leqslant&\|f-B_n^*(f)\|_{L_p}+t'[\|B_n^{*'}(f)\|_{L_p}+\|x(1-x)B_n^{*''}(f)\|_{L_p}]\leqslant\\&Cn^{-\frac{\beta}{2}}+t^2\{\|B_n^{*''}(f-g)\|_{L_p}+\|x(1-x)B_n^{*''}(f-g)\|_{L_p}\}+\\&t^2\{\|B_n^{*''}(g)\|_{L_p}+\|x(1-x)B_n^{*''}(g)\|_{L_p}\}\leqslant\\&C\{n^{-\frac{\beta}{2}}+t^2n\|f-g\|_{L_p}+t^2\{\|g'\|_{L_p}+\|x(1-x)g''\|_{L_p}\}\}\end{aligned}$$

于是

$$K_p(f,t^2)\leqslant C\left\{n^{-\frac{\beta}{2}}+t^2nK_p\left(f,\frac{1}{n}\right)\right\}$$

由文章 *Approximation Theory* 即得

$$K_p(f,t^2)=O(t^\beta)$$

(2)⇒(3). 若 $K_p(f,t^2)=O(t^\beta)$，我们要证实 $\omega_1(f,t^2)_{L_p}=O(t^\beta)$ 以及 $\delta_B^p(f,t)=O(t^\beta)$. 一方面，由于 $B_p\subset L'_p[0,1]$，以及 $\omega_1(f,t)_{L_p}\sim\inf\limits_{\varphi\in L'_p[0,1]}\{\|f-$

$\varphi\|_{L_p}+t\|\varphi'\|_{L_p}\}$. 因此

$$\inf_{\varphi\in L'_p[0,1]}\{\|f-\varphi\|_{L_p}+t^2\|\varphi'\|_{L_p}\}\leqslant$$
$$\inf_{g\in B_p}\{\|f-g\|_{L_p}+t^2\|g'\|_{L_p}\}\leqslant$$
$$\inf_{g\in B_p}\{\|f-g\|_{L_p}+t^2\|g'\|_{L_p}+$$
$$\|x(1-x)g''\|_{L_p}\}=$$
$$K_p(f,t^2)=O(t^\beta)$$

从而

$$\omega_1(f,t^2)_{L_p}=O(t^\beta)$$

另一方面,若 $g\in B_p$,那么

$$\left\{\int_{E_t}|\Delta^2_{t\sqrt{x(1-x)}}g(x)|^p\mathrm{d}x\right\}^{\frac{1}{p}}\leqslant$$
$$Ct^2(\|g'\|_{L_p}+\|x(1-x)g''\|_{L_p})$$

故

$$\left\{\int_{E_t}|\Delta^2_{t\sqrt{x(1-x)}}f(x)|^p\mathrm{d}x\right\}^{\frac{1}{p}}\leqslant$$
$$\left\{\int_{E_t}|\Delta^2_{t\sqrt{x(1-x)}}(f(x)-g(x))|^p\mathrm{d}x\right\}^{\frac{1}{p}}+$$
$$\left\{\int_{E_t}|\Delta^2_{t\sqrt{x(1-x)}}g(x)|^p\mathrm{d}x\right\}^{\frac{1}{p}}\leqslant$$
$$C\{\|f-g\|_{L_p}+t^2(\|g'\|_{L_p}+$$
$$\|x(1-x)g''\|_{L_p})\}$$

由 K — 泛函的定义知 $\delta^p_{\mathrm{B}}(f,t)\leqslant CK_p(f,t^2)$. 因此

$$\delta^p_{\mathrm{B}}(f,t^2)=O(t^\beta)$$

(3)⇒(1). 若 $\delta^p_{\mathrm{B}}(f,t)+\omega_1(f,t^2)_{L_p}=O(t^\beta)$,我们要证明 $\|B_n^*(f)-f\|_{L_p}=O(n^{-\frac{\beta}{2}})$. 关系式(2) 表明 $K_p(f,t^2)=O(t^\beta)$ 含有 $\|B_n^*(f)-f\|_{L_p}=O(n^{-\frac{\beta}{2}})$. 以下证明 $K_p(f,t^2)=O(t^\beta)$. 为此,令 $\psi(x)\in C(-\infty,$

∞)，且满足如下关系：$\psi(x)=1$，若 $x\leqslant\frac{1}{4}$；$\psi(x)=0$，若 $x\geqslant\frac{3}{4}$. $\psi(x)$ 二次连续可微. 对每一 $f\in L_p[0,1]$，令

$$f(x)=f(x)\psi(x)+f(x)(1-\psi(x))\equiv f_1(x)+f_2(x)$$

由于

$$K_p(f_1+f_2,t^2)\leqslant K_p(f_1,t^2)+K_p(f_2,t^2)$$

若能证明

$$K_p(f_1,t^2)\leqslant C\left\{n^{-\frac{\beta}{2}}+nt^2K_p\left(f,\frac{1}{n}\right)+nt^2n^{-\frac{\beta}{2}}\right\}\tag{17}$$

和

$$K_p(f_2,t^2)\leqslant C\left\{n^{-\frac{\beta}{2}}+nt^2K_p\left(f,\frac{1}{n}\right)+nt^2n^{-\frac{\beta}{2}}\right\}\tag{18}$$

那么

$$K_p(f,t^2)\leqslant C\left\{n^{-\frac{\beta}{2}}+nt^2K_p\left(f,\frac{1}{n}\right)+nt^2n^{-\frac{\beta}{2}}\right\}\leqslant C\left\{n^{-\frac{\beta}{2}}+nt^2K_p\left(f,\frac{1}{n}\right)\right\}$$

从而

$$K_p(f,t^2)=O(t^\beta)$$

下面证明式(17). 我们需要构造一列函数 $\{F_n^*(x)\}$. $F_n^*\in B_p$ 且

$$\|F_n^{*\prime}\|_{L_p}\leqslant C\left\{n^{1-\frac{\beta}{2}}+nK_p\left(f,\frac{1}{n}\right)\right\}$$

$$\|x(1-x)F_n^{*\prime\prime}(x)\|_{L_p}\leqslant C\left\{n^{1-\frac{\beta}{2}}+nK_p\left(f,\frac{1}{n}\right)\right\}$$

和 $$\| F_n^* - f_1 \|_{L_p} = O(n^{-\frac{\beta}{2}})$$

容易看出引理 9 中的 F_n 基本上满足我们的要求. 但在 0,1 附近 F_n 无定义. 为此, 做如下修正: 记 $F_n(x) = F_n(f,x) = F_n(f,x)\psi(x) + F_n(f,x)(1-\psi(x)) \equiv F_{n_1}(f,x) + F_{n_2}(f,x)$. 让 $\lambda(x) \in C(-\infty,\infty)$ 且 $\lambda(x)=1, x \geqslant 6; \lambda(x)=0, x \leqslant 4, \lambda(x)$ 二次连续可微. 而令 $\lambda_n(x) = \lambda((n+4)x)$, 且

$$F_n^*(f,x) = \lambda_n(x)F_{n_1}(f,x) + (1-\lambda_n(x))f_n(x)$$

其中 $f_n(x) = n^2\int_0^{\frac{1}{n}}\int_0^{\frac{1}{n}} f(x+u+v)\mathrm{d}u\mathrm{d}v$. 那么 $F_n^*(f,x)$ 满足我们的要求. 且

$$F_n^*(f,x) = \begin{cases} f_n(x), x < \dfrac{4}{n+4} \\ F_{n_1}(f,x), x \in \left[\dfrac{6}{n+4}, \dfrac{3}{4}\right] \\ 0, x > \dfrac{3}{4} \end{cases}$$

因此

$$\begin{aligned} &\| F_n^*(f,x) + f_1(x) \|_{L_p} \leqslant \\ &\| \lambda_n(x)\psi(x)(f(x) - F_n(f,x)) \|_{L_p} + \\ &\| (1-\lambda_n(x))(\psi(x)f(x) - f_n(x)) \|_{L_p} \end{aligned}$$

注意到 ψ, λ_n 的定义即得

$$\| \lambda_n(x)\psi(x)(f(x) - F_n(f,x)) \|_{L_p} \leqslant C\| f - F_n \|_{L_p\left[\frac{4}{n+4}, \frac{n}{n+4}\right]} \tag{19}$$

$$\| (1-\lambda_n(x))(\psi(x)f(x) - f_n(f,x)) \|_{L_p} \leqslant C\| f - f_n \|_{L_p\left[0, \frac{6}{n+4}\right]} \tag{20}$$

由条件 $\delta_B^\beta(f,t) + \omega_1(f,t^2)_{L_p} = O(t^\beta)$ 及式(14) 推得

$$\| F_n^*(f,x) - f_1(x) \|_{L_p} = O(n^{-\frac{\beta}{2}}) \tag{21}$$

再根据 ψ, λ_n 的定义算得

$$\| F_n^{*\prime\prime} \cdot x(1-x) \|_{L_p\left[0,\frac{4}{n+4}\right]} = O(n^{1-\frac{\beta}{2}}) \quad (22)$$

$$\| F_n^{*\prime\prime} \cdot x(1-x) \|_{L_p\left[\frac{4}{n+4},\frac{6}{n+4}\right]} \leqslant$$
$$\| (\lambda_n(x)(F_n(x) - f_n(x)))'' x(1-x) \|_{L_p\left[\frac{4}{n+4},\frac{6}{n+4}\right]} +$$
$$\| x(1-x) f''_n(x) \|_{L_p\left[\frac{4}{n+4},\frac{6}{n+4}\right]} \leqslant$$
$$C\{ n \| (F_n(x) - f_n(x)) \|_{L_p\left[\frac{4}{n+4},\frac{6}{n+4}\right]} +$$
$$\| (F_n(x) - f_n(x))' \|_{L_p\left[\frac{4}{n+4},\frac{6}{n+4}\right]} +$$
$$\| F''_n(x) \cdot x(1-x) \|_{L_p\left[\frac{4}{n+4},\frac{6}{n+4}\right]} + n^{1-\frac{\beta}{2}} \}$$

由条件 $\omega_1(f,t^2) = O(t^{\frac{\beta}{2}})$ 及式(14) 有

$$\| F_n^{*\prime\prime} \cdot x(1-x) \|_{L_p\left[\frac{4}{n+4},\frac{6}{n+4}\right]} \leqslant$$
$$C\{ n^{1-\frac{\beta}{2}} + \| F'_n(f,x) \|_{L_p\left[\frac{4}{n+4},\frac{6}{n+4}\right]} +$$
$$\| F''_n(f,x) \cdot x(1-x) \|_{L_p\left[\frac{4}{n+4},\frac{6}{n+4}\right]} \}$$

利用式(10) ～ (13)，对每一个 $g \in B_p$ 有

$$\| F_n^{*\prime\prime} \cdot x(1-x) \|_{L_p\left[\frac{4}{n+4},\frac{6}{n+4}\right]} \leqslant$$
$$C\{ n^{1-\frac{\beta}{2}} + \| F'_n((f-g),x) \|_{L_p\left[\frac{4}{n+4},\frac{6}{n+4}\right]} +$$
$$\| F''_n((f-g),x) \cdot x(1-x) \|_{L_p\left[\frac{4}{n+4},\frac{6}{n+4}\right]} +$$
$$\| F'_n(g,x) \|_{L_p\left[\frac{4}{n+4},\frac{6}{n+4}\right]} +$$
$$\| F''_n(g,x) \cdot x(1-x) \|_{L_p\left[\frac{4}{n+4},\frac{6}{n+4}\right]} \} \leqslant$$
$$C\{ n^{1-\frac{\beta}{2}} + n \| f - g \|_{L_p} + \| g' \|_{L_p} +$$
$$\| x(1-x) g'' \|_{L_p} \}$$

从而

$$\| F_n^{*\prime\prime} \cdot x(1-x) \|_{L_p\left[\frac{4}{n+4},\frac{6}{n+4}\right]} \leqslant$$
$$C\left\{ n^{1-\frac{\beta}{2}} + nK_p\left(f,\frac{1}{n}\right) \right\} \quad (23)$$

类似地

$$\| F_n^{*\prime\prime} \cdot x(1-x) \|_{L_p\left[\frac{6}{n+4},1\right]} \leqslant$$
$$C\left\{ n^{1-\frac{\beta}{2}} + nK_p\left(f,\frac{1}{n}\right) \right\} \quad (24)$$

式(22) ～ (24) 表明

$$\| F_n^{*\prime\prime} \cdot x(1-x) \|_{L_p} \leqslant C\left\{n^{1-\frac{\beta}{2}} + nK_p\left(f, \frac{1}{n}\right)\right\} \tag{25}$$

同理可证

$$\| F_n^{*\prime} \|_{L_p} \leqslant C\left\{n^{1-\frac{\beta}{2}} + nK_p\left(f, \frac{1}{n}\right)\right\} \tag{26}$$

因为 $F_n^* \in B_p$，从而，据式(21)(25)(26)有

$$\begin{aligned} K_p(f_1, t^2) \leqslant & \| f_1 - F_n^* \|_{L_p} + \\ & t^2(\| F_n^{*\prime} \|_{L_p} + \| x(1-x)F_n^{*\prime\prime} \|_{L_p}) \leqslant \\ & C\left\{n^{-\frac{\beta}{2}} + t^2 nK_p\left(f, \frac{1}{n}\right) + t^2 n^{1-\frac{\beta}{2}}\right\} \end{aligned}$$

此即式(17). 式(18)的计算是一样的，故从略. 定理3证毕.

定理4的证明 先证(1). 由于 $B_p \supset L_p^2[0,1]$，所以

$$\begin{aligned} K_p(f, t^2) = & \inf_{g \in B_p} \{ \| f - g \|_{L_p} + \\ & t^2(\| g' \|_{L_p} + \| x(1-x)g'' \|_{L_p})\} \leqslant \\ & 2 \inf_{g \in L_p^2[0,1]} \{ \| f - g \|_{L_p} + \\ & t^2(\| g' \|_{L_p} + \| g'' \|_{L_p})\} \end{aligned}$$

于是

$$K_p(f, t^2) \leqslant C\{t^2 \omega_1(f, 1)_{L_p} + \omega_2(f, t)_{L_p}\}$$

此即(1). 为证(2)，考虑函数 $f_0(x) = (x(1-x))^{1-\frac{1}{2p}}(p < \infty)$；$f_0(x) = \sqrt{x}(p = \infty)$. 易直接验证(2)成立. 以 $p < \infty$ 为例，易知 $\| B_n^*(f_0) - f_0 \|_{L_p} = O\left(\frac{1}{n}\right)$. 因此，从定理3知，$K_p(f_0, h^2) = O(h^{2-\varepsilon})$. 但计算表明 $\omega_2(f_0, t)_{L_p} \geqslant C_p t^{1+\frac{1}{2p}}$. 所以取 $\varepsilon < 1 - \frac{1}{2p}$，则

$$\lim_{h\to 0}\frac{K_p(f_0,h^2)}{\omega_2(f_0,h)_{L_p}}=0$$

定理 4 证毕.

§3　Bernstein-Sikkema 算子逼近

1999 年绍兴鲁迅学院的熊庆良和宁夏大学数学系的曹飞龙两位教授研究了 Bernstein-Sikkema 算子的逼近问题,得到强型正定理和弱型逆定理.

3.1　引言

记权函数 $\varphi(x)=(x(1-x))^{\frac{1}{2}}$. 对于 $f\in C[0,1]$,定义带权光滑模

$$\omega_\varphi^r(f,t)=\sup_{0<h\leqslant t}\|\Delta_{h\varphi}^r f\|$$

与通常光滑模

$$\omega^r(f,t)=\sup_{0<h\leqslant t}\|\Delta_h^r f\|$$

其中

$$\|f\|=\max_{x\in[0,1]}\|f(x)\|$$

$$\Delta_h^r f(x)=\begin{cases}\displaystyle\sum_{k=0}^{r}\binom{r}{k}(-1)^k f\left(x+\left(\frac{r}{2}-k\right)h\right)\\ x\pm\frac{r}{2}h\in[0,1]\\ 0,\text{其他}\end{cases}$$

引进 K — 泛函

$$K_\varphi^r(f,t^r)=\inf_{g\in C^r[0,1]}\{\|f-g\|+t^r\|\varphi^r g(r)\|\}$$

$$K^r(f,t^r)=\inf_{g\in C^r[0,1]}\{\|f-g\|+t^r\|g(r)\|\}$$

则有

$$M^{-1}\omega_\varphi^r(f,t)\leqslant K_\varphi^r(f,t^r)\leqslant M\omega_\varphi^r(f,t)\quad(27)$$

$$M^{-1}\omega^r(f,t)\leqslant K^r(f,t^r)\leqslant M\omega^r(f,t)\quad(28)$$

这里及以下的 M 均表示与 f,n 无关的正常数,但在不同处其值一般不同.

我们熟知,对于 $f\in C[0,1]$,其对应的 Bernstein 算子为

$$B_n(f,x)=\sum_{k=0}^n p_{n,k}(x)f\left(\frac{k}{n}\right),n\in\mathbf{N}_+$$

其中

$$p_{n,k}(x)=\binom{n}{k}x^k(1-x)^{n-k},x\in[0,1]$$

P. C. Sikkema 修改 Bernstein 算子为如下的 Bernstein-Sikkema 算子

$$L_n(f,x)=\sum_{k=0}^n p_{n,k}(x)f\left(\frac{k}{n+a(n)}\right)$$

其中$\{a(n)\}$是仅与 n 有关的非负数列,且$\lim\limits_{n\to\infty}\dfrac{a(n)}{n}=0$. 显然,当 $a(n)\equiv 0$ 时,Bernstein-Sikkema 算子就是 Bernstein 算子. 对于 Bernstein-Sikkema 算子,Sikkema 讨论了它在 $C[0,1]$ 中的一些基本逼近性质. 李松研究了该算子的逼近正逆定理,得到结果:

定理 5 设 $0\leqslant a(n)\leqslant M,f\in C[0,1],n\geqslant 4$,则

$$\|L_nf-f\|\leqslant Mn^{-1}\left(\int_{n^{-\frac{1}{2}}}^{\frac{1}{2}}\frac{\omega_\varphi^2(f,t)}{t^3}\mathrm{d}t+E_0(f)\right)$$

其中 $E_n(f)=\inf\{\|f-P_n\|:P_n$ 为阶数不超过 n 的多项式的全体,$n\in\mathbf{N}_+\}$.

定理 6 设 $0\leqslant a(n)\leqslant M,f\in C[0,1],\beta>0$,则

$$\omega_{\varphi}^{2}\left(f,\frac{1}{\sqrt{n}}\right)\leqslant Mn^{-1}\left(\sum_{k=1}^{n}\left(\frac{n}{k}\right)^{\beta}\|L_{k}f-f\|+n^{\beta}\|f\|\right)$$

这里有必要指出：

第一，本节将取消限制"$0\leqslant a(n)\leqslant M$"，而在条件 $a(n)\geqslant 0$，且 $\lim\limits_{n\to\infty}\frac{a(n)}{n}=0$ 之下研究 Bernstein-Sikkema 算子逼近的正逆定理，这符合该算子的原始定义.

第二，文章《Bernstein-Sikkema 算子的正逆定理》的引言中写道："由于当 $a(n)>0$ 时，Bernstein-Sikkema 算子不是保线性的，所以给出它的强型正定理非常困难."我们认为，Bernstein-Sikkema 算子（$a(n)>0$）的非线性保持并不妨碍给出它的强型正定理. 本节利用 Bernstein-Sikkema 算子与 Bernstein 算子的关系，较简捷地得到了该算子逼近的强型正定理.

第三，对定理 6（逆定理）做了两点改进：一是去掉了和项"$n^{\beta}\|f\|$"；二是抹去了和项"$\sum\limits_{k=1}^{n}\left(\frac{n}{k}\right)^{\beta}\cdot\|L_{k}f-f\|$"中大于 1 的因子"$\left(\frac{n}{k}\right)^{\beta}$". 这样就在较大程度上提高了定理 6 的精度.

本节的主要结果是：

定理 7　设 $f\in C[0,1]$，$\alpha(n)\geqslant 0$，且 $\lim\limits_{n\to\infty}\frac{a(n)}{n}=0$，则

$$\|L_{n}f-f\|\leqslant M\left(\omega_{\varphi}^{2}\left(f,\frac{1}{\sqrt{n}}\right)+\omega\left(f,\frac{a(n)}{n}\right)+\frac{1}{n}\|f\|\right)$$

其中 $\omega(f,t)=\omega^{1}(f,t)$ 是 f 的连续模.

定理 8　设 $f\in C[0,1]$，$a(n)\geqslant 0$，且 $\lim\limits_{n\to\infty}\frac{a(n)}{n}=$

0,则

$$\omega_\varphi^2\left(f,\frac{1}{\sqrt{n}}\right)\leqslant Mn^{-1}\sum_{k=1}^{n}\|L_kf-f\|$$

$$\omega\left(f,\frac{1}{n}\right)\leqslant Mn^{-1}\left(\sum_{k=1}^{n}\|L_kf-f\|+\|f\|\right)$$

推论 1 若 $a(n)\equiv 0, 0<\beta<1$,且 $f\in C[0,1]$,则 $\|L_kf-f\|=O(n^{-\beta})\Leftrightarrow\omega_\varphi^2(f,t)=O(t^{2\beta})$.

推论 2 若 $a(n)\neq o(1), 0<\beta<1$,且 $f\in C[0,1]$,则

$$\left.\begin{matrix}\omega_\varphi^2(f,t)=O(t^{2\beta})\\ \omega(f,t)=O(t^{\beta})\end{matrix}\right\}\Rightarrow\|L_nf-f\|=O\left(\left(\frac{a(n)}{n}\right)^{\beta}\right)$$

推论 3 若 $a(n)=O(n^{1-\varepsilon})(0<\varepsilon\leqslant 1), 0<\beta<1$,且 $f\in C[0,1]$,则

$$\|L_kf-f\|=O(n^{-\varepsilon\beta})\Rightarrow\begin{cases}\omega_\varphi^2(f,t)=O(t^{2\varepsilon\beta})\\ \omega(f,t)=O(t^{\varepsilon\beta})\end{cases}$$

3.2 定理的证明

定理 7 的证明 注意到

$$\|B_nf-f\|\leqslant M\left(\omega_\varphi^2\left(f,\frac{1}{\sqrt{n}}\right)+\frac{1}{n}\|f\|\right), f\in C[0,1]$$

则得

$$\begin{aligned}\|L_nf-f\|\leqslant\|B_nf-f\|+\|B_nf-L_nf\|\leqslant&\\ M\left(\omega_\varphi^2\left(f,\frac{1}{\sqrt{n}}\right)+\frac{1}{n}\|f\|\right)+&\\ \left\|\sum_{k=0}^{n}p_{n,k}(\cdot)\left|f\left(\frac{k}{n}\right)-f\left(\frac{k}{n+a(n)}\right)\right.\right\|\leqslant&\\ M\left(\omega_\varphi^2\left(f,\frac{1}{\sqrt{n}}\right)+\omega\left(f,\frac{a(n)}{n}\right)+\frac{1}{n}\|f\|\right)&\end{aligned}$$

定理 8 的证明基于以下若干引理.

首先,注意到

$$\left|f\left(\frac{k}{n+a(n)}\right)\right| \leqslant \|f\|, 0 \leqslant k \leqslant n$$

且以 $f\left(\frac{k}{n+a(n)}\right)$ 来代替 $f\left(\frac{k}{n}\right)$,则类似于 Bernstein 算子的估计,直接计算可得:

引理 10　下列不等式成立

$$\|L'_n f\| \leqslant 2n\|f\|, f \in C[0,1]$$

$$\|L''_n f\| \leqslant 4n^2\|f\|, f \in C[0,1]$$

$$\|L'_n f\| \leqslant \|f'\|, f \in C^1[0,1]$$

$$\|L''_n f\| \leqslant \|f''\|, f \in C^2[0,1]$$

$$\|\varphi^2 L''_n f\| \leqslant 2n\|f\|, f \in C[0,1]$$

引理 11　设 $f \in C^2[0,1]$,则 $\|\varphi^2 L''_n f\| \leqslant \|\varphi^2 f''\| + \frac{1}{n}\|f''\|$.

证明　记 $h = \frac{1}{n+a(n)}$,则

$$L''_n(f,x) = n(n-1)\sum_{k=0}^{n-2} p_{n-2,k}(x)\Delta_k^2 f\left(\frac{k+1}{n+a(n)}\right)$$

于是

$$\begin{aligned}|\varphi^2(x)L''_n(f,x)| = \sum_{k=0}^{n-2}(k+1)(n-k-1)\cdot \\ p_{n,k+1}(x)\Delta_h^2 f\left(\frac{k+1}{n+a(n)}\right) = \\ h^{-2}\sum_{k=1}^{n-1}\frac{k}{n+\alpha(n)}\cdot \\ \frac{n-k}{n+a(n)}p_{n,k}(x)\cdot \\ \left|\Delta_h^2 f\left(\frac{k}{n+a(n)}\right)\right|\end{aligned}$$

所以

$$|\varphi^2(x)L''_n(f,x)| \leqslant h^{-2}\sum_{k=1}^{n-1}\varphi^2\left(\frac{k}{n+a(n)}\right)p_{n,k}(x)\cdot \left|\Delta_h^2 f\left(\frac{k}{n+a(n)}\right)\right|$$

令 $y=\dfrac{k}{n+a(n)}(1\leqslant k\leqslant n-1)$,则 $h\leqslant y\leqslant 1-h$,而对于 $|u|\leqslant h$,有 $|1-2y-u|\leqslant 1$. 于是

$$\varphi^2(y)=|\varphi^2(y+u)-u(1-2y-u)|\leqslant \varphi^2(y+u)+|u|\leqslant \varphi^2(y+u)+h$$

从而

$$\varphi^2(y)|\Delta_h^2 f(y)|\leqslant \varphi^2(y)\int_{-\frac{h}{2}}^{\frac{h}{2}}\int_{-\frac{h}{2}}^{\frac{h}{2}}|f''(y+s+t)\mathrm{d}s\mathrm{d}t\leqslant \int_{-\frac{h}{2}}^{\frac{h}{2}}\int_{-\frac{h}{2}}^{\frac{h}{2}}(\varphi^2(y+s+t)+h)\cdot |f''(y+s+t)|\mathrm{d}s\mathrm{d}t\leqslant h^2\left(\varphi^2 f''\| +\frac{1}{n}\|f''\|\right)$$

即有 $\|\varphi^2 L''_n f\| \leqslant \|\varphi^2 f''\| +\dfrac{1}{n}\|f''\|$.

其次,需要以下两个有关非负数列的有趣结果.

引理 12　设 $\{\mu_n\}$,$\{v_n\}$,$\{\psi_n\}$ 均为非负数列,且 $\mu_1=v_1=0$,若不等式($0<r<s,1\leqslant k\leqslant n$)

$$\mu_n\leqslant\left(\frac{k}{n}\right)^r\mu_k+v_k+\psi_k,v_k\leqslant\left(\frac{k}{n}\right)^s v_k+\psi_k$$

对于 $n\in\mathbf{N}_+$ 成立,则有 $\mu_n\leqslant Mn^{-1}\sum\limits_{k=1}^{n}k^{r-1}\psi_k$.

引理 13　设 $\{v_n\}$,$\{\psi_n\}$ 为非负数列,$s>0$,若 $v_n\leqslant\left(\dfrac{k}{n}\right)^s v_k+M\psi_k$,$1\leqslant k\leqslant n$,则

$$v_n \leqslant M_s n^{-s}\left(\sum_{k=1}^{n} k^{s-1}\psi_k + v_1\right)$$

其中 M_s 表示与 s 有关的正常数.

证明　文章 *Steckin-Marchaud-Type inequalities in Connection with Bernstein polynomials* 的引理2.1对 $v_1=0$ 与 $M=1$ 的情形给出了证明,采用与其相似的方法容易证明引理13.

现在来证明定理8. 令 $\mu_n = n^{-1}\|\varphi^2 L''_n f\|$, $v_n = n^{-2}\|L''_n f\|$, $\psi_n = 4\|L_n f - f\|$. 显然, $\mu_1 = v_1 = 0$. 对于 $1 \leqslant k \leqslant n$,因为

$$\begin{aligned}\mu_n \leqslant & n^{-1}\|\varphi^2 L''_n L_k f\| + n^{-1}\|\varphi^2 L''_n (L_k f - f)\| \leqslant \\ & n^{-1}\|\varphi^2 L''_n f\| + n^{-2}\|L''_k f\| + 2\|L_k f - f\| \leqslant \\ & \frac{k}{n}\mu_k + v_k + \psi_k\end{aligned}$$

$$\begin{aligned}v_n \leqslant & n^{-2}\|L''_n L_k f\| + n^{-2}\|L''_n (L_k f - f)\| \leqslant \\ & n^{-2}\|L''_k f\| + 4\|L_k f - f\| = \\ & \left(\frac{k}{n}\right)^2 v_k + \psi_k\end{aligned}$$

此处用到了引理10、引理11. 所以,由引理12得 $\mu_n \leqslant Mn^{-1}\sum_{k=1}^{n}\psi_k$,即有

$$\|\varphi^2 L''_n f\| \leqslant M\sum_{k=1}^{n}\|L_k f - f\| \tag{29}$$

若对 $v_n = n^{-1}\|L'_n f\|$, ψ_n 意义如上,则由引理10得

$$\begin{aligned}v_n \leqslant & n^{-1}\|L'_n L_k f\| + n^{-1}\|L'_n (L_k f - f)\| \leqslant \\ & n^{-1}\|L'_k f\| + 4\|L_k f - f\| = \\ & \frac{k}{n}v_k + \psi_k, 1 \leqslant k \leqslant n\end{aligned}$$

故由引理 13 得 $v_n \leqslant Mn^{-1}\left(\sum_{k=1}^{n}\psi_k + v_1\right)$，即有

$$\| L'_n f \| \leqslant M\left(\sum_{k=1}^{n} \| L_k f - f \| + \| L'_1 f \|\right) \leqslant M\left(\sum_{k=1}^{n} \| L_k f - f \| + \| f \|\right) \tag{30}$$

对于 $n \geqslant 2$，存在 $m \in \mathbf{N}_+$，使得 $\frac{n}{2} \leqslant m \leqslant n$，且 $\| L_m f - f \| \leqslant \| L_k f - f \| \left(\frac{n}{2} \leqslant k \leqslant n\right)$，则

$$\| L_m f - f \| \leqslant \frac{4}{n}\sum_{k=1}^{n} \| L_k f - f \| \tag{31}$$

于是，由式(27)(29) 及(31) 得

$$\omega_{\varphi}^{2}\left(f, \frac{1}{\sqrt{n}}\right) \leqslant MK_{\varphi}^{2}\left(f, \frac{1}{n}\right) \leqslant M\left(\| L_m f - f \| + \frac{1}{n} \| \varphi^2 L''_m f \|\right) \leqslant \frac{M}{n}\left(\sum_{k=1}^{n} \| L_k f - f \| + \sum_{k=1}^{m} \| L_k f - f \|\right) \leqslant Mn^{-1}\sum_{k=1}^{n} \| L_k f - f \|$$

而由式(28)(30)(31) 得

$$\omega\left(f, \frac{1}{n}\right) \leqslant MK\left(f, \frac{1}{n}\right) \leqslant M\left(\| L_m f - f \| + \frac{1}{n} \| L'_m f \|\right) \leqslant Mn^{-1}\left(\sum_{k=1}^{n} \| L_k f - f \| + \| f \|\right)$$

§4　一类推广的 Kantorovich 算子在 Orlicz 空间内的逼近性质

2009 年，内蒙古财经大学数学科学学院的王晓丽及内蒙古师范大学的吴嘎日迪和内蒙古农业大学理学院的霍冉三位教授构造了一类推广的 Kantorovich 算子 $K_n(f,S_n;x)$，讨论了 $K_n(f,S_n;x)$ 在 Orlicz 空间内的收敛性，并给出 $K_n(f,S_n;x)$ 在 Orlicz 空间内的逼近阶的估计.

对于 $f(x)\in C[0,1]$，其 Bernstein 多项式是指

$$B_n(f,x)=\sum_{k=0}^{n}p_{n,k}(x)f\left(\frac{k}{n}\right)$$

其中 $p_{n,k}(x)=\binom{n}{k}x^k(1-x)^{n-k}$. 为了讨论在可积函数空间内的逼近问题，自然要考虑 Bernstein 多项式的积分型变形形式，即著名的 Kantorovich 算子

$$K_n(f,x)=(n+1)\sum_{k=0}^{n}p_{n,k}(x)\int_{\frac{k}{n+1}}^{\frac{k+1}{n+1}}f(t)\mathrm{d}t$$

文章《一类新型 Kantorovich 算子在 Orlicz 空间内的逼近性质》构造了一类新型 Kantorovich 算子

$$K_n^*(f,x)=\frac{n+2}{2}\sum_{k=0}^{n}p_{n,k}(x)\int_{\frac{k}{n+1}}^{\frac{k+2}{n+1}}f(t)\mathrm{d}t$$

并讨论了 $K_n^*(f,x)$ 在 Orlicz 空间内的收敛性，给出了逼近阶的估计，即对于 $f(x)\in L_M^*[0,1]$，有

$$\| K_n^*(f,\cdot)-f(\cdot)\|_M\leqslant C\omega\left(f,\frac{1}{\sqrt{n}}\right)_M,n=1,2,\cdots,s$$

文章 *A generalization of the Bernstein*

Polynomials 构造并讨论了推广的 Bernstein 多项式

$$C_n(f,S_n;x)=\frac{1}{S_n}\sum_{k=0}^{n}\sum_{m=0}^{S_n-1}f\left(\frac{k+m}{n+S_n-1}\right)p_{n,k}(x)$$

证明了 $C_n(f,S_n;x)$ 在$[0,1]$上致收敛于 $f\in C[0,1]$ 的充分必要条件是$\lim\limits_{n\to\infty}\frac{S_n}{n}=0$.

本节构造了一类推广的 Kantorovich 算子

$$K_n(f,S_n;x)=\frac{n+S_n}{S_n}\sum_{k=0}^{n}p_{n,k}(x)\int_{\frac{k}{n+S_n}}^{\frac{k+S_n}{n+S_n}}f(t)\mathrm{d}t,S_n\geqslant 1$$

当 $S_n=1$ 时,$K_n(f,l;x)$ 就等于 Kantorovich 算子 $K_n(f,x)$;当 $S_n=2$ 时,$K_n(f,2;x)$ 就等于文章《一类新型 Kantorovich 算子在 Orlicz 空间内的逼近性质》中讨论的新型 Kantorovich 算子 $K_n^*(f,x)$.

本节首先讨论 $K_n(f,S_n;x)$ 在 Orlicz 空间内的收敛性,然后给出 $K_n(f,S_n;x)$ 在 Orlicz 空间内的逼近阶的估计. 文中用 $M(u)$ 和 $N(v)$ 表示互余的 N 函数,关于 N 函数的定义及其性质见文章《奥尔里奇空间及其应用》. 由 N 函数 $M(u)$ 生成的 Orlicz 空间 $L_M^*[0,1]$ 是指具有有限的 Orlicz 范数

$$\|u\|_M=\sup_{\rho(v,N)\leqslant 1}\left|\int_0^1 u(x)v(x)\mathrm{d}x\right| \tag{32}$$

的可测函数的全体$\{u(x)\}$,其中

$$\rho(v,N)=\int_0^1 N(v(x))\mathrm{d}x$$

是 $v(x)$ 关于 $N(v)$ 的模.

Orlicz 范数式(32) 还可由

$$\|u\|_M=\inf_{\alpha>0}\frac{1}{\alpha}\left(1+\int_0^1 M(\alpha u(x))\mathrm{d}x\right) \tag{33}$$

计算,并且存在 $\alpha>0$,满足$\int_0^1 N(p(\alpha|u(x)|))\mathrm{d}x=1$,

使得 $\| u \|_M = \frac{1}{\alpha}\left(1 + \int_0^1 M(\alpha u(x))\mathrm{d}x\right)$，其中 $p(u)$ 是 $M(u)$ 的右导数.

在 $L_M^*[0,1]$ 上还可以赋予与 Orlicz 范数式(32)等价的 Luxemburg 范数

$$\| u \|_{(M)} = \inf\left\{\alpha > 0 : \int_0^1 M\left(\frac{u(x)}{\alpha}\right)\mathrm{d}x \leqslant 1\right\} \tag{34}$$

以下分别用 L_M^* 和 $L_{(M)}^*$ 表示带有 Orlicz 范数式(32)和 Luxemburg 范数式(34)的 Orlicz 空间.

定理 9　设 $f(x) \in L_M^*[0,1]$，则

$$\lim_{n \to \infty} \| K_n(f, S_n; \cdot) - f(\cdot) \|_M = 0$$

的充分必要条件是 $\lim\limits_{n \to \infty} \frac{S_n}{n} = 0$.

定理 10　设 $f(x) \in L_M^*[0,1]$，则

$$\| K_n(f, S_n; \cdot) - f(\cdot) \|_M \leqslant C\omega\left(f, \frac{\sqrt{n + S_n^2}}{n + S_n}\right)_M$$

$$n = 1, 2, \cdots$$

其中 $\omega(f,t)_M$ 是 Orlicz 空间 L_M^* 内的连续模；C 是与 n 无关的常数，并且在不同处可以表示不同的值.

注 1　由 Orlicz 范数式(32)和 Luxemburg 范数式(34)的等价性容易看出，定理 9 和定理 10 的结论在 Orlicz 空间 $L_{(M)}^*$ 内同样成立.

4.1　若干引理

对于 $f(x) \in L_M^*[0,1]$ 和 $0 \leqslant t < 1$，定义 K-泛函和连续模如下：

$$K(f,t)_M = \inf\{\| f - g \|_M + t \| g' \|_M : g \in AC[0,1], g' \in L_M^*\}$$

$$\omega(f,t)_M=\sup_{0\leqslant h\leqslant t}\|f(\cdot+h)-f(\cdot)\|_{M(I_h)}$$

其中 $I_h=[0,1-h]$.

引理 14 设 $f(x)\in L_M^*[0,1]$,且

$$L_n(f,x)=\int_a^b k_n(x,t)f(t)\mathrm{d}t$$

其中核函数 $k_n(x,t)$ 可微,若:

(1)$\int_a^b |k_n(x,t)|\mathrm{d}t\leqslant C$,对 $x\in[a,b]$ 几乎处处成立;$\int_a^b |k_n(x,t)|\mathrm{d}x\leqslant C$,对 $x\in[a,b]$ 几乎处处成立.

(2) 对任意 $f(x)\in D$,有 $\lim\limits_{n\to\infty}\|L_n(f)-f\|_M=0$,其中 D 是 L_M^* 的一稠密子空间,则对任意 $f(x)\in L_M^*$,有 $\lim\limits_{n\to\infty}\|L_n(f)-f\|_M=0$.

引理 15 存在两个常数 C_1 和 C_2,使得

$$C_1\omega(f,t)_M\leqslant K(f,t)_M\leqslant C_2\omega(f,t)_M$$

引理 16 对 $\forall f(x)\in C[0,1]$,当 $\lim\limits_{n\to\infty}\frac{S_n}{n}=0$ 时,$\lim\limits_{n\to\infty}\|K_n(f,S_n;\cdot)-f(\cdot)\|_M=0$.

证明 对 $\forall f(x)\in C[0,1]$,$x\in[0,1]$,有

$$\begin{aligned}&|K_n(f,S_n;x)-f(x)|\leqslant\\&|K_n(f,S_n;x)-C_n(f,S_n;x)|+\\&|C_n(f,S_n;x)-f(x)|\end{aligned}$$

当 $\lim\limits_{n\to\infty}\frac{S_n}{n}=0$ 时,$C_n(f,S_n;x)$ 在 $[0,1]$ 上一致收敛于 $f(x)$,故对任意 $\varepsilon>0$,当 n 充分大时,对任意 $x\in[0,1]$,都有 $|C_n(f,S_n;x)-f(x)|<\frac{\varepsilon}{2}$.另外

$$|K_n(f,S_n;x)-C_n(f,S_n;x)|=$$

$$\left|\frac{n+S_n}{S_n}\sum_{k=0}^{n}p_{n,k}(x)\int_{\frac{k}{n+S_n}}^{\frac{k+S_n}{n+S_n}}f(t)\mathrm{d}t-\right.$$

$$\left.\frac{1}{S_n}\sum_{k=0}^{n}\sum_{m=0}^{S_n-1}f\left(\frac{k+m}{n+S_n-1}\right)p_{n,k}(x)\right|=$$

$$\left|\frac{n+S_n}{S_n}\sum_{k=0}^{n}p_{n,k}(x)\sum_{m=0}^{S_n-1}\int_{\frac{k+m}{n+S_n}}^{\frac{k+m+1}{n+S_n}}f(t)\mathrm{d}t-\right.$$

$$\left.\frac{n+S_n}{S_n}\sum_{k=0}^{n}p_{n,k}(x)\sum_{m=0}^{S_n-1}\int_{\frac{k+m}{n+S_n}}^{\frac{k+m+1}{n+S_n}}f\left(\frac{k+m}{n+S_n-1}\right)\mathrm{d}t\right|=$$

$$\left|\frac{n+S_n}{S_n}\sum_{k=0}^{n}p_{n,k}(x)\sum_{m=0}^{S_n-1}\int_{\frac{k+m}{n+S_n}}^{\frac{k+m+1}{n+S_n}}\left(f(t)-\right.\right.$$

$$\left.\left.f\left(\frac{k+m}{n+S_n-1}\right)\right)\mathrm{d}t\right|$$

由 $f(x)$ 在$[0,1]$上的一致连续性易知,对上述 ε,当 n 充分大时,也有 $|K_n(f,S_n;x)-C_n(f,S_n;x)|<\frac{\varepsilon}{2}$.

这说明,当 n 充分大时,对任意 $x\in[0,1]$,都有 $|K_n(f,S_n;x)-f(x)|<\varepsilon$,即 $K_n(f,S_n;x)$ 在$[0,1]$上一致收敛于 $f(x)$. 从而由 Orlicz 范数的定义式(32)知,当 n 充分大时

$$\|K_n(f,S_n;\cdot)-f(\cdot)\|_M=$$

$$\sup_{\rho(v,N)\leqslant 1}\left|\int_0^1(K_n(f,S_n;x)-f(x))v(x)\mathrm{d}x\right|<$$

$$\|1\|_M\varepsilon$$

由 ε 任意性知,$\lim\limits_{n\to\infty}\|K_n(f,S_n;\cdot)-f(\cdot)\|_M=0$.

引理 17　当 $x\in[0,1]$时,有

$$K_n((t-x)^2,S_n;x)\leqslant\frac{n+S_n^2}{4(n+S_n)^2},n=1,2,\cdots$$

证明　不难算出

$$K_n(1,S_n;x)=\sum_{k=0}^{n}\frac{n+S_n}{S_n}p_{n,k}(x)\int_{\frac{k}{n+S_n}}^{\frac{k+S_n}{n+S_n}}t\,\mathrm{d}t=1$$

$$K_n(t,S_n;x)=\sum_{k=0}^{n}\frac{n+S_n}{S_n}p_{n,k}(x)\int_{\frac{k}{n+S_n}}^{\frac{k+S_n}{n+S_n}}t\,\mathrm{d}t=$$

$$\frac{S_n}{2(n+S_n)}+\frac{nx}{n+S_n}$$

$$K_n(t^2,S_n;x)=\sum_{k=0}^{n}\frac{n+S_n}{S_n}p_{n,k}(x)\int_{\frac{k}{n+S_n}}^{\frac{k+S_n}{n+S_n}}t^2\,\mathrm{d}t=$$

$$\frac{n(n-1)x^2+nx}{(n+S_n)^2}+\frac{nxS_n}{(n+S_n)^2}+\frac{S_n^2}{3(n+S_n)^2}$$

因此

$$K_n((t-x)^2,S_n;x)=$$

$$K_n(t^2,S_n;x)-2xK_n(t,S_n;x)+x^2K_n(1,S_n;x)=$$

$$\frac{n(n-1)x^2+nx}{(n+S_n)^2}+\frac{nxS_n}{(n+S_n)^2}+\frac{S_n^2}{3(n+S_n)^2}-$$

$$2x\left(\frac{S_n}{2(n+S_n)}+\frac{nx}{n+S_n}\right)+x^2=$$

$$\frac{n(n-1)x^2+nx+nxS_n-xS_n(n+S_n)}{(n+S_n)^2}-$$

$$\frac{2nx^2(n+S_n)+x^2(n+S_n)^2}{(n+S_n)^2}+\frac{S_n^2}{3(n+S_n)^2}=$$

$$\frac{(n-S_n)^2x(1-x)}{(n+S_n)^2}+\frac{S_n^2}{3(n+S_n)^2}\leqslant$$

$$\frac{n-S_n^2}{4(n+S_n)^2}+\frac{S_n^2}{3(n+S_n)^2}=\frac{3n+S_n^2}{12(n+S_n)^2}\leqslant$$

$$\frac{n+S_n^2}{4(n+S_n)^2}$$

引理 18　$K_n(f,S_n;x)$ 是从 L_M^* 到 L_M^* 的有界线性算子，且 $\|K_n\|\leqslant 1$.

证明　显然，$\int_0^1 p_{n,k}(x)\mathrm{d}x=\frac{1}{n+1}$，故由 N 函数 $M(u)$ 的凸性与 Jensen 不等式，并注意到 $S_n\geqslant 1$，可以推出

$$
\begin{aligned}
&\|K_n(f,S_n;\cdot)\|_M=\\
&\inf_{\alpha>0}\frac{1}{\alpha}\left(1+\int_0^1 M(\alpha K_n(f,S_n;x))\mathrm{d}x\right)=\\
&\inf_{\alpha>0}\frac{1}{\alpha}\left(1+\int_0^1 M\left(\alpha\frac{n+S_n}{S_n}\sum_{k=0}^n p_{n,k}(x)\int_{\frac{k}{n+S_n}}^{\frac{k+S_n}{n+S_n}}f(t)\mathrm{d}t\right)\mathrm{d}x\right)\leqslant\\
&\inf_{\alpha>0}\frac{1}{\alpha}\left(1+\int_0^1\sum_{k=0}^n p_{n,k}(x)M\left(\frac{n+S_n}{S_n}\int_{\frac{k}{n+S_n}}^{\frac{k+S_n}{n+S_n}}\alpha f(t)\mathrm{d}t\right)\mathrm{d}x\right)\leqslant\\
&\inf_{\alpha>0}\frac{1}{\alpha}\left(1+\frac{1}{n+1}\sum_{k=0}^n\frac{n+S_n}{S_n}\int_{\frac{k}{n+S_n}}^{\frac{k+S_n}{n+S_n}}M(\alpha f(t))\mathrm{d}t\right)=\\
&\inf_{\alpha>0}\frac{1}{\alpha}\left(1+\frac{n+S_n}{S_n(n+1)}\int_0^1 M(\alpha f(t))\mathrm{d}t\right)\leqslant\\
&\inf_{\alpha>0}\frac{1}{\alpha}\left(1+\int_0^1 M(\alpha f(t))\mathrm{d}t\right)=\|f\|_M
\end{aligned}
$$

这说明，$\|K_n\|\leqslant 1$.

4.2　定理的证明

定理 9 的证明　先证充分性. 首先把 $K_n(f,S_n;x)$ 写成奇异积分 $\int_0^1 k_n(x,t)f(t)\mathrm{d}t$ 的形式，为此需要确定核函数 $k_n(x,t)$ 的表达式. 由

$$
\begin{aligned}
K_n(f,S_n;x)=\frac{n+S_n}{S_n}\Bigg[&\sum_{k=0}^n p_{n,k}(x)\int_{\frac{k}{n+S_n}}^{\frac{k+1}{n+S_n}}f(t)\mathrm{d}t+\\
&\sum_{k=0}^n p_{n,k}(x)\int_{\frac{k+1}{n+S_n}}^{\frac{k+2}{n+S_n}}f(t)\mathrm{d}t+\cdots+
\end{aligned}
$$

$$\sum_{k=0}^{n} p_{n,k}(x)\int_{\frac{k+S_n-2}{n+S_n}}^{\frac{k+S_n-1}{n+S_n}} f(t)\mathrm{d}t+$$

$$\left.\sum_{k=0}^{n} p_{n,k}(x)\int_{\frac{k+S_n-1}{n+S_n}}^{\frac{k+S_n}{n+S_n}} f(t)\mathrm{d}t\right]=$$

$$\frac{n+S_n}{S_n}\left[p_{n,0}(x)\int_{0}^{\frac{1}{n+S_n}} f(t)\mathrm{d}t+\right.$$

$$(p_{n,0}(x)+p_{n,1}(x))\int_{\frac{1}{n+S_n}}^{\frac{2}{n+S_n}} f(t)\mathrm{d}t+\cdots+$$

$$(p_{n,0}(x)+p_{n,1}(x)+\cdots+$$

$$p_{n,S_n-2}(x))\int_{\frac{S_n-2}{n+S_n}}^{\frac{S_n-1}{n+S_n}} f(t)\mathrm{d}t+$$

$$\sum_{k=0}^{n-S_n+1}(p_{n,k}(x)+p_{n,k+1}(x)+\cdots+$$

$$p_{n,k+S_n-1}(x))\int_{\frac{k+S_n-1}{n+S_n}}^{\frac{k+S_n}{n+S_n}} f(t)\mathrm{d}t+$$

$$(p_{n,n-S_n+2}(x)+p_{n,n-S_n+3}(x)+\cdots+$$

$$p_{n,n}(x))\int_{\frac{n+1}{n+S_n}}^{\frac{n+2}{n+S_n}} f(t)\mathrm{d}t+\cdots+$$

$$(p_{n,n-1}(x)+p_{n,n}(x))\int_{\frac{n+S_n-2}{n+S_n}}^{\frac{n+S_n+1}{n+S_n}} f(t)\mathrm{d}t+$$

$$\left.p_{n,n}(x)\int_{\frac{n+S_n-1}{n+S_n}}^{1} f(t)\mathrm{d}t\right]$$

可以看出,对 $x\in[0,1]$,有

$$
k_n(x,t)=
\begin{cases}
\frac{n+S_n}{S_n}p_{n,0}(x), 0<t\leqslant\frac{1}{n+S_n}\\
\frac{n+S_n}{S_n}(p_{n,0}(x)+p_{n,1}(x)), \frac{1}{n+S_n}<t\leqslant\frac{2}{n+S_n}\\
\vdots\\
\frac{n+S_n}{S_n}(p_{n,0}(x)+p_{n,1}(x)+\cdots+p_{n,S_n-2}(x))\\
\frac{S_n-2}{n+S_n}<t\leqslant\frac{S_n-1}{n+S_n}\\
\frac{n+S_n}{S_n}(p_{n,k}(x)+p_{n,k+1}(x)+\cdots+p_{n,k+S_n-1}(x))\\
\frac{k+S_n-1}{n+S_n}<t\leqslant\frac{k+S_n}{n+S_n}, k=0,1\cdots,n-S_n+1\\
\frac{n+S_n}{S_n}(p_{n,n-S_n+2}(x)+p_{n,n-S_n+3}(x)+\cdots+p_{n,n}(x))\\
\frac{n+1}{n+S_n}<t\leqslant\frac{n+2}{n+S_n}\\
\vdots\\
\frac{n+S_n}{S_n}(p_{n,n-1}(x)+p_{n,n}(x)), \frac{n+S_n-2}{n+S_n}<t\leqslant\\
\frac{n+S_n-1}{n+S_n}\\
\frac{n+S_n}{S_n}p_{n,n}(x), \frac{n+S_n-1}{n+S_n}<t\leqslant 1
\end{cases}
$$

下面验证 $k_n(x,t)$ 满足引理 14 的条件(1). 对任意 $x\in[0,1]$,直接计算可以得出

$$
\int_0^1 |k_n(x,t)|\,\mathrm{d}t=\sum_{m=0}^{n+S_n-1}\int_{\frac{m}{n+S_n}}^{\frac{m+1}{n+S_n}}|k_n(x,t)|\,\mathrm{d}t=1
$$

另外，对任意 $t\in[0,1]$，由 $\int_0^1 p_{n,k}(x)\mathrm{d}x=\frac{1}{n+1}(k=0,1,\cdots,n)$ 及 $\lim\limits_{n\to\infty}\frac{S_n}{n}=0\Rightarrow S_n\leqslant Mn$，知：

(1) 当 $\frac{m-1}{n+S_n}<t\leqslant\frac{m}{n+S_n}(m=1,2,\cdots,S_n-1)$ 时

$$\int_0^1 |k_n(x,t)|\mathrm{d}x=\frac{(n+S_n)m}{(n+1)S_n}<M+1$$

(2) 当 $\frac{k+S_n-1}{n+S_n}<t\leqslant\frac{k+S_n}{n+S_n}(k=0,1,\cdots,n-S_n+1)$ 时

$$\begin{aligned}\int_0^1 |k_n(x,t)|\mathrm{d}x=&\frac{n+S_n}{S_n}\int_0^1(p_{n,k}(x)+\\&p_{n,k+1}(x)+\cdots+\\&p_{n,k+S_n-1}(x))\mathrm{d}x=\\&\frac{n+S_n}{S_n}\ \frac{S_n}{n+1}=\frac{n+S_n}{n+1}<M+1\end{aligned}$$

(3) 当 $\frac{n+S_n-m}{n+S_n}<t\leqslant\frac{n+S_n-m+1}{n+S_n}, m=1,2,\cdots,S_n-1$ 时

$$\int_0^1 |k_n(x,t)|\mathrm{d}x=\frac{m(n+S_n)}{(n+1)S_n}<M+1$$

这说明 $\int_0^1|k_n(x,t)|\mathrm{d}x\leqslant M+1$ 对任意 $t\in[0,1]$ 都成立.

又由引理 16 知，$\forall f\in C[0,1]$，当 $\lim\limits_{n\to\infty}\frac{S_n}{n}=0$ 时，$\lim\limits_{n\to\infty}\|K_n(f,S_n;\cdot)-f(\cdot)\|_M=0$. 又知，代数多项式集在 L_M^* 内是稠密的，故 $C[0,1]$ 在 L_M^* 内亦稠密，从而

由引理 14 知，对任意 $f(x)\in L_M^*[0,1]$，当 $\lim\limits_{n\to\infty}\frac{S_n}{n}=0$ 时，$\lim\limits_{n\to\infty}\|K_n(f,S_n;\cdot)-f(\cdot)\|_M=0$.

下面证明必要性. 若对任意 $f(x)\in L_M^*[0,1]$，$\lim\limits_{n\to\infty}\|K_n(f,S_n;\cdot)-f(\cdot)\|_M=0$. 取 $M(u)=u^2$，则 L_M^* 是由 $M(u)=u^2$ 生成的 Orlicz空间. 另取 $f=t$ 可知，按范数收敛蕴含按模收敛，则

$$M(K_n(f,S_n;x)-f(x))\to 0,n\to\infty$$

而

$$\begin{aligned}(K_n(t,S_n;x)-x)^2=&\left[\frac{n+S_n}{S_n}\sum_{k=0}^{n}p_{n,k}(x)\int_{\frac{k}{n+S_n}}^{\frac{k+S_n}{n+S_n}}t\,\mathrm{d}t-x\right]^2=\\&\left[\frac{S_n}{2(n+S_n)}+\frac{nx}{n+S_n}-x\right]^2=\\&\left[\frac{S_n+2nx-2x(n+S_n)}{2(n+S_n)}\right]^2=\\&\left[\frac{S_n(1-2x)}{2(n+S_n)}\right]^2\end{aligned}$$

即 $\left[\frac{S_n(1-2x)}{2(n+S_n)}\right]^2\to 0$，得 $\frac{S_n}{n+S_n}\to 0$，从而 $\frac{S_n}{n}\to 0$.

定理 10 的证明　任取 $g(x)$ 满足 $g(x)\in AC[0,1]$ 且 $g'(x)\in L_M^*[0,1]$，则

$$\begin{aligned}&|K_n(g,S_n;x)-g(x)|=\\&\left|\sum_{k=0}^{n}\frac{n+S_n}{S_n}p_{n,k}(x)\int_{\frac{k}{n+S_n}}^{\frac{k+S_n}{n+S_n}}(g(t)-g(x))\mathrm{d}t\right|=\\&\left|\sum_{k=0}^{n}\frac{n+S_n}{S_n}p_{n,k}(x)\int_{\frac{k}{n+S_n}}^{\frac{k+S_n}{n+S_n}}\left(\int_x^t g'(u)\mathrm{d}u\right)\mathrm{d}t\right|\leqslant\\&\sum_{k=0}^{n}\frac{n+S_n}{S_n}p_{n,k}(x)\int_{\frac{k}{n+S_n}}^{\frac{k+S_n}{n+S_n}}\left|\int_x^t|g'(u)|\mathrm{d}u\right|\mathrm{d}t\leqslant\end{aligned}$$

$$\theta_{g'}(x)\sum_{k=0}^{n}\frac{n+S_n}{S_n}p_{n,k}(x)\int_{\frac{k}{n+S_n}}^{\frac{k+S_n}{n+S_n}}|t-x|\,\mathrm{d}t$$

其中 $\theta_{g'}(x)$ 是 $g'(x)$ 的 Hardy-Littlewood 极大函数. 综合利用 Cauchy 不等式和凸函数的 Jensen 不等式可得

$$\sum_{k=0}^{n}\frac{n+S_n}{S_n}p_{n,k}(x)\int_{\frac{k}{n+S_n}}^{\frac{k+S_n}{n+S_n}}|t-x|\,\mathrm{d}t\leqslant$$

$$\left(\sum_{k=0}^{n}p_{n,k}(x)\right)^{\frac{1}{2}}\left(\sum_{k=0}^{n}p_{n,k}(x)\left(\frac{n+S_n}{S_n}\int_{\frac{k}{n+S_n}}^{\frac{k+S_n}{n+S_n}}|t-x|\,\mathrm{d}t\right)^{2}\right)^{\frac{1}{2}}\leqslant$$

$$\left(\sum_{k=0}^{n}\frac{n+S_n}{S_n}p_{n,k}(x)\int_{\frac{k}{n+S_n}}^{\frac{k+S_n}{n+S_n}}(t-x)^2\,\mathrm{d}t\right)^{\frac{1}{2}}=$$

$$(K_n((t-x)^2,S_n;x))^{\frac{1}{2}}$$

从而由引理 17 看出

$$|K_n(g,S_n;x)-g(x)|\leqslant\frac{\sqrt{n+S_n^2}}{2(n+S_n)}\theta'_g(x)$$

又知，$\|\theta_{g'}\|_M\leqslant C\|g'\|_M$，故

$$\|K_n(g,S_n;\cdot)-g(\cdot)\|_M\leqslant C\frac{\sqrt{n+S_n^2}}{n+S_n}\|g'\|_M$$

由引理 15 和引理 18，对任意 $f(x)\in L_M^*[0,1]$，有

$$\begin{aligned}&\|K_n(f,S_n;\cdot)-f(\cdot)\|_M\leqslant\\&\|K_n(f,S_n;\cdot)-K_n(g,S_n;\cdot)\|_M+\\&\|K_n(g,S_n;\cdot)-g(\cdot)\|_M+\\&\|g-f\|_M\leqslant\end{aligned}$$

$$2\|f-g\|_M+C\frac{\sqrt{n+S_n^2}}{n+S_n}\|g'\|_M$$

所以

$$\|K_n(f,S_n;\cdot)-f(\cdot)\|_M\leqslant CK\left(f,\frac{\sqrt{n+S_n^2}}{n+S_n}\right)_M\leqslant$$

$$C\omega\left(f,\frac{\sqrt{n+S_n^2}}{n+S_n}\right)_M$$

§5　推广的 Kantorovich 多项式在 $L_{p[0,1]}(1\leqslant p)$ 中的饱和性定理

河北科技大学的陈广荣教授和大连海洋大学的刘吉善教授给出了推广的 Bernstein-Kantorovich 多项式的一个饱和性定理，刻画了达到最佳收敛速度的函数类. 纠正了 Z. Ditzian 的文章中定理 4.2 的错误，并且给出了一般性正定理.

关于函数的光滑性和 $\|f-B_n^*(f)\|_p$（其中 $B_n^*(f)$ 为 Bernstein-Kantorovich 多项式）的收敛速度之间的关系已有大量的结果. 在 Z. Ditzian 的文章中，他证明了当 $x(1-x)f'(x)\neq c, x\in[a,b]$ 时

$$\|B_n^*(f)-f\|_{L_{p[a,b]}}=O\left(\frac{1}{n}\right) \tag{35}$$

是最好的收敛速度，并且决定了达到此收敛速度的函数类. 给出了一个局部逆定理，即刻画了满足

$$\|B_n^*(f)-f\|_{L_{p[a,b]}}=O\left(\frac{1}{n^\alpha}\right), 0<\alpha<1 \tag{36}$$

的函数类.

设 $\alpha_n\geqslant 0, k\in\mathbf{N}_+$（$\mathbf{N}_+$ 是全体正整数集合），对任意的 $f\in L_{p[0,1]}$，有

$$M_n^k(\alpha_n,f,x)\overset{\text{def}}{=\!=}(n+k+\alpha_n)^k\sum_{i=0}^{n}\int_0^{\frac{1}{n+k+\alpha_n}}\cdots$$
$$\int f\left(\frac{i}{n+k+\alpha_n}+y_1+\cdots+y_k\right)\mathrm{d}y_1,\cdots,\mathrm{d}y_kP_{n,i}(x) \tag{37}$$

其中

$$P_{n,i}(x)=\binom{n}{j}x^{i}(1-x)^{n-i},i=0,1,\cdots,n$$

$M_n^k(\alpha_n,f,x)$ 称为 f 的推广的 Bernstein-Kantorovich 多项式，当 $k=1,\alpha_n=0$ 时，$M_n^{(1)}(0,f,x)$ 就是 f 的 Bernstein-Kantorovich 多项式.

他们用光滑模

$$W_{2,p}(f,h,[a,b])=\sup_{0<r\leqslant h}\|f(x+r)+f(x-r)-2f(x)\|_{L_{p[a+r,b-r]}}$$

研究

$$\|M_n^k(\alpha_n,f,x)-f(x)\|_{L_{p[a,b]}}$$
$$0<a<a_1<b_1<b<1$$

的收敛速度.

本节给出推广的 Bernstein-Kantorovich 多项式的一个饱和性定理. 即当 $\frac{1}{1+\alpha}\left\{\left[\frac{k-1}{2}(1-2x)-\alpha x\right]f'(x)+\frac{1}{2}[x(1-x)f'(x)]'\right\}\neq 0,x\in[a,b]$ 时有

$$\|M_n^k(\alpha_n,f)-f\|_p=O\left(\frac{1+\alpha_n}{n}\right)\tag{38}$$

是最佳收敛速度，其中 $\alpha=\lim\limits_{n\to\infty}\alpha_n$（包括 $\alpha=\infty$）. 并刻画了达到此收敛速度的函数类，纠正了 Z. Ditzian 的文章中的定理 4.2 的错误，给出了不能再改进的一般性正定理，同时不难看出，当 $k=1,\alpha_n=0$ 时得到 Ditzian 的结果，因此这里给出的结果具有一般性.

定理 11 设 $f\in L_{p[0,1]},p>1,f\in AC_{[a,b]}$ 且 $f''\in L_{p[a,b]}$，则对于 $a<a_1<b_1<b$ 及任意 $1>0$ 有

$$\| M_n^{(k)}(\alpha_n, f) - f \|_{L_{p[a,b]}} \leqslant$$
$$c\left\{ \frac{1+\alpha_n}{n}\left(\| f' \|_{L_{p[a_1,b_1]}} + \| f'' \|_{L_{p[a,b]}} + \right.\right.$$
$$\left.\left. \left(\frac{1+\alpha_n}{n}\right)^1 \| f \| \right)\right\} \tag{39}$$

证明　因

$$\| M_n^{(k)}(\alpha_n, f) - f \|_{L_{p[a,b]}}^p \leqslant$$
$$2^p\{ \| M_n^{(k)}(\alpha_n, \chi_{[a,p]}[f(t)-f(x)], x) \|_{L_{p[a_1,b_1]}}^p +$$
$$\| M_n^{(k)}(\alpha_n, \chi_{[a,b]}[f(t)-f(x)], x) \|_{L_{p[a_1,b_1]}}^p \} =$$
$$2^p(I_1 + I_2) \tag{40}$$

其中
$$\chi_{[a,b]} = \begin{cases} 1, x \in [a,b] \\ 0, x \notin [a,b] \end{cases}$$

而

$$I_1 = \| M_n^{(k)}(\alpha_n, \chi_{[a,b]} f(t), x) -$$
$$f(x) M_n^{(k)}(\alpha_n, \chi_{[a,b]}(t), x) \|_{L_{p[a_1,b_1]}}^p =$$
$$O\left(\left(\frac{1+\alpha_n}{n}\right)^1 \| f \|_{L_{p[0,1]}}^p\right)$$

上面是对 I_1 的估计应用文章《推广的 Kantorovich 多项式的一些基本性质》中定理 2 的结果. 又由 Taylor 公式,对 $u,t \in [a,b]$ 有

$$f(u) = f(t) + (u-t)f'(t) + \int_u^t (v-u) f''(v)\,\mathrm{d}v \tag{41}$$

于是

$$I_2 = \left\| M_n^{(k)}\left(\alpha_n, \chi_{[a,b]}\left[f'(x)(u-x) + \right.\right.\right.$$
$$\left.\left.\left. \int_u^x (v-u) f''(v)\,\mathrm{d}v \right]\right) \right\|_{L_{p[a_1,b_1]}}^p \leqslant$$
$$2^p\left\{ \| M_n^{(k)}(\alpha_n, \chi_{[a,b]} f'(x)(u-x),\right.$$

$$x)\|_{L_{p[a_1,b_1]}}^p+$$

$$\left\|M_n^{(k)}\left(\alpha_n,\chi_{[a,b]}\int_u^x(u-v)f''(v)\mathrm{d}v,\right.\right.$$

$$\left.\left.x\right)\right\|_{L_{p[a_1,b_1]}}^p\Bigg\}=$$

$$2^p(I_{21}+I_{22})\tag{42}$$

$$I_{21}=\|M_n^{(k)}(\alpha_n,\chi_{[a,b]}f'(x)(u-x),x)\|_{L_{p[a_1,b_1]}}^p\leqslant$$

$$c\|M_n^{(k)}(\alpha_n,f'(x)(u-x),x)\|_{L_{p[a_1,b_1]}}^p+$$

$$O\left[\left(\frac{1+\alpha_n}{n}\right)^1\|f'\|_{L_{p[a_1,b_1]}}\right]\leqslant$$

$$c(k)O\left(\frac{1+\alpha_n}{n}\right)^p\|f'\|_{L_{p[a_1,b_1]}}^p$$

为了估计 I_{22}，记 $g(v)=f''(v),v\in[a,b],g(v)=0,v\overline{\in}[a,b]$，则

$$M(g(u))=\sup_{h>0}\frac{1}{2h}\int_{|t|<h}|g(u+t)|\mathrm{d}t\tag{43}$$

显然，$\|g\|_{L_p}=\|f''\|_{L_p}$，且

$$\|M(g)\|_{L_p}\leqslant A_p\|g\|_{L_p}$$

由 Hölder 不等式

$$I_{22}=\left\|M_n^{(k)}\left(\alpha_n,\chi_{[a,b]}(x-u)^2\cdot\right.\right.$$

$$\left.\left.\left(\frac{1}{x-u}\int_u^x|g(v)|\mathrm{d}v\right)\right)\right\|_{L_{p[a_1,b_1]}}^p\leqslant$$

$$\|M_n^{(k)}(\alpha_n,\chi_{[a,b]}(x-u)^2M(g(x)),$$

$$x))\|_{L_{p[a_1,b_1]}}^p\leqslant$$

$$\|M(g(x))M_n^{(k)}(\alpha_n,(x-u)^2,x)\|_{L_{p[a_1,b_1]}}^p\leqslant$$

$$\|M(g(x))\|_{L_{p[a_1,b_1]}}^p\cdot c(k)\left\{\frac{1}{n}+\left(\frac{\alpha_n}{n}\right)^2\right\}^p\leqslant$$

$$c(k)\left\{\frac{1}{n}+\left(\frac{\alpha_n}{n}\right)\right\}^p\|f''\|_{L_{p[a,b]}}^p\tag{44}$$

从式(40) ~ (44),可得到定理的结果.

推论 1　当 $p>1, f\in L_{p[0,1]}, f'\in AC_{[0,1]}, f''\in L_{p[0,1]}$ 有

$$\| M_n^{(k)}(\alpha_n,f)-f\|_p\leqslant c\cdot\frac{1+\alpha_n}{n}(\|f'\|_p+\|f''\|_p)\tag{45}$$

对于 L_1 的估计的证明多少有些不同.

定理 12　设 $f\in L_{1[a,b]}, f\in A\cdot C_{[a,b]}$ 及 $f'\in BV_{[a,b]}$,则对 $a<a_1<b_1<b$ 和任意 $m>0$ 有

$$\begin{aligned}&\| M_n^{(k)}(\alpha_n,f)-f\|_{L_{1[a,b]}}\leqslant\\&c\cdot\frac{1+\alpha_n}{n}\Big(\|f'\|_{L_{1[a,b]}}+\\&\|f'\|_{BV}+\left(\frac{1+\alpha_n}{n}\right)^m\|f\|_{L_1}\Big)\end{aligned}\tag{46}$$

证明　记 $f(u)=f(t)+(u-t)f'(t)+\int_t^u(u-v)\mathrm{d}f'(v)$,重复定理 11 的证明过程,从式(39) ~ (43)知仅仅估计式(42)的 I_{22},其中用$\int_t^u(v-u)\mathrm{d}f'(v)$代替$\int_t^u(v-u)\mathrm{d}f''(v)$. 令

$$h(u)=\begin{cases}f'(u), u\in[a,b]\\ f'(a), u<a\\ f'(b), u>b\end{cases}$$

$$\begin{aligned}I_{22}=&\| M_n^{(k)}\|\left[\alpha_n,\chi_{[a,b]}\left|\int_t^u|v-u||\mathrm{d}h(v)|\right|,t\right]_{L_{p[a_1,b_1]}}\leqslant\\&\| M_n^{(k)}[\alpha_n,\chi_{[a,b]}|t-u|\cdot\\&\int_0^{|t-u|}|\mathrm{d}h(v+t),t|]\|_{L_{p[a_1,b_1]}}\end{aligned}\tag{47}$$

再定义 $\varphi_1(u,t)$,对于 $u,t\in[0,1]$ 有

$$\varphi_1(u,t)=\begin{cases}|u-t|, ln^{-\frac{1}{2}}\leqslant|u-t|<(l+1)n^{-\frac{1}{2}}\\0,\text{其他}\end{cases}$$

其中 $l=0,1,\cdots,[n^{\frac{1}{2}}]$,则

$$I_{22}\leqslant\|\sum_{l=0}^{[n^{\frac{1}{2}}]}M_n^{(k)}[\alpha_n,\varphi_1(n,t)\cdot\left(\int_{ln^{-\frac{1}{2}}}^{(l+1)n^{-\frac{1}{2}}}|\mathrm{d}h(v+t),t|\right)]\|_{L_{p[a_1,b_1]}}$$

应用文章《推广的 Kantorovich 多项式的一些基本性质》中的定理 3(取 $l>1,\beta=2,\gamma=2$) 和 Fubini 定理,得

$$I_{22}\leqslant\sum_{l=0}^{[n^{\frac{1}{2}}]}(l+1)n^{-\frac{1}{2}}(1+n^{-\frac{1}{2}}(1+\alpha_n)^2)\cdot\left\{\int_{\ln^{-\frac{1}{2}}}^{(l+1)n^{-\frac{1}{2}}}|\mathrm{d}h(v+t)|\right\}\|_{L_{p[a_1,b_1]}}\leqslant c\left[\frac{1+\alpha_n}{n}\|f'\|_{BV_{[a,b]}}\right]$$

推论 1 设 $f\in L_{[0,1]},f'\in BV_{[a,b]}$,则

$$\|M_n^{(k)}(\alpha_n,f)-f\|_{L_1}\leqslant c\cdot\left[\frac{1+\alpha_n}{n}(\|f'\|_{L_1}+\|f'\|_{BV_{[a,b]}})\right]\tag{48}$$

定理 13 设 $f\in L_{p[0,1]},a<a_1<b_1<b$,则

$$\|M_n^{(k)}(\alpha_n,f)-f\|_{L_{p[a_1,b_1]}}\leqslant c\left\{\left(\frac{1+\alpha_n}{n}\right)^{\frac{1}{2}}W_{1,p}\left(f,\left(\frac{1+\alpha_n}{n}\right)^{\frac{1}{2}},(a,b)\right)+W_{2,p}\left(f,\left(\frac{1+\alpha_n}{n}\right)^{\frac{1}{2}},(a,b)\right)\right\}\tag{49}$$

证明 我们仅证 $\|f\|_p\leqslant1$ 的情形. 记 $h=$

$\left(\frac{1+\alpha_n}{n}\right)^{\frac{1}{2}}$，则

$$\begin{aligned}&\|M_n^{(k)}(\alpha_n,f)-f\|_{L_{p[a_1,b_1]}}\leqslant\\&\|M_n^{(k)}(\alpha_n,f-g_h)\|_{L_{p[a_1,b_1]}}+\\&\|M_n^{(k)}(\alpha_n,g_h)-g_h\|_{L_{p[a_1,b_1]}}+\\&\|f-g_h\|_{L_{p[a_1,b_1]}}=\\&I_1+I_2+I_3\end{aligned}$$

应用文章《推广的 Kantorovich 多项式的一些基本性质》中的定理 4，得

$$I_1\leqslant c_1\frac{1}{2}W_{2,p}\left(f,\left(\frac{1+\alpha_n}{n}\right)^{\frac{1}{2}},(a,b)\right)$$

$$I_3\leqslant \frac{1}{2}W_{2,p}\left(f,\left(\frac{1+\alpha_n}{n}\right)^{\frac{1}{2}},(a,b)\right)$$

由 g_h 的定义知 $g''_h\in L_{p[0,1]}$，$g'\in A\cdot C_{[0,1]}$，对于任意 $m>0$，有

$$\begin{aligned}I_2\leqslant c\Bigg\{&\frac{1+\alpha_n}{n}(\|g'_h\|_{L_{p[a_1,b_1]}}+\|g''_h\|_{L_{p[a_1,b_1]}})+\\&\left(\frac{1+\alpha_n}{n}\right)^m\|f\|_p\Bigg\}\leqslant\\&\left\{c\left(\frac{1+\alpha_n}{n}\right)^{\frac{1}{2}}W_{1,p}\left(f,\left(\frac{1+\alpha_n}{n}\right)\right)^{\frac{1}{2}},(a,b)+\right.\\&W_{2,p}\left(f,\left(\frac{1+\alpha_n}{n}\right)^{\frac{1}{2}},(a,b)+\right.\\&\left.\left.\left(\frac{1+\alpha_n}{n}\right)^m\|f\|_p\right)\right\}\end{aligned}$$

由 m 的任意性，得

$$I_2\leqslant\left\{c\left(\frac{1+\alpha_n}{n}\right)^{\frac{1}{2}}W_{1,p}\left(f,\left(\frac{1+\alpha_n}{n}\right)^{\frac{1}{2}},(a,b)\right)+\right.$$

$$W_{2,p}\left(f,\left(\frac{1+\alpha_n}{n}\right)^{\frac{1}{2}},(a,b)\right)\Big\}$$

综上,定理 13 得证.

Z. Ditzian 曾给出过 Bernstein-Kantorovich 多项式逼近的一般正定理,设 $f\in L_{p[0,1]}$, $a<a_1<b_1<b$,则

$$\| B_n^x f-f\|_{L_{p[a_1,b_1]}}\leqslant cW_{2,p}\left(f,\frac{1}{n^{\frac{1}{2}}},(a,b)\right) \quad (50)$$

我们指出,这个结论是错误的,只要令 $f_0=x\in L_{p[0,1]}$,代入可得

$$\| B_n^x f_0-f_0\|_{L_{p[a_1,b_1]}}\geqslant 0$$

但是

$$B_n^x f_0-f_0=\frac{1-2x}{2(n+1)},x\in[0,1]$$

在式(49)中,令 $k=1$, $\alpha_n=0$,得到关于 Bernstein-Kantorovich 多项式的正确结果,且这里的结果不能再改进了. 当取 $f_0=x$ 时式(49)是最好的.

定理 14 设 $f\in L_{p[0,1]}$, $1\leqslant p<\infty$, $0<a<a_1<b_1<b<1$,则

$$\lim_{n\to\infty}\alpha_n=\alpha,0\leqslant\alpha\leqslant\infty,\frac{\alpha_n}{n}=O(1)$$

则当 $0\leqslant\alpha<\infty$ 时有:

(1) $\| M_n^{(k)}(\alpha_n,f)-f\|_{L_{p[a,b]}}=O\left(\frac{1+\alpha_n}{n}\right)$,推出 $f''\in L_{p[a,b]}(p>1)$, $f'\in BV_{[a,b]}(p=1)$.

(2) $\| M_n^{(k)}(\alpha_n,f)-f\|_{L_{p[a,b]}}=O\left(\frac{1+\alpha}{n}\right)$, $n\to\infty$,推出 $\left(\frac{k}{2}(1-2x)-\alpha x\right)f'(x)+\frac{1}{2}x(1-x)f''(x)=$

$0, x \in [a,b]$. 反之, $\left(\frac{k}{2}(1-2x)-\alpha x\right) f'(x)+\frac{1}{2}x(1-x)f''(x)=0, x\in[a,b]$. 推出

$$\| M_n^{(k)}(\alpha_n, f)-f\|_{L_{p[a_1,b_1]}}=O\left(\frac{1+\alpha_n}{n}\right), n\to\infty.$$

当 $\alpha=\infty$ 时:

(3) $\| M_n^{(k)}(\alpha_n, f)-f\|_{L_{p[a,b]}}=O\left(\frac{1+\alpha_n}{n}\right), n\to\infty$, 推出 $f=Cx\in[a,b]$. 反之, 若存在一个常数 C, 使 $f=C, x\in[a,b]$, 推出

$$\| M_n^{(k)}(\alpha_n, f)-f\|_{L_{p[a_1,b_1]}}=O\left(\frac{1+\alpha_n}{n}\right), n\to\infty$$

(4) $\| M_n^{(k)}(\alpha_n, f)-f\|_{L_{p[a,b]}}=O\left(\frac{1+\alpha_n}{n}\right), n\to\infty$, 推出 $f'\in L_{p[a,b]}(p>1), f(x)\in BV_{[a,b]}(p=1)$.

证明　因 $\frac{n}{1+\alpha_n}\| M_n^{(k)}(\alpha_n, f)-f\|_{L_{p[a,b]}}$ 是有界的, 选取 $g\in C^2$, supp $g[a,b]$, 有

$$\langle\frac{n}{1+\alpha_n}(M_n^{(k)}(\alpha_n, f), g)\rangle=\int_a^b\frac{n}{1+\alpha_n}[M_n^{(k)}(\alpha_n, f, x)-f(x)]g(x)\mathrm{d}x$$

我们约定 $\varphi\in L_{1[a,b]}$ 和 $\psi(x)=\int_a^b\varphi(u)\mathrm{d}u\in B\cdot V$ 等价, 因为 $\|\varphi\|_{L_{1[a,b]}}=\|\psi\|_{B\cdot V_{[a,b]}}$ 且

$$\langle\psi, g\rangle=\int g(x)\mathrm{d}\psi(x)-\int g(x)\varphi(x)\mathrm{d}x$$

对于 $L_p(p>1)$ 和 $B\cdot V$, 应用弱紧性定理得

$$\lim_{n_i\to\infty}\frac{n_i}{1+\alpha_{n_i}}\langle M_{n_i}^{(k)}(\alpha_{n_i}, f)-f, g\rangle=\langle h, g\rangle$$

其中 $h(x)\in L_{p[a,b]}(p>1)$ 或 $h(x)\in BV_{[a,b]}(p=1)$.

又因 $g \in L_p(q < \infty)$，$\frac{1}{p}+\frac{1}{q}=1$ 及 $g \in C$，假设 f 是充分光滑的，可以直接计算 $\lim\limits_{n\to\infty}\frac{n}{1+\alpha_n}(M_n^{(k)}(\alpha_n,f)-f)$. 对 $f \in C^2$，则有

$$\lim_{n\to\infty}\frac{n}{1+\alpha_n}\langle M_n^{(k)}(\alpha_n,f,x)-f(x),g(x)\rangle=$$

$$\frac{1}{1+\alpha}\langle f(x),\left\{\left[-\frac{k-1}{2}(1-2x)+\alpha x\right]g(x)\right\}'+$$

$$\frac{1}{2}[x(1-x)g'(x)]'\rangle$$

(1) 先讨论当 $0 \leqslant \alpha < \infty$ 时.

设 $\varphi(x) \in C^2$，$\operatorname{supp}\varphi \subset [a+\eta,b-\eta]$，$\varphi(x)\equiv 1$，在 $[a_1-\eta,b_1+\eta]$ 上，其中 $\eta=\min\left\{\frac{1}{3}(a_1-a),\frac{1}{3}(b-b_1)\right\}$，如果

$$\frac{1}{1+\alpha}\left\{\left[\frac{k}{2}(1-2x)-\alpha x\right]f'(x)+\right.$$

$$\left.\frac{1}{2}x(1-x)f''(x)\right\}=0,x\in[a_1-\eta,b_1+\eta]$$

又知

$$\frac{n}{1+\alpha_n}\|M_n^{(k)}(\alpha_n,f)\varphi-f\varphi\|_{L_{\infty[a_1-\eta,b_1+\eta]}}-O(1)$$

从文章《推广的 Kantorovich 多项式的一些基本性质》中的定理 2 可得

$$\|M_n^{(k)}(\alpha_n,f(l-\varphi))\|_{L_{p[a_1,b_1]}}=O(h^{-1}),\forall\, l>0$$

因此当 $\frac{1}{1+\alpha}\left\{\left[\frac{k}{2}(1-2x)-\alpha x\right]f'(x)+\frac{1}{2}x(1-x)f''(x)\right\}=0$，对任意 $x\in[a,b]$ 时有

$$\| M_n^{(k)}(\alpha_n, f) - f \|_{L_{p[a_1, b_1]}} = O\left(\frac{1+\alpha_n}{n}\right)$$

又因 $C^2_{[0,1]}$ 在 $L_{p[0,1]}$ 中是稠密的，可选取 $f_1 \to f$ 在 $L_{p[0,1]}$ 中(因而在 $L_{1[0,1]}$ 中). 记

$$\frac{1}{1+\alpha}\langle f(x), \left\{\left[-\frac{k-1}{2}(1-2x)+\alpha x\right]g(x)\right\}' + \frac{1}{2}[x(1-x)g'(x)]'\rangle =$$

$$\lim_{l\to\infty}\lim_{n_i\to\infty}\langle \frac{n_i}{1+\alpha_{n_i}}(M_{n_i}^{(k)}(\alpha_{n_i}, f_1) - f_1), g\rangle \tag{51}$$

由文章《推广的 Kantorovich 多项式的一些基本性质》中的定理 6 知这两个极限可交换，因此有

$$\langle K(x), g(x)\rangle = \lim_{n_i\to\infty}\lim_{l\to\infty}\frac{n_i}{l+\alpha_{n_i}}\langle M_{n_i}^{(k)}(\alpha_{n_i}, f_1) - f_1, g\rangle = \frac{1}{1+\alpha}\langle f(x), \left\{\left[-\frac{k-1}{2}(1-2x)+\alpha x\right]g(x)\right\}' + \frac{1}{2}[x(1-x)g'(x)]'\rangle \tag{52}$$

因而(解方程)得

$$f(x) = 2(1+2\alpha)\int_0^x u^{-k}(1-u)^{-(k+2\alpha)}\left(\int_0^u v^{k-1}(1-v)^{k+2\alpha-1}h(v)\mathrm{d}v + C_1\right)\mathrm{d}u + C_2$$

对 $p>1, x\in[a,b]$ 和

$$f(x) = 2(1+2\alpha)\int_0^x u^{-k}(1-u)^{-(k+2\alpha)}\left(\int_0^u v^{k-1}(1-v)^{k+2\alpha-1}\mathrm{d}h(v) + C_1\right)\mathrm{d}u + C_2$$

对 $p=1, x\in[a,b]$，显然，对 $p>1$，有 $f''\in$

$L_{p[a,b]}$，对 $p=1$ 有 $f' \in BV_{[a,b]}$.

(2) 讨论当 $\alpha=\infty$ 时.

类似于(1)中的证法，可得在$[a,b]$上，$f(x)=C$，推出

$$\| M_n^{(k)}(\alpha_n, f) - f \|_{L_{p[a_1,b_1]}} = O\left(\frac{1+\alpha_n}{n}\right)$$

$$\| M_n^{(k)}(\alpha_n, f) - f \|_{L_{p[a,b]}} = O\left(\frac{1+\alpha_n}{n}\right)$$

推出 $f(x)=C, x \in [a,b]$.

从上述两个极限次序可交换，得到

$$f(x) = -\int_0^x \frac{h(t)}{t} \mathrm{d}t, \text{对 } p>1, x \in [a,b]$$

或 $$f(x) = -\int_0^x \frac{h(t)}{t} \mathrm{d}t, \text{对 } p=1, x \in [a,b]$$

这就完成了定理 14 的证明.

注 1 在定理 14 中，$f'' \in L_{p[a,b]}$ 表示存在 g，使得 $f=g$, a. e.，$g'' \in L_{p[a,b]}$，且 $g' \in AC_{[a,b]}$. $f' \in L_{p[a,b]}$，意味着存在 g，使 $f=g$, a. e.，$g' \in L_{p[a,b]}$ 且 $g \in AC$.

注 2 在定理 14 中的(i)逆部分正确，但在一个缩小的区间上，参见定理 11($p>1$)及定理 12($p=1$).

注 3 在定理 14 中没有给出当 $p=\infty$ 时饱和类的表征.

§6 推广的 Kantorovich 多项式算子在 $L_{p[0,1]}(1 \leqslant p)$ 中的一个局部逆定理

1999 年大连海洋大学的刘吉善和河北科技大学的陈广荣两位教授在引进了推广的 Kantorovich 多项

式算子的条件下，假设$\{\alpha_n\}$有界得到了该算子在逼近过程中的局部逆定理，从而推广了文章 *L_p-Saturation and inverse theorem for modifich Bernstein Polynomials* 中 Z. Ditzian 的结果.

我们已经知道，Bernstein-Kantorovich 多项式算子定义为

$$B_n^*(f,x)=\sum_{i=0}^{n}(n+1)\int_{I_{n\cdot i}}f(t)\mathrm{d}t\cdot p_{n,i}(x)\quad(53)$$

其中$p_{n,i}(x)=\binom{n}{i}x^i(1-x)^{n-i}$，$I_{n\cdot i}=\left[\frac{i}{n+1},\frac{i+1}{n+1}\right]$，$i=0,1,\cdots,n$.

有关函数的光滑性和$\|f-B_n^*(f)\|_p$的收敛速度之间的关系已经有大量的研究成果，其中 Z. Ditzian 证明了当$x(1-x)f'(x)\neq c$，$x\in[a,b]$时

$$\|B_n^*(f)-f\|_{L_{p[a,b]}}=O\left(\frac{1}{n}\right)\quad(54)$$

是最好的收敛速度，且决定了达到此收敛速度的函数类，给出了一个局部逆定理，即刻画了满足

$$\|B_n^*(f)-f\|_{L_{p[a,b]}}=O\left(\frac{1}{n^\alpha}\right),0<\alpha<1\quad(55)$$

的函数类.

定义 2　设$\alpha_n\geqslant 0$，$k\in N$，对于任意$f\in L_{p[a,b]}$，称

$$M_n^{(k)}(\alpha_n,f,x)=(n+k+\alpha_n)^k\sum_{i=0}^{n}\int_0^{\frac{1}{n+k+\alpha_n}}\cdots\cdot\int f\left(\frac{i}{n+k+\alpha_n}+y_1+y_2+\cdots+y_k\right)\mathrm{d}y_1\mathrm{d}y_2\cdots\mathrm{d}y_kP_{n,i}(x)\quad(56)$$

为推广的 Kantorovich 多项式算子，其中 $P_{n,i}(x)=\binom{n}{i}x^{i}(1-x)^{n-i}(i=0,1,2,\cdots,n)$.

特别地，当 $k=1,\alpha_n=0$ 时 $M_n^{(k)}(0,f,x)$ 即为函数 f 的 Bernstein-Kantorovich 多项式算子.

在文章《推广的 Kantorovich 多项式 $L_{p[0,1]}(1\leqslant p)$ 中的饱和性定理》中研究了在一定条件下，$\| M_n^{(k)}(\alpha_n,f,x)-f\|_{L_{p[a,b]}}=O\left(\frac{1+\alpha_n}{n}\right)$ 是最佳收敛速度，其中 $\lim\limits_{n\to\infty}\alpha_n=\alpha$，且刻画了达到此收敛速度的函数类. 这里，将由 $\| M_n^{(k)}(\alpha_n,f,x)-f\|_{L_{p[a,b]}}\to 0$ 的收敛速度导出 f 的连续模，得到了 $M_n^{(k)}(\alpha_n,f,x)$ 的逼近过程中的局部逆定理.

定理 15　设 $k\in N,\alpha_n\geqslant 0,\alpha_n=O(1)(n\to\infty)$，$0<a<a_1<b_1<b<1,f\in L_{p[a,b]}$ 且

$$\| M_n^{(k)}(\alpha_n,f,x)-f(t)\|_{L_{p[a,b]}}\leqslant Cn^{-\frac{\beta}{2}},0<\beta<2 \tag{57}$$

则 $f\in L_{ip\,*}(\beta,P,(a_1,b_1))$，即对于 $h\leqslant\frac{1}{2}\min(b-b_1,a_1-a)$ 有

$$W_2(f,h,P,(a_1,b_1))=\sup_{|r|\leqslant h}\|\Delta_r^2 f\|_{L_{p[a_1+r,b_1-r]}}\leqslant Mh^{\beta} \tag{58}$$

其中 $\Delta_r^2 f=f(x+r)-2f(x)+f(x-r)$. 为了证明定理，先引入下述几个引理.

引理 19　设 $\varphi\in L_{p[0,1]}(1\leqslant P<\infty)$，$\operatorname{supp}\varphi\subset[a_1,b_1]$，则

$$\left\|\frac{\mathrm{d}^2}{\mathrm{d}u^2}M_n^{(k)}(\alpha_n,\varphi,u)\right\|_{L_{p[a,b]}}\leqslant Cn\|\varphi\|_{L_{p[a,b]}}$$

对于 $0<a<a_1<b_1<b<1$ 成立.

引理 20　设 $\psi'',\psi'''\in L_{p[a,b]}(1\leqslant P<\infty)$，且 $\operatorname{supp}\psi\subset[a,b]$，则对于 $0<a<a_1<b_1<b<1$，$\alpha_n=O(1)$ 有

$$\left\|\frac{\mathrm{d}^2}{\mathrm{d}u^2}M_n^{(k)}(\alpha_n,\psi,u)\right\|_{L_{p[a,b]}}\leqslant$$

$$C\left[\|\psi''\|_{L_{p[a,b]}}+\frac{1}{n}\|\psi'''\|_{L_{p[a,b]}}\right]$$

引理 21　设 $f\in L_{p[a,b]}(1\leqslant P<\infty)$，且 $0<a<a_2<a_1<b_1<b_2<b<1$，则存在函数 F_h 满足

$$\|f-F_h\|_{L_{p[a_1,b_1]}}\leqslant\frac{1}{2}W_2(f,h,P,[a_2,b_2])$$

$$\|F''_h\|_{L_{p[a_1,b_1]}}\leqslant h^{-2}W_2(f,h,P,[a_2,b_2])$$

$$\|F'''_h\|_{L_{p[a_1,b_1]}}\leqslant h^{-3}W_2(f,h,P,[a_2,b_2])$$

其中 W_2 的含义见式(58).

定理 15 的证明　为此只需证明对 $\|f\|_{L_{p[a_1,b_1]}}\leqslant 1$ 结论成立即可. 分三种情况予以讨论.

(1) 当 $a_1<a_2<b_2<b_1$ 时，$\operatorname{supp}f\subset[a_2,b_2]$，对于 $|r|<h$，显然有

$$\begin{aligned}&\|\Delta_r^2(f(x))\|_{L_{p[a_1+r,b_1-r]}}\leqslant\\&\|\Delta_r^2(f-M_n^{(k)}(\alpha_n,f,x))\|_{L_{p[a_1+r,b_1-r]}}+\\&\|\Delta_r^2(M_n^{(k)}(\alpha_n,f,x))\|_{L_{p[a_1+r,b_1-r]}}\end{aligned}$$

由于 $\Delta_r^2f(x)=f(x+r)-2f(x)+f(x-r)$ 及 $|r|<h\leqslant\frac{1}{2}\min(b-b_1,a_1-a)$ 有

$$\|\Delta_r^2(f-M_n^{(k)}(\alpha_n,f,x))\|_{L_{p[a_1+r,b_1-r]}}\leqslant 4\cdot cn^{-\frac{\beta}{2}}$$

因为 $M_n^{(k)}(\alpha_n,f,x)\in c^\infty$，再利用 Taylor 公式得

$$\|\Delta_r^2(M_n^{(k)}(\alpha_n,f,u))\|_{L_{p[a_1+r,b_1-r]}}\leqslant$$

$$\left\|\int_t^{t+r}(t+r-u)\frac{\mathrm{d}^2}{\mathrm{d}u^2}M_n^{(k)}(\alpha_n,f,u)\mathrm{d}u\right\|_{L_{p[a_1+r,b_1-r]}}+$$

$$\left\|\int_{t-r}^{t}(t-r-u)\frac{\mathrm{d}^2}{\mathrm{d}u^2}M_n^{(k)}(\alpha_n,f,u)\mathrm{d}u\right\|_{L_{p[a_1+r,b_1-r]}}$$

由于 h,r 的限制,对 $p>1$ 时,利用 Jenson 不等式,对 $p=1$ 时,利用 Fubini 定理,可得

$$\left\|\int_t^{t+r}(t+r-u)\frac{\mathrm{d}^2}{\mathrm{d}u^2}M_n^{(k)}(\alpha_n,f,u)\mathrm{d}u\right\|_{L_{p[a_1+r,b_1-r]}}\leqslant$$

$$\frac{r^2}{2}\left\|\frac{\mathrm{d}^2}{\mathrm{d}u^2}M_n^{(k)}(\alpha_n,f,u)\right\|_{L_{p[a_1+r,b_1-r]}}$$

对于 $\left\|\int_{t-r}^{t}(t-r-u)\frac{\mathrm{d}^2}{\mathrm{d}u^2}M_n^{(k)}(\alpha_n,f,u)\mathrm{d}u\right\|_{L_{p[a_1+r,b_1-r]}}$ 也有类似的估计.

设 $\eta\leqslant\frac{1}{4}\min(a_2-a_1,b_1-b_2)$,令 $f=f-F_\eta+F_\eta$,利用引理 3,可得

$$\|\Delta_r^2M_n^{(k)}(\alpha_n,f,x)\|\leqslant r^2\|M_n^{(k)}(\alpha_n,f,x)\|_{L_{p[a_1+r,b_1-r]}}\leqslant$$

$$r^2\left(\left\|\frac{\mathrm{d}^2}{\mathrm{d}u^2}M_n^{(k)}(\alpha_n,f-F_\eta,u)\right\|_{L_{p[a_1+r,b_1-r]}}+\right.$$

$$\left.\left\|\frac{\mathrm{d}^2}{\mathrm{d}u^2}M_n^{(k)}(\alpha_n,F_\eta,u)\right\|_{L_{p[a_1+r,b_1-r]}}\right)\tag{59}$$

为了估计式(59)的右边,对于 $|r|\leqslant h$ 和充分小的 η,利用引理 19 和引理 20 的结果,得到

$$W_2(f,h,p,[a_1,b_1])\leqslant$$

$$4Cn^{-\frac{\beta}{2}}+h^2\left\{\frac{C}{2}nW_{2,p}(f,\eta,[a_1,b_1])+\right.$$

$$2C_2\eta^{-2}W_{2,p}(f,h,[a_1,b_1])+$$

$$\left.Cn^{-1}\eta^{-3}W_2(f,\eta,P[a_1,b_1])\right\}$$

取 $n \leqslant \eta^{-2} \leqslant n+1$，并记 $W_2(h)=W_2(f,h,p,[a_1, b_1])$，则 $W_2(h) \leqslant M(\eta^\beta + h^2\eta^{-2}W_2(\eta))$，即得 $W_2(h) \leqslant Mh^\beta$.

(2) 讨论一般支集，设 $0<\beta<1$. 为此证明，如果 $\| M_n^{(k)}(\alpha_n,f,t)-f(t) \|_{L_{p[a,b]}} = O(r^{-\frac{\beta}{2}})$，则对 $\eta = \frac{1}{5}\min(a_1-a,b-b_1), g\in C^2, \operatorname{supp} g \subset [a+2\eta, b-2\eta]$ 和 $g(t)=1(t\in[a_1-2\eta,b_1+2\eta])$，有

$$\| M_n^{(k)}(\alpha_n,fg,t)-f(t)g(t) \|_{L_{p[a+\eta,b-\eta]}} = O(n^{-\frac{\beta}{2}}) \tag{60}$$

由(1)知，上式蕴含 $W_2(fg,h,p,(a_1-2\eta,b_1+2\eta)) \leqslant Mh^\beta$，从而 $W_2(f,h,p,(a_1,b_1)) \leqslant Mh^\beta, h<\eta$. 记

$$\begin{aligned}
&\| M_n^{(k)}(\alpha_n,fg,t)-f(t)g(t) \|_{L_{p[a+\eta,b-\eta]}} \leqslant \\
&\| M_n^{(k)}(\alpha_n,fg,t)-g(t)M_n^{(k)}(\alpha_n,f,t) \|_{L_{p[a_1+\eta,b_1-\eta]}} + \\
&\| g(t)[M_n^{(k)}(\alpha_n,f,t)-f(t)] \|_{L_{p[a_1+\eta,b_1-\eta]}} = I_1+I_2
\end{aligned}$$

$$\begin{aligned}
I_2 = &\| g(t)[M_n^{(k)}(\alpha_n,f,t)-f(t)] \|_{L_{p[a_1+\eta,b_1-\eta]}} \leqslant \\
&\| g \|_\infty \| M_n^{(k)}(\alpha_n,f,t)-f(t) \|_{L_{p[a_1+\eta,b_1-\eta]}}
\end{aligned}$$

对于 I_1，利用微分中值定理，得到

$$\begin{aligned}
I_1 = &\| M_n^{(k)}(\alpha_n,fg,t)-g(t)M_n^{(k)}(\alpha_n,f,t) \|_{L_{p[a_1+\eta,b_1-\eta]}} = \\
&\| M_n^{(k)}(\alpha_n,f(u)g'(\xi)(u-t),t) \|_{L_{p[a_1+\eta,b_1-\eta]}}
\end{aligned}$$

其中 ξ 在 u 与 t 之间，$u=\frac{1}{n+k+\alpha_n}+y_1+y_2+\cdots+y_k$.

当 $p>1$ 时

$$\begin{aligned}
I_1 \leqslant &\| g' \|_{C_{[a,b]}} \| \{M_n^{(k)}(\alpha_n,|f|^p,t)\}^{\frac{1}{p}} \cdot \\
&\{M_n^{(k)}(\alpha_n,|u-t|^q,t)\}^{\frac{1}{q}} \|_{L_p[a_1+\eta,b_1-\eta]} \leqslant \\
&cn^{-\frac{1}{2}} \| g' \|_{C[a,b]} \| f \|_{L_p}
\end{aligned}$$

当 $p=1$ 时

$$I_1 \leqslant \| g' \|_{C_{[a,b]}} \int_0^1 \sum_{i=0}^{n} P_{n,i}(t)(n+k+\alpha_n)^k \cdot$$

$$\int_0^{\frac{1}{n+k+\alpha_n}} \cdots \int \left| \frac{i}{n+k+\alpha_n} + y_1 + y_2 + \cdots + y_k - t \right| \cdot$$

$$\left| f(\frac{i}{n+k+\alpha_n} + y_1 + y_2 + \cdots + y_k) \right| \mathrm{d}y_1 \mathrm{d}y_2 \cdots \mathrm{d}y_k \mathrm{d}t \leqslant$$

$$\| g' \|_{C_{[a,b]}} \sum_{i=0}^{n} \int_0^1 P_{n,i}(t) \left(2 \left| \frac{i}{n+k+\alpha_n} - t \right| + \right.$$

$$\left. 2 \frac{i}{n+k+\alpha_n} \right) (n+k+\alpha_n)^k \cdot$$

$$\int_0^{\frac{1}{n+k+\alpha_n}} \cdots \int \left| f\left(\frac{i}{n+k+\alpha_n} \right) + y_1 + y_2 + \cdots + y_k \right|$$

$$\mathrm{d}y_1 \mathrm{d}y_2 \cdots \mathrm{d}y_k \mathrm{d}t \leqslant$$

$$Cn^{-\frac{1}{2}} \| g' \|_C \| f \|_{L_1}$$

利用式(57)及上述结果,可得

$$\| M_n^{(k)}(\alpha_n, fg, t) - f(t)g(t) \|_{L_{p[a_1+\eta, b_1-\eta]}} = O(n^{-\frac{\beta}{2}})$$

得到式(60),问题得证.

(3)当 $1 \leqslant \beta < 2$,选取 $\delta = \frac{\eta}{2}$,首先,由(2)知

$$\| M_n^{(k)}(\alpha_n, fg, t) - f(t) \|_{L_{p[a,b]}} = O(n^{-\frac{\beta}{2}})$$

蕴含 $W_2(f,h,p,(a_1-\eta, b_1+\eta)) \leqslant Mh^{1-\varepsilon}$

从而 $W_1(f,h,p,(a_1-\eta, b_1+\eta)) \leqslant M_1(\varepsilon)h^{1-\varepsilon}$

只需要估计

$$\| M_n^{(k)}(\alpha_n, fg, t) - f(t)g(t) \|_{L_{p[a_1-\delta, b_1+\delta]}} = O(n^{-(1-\varepsilon)}) \tag{61}$$

对任意 $\varepsilon > 0$ 成立即可.为此记

$$\| M_n^{(k)}(\alpha_n, fg, t) - f(t)g(t) \|_{L_{p[a_1-\delta, b_1+\delta]}} \leqslant$$

$\| M_n^{(k)}(\alpha_n,(f(u)-f(t))(g(u)-g(t)),t \|_{L_{p[a_1-\delta,b_1+\delta]}}+$
$\| f(t)(M_n^{(k)}(\alpha_n,g,t)-g(t)) \|_{L_{p[a_1-\delta,b_1+\delta]}}+$
$\| g(t)(M_n^{(k)}(\alpha_n,g,t)-f(t)) \|_{L_{p[a_1-\delta,b_1+\delta]}}=$
$J_1+J_2+J_3$

其次，类似于(2)中估计 I_2 的方法，可得到 $J_3=\| g(t)(M_n^{(k)}(\alpha_n,f,t)-f(t)) \|_{L_{p[a_1-\delta,b_1+\delta]}}$ 的估计. 对于 J_2，因 $g\in C^2$，可得

$$J_2=\| f(t)(M_n^{(k)}(\alpha_n,g,t)-g(t)) \|_{L_{p[a_1-\delta,b_1+\delta]}}\leqslant \| f \|_p \| M_n^{(k)}(\alpha_n,g,t)-g(t) \|_\infty \leqslant C\cdot\frac{1}{n}\| f \|_p$$

最后估计 J_1，为此记 $a_3=a_1-\delta,b_3=b_1+\delta$.

$$J_1=\| M_n^{(k)}(\alpha_n,(f(u)-f(t))\cdot (g(u)-g(t)),t) \|_{L_{p[a_1-\delta,b_1+\delta]}}\leqslant \| M_n^{(k)}(\alpha_n,(f(u)-f(t))\cdot g'(\xi)(u-t)\chi_{[a,b]}(u),t) \|_{L_{p[a_3,b_3]}}+O\left(\frac{1}{n^l}\right),\forall l>0$$

(1) 当 $p>1$ 时，有

$$J_1\leqslant \| g' \|_{C_{[a,b]}} \| M_n^{(k)}(\alpha_n,|f(u)-f(t)|^p\chi_{[a,b]}(u),t)^{\frac{1}{p}}\cdot M_n^{(k)}(\alpha_n,|u-t|^q,t)^{\frac{1}{q}} \|_{L_{p[a_3,b_3]}}\leqslant C_1 \| g' \|_{C_{[a,b]}} n^{-\frac{1}{2}} \| M_n^{(k)}(\alpha_n,|f(u)-f(t)|^p\chi_{[a,b]}(u),t)^{\frac{1}{p}} \|_{L_{p[a_3,b_3]}}$$

取 $m>p$，并记

$$\varphi(u,t)=\begin{cases}1,2^{l}n^{-\frac{1}{2}}\leqslant|t-u|<2^{l+1}n^{-\frac{1}{2}}\\u\in[a,b],t\in[0,1]\\0,\text{其他}\end{cases}$$

对 $0\leqslant l<\infty$,以及

$$\varphi_{*}(u,t)=\begin{cases}1,0\leqslant|t-u|\leqslant n^{-\frac{1}{2}},u\in[a,b],t\in[0,1]\\0,\text{其他}\end{cases}$$

有

$$\int_{a_3}^{b_3}[M_n^{(k)}(\alpha_n,|f(u)-f(t)|^p\chi_{[a,b]}(u),t)]\mathrm{d}t\leqslant$$

$$\int_{a_3}^{b_3}[M_n^{(k)}(\alpha_n,|f(u)-f(t)|^p\varphi_{*}(u,t),t)]\mathrm{d}t+$$

$$\int_{a_3}^{b_3}\sum_{l=0}^{\infty}M_n^{(k)}(\alpha_n,|f(u)-f(t)|^p\varphi_{l}(u,t),t)\mathrm{d}t=$$

$$J_{1,1}+J_{1,2}$$

$$J_{1,2}=\int_{a_3}^{b_3}\sum_{l=0}^{\infty}M_n^{(k)}(\alpha_n,|f(u)-f(t)|^p\varphi_{l}(u,t),t)\mathrm{d}t=$$

$$\sum_{l=0}^{\infty}\int_{a_3}^{b_3}M_n^{(k)}(\alpha_n,|f(u)-f(t)|^p\varphi_{l}(u,t),t)\mathrm{d}t$$

利用 Stirling 公式

$$\int_{a_3}^{b_3}M_n^{(k)}(\alpha_n,|f(u)-f(t)|^p\varphi_{l}(u,t),t)\mathrm{d}t\leqslant$$

$$\int_{a_3}^{b_3}(n+k+\alpha_n)^{k-1}\int_0^{\frac{1}{n+k+\alpha_n}}\cdots\int\left\{\int_{y_1+y_2+\cdots+y_{k-1}}^{\frac{n}{n+k+\alpha_k}+y_1+y_2+\cdots+y_{k-1}}\varphi_l(y_k,t)\cdot\right.$$

$$\left.|f(y_k)-f(t)|^p\mathrm{d}y_k\right\}\mathrm{d}y_1\mathrm{d}y_2\cdots\mathrm{d}y_{k-1}p(n,y_1,\cdots,y_k,t)\mathrm{d}t$$

其中

$$P(n,y_1,\cdots,y_,t)=\begin{cases}P_{n,i}(t),y_k\in I_{k,i},0\leqslant i\leqslant n\\0,\text{其他}\end{cases}$$

$$I_{n,i}=\left[\frac{i}{n+k+\alpha_n}+y_1+y_2+\cdots+y_{k-1},\ \frac{i+1}{n+k+\alpha_n}+y_1+y_2+\cdots+y_{k-1}\right]$$

于是

$$\int_{a_3}^{b_3}M_n^{(k)}(\alpha_n,|f(u)-f(t)|^p\varphi_l(u,t),t)\mathrm{d}t\leqslant$$

$$\int_{a_3}^{b_3}(n+k+\alpha_n)^k\int_0^{\frac{1}{n+k+\alpha_n}}\cdots$$

$$\int\left\{\int_{y_1+y_2+\cdots+y_{k-1}}^{\frac{n}{n+k+\alpha_k}+y_1+y_2+\cdots+y_{k-1}}|f(u)-f(t)|^p\cdot\right.$$

$$\left.\varphi_l(y_k,t)(2^ln^{-\frac{1}{2}})^{-2m}|t-y_k|^{2m}\mathrm{d}y_k\right\}\cdot$$

$$P(n,y_1,\cdots,y_k,t)\mathrm{d}y_1\mathrm{d}y_2\cdots\mathrm{d}y_{k-1}\mathrm{d}t\leqslant$$

$$C[W_1(f,2^{l+1}n^{-\frac{1}{2}},P,[a_3,b_3])]^p\cdot$$

$$(2^ln^{-\frac{1}{2}})^{-2m}M_n^{(k)}(\alpha_n,|t-u|^{2m},t)\leqslant$$

$$C(m)[W_1(f,2^{l+1}n^{-\frac{1}{2}},P,[a_3,b_3])]^p\cdot 2^{-2ml}$$

对于 $l=0,1,\cdots$ 均成立.

$$J_{1,2}\leqslant\sum_{l=0}^{\infty}C(m)2^{-2ml}[W_1(f,2^{l+1}n^{-\frac{1}{2}},P,[a_3,b_3])]^p$$

利用同样方法可以得到

$$J_{1,1}=\int_{a_3}^{b_3}M_n^{(k)}(\alpha_n,|f(u)-f(t)|^p\varphi_*(u,t),t)\mathrm{d}t\leqslant$$

$$C\cdot W_1(f,n^{-\frac{1}{2}},P,[a_3,b_3])^p$$

由此得

$$\int_{a_3}^{b_3}[M_n^{(k)}(\alpha_n,|f(u)-f(t)|^p\chi_{[a,b]}(u),t)]\mathrm{d}t\leqslant$$

$$C\cdot W_1(f,n^{-\frac{1}{2}},P,[a_3,b_3])^p+$$

$$\sum_{l=0}^{\infty}C(m)2^{-2ml}[W_1(f,2^{l+1}n^{-\frac{1}{2}},P,[a_3,b_3])]^p\leqslant$$

$$C\cdot n^{-(\frac{1}{2}-\varepsilon)P}+C(m)\sum_{l=0}^{\infty}2^{-2ml}\cdot 2^{(l+1)P}n^{-(\frac{1}{2}-\varepsilon)P}\leqslant$$

$$C_2\cdot n^{-(\frac{1}{2}-\varepsilon)P}$$

对任意 $\varepsilon>0$ 及 $P>1$ 成立，完成 J_1 的估计.

(2) 当 $P=1$ 时

$$\begin{aligned}J_1\leqslant&\ \|g'\|_{C_{[a,b]}}\int_{a_3}^{b_3}M_n^{(k)}(\alpha_n,|f(u)-f(t)|\cdot\\&|u-t|\chi_{[a,b]}(u),t)\mathrm{d}t+O(n^{-l})\leqslant\\&\|g'\|_{C_{[a,b]}}\int_{a_3}^{b_3}M_n^{(k)}(\alpha_n,|f(u)-f(t)|\cdot\\&|u-t|\varphi_*(u,t),t)\mathrm{d}t+\\&\|g'\|_{C_{[a,b]}}\sum_{l=0}^{\infty}\int_{a_3}^{b_3}M_n^{(k)}(\alpha_n,|f(u)-f(t)|\cdot\\&|u-t|\varphi_l(u,t),t)\mathrm{d}t+\\&O(n^{\frac{1}{l}})\leqslant\\&\|g'\|_{C_{[a,b]}}n^{-\frac{1}{2}}C_1W_1(f,n^{-\frac{1}{2}},1,[a_3,b_3])+\\&\|g'\|_{C_{[a,b]}}\sum_{l=0}^{\infty}2^{l+1}n^{-\frac{1}{2}}C(m)^{-2ml}\cdot\\&W_1(f,2^{l+1}n^{-\frac{1}{2}},P,[a_3,b_3])\leqslant\\&C_2\|g'\|_{C_{[a,b]}}n^{-\frac{1}{2}}n^{-\frac{1}{2}(1-\varepsilon)}\leqslant\\&C_2\|g'\|_{C_{[a,b]}}n^{-1+\varepsilon}\end{aligned}$$

综合 J_1,J_2,J_3 的估计，知式(61)对任意 $\varepsilon>0$ 成立，这就证明了结论.

应该注意的是本定理的假设条件是在此结论成立的区间上给出的，这有时候是必要的.

§7　推广的 Kantorovich 多项式算子在 $L_{p[0,1]}(1 \leqslant p)$ 中的一个整体逆定理

由上节我们知道,刘吉善和陈广荣两位教授在引进了推广的 Kantorovich 多项式算子的条件下,假设 $\{\alpha_n\}$ 有界得到了该算子在逼近过程中的局部逆定理,从而推广了文章 *L_p-Saturation and inverse theorem for mod ifich Bernstein Polynomials* 中 Z. Ditzian 的结果.

定义 3　设 $\alpha_n \geqslant 0, k \in \mathbf{N}_+$,对于任意 $f \in L_{p[a,b]}$,称

$$M_n^{(k)}(\alpha_n, f, x) = (n+k+\alpha_n)^k \sum_{i=0}^{n} \int_0^{\frac{1}{n+k+\alpha_n}} \cdots \int f\left(\frac{i}{n+k+\alpha_n} + y_1 + y_2 + \cdots + y_k\right) \mathrm{d}y_1 \mathrm{d}y_2 \cdots \mathrm{d}y_k p_{n,i}(x) \tag{62}$$

为推广的 Kantorovich 多项式算子. 其中 $p_{n,i}(x) = \binom{n}{i} x^i (1-x)^{n-i} (i = 0, 1, 2, \cdots, n)$.

特别地,当 $\alpha_n = 0, k = 1$ 时,$M_n^{(k)}(0, f, x)$ 即为函数 f 的 Bernstein-Kantorovich 多项式算子. 设

$$B_p = \{g; g(x), g'(x), x(1-x)g''(x) \in L_{p[0,1]}\} \quad 1 \leqslant p < \infty \tag{63}$$

为了证明整体逆定理,首先证明一个重要的引理.

引理 22　设 $f \in L_{p[0,1]}$,则:

(1) $\| M_n^{(k)'}(\alpha_n,f,x)\|_{L_{p[0,1]}}=O(n\|f\|_{L_{p[0,1]}})$.

(2) $\| x(1-x)M_n^{(k)''}(\alpha_n,f,x)\|_{L_{p[0,1]}}=$
$O(n\|f\|_{L_{p[0,1]}})$.

又若 $f\in B$,则:

(3) $\| M_n^{(k)'}(\alpha_n,f,x)\|_{L_{p[0,1]}}=O(n\|f'\|_{L_{p[0,1]}})$.

(4) $\| x(1-x)M_n^{(k)''}(\alpha_n,f,x)\|_{L_{p[0,1]}}=$
$O(\|f'\|_{L_{p[0,1]}}+\|x(1-x)f''(x)\|_{L_{p[0,1]}})$.

证明　首先证明(1).因为

$$\frac{\mathrm{d}}{\mathrm{d}x}M_n^{(k)}(\alpha_n,f,x)=(n+k+\alpha_n)^k\sum_{i=0}^{n}\int_0^{\frac{1}{n+k+\alpha_n}}\cdots\int f\left(\frac{i}{n+k+\alpha_n}+y_1+y_2+\cdots+y_k\right)\mathrm{d}y_1\mathrm{d}y_2\cdots\mathrm{d}y_k\cdot n(p_{n-1,i-1}(x)-p_{n-1,i}(x))$$

所以

$$\left\|\frac{\mathrm{d}}{\mathrm{d}x}M_n^{(k)}(\alpha_n,f,x)\right\|_{L_{\infty[0,1]}}=O(n\|f\|_{L_{\infty[0,1]}})$$

$$\left\|\frac{\mathrm{d}}{\mathrm{d}x}M_n^{(k)}(\alpha_n,f,x)\right\|_{L_{1[0,1]}}\leqslant (n+k+\alpha_n)^k\sum_{i=0}^{n}\int_0^{\frac{1}{n+k+\alpha_n}}\cdots\int f\left(\frac{i}{n+k+\alpha_n}+y_1+y_2+\cdots+y_k\right)\mathrm{d}y_1\mathrm{d}y_2\cdots\mathrm{d}y_k\cdot n\left(\frac{1}{n}+\frac{1}{n}\right)=O(n\|f\|_{L_{1[0,1]}})$$

利用 Riesz-Thorin 定理得到

$$\| M_n^{(k)'}(\alpha_n,f,x)\|_{L_{p[0,1]}}=O(n\|f\|_{L_{p[0,1]}})$$

其次证明(2).因为

$x(1-x)M_n^{(k)''}(\alpha_n,f,x)=$

$$x(1-x)\left\{\left(\frac{n}{x(1-x)}\right)^2\cdot\sum_{i=0}^{n}\binom{n}{i}x^i(1-x)^{n-i}\cdot\right.$$

$$\left(\frac{i}{n}-x\right)^2(n+k+\alpha_n)^k\int_0^{\frac{1}{n+k+\alpha_n}}\cdots$$

$$\int f\left(\frac{i}{n+k+\alpha_n}+y_1+y_2+\cdots+y_k\right)\mathrm{d}y_1\mathrm{d}y_2\cdots\mathrm{d}y_k-$$

$$\frac{n}{[x(1-x)]^2}\sum_{i=0}^{n}\binom{n}{i}x^i(1-x)^{n-i}\cdot$$

$$\left(x^2-2\frac{i}{n}x+\frac{i}{n}\right)(n+k+\alpha_n)^k\cdot$$

$$\int_0^{\frac{1}{n+k+\alpha_n}}\cdots\int f\left(\frac{i}{n+k+\alpha_n}+y_1+y_2+\cdots+\right.$$

$$\left.\left.y_k\right)\mathrm{d}y_1\mathrm{d}y_2\cdots\mathrm{d}y_k\right\}=$$

$$\frac{n(n-1)}{x(1-x)}\sum_{i=0}^{n}\binom{n}{i}x^i(1-x)^{n-i}\left(x-\frac{i}{n}\right)^2\cdot$$

$$(n+k+\alpha_n)^k\cdot$$

$$\int_0^{\frac{1}{n+k+\alpha_k}}\cdots\int f\left(\frac{i}{n+k+\alpha_k}+y_1+y_2+\cdots+\right.$$

$$\left.y_k\right)\mathrm{d}y_1\mathrm{d}y_2\cdots\mathrm{d}y_k-$$

$$n\sum_{i=0}^{n}\binom{n}{i}x^{i-1}(1-x)^{n-i-1}\frac{i}{n}\left(1-\frac{i}{n}\right)^2(n+k+\alpha_n)^k\cdot$$

$$\int_0^{\frac{1}{n+k+\alpha_n}}\cdots\int f\left(\frac{1}{n+k+\alpha_n}+y_1+y_2+\cdots+\right.$$

$$\left.y_k\right)\mathrm{d}y_1\mathrm{d}y_2\cdots\mathrm{d}y_k \tag{64}$$

式(64)中第一项记为 I_1，第二项记为 I_2.

对于 I_1，有 $\|I_1\|_{L_\infty[0,1]}=O(n\|f\|_{L_\infty[0,1]})$，利用 Stirling 公式可得

$$\| I_1 \|_{L_{1[0,1]}} = O(n \| f \|_{L_{1[0,1]}})$$

再由 Riesz-Thorin 定理

$$\| I_1 \|_{L_{p[0,1]}} = O(n \| f \|_{L_{p[0,1]}})$$

类似可以得到 $\| I_2 \|_{L_{p[0,1]}} = O(n \| f \|_{L_{p[0,1]}})$. 综上,结论(2) 成立.

进而证明(3). 对 $f \in B_p$,由(1) 知

$$M_n^{(k)'}(\alpha_n, f, x) = (n+k+\alpha_n)^k n \cdot \sum_{i=0}^{n} \underbrace{\int_0^{\frac{1}{n+k+\alpha_n}} \cdots \int}_{(k+1)\text{个}} f'\left(\frac{i}{n+k+\alpha_n} + y_1 + y_2 + \cdots + y_k + t\right) \mathrm{d}y_1 \mathrm{d}y_2 \cdots \mathrm{d}y_k \mathrm{d}t \cdot p_{n-1,i}(x)$$

定义线性算子 L_n,即

$$L_n(g, x) = n(n+k+\alpha_n)^k \cdot \sum_{i=0}^{n} \int_0^{\frac{1}{n+k+\alpha_n}} \cdots \int g\left(\frac{i}{n+k+\alpha_n} + y_1 + y_2 + \cdots + y_k + t\right) \mathrm{d}y_1 \mathrm{d}y_2 \cdots \mathrm{d}y_k \mathrm{d}t \cdot p_{n-1,i}(x), g \in L_{p[0,1]}$$

有

$$\| L_n(g, x) \|_{L_{\infty[0,1]}} \leqslant \| g \|_{L_{\infty[0,1]}}, g \in L_{\infty[0,1]}$$

$$\| L_n(g, x) \|_{L_{1[0,1]}} \leqslant \| g \|_{L_{1[0,1]}}, g \in L_{1[0,1]}$$

再利用 Riesz-Thorin 定理,得到

$$\| L_n(g) \|_{L_{p[0,1]}} \leqslant \| g \|_{L_{p[0,1]}}, g \in L_{p[0,1]}$$

因而对于 $f \in B_p$ 有

$$\| M_n^{(k)'}(\alpha_n, f, x) \|_{L_{p[0,1]}} = \| L_n(f') \|_{L_{p[0,1]}} \leqslant \| f' \|_{L_{p[0,1]}}$$

故结论(3) 成立.

最后证明(4).

对于 $f \in B_p$，由 Abel 变换得

$$
\begin{aligned}
M_n^{(k)''}(\alpha_n, f, x) = {} & n(n-1)(n+k+\alpha_n)^k \cdot \\
& \sum_{i=0}^{n} \int_0^{\frac{1}{n+k+\alpha_n}} \cdots \int f\left(\frac{i}{n+k+\alpha_n} + y_1 + \right. \\
& \left. y_2 + \cdots + y_k\right) \mathrm{d}y_1 \mathrm{d}y_2 \cdots \mathrm{d}y_k (p_{n-2,i-2}(x) - \\
& 2p_{n-2,i-1}(x) + p_{n-2,i}(x)) = \\
& n(n-1)(n+k+\alpha_n)^k \left\{ \underbrace{\int_0^{\frac{1}{n+k+\alpha_n}} \cdots}_{(k+2)\text{个}} \right. \\
& \int f''(y_1 + y_2 + \cdots + y_k + \tau_1 + \tau_2) \mathrm{d}y_1 \mathrm{d}y_2 \cdots \\
& \mathrm{d}y_k \mathrm{d}\tau_1 \mathrm{d}\tau_2 p_{n-2,0}(x) + \\
& \int_0^{\frac{1}{n+k+\alpha_n}} \cdots \int f''\left(\frac{n-2}{n+k+\alpha_n} + y_1 + y_2 + \cdots + \right. \\
& \left. \left. y_k + \tau_1 + \tau_2\right) \mathrm{d}y_1 \mathrm{d}y_2 \cdots \mathrm{d}y_k \mathrm{d}\tau_1 \mathrm{d}\tau_2 p_{n-2,n-2}(x) \right\} + \\
& n(n-1)(n+k+\alpha_n)^k \cdot \\
& \sum_{i=1}^{n-3} \int_0^{\frac{1}{n+k+\alpha_n}} \cdots \int f''\left(\frac{i}{n+k+\alpha_n} + y_1 + y_2 + \cdots + \right. \\
& \left. y_k + \tau_1 + \tau_2\right) \mathrm{d}y_1 \mathrm{d}y_2 \cdots \mathrm{d}y_k \mathrm{d}\tau_1 \mathrm{d}\tau_2 p_{n-2,i}(x) = \\
& I_{n,1}(f) + I_{n,2}(f) \qquad (65)
\end{aligned}
$$

其中

$$
\begin{aligned}
I_{n,1}(f) = {} & n(n-1)(n+k+\alpha_n)^k \cdot \\
& \int_0^{\frac{1}{n+k+\alpha_n}} \cdots \int \left\{ f'\left(\frac{1}{n+k+\alpha_n} + y_1 + \right. \right. \\
& \left. y_2 + \cdots + y_{k-1} + \tau_1 + \tau_2\right) - \\
& \left. f'(y_1 + y_2 + \cdots + y_{k-1} + \tau_1 + \tau_2) \right\} \mathrm{d}y_1 \mathrm{d}y_2 \cdots \\
& \mathrm{d}y_{k-1} \mathrm{d}\tau_1 \mathrm{d}\tau_2 p_{n-2,0}(x) +
\end{aligned}
$$

$$n(n-1)(n+k+\alpha_n)^k \cdot$$

$$\int_0^{\frac{1}{n+k+\alpha_n}} \cdots \int \Big[f'\Big(\frac{n-1}{n+k+\alpha_n} + y_1 + y_2 + \cdots + y_{k-1} + \tau_1 + \tau_2\Big) - f'\Big(\frac{n-2}{n+k+\alpha_n} + y_1 + y_2 + \cdots + y_{k-1} + \tau_1 + \tau_2\Big)\Big] \cdot$$

$$\mathrm{d}y_1 \mathrm{d}y_2 \cdots \mathrm{d}y_{k-1} \mathrm{d}\tau_1 \mathrm{d}\tau_2 p_{n-2,n-2}(x)$$

$$I_{n,2}(f) = n(n-1)(n+k+\alpha_n)^k \cdot \sum_{i=1}^{n-3} \int_0^{\frac{1}{n+k+\alpha_n}} \cdots \int f''\Big(\frac{i}{n+k+\alpha_n} + y_1 + y_2 + \cdots + y_k + \tau_1 + \tau_2\Big)$$

$$\mathrm{d}y_1 \mathrm{d}y_2 \cdots \mathrm{d}y_{k-1} \mathrm{d}\tau_1 \mathrm{d}\tau_2 p_{n-2,i}(x)$$

由于 $f' \in L_{p[0,1]}$，由引理中的(3)可知

$$\| x(1-x) I_{n,1}(f) \|_{L_{p[0,1]}} \leqslant C \| f' \|_{L_{p[0,1]}} \tag{66}$$

为了估计 $I_{n,2}(f)$，对于 $x(1-x)g(x) \in L_{p[0,1]}$ 定义线性算子 $\widetilde{L}_n$，即

$$\widetilde{L}_n(g,x) = x(1-x)n(n-1)(n+k+\alpha_n)^k \cdot$$

$$\sum_{i=1}^{n-3} \int_0^{\frac{1}{n+k+\alpha_n}} \cdots \int g\Big(\frac{i}{n+k+\alpha_n} + y_1 + y_2 + \cdots + y_k + \tau_1 + \tau_2\Big) \cdot$$

$$\frac{\Big(\frac{i}{n+k+\alpha_n} + y_1 + \cdots + y_k + \tau_1 + \tau_2\Big)}{\Big(\frac{1}{n+k+\alpha_n} + y_1 + \cdots + y_k + \tau_1 + \tau_2\Big)} \cdot$$

$$\frac{\Big(1 - \frac{i}{n+k+\alpha_n} - y_1 - \cdots - y_k - \tau_1 - \tau_2\Big)}{\Big(1 - \frac{1}{n+k+\alpha_n} - y_1 - \cdots - y_k - \tau_1 - \tau_2\Big)} \cdot$$

$$\mathrm{d}y_1 \mathrm{d}y_2 \cdots \mathrm{d}y_k \mathrm{d}\tau_1 \mathrm{d}\tau_2 p_{n-2,i}(x)$$

对于 $g(x)x(1-x) \in L_{\infty[0,1]}$，有

$$\|\widetilde{L}_n(g)\|_{L_{\infty[0,1]}} \leqslant \|x(1-x)g(x)\|_{L_{\infty[0,1]}} \cdot \|\sum_{i=1}^{n-3} x(1-x)p_{n-2,i}(x)/(\frac{i}{n+k+\alpha_n} \cdot \frac{n-2+\alpha_n-i}{n+k+\alpha_n})\|_{L_{\infty[0,1]}} \leqslant 4\|x(1-x)g(x)\|_{L_{\infty[0,1]}}$$

对于 $g(x)x(1-x) \in L_{1[0,1]}$ 有

$$\|\widetilde{L}_n(g)\|_{L_{1[0,1]}} \leqslant 4(n+1)(n+k+\alpha_n)^k \cdot \sum_{i=1}^{n-3}\int_0^{\frac{1}{n+k+\alpha_n}}\cdots\int g\left(\frac{i}{n+k+\alpha_n}+y_1+y_2+\cdots+y_k+\tau_1+\tau_2\right)/\left(\frac{i}{n+k+\alpha_n}+y_1+y_2+\cdots+y_k+\tau_1+\tau_2\right)\cdot\left(1-\frac{i}{n+k+\alpha_n}-y_1-\cdots-y_k-\tau_1-\tau_2\right)\mathrm{d}y_1\mathrm{d}y_2\cdots\mathrm{d}y_k\mathrm{d}\tau_1\mathrm{d}\tau_2 \leqslant 4\|x(1-x)g(x)\|_{L_{1[0,1]}}$$

利用 Riesz-Thorin 定理，对于 $x(1-x)f'' \in L_{p[0,1]}$，有

$$\|I_{n,2}(f)x(1-x)\|_{L_{p[0,1]}} \leqslant \|\widetilde{L}_n(f'')\|_{L_{p[0,1]}} \leqslant C\|x(1-x)\|_{L_{p[0,1]}} \tag{67}$$

又因 $x(1-x)M_n^{(k)''}(\alpha_n,f,x)=x(1-x)I_{n,1}+x(1-x)I_{n,2}$，由式(66) 及式(67) 知，引理中结论(4) 成立.

定理 16　设 $f \in L_{p[0,1]}$，如果

$$\|M_n^{(k)}(\alpha_n,f,x)-f(x)\|_{L_{p[0,1]}}=O(n^{-\frac{\beta}{2}}),0<\beta<2$$

则 $k_p(f,t^2)=O(t^\beta)$，其中

$$k_p(f,h) \triangleq \inf_{g\in B_p}\{\|f-g\|_{L_p}+h(\|g'\|_{L_p}+$$

$$\|x(1-x)g''(x)\|_{L_p})\}$$

证明 对于 $f\in L_{p[0,1]}$ 及任意 $g\in B_p$，由引理知 $M_n^{(k)}(\alpha_n,f,x)\in B_p$，根据引理的结论，有

$$\begin{aligned}
&k_p(f,t^2)\leqslant\|f-M_n^{(k)}(\alpha_n,f,x)\|_{L_{p[0,1]}}+\\
&t^2\{\|M_n^{(k)'}(f)\|_{L_{p[0,1]}}+\\
&\|x(1-x)M_n^{(k)''}(\alpha_n,f,x)\|_{L_{p[0,1]}}\}\leqslant\\
&Cn^{-\frac{\beta}{2}}+t^2\{\|M_n^{(k)'}(\alpha_n,f-g,x)\|_{L_{p[0,1]}}+\\
&\|x(1-x)M_n^{(k)''}(\alpha_n,f-g,x)\|_{L_{p[0,1]}}\}+\\
&t^2\{\|M_n^{(k)'}(\alpha_n,g,x)\|_{L_{p[0,1]}}+\\
&\|x(1-x)M_n^{(k)''}(\alpha_n,g,x)\|_{L_{p[0,1]}}\}\leqslant\\
&C\{n^{-\frac{\beta}{2}}+t^2n\|f-g\|_{L_{p[0,1]}}+\\
&t^2(\|g'\|_{L_{p[0,1]}}+\|x(1-x)g''\|_{L_{p[0,1]}})\}=\\
&C\left\{n^{-\frac{\beta}{2}}+t^2n\left[\|f-g\|_{L_{p[0,1]}}+\right.\right.\\
&\left.\left.\frac{1}{n}(\|g'\|_{L_{p[0,1]}}+\|x(1-x)g''\|_{L_{p[0,1]}})\right]\right\}
\end{aligned}$$

由此得到 $k_p(f,t^2)\leqslant C\left\{n^{-\frac{\beta}{2}}+t^2nk_p\left(f,\frac{1}{n}\right)\right\}$，还可得 $k_p(f,t^2)=O(t^\beta)$，这就完成了整体逆定理的证明.

关于迭代极限的研究

第6章

§1 关于 Bernstein 多项式导数的迭代极限

吉林大学数学系的何甲兴教授设 f 定义在 $[0,1]$ 上，f 的 Bernstein 算子为

$$B_n(f,x)=\sum_{k=0}^{n} f\left(\frac{k}{n}\right) P_{nk}(x) \quad (1)$$

其中 $P_{nk}=\binom{n}{k} x^k(1-x)^{n-k}$.

自从 Kelisky 和 Rivlin 研究了算子 $B_n(f,x)$ 的迭代以来，一些作者除给出不同的证法并推广到其他型的多项式算子和样条函数外，又考虑了多元 Bernstein 多项式的迭代极限. 本节则考虑 $B_n(f,x)$ 的导数的迭代极限和迭代误差估计.

设 $h=\frac{1}{n}$,s 为小于 n 的非负整数,$\Delta_h^s f(x)$ 的函数 $f(x)$ 基于 $f(t),f(t+h),\cdots,f(t+sh)$ 的点 t 处的 s 阶向前差分. 经过计算,$B_n(f,x)$ 的 s 阶导数为

$$B_n^{(s)}(f,x)=\frac{n!}{(n-s)!}\sum_{k=0}^{n-s}\Delta_h^s f\left(\frac{k}{n}\right)P_{n-s,k}(x) \quad (2)$$

将 $B_n^{(s)}(f,x)$ 的迭代定义为

$$B_n^{(s)[j]}(f,x)=B_n^{(s)}(B_n^{(s)[j-1]}(f,x),x),j=1,2,\cdots \quad (3)$$

j 表示迭代次数. 关于迭代极限和误差有:

定理 1　对固定的 n,记

$$R_j(x)=\frac{n!}{(n-s)!}\left[(1-x)\Delta_h^s f(0)+x\Delta_h^s f\left(\frac{n-s}{n}\right)\right]-B_n^{(s)[j]}(f,x)$$

则

$$|R_j(x)|\leqslant\max_{0\leqslant k\leqslant n-s-2}\left|F\left(0,\frac{k+1}{n-s},1\right)\right|\cdot\left(1-\frac{1}{n-s}\right)^j x(1-x)$$

其中 $F(x)=\frac{n!}{(n-s)!}\Delta_h^s f\left(\frac{x(n-s)}{n}\right),0\leqslant x\leqslant 1$,而 $F\left(0,\frac{k+1}{n-s},1\right)$ 表示函数 $F(x)$ 在三点 $\left\{0,\frac{k+1}{n-s},1\right\}$ 处的二阶差商.

定理 2　对固定的 n 有

$$\lim_{j\to\infty}B_n^{(s)[j]}(f,x)=\frac{n!}{(n-s)!}\left[(1-x)\Delta_h^s f(0)+x\Delta_h^s f\left(\frac{n-s}{n}\right)\right]$$

若 f 的 s 阶导数 $f^{(s)}(x)$ 在[0,1]上连续,则

$$\lim_{n\to\infty}\lim_{j\to\infty} B_n^{(s)[j]}(f,x)=(1-x)f^{(s)}(0)+xf^{(s)}(1)$$

§2　定义在矩阵上的 Bernstein 多项式的迭代极限

中国科学技术大学的冯玉瑜、常庚哲两位教授在 20 世纪 80 年代就研究了以下问题.

对于每一个定义在[0,1]上的函数 $f(x)$,与它相联系的 m 次 Bernstein 多项式是指

$$B_m(f,x):=\sum_{i=0}^{m} f\left(\frac{t}{m}\right) J_i^m(x)$$

其中

$$J_i^m(x)=\binom{m}{i} x^i(1-x)^{m-i}, i=0,1,\cdots,m$$

为 m 次的 Bernstein 基函数. 通常,用 $B_m(f)$ 来简记 $B_m(f,x)$ 并用 $B_m^{(k)}(f):=B_m(B_m^{(k-1)}(f)), k=2,3,\cdots$ 来定义算子 B_m 的迭代,其中 $B_m^{(1)}\equiv B_m(f)$.

1967 年,Kelisky 和 Rivlin 在文章 *Interates of Bernstein Polynomials* 中确定了算子 B_m 的迭代极限,他们证明了:对固定的 m 有

$$\lim_{k\to\infty} B_m^{(k)}(f,x)=(1-x)f(0)+xf(1)$$

这就是说,迭代极限是在区间[0,1]的两端上插值于函数 f 的线性函数.

作者在文章《高维区域上的 Bernstein 多项式的迭代极限》中简化了文章 *Interates of Bernstein Polynomials* 中的证明方法,并且对高维单纯形建立

了 Kelisky-Rivlin 定理. 对于定义在正方形上的二元 Bernstein 多项式，其迭代极限将是什么？这正是本节要回答的问题.

对于每一个定义在$[0,1]\times[0,1]$上的函数 $f(x,y)$，与它相联系的 Bernstein 多项式定义为

$$B_{m,n}(f,x,y):=\sum_{i=0}^{m}\sum_{j=0}^{n} f\left(\frac{t}{m},\frac{j}{n}\right)J_i^m(x)J_j^n(y) \tag{4}$$

通常用 $B_{m,n}(f)$ 来简记 $B_{m,n}(f,x,y)$，并用

$$B_{m,n}^{(k)}(f):=B_{m,n}(B_{m,n}^{(k-1)}(f)),k=2,3,\cdots$$

来定义算子 $B_{m,n}$ 的迭代.

首先，回顾一下算子 $B_{m,n}$ 的简单性质. 众所周知，由式(4)定义的算子 $B_{m,n}$ 是一个正线性算子；双线性函数在它的作用下是不变的，即

$$B_{m,n}(ax+by+cxy+d,x,y)=ax+by+cxy+d \tag{5}$$

其中 a,b,c,d 为任意实数；而且有等式

$$\begin{aligned}B_{m,n}(x(1-x),x,y)&=\left(1-\frac{1}{m}\right)x(1-x)\\ B_{m,n}(y(1-y),x,y)&=\left(1-\frac{1}{n}\right)y(1-y)\end{aligned} \tag{6}$$

现在我们证明下述的主要定理.

定理 3　对固定的 m,n 令

$$E_k(f,x,y)=(1-x,x)\begin{pmatrix}f(0,0) & f(0,1)\\ f(1,0) & f(1,1)\end{pmatrix}\begin{pmatrix}1-y\\ y\end{pmatrix}-B_{m,n}^{(k)}(f,x,y)$$

则

$$|E_K(f,x,y)|\leqslant\left(1-\frac{1}{m}\right)^k\alpha(y)x(1-x)+$$

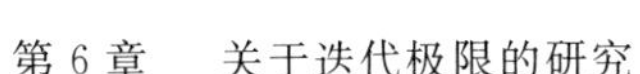

$$\left(1-\frac{1}{n}\right)^{k}\beta(x)\cdot y(1-y)+$$
$$\gamma\left(1-\frac{1}{m}\right)^{k}\left(1-\frac{1}{n}\right)^{k}xy\cdot$$
$$(1-x)(1-y)\downarrow 0,k\to\infty \tag{7}$$

并且上式中的等号是可以达到的. 式(7) 表明了算子 $B_{m,n}$ 的迭代极限为在定义域的四个顶点(0,0),(0,1),(1,0),(1,1) 处插值于函数 $f(x,y)$ 的双线性面. 其中

$$\alpha(y):=\max_{1\leqslant i\leqslant m-1}\left|\left[0,\frac{i}{m},1\right](f(\cdot,0)(1-y)+f(\cdot,1)y)\right|$$
$$\beta(x):=\max_{1\leqslant j\leqslant n-1}\left|\left[0,\frac{j}{n},1\right](f(0,\cdot)(1-x)+f(1,\cdot)x)\right| \tag{8}$$
$$\gamma:=\max_{\substack{1\leqslant i\leqslant m-1\\1\leqslant j\leqslant n-1}}\left|\left[0,\frac{i}{n},1\right]_{x}\left[0,\frac{j}{n},1\right]_{y}f(x,y)\right|$$

这里$[x_1,x_2,x_3]f(\cdot,y)$ 表示把 f 作为 $\cdot$ 的函数在 x_1, x_2, x_3 的二阶差商,而$[\ ]_x$ 和$[\ ]_y$ 中的下标 x, y 表示差商是分别对变量 x, y 取的.

证明　由式(4) 知

$$B_{1,1}(f,x,y)=(1-x)[f(0,0)(1-y)+f(0,1)y]+ x[f(1,0)(1-y)+f(1,1)y]$$

利用式(5) 得到

$$E_1(f,x,y)=\sum_{i=0}^{n}\sum_{j=0}^{n}\left\{\left(1-\frac{j}{m}\right)\cdot \left[f(0,0)\left(1-\frac{j}{n}\right)+f(0,1)\frac{j}{n}\right]+ \frac{i}{m}\left[f(1,0)\left(1-\frac{j}{n}\right)+f(1,1)\frac{j}{n}\right]- f\left(\frac{i}{m},\frac{j}{n}\right)\right\}J_{j}^{m}(x)J_{j}^{n}(y)$$

将上式改写为

$$\sum_{i=0}^{m}\sum_{j=0}^{n}\left\{\left(1-\frac{j}{m}\right)\cdot\right.$$

$$\left[f(0,0)\left(1-\frac{j}{n}\right)+f(0,1)\frac{j}{n}-f\left(0,\frac{j}{n}\right)\right]+$$

$$\frac{i}{m}\left[f(1,0)\left(1-\frac{j}{n}\right)+f(1,1)\frac{j}{n}-f\left(1,\frac{j}{n}\right)\right]+$$

$$\left.\left[\left(1-\frac{i}{m}\right)f\left(0,\frac{j}{n}\right)+\frac{i}{m}f\left(1,\frac{j}{n}\right)-f\left(\frac{i}{m},\frac{j}{m}\right)\right]\right\}\cdot$$

$J_j^m(x)J_j^n(y)$

利用恒等式

$$f(0)\cdot\left(1-\frac{i}{m}\right)+f(1)\frac{i}{m}-f\left(\frac{i}{m}\right)=$$

$$\frac{i(m-i)}{m^2}\left[0,\frac{i}{m},1\right]f(\cdot)$$

得到

$$\begin{aligned}E_1(f,x,y)=&\sum_{j=0}^{n}\frac{j(n-j)}{n^2}\left[0,\frac{j}{n},1\right]\cdot\\&(f(0,\ \cdot)(1-x)+f(1,\ \cdot)x)J_j^n(y)+\\&\sum_{i=0}^{m}\sum_{j=0}^{n}\frac{i(m-i)}{m^2}\left[0,\frac{i}{m},1\right]\cdot\\&f\left(0,\frac{i}{n}\right)J_j^m(x)J_j^n(y)\end{aligned}\tag{9}$$

注意到

$$f\left(\cdot,\frac{j}{n}\right)=-\frac{j(n-j)}{n^2}\left[0,\frac{j}{n},1\right]f(\cdot,y)+$$

$$f(\cdot,0)\left(1-\frac{j}{n}\right)+f(\cdot,1)\frac{j}{n}$$

从式(9)可以得到

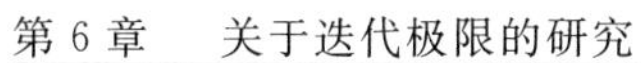

$$
\begin{aligned}
E_1(f,x,y) = & \sum_{i=1}^{n-1} \frac{i(m-i)}{m^2}\left[0,\frac{i}{m},1\right]\cdot \\
& (f(\cdot,0)(1-y)+f(\cdot,1)y)J_i^m(x) + \\
& \sum_{j=1}^{n-1} \frac{j(n-j)}{n^2}\left[0,\frac{j}{m},1\right]\cdot \\
& (f(0,\cdot)(1-x)+f(1,\cdot)x)J_j^n(y) - \\
& \sum_{i=1}^{m-1}\sum_{j=1}^{n-1} \frac{ij(m-i)(n-j)}{m^2n^2}\left[0,\frac{i}{m},1\right]_x\cdot \\
& \left[0,\frac{j}{n},1\right]_y f(x,y)J_i^m(x)J_j^n(y) \qquad (10)
\end{aligned}
$$

由于

$$
\begin{aligned}
& \sum_{i=1}^{m-1} \frac{i(m-i)}{m^2}\left[0,\frac{i}{m},1\right]f(\cdot)J_i^m(x) = \\
& \sum_{i=0}^{m-2}\left[0,\frac{i+1}{m},1\right]f(\cdot)J_i^{m-2}(x)\cdot \\
& \left(1-\frac{1}{m}\right)x(1-x)
\end{aligned}
$$

因而式(10)可写成

$$
\begin{aligned}
E_1(f,x,y) = & \left(1-\frac{1}{m}\right)\sum_{i=0}^{m-2}\left[0,\frac{i+1}{m},1\right]\cdot \\
& (f(\cdot,0)(1-y)+f(\cdot,1)y)J_i^{m-2}(x)\cdot \\
& x(1-x) + \left(1-\frac{1}{n}\right)\sum_{j=0}^{n-2}\left[0,\frac{j+1}{n},1\right]\cdot \\
& (f(0,\cdot)(1-x)+f(1,\cdot)x)J_j^{n-2}(y)\cdot \\
& y(1-y) - \left(1-\frac{1}{n}\right)\left(1-\frac{1}{m}\right)\cdot \\
& \sum_{i=0}^{m-2}\sum_{j=0}^{n-2}\left[0,\frac{i+1}{m},1\right]_x\cdot \\
& \left[0,\frac{j+1}{n},1\right]_y f(x,y)\cdot
\end{aligned}
$$

$$J_i^{m-2}(x)J_j^{n-2}(y)\cdot xy(1-x)(1-y) \tag{11}$$

注意到

$$E_K(f,x,y)=B_{m,n}^{(K-1)}(E_1(f,x,y)) \tag{12}$$

和

$$\sum_{i=0}^{m-2}J_i^{m-2}(x)=1,\text{对一切 } x\in[0,1] \tag{13}$$

以及

$$B_{m,n}(f(x)g(y),x,y)=B_m(f,x)\cdot B_n(g,y) \tag{14}$$

再利用 $B_{m,n}$ 是正线性算子及以式(6)(12)(13)和式(14),得到

$$\begin{aligned}|E_K(f,x,y)|\leqslant&\left(1-\frac{1}{m}\right)^k\alpha(y)x(1-x)+\\&\left(1-\frac{1}{n}\right)^k\beta(x)y(1-y)+\\&\left(1-\frac{1}{n}\right)^k\cdot\left(1-\frac{1}{m}\right)^k\cdot\\&\gamma xy(1-x)(1-y)\downarrow 0,k\to\infty\end{aligned} \tag{15}$$

且当 $\left[0,\frac{i}{m},1\right]f(\cdot,0)$ 和 $\left[0,\frac{i}{m},1\right]f(\cdot,1)$ 对 $1\leqslant i\leqslant m-1$ 为相等的正(负)常数 C_1 和 $\left[0,\frac{j}{n},1\right]f(0,\cdot)$, $\left[0,\frac{j}{n},1\right]f(1,\cdot)$ 对 $1\leqslant j\leqslant n-1$ 为相等的正(负)常数 C_2 以及 $\left[0,\frac{i}{m},1\right]_x\left[0,\frac{j}{n},1\right]_y f(x,y)$ 对 $1\leqslant i\leqslant m-1,1\leqslant j\leqslant n-1$ 为相等的负(正)常数时,式(15)中的等号成立.至此,定理 3 证毕.

定理 3 的主要结果可以推广到高维立方体的情况，现简述如下：

设 $f(x_1,x_2,\cdots,x_m)$ 是定义在 m 维立方体：$0\leqslant x_1\leqslant 1,\cdots,0\leqslant x_m\leqslant 1$ 上的函数，B_{ni}，$i=1,2,\cdots,m$ 是对于变量 x_i 的 n_i 次的 Bernstein 算子. 显然算子 B_{n_i} 和 B_{n_j} 是可以交换的，$i,j=1,2,\cdots,m$. 我们定义张量积算子

$$B=B_{n_1}\cdot B_{n_2}\cdot\cdots\cdot B_{n_m}\tag{16}$$

考虑线性算子 $L_{n_1},L_{n_2},\cdots,L_{x_m}$，这里

$$L_{x_i}f(x_1,x_2,\cdots,x_m):=(1-x_i)[f\mid x_i=0]+x_i[f\mid x_i=1]\tag{17}$$

$i=1,2,\cdots,m$. 显然 L_{x_i} 和 L_{x_j} 对所有的 i,j 是可以交换的. 类似于二维情况，可以证明

$$\lim_{l\to\infty}B^l f(x_1,x_2,\cdots,x_m)=L_{x_1}L_{x_2}\cdots L_{x_m}f(x_1,x_2,\cdots,x_m)\tag{18}$$

为了得到上式右边的显式表达，令

$\boldsymbol{a}:=(a_1,a_2,\cdots,a_m)$ 和 $\boldsymbol{b}:=(b_1,b_2,\cdots,b_m)$ 是两个分量仅为 0 或 1 的 m 维向量，又用 $\boldsymbol{ab}$ 表示向量 $(a_1b_1,\cdots,a_mb_m)$ 以及 $|\boldsymbol{a}|:=a_1+a_2+\cdots+a_m$.

用数学归纳法，不难证明

$$L_{x_1}\cdots L_{x_m}f(x_1\cdots x_m)=\sum_{a}(-1)^{|a|}\sum_{ab}(-1)^{|ab|}\cdot f(\boldsymbol{ab})x_1^{a_1}\cdots x_m^{a_m}\tag{19}$$

这里是对矢量 $\boldsymbol{a}$ 和 $\boldsymbol{ab}$ 的所有可能求和以及

$$f(\boldsymbol{ab}):=f(a_1b_1,a_2b_2,\cdots,a_mb_m)$$

因而从式(18) 和(19) 得到

定理 4

$$\lim_{l\to\infty}B^{(l)}f(x_1,\cdots,x_m)=\sum_{a}(-1)^{|a|}\sum_{ab}(-1)^{|ab|}\cdot$$

$$f(\boldsymbol{ab})x_1^{a_1}\cdots x_m^{a_m} \tag{20}$$

§3 高维区域上的 Bernstein 多项式的迭代极限

早在 1983 年中国科学技术大学的常庚哲和冯玉瑜两位教授就研究了高维区域上的 Bernstein 多项式的迭代极限这一课题.

对于每一个定义在[0,1]区间上的函数 $f(x)$,与它相应的 n 次 Bernstein 多项式定义为

$$B_n(f,x):=\sum_{i=0}^{n} f\left(\frac{i}{n}\right)\cdot J_i^n(x) \tag{21}$$

这里

$$J_i^n(x):=\binom{n}{i}x^i(1-x)^{n-i},i=0,1,2,\cdots,n$$

为 n 次 Bernstein 基函数.通常用 $B_n(f(x))$ 来简记 $B_n(f,x)$.用

$$B_n^{(k)}(f,x)=B_n(B_n^{(k-1)}(f,x)),k=2,3,\cdots$$

来定义算子 B_n 的迭代.1967 年,Kelisky 和 Rivlin 证明了下列定理:对固定的 n,有

$$\lim_{k\to\infty}B_n^{(k)}(f,x)=f(0)+[f(1)\quad f(0)]x \tag{22}$$

后来,Nielson,Karlin 等人和我国的胡莹生、徐叔贤以及常庚哲、单墫相继讨论过这一问题,并做了若干推广.

他们对式(22)的收敛速度做出了精确的估计,所采用的证明方法可以说是最简单的一种,这使得我们很容易对高维区域上的 Bernstein 多项式的迭代建立

类似的收敛定理.

人们熟知,由式(21) 定义的 Bernstein 算子 B_n 是一个正线性算子,它对线性函数是不变的,即

$$B_n(1,x)=1, B_n(x,x)=x \tag{23}$$

且有等式

$$B_n(x(1-x),x)=\left(1-\frac{1}{n}\right)x(1-x) \tag{24}$$

我们证明下面的:

定理 5　对固定的 n,令

$$E_k(f,x):=f(0)+[f(1)-f(0)]x-B_n^k(f,x)$$

则

$$|E_k(f,x)|\leqslant \max_{1\leqslant i\leqslant n-1}\left|\left[0,\frac{i}{n},1\right]f(\cdot)\right|\cdot\left(1-\frac{1}{n}\right)^k\cdot x(1-x)\downarrow 0, k\to\infty \tag{25}$$

且对于 $1\leqslant i\leqslant n-1$,当 $\left[0,\frac{i}{n},1\right]f(\cdot)$ 为与 i 无关的常数时,式(25) 中的等号成立. 其中 $[x_1,x_2,\cdots,x_m]f(\cdot)$ 表示函数 f 在点 $x_1,x_2,\cdots,x_m$ 对变量$(\cdot)$ 的 $m-1$ 阶差商.

证明　在式(21) 中令 $n=1$,得

$$B_1(f,x)=f(0)+[f(1)-f(0)]x \tag{26}$$

又由式(23) 知

$$B_1(f,x)=\sum_{i=0}^{n}\left[\left(1-\frac{i}{n}\right)f(0)+\frac{i}{n}f(1)\right]J_i^n(x)$$

因而

$$B_1(f,x)-B_n(f,x)=$$

$$\sum_{i=0}^{n}\left[\left(1-\frac{i}{n}\right)f(0)+\frac{i}{n}f(1)-f\left(\frac{i}{n}\right)\right]J_i^n(x)=$$

$$\sum_{i=1}^{n-1}\frac{i(n-i)}{n^2}\left[0,1,\frac{i}{n}\right]f(\cdot)J_i^n(x). \tag{27}$$

由 $E_k(f,x)$ 的定义和式(26)(27),有

$$E_k(f,x)=B_n^{(k-1)}\sum_{i=1}^{n-1}\frac{i(n-i)}{n^2}\left[0,1,\frac{i}{n}\right]f(\cdot)J_i^n(x)=$$
$$B_n^{(k-1)}\sum_{i=0}^{n-2}\left[0,\frac{i+1}{n},1\right]f(\cdot)J_i^{n-2}(x)\cdot$$
$$\left(1-\frac{1}{n}\right)x(1-x)$$

由于 B_n 是正线性算子,再利用式(24)得到

$$|E_k(f,x)|\leqslant\max_{1\leqslant i\leqslant n-1}\left|\left[0,\frac{i}{n},1\right]f(\cdot)\right|\cdot$$
$$\left(1-\frac{1}{n}\right)^k x(1-x)\downarrow 0,k\to\infty \quad (28)$$

显然,当 $\left[0,\frac{i}{n},1\right]f(\cdot),1\leqslant i\leqslant n-1$ 为与 i 无关的常数时,式(28)中等号成立.

设 T 是以点(0,0),(0,1),(1,0)为顶点的三角形,对任一定义在 T 上的函数 $f(x,y)$,与它相应的 n 次 Bernstein 多项式定义为

$$B_n(f,x,y):=\sum_{0\leqslant i+j\leqslant n}f\left(\frac{i}{n},\frac{j}{n}\right)J_{i,j}^n(x,y) \quad (29)$$

这里

$$J_{i,j}^n(x,y):=\frac{n!}{i!\ j!\ (n-i-j)!}x^iy^j(1-x-y)^{n-i-j}$$

众所周知,由式(29)定义的 B_n 是一个正线性算子,它对线性函数是不变的,即

$$B_n(1,x,y)=1;B_n(x,x,y)=x;B_n(y,x,y)=y \quad (30)$$

且有

$$B_n(x(1-x),x,y)=\left(1-\frac{1}{n}\right)x(1-x)$$

$$B_n(y(1-y),x,y)=\left(1-\frac{1}{n}\right)y(1-y)$$

$$B_n(xy,x,y)=\left(1-\frac{1}{n}\right)xy \tag{31}$$

现证明：

定理 6　对固定的 n，令

$$\begin{aligned}E_k(f,x,y):=f(1,0)x+f(0,1)y+\\(1-x-y)f(0,0)-\\B_n^{(k)}(f,x,y)\end{aligned}$$

则

$$|E_k(f,x,y)|\leqslant\left(1-\frac{1}{n}\right)^k[\alpha_n x(1-x)+\beta_n y(1-y)+\gamma_n xy]\downarrow 0,k\to\infty \tag{32}$$

且上式中的等号是可以达到的. 式(32) 表明了迭代极限为在三角形 T 的三顶点处插值于函数 f 的平面. 其中

$$\alpha_n:=\max_{1\leqslant i\leqslant n-1}\left|\left[0,\frac{i}{n},1\right]f(\cdot,0)\right|$$

$$\beta_n:=\max_{1\leqslant j\leqslant n-1}\left|\left[0,\frac{j}{n},1\right]f(0,\cdot)\right|$$

$$\gamma_n:=\max_{\substack{i,j\geqslant 1\\ i+j\leqslant n}}\left|\left[0,\frac{i}{n}\right]_x\left[0,\frac{j}{n}\right]_y f(x,y)\right|$$

这里$[\,]_x$ 和$[\,]_y$ 中的下标 x,y 表示差商是分别对变量 x,y 取的.

证明　由定义式(29) 知

$$B_1(f,x,y)=f(1,0)x+f(0,1)y+f(0,0)(1-x-y) \tag{33}$$

利用性质式(30)，经直接计算得

$$
\begin{aligned}
E_k(j,x,y)=&B_1(f,x,y)-B_n^{(k)}(f,x,y)=\\
&B_n^{(k-1)}[B_1(f,x,y)-B_n(f,x,y)]=\\
&B_n^{(k-1)}\left\{\sum_{i=1}^{n-1}\frac{i(n-i)}{n^2}\left[0,\frac{i}{n},1\right]\cdot\right.\\
&f(\cdot,0)J_i^n(x)+\sum_{j=1}^{n-1}\frac{j(n-j)}{n^2}\cdot\\
&\left[0,\frac{j}{n},1\right]f(0,\cdot)J_j^n(y)-\sum_{0\leqslant i+j\leqslant n}\frac{ij}{n^2}\cdot\\
&\left.\left[0,\frac{i}{n}\right]_x\left[0,\frac{j}{n}\right]_y f(x,y)J_{i,j}^n(x,y)\right\}
\end{aligned}
$$

将上式作恒等变形,可以得到

$$
\begin{aligned}
E_k(f,x,y)=\left(1-\frac{1}{n}\right)\cdot B_n^{(k-1)}\left\{\sum_{i=0}^{n-2}\left[0,\frac{i+1}{n},1\right]\cdot\right.\\
&f(\cdot,0)J_i^{n-2}(x)\cdot x(1-x)+\\
&\sum_{j=0}^{n-2}\left[0,\frac{j+1}{n},1\right]\cdot\\
&f(0,\cdot)J_j^{n-2}(y)\cdot y(1-y)-\\
&\sum_{0\leqslant i+j\leqslant n-2}\left[0,\frac{i+1}{n}\right]_x\left[0,\frac{j+1}{n}\right]_y\cdot\\
&\left.f(x,y)J_{i,j}^{n-2}(x,y)\cdot xy\right\}
\end{aligned}\tag{34}
$$

注意到 B_n 是正线性算子,并利用性质式(31),得到

$$
\begin{aligned}
|E_k(f,x,y)|\leqslant&\left(1-\frac{1}{n}\right)^k[\alpha_n x(1-x)+\\
&\beta_n y(1-y)+\gamma_n xy]\downarrow 0,k\to\infty
\end{aligned}\tag{35}
$$

且当 $\left[0,\frac{i}{n},1\right]f(\cdot,0)$, $\left[0,\frac{j}{n},1\right]f(0,\cdot)$ 对 $1\leqslant i,j\leqslant n-1$ 分别为不依赖于 i,j 的正(负)常数 c_1,c_2,而 $\left[0,\frac{i}{n}\right]_x\left[0,\frac{j}{n}\right]_y f(x,y)$ 对 $i,j\geqslant 1,i+j\leqslant n$ 为不依

赖于 i,j 的负(正)常数时,式(35)中的等号成立.证毕.

最后,我们指出,定理 6 很容易推广到高维单纯形的情况,而且对于高维立方体上的 Bernstein 多项式也可以建立类似的定理.

§4　一类变差缩减算子的迭代极限

早在 1978 年中国科学院数学研究所的胡莹生、徐叔贤两位研究员对样条函数的变差缩减算子,在等距节点及样条函数为三次多项式样条的条件下,证明了它的迭代过程的收敛性.此外,他们还给出了它的极限的具体表达式.

关于 Bernstein 多项式具有变差缩减性质的讨论由 I. J. Schoen berg 给出. Bernstein 多项式是一类变差缩减的线性算子.若记定义于[0,1]上的函数 $f(x)$ 的 Bernstein 多项式为

$$B_n(f,x)=\sum_{0}^{n} f\left(\frac{k}{n}\right)\binom{n}{v} x^{v}(1-x)^{n-v} \tag{36}$$

令

$$B_n^k(f,x)=B_n(B^{k-1}(f,x),x),k\geqslant 1 \tag{37}$$

于是得到 Bernstein 多项式算子 B_n 的迭代过程.文章 *On Variation Diminishing Approximation Methods* 中证明了

$$\mathrm{var}(B_n(f,x))\leqslant \mathrm{var}(f(x)) \tag{38}$$

$\mathrm{var}(f)$ 表示 f 在[0,1]上的全变差.

后来,文章 *Rivlin Iterates of Bernstein-Polyno-*

mials 中证明了

$$\lim_{k\to\infty}B_n^k(f,x)=f(0)+[f(1)-f(0)]x \tag{39}$$

这就是 Bernstein 多项式算子的迭代极限.

因为今后所考虑的样条函数是等距节点的三次多项式样条函数,故不失一般性,可以假定所讨论的区间为$[0,n]$,而 $x_i=i,1\leqslant i\leqslant n-1$ 为样条函数的节点.

引进 x_{-i} 与 $x_{n+i},1\leqslant i\leqslant 3$,并规定

$$x_{-i}=0=x_0,x_{n+i}=x_n=n,1\leqslant i\leqslant 3$$

于是,根据文章 *On Polya frequency functions* Ⅳ:*The fundamental spline function and their limits* 可知,$[0,n]$ 上的以 $x_i,1\leqslant i\leqslant n-1$ 为节点的任何三次多项式样函数可由 $M_j(x),-3\leqslant j\leqslant n-1$ 的线性组合唯一地表示,这里

$$M_j(x)=\omega_t(4(t-x)^3+x_j,x_{j+1},x_{j+2},x_{j+3},x_{j+4})$$

$$j=-3,-2,\cdots,n-1 \tag{40}$$

而

$$x_+^m=\begin{cases}x^m,x\geqslant 0\\0,x<0\end{cases} \tag{41}$$

$\omega_t(g(t);t_1,\cdots,t_5)$ 表示对定义于$[0,n]$上的函数 $g(t)$ 沿点列 $t_1,\cdots,t_5$ 求四阶差商而得的值.

按照求普通差商与聚合差商的"三角形"过程,易知

$$M_{-3}(x)=\begin{cases}4(1-x)_+^3,0\leqslant x\leqslant 1\\0,\text{其他}\end{cases} \tag{42}$$

$$M_{-2}(x)=\begin{cases}\dfrac{(2-x)_+^3}{2}-4(1-x)_+^3,0\leqslant x<2\\0,\text{其他}\end{cases}$$

$$(43)$$

$$M_{-1}(x)=\begin{cases}\dfrac{2}{9}(3-x)_+^3-(2-x)_+^3+2(1-x)_+^3\\0\leqslant x<3\\0,\text{其他}\end{cases}\tag{44}$$

$$M_{n-3}(x)=\begin{cases}\dfrac{2}{9}(x-n+3)_+^3-(x-n+2)_+^3+\\2(x-n+1)_+^3,n-3\leqslant x<n\\0,\text{其他}\end{cases}\tag{45}$$

$$M_{n-2}(x)=\begin{cases}\dfrac{(x-n+2)_+^3}{2}-4(x-n+1)_+^3\\n-2\leqslant x\leqslant n\\0,\text{其他}\end{cases}\tag{46}$$

$$M_{n-1}(x)=\begin{cases}4(x-n+1)_+^3,n-1\leqslant x\leqslant n\\0,\text{其他}\end{cases}\tag{47}$$

$$M_0(x)=\begin{cases}0,x<0\\\dfrac{1}{6}x^3,0\leqslant x<1\\\dfrac{1}{6}x^3-\dfrac{4}{6}(x-1)^3,1\leqslant x\leqslant 2\\\dfrac{1}{6}(4-x)^3-\dfrac{4}{6}(3-x)^3,2\leqslant x<3\\\dfrac{1}{6}(4-x)^3,3\leqslant x<4\\0,x\geqslant 4\end{cases}\tag{48}$$

此外，$M_j(x)$，$1\leqslant j\leqslant n-4$ 是由 $M_0(x)$ 的图形按等于 1 的步长往右逐次移动而得.

令

$$N_j(x)=\frac{x_{j+4}-x_j}{4}M_j(x),-3\leqslant j\leqslant n-1 \tag{49}$$

文章 *On Spline Functions* 和文章 *An Identity for Spline functions and Its application to variation diminshing Spline approximations* 中都证明了

$$\begin{cases}\sum_{j=-3}^{n-1}N_j(x)=1,\sum_{j=-3}^{n-1}\xi_jN_j(x)=x,\xi_j\text{ 的定义见式(51)}\\ N_j(x)=0,x\overline{\in}[x_j,x_{j+4}]\end{cases} \tag{50}$$

$M_j(x),N_j(x),j=-3,\cdots,n-1$ 都称之为 B 样条.

引入

$$\xi_j=\frac{x_{j+1}+x_{j+2}+x_{j+3}}{3},j=-3,\cdots,n-1 \tag{51}$$

显然

$$\xi_{-3}=0,\xi_{-2}=\frac{1}{3},\xi_j=j+2,j=-1,0,\cdots,n-3$$

$$\xi_{n-2}=n-\frac{1}{3},\xi_{n-3}=n-1 \tag{52}$$

定义 1　若 $f(x)$ 定义于$[0,n]$上,则

$$S(f)=\sum_{-3}^{n-1}f(\xi_j)N_j(x) \tag{53}$$

称为 f 的变差缩减样条逼近,而由式(53)所定义的算子 S 称为样条的变差缩减算子.

由式(53)与(50)可见

$$\begin{cases}S(af+bg)=aS(f)+bS(g)\\ S(a+bx)=a+bx\end{cases}$$

这里 a,b 为任意实数.还可知上述算子 S 还有如下的性质:

性质 1

(1)$S(f)\mid_{x=a}=f(a),S(f)\mid_{x=b}=f(b)$.

(2)$\mathrm{var}(S(f))\leqslant \mathrm{var}(f)$.

此外根据文章 *On Calculating With B-splines* 中的式(12) ~ (15),可知成立:

性质 2

(1) 若 $f\in C^1[0,n]$,且为单调函数,则 $S(f)$ 亦为单调函数.

(2) 若 $f\in C^2[0,n]$,且为凸函数,则 $S(f)$ 亦为凸函数.

性质 1、性质 2 联合表明变差缩减的逼近方法在保持原函数 f 的形态特点方面有着良好的性能. 性质 1 的(2) 是 S 之所以称为“变差缩减”逼近算子这一名称的由来之一.(之所以说它是“之一”,是因为它可以有另一种说法. 因详细说明将牵涉到较多与本节主要结果无多大关系的论述,故从略.)

假定 $f(x)$ 定义于$[0,n]$上,令

$$S^k(f)=S(S^{k-1}(f)),k\geqslant 1 \tag{54}$$

接下来的主要目的就是要证明上述的迭代逼近过程在 $k\to\infty$ 时的极限存在.

由于

$$S(f)=\sum_{-3}^{n-1}f(\xi_j)N_j(x)=$$
$$(N_{-3}(x),\cdots,N_{n-1}(x))\begin{vmatrix}f(\xi_{-3})\\ \vdots\\ f(\xi_{n-1})\end{vmatrix} \tag{55}$$

因此

$$S^k(f)=(S^{k-1}N_{-3}(x),\cdots,S^{k-1}N_{n-1}(x))\begin{vmatrix}f(\xi_{-3})\\ \vdots\\ f(\xi_{n-1})\end{vmatrix} \tag{56}$$

根据式(41)～(53),容易计算得

$$S(N_{-3})=N_{-3}(x)+\frac{8}{27}N_{-2}(x)$$

$$S(N_{-2})=\frac{61}{108}N_{-2}(x)+\frac{1}{4}N_{-1}(x)$$

$$S(N_{-1})=\frac{43}{324}N_{-2}(x)+\frac{7}{12}N_{-1}(x)+\frac{1}{6}N_0(x)$$

$$S(N_0)=\frac{1}{162}N_{-2}(x)+\frac{1}{6}N_{-1}(x)+\frac{2}{3}N_0(x)+\frac{1}{6}N_1(x)$$

$$S(N_k)=\frac{1}{6}N_{k-1}(x)+\frac{2}{3}N_k(x)+\frac{1}{6}N_{k+1}(x)$$

$$k=1,\cdots,n-5$$

$$S(N_{n-4})=\frac{1}{6}N_{n-5}(x)+\frac{2}{3}N_{n-4}(x)+\frac{1}{6}N_{n-3}(x)+\frac{1}{162}N_{n-2}(x)$$

$$S(N_{n-3})=\frac{1}{6}N_{n-4}(x)+\frac{7}{12}N_{n-3}(x)+\frac{43}{324}N_{n-2}(x)$$

$$S(N_{n-2})=\frac{1}{4}N_{n-3}(x)+\frac{61}{108}N_{-2}(x)$$

$$S(N_{n-1})=\frac{8}{27}N_{n-2}(x)+N_{n-1}(x)$$

因此

$$(SN_{-3},\cdots,SN_{n-1})=(N_{-3},\cdots,N_{n-1})A \qquad (57)$$

这里

$$\boldsymbol{A}=\begin{vmatrix} 1 & & & & & & & \\ \frac{8}{27} & \frac{61}{108} & \frac{43}{324} & \frac{1}{162} & & & & \\ & \frac{1}{4} & \frac{7}{12} & \frac{1}{6} & & & & \\ & & \frac{1}{6} & \frac{2}{3} & \frac{1}{6} & & & \\ & & \ddots & \ddots & \ddots & & & \\ & & & \frac{1}{6} & \frac{2}{3} & \frac{1}{6} & & \\ & & & & \frac{1}{6} & \frac{7}{12} & \frac{1}{4} & \\ & & & & \frac{1}{162} & \frac{43}{324} & \frac{61}{108} & \frac{8}{27} \end{vmatrix} \qquad (58)$$

将式(57) 与式(58) 代入式(56) 即知

$$S^{k+1}(f)=(N_{-3},\cdots,N_{n-1})\boldsymbol{A}^k\begin{pmatrix} f(\xi_{-3}) \\ \vdots \\ f(\xi_{n-1}) \end{pmatrix} \qquad (59)$$

所以欲证$\lim\limits_{k\to\infty} S^k(f)$ 存在，只需证明$\lim\limits_{n\to\infty}\boldsymbol{A}^k$ 存在.

定理 7　$\lim\limits_{k\to\infty}\boldsymbol{A}^k$ 存在.

证明　因为 $\boldsymbol{A}$ 为非负矩阵，并且 $\boldsymbol{A}$ 的每一行的元素和都等于 1，故 $\boldsymbol{A}$ 实际上是 Markov 链的转移概率矩阵. 这些转移概率表明状态 1 状态 $n+3$ 为其吸收壁. 因此根据《矩阵论(下卷)》(高等教育出版社，1957) 只需说明 $\boldsymbol{A}$ 为正常的转移概率矩阵. 换而言之，我们要说明 $\boldsymbol{A}$ 除了有等于 1 的特征值之外，不存在模为 1 的特征值. 根据 $\boldsymbol{A}$ 的形式显然 1 至少是 $\boldsymbol{A}$ 的二重特征值. 注意到

$$\boldsymbol{A}'=\begin{pmatrix} \frac{61}{108} & \frac{43}{324} & \frac{1}{162} & & & & \\ & \frac{1}{4} & \frac{7}{12} & \frac{1}{6} & & & \\ & & \frac{1}{6} & \frac{2}{3} & \frac{1}{6} & & \\ & & \ddots & \ddots & \ddots & & \\ & & & \frac{1}{6} & \frac{2}{3} & \frac{1}{6} & \\ & & & & \frac{1}{6} & \frac{7}{12} & \frac{1}{4} \\ & & & & \frac{1}{162} & \frac{43}{324} & \frac{61}{108} \end{pmatrix}_{(n+1)\times(n+1)} \tag{60}$$

为非负的不可约矩阵，且行元素之和的最小值为 $\frac{19}{27}$，最大值为 1. 于是再一次利用《矩阵论(下卷)》(高等教育出版社，1957) 第 443 页最末两行的说明立即可知 $\boldsymbol{A}'$ 的特征值其最大模必小于 1. 综合上述可见 1 是 $\boldsymbol{A}$ 的二重特征值，且无形如 $e^{i\varphi}$ 的特征值. 定理 7 证毕.

性质 3

$$\det(\boldsymbol{A}-\lambda\boldsymbol{I})=k\times(36)^2(1-\lambda)^2\{F(\lambda)\} \tag{61}$$

这里

$$k=\left(\frac{1}{324}\right)^2\left(\frac{1}{12}\right)^2\times\left(\frac{1}{6}\right)^{n-3} \tag{62}$$

$$\begin{aligned} F(\lambda)=&(108\lambda^2-124\lambda+32)^2D_{n-3}(\lambda)-4(5-9\lambda)\cdot \\ &(108\lambda^2-124\lambda+32)D_{n-4}(\lambda)+ \\ &4(5-9\lambda)^2D_{n-5}(\lambda) \end{aligned} \tag{63}$$

$D_k(\lambda)=$

$$\det\begin{pmatrix}4-6\lambda & 1 & & & & \\ 1 & 4-6\lambda & 1 & & & \\ & 1 & 4-6\lambda & 1 & & \\ & & \ddots & \ddots & \ddots & \\ & & & 1 & 4-6\lambda & 1\end{pmatrix}_{k\times k}\tag{64}$$

证明　这是将 $\det(\boldsymbol{A}-\lambda\boldsymbol{I})$ 沿最前三行与最后三行展开的直接结果.

性质 4

$$\begin{cases}D_k(1)=(1+k)(-1)^k \\ D_k\left(\dfrac{1}{3}\right)=(1+k),k\geqslant 1\end{cases}\tag{65}$$

证明　用归纳法立即得到.

由性质 3 和性质 4 立即得

$$F(1)=\{64n\}(-1)^{n-3}\tag{66}$$

$$\Delta^{(2)}(1)=\frac{\mathrm{d}^2}{\mathrm{d}\lambda^2}\det(\boldsymbol{A}-\lambda\boldsymbol{I})\mid_{\lambda=1}=$$

$$2k\cdot(36)^2(-1)^{n-3}\{64n\}\tag{67}$$

以下进入 $\boldsymbol{A}^{\infty}$ 的具体表达式的讨论.

根据《矩阵论(下卷)》(高等教育出版社,1957) 第 449 页知

$$\boldsymbol{A}^{\infty}=(-1)^{n+4}\ \frac{2B'(1)}{\Delta^{(2)}(1)}\tag{68}$$

[注意:式(68) 与《矩阵论(下卷)》(高等教育出版社,1957) 的 449 页的式子略有不同,因为《矩阵论(下卷)》(高等教育出版社,1957) 中的特征多项式是以 $\det(\lambda\boldsymbol{I}-\boldsymbol{P})$ 来计算的,而我们这里采用 $\det(\boldsymbol{P}-\lambda\boldsymbol{I})$ 来计算,因此相差了 $(-1)^{n+4}$ 的幂次]. 当然式(68) 中的

$B(\lambda)$ 在我们的情形下应该是 $(\boldsymbol{A}-\lambda\boldsymbol{I})$ 的附加矩阵，并且

$$B'(1)=\frac{\mathrm{d}}{\mathrm{d}\lambda}B(\lambda)\mid_{\lambda=1} \tag{69}$$

记

$$B'(1)=(b_{ij})_{1\leqslant i,j\leqslant n+3} \tag{70}$$

于是根据

$$\boldsymbol{A}-\lambda\boldsymbol{I}=$$

$$\begin{pmatrix} 1-\lambda & & & & & & & \\ \frac{8}{27} & \frac{61}{108}-\lambda & \frac{43}{324} & \frac{1}{162} & & & & \\ & \frac{1}{4} & \frac{7}{12}-\lambda & \frac{1}{6} & & & & \\ & & \frac{1}{6} & \frac{2}{3}-\lambda & \frac{1}{6} & & & \\ & & \ddots & \ddots & \ddots & & & \\ & & & \frac{1}{6} & \frac{2}{3}-\lambda & \frac{1}{6} & & \\ & & & & \frac{1}{6} & \frac{7}{12}-\lambda & \frac{1}{4} & \\ & & & & \frac{1}{162} & \frac{43}{324} & \frac{61}{108}-\lambda & \frac{8}{27} \\ & & & & & & & 1-\lambda \end{pmatrix} \tag{71}$$

的具体形式，不难看出 b_{ij}，$1\leqslant i,j\leqslant n+3$ 具有下述特殊的性质：

(1) 下列花括号中的元素均为 0，则

$$\begin{Bmatrix} b_{22} & \cdots & b_{2,n+2} \\ \vdots & & \vdots \\ b_{n+2,2} & \cdots & b_{n+2,n+2} \end{Bmatrix}$$

这是因为与这些 b_{ij} 相应的附加矩阵的位置均含有 $(1-\lambda)^2$ 的因子，故对它求 λ 的微商并令 $\lambda=1$ 时应为 0.

(2) $b_{12},b_{13},\cdots,b_{1,n+3}$ 与 $b_{n+3,1},\cdots,b_{n+3,n+2}$ 亦均为 0. 这是因为与这些 b_{ij} 相应的附加矩阵的位置其元素由 $\boldsymbol{A}-\lambda\boldsymbol{I}$ 的代数余子式构成，而这些代数余子式必有(最

前或最后）一行均为 0 元素，故知这些 b_{ij} 均为零.

(3) $b_{11}=b_{n+3,n+3}=(-1)^{n+4}k\times(36)^2\times\{64n\}$.

这由式(71)及

$$\det\begin{pmatrix} \frac{61}{108}-1 & \frac{43}{324} & \frac{1}{162} & & & & \\ \frac{1}{4} & \frac{7}{12}-1 & \frac{1}{6} & & & & \\ & \frac{1}{6} & \frac{2}{3}-1 & \frac{1}{6} & & & \\ & \ddots & \ddots & \ddots & & & \\ & & \frac{1}{6} & \frac{2}{3}-1 & \frac{1}{6} & & \\ & & & \frac{1}{6} & \frac{7}{12}-1 & \frac{1}{4} \\ & & & \frac{1}{162} & \frac{43}{324} & \frac{61}{108}-1 \end{pmatrix}=k(36)^2F(1)$$

和式(66)得到.

性质 5

$$\begin{cases} b_{21}=(-1)^{n+2}\cdot k\times 96\times 144[6n-2] \\ b_{l1}=(-1)^{n+2}k\times 96\times 144[6n-6l+12] \\ 3\leqslant l\leqslant n+1 \\ b_{n+2,1}=(-1)^{n+2}k\times 96\times 144\times 2 \end{cases}\tag{72}$$

并且

$$\begin{pmatrix} b_{11} \\ b_{21} \\ \vdots \\ b_{n+2,1} \end{pmatrix}=\begin{pmatrix} b_{n+3,n+3} \\ b_{n+2,n+3} \\ \vdots \\ b_{2,n+3} \end{pmatrix}\tag{73}$$

证明　因按照式(71)及附加矩阵的求法可知 $b_{21},\cdots,b_{n+2,1}$ 分别由下列长方阵中划去第 2，第 3，…，第 $n+2$ 列的元素并计算其行列式之值后乘以(−1)的

适当幂次[例如 b_{21} 应乘以$(-1)^{l+1+1}$]而得到

$$\begin{pmatrix}
\frac{8}{27} & \frac{61}{108}-1 & \frac{43}{324} & \frac{1}{162} & & & & \\
 & \frac{1}{4} & \frac{7}{12}-1 & \frac{1}{6} & & & & \\
 & & \frac{1}{6} & \frac{2}{3}-1 & \frac{1}{6} & & & \\
 & & \ddots & \ddots & \ddots & & & \\
 & & & \frac{1}{6} & \frac{2}{3}-1 & \frac{1}{6} & & \\
 & & & & \frac{1}{6} & \frac{7}{12}-1 & \frac{1}{4} & \\
 & & & & \frac{1}{162} & \frac{43}{324} & \frac{61}{108}-1 &
\end{pmatrix}_{(n+1)\times(n+2)} \tag{74}$$

同理 $b_{2,n+3},\cdots,b_{n+2,n+3}$ 分别由下列矩阵中依次划去第 1 列,第 2 列,……,第 $n+1$ 列后计算其行列式并乘以(-1)的适当幂次而得

$$\begin{pmatrix}
\frac{61}{108}-1 & \frac{43}{324} & \frac{1}{162} & & & & \\
\frac{1}{4} & \frac{7}{12}-1 & \frac{1}{6} & & & & \\
 & \frac{1}{6} & \frac{2}{3}-1 & \frac{1}{6} & & & \\
 & \ddots & \ddots & \ddots & & & \\
 & & \frac{1}{6} & \frac{2}{3}-1 & \frac{1}{6} & & \\
 & & & \frac{1}{6} & \frac{7}{12}-1 & \frac{1}{4} & \\
 & & & \frac{1}{162} & \frac{43}{324} & \frac{61}{108}-1 & \frac{8}{27}
\end{pmatrix}_{(n+1)\times(n+2)} \tag{75}$$

故立即可见式(73)成立.式(72)就是按上述步骤并利用 $D_k(1)$ 的结果(见性质 4)而得,这里就不再赘述.性质 5 证毕.

定理 8

$$\mathbf{A}^{\infty}=\begin{pmatrix}1 & 0 & \cdots & 0 & 0\\ a_2 & a_1 & \cdots & a_{n+3} & a_{n+2}\\ a_3 & a_2 & \cdots & a_{n+2} & a_{n+1}\\ \vdots & \vdots & & \vdots & \vdots\\ a_{n+2} & a_{n+1} & \cdots & a_3 & a_2\\ 0 & 0 & \cdots & 0 & 1\end{pmatrix} \tag{76}$$

这里

$$\begin{cases}a_2=\dfrac{3n-1}{3n}\\ a_1=\dfrac{3n-3l+6}{3n},3\leqslant l\leqslant n+1\\ a_{n+2}=\dfrac{1}{3n}\end{cases} \tag{77}$$

证明　这里式(68)(70)与(1)(2)(3)及性质5立即得到. 定理8证毕.

式(76)给出了Markov链转移概率矩阵$\mathbf{A}$的终极条件概率. 从直观上我们也可看出$\mathbf{A}^{\infty}$只可能是如式(76)的形式. 因为状态1与状态$n+3$是吸收壁,它一旦进入这两个状态之一时就永远不会再改变其状态了. 因此终极条件只可能在第1列与第$n+3$列取值.

根据式(76)的性质不难看出

$$a_s+a_{n-(s-4)}=1,s=2,\cdots,n$$

定理9　对任意$f(x),x\in[0,n]$成立

$$\lim_{k\to\infty}S^k(f)=f(0)+[f(n)-f(0)]\frac{x}{n} \tag{78}$$

证明　按照式(59)即知

$$\lim_{k\to\infty}S^k(f)=(N_{-3},\cdots,N_{n-1})\mathbf{A}^{\infty}\begin{pmatrix}f(\xi_{-3})\\ \vdots\\ f(\xi_{n-1})\end{pmatrix} \tag{79}$$

将式(76)代入上式即知($\xi_{-3}=0,\xi_{n-1}=n$)

$$\lim_{k\to\infty}S^k(f)=\sum_{j=-3}^{n-1}(a_{j+4}f(0)+a_{n-j}f(n))N_j(x) \tag{80}$$

这里$a_1=1$,并规定$a_{n+3}=0$. 式(80)表明$\lim\limits_{k\to\infty}S^k(f)$仅依赖$f(x)$在0点与$n$点处的值,与$f(x)$在$(0,n)$内的形式无关. 特别地,取$g_1(x)$与$g_2(x)$,使得

$$g_1(0)=g_2(0)=f(0),g_1(n)=g_2(n)=f(n)$$

并且g_1为$C^2[0,n]$中的凸函数,g_2为$C^2[0,n]$中的凹函数,则按照性质2(2)立即可知$S^k(g_1)$与$S^k(g_2)$分别为凸、凹函数. 但凸(凹)函数序列的极限函数必然是凸(凹)函数,故知式(80)右端的函数必定是属于$C^2[0,n]$的既凸又凹的函数. 因此

$$\lim_{k\to\infty}S^k(f)=ax+b,x\in[0,n] \tag{81}$$

又由性质1(1)可知对任意k恒有

$$S^k(f)\mid_{x=0}=f(0),S^k(f)\mid_{x=n}=f(n) \tag{82}$$

因此,由式(82)立即定出式(81)中的a与b. 证得定理9.

把定理9的结果与式(39)相比较可见变差缩减的样条逼近法与 Bernstein 多项式逼近法其迭代极限是一致的.

可以证明对非等距的任意多项式样条函数其变差缩减的逼近方法也有类似于定理9的结果. 本节对于三次等距样条的限制无非是对$\boldsymbol{A}^\infty$可以进行更简单彻底的计算.

微分积分方程与 Bernstein 多项式

第 7 章

§1 应用 Bernstein 多项式求解一类变分数阶微分方程

燕山大学理学院的刘乐春、刘立卿、陈一鸣三位教授于 2014 年应用 Bernstein 多项式求解了一类变分数阶微分方程.

分数阶微积分是一个古老的话题,近年来,分数阶微积分的理论研究取得了丰硕的成果. 分数阶微分方程数值解的研究是分数阶微分方程领域中的重要组成部分,近些年来得到了广泛的发展. 针对不同类型的分数阶微积分方程，研究者提出了不同的数值算法，其中最主要的方法有 ADM 分解法、有限差分法、变分迭代法、广义微分变换法、Block pulse 函数法、小波方法，等等.

近年来，越来越多的事实表明变分数阶计算为描述复杂动力问题提供了有效的数学构架. 变阶算子的概念是近年来逐渐发展起来的，它的出现带来了分数阶研究领域中新的范例，不同的研究者给出了不同的变阶微分算子的定义，例如 Riemann-Liouville 定义、Captuo 定义、Marchaud 定义、Coimbra 定义、Grunwald 定义等，每个定义针对预期的目标有着特定的含义. 本节采用的是 Captuo 类型的变分数阶导数定义.

由于变阶算子核中含有一个指数部分，故求解变分数阶微分方程的难度相当大. 因此，对于变分数阶微分方程的研究还处于初级阶段，关于求解变分数阶微分方程数值解的文献很少. 本节结合 Bernstein 多项式，求解一类变分数阶微分方程.

本节将求解如下形式的变分数阶线性微分方程

$$D^{\alpha(x)}u(x)+u'(x)+g(x)u(x)=f(x)$$

其中，$\alpha(x)$ 为 Captuo 类型的变阶算子，且 $0<\alpha(x)<1$；$u(x)$，$f(x)$，$g(x)$ 的区间$[0,1]$上连续，$f(x)$，$g(x)$ 为已知函数，$u(x)$ 为未知函数.

1.1 变分数阶微分的定义

定义 1 Captuo 类型的变分数阶微分定义如下

$$D^{\alpha(x)}u(t)=\frac{1}{\Gamma(1-\alpha(t))}\int_{0+}^{t}(t-\tau)^{-\alpha(t)}u'(\tau)\mathrm{d}\tau+$$

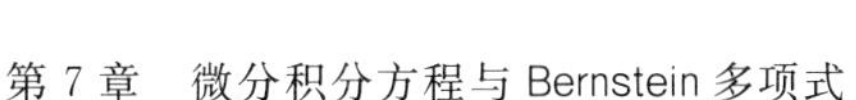

$$\frac{(u(0+)-u(0-))t^{-\alpha(t)}}{\Gamma(1-\alpha(t))} \tag{1}$$

其中，$0<\alpha(t)\leqslant 1$. 如果 $\alpha(t)=c$（常数），那么该定义则变为分数阶导数的 Captuo 定义. 如果初始时刻的条件取得足够好，可得

$$D^{\alpha(x)}u(t)=\frac{1}{\Gamma(1-\alpha(t))}\int_{0+}^{t}(t-\tau)^{-\alpha(t)}\times u'(\tau)\mathrm{d}\tau, 0<\alpha(t)<1 \tag{2}$$

且有如下性质

$$D^{\alpha(t)}c=0, c \text{ 为常数} \tag{3}$$

$$D_{*}^{\alpha(t)}x^{\beta}=\begin{cases}0, \beta=0\\ \dfrac{\Gamma(\beta+1)}{\Gamma(\beta+1-\alpha(t))}x^{\beta-\alpha(t)}, \beta=1,2,3,\cdots\end{cases} \tag{4}$$

1.2　Bernstein 多项式的定义及性质

1. Bernstein 多项式的定义

定义 2　定义在区间 $[0,1]$ 上的 n 阶 Bernstein 多项式形式如下

$$B_{i,n}(x)=\binom{n}{i}x^{i}(1-x)^{n-i} \tag{5}$$

将 $(1-x)^{n-i}$ 用二项式定理展开，式(5) 可以表示为

$$B_{i,n}(x)=\binom{n}{i}x^{i}(1-x)^{n-i}=\sum_{k=0}^{n-i}(-1)^{k}\binom{n}{i}\binom{n-i}{k}x^{i+k} \tag{6}$$

定义

$$\boldsymbol{\Phi}(x)=[B_{0,n}(x), B_{1,n}(x), \cdots, B_{n,n}(x)]^{\mathrm{T}} \tag{7}$$

则 $\boldsymbol{\Phi}(x)$ 可以用如下形式表示

$$\boldsymbol{\Phi}(x)=\boldsymbol{A}\boldsymbol{T}_{n}(x) \tag{8}$$

其中

$$\boldsymbol{A}=\begin{pmatrix}(-1)^0\binom{n}{0} & (-1)^1\binom{n}{0}\binom{n-0}{1} & \cdots & (-1)^{n-0}\binom{n}{0}\binom{n-0}{n-0}\\ 0 & (-1)^0\binom{n}{0}\binom{n-0}{1} & \cdots & (-1)^{n-1}\binom{n}{1}\binom{n-1}{n-1}\\ \vdots & \vdots & & \vdots\\ 0 & 0 & \cdots & (-1)^0\binom{n}{0}\end{pmatrix}$$

$$\boldsymbol{T}_n(x)=\begin{bmatrix}1\\x\\\vdots\\x^n\end{bmatrix} \tag{9}$$

因此 $\boldsymbol{A}^{-1}$ 可逆，故有

$$\boldsymbol{T}_n(x)=\boldsymbol{A}^{-1}\boldsymbol{\Phi}(x) \tag{10}$$

2. 函数逼近

定义在[0,1]区间上的平方可积函数 $f(x)$ 可以用 Bernstein 多项式展开，通常，只考虑前 $n+1$ 项，即

$$f(x)\cong\sum_{i=0}^{n}c_iB_{i,n}(x)=\boldsymbol{c}^{\mathrm{T}}\boldsymbol{\Phi}(x) \tag{11}$$

其中，系数 $\boldsymbol{c}=[c_0,c_1,\cdots,c_n]^{\mathrm{T}}$，且系数可由内积确定，即

$$\boldsymbol{c}=\boldsymbol{Q}^{-1}(f,\boldsymbol{\Phi}(x)) \tag{12}$$

其中，Q 为 $(n+1)\times(n+1)$ 阶矩阵，被称为 $\boldsymbol{\Phi}(x)$ 的内积矩阵，即

$$\begin{aligned}\boldsymbol{Q}&=\int_0^1\boldsymbol{\Phi}(x)\boldsymbol{\Phi}^{\mathrm{T}}(x)\mathrm{d}x=\\&\int_0^1(\boldsymbol{AT}_n(x))(\boldsymbol{AT}_n(x))^{\mathrm{T}}\mathrm{d}x=\\&\boldsymbol{A}\left(\int_0^1\boldsymbol{T}_n(x)\boldsymbol{T}_n^{\mathrm{T}}(x)\mathrm{d}x\right)\boldsymbol{A}^{\mathrm{T}}=\boldsymbol{AHA}^{\mathrm{T}}\end{aligned} \tag{13}$$

其中,$\boldsymbol{H}$ 为 Hilbert 矩阵.

3. Bernstein 多项式的一阶算子矩阵

对 $\boldsymbol{\Phi}(x)$ 进行一阶求导,可以得到

$$\boldsymbol{\Phi}'(x)=\boldsymbol{D}\boldsymbol{\Phi}(x) \tag{14}$$

其中,$\boldsymbol{D}$ 为 $(n+1)\times(n+1)$ 阶的矩阵,称为 Berntein 多项式的一阶微分算子矩阵. 由式(8) 可以得到

$$\boldsymbol{\Phi}'(x)=\boldsymbol{A}\begin{pmatrix}0\\1\\\vdots\\nx^{n-1}\end{pmatrix} \tag{15}$$

定义如下形式的 $(n+1)\times n$ 阶矩阵 $\mathbf{V}_{(n+1)\times n}$ 和 $n\times 1$ 维向量 $\boldsymbol{T}_n^*(x)$

$$\mathbf{V}_{(n+1)\times n}=\begin{pmatrix}0&0&\cdots&0\\1&0&\cdots&0\\0&2&\cdots&0\\\vdots&\vdots&&\vdots\\0&0&\cdots&n\end{pmatrix},\boldsymbol{T}_n^*(x)=\begin{pmatrix}1\\x\\\vdots\\x^{n-1}\end{pmatrix} \tag{16}$$

将 $\boldsymbol{T}_n^*(x)$ 用 $\boldsymbol{\Phi}(x)$ 的形式展开,可以得到

$$\boldsymbol{T}_n^*(x)=\boldsymbol{B}^*\boldsymbol{\Phi}(x) \tag{17}$$

其中

$$\boldsymbol{B}^*=(\boldsymbol{A}_{[1]}^{-1}\quad\boldsymbol{A}_{[2]}^{-1}\quad\cdots\quad\boldsymbol{A}_{[n]}^{-1})^{\mathrm{T}} \tag{18}$$

这里 $\boldsymbol{A}_{[k]}^{-1}$ 代表 $\boldsymbol{A}^{-1}$ 的第 k 行.

所以有

$$\boldsymbol{\Phi}'(x)=\boldsymbol{A}\mathbf{V}_{(n+1)\times n}\boldsymbol{B}^*\boldsymbol{\Phi}(x) \tag{19}$$

1.3　数值算法

考虑如下形式的变分数阶非线性微分方程

$$D^{\alpha(x)}u(x)+u'(x)+g(x)u(x)=f(x) \tag{20}$$

将 $u(x)$ 用 Bernstein 多项式近似表示，如式(11)所示.首先，利用 Bernstein 多项式一阶微分算子，可以得到

$$u'(x)=(\boldsymbol{c}^{\mathrm{T}}\boldsymbol{\Phi}(x))'=\boldsymbol{c}^{\mathrm{T}}\boldsymbol{A}\boldsymbol{V}_{(n+1)\times n}\boldsymbol{B}^{*}\boldsymbol{\Phi}(x) \tag{21}$$

利用变阶数微分的 Captuo 定义，可以得到

$$D^{\alpha(x)}u(x)=D^{\alpha(x)}\boldsymbol{c}^{\mathrm{T}}\boldsymbol{\Phi}(x)=$$

$$\boldsymbol{c}^{\mathrm{T}}D^{\alpha(x)}\boldsymbol{\Phi}(x)=\boldsymbol{c}^{\mathrm{T}}D^{\alpha(x)}\boldsymbol{A}\boldsymbol{T}_{n}(x)=$$

$$\boldsymbol{c}^{\mathrm{T}}\boldsymbol{A}D^{\alpha(x)}\begin{pmatrix}1\\x\\\vdots\\x^{n}\end{pmatrix}=\boldsymbol{c}^{\mathrm{T}}\boldsymbol{A}\begin{pmatrix}0\\\dfrac{\Gamma(2)}{\Gamma(2-\alpha(x))}x^{-\alpha(x)}\\\dfrac{\Gamma(3)}{\Gamma(3-\alpha(x))}x^{2-\alpha(x)}\\\vdots\\\dfrac{\Gamma(n+1)}{\Gamma(n+1-\alpha(x))}x^{n-\alpha(t)}\end{pmatrix}=$$

$$\boldsymbol{c}^{\mathrm{T}}\boldsymbol{A}\begin{pmatrix}0&0&\cdots&0\\0&\dfrac{\Gamma(2)}{\Gamma(2-\alpha(x))}x^{-\alpha(x)}&\cdots&0\\\vdots&\vdots&&\vdots\\0&0&\cdots&\dfrac{\Gamma(n+1)}{\Gamma(n+1-\alpha(x))}x^{-\alpha(x)}\end{pmatrix}\cdot$$

$$\begin{pmatrix}1\\x\\\vdots\\x^{n}\end{pmatrix}=\boldsymbol{c}^{\mathrm{T}}\boldsymbol{A}\boldsymbol{M}\boldsymbol{A}^{-1}\boldsymbol{\Phi}(x) \tag{22}$$

其中

$$M=\begin{pmatrix}0 & 0 & \cdots & 0\\ 0 & \frac{\Gamma(2)}{\Gamma(2-\alpha(x))}x^{-\alpha(x)} & \cdots & 0\\ \vdots & \vdots & & \vdots\\ 0 & 0 & \cdots & \frac{\Gamma(n+1)}{\Gamma(n+1-\alpha(x))}x^{-\alpha(x)}\end{pmatrix} \tag{23}$$

$\boldsymbol{M}$ 为 Bernstein 多项式的 $\alpha(x)$ 阶微分算子矩阵.

将式(21)、式(22)代入式(20),可以得到

$$\boldsymbol{c}^{\mathrm{T}}\boldsymbol{AMA}^{-1}\boldsymbol{\Phi}(x)+\boldsymbol{c}^{\mathrm{T}}\boldsymbol{AV}_{(n+1)\times n}\boldsymbol{B}^{*}\boldsymbol{\Phi}(x)+ \boldsymbol{c}^{\mathrm{T}}g(x)\boldsymbol{\Phi}(x)=f(x) \tag{24}$$

由离散变量 x,可以得到系数 $\boldsymbol{c}$,进而得出近似解

$$u(x)=\boldsymbol{c}^{\mathrm{T}}\boldsymbol{\Phi}(x)$$

1.4　误差分析

假设 $f(x)$ 是在区间[0,1]上 $m+1$ 阶连续可导的函数. 如果 $\boldsymbol{c}^{\mathrm{T}}\boldsymbol{\Phi}(x)$ 是 f 在线性空间 $Y=\mathrm{span}\{B_{0,n}, B_{1,n},B_{2,n},\cdots,B_{n,n}\}$ 的最佳逼近,那么最大误差估计如下所示

$$\|f-\boldsymbol{c}^{\mathrm{T}}\boldsymbol{\Phi}(x)\|_2\leqslant\frac{\sqrt{2}MS^{\frac{2m+3}{2}}}{(m+1)!\sqrt{2m+3}} \tag{25}$$

其中,$S=\max\{1-x_0,x_0\}$;$M=\max|f^{(m+1)}(x)|$, $x\in[0,1]$.

说明　首先考虑 $f(x)$ 的泰勒展开式,即

$$f_1(x)=f(x_0)+f'(x_0)(x-x_0)+ f''(x_0)\frac{(x-x_0)^2}{2}+\cdots+ f^{(m)}(x_0)\frac{(x-x_0)^m}{m!}$$

根据中值定理,可以得到

$$|f(x)-f_1(x)|=$$
$$|f^{(m+1)}(\varepsilon)|\frac{(x-x_0)^{m+1}}{(m+1)!},\exists\varepsilon\in(0,1)$$

$c^{\mathrm{T}}\boldsymbol{\Phi}(x)$ 作为 f 的最佳逼近,因此可以得到

$$\|f-\boldsymbol{c}^{\mathrm{T}}\boldsymbol{\Phi}(x)\|_2^2\leqslant\|f-f_1\|_2^2=$$
$$\int_0^1(f(x)-f_1(x))^2\mathrm{d}x=$$
$$\int_0^1\left(|f^{(m+1)}(\varepsilon)|\frac{(x-x_0)^{m+1}}{(m+1)!}\right)^2\mathrm{d}x\leqslant$$
$$\frac{M^2}{[(m+1)!]^2}\int_0^1(x-x_0)^{2m+2}\mathrm{d}x\leqslant$$
$$\frac{2M^2S^{2M+3}}{[(m+1)!]^2(2m+3)}$$

对上式开平方,可以得到最大误差估计式.

本节应用 Bernstein 多项式成功求解了一类变阶数分数阶微分方程,用低阶的 Bernstein 多项式就可以达到很高的精度.通过求解 Bernstein 多项式的一阶微分算子矩阵和分数阶微分算子矩阵,将原来的方程转化为一系列相关矩阵的乘积,然后把变量离散,便可得到数值解.该方法为变分数阶微分方程的求解提供了有效的工具.

§2 基于 Bernstein 多项式的配点法解高阶常微分方程

高阶微分方程在力学和工程技术等实际问题中应用非常广泛.近十几年来,有多位学者将 Bernstein 多项式引入微分方程的数值求解.文献 *Use of modified*

Bernstein polynomials to solve KdV-*Burgers equation numerically* 中应用修正的 Bernstein 多项式求 KdV-Burgers 方程的数值解；文献《用修正 Bernstein 多项式 Galekin 法求 Burgers 方程数值解》中采用修正的 Bernstein 多项式 Galerkin 法求解(1＋1)维非线性 Burgers 方程，结果表明：该算法采用的基函数少、精确度高且适应性强；文献《Bernstein 多项式的两类线性常微分方程的近似解研究》中以 Bernstein 多项式为工具，研究了带初始条件的 m 阶线性积分－微分方程以及带边界条件的二阶线性奇异微分方程的两类线性常微分方程的数值解问题，所得格式有较高的精度. 天津师范大学数学科学学院的朱亚男、王彩华两位教授于 2015 年讨论了基于 Bernstein 多项式的配点法及最小二乘配点法求解高阶常微分方程边值问题.

2.1　Bernstein 多项式的性质

Bernstein 多项式可以用于表示多种函数，具有非负、可积、可微等特点，是科学技术研究与计算数学研究中应用十分广泛的数学工具之一.

n 阶 Bernstein 多项式的基函数为

$$B_{i,n}(x)=\binom{n}{i}x^{i}(1-x)^{n-i}$$

其中 $0\leqslant x\leqslant 1, i=1,2,\cdots,n, \binom{n}{i}=\frac{n!}{i!\ (n-i)!}$.

Bernstein 多项式具有非负性，即 $B_{i,n}(x)\geqslant 0$，其端点值为

$$B_{0,n}(0)=1, B_{0,n}(1)=0$$

$$B_{i,n}(0)=B_{i,n}(1)=0, i=1,2,\cdots,n-1$$

$$B_{n,n}(0)=0, B_{n,n}(1)=1$$

Bernstein 多项式的导函数满足如下递推式

$$B'_{i,n}(x)=n[B_{i-1,n-1}(x)-B_{i,n-1}(x)]$$

$$B''_{i,n}(x)=n(n-1)[B_{i-2,n-2}(x)-2B_{i-1,n-2}(x)+B_{i,n-2}(x)]$$

$$B'''_{i,n}(x)=n(n-1)(n-2)[B_{i-3,n-3}(x)-3B_{i-2,n-3}(x)+3B_{i-1,n-3}(x)-B_{i,n-3}(x)]$$

其他高阶导数可同理递推,由低阶 Bernstein 多项式的线性组合表示.

2.2 常微分方程求解

n 阶线性常微分方程边值问题的一般形式为

$$\begin{cases}Lu(x)=a_n(x)u^{(n)}(x)+a_{n-1}(x)u^{(n-1)}(x)+\cdots+\\ a_2(x)u''(x)+a_1(x)u'(x)+a_0(x)u(x)=f(x)\\ 0\leqslant x\leqslant 1\\ u^{(k)}(0)=\alpha_k, u^{(k)}(1)=\beta_k, k=0,1,\cdots,\dfrac{n}{2}-1\end{cases} \tag{26}$$

这里不妨设 n 为偶数,设 $a_k(x), k=0,1,\cdots,n$ 和 $f(x)$ 在[0,1]上连续,α_k,β_k 为实常数.

下面基于 Bernstein 多项式的配点法和最小二乘配点法求解这类高阶常微分方程. 设基于 N 阶 Bernstein 多项式基函数的近似解为

$$u(x)=\sum_{j=0}^{N}\lambda_j B_{j,N}(x) \tag{27}$$

由边界条件可得 n 个方程

$$\sum_{j=0}^{N}\lambda_j B_{j,N}^{(k)}(0)=\alpha_k, k=0,1,\cdots,\frac{n}{2}-1 \tag{28}$$

$$\sum_{j=0}^{N}\lambda_j B_{j,N}^{(k)}(1)=\beta_k, k=0,1,\cdots,\frac{n}{2}-1 \tag{29}$$

将区间[0,1]等距剖分为 $M-n+2$ 份($M>n-2$)，则包括边界共 $M-n+3$ 个节点. 取其中的 $M-n+1$ 个内节点($x_i, u(x_i)$)，$i=1,2,\cdots,M-n+1$ 进行配点，设近似解在这些点处满足方程(26). 将($x_i, u(x_i)$)代入方程(26)可得

$$\begin{aligned}&a_n(x_i)\sum_{j=0}^{N}\lambda_j B_{j,N}^{(n)}(x_i)+a_{n-1}(x_i)\sum_{j=0}^{N}\lambda_j B_{j,N}^{(n-1)}(x_i)+\cdots+\\&a_0(x_i)\sum_{j=0}^{N}\lambda_j B_{j,N}(x_i)=\\&\sum_{j=0}^{N}\lambda_j[a_n(x_i)B_{j,N}^{(n)}(x_i)+\\&a_{n-1}(x_i)B_{j,N}^{(n-1)}(x_i)+\cdots+a_0(x)B_{j,N}(x_i)]=f(x_i)\end{aligned} \tag{30}$$

从而可得在节点处的 $M-n+1$ 个配置方程. 结合式(28)～(30)，可得含 $N+1$ 个未知量、$M+1$ 个方程的方程组：

$$\boldsymbol{G}\boldsymbol{\lambda}=\boldsymbol{b} \tag{31}$$

其中 $\boldsymbol{\lambda}=(\lambda_0,\lambda_1,\cdots,\lambda_{N-1},\lambda_N)$ 为未知量

$$\boldsymbol{G}=(g_{ij}), i=0,1,\cdots,M, j=0,1,\cdots,N$$

是该方程组的系数矩阵；$\boldsymbol{b}=(b_i)$，$i=0,1,\cdots,M$ 为右端向量，满足

$$
g_{ij}=\begin{cases}
B_{j,N}^{(i-1)}(0),i=1,\cdots,\frac{n}{2}\\
a_n(x_i)B_{j,N}^{(n)}(x_i)+a_{n-1}(x_i)B_{j,N}^{(n-1)}(x_i)+\cdots+\\
a_1(x_i)B'_{j,N}(x_i)+a_0(x)B_{j,N}(x_i)\\
i=\frac{n}{2}+1,\cdots,M-\frac{n}{2}+1\\
B_{j,N}^{(i-1)}(1),i=1,\cdots,\frac{n}{2}\\
\alpha_{i-1},i=1,\cdots,\frac{n}{2}\\
f(x_i),i=\frac{n}{2}+1,\cdots,M-\frac{n}{2}+1\\
\beta_{i-1},i=1,\cdots,\frac{n}{2}
\end{cases}
$$

若 $M=N$,即为基于 Bernstein 多项式的配点法,简记为CB. $\boldsymbol{G}$ 为方阵,$\boldsymbol{G\lambda}=\boldsymbol{b}$ 可利用高斯列主元法求解方程组.

若 $M>N$,即为基于 Bernstein 多项式的最小二乘配点法,简记为 LSB. $\boldsymbol{G}$ 为非方阵,$\boldsymbol{G\lambda}=\boldsymbol{b}$ 为超定方程组,可利用 QR 分解方法求解.

§3 Bernstein 多项式求一类变分数阶微分方程数值解

分数阶微积分是一个古老的话题. 近年来,在世界各国学者的不断研究和推动下,分数阶微积分的理论研究取得了丰硕的研究成果. 分数阶微分方程数值解的研究是分数阶微分方程领域中的重要组成部分,最近 20 多年,得到了广泛的发展. 近些年来,越来越多

的研究者发现许多动力过程中的变量体现出分数阶的表现性态，即可以随着时间和空间而变动.越来越多的事实表明变分数阶计算为描述复杂动力问题提供了有效的数学构架.变阶算子的概念是近年来逐渐发展起来的，它的出现带来了分数阶研究领域中新的范例.不同的研究者给出了不同的变阶微分算子的定义，例如有 Riemann-Liouville 定义、Captuo 定义、Marchaud 定义、Coimbra 定义和 Grunwald 定义等，每个定义针对预期的目标.本节有着特定的含义采用的是 Captuo 类型的变分数阶导数定义.

由于变阶算子核中含有一个指数部分，故求解变分数阶微分方程的难度相当大.因此，对于变分数阶微分方程的研究还处于初级阶段，关于该类型方程的数值解的文献几乎还没有出现过.只有分数阶微积分方程的数值解的相关文章.本节结合 Bernstein 多项式，去求解一类变阶数分数阶微分方程.Bernstein 多项式形式简单，结构紧凑，被成功应用到积分微分方程的数值求解中.

本节中，将求解如下形式的变分数阶微分方程

$$D^{\alpha(t)}(u(t)g(t)) + D^{\beta(t)}(u(t)) + u'(t) = f(t) \tag{32}$$

式(1) 中，$\alpha(t)$ 为 Captuo 类型的变阶算子，且 $0 < \alpha(t) < 1$，$u(t)$，$f(t)$，$g(t)$ 在区间$[0,1]$上连续，其中 $f(t)$，$g(t)$ 为已知函数，$u(t)$ 为未知函数.当 $g(t) = u(t)$ 时，原方程为非线性变分数阶微分方程.

3.1　变分数阶微积分的定义

定义 3　Riemann-Liouville 类型的变分数阶积分

定义

$$I_t^{\alpha(t)}u(t)=\frac{1}{\Gamma(\alpha(t))}\int_0^t(t-T)^{\alpha(t)-1}u(T)\mathrm{d}T$$

$$m-1\leqslant\alpha(t)<m \tag{33}$$

定义 4　Riemann-Liouville 类型的变分数阶微分定义

$$D_{a+}^{\alpha(t)}u(t)=\frac{1}{\Gamma(m-\alpha(t))}\frac{\mathrm{d}^m}{\mathrm{d}t^m}\int_a^t\frac{u(\tau)}{(t-\tau)^{\alpha(t)-m+1}}\mathrm{d}\tau,m-1\leqslant\alpha(t)<m \tag{34}$$

式(34)中，$t>0$，如果上述的 $\alpha(t)=c$(常数)，那么该定义则变为 Riemann-Liouville 类型的分数阶积分与导数的定义.

性质 1

$$D_{a+}^{\alpha(t)}I_{a+}^{\alpha(t)}u\neq u \tag{35}$$

定义 5　Captuo 类型的变分数阶微分定义

$$D^{\alpha(t)}u(t)=\frac{1}{\Gamma(1-\alpha(t))}\int_{0+}^t(t-\tau)^{-\alpha(t)}u'(\tau)\mathrm{d}\tau$$

$$0<\alpha(t)<1 \tag{36}$$

性质 2

$$D^{\alpha(t)}c=0,c\text{ 为常数} \tag{37}$$

$$D^{\alpha(t)}x^\beta=\begin{cases}0,\beta=0\\ \dfrac{\Gamma(\beta+1)}{\Gamma(\beta+1-\alpha(t))}x^{\beta-\alpha(t)},\beta=1,2,3,\cdots\end{cases} \tag{38}$$

3.2　Bernstein 多项式的定义及性质

1. Bernstein 多项式的定义

定义 6　定义在区间[0,1]上的 n 阶 Bernstein 多

项式形式如下

$$B_{i,n}(t)=\binom{n}{i}t^{i}(1-t)^{n-i} \tag{39}$$

将$(1-t)^{n-i}$用二项式定理展开，上面的公式可以表示成如下形式

$$B_{i,n}(t)=\binom{n}{i}t^{i}(1-t)^{n-i}=\sum_{k=0}^{n-i}(-1)^{k}\binom{n}{i}\binom{n-i}{k}t^{i+k} \tag{40}$$

定义

$$\boldsymbol{\Phi}(t)=(B_{0,n}(t),B_{1,n}(t),\cdots,B_{n,n}(t))^{\mathrm{T}} \tag{41}$$

那么 $\boldsymbol{\Phi}(t)$ 可以用如下形式表示

$$\boldsymbol{\Phi}(t)=\boldsymbol{A}\boldsymbol{T}_{n}(t) \tag{42}$$

其中

$$\mathbf{A}=\begin{pmatrix} (-1)^{0}\binom{n}{0} & (-1)^{1}\binom{n}{0}\binom{n-0}{1} & \cdots & (-1)^{n-0}\binom{n}{0}\binom{n-0}{n-0} \\ 0 & (-1)^{0}\binom{n}{1}\binom{n-1}{0} & \cdots & (-1)^{n-1}\binom{n}{1}\binom{n-1}{n-1} \\ \vdots & \vdots & & \vdots \\ 0 & 0 & \cdots & (-1)^{0}\binom{n}{n} \end{pmatrix} \tag{43}$$

$$\boldsymbol{T}_{n}(t)=\begin{pmatrix}1\\ t\\ \vdots\\ t^{n}\end{pmatrix}$$

因为 $\mathbf{A}^{-1}$ 可逆，故

$$\boldsymbol{T}_{n}(t)=\mathbf{A}^{-1}\boldsymbol{\Phi}(t) \tag{44}$$

2. 函数逼近

定义在[0,1]区间上的平方可积函数 $f(t)$ 可以用

Bernstein 多项式展开,通常只考虑前 $n+1$ 项,即

$$f(t)\cong\sum_{i=0}^{n}c_iB_{i,n}(t)=\boldsymbol{c}^{\mathrm{T}}\boldsymbol{\Phi}(t) \tag{45}$$

其中系数为 $\boldsymbol{c}=(c_0,c_1,\cdots,c_n)^{\mathrm{T}}$,且系数可由内积确定,即

$$\boldsymbol{c}=\boldsymbol{Q}^{-1}(f,\boldsymbol{\Phi}(t)) \tag{46}$$

其中 $\boldsymbol{Q}$ 为 $(n+1)\times(n+1)$ 阶矩阵,$\boldsymbol{Q}$ 被称为 $\boldsymbol{\Phi}(t)$ 的内积矩阵,$\boldsymbol{Q}$ 可由如下的公式计算

$$\begin{aligned}\boldsymbol{Q}=&\int_0^1\boldsymbol{\Phi}(t)\boldsymbol{\Phi}^{\mathrm{T}}(t)\mathrm{d}x=\\&\int_0^1(\boldsymbol{AT}_n(t))(\boldsymbol{AT}_n(t))^{\mathrm{T}}\mathrm{d}t=\\&\boldsymbol{A}\left(\int_0^1\boldsymbol{T}_n(t)\boldsymbol{T}_n^{\mathrm{T}}(t)\mathrm{d}t\right)\boldsymbol{A}^{\mathrm{T}}=\boldsymbol{AHA}^{\mathrm{T}}\end{aligned} \tag{47}$$

式(47)中,$\boldsymbol{H}$ 为 Hilbert 矩阵.

对于二阶函数 $u(x,t)\in L^2([0,1]\times[0,1])$,仍可以利用 Bernstein 多项式近似表示

$$\begin{aligned}u(x,t)\cong&\sum_{i=0}^{n}\sum_{j=0}^{n}u_{i,j}B_{i,n}(x)B_{j,n}(t)=\\&\boldsymbol{\Phi}^{\mathrm{T}}(x)\boldsymbol{U}\boldsymbol{\Phi}(t)\end{aligned} \tag{48}$$

式(48)中

$$\boldsymbol{U}=\begin{pmatrix}u_{00}&u_{01}&\cdots&u_{0n}\\u_{10}&u_{11}&\cdots&u_{1n}\\\vdots&\vdots&&\vdots\\u_{n0}&u_{n1}&\cdots&u_{nn}\end{pmatrix} \tag{49}$$

$\boldsymbol{U}$ 可以由内积确定,即

$$\boldsymbol{U}=\boldsymbol{Q}^{-1}(\boldsymbol{\Phi}(x),(\boldsymbol{\Phi}(t),u(x,t)))\boldsymbol{Q}^{-1}$$

3.3　Bernstein 多项式的算子矩阵

1. $u'(t)$ 结构的一阶算子矩阵

令 $u(t)=\boldsymbol{c}_1^{\mathrm{T}}\boldsymbol{\Phi}(t)$，对 $\boldsymbol{\Phi}(t)$ 进行一阶求导，可以得到

$$\boldsymbol{\Phi}'(t)=\boldsymbol{D}\boldsymbol{\Phi}(t) \tag{50}$$

式(50) 中，$\boldsymbol{D}$ 为 $(n+1)\times(n+1)$ 阶的矩阵，称为 Bernstein 多项式的一阶微分算子矩阵. 从公式(42) 可以得到

$$\boldsymbol{\Phi}'(t)=\boldsymbol{A}\begin{pmatrix}0\\1\\\vdots\\nt^{n-1}\end{pmatrix} \tag{51}$$

定义如下形式的$(n+1)\times n$ 阶矩阵 $\mathbf{V}_{(n+1)\times n}$ 和 $n\times 1$ 维向量 $\boldsymbol{T}_n^*(t)$

$$\mathbf{V}_{(n+1)\times n}=\begin{pmatrix}0&0&\cdots&0\\1&0&\cdots&0\\0&2&\cdots&0\\\vdots&\vdots&&\vdots\\0&0&\cdots&n\end{pmatrix}$$

$$\boldsymbol{T}_n^*(x)=\begin{pmatrix}1\\t\\\vdots\\t^{n-1}\end{pmatrix} \tag{52}$$

将 $\boldsymbol{T}_n^*(t)$ 用 $\boldsymbol{\Phi}(t)$ 的形式展开，可以得到

$$\boldsymbol{T}_n^*(t)=\boldsymbol{B}^*\boldsymbol{\Phi}(t) \tag{53}$$

式(53) 中

$$\boldsymbol{B}^*=(\boldsymbol{A}_{[1]}^{-1}\quad \boldsymbol{A}_{[2]}^{-1}\quad\cdots\quad \boldsymbol{A}_{[n]}^{-1})^{\mathrm{T}} \tag{54}$$

这里 $\boldsymbol{A}_{[k]}^{-1}$ 代表 $\boldsymbol{A}^{-1}$ 的第 k 行.

所以

$$\boldsymbol{\Phi}'(t)=\boldsymbol{A}\boldsymbol{V}_{(n+1)\times n}\boldsymbol{B}^{*}\boldsymbol{\Phi}(t) \tag{55}$$

这样,Bernstein 多项式的一阶微分算子矩阵可以表示为

$$\boldsymbol{D}=\boldsymbol{A}\boldsymbol{V}_{(n+1)\times n}\boldsymbol{B}^{*} \tag{56}$$

因此,可以得到

$$u'(t)=\boldsymbol{c}_1^{\mathrm{T}}\boldsymbol{A}\boldsymbol{V}_{(n+1)\times n}\boldsymbol{B}^{*}\boldsymbol{\Phi}(t) \tag{57}$$

2. $D^{\beta(t)}$ 结构的分数阶算子矩阵

根据式(36)可以得到

$$D^{\beta(t)}u(t)=D^{\beta(t)}\boldsymbol{c}^{\mathrm{T}}\boldsymbol{\Phi}(t)=$$

$$\boldsymbol{c}_1^{\mathrm{T}}D^{\beta(t)}\boldsymbol{\Phi}(t)=\boldsymbol{c}_1^{\mathrm{T}}D^{\beta(t)}\boldsymbol{A}\boldsymbol{T}_n(t)=$$

$$\boldsymbol{c}_1^{\mathrm{T}}\boldsymbol{A}D^{\beta(t)}\begin{pmatrix}1\\t\\\vdots\\t^n\end{pmatrix}=\boldsymbol{c}_1^{\mathrm{T}}\boldsymbol{A}\begin{pmatrix}0\\\dfrac{\Gamma(2)}{\Gamma(2-\beta(t))}x^{-\beta(t)}\\\vdots\\\dfrac{\Gamma(n+1)}{\Gamma(n+1-\beta(t))}x^{-\beta(t)}\end{pmatrix}=$$

$$\boldsymbol{c}_1^{\mathrm{T}}\boldsymbol{A}\begin{pmatrix}0&0&\cdots&0\\0&\dfrac{\Gamma(2)}{\Gamma(2-\beta(t))}t^{-\beta(t)}&\cdots&0\\\vdots&\vdots&&\vdots\\0&0&\cdots&\dfrac{\Gamma(n+1)}{\Gamma(n+1-\beta(t))}t^{-\beta(t)}\end{pmatrix}\begin{pmatrix}1\\t\\\vdots\\t^n\end{pmatrix}=$$

$$\boldsymbol{c}_1^{\mathrm{T}}\boldsymbol{A}\boldsymbol{N}\boldsymbol{A}^{-1}\boldsymbol{\Phi}(t) \tag{58}$$

记

$$\boldsymbol{N}=\begin{pmatrix}0 & 0 & \cdots & 0\\ 0 & \frac{\Gamma(2)}{\Gamma(2-\beta(t))}t^{-\beta(t)} & \cdots & 0\\ \vdots & \vdots & & \vdots\\ 0 & 0 & \cdots & \frac{\Gamma(n+1)}{\Gamma(n+1-\beta(t))}t^{-\beta(t)}\end{pmatrix} \tag{59}$$

N 被称为 Bernstein 多项式的分数阶微分算子矩阵. 因此,有

$$D^{\beta(t)}u(t)=\boldsymbol{c}_1^{\mathrm{T}}\boldsymbol{ANA}^{-1}\boldsymbol{\Phi}(t) \tag{60}$$

3. $D^{\alpha(t)}(u(t)g(t))$ 结构的分数阶算子矩阵

令 $g(t)=\boldsymbol{c}_2^{\mathrm{T}}\boldsymbol{\Phi}(t)$,且 $\boldsymbol{c}_2$ 可以由公式(46)计算出来. 利用变阶数微分的 Captuo 定义,可以得到

$$D^{\alpha(t)}(u(t)g(t))=D^{\alpha(t)}(\boldsymbol{c}_1^{\mathrm{T}}\boldsymbol{\Phi}(t)\boldsymbol{\Phi}^{\mathrm{T}}(t)\boldsymbol{c}_2)=$$

$$\boldsymbol{c}_1^{\mathrm{T}}\boldsymbol{A}D^{\alpha(t)}(\boldsymbol{T}_n^*(t)\boldsymbol{T}_n^{*\mathrm{T}}(t))\boldsymbol{A}^{\mathrm{T}}\boldsymbol{c}_2=$$

$$\boldsymbol{c}_1^{\mathrm{T}}\boldsymbol{A}D^{\alpha(t)}\left(\begin{pmatrix}1\\ t\\ \vdots\\ t^n\end{pmatrix}\begin{bmatrix}1 & t & \cdots & t^n\end{bmatrix}\right)\boldsymbol{A}^{\mathrm{T}}\boldsymbol{c}_2=$$

$$\boldsymbol{c}_1^{\mathrm{T}}\boldsymbol{A}D^{\alpha(t)}\begin{pmatrix}1 & t & \cdots & t^n\\ t & t^2 & \cdots & t^{n+1}\\ \vdots & \vdots & & \vdots\\ t^n & t^{2n} & \cdots & t^{2n}\end{pmatrix}\boldsymbol{A}^{\mathrm{T}}\boldsymbol{c}_2=$$

$$\boldsymbol{c}_1^{\mathrm{T}}\boldsymbol{A}\begin{pmatrix}0 & \cdots & \frac{\Gamma(n+1)}{\Gamma(n+1-\alpha(t))}t^{n-\alpha(t)}\\ \frac{\Gamma(2)}{\Gamma(2-\alpha(t))}t^{1-\alpha(t)} & \cdots & \frac{\Gamma(n+2)}{\Gamma(n+2-\alpha(t))}t^{n+1-\alpha(t)}\\ \vdots & & \vdots\\ \frac{\Gamma(n+1)}{\Gamma(n+1-\alpha(t))}t^{n-\alpha(t)} & \cdots & \frac{\Gamma(2n+1)}{\Gamma(2n+1-\alpha(t))}t^{2n-\alpha(t)}\end{pmatrix}\cdot$$

$$\boldsymbol{A}^{\mathrm{T}}\boldsymbol{c}_2=\boldsymbol{c}_1^{\mathrm{T}}\boldsymbol{AMA}^{\mathrm{T}}\boldsymbol{c}_2 \tag{61}$$

$\boldsymbol{M}$称为$D^{\alpha(t)}(u(t)g(t))$部分的分数阶算子矩阵.因此,可以得到

$$D^{\alpha(t)}(u(t)g(t))=\boldsymbol{c}_1^{\mathrm{T}}\boldsymbol{AMA}^{\mathrm{T}}\boldsymbol{c}_2 \tag{62}$$

当$g(t)=u(t)$时,则待求方程为非线性变分数微分方程,这时式(62)即为如下表示

$$D^{\alpha(t)}(u^2(t))=\boldsymbol{c}_1^{\mathrm{T}}\boldsymbol{AMA}^{\mathrm{T}}\boldsymbol{c}_1 \tag{63}$$

将式(57)、式(60)、式(62)代入初始方程,原方程可以转化为

$$\begin{aligned}&\boldsymbol{c}_1^{\mathrm{T}}\boldsymbol{AMA}^{\mathrm{T}}\boldsymbol{c}_2+\boldsymbol{c}_1^{\mathrm{T}}\boldsymbol{ANA}^{-1}\boldsymbol{\Phi}(t)+\\&\boldsymbol{c}_1^{\mathrm{T}}\boldsymbol{AV}_{(n+1)\times n}\boldsymbol{B}^*\boldsymbol{\Phi}(t)=f(t)\end{aligned} \tag{64}$$

通过离散变量t,可以得到未知系数$\boldsymbol{c}_1$,进而得出近似解$u(t)=\boldsymbol{c}_1^{\mathrm{T}}\boldsymbol{\Phi}(t)$.

3.4 误差分析

假设$f(x)$是在区间$[0,1]$上$m+1$连续可导的函数.如果$\boldsymbol{c}^{\mathrm{T}}\boldsymbol{\Phi}(x)$是$f$在线性空间$\boldsymbol{Y}=\mathrm{Span}\{B_{0,n},B_{1,n},B_{2,n},\cdots,B_{n,n}\}$的最佳逼近,那么最大误差估计如下

$$\|f-\boldsymbol{c}^{\mathrm{T}}\boldsymbol{\Phi}(x)\|_2\leqslant\frac{\sqrt{2}MS^{\frac{2m+3}{2}}}{(m+1)!\sqrt{2m+3}} \tag{65}$$

式(65)中

$$M=\max_{x\in[0,1]}|f^{(m+1)}(x)|,S=\max\{1-x_0,x_0\}$$

证明 由$f(x)$的泰勒展开式有

$$\begin{aligned}f_1(x)=&f(x_0)+f'(x_0)(x-x_0)+\\&f''(x_0)\frac{(x-x_0)^2}{2}+\cdots+f^{(m)}(x_0)\cdot\\&\frac{(x-x_0)^m}{m!}\end{aligned}$$

根据中值定理,可以得到

精确解 $y(x)$，但是它可以逼近精确解，因此，不妨记问题(66) 的 Bernstein 多项式近似解为如下形式

$$\tilde{y}(x)=\sum_{i=0}^{n}y_iB_n^i(x),x\in[0,1] \tag{67}$$

其中 Bernstein 基函数为

$$B_n^i(x)=\mathrm{C}_n^i x^i(1-x)^{n-i},x\in[0,1]$$

要得到 Bernstein 多项式，关键就是求出 Bernstein 系数 $y_i(i=0,1,2,\cdots,n)$ 即可.

因为

$$\tilde{y}'(x)=n\sum_{i=0}^{n}(y_{i+1}-y_i)B_{n-1}^i(x),x\in[0,1]$$

和

$$\tilde{y}(1)=y_n$$

根据问题(66) 的边值条件：$y'(0)=0$ 和 $y(1)=\beta$，很明显可以得到

$$y_0=y_1 \quad 和 \quad y_n=\beta \tag{68}$$

那么，Bernstein 多项式近似解 $\tilde{y}(x)$ 可以写成

$$\tilde{y}(x)=\sum_{i=0}^{n}y_iB_n^i(x)=y_1B_n^0(x)+\sum_{i=1}^{n-1}y_iB_n^i(x)+\beta B_n^n(x),x\in[0,1]$$

因此，下面只要求出 Bernstein 系数 $y_i(i=1,2,\cdots,n-1)$ 即可.

对于问题(66) 为了使

$$R(X):=\tilde{y}''(x)+\frac{k}{x}\tilde{y}'(x)+b(x)\tilde{y}(x)$$

更好的逼近 $c(x)$，利用平方逼近原理，得到

$$I=\int_0^1\left[\tilde{y}''(x)+\frac{k}{x}\tilde{y}'(x)+b(x)\tilde{y}(x)-c(x)\right]^2\mathrm{d}x=$$

$$\min \tag{69}$$

显然

$$\int_0^1 \left[\tilde{y}''(x) + \frac{k}{x}\tilde{y}'(x) + b(x)\tilde{y}(x) - c(x)\right]^2 \mathrm{d}x$$

为关于 $y_i(i=1,2,\cdots,n-1)$ 的多元函数,那么上述问题就化为求 $I=I(y_1,y_2,\cdots,y_{n-1})$ 的极值问题.

根据多元函数求极限的必要条件,得

$$\frac{\partial}{\partial y_i}I = 2\int_0^1 \left[\tilde{y}''(x) + \frac{k}{x}\tilde{y}'(x) + b(x)\tilde{y}(x) - c(x)\right] \cdot \frac{\partial}{\partial y_i}R(x)\mathrm{d}x = 0 \tag{70}$$

其中

$$\frac{\partial}{\partial y_i}R(x) = B^{i''}{}_n(x) + \frac{k}{x}B^{i'}{}_n(x) + b(x)B_n^i(x)$$

$$i=1,2,\cdots,n-1$$

显然,方程(70)是一个由 $n-1$ 个线性方程构成的含有 $n-1$ 个未知数 $y_i(i=1,2,\cdots,n-1)$ 的方程组.根据方程组(70)就可以求出 $y_i(i=1,2,\cdots,n-1)$.

这样,就可以得到线性两点奇异边值问题(66)的 Bernstein 多项式近似解

$$\tilde{y}(x) = \sum_{i=0}^{n} y_i B_n^i(x), x \in [0,1]$$

其中 Bernstein 基函数为

$$B_n^i(x) = \mathrm{C}_n^i x^i (1-x)^{n-i}, x \in [0,1]$$

4.3 总结与展望

微分方程线性两点奇异边值问题在应用数学和物理学领域的应用非常广泛.本节的重点是以 Bernstein 多项式为工具,利用多项式逼近连续函数的性质,来求

二阶线性奇异边值问题的数值解.所采用的方法具有如下优点:首先,不需要对微分方程事先做非奇异化处理;其次,若方程的解析解是多项式,用该方法可得到方程的解析解而不仅仅是近似解.本节中,还给出了一些数值实例把所提出的方法得到的数值结果与其他已有方法得到的数值结果进行比较,从而得到解决此类问题的各种方法的优缺点.

本节所提出的微分方程数值解法虽然在实际应用中具有良好的效果,但也存在着一些待解决的问题和未完成的工作.随着微分方程数值解的不断发展,在应用数学和物理学领域遇到的问题越来越多,这就要求我们不仅仅要解决线性问题,还有研究非线性问题,Bernstein 多项式在求解线性两点奇异边值问题方面体现了它的优越性,那它在解决非线性两点奇异边值问题方面是否仍旧保持这种特性,这将是我们以后将要继续探究的问题.

§5　基于分片三次 Bernstein 多项式的配点法求解奇异扰动两点边值问题

天津师范大学数学科学学院的韩乐、王彩华两位教授于 2017 年基于分片三次 Bernstein 多项式,给出了一种求解二阶两点边值问题的配点法.该方法产生的方程组系数矩阵每行仅含 5 个非零元.对于一般两点边值问题,使用均匀网格剖分求解;对于含边界层的奇异扰动情形,结合 Shishkin 型非均匀网格剖分求解.数值算例表明,该方法对一般两点边值问题和含边界层的奇异扰动问题均能有效求解.

奇异扰动问题求解方法是数值分析的研究热点之一.解决奇异扰动问题的途径有两种:一种是从数值格式构造的角度出发,另一种是从网格适应剖分的角度出发.

关于样条配点法的研究是近些年比较活跃的研究热点,其中多项式样条因其构造简单、应用灵活等优点受到相关学者的青睐.

对于含小参数的奇异扰动问题,在均匀网格剖分下,为提高数值解的精度往往需要将网格细化,这将大大增加计算量.奇异扰动问题的求解域可以分为小的边界层区域和大的平滑区域,从而可以利用非均匀网格处理,在边界层区域细化网格,而在平滑区域网格尺度可以粗一些,一种经常使用的网格是 Shishkin 型网格.

近年来,一些学者尝试将 Bernstein 多项式用于微分积分方程求解,如 Korteweg-de Vries(KdV)方程、微分方程问题、积分方程问题等.全局化方法解的精度的提高依赖于 Bernstein 多项式阶数的增加,而 Bernstein 多项式阶数的增加,常导致要求解的方程组规模很大,条件数迅速增加,从而最终导致数值解失真,尤其对于奇异扰动问题,这种现象更加严重.

使用分片 Bernstein 多项式解决微分方程的研究尚不多见.文献 *Least squares methods for solving differential equations using Bézier control points* 中运用 Bezier 控制点方法求解 $2l$ 阶常微分方程边值问题,该方法仍是全局化的方法,计算精度同样依赖于 Bernstein 多项式的阶数,另外,因为限制右端函数

$f(t)$ 为多项式，因此该方法在应用上有很大的局限性. 文献 *Least squares methods for solving singularly perturbed two-point boundary value problem using Bézier control points* 中提出了分片 Bernstein 多项式求解两点二阶奇异扰动问题，首先将二阶常微分方程转换成一阶常微分方程组，然后利用分片 Bernstein 三次多项式的最小二乘法展开求解，过程比较繁琐，且解决的 2 个算例都是正则扰动问题，其解并不真正具有边界层，其均匀网格处理验证以解决奇异扰动问题.

本节利用分片 Bernstein 三次多项式进行求解，该方法实施比较简便，对于一般问题结合等距均匀网格，而对于奇异问题则结合非等距网格(Shishkin 型网格)的剖分处理.

5.1　分片三次 Bernstein 多项式解两点边值问题

考虑两点边值问题

$$Lu(x) \equiv -a(x)u'' + b(x)u' + c(x)u = f(x) \tag{71}$$

扩散量 u 定义于有限区间 $I = (0,1)$，齐次边界条件为

$$u(0) = 0, u(1) = 0 \tag{72}$$

$a(x), b(x), c(x), f(x)$ 满足一定的光滑性条件，问题的解存在唯一. 为方便，设 $b(x) \geqslant b \geqslant 0$，因此问题的边界层出现在右侧.

实数域上任意两点间 (t_1, t_2) 的 n 阶 Bernstein 多项式定义为

$$B_{j,n}(x) = \binom{n}{j} \frac{(x - t_1)^j (t_2 - x)^{n-j}}{(t_2 - t_1)^n}$$

$$j = 0, 1, \cdots, n \tag{73}$$

将区间$[0,1]$剖分为 N 份：$0=x_1<x_2<\cdots<x_N<x_{N+1}=1$. 记 $I_i=[x_i,x_{i+1}]$, $i=1,2,\cdots,N$. 步长 $h_i=x_{i+1}-x_i$. 区间 I_i 上的 3 阶 Bernstein 多项式为

$$B_{j,3}^{(i)}(x)=\binom{3}{j}\frac{(x-x_i)^j(x_{i+1}-x)^{3-j}}{h_i^3}$$

$$j=0,1,2,3 \tag{74}$$

简记 $B_{j,3}^{(i)}(x)$ 为 $B_j^{(i)}(x)$. 计算得 Bernstein 多项式及其导数在区间两端点处的值分别为

$$B_j^{(i)}(x_i)=\begin{cases}1,j=0\\0,j=1,2,3\end{cases} \tag{75}$$

$$B_j^{(i)}(x_{i+1})=\begin{cases}1,j=0,1,2\\0,j=3\end{cases} \tag{76}$$

$$\frac{\mathrm{d}}{\mathrm{d}x}B_j^{(i)}(x_i)=\begin{cases}-\dfrac{3}{h_i},j=0\\\dfrac{3}{h_i},j=1\\0,j=2,3\end{cases} \tag{77}$$

$$\frac{\mathrm{d}}{\mathrm{d}x}B_j^{(i)}(x_{i+1})=\begin{cases}0,j=0,1\\-\dfrac{3}{h_i},j=2\\\dfrac{3}{h_i},j=3\end{cases} \tag{78}$$

$$\frac{\mathrm{d}^2}{\mathrm{d}x^2}B_j^{(i)}(x_i)=\begin{cases}\dfrac{6}{h_i^2},j=0\\-\dfrac{12}{h_i^2},j=1\\\dfrac{6}{h_i^2},j=2\\0,j=3\end{cases} \tag{79}$$

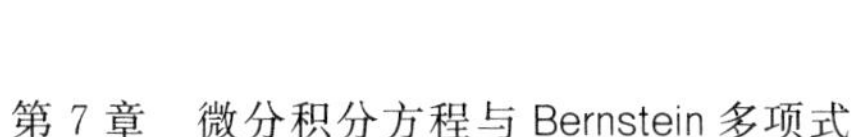

$$\frac{\mathrm{d}^2}{\mathrm{d}x^2}B_j^{(i)}(x_{i+1})=\begin{cases}0, j=0\\ \dfrac{6}{h_i^2}, j=1\\ -\dfrac{12}{h_i^2}, j=2\\ \dfrac{6}{h_i^2}, j=3\end{cases}\tag{80}$$

构造分片三次 Bernstein 多项式逼近函数时，式(75)和式(76)保证了近似解满足本质边界条件，同时保持了近似函数的解在节点处的连续性，而式(77)～(80)使得导出的方程组带状稀疏.

设微分方程边值问题(71)(72)在 $I_i(i=1,2,\cdots,N)$ 上的近似解为

$$U_i(x)=y_iB_0^{(i)}(x)+\zeta_1^{(i)}B_1^{(i)}(x)+\zeta_2^{(i)}B_2^{(i)}(x)+y_{i+1}B_3^{(i)}(x)\tag{81}$$

其中 $y_i,\zeta_1^{(i)},\zeta_2^{(i)},y_{i+1}$ 为待定系数. 由式(75)和式(76)易知 $U_i(x_i)=y_i,U_i(x_{i+1})=y_{i+1}$，从而 $y_i(i=1,2,\cdots,N+1)$ 即为要求的近似解在节点的值. 由边界条件(72)知，可取 $y_i=y_{N+1}=0$，从而在整个区间上的待定量为 $\zeta_1^{(i)},\zeta_2^{(i)},y_2,\zeta_1^{(2)},\zeta_2^{(2)},y_3,\cdots,\zeta_1^{(N-1)},\zeta_2^{(N-1)},y_N,\zeta_1^{(N)},\zeta_2^{(N)}$，共 $3N-1$ 个.

方程(71)的解需满足二次连续可导，因此在内节点 $x_i(i=2,3,\cdots,N)$ 处也要求分片三次 Bernstein 多项式的一次和二次导数连续，即

$$\frac{\mathrm{d}}{\mathrm{d}x}U_{i-1}(x_i)=\frac{\mathrm{d}}{\mathrm{d}x}U_i(x_i), i=2,3,\cdots,N\tag{82}$$

$$\frac{\mathrm{d}^2}{\mathrm{d}x^2}U_{i-1}(x_i)=\frac{\mathrm{d}^2}{\mathrm{d}x^2}U_i(x_i), i=2,3,\cdots,N\tag{83}$$

成立. 将式(82)和式(83)按照式(81)展开，并将式

(77)(80) 代入,化简得

$$\zeta_2^{(i-1)}\left(\frac{3}{h_{i-1}}\right)+y_i\left(-\frac{3}{h_i}-\frac{3}{h_{i-1}}\right)+\zeta_1^{(i)}\left(\frac{3}{h_i}\right)=0$$

$$i=2,3,\cdots,N \tag{84}$$

$$\zeta_1^{(i-1)}\left(-\frac{6}{h_{i-1}^2}\right)+\zeta_2^{(i-1)}\left(\frac{12}{h_{i-1}^2}\right)+$$
$$y_i\left(\frac{6}{h_i^2}-\frac{6}{h_{i-1}^2}\right)+\zeta_1^{(i)}\left(-\frac{12}{h_i^2}\right)+$$
$$\zeta_2^{(i)}\left(\frac{6}{h_i^2}\right)=0$$

$$i=2,3,\cdots,N \tag{85}$$

由此可见在点 x_i 处因一阶光滑性需求形成的方程组矩阵带宽为 3,而因二阶光滑性需求形成的方程组矩阵带宽为 5.式(84) 和式(85) 共形成 $2N-2$ 个方程,为确定 $3N-1$ 个待定量,在 $N+1$ 个节点处令近似解满足微分方程(71),即当 $i=1,2,\cdots,N$ 时,令

$$LU_i(x_i)=y_iLB_0^{(i)}(x_i)+\zeta_1^{(i)}LB_1^{(i)}(x_i)+$$
$$\zeta_2^{(i)}LB_2^{(i)}(x_i)+y_{i+1}LB_3^{(i)}(x_i)=f(x_i) \tag{86}$$

在右端点处令

$$LU_N(x_{N+1})=y_NLB_0^{(N)}(x_{N+1})+\zeta_1^{(N)}LB_1^{(N)}(x_{N+1})+$$
$$\zeta_2^{(N)}LB_2^{(N)}(x_{N+1})+y_{N+1}LB_3^{(N)}(x_{N+1})=$$
$$f(x_{N+1}) \tag{87}$$

由方程(71) 中算子 L 的定义以及 Bernstein 多项式的性质(75) ~ (80),可将式(86) 化简为

$$y_i\left(-\frac{6a(x_i)}{h_i^2}-3\frac{b(x_i)}{h_i}+c(x_i)\right)+$$
$$\zeta_1^{(i)}\left(12\frac{a(x_i)}{h_i^2}+3\frac{b(x_i)}{h_i}\right)-6\zeta_2^{(i)}\frac{a(x_j)}{h_i^2}=f(x_i)$$

$$i=1,2,\cdots,N \tag{88}$$

注意到 $y_1=y_{N+1}=0$,式(87) 同样可化简为

$$-6\zeta_1^{(N)}\frac{a(x_{N+1})}{h_N^2}+\zeta_2^{(N)}\left(12\frac{a(x_{N+1})}{h_N^2}-3\frac{b(x_{N+1})}{h_N}\right)=f(x_{N+1}) \tag{89}$$

式(88) 和式(89) 的方程组矩阵仍是一组带宽不超过 3 的稀疏阵.

综上,由式(84)、式(85)、式(88) 和式(89) 确定 $3N-1$ 个待定量,从而由式(81) 确定区间段上近似解,此即为分片三次 Bernstein 多项式配点法,实验环节将其记为 CBSpline. 该方法中的线性系统的系数矩阵为稀疏矩阵,带宽不超过 5,可采用直接法或迭代法求解.

另外,也可以通过适当增加配点数以期待计算精度有所提高,具体地,在区间 $I_i(i=1,2,\cdots,N)$ 上任意添加一些散点 $x_i<x_1^{(i)}<x_2^{(i)}<\cdots<x_{m_{i-1}}^{(i)}<x_{i+1}$(即把区间 I_i 再刨分为 m_i 个小区间),在这些内散点处令近似函数满足微分方程(71),则可以得到一组超定方程,然后求其最小二乘解,实验环节简记此方法为 LSB Spline.

5.2　结论

本节构造了分片三次 Bernstein 多项式样条配点法求解二阶两点边值问题,该格式充分利用了 Bernstein 多项式的性质,求解方便. 本节方法可以进一步推广到高阶微分方程、积分方程和 KdV 方程等问题的求解.

§6 基于 Bernstein 多项式求解 Fredholm 积分方程的离散化方法

6.1 引言

积分方程已广泛应用于物理、自动控制理论、博弈论、工程学、医药学和经济学等领域. 主要的积分方程有两类，分别是 Fredholm 积分方程和 Volterra 积分方程，该两类积分方程又可以分为第一类和第二类. 并且这些方程可以应用在化学动力学、流体动力学、图像处理、电磁场和雷达信号等方面.

目前，有许多学者研究 Fredholm 积分方程. 如张利花提出运用 Taylor 级数展开式、分段逼近思想和优化方法求解 Fredholm 积分方程. 杨雪等人提出利用积分均值代替端点值的离散方法求解 Fredholm 积分方程，比较得出积分均值方法的误差比端点值的误差更小. MIRZAEEF 等人提出运用三角正交函数法求解 Fredholm 积分方程，得出的计算精度不是太高. 徐建提出运用迭代常元 Galerkin 方法和积分中值定理下的 Nystrom 方法求解 Fredholm 积分方程. 鲁顺强提出迭代修正方法求解 Fredholm 积分方程. 梁芬运用分块插值多项式求解 Fredholm 积分方程. 上述的方法得出的计算精度均不高. 为了提高计算精度，KHANF 等人及 DAVAEIFARS 等人提出运用 Bernstein 多项式求解 Fredholm 积分方程，KHANF 等人及 MANDALBN 提出运用 Bernstein 多项式求解

Volterra 积分方程，KHANF 提出运用 Bernstein 多项式求解混合 Volterra-Fredholm 积分方程，ORDOKHANIY 提出运用 Bernstein 多项式求解非线性 Fredholm 积分—微分方程，上述方法得出的计算精度较高. 因此，本节运用 Bernstein 多项式求解二维第二类 Fredholm 积分方程.

西华师范大学的潘超、陈豫眉二位教授于 2021 年研究了二维第二类 Fredholm 积分方程

$$u(s,t)-\lambda\int_a^b\int_c^d k(x,s,y,t)u(x,y)\mathrm{d}x\mathrm{d}y=f(s,t) \tag{90}$$

其中 $s,x\in[a,b]$，$t,y\in[c,d]$，λ 是非零常数，$f(s,t)$ 和 $k(x,s,y,t)$ 是已知函数，$u(x,y)$ 为所求未知函数.

6.2　Bernstein 多项式

定义 7　在区间[0,1]上的一维 Bernstein 多项式为

$$B_{p,n}(s)=\binom{n}{p}s^p(1-s)^{n-p},p=0,\cdots,n$$

其中正整数 n 是 Bernstein 多项式的阶.

本节研究$[a,b]\times[c,d]=[0,1]\times[0,1]$及 $m=n$ 的二维 Bernstein 多项式为

$$B_{m,n}(u(x,y))=\sum_{i=0}^{n}\sum_{j=0}^{n}B_{j,n}^{i,m}(x,y)u\left(\frac{i}{m},\frac{j}{n}\right)$$
$$i=0,\cdots,m;j=0,\cdots,n \tag{91}$$

其中 $B_{j,n}^{i,m}(x,y)=\eta_{ij}\mu_{ij}(x,y)$，$m,n$ 是任意的正整数

$$\eta_{ij}=\mathrm{C}_i^m\mathrm{C}_j^n,\mu_{ij}(x,y)=x^i(1-x)^{m-i}y^j(1-y)^{n-j}$$
$$i=0,\cdots,m,j=0,\cdots,n,x\in[a,b],y\in[c,d] \tag{92}$$

定理 2 （一致收敛）若 $u \in C^2[0,1]$，$X \in [0,1]^2$，则当 m,n 趋于无穷时，$B_{m,n}(u(X))$ 一致收敛于 u.

定理 3 （渐近公式）若 $I=[0,1]^m$，f 是 $I \to R$ 的函数，当 $x \in I$ 时，有

$$\lim_{n\to\infty} n(B_{f,n,\cdots,n}(x)-f(x))=\sum_{j=1}^{m}\frac{x_j(1-x_j)}{2}\cdot\frac{\partial^2 f(x)}{\partial x_j^2}\leqslant \frac{1}{8}\sum_{j=1}^{m}\frac{\partial^2 f(x)}{\partial x_j^2}$$

6.3 离散化方法

考虑式(90)在区间$[0,1]\times[0,1]$上的情形，即

$$u(s,t)-\lambda\int_0^1\int_0^1 k(x,s,y,t)u(x,y)\mathrm{d}x\mathrm{d}y=f(s,t) \tag{93}$$

其中 $s,x\in[a,b]$，$t,y\in[c,d]$，λ 是非零常数，$f(s,t)$ 和 $k(x,s,y,t)$ 是已知函数，$u(x,y)$ 为所求的未知函数.

为了求出上式的数值解，用 Bernstein 多项式代替未知函数，从而式(93)等价于

$$\sum_{i=0}^{m}\sum_{j=0}^{n}u\left(\frac{i}{m},\frac{j}{n}\right)\cdot \eta_{ij}\left(\mu_{ij}(s_{1,k},t_{1,l})-\lambda\int_0^1\int_0^1 k(x,s_{1,k},y,t_{1,l})\mu_{ij}(x,y)\mathrm{d}x\mathrm{d}y\right)= f(s_{1,k},t_{1,i}) \tag{94}$$

其中 η_{ij} 和 μ_{ij} 由式(92)定义，$s_{1,k}=\dfrac{k}{m}+\varepsilon$，$k=0,\cdots,m-1$，$s_{1,m}=1-\varepsilon$，$t_{1,l}=\dfrac{l}{n}+\varepsilon$，$l=0,\cdots,n-1$，$t_{1,n}=1-\varepsilon$，$i=0,\cdots,m$，$j=0,\cdots,n$，$\varepsilon$ 是任意小的正数，为了

求出 $u\left(\frac{i}{m},\frac{j}{n}\right)$，将方程(94)等价于如下的矩阵形式

$$\boldsymbol{AU}=\boldsymbol{B}$$

其中

$$\boldsymbol{A}=\eta_{ij}\left[\mu_{ij}(s_{1,k},t_{1,l})-\lambda\int_0^1\int_0^1 k(x,s_{1,k},y,t_{1,l})\mu_{ij}(x,y)\mathrm{d}x\mathrm{d}y\right]$$

$$\boldsymbol{U}=\left[u\left(\frac{i}{m},\frac{j}{n}\right)\right]^t,\boldsymbol{B}=[f(s_{1,k},t_{1,l}),f(s_{1,m},t_{1,n})]^t \tag{95}$$

其中 $s_{1,k}=\frac{k}{m}+\varepsilon,k=0,\cdots,m-1,s_{1,m}=1-\varepsilon,t_{1,l}=\frac{l}{n}+\varepsilon,l=0,\cdots,n-1,t_{1,n}=1-\varepsilon$. ε 是任意小的正数，将所得的解 U 代入式(91)，即得式(93)的数值解.

6.4　误差分析

定理 4　设式(93)的 $k(x,s,y,t)$ 和 $f(s,t)$ 分别是 $[0,1]^4$ 和 $[0,1]^2$ 上的解析函数. 若式(95)的 $\boldsymbol{A}$ 是可逆的，且 $\boldsymbol{I}_1=\boldsymbol{I}_2=[0,1]$，则

$$\sup_{s_{1,k}\in I_1,t_{1,l}\in I_2}|u(s_{1,k},t_{1,l})-B_{m,n}(u_{m,n}(s_{1,k},t_{1,l}))|\leqslant [1+\|\boldsymbol{A}^{-1}\|(1+M)]\cdot\left(\frac{1}{8m}\|u_{ss}\|+\frac{1}{8m}\|u_{tt}\|\right)$$

其中 $s_{1,k}=\frac{k}{m},k=0,\cdots,m,t_{1,t}=\frac{l}{n},l=0,\cdots,n$. $M=\sup\limits_{x,s\in I_1,y,t\in I_2}|\lambda k(x,s,y,t)|$，$u(s,t)$ 和 $B_{m,n}(u_{m,n}(s,t))$ 分别是式(93)的精确解和数值解.

证明

$$\sup_{s_{1,k}\in I_1,t_{1,l}\in I_2}|u(s_{1,k},t_{1,l})-B_{m,n}(u_{m,n}(s_{1,k},t_{1,l}))|\leqslant$$

$$\sup_{s_{1,k}\in I_1,t_{1,l}\in I_2} | u(s_{1,k},t_{1,l}) - B_{m,n}(u(s_{1,k},t_{1,l})) | +$$
$$\sup_{s_{1,k}\in I_1,t_{1,l}\in I_2} | B_{m,n}(u(s_{1,k},t_{1,l})) - B_{m,n}(u_{m,n}(s_{1,k},t_{1,l})) | \tag{96}$$

由定理 3,得

$$\sup_{s_{1,k}\in I_1,t_{1,l}\in I_2} | u(s_{1,k},t_{1,l}) - B_{m,n}(u(s_{1,k},t_{1,l})) | \leqslant \frac{1}{8m}\| u_{ss} \| + \frac{1}{8n}\| u_{tt} \| \tag{97}$$

下面估计

$$\sup_{s_{1,k}\in I_1,t_{1,l}\in I_2} | B_{m,n}(u(s_{1,k},t_{1,l})) - B_{m,n}(u_{m,n}(s_{1,k},t_{1,l})) |$$

由式(91) 和式(93),得

$$f(s,t) = B_{m,n}(u(s,t)) - \lambda\int_0^1\int_0^1 k(x,s,y,t)B_{m,n}(u(x,y))\mathrm{d}x\mathrm{d}y$$

分别用 $u_{m,n}$ 和 $\hat{f}(s,t)$ 代替 u 和 $f(s,t)$,得

$$\hat{f}(s,t) = B_{m,n}(u_{m,n}(s,t)) - \lambda\int_0^1\int_0^1 k(x,s,y,t)B_{m,n}(u_{m,n}(x,y))\mathrm{d}x\mathrm{d}y$$

分别用 $s_{1,k}$ 和 $t_{1,l}$ 代替上述两个式子中的 s 和 t,得

$$f(s_{1,k},t_{1,l}) = B_{m,n}(u(s_{1,k},t_{1,l}))\mathbf{A} \tag{98}$$

$$\hat{f}(s_{1,k},t_{1,l}) = B_{m,n}(u_{m,n}(s_{1,k},t_{1,l}))\mathbf{A} \tag{99}$$

其中 $\mathbf{A}$ 是式(97) 中定义的矩阵,由式(98) 和式(99),得

$$B_{m,n}(u(s_{1,k},t_{1,t})) - B_{m,n}(u_{m,n}(s_{1,k},t_{1,l})) = [f(s_{1,k},t_{1,l}) - \hat{f}(s_{1,k},t_{1,l})]\mathbf{A}^{-1}$$

$$\sup_{s_{1,k}\in I_1,t_{1,l}\in I_2} | B_{m,n}(u(s_{1,k},t_{1,l}))B_{m,n}(u_{m,n}(s_{1,k},t_{1,l})) | \leqslant$$

$$\|\boldsymbol{A}^{-1}\| \sup_{s_{1,k}\in I_1,t_{1,l}\in I_2} |f(s_{1,k},t_{1,l})-\hat{f}(s_{1,k},t_{1,l})| \tag{100}$$

下面估计 $\sup\limits_{s_{1,k}\in I_1,t_{1,l}\in I_2} |f(s_{1,k},t_{1,l})-\hat{f}(s_{1,k},t_{1,l})|$.

将式(93)变形,得

$$f(s,t)=u(s,t)-\lambda\int_0^1\int_0^1 k(x,s,y,t)u(x,y)\mathrm{d}x\mathrm{d}y \tag{101}$$

由式(91)和式(101),并用 $\hat{f}(s,t)$ 代替 $f(s,t)$,得

$$\hat{f}(s,t)=B_{m,n}(u(s,t))-\lambda\int_0^1\int_0^1 k(x,s,y,t)B_{m,n}(u(x,y))\mathrm{d}x\mathrm{d}y$$

于是

$$f(s,t)-\hat{f}(s,t)=(u(s,t)-B_{m,n}(u(s,t)))-\lambda\int_0^1\int_0^1 k(x,s,y,t)(u(x,y)-B_{m,n}(u(x,y)))\mathrm{d}x\mathrm{d}y$$

则

$$\sup_{s_{1,k}\in I_1,t_{1,l}\in I_2} |f(s,t)-\hat{f}(s,t)|\leqslant \sup_{s_{1,k}\in I_1,t_{1,l}\in I_2} |u(s,t)-B_{m,n}(u(s,t))|+ \sup_{s_{1,k}\in I_1,t_{1,l}\in I_2} \left|\lambda\int_0^1\int_0^1 k(x,s,y,t)(u(x,y)-B_{m,n}(u(x,y)))\mathrm{d}x\mathrm{d}y\right|$$

令 $M=\sup\limits_{x,s\in I_1,y,t\in I_2} |\lambda k(x,s,y,t)|$,则

$$\sup_{s_{1,k}\in I_1,t_{1,l}\in I_2} |f(s,t)-\hat{f}(s,t)|\leqslant \left(\frac{1}{8m}\|u_{ss}\|+\frac{1}{8n}\|u_{tt}\|\right)+ M\left(\frac{1}{8m}\|u_{ss}\|+\frac{1}{8n}\|u_{tt}\|\right)+$$

$$(1+M)\left(\frac{1}{8m}\|u_{ss}\|+\frac{1}{8n}\|u_{tt}\|\right)$$

将上式代入式(100),得

$$\sup_{s_{1,k}\in I_1,t_{1,l}\in I_2}|B_{m,n}(u(s_{1,k},t_{1,l}))-B_{m,n}(u(s_{1,k},t_{1,l}))|\leqslant$$

$$\|\boldsymbol{A}^{-1}\|(1+M)\left(\frac{1}{8m}\|u_{ss}\|+\frac{1}{8n}\|u_{tt}\|\right)\quad(102)$$

再将式(97)和式(102)代入式(96),得

$$\sup_{s_{1,k}\in I_1,t_{1,l}\in I_2}|u(s_{1,k},t_{1,l})-B_{m,n}(u(s_{1,k},t_{1,l}))|\leqslant$$

$$[1+\|\boldsymbol{A}^{-1}\|(1+M)]\left(\frac{1}{8m}\|u_{ss}\|+\frac{1}{8n}\|u_{tt}\|\right)$$

定理 4 中的误差含有 $\|\boldsymbol{A}^{-1}\|$,下述引理给出矩阵 $\boldsymbol{A}$ 可逆及条件数所满足的条件.

引理 1 设 $\|\boldsymbol{A}-\boldsymbol{I}\|=\nu<1$,$\boldsymbol{I}$ 是 $\boldsymbol{A}$ 的同阶单位矩阵. $\|\cdot\|$ 是按行定义的最大范数,则

$$\|\boldsymbol{A}^{-1}\|\leqslant\frac{1}{1-\nu}\text{ 和 }\mathrm{Cond}(\boldsymbol{A})\leqslant\frac{1+r_1}{1-\nu}$$

其中

$$\max|\lambda k(x,s_{1,k},y,t_{1,l})|=r_1$$

和

$$\max_{k,l}\left|\sum_{i=0}^{m}\sum_{j=0}^{n}\eta_{ij}\mu_{ij}(s_{1,k},t_{1,l})\right|=1.$$

证明 由式(95),得

$$\|A\|=\max_{k,l}\left|\sum_{i=0}^{m}\sum_{j=0}^{n}\eta_{ij}\left[\mu_{ij}(s_{1,k},t_{1,l})-\right.\right.$$

$$\left.\left.\lambda\int_0^1\int_0^1 k(x,s_{1,k},y,t_{1,l})\mu_{ij}(x,y)\mathrm{d}x\mathrm{d}y\right]\right|=$$

$$\max_{k,l}\left|\sum_{i=0}^{m}\sum_{j=0}^{n}\eta_{ij}\mu_{ij}(s_{1,k},t_{1,l})-\right.$$

$$\left.\lambda\int_0^1\int_0^1\sum_{i=0}^{m}\sum_{j=0}^{n}k(x,s_{1,k},y,t_{1,l})\eta_{ij}\mu_{ij}(x,y)\mathrm{d}x\mathrm{d}y\right|=$$

$$1+r_1\int_0^1\int_0^1 \mathrm{d}x\mathrm{d}y=1+r_1$$

其中 η_{ij}，μ_{ij} 由式(92) 定义，且

$$\max|\lambda k(x,s_{1,k},y,t_{1,l})|=r_1$$

$$\max_{k,l}\left|\sum_{i=0}^{m}\sum_{j=0}^{n}\eta_{ij}\mu_{ij}(s_{1,k},t_{1,l})\right|=1$$

令 $\boldsymbol{D}=\boldsymbol{A}-\boldsymbol{I}$，则 $\|\boldsymbol{D}\|=\|\boldsymbol{A}-\boldsymbol{I}\|=\nu<1$.

不难发现，$\boldsymbol{A}=\boldsymbol{I}+\boldsymbol{D}$，及 $\|\boldsymbol{A}^{-1}\|=\|(\boldsymbol{I}+\boldsymbol{D})^{-1}\|$，得 $\|\boldsymbol{A}^{-1}\|=\|(\boldsymbol{I}+\boldsymbol{D})^{-1}\|$ 和 $\|\boldsymbol{A}^{-1}\|=\|(\boldsymbol{D}+\boldsymbol{I})^{-1}\|$.

由几何级数求和，得

$$\|\boldsymbol{A}^{-1}\|=\frac{1}{1-\|\boldsymbol{D}\|}=\frac{1}{1-\nu}$$

从而

$$\mathrm{Cond}(\boldsymbol{A})=\|\boldsymbol{A}\|\,\|\boldsymbol{A}^{-1}\|\leqslant\frac{1+r_1}{1-\nu}$$

6.5　结论

在很多工程实际问题的讨论中，会大量出现第二类 Fredholm 积分方程，而且多数的问题都是多维的. 求解时，选择一种适合的方法. 本节运用 Bernstein 多项式近似二维第二类 Fredholm 积分方程的未知函数，并求出数值解. 实验表明，本节得出的计算精度较高. 目前，Bernstein 多项式用于求解积分方程和微分方程，计算精度较高. 因此，本节运用 Bernstein 多项式的方法可以求解更高维的积分方程或微分方程.

§7 B 样条的 Bernstein 多项式系数

7.1 引言

B 样条函数具有紧支撑，支撑中心对称等性质，使得它成为构造小波的一个较好的选择. 对于 B 样条函数表示理论研究在文献 *Recurrence formula for B-splines with respect to a class of differential operators* 和 *An Introduction to Warelets* 中已做了相关论述. 文献 *An Introduction to Warelets* 中提到一个 m 阶基数 B 样条级数的系数序列在一定的意义上是一个$(m-1)$次“多项式序列”，那么基数样条函数就可简化为一个不超$(m-1)$次代数多项式集中的多项式. 淮南师范学院数学与计算科学系的陈金林教授于 2010 年在此基础上对 B 样条函数 Bernstein 多项式表示做了进一步的研究，提出了它的 Bernstein 多项式系数求解算法.

7.2 Bernstein 多项式

令 n 是任何非负整数，多项式

$$\varphi_l^n(x)=\binom{n}{l}(1-x)^{n-l}x^l, 0\leqslant l\leqslant n$$

集是多项式空间的一个基.

定义 8 设 f 是$[0,1]$上的函数，$n\in\mathbf{N}_+$ 约定 $0^0=1$. 称$[0,1]$上的多项式函数

$$B_n(f)(x)=B_n(f,x)=\sum_{l=0}^{n}f\left(\frac{l}{n}\right)\varphi_l^n(x)$$

为 f 的第 n 个 Bernstein 多项式. 文献 *Approximation by modified Durrmeycr-Bernstein iperators* 中将 B_n 视为一个映射，它把$[0,1]$上的连续函数映为$[0,1]$上的多项式函数. 称 B_n 为第 n 个 Bernstein 算子.

定义 8 中算子 B_n 用任一 Bernstein 多项式 P_n 代替得

$$P_n(x)=\sum_{l=0}^{n}a_l^n\varphi_l^n(x)$$

通过如下定理可给出 P_n 的导数与积分.

定理 5　对于每个 $n\in\mathbf{N}_+$，令 P_n 如上式中定义的具有系数序列$\{a_l^n\}$的 n 次 Bernstein 多项式. 那么，P_n 的导数

$$P'_n(x)=\sum_{l=0}^{n-1}(n\partial a_l^n)\varphi_l^{n-1}(x)$$

并且，如果 $P'_{n+1}(x)=P_n(x)$，那么，P_n 的积分

$$\int_0^x P_n(t)\,\mathrm{d}t=\sum_{l=0}^{n+1}(a_0^{n+1}+\sigma a_l^n)\varphi_l^{n+1}(x)-a_0^{n+1}$$

其中 $\partial a_l^n=a_{l+1}^n-a_l^n$，$\sigma a_l^n=\dfrac{1}{n+1}\sum_{j=0}^{l-1}a_j^n$.

7.3　限制在$[k-1,k)$上的 Bernstein 多项式

现在考虑限制在$[k-1,k)$上 N_m 的 Bernstein 多项式，构造多项式的导数与在$[0,x]$上的积分公式，为以下设计系数序列求解算法提出理论基础.

通常 $N_1(x)=\chi[0,1]=\begin{cases}1,x\in[0,1]\\0,x\notin[0,1]\end{cases}$，$N_m(x)=\dfrac{x}{m-1}N_{m-1}(x)+\dfrac{m-x}{m-1}N_{m-1}(x-1)N_m$ 是由 m 个 $m-1$ 次非平凡多项式段组成，多项式段表示为

$$N_{m-1,k}(x)=N_m\mid_{[k-1,k)},k=1,\cdots,m$$

限制在$[k-1,k)$上的$m-1$次多项式,由定义1可知$N_{m-1,k}$的Bernstein多项式表示为

$$N_{m-1,k}(x)=\sum_{l=0}^{m-1}a_l^{m-1}(k)\varphi_l^{m-1}(x-k+1),x\in[k-1,k)$$

其中$\{a_l^{m-1}(k)\}$,$l=1,2,\cdots,m$为$N_{m-1,k}$的Bernstein多项式系数序列.

由m阶基数B样条$N_m(x)$满足$N'_m(x)=N_{m-1}(x)-N_{m-1}(x-1)$有

$$N'_{m,k}(x)=N_{m-1,k}(x)-N_{m-1,k}(x-1),x\in(k-1,k)$$

其中$N_{m-1,k}(x-1)$在$[k-1,k)$内可表示为$N_{m-1,k}(x)$,同时令$N'_{m,k}(k-1)=N_{m-1,k}(k-1)-N_{m-1,k}(k-2)$,可得公式

$$N'_{m,k}(x)=\begin{cases}N_{m-1,k}(x)-N_{m-1,k}(x-1),x\in(k-1,k)\\N_{m-1,k}(k-1)-N_{m-1,k}(k-2),x=k-1\end{cases}\qquad(103)$$

由定理1可知,P_n是$N_{m,k}$代替,则

$$\int_0^x N_{m,k}(t)\mathrm{d}t=\sum_{l=0}^{m+1}[a_0^{m+1}(k)+\sigma a_l^m(k)]\cdot\varphi_l^{m+1}(x-k+1)-a_0^{m+1}(k)$$

由于$\sum_{l=0}^{m}\varphi_l^m(x-k+1)=1$,因此可得$N_{m,k}(t)$在区间$[0,x]$的积分公式为

$$\int_0^x N_{m,k}(t)\mathrm{d}t=\sum_{l=0}^{m+1}\sigma a_l^m(k)\varphi_l^{m+1}(x-k+1)\qquad x\in[k-1,k]\qquad(104)$$

两个公式比较可知,提供了$N_{m,k}$在高阶与低阶下的Bernstein多项式系数之间存在着某种关系,找出相应的关系式,可设计出系数的计算算法.

7.4　$N_{m,k}$ 的 Bernstein 多项式系数求解算法

对式(103)两边在$[0,x]$上积分，分别考察左右两边可得

$$左边 = N_{m,k}(x) - N_{m,k}(k-1) = \sum_{l=0}^{m} a_l^m(k)\varphi_l^m(x-k+1) - \sum_{l=0}^{m} a_l^m(k)\varphi_l^m(0)$$

由于 $\sum_{l=0}^{m}\varphi_l^m(0)=1$，上式为

$$\sum_{l=0}^{m}[a_l^m(k) - a_l^m(0)]\varphi_l^m(x-k+1)$$

$$右边 = \sum_{l=0}^{m}\sigma a_l^{m-1}(k)\varphi_l^m(x-k+1) - \sum_{l=0}^{m}\sigma a_l^{m-1}(k-1)\varphi_l^m(x-k+1) = \sum_{l=0}^{m}[\sigma a_l^{m-1}(k) - \sigma a_l^{m-1}(k-1)]\varphi_l^m(x-k+1)$$

系数对应相等，则

$$a_l^m(k) - a_l^m(0) = \sigma a_l^{m-1}(k) - \sigma a_l^{m-1}(k-1)$$

变形可得

$$a_l^m(k) - a_{l-1}^m(k) = \frac{1}{m}[a_l^{m-1}(k) - a_l^{m-1}(k-1)]$$

其中 $l=0,2,\cdots,m,k=1,2,\cdots,m(m\geqslant 2)$ 上式明确了 $N_{m,k}$ 在高阶与低阶的 Bernstein 多项式系数之间的关系，为 $N_{m,k}$ 的 Bernstein 多项式系数序列求解算法设计提出了依据. 因此给出适当的假设与初始条件使用递推方法求出 $N_{m,k}$ 的 Bernstein 多项式系数序列.

结合示意图给出系数序列求解算法：

(1) 前提假设：对于 $m\geqslant 2$，因为 N_m 是连续的，所以

就有 $a_0^m(k)=a_m^m(k-1)$，$k=1,\cdots,m$，同时令 $a_l^{m-1}(0)=a_l^{m-1}(m+1)=0$，$l=0,\cdots,m-1$.

(2) 初始条件：$a_0^l(1)=a_1^l(2)=0$，$a_1^l(1)=a_0^l(2)=1$.

(3) $N_{m,k}$ 的 Bernstein 多项式系数序列递推算法示意图(图 5)：

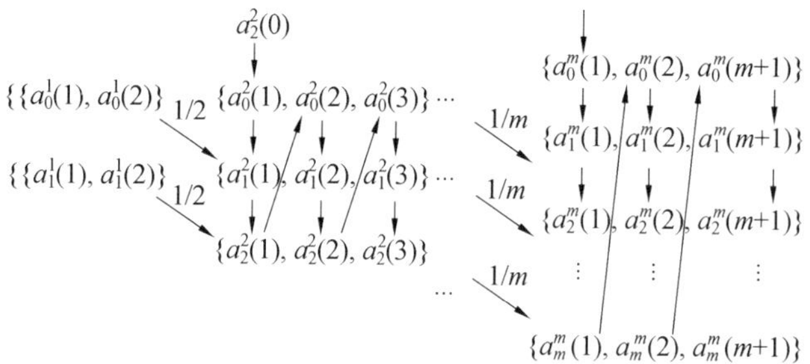

图 5　$N_{m,k}$ 的 Bernstein 多项式系数序列计算

§8　基于连续函数为自变量的 Bernstein 多项式的推广及其曲线曲面应用

多项式逼近是数值分析中最重要的方法之一，在数学分析和数值逼近理论中一直占有十分重要的地位，具有广泛的应用价值，数值逼近理论中，Weierstrass 定理指明可以用多项式函数列逼近任意连续函数，即若 $f(x)\in C[a,b]$，对任意给定的 $\varepsilon>0$，都存在多项式 $p(x)$，使得 $\max\limits_{a\leqslant x\leqslant b}|f(x)-p(x)|<\varepsilon$.

为证明 Weierstrass 定理，数学家 Bernstein 构造了一种特殊的多项式为

$$B_n(f,x)=\sum_{v=0}^{n} f\left(\frac{v}{n}\right)B_{v,n}(x)=\sum_{v=0}^{n} f\left(\frac{v}{n}\right)C_n^v x^v(1-x)^{n-v} \tag{105}$$

式(105)称为 $f(x)$ 的 n 次 Bernstein 多项式，其中，$f(x)$ 在闭区间$[0,1]$上有定义，且有

$$B_{v,n}(x)=C_n^v x^v(1-x)^{n-v},v=0,1,2,\cdots,n \tag{106}$$

称为 Bernstein 基函数.

在 Weierstrass 定理基础上，Bernstein 利用式(105)构造性地证明了定理 6.

定理 6　设 $f(x)$ 在闭区间$[0,1]$上有界，则对任意的 $x\in[0,1]$，有 $\lim\limits_{n\to\infty}B_n(f,x)=f(x)$. 并且若 $f(x)$ 在$[0,1]$上连续，则$\{B_n(f,x)\}$一致收敛于 $f(x)$.

函数的 Bernstein 多项式简便、精练，容易构造，且当 $f(x)$ 具有有界性、单调不减、凸性等性质时，$B_n(f,x)$ 同样具有上述性质，并且还具有可导性、凸包性质等特点. 这使得 Bernstein 多项式的推广和应用问题成为数值逼近理论的重要研究方面，为自由曲线、曲面设计提供了重要的数学工具.

在研究过程中，人们发现如果舍弃了经典 Bernstein 多项式的诸如可导性、凸性等优越性质，可以得到更广泛的推广和应用. 大连理工大学城市学院基础教学部的孙晓坤，辽宁师范大学数学学院的张妍两位教授于 2017 年对 Bernstein 多项式进行这样一种推广及应用：首先，以$[0,1]$上的一类连续函数 $h(x)$ 取代经典 Bernstein 基函数和多项式中的 x，得到推广的 Bernstein 基函数与多项式，并讨论其性质；其次，讨论 $h(x)$ 是折线函数时，推广的 Bernstein 多项式的可导性、凸包、凸性等性质；最后，应用这种推广的 Bernstein 多项式去生成自由曲线与曲面的形状.

8.1 推广的 Bernstein 多项式的性质

考察式(106)中的 Bernstein 基函数，其中，参变量 x 可视为函数 $h(x)\equiv x$. 那么，当 $h(x)\neq x$ 时，$f(x)$ 的 Bernstein 多项式 $B_n(f,h,x)$ 是否仍收敛于 $f(x)$? 其次，$B_n(f,h,x)$ 的性质与 $h(x)$ 有什么关系？再次，这类 Bernstein 多项式有何应用？

在此，要求$[0,1]$上的函数 $h(x)$ 满足 $h(0)=0$，$h(0)=1$.

1. 推广的 Bernstein 多项式的收敛性问题

以 $h(x)$ 替代式(106)中的 x 得到推广的基函数，记为

$$B_{v,n}(h,x)=C_n^v h^v(x)[1-h(x)]^{n-v},v=0,2,\cdots,n \tag{107}$$

这种基函数相当于对 $B_{v,n}(x)$ 作代换 $x=h(t)$ $(t\in[0,1])$ 得到(仍记参变量为 x)，因此，$B_{v,n}(h,x)$ 自然保有 $B_{v,n}(x)$ 大部分的优越性，如非负性、规范性、对称性等.

同理，对式(105)作代换 $x=h(t)(t\in[0,1])$，定义

$$\overline{B}_n(f,h,t)=\sum_{v=0}^{n} f\left[h^{-1}\left(\frac{v}{n}\right)\right]C_n^v h^v(t)[1-h(t)]^{n-v}$$

如果 $x=h(t)$ 在$[0,1]$上是单调连续函数，由定理 6，$\overline{B}_n(f,h,t)$ 必收敛于 $f(t)$.

现抛弃这种变换方法，直接定义 $B_n(f,h,x)$ 为

$$B_n(f,h,x)=\sum_{v=0}^{n}f\left(\frac{v}{n}\right)B_{v,n}(h,x)=\sum_{v=0}^{n}f\left(\frac{v}{n}\right)C_n^v h^v(x)[1-h(x)]^{n-v}\tag{108}$$

其中，$h(x)$ 是 $[0,1]$ 上的连续函数.

这里以 $f_1(x)=x$ 和 $f_2(x)=x^2$ 为例，讨论对应的 $B_n(f,h,x)$ 的收敛性.

由于

$$\begin{aligned}&B_n(f_1,h,x)=\\&\sum_{v=0}^{n}\left(\frac{v}{n}\right)C_n^v h^v(x)[1-h(x)]^{n-v}=\\&h(x)\sum_{v=0}^{n}\frac{(n-1)!}{(v-1)!\ (n-v)!}h^{v-1}(x)\cdot\\&[1-h(x)]^{n-1-(v-1)}=\\&h(x)\sum_{v=0}^{n-1}C_{n-1}^v h^v(x)[1-h(x)]^{n-1-v}=h(x)\end{aligned}$$

$$\begin{aligned}B_n(f_2,h,x)=&\sum_{v=0}^{n}\left(\frac{v}{n}\right)^2C_n^v h^v(x)[1-h(x)]^{n-v}=\\&\frac{1}{n}h(x)\sum_{v=0}^{n-1}\frac{(v+1)(n-1)!}{(v-1)!\ (n-1-v)!}\cdot\\&h^v(x)[1-h(x)]^{n-1-v}=\\&\frac{n-1}{n}h^2(x)+\frac{1}{n}h(x)\end{aligned}$$

因此

$$\lim_{n\to\infty}B_n(f_1,h,x)=h(x),\lim_{n\to\infty}B_n(f_2,h,x)=h^2(x)$$

可见当 $h(x)\neq x$ 时，对于任意的 $f(x)\in C[0,1]$，$\{B_n(f,h,x)\}$ 不一定收敛于 $f(x)$. 并且有如下一

般性结论：

命题 1 设 $f(x) \in C[0,1]$，$B_n(f,h,x)$ 如式(4)所定义，则 $B_n(f,h,x)$ 收敛于 $f(x)$ 的充分必要条件是 $h(x) \equiv x$.

命题 2 如果 $f(x) \in C[0,1]$ 是以 $1, h(x), h^2(x), \cdots$ 为基底的函数，则 $B_n(f,h,x)$ 收敛于 $f(x)$.

2. $h(x)$ 为折线函数时 Bernstein 多项式的性质

多项式 $B_n(f,h,x)$ 保有 $B_n(f,x)$ 的部分性质，如有界性：若 $f(x)$ 有界，则 $B_n(f,h,x)$ 有界；单调性：若 $f(x)$ 和 $h(x)$ 在$[0,1]$上单调，则 $B_n(f,h,x)$ 也单调；但当 $h(x)$ 表示不同类型的函数时，$B_n(f,h,x)$ 的可导性、凸包性质、凸性等性质需单独讨论. 下面重点研究 $h(x)$ 为$[0,1]$上折线函数时的情形.

设 $h(x)$ 为在 $x=\frac{1}{2}$ 处取得尖点的折线函数，不失一般性，定义

$$h_t(x)=\begin{cases}2tx, x \in \left[0,\frac{1}{2}\right] \\ 2(1-t)x+(2t-1), x \in \left(\frac{1}{2},1\right]\end{cases} \tag{109}$$

其中，参数 $t \in [0,1]$. 特别地，$t=\frac{1}{2}$ 时，$h_t(x) \equiv x$.

对式(109)求一阶导数，得

$$h'_t(x)=\begin{cases}2t, x \in \left[0,\frac{1}{2}\right] \\ 2(1-t), x \in \left(\frac{1}{2},1\right]\end{cases}$$

显然当 $t \neq \frac{1}{2}$ 时，$h'_t(\frac{1}{2}+0) \neq h'_t\left(\frac{1}{2}-0\right)$，即

$h_t(x)$ 在 $x=\frac{1}{2}$ 处不可导. 点 $\left(\frac{1}{2}, h_t\left(\frac{1}{2}\right)\right)$ 成为折线的尖点，这使得 $B_n(f,h,x)$ 在 $x=\frac{1}{2}$ 处也不可导.

取 $t=\frac{3}{4}$，控制顶点为 $(0,0)$，$\left(\frac{1}{3},\frac{2}{3}\right)$，$\left(\frac{2}{3},\frac{3}{4}\right)$，$\left(1,\frac{1}{4}\right)$，如图 6，三次 Bernstein 多项式

$$B_3(f,h,x)=\sum_{v=0}^{3} f\left(\frac{v}{n}\right) C_3^v h^v (1-h)^{3-v}$$

的函数曲线与控制多边形的图形显示，$B_3(f,h,x)$ 不再保有凸包性质. 再取 $f(x)=x^2$，显然 $f(x)$ 在 $[0,1]$ 上具有凸性，但当 $t=\frac{3}{4}$ 时，图 7 表明 $B_3(f,h,x)$ 不再具有凸性，也就是说，即使 $f(x)$ 具有凸性，此时的 $B_n(f,h,x)$ 也不一定具有凸性.

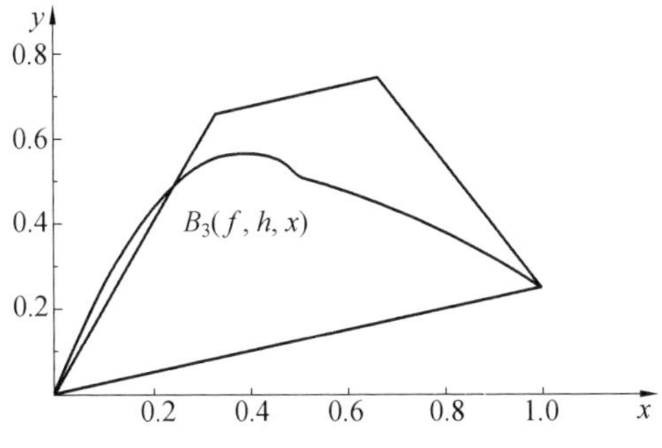

图 6　$B_n(f,h,x)$ 不具凸包性质

因此，如果 $h(x)$ 为折线函数，$B_n(f,h,x)$ 可能会失去经典 Bernstein 多项式的诸如可导性、凸包性、凸性等性质，但同时可以创造出更多的自由曲线和曲面的形状，为 Bernstein 多项式带来更多的应用.

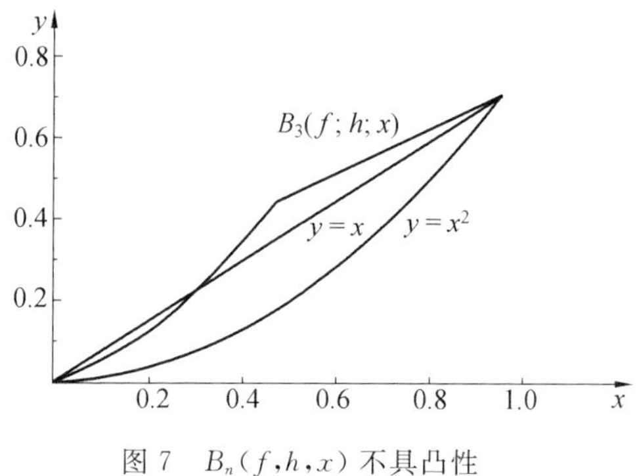

图 7 $B_n(f,h,x)$ 不具凸性

8.2 $h(x)$ 为折线函数时，Bernstein 多项式的曲线曲面应用问题

这里选定 $f(x)=-x^2+x+1, x\in[0,1]$(图 8). 此时，经典 Bernstein 多项式 $B_3(f,x)$ 和 $B_3(f,h,x)$ 分别为

$$B_3(f,x)=(1-x)^3+\frac{11}{3}x(1-x)^2+\frac{11}{3}x^2(1-x)+x^3$$

$$B_3(f,h,x)=[1-h(x)]^3+\frac{11}{3}h(x)[1-h(x)]^2+\frac{11}{3}h^2(x)[1-h(x)]+h^3(x)$$

设折线函数 $h(x)$ 定义如式(109)，下面通过调整 $h(x)$ 的参数值 t 讨论 $B_3(f,h,x)$ 的情形. 分 $0<t<\frac{1}{2}$ 和 $\frac{1}{2}<t<1$ 两种情形对比上述两条 Bernstein 曲线，以及由其生成的曲面的形状.

1. 参数 t 在 $\left(0,\frac{1}{2}\right)$ 内取值的情形

当 $0<t<\frac{1}{2}$ 时，取 $t_1=\frac{1}{4}$，折线函数为

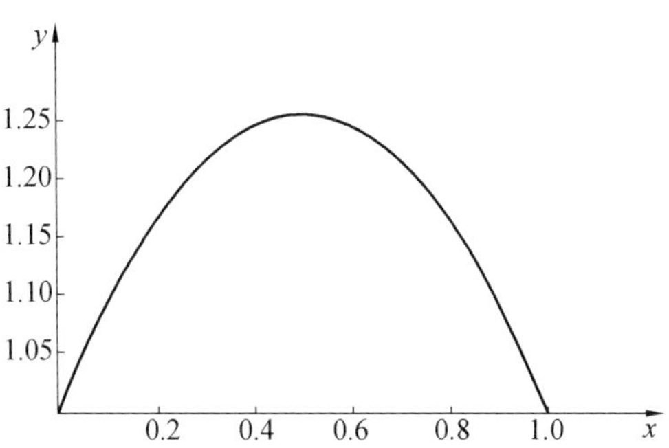

图 8　生成函数 $f(x)=-x^2+x+1$

$$h_{\frac{1}{4}}(x)=\begin{cases}\dfrac{1}{2}x, x\in\left[0,\dfrac{1}{2}\right]\\ \dfrac{3}{2}x-\dfrac{1}{2}, x\in\left[\dfrac{1}{2},1\right]\end{cases}$$

其图形和经典 Bernstein 基的参变量 $x(y=h(x)=x)$ 的图形见图 9.

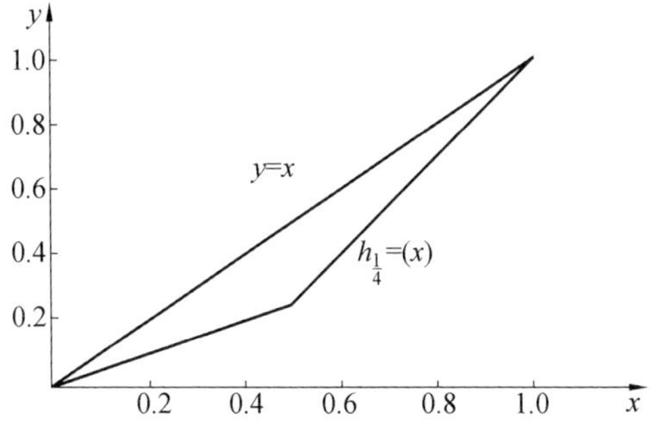

图 9　折线函数 $h_{\frac{1}{4}}(x)$ 和 $y=x$

此时曲线 $B_3(f,h,x)$ 的形状(图 10),特别是在 $x=\dfrac{1}{2}$ 附近,曲线形状相对于 $B_3(f,x)$ 形状发生了显著变化.由 $B_3(f,h,x)$ 和 $B_3(f,x)$ 生成的曲面(图 11)

分别记为

$$\sum\nolimits_1 = B_3(f,h,x) \times B_3(f,h,y)$$

$$\sum\nolimits_2 = B_3(f,x) \times B_3(f,y)$$

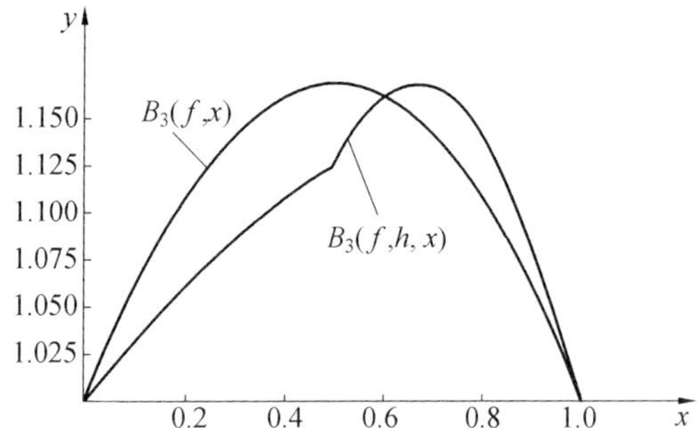

图 10　$t_1 = \frac{1}{4}$ 时的 $B_3(f,h,x)$ 和 $B_3(f,x)$

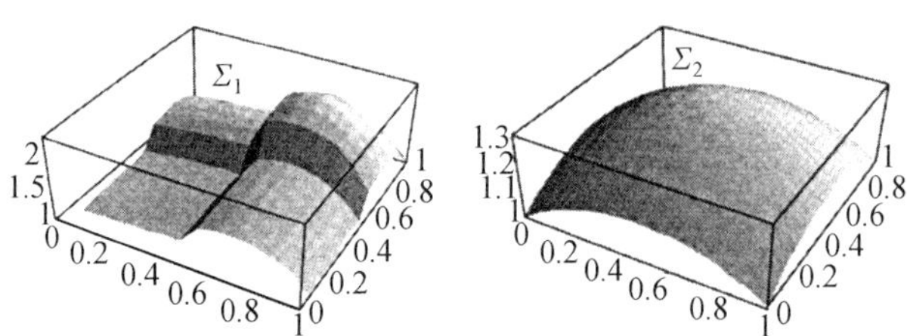

图 11　$t_1 = \frac{1}{4}$ 时的曲面 Σ_1 和 Σ_2 的对比

曲面 Σ_1 表现出 4 个小曲面的衔接过渡，比曲面 Σ_2 的形状要复杂得多.

在 $\left(0, \frac{1}{2}\right)$ 内另取 $t_2 = \frac{1}{3}$，比较 t_1 与 t_2 时的 $B_3(f,h,x)$ 的形状(图 12)，可见当 $0 < t < \frac{1}{2}$ 时，参数 t 的值越小，曲线的变化程度越大，由此生成的曲面 $B_3(f,h,x) \times B_3(f,h,y)$ 表现出的转折起伏也就越大.

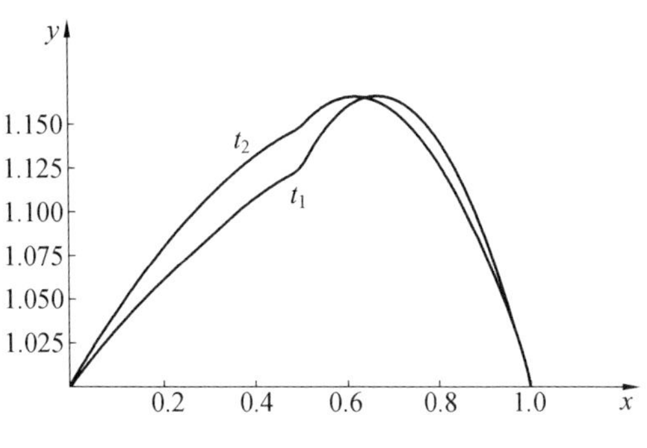

图 12　$t_1=\frac{1}{4}$ 和 $t_2=\frac{1}{3}$ 时的 $B_3(f,h,x)$

2. 参数 t 在 $\left(\frac{1}{2},1\right)$ 内取值的情形

当 $\frac{1}{2}<t<1$ 时，取 $t_3=\frac{7}{8}$，折线函数为图 13 中的

$$h_{\frac{7}{8}}(x)=\begin{cases}\frac{7}{4}x, x\in\left[0,\frac{1}{2}\right]\\ \frac{1}{4}x+\frac{3}{4}, x\in\left[\frac{1}{2},1\right]\end{cases}$$

讨论方式同 t_1，生成的曲线 $B_3(f,h,x)$ 见图 14，对应的曲面见图 15. 图 14 显示 t_3 时曲线改变的方向与 t_1 时相反，这一结果直接影响了曲面 $\Sigma_1=B_3(f,h,x)\times B_3(f,h,y)$ 的状态.

同样调整 t 的取值，令 $t_4=\frac{3}{4}$，并比较 t_3 和 t_4 时 $B_3(f,h,x)$ 的曲线形状(图 16). 可得 $\frac{1}{2}<t<1$ 时，t 的值越大，$B_3(f,h,x)$ 的形状发生的改变越大.

根据上述讨论可知，折线函数的参数 t 在 $(0,1)$ 内取值时，t 的取值距 $\frac{1}{2}$ 越近，曲线 $B_n(f,h,x)$ 与 $B_n(f,$

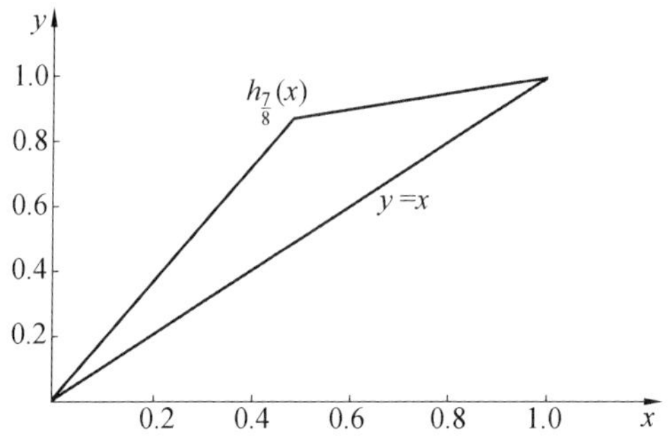

图 13 折线函数 $h_{\frac{7}{8}}(x)$ 和 $y=x$

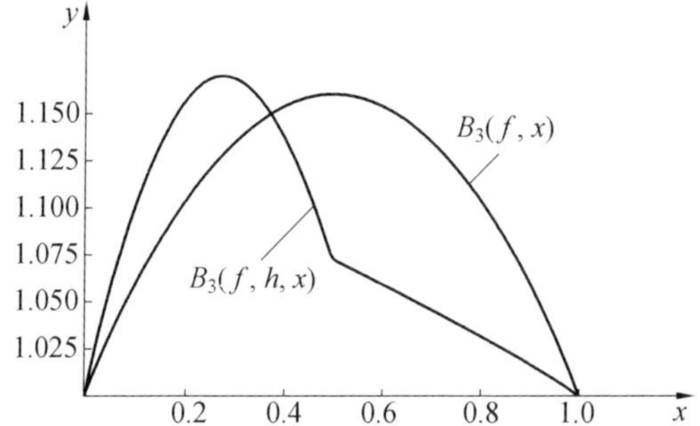

图 14 $t_3=\dfrac{7}{8}$ 时的 $B_3(f,h,x)$ 和 $B_3(f,x)$

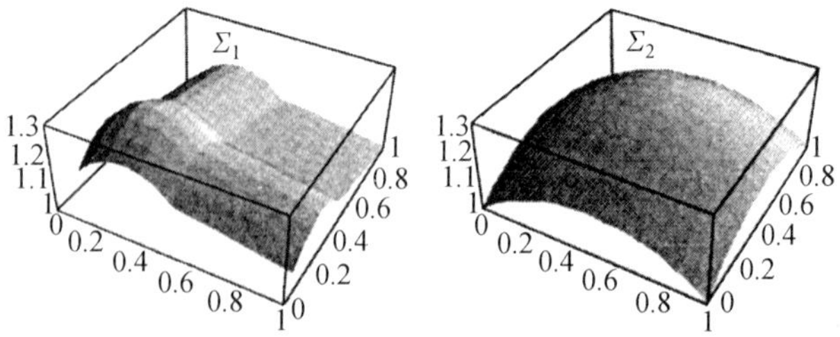

图 15 $t_3=\dfrac{7}{8}$ 时的曲面 Σ_1 和 Σ_2

x)的形状越接近;距$\frac{1}{2}$越远,二者差别越大;并且在$\frac{1}{2}$两侧,t 对曲线的影响状态正相反. 由此可根据设计目的的不同,选择恰当的参数值,甚至于可以调整折线函数折点的位置,以达到设计的要求.

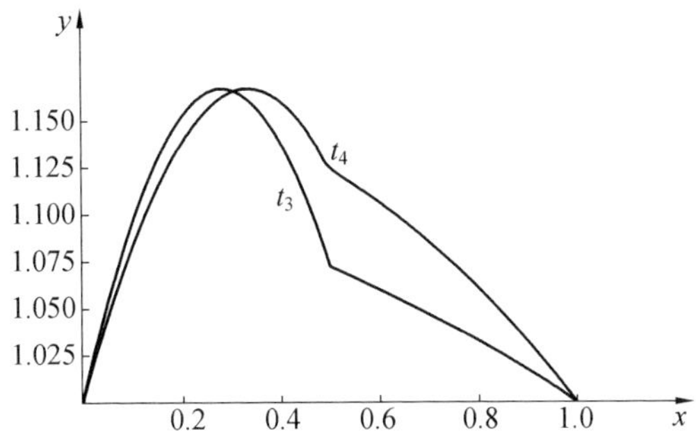

图 16　$t_3=\frac{7}{8}$ 和 $t_1=\frac{3}{4}$ 时的 $B_3(f,h,x)$

数学工作者论 Bézier 方法

第 8 章

§1 常庚哲、吴骏恒论 Bézier 方法的数学基础

1.1 引言

1974 年,在美国犹他(Utah)大学召开了第一次国际性的计算机辅助几何设计(简称 CAGD)会议,并出版了会议论文集.会议的中心论题是讨论 Coons 曲面、Bézier 曲面和样条函数方法在 CAGD 中的应用.大多数与会者都提到了 Coons 和 Bézier 的开创性的工作,公认他们的方法在CAGD方面起了基本

而重要的作用.事实上,Coons 方法和 Bézier 方法在现代 CAGD 中是使用最广的两种方法,并驾齐驱且各有千秋.

本节指出了 Bézier 未曾指出过的关于函数族 $\{f_{n,i}\}$ 的一些公式和性质,得出了我们称之为"联系矩阵"(M_n)的逆矩阵的表达式,还证明了 Bézier 提出但未给出证明的关于作图的一个定理.

1.2　Bézier 曲线

Bézier 把 n 次参数曲线表示为

$$\boldsymbol{P}(u)=\sum_{i=0}^{n}\boldsymbol{\alpha}_i f_{n,i}(u),0\leqslant u\leqslant 1 \tag{1}$$

其中

$$\begin{cases} f_{n,0}(u)\equiv 1 \\ f_{n,i}(u)=\dfrac{(-u)^i}{(i-1)!}\ \dfrac{\mathrm{d}^{i-1}}{\mathrm{d}u^{i-1}}\Phi_n(u),i=1,2,\cdots,n \\ \Phi_n(u)=\dfrac{(1-u)^n-1}{u} \end{cases} \tag{2}$$

$\boldsymbol{\alpha}_0,\boldsymbol{\alpha}_1,\cdots,\boldsymbol{\alpha}_n$ 是 $n+1$ 个空间矢量,矢量 $\boldsymbol{\alpha}_0$ 指示着曲线的起点.把 $\boldsymbol{\alpha}_1$ 的起点放在 $\boldsymbol{\alpha}_0$ 的终点上,把 $\boldsymbol{\alpha}_2$ 的起点放在 $\boldsymbol{\alpha}_1$ 的终点上,……,形成一个具有 n 边 $\boldsymbol{\alpha}_1$,$\boldsymbol{\alpha}_2,\cdots,\boldsymbol{\alpha}_n$ 的折线,称为曲线(1)的特征多边形.特征多边形大致勾画出了对应曲线的形状(图 1).

称式(1)为 Bézier 曲线.

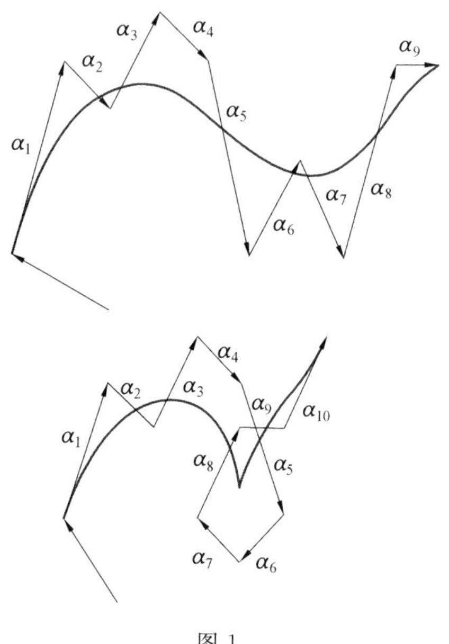

图 1

1.3 函数族$\{f_{n,i}\}$的若干性质

Bézier 曲线(1) 有许多重要性质,这里不再重复. 显然,曲线(1) 的性质乃是函数族$\{f_{n,i}\}$的性质的推论. 于是,尽可能多地发现函数族$\{f_{n,i}\}$的性质是有意义的.

把 $\Phi_n(u)$ 看成两个函数的乘积

$$\Phi_n(u)=\left(\frac{1}{n}\right)[(1-u)^n-1]$$

再利用 Leibniz 公式计算高阶导数

$$\frac{\mathrm{d}^{i-1}}{\mathrm{d}u^{i-1}}\Phi_n(u)=[(1-u)^n-1]\frac{\mathrm{d}^{i-1}}{\mathrm{d}u^{i-1}}\left(\frac{1}{u}\right)+$$

$$\sum_{p=1}^{i-1} C_{i-1}^{p} \frac{d^{i-p-1}}{du^{i-p-1}}\left(\frac{1}{u}\right) \cdot \frac{d^{p}}{du^{p}}[(1-u)^{n}] =$$
$$(-1)^{i-1}(i-1)!\ u^{-i}[(1-u)^{n}-1]+$$
$$\sum_{p=1}^{i-1}(-1)^{i-1}C_{i-1}^{p}(i-p-1)!\ \cdot$$
$$n(n-1)\cdots(n-p+1)\cdot$$
$$u^{p-i}(1-u)^{n-p}$$

由于

$$C_{i-1}^{p}(i-p-1)!\ n(n-1)\cdots(n-p+1)=(i-1)!\ C_{n}^{p}$$

故可得

$$f_{n,i}(u)=1-\sum_{p=0}^{i-1}C_{u}^{p}u^{p}(1-u)^{n-p}$$

令

$$J_{n,p}(u)=C_{n}^{p}u^{p}(1-u)^{n-p},p=0,1,2,\cdots,n$$

则有

$$f_{n,i}(u)=1-\sum_{p=0}^{i-1}J_{n,p}(u),i=1,2,\cdots,n \qquad (3)$$

由式(3)立得

$$f_{n,i}(u)-f_{n,i+1}(u)=J_{n,i}(u) \qquad (4)$$

若把 $f_{n,n+1}$ 理解为零,那么式(4)对于 $i=0,1,2,\cdots,n$ 均成立.

显然,当 $u\in(0,1)$ 时,$J_{n,i}(u)>0$,由式(4)可知,不等式

$$f_{n,1}(u)>f_{n,2}(u)>\cdots>f_{n,n}(u) \qquad (5)$$

对一切 $u\in(0,1)$ 成立.

特别地,由于

$$f_{n,1}(u)=1-(1-u)^{n}$$
$$f_{n,n}=u^{n}$$

故对于 $i=1,2,\cdots,n$ 及 $u\in[0,1]$,有

$$0 \leqslant u^n \leqslant f_{n,i}(u) \leqslant 1-(1-u)^n \leqslant 1$$

由此立知

$$\begin{cases} f_{n,i}(0)=0 \\ f_{n,i}(1)=1 \end{cases}, \ i=1,2,\cdots,n$$

下面将证明：每一个 $f_{n,i}(u)$ 在 $[0,1]$ 上是严格单调递增的. 为此，按式(2) 计算一阶导数

$$f'_{n,i}(u) = -\frac{i(-u)^{i-1}}{(i-1)!}\frac{\mathrm{d}^{i-1}}{\mathrm{d}u^{i-1}}\Phi_n(u) + \frac{(-u)^i}{(i-1)!}\frac{\mathrm{d}^i}{\mathrm{d}u^i}\Phi_n(u) = \frac{i}{u}[f_{n,i}(u) - f_{n,i+1}(u)]$$

依式(4) 得

$$f'_{n,i} = \frac{i}{u}J_{n,i}(u), i=1,2,\cdots,n \tag{6}$$

由此可见，当 $u \in (0,1)$ 时，$f'_{n,i}(u) > 0$.

除获得公式(3)(4)(6) 外，本节的结果可以综述为：函数族 $\{f_{n,i}\}$ 在 $(0,1)$ 内适合不等式(5)，并且每一个 $f_{n,i}(u)$，$i=1,2,\cdots,n$ 在 $[0,1]$ 上都是严格单调递增地从 0 变到 1.

1.4 Bézier 曲线的 Bernstein 形式

公式(3) 和(4) 可以使得一系列的推导得到简化，下面仅举一例说明.

由等式

$$\begin{pmatrix} \boldsymbol{S}_0 \\ \boldsymbol{S}_1 \\ \boldsymbol{S}_2 \\ \vdots \\ \boldsymbol{S}_n \end{pmatrix} = \begin{pmatrix} 1 & & & & \\ 1 & 1 & & & \\ 1 & 1 & 1 & & \\ \vdots & \vdots & \vdots & \ddots & \\ 1 & 1 & 1 & \cdots & 1 \end{pmatrix} \begin{pmatrix} \boldsymbol{\alpha}_0 \\ \boldsymbol{\alpha}_1 \\ \boldsymbol{\alpha}_2 \\ \vdots \\ \boldsymbol{\alpha}_n \end{pmatrix} \tag{7}$$

定义的矢量 $\boldsymbol{S}_0,\boldsymbol{S}_1,\boldsymbol{S}_2,\cdots,\boldsymbol{S}_n$ 依次是特征多边形的 $n+1$ 个顶点，由式(7) 可以反解出

$$\begin{pmatrix}\boldsymbol{\alpha}_0\\ \boldsymbol{\alpha}_1\\ \boldsymbol{\alpha}_2\\ \vdots\\ \boldsymbol{\alpha}_n\end{pmatrix}=\begin{pmatrix}1 & & & & \\ -1 & 1 & & & \\ & -1 & 1 & & \\ & & \ddots & \ddots & \\ & & & -1 & 1\end{pmatrix}\begin{pmatrix}\boldsymbol{S}_0\\ \boldsymbol{S}_1\\ \boldsymbol{S}_2\\ \vdots\\ \boldsymbol{S}_n\end{pmatrix} \tag{8}$$

把曲线(1) 表示为

$$\boldsymbol{P}(u)=(f_{n,0}\quad f_{n,1}\quad \cdots\quad f_{n,n})\begin{pmatrix}\boldsymbol{\alpha}_0\\ \boldsymbol{\alpha}_1\\ \vdots\\ \boldsymbol{\alpha}_n\end{pmatrix}$$

将式(8) 代入上式的右边，得到

$$\boldsymbol{P}(u)=(f_{n,0}\quad f_{n,1}\quad \cdots\quad f_{n,n})\begin{pmatrix}1 & & & & \\ -1 & 1 & & & \\ & -1 & 1 & & \\ & & \ddots & \ddots & \\ & & & -1 & 1\end{pmatrix}\begin{pmatrix}\boldsymbol{S}_0\\ \boldsymbol{S}_1\\ \boldsymbol{S}_2\\ \vdots\\ \boldsymbol{S}_n\end{pmatrix}=\sum_{i=0}^{n}[f_{n,i}(u)-f_{n,i+1}(u)]\boldsymbol{S}_i$$

按公式(4) 可把上式表示为

$$\boldsymbol{P}(u)=\sum_{i=0}^{n}J_{n,i}(u)\boldsymbol{S}_i \tag{9}$$

这就是 Bézier 曲线的 Bernstein 形式，它把 Bézier 曲线同古典的 Bernstein 多项式联系起来，使 Bézier 方法有

了更坚实的理论基础,并得到了进一步的发展.

1.5 联系矩阵的逆矩阵

展开 $\Phi_n(u)$ 分子中的$(1-u)^n$,得

$$\Phi_n(u)=\sum_{p=1}^{n}(-1)^p C_u^p u^{p-1}$$

由式(2) 可知

$$f_{n,i}(u)=\frac{(-1)^i u^i}{(i-1)!}\sum_{p=1}^{n}(-1)^p C_n^p \frac{d^{i-1}}{du^{i-1}}(u^{p-1})$$

由于当 $i>p$ 时,$\frac{d^{i-1}}{du^{i-1}}(u^{p-1})=0$,故

$$f_{n,i}(u)=\frac{(-1)^i u^i}{(i-1)!}\sum_{p=i}^{n}(-1)^p C_n^p (p-1)(p-2)\cdot\cdots\cdot(p-i+1)u^{p-i}$$

即

$$f_{n,i}(u)=\sum_{p=i}^{n}(-1)^{i+p}C_n^p C_{p-1}^{i-1}u^p,i=1,2,\cdots,n \tag{10}$$

将式(10) 表示为矩阵形式

$$(f_{n,1}\quad f_{n,2}\quad \cdots\quad f_{n,n})=(uu^2\cdots u^n)(M_n)$$

由式(10) 可见,(M_n) 是一个 n 阶下三角方阵,当 $p\geqslant i$ 时,它的第 p 行和第 i 列交叉处的元素[简称(p,i) 元素]是

$$(-1)^{p+i}C_n^p C_{p-1}^{i-1}$$

不妨称(M_n) 为“联系矩阵”,我们来算出它的逆矩阵.联系矩阵及其逆在理论和应用中都是十分重要的.

把(M_n) 分解为

$$(M_n)=\begin{pmatrix}C_n^1 & & & \\ & C_n^2 & & \\ & & \ddots & \\ & & & C_n^n\end{pmatrix}(T_n) \qquad (11)$$

其中(T_n)是一个n阶下三角方阵，当$p\geqslant i$时，其(p,i)元素是

$$(-1)^{p+i}C_{p-1}^{i-1}$$

由式(11)可知，求$(M_n)^{-1}$的问题转化为求$(T_n)^{-1}$的问题.

我们指出：$(T_n)^{-1}$仍是一个下三角方阵，当$i\geqslant q$时，其(i,q)元素是

$$C_{i-1}^{q-1}$$

现验证这一论断. 首先，$(T_n)(T_n)^{-1}$显然仍为下三角方阵，当$p\geqslant q$时，它的(p,q)元素为

$$\sum_{i=q}^{p}(-1)^{i+p}C_{p-1}^{i-1}C_{i-1}^{q-1}$$

当$p=q$时，上式显然为1；设$p>q$，则由等式

$$C_{p-1}^{i-1}C_{i-1}^{q-1}=C_{p-1}^{q-1}C_{p-q}^{p-i}$$

可知该元素为

$$C_{p-1}^{q-1}\sum_{i=q}^{p}(-1)^{p-i}C_{p-q}^{p-i}=C_{p-1}^{q-1}[1+(-1)]^{p-q}=0$$

这样就验证了$(T_n)^{-1}$是(T_n)的逆矩阵.

由式(11)可知，$(M_n)^{-1}$是一个下三角方阵，当$i\geqslant q$时，其(i,q)元素是

$$C_{i-1}^{q-1}/C_n^q$$

1.6　作图方法的证明

Bézier 曾建议过寻求曲线(1)上的点的一个有趣

的作图方法. 为寻求曲线(1)上对应于参数 u 的点 $\boldsymbol{P}(u)$,考察曲线所对应的特征多边形,设其顶点是 S_0, S_1,…,S_n,在这个多边形的第 i 条边上,从这条边的起点开始,沿正方向移动一个距离到达 $S_{i-1}^{(1)}$,使得

$$\frac{|S_{i-1}S_{i-1}^{(1)}|}{|S_{i-1}S_i|}=u,u\in[0,1],i=1,2,\cdots,n$$

这样就在特征多边形上得出了 n 个点

$$S_0^{(1)},S_1^{(1)},\cdots,S_{n-1}^{(1)}$$

把它们顺次连接起来,得到一个 $n-1$ 边的折线:$S_0^{(1)}S_1^{(1)}\cdots S_{n-1}^{(1)}$;对这条新的折线重复一次上述过程,得到 $n-2$ 边的折线 $S_0^{(2)}S_1^{(2)}\cdots S_{n-2}^{(2)}$,……,这样连续作 $n-1$ 次之后,得出一条直线 $S_0^{(n-1)}S_1^{(n-1)}$,再作最后一次求得此直线上的一点 $S_0^{(n)}$,它适合

$$\frac{|S_0^{(n-1)}S_0^{(n)}|}{|S_0^{(n-1)}S_1^{(n-1)}|}=u$$

那么 $S_0^{(n)}$ 正是曲线(1)上对应于参数 u 的那一个点,并且 $\boldsymbol{S}_0^{(n-1)}\boldsymbol{S}_1^{(n-1)}$ 正是曲线(1)在该点处的切矢量.

上面叙述的就是 Bézier 曲线的几何作图所依据的基本定理. 图 2 针对 $n=4$ 及 $u=\frac{1}{4}$ 的情况表达了这一作图的步骤.

Bézier 没有给出这一定理的证明. 我们给出一个证明如下.

事实上,经过第一次处理之后,新的多边形的各边依次是单列矩阵

$$\begin{pmatrix}1-u & u & 0 & \cdots & 0 & 0\\ 0 & 1-u & u & \cdots & 0 & 0\\ \vdots & \vdots & \vdots & & \vdots & \vdots\\ 0 & 0 & 0 & \cdots & 1-u & u\\ 0 & 0 & 0 & \cdots & 0 & 1-u\end{pmatrix}\begin{pmatrix}\boldsymbol{\alpha}_1\\ \boldsymbol{\alpha}_2\\ \vdots\\ \boldsymbol{\alpha}_{n-1}\\ \boldsymbol{\alpha}_n\end{pmatrix}$$

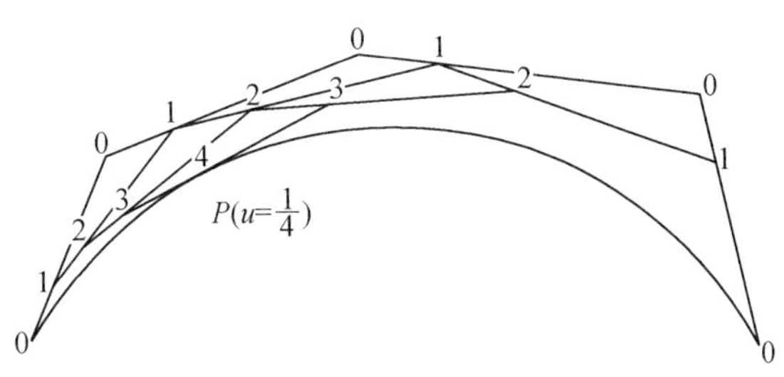

图 2

的前 $n-1$ 行. 把上式中那个 n 阶方阵记为 $\boldsymbol{K}$. 同理,经过第二次处理后,多边形的各边依次是单列矩阵

$$\boldsymbol{K}^2\begin{pmatrix}\boldsymbol{\alpha}_1\\ \boldsymbol{\alpha}_2\\ \vdots\\ \boldsymbol{\alpha}_n\end{pmatrix}$$

的前 $n-2$ 行,如此等等. 最后,经过 $n-1$ 次处理得出的一条边的单列矩阵

$$\boldsymbol{K}^{n-1}\begin{pmatrix}\boldsymbol{\alpha}_1\\ \boldsymbol{\alpha}_2\\ \vdots\\ \boldsymbol{\alpha}_n\end{pmatrix}$$

中第 1 行那个元素.

把方阵 $\boldsymbol{K}$ 写为

$$\boldsymbol{K}=u\begin{pmatrix}\lambda & 1 & & & \\ & \lambda & 1 & & \\ & & \ddots & \ddots & \\ & & & \lambda & 1\\ & & & & \lambda\end{pmatrix}$$

其中

$$\lambda=\frac{1-u}{u}$$

再令

$$\begin{pmatrix}\lambda & 1 & & & \\ & \lambda & 1 & & \\ & & \ddots & \ddots & \\ & & & \lambda & 1 \\ & & & & \lambda\end{pmatrix}=\lambda\boldsymbol{I}+\boldsymbol{J}$$

其中 $\boldsymbol{I}$ 为 n 阶单位方阵,而

$$\boldsymbol{I}=\begin{pmatrix}0 & 1 & & & \\ & 0 & 1 & & \\ & & \ddots & \ddots & \\ & & & 0 & 1 \\ & & & & 0\end{pmatrix}$$

所以

$$\begin{aligned}\boldsymbol{K}^{n-1}&=u^{n-1}(\lambda\boldsymbol{I}+\boldsymbol{J})^{n-1}=\\&u^{n-1}\sum_{i=0}^{n-1}\mathrm{C}_{n-1}^{i}\lambda^{n-i-1}\boldsymbol{J}^{i}=\\&u^{n-1}\begin{pmatrix}\lambda^{n-1} & \mathrm{C}_{n-1}^{1}\lambda^{n-2} & \mathrm{C}_{n-1}^{2}\lambda^{n-3} & \cdots & \mathrm{C}_{n-1}^{n-1}\lambda^{0} \\ & \lambda^{n-1} & \mathrm{C}_{n-1}^{1}\lambda^{n-2} & & \mathrm{C}_{n-1}^{n-2}\lambda^{1} \\ & & \ddots & \ddots & \vdots \\ & & & \lambda^{n-1} & \mathrm{C}_{n-1}^{1}\lambda^{n-2} \\ & & & & \lambda^{n-1}\end{pmatrix}\end{aligned}$$

于是

$$\begin{aligned}\boldsymbol{S}_{0}^{(n-1)}\boldsymbol{S}_{1}^{(n-1)}=u^{n-1}\sum_{i=1}^{n}\mathrm{C}_{n-1}^{i-1}\lambda^{n-i}\boldsymbol{\alpha}_{i}=\\\sum_{i=1}^{n}\mathrm{C}_{n-1}^{i-1}u^{i-1}(1-u)^{n-i}\boldsymbol{\alpha}_{i}\quad(12)\end{aligned}$$

为了说明式(12)是曲线(1)的切矢,必须且只需证明

它与 $\boldsymbol{P}'(u)$ 平行，但是

$$\boldsymbol{P}'(u)=\sum_{i=1}^{n} f'_{n,i}(u)\boldsymbol{\alpha}_i$$

依公式(6)，有

$$\boldsymbol{P}'(u)=\sum_{i=1}^{n}\frac{i}{u}J_{n,i}(u)\boldsymbol{\alpha}_i=$$

$$\sum_{i=1}^{n} t\mathrm{C}_n^t u^{i-1}(1-u)^{n-i}\boldsymbol{\alpha}_i=$$

$$n\sum_{i=1}^{n}\mathrm{C}_{n-1}^{i-1}u^{i-1}(1-u)^{n-i}\boldsymbol{\alpha}_i$$

与式(12)比较可知

$$\boldsymbol{P}'(u)=n\,\boldsymbol{S}_0^{(n-1)}\boldsymbol{S}_1^{(n-1)}$$

这就证完了定理的第二个结论.

现在来证明：最后得出的点 $\boldsymbol{S}_0^{(n)}$ 正好是曲线(1)上的点 $\boldsymbol{P}(u)$.

由作图法可知：$\boldsymbol{S}_0^{(n)}$ 的位置矢量是

$$\boldsymbol{\alpha}_0+u[\boldsymbol{S}_0\boldsymbol{S}_1+\boldsymbol{S}_0^{(1)}\boldsymbol{S}_1^{(1)}+\cdots+\boldsymbol{S}_0^{(n-1)}\boldsymbol{S}_1^{(n-1)}]=$$

$$\boldsymbol{\alpha}_0+[u,0,\cdots,0](\boldsymbol{I}+\boldsymbol{K}+\cdots+\boldsymbol{K}^{n-1})\begin{pmatrix}\boldsymbol{\alpha}_1\\ \boldsymbol{\alpha}_2\\ \vdots\\ \boldsymbol{\alpha}_n\end{pmatrix}\tag{13}$$

为此应先算 $\boldsymbol{I}+\boldsymbol{K}+\cdots+\boldsymbol{K}^{n-1}$. 虽然

$$\boldsymbol{I}+\boldsymbol{K}+\cdots+\boldsymbol{K}^{n-1}=(\boldsymbol{I}-\boldsymbol{K})^{-1}(\boldsymbol{I}-\boldsymbol{K}^n)=$$

$$(\boldsymbol{I}-\boldsymbol{K})^{-1}-(\boldsymbol{I}-\boldsymbol{K})^{-1}\boldsymbol{K}^n$$

但是

$$(\boldsymbol{I}-\boldsymbol{K})^{-1}=\begin{pmatrix} u & -u & & & \\ & u & -u & & \\ & & u & \ddots & \\ & & & \ddots & -u \\ & & & & u \end{pmatrix}^{-1}=$$

$$\frac{1}{u}\begin{pmatrix} 1 & -1 & & & \\ & 1 & -1 & & \\ & & \ddots & \ddots & \\ & & & 1 & -1 \\ & & & & 1 \end{pmatrix}^{-1}=$$

$$\frac{1}{u}\begin{pmatrix} 1 & 1 & \cdots & 1 & 1 \\ 0 & 1 & \cdots & 1 & 1 \\ \vdots & \vdots & & \vdots & \vdots \\ 0 & 0 & \cdots & 1 & 1 \\ 0 & 0 & \cdots & 0 & 1 \end{pmatrix}$$

所以

$$\boldsymbol{I}+\boldsymbol{K}+\cdots+\boldsymbol{K}^{n-1}=\frac{1}{u}\begin{pmatrix} 1 & 1 & \cdots & 1 \\ & 1 & \cdots & 1 \\ & & \ddots & \vdots \\ & & & 1 \end{pmatrix}-$$

$$u^{n-1}\begin{pmatrix} 1 & 1 & \cdots & 1 \\ & 1 & \cdots & 1 \\ & & \ddots & \vdots \\ & & & 1 \end{pmatrix}.$$

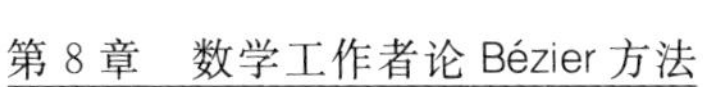

$$\begin{pmatrix} \lambda^n & C_n^1\lambda^{n-1} & \cdots & C_n^{n-1}\lambda \\ & \lambda^n & & \vdots \\ & & \ddots & \\ & & \ddots & C_n^1\lambda^{n-1} \\ & & & \lambda^n \end{pmatrix}$$

这样一来，式(13) 的右边就是

$$\boldsymbol{\alpha}_0 + [(1\quad 1\quad \cdots\quad 1) - u^n(\lambda^n, \lambda^n + C_n^1\lambda^{n-1}, \cdots, \lambda^n + C_n^1\lambda^{n-1} + \cdots + C_n^{n-1}\lambda)] \begin{pmatrix} \boldsymbol{\alpha}_1 \\ \boldsymbol{\alpha}_2 \\ \vdots \\ \boldsymbol{\alpha}_n \end{pmatrix} \tag{14}$$

显然，上式中 $\boldsymbol{\alpha}_i, i = 1, 2, \cdots, n$ 的系数是

$$\begin{aligned} 1 - u^n \sum_{p=0}^{i-1} C_n^p \lambda^{n-p} = 1 - \sum_{p=0}^{i-1} C_n^p u^n \left(\frac{1-u}{u}\right)^{n-p} = \\ 1 - \sum_{p=0}^{i-1} C_u^p u^p (1-u)^{n-p} = \\ 1 - \sum_{p=0}^{i-1} J_{n,p}(u) = f_{n,i}(u) \end{aligned}$$

故式(14) 即为

$$\boldsymbol{\alpha}_0 + \sum_{i=1}^{n} f_{n,i}(u)\boldsymbol{\alpha}_i = \boldsymbol{P}(u)$$

这样就证完了关于作图的基本定理.

§2　蒋尔雄论 Bézier 曲线

1977 年 10 月，我国高等教育刚刚走上正轨. 上海召开了教材工作会议，决定将计算数学专业的基础课

—— 计算方法分成三部分，其中第一部分就是数值逼近. 从那之后，复旦大学每年都开设数值逼近课，由我国著名的计算数学家蒋尔雄先生亲自授课. 他认为：数值逼近的内容很多，很多理论的产生都有它的客观需要；或是实际问题的需要或是理论本身的需要. 在向学生介绍这些内容时，应尽量使学生知道问题是怎样提出来的，有问题才能引起学生的思考，然后再引导学生探讨这些问题是如何解决的，这样不但能促进学生学好这些内容，而且还能促进学生学习如何提出问题和解决问题，有利于培养学生的能力. 为此蒋教授还亲自编写了能体现其精神的教材，其中就提到了 Bézier 曲线，以下是他的论述：

> 插值的特点是构造一条曲线(多项式、分段多项式、样条等)，这条曲线由给定的一些型值点$(x_i, f(x_i))$确定，即曲线通过这些型值点. 这样的插值曲线，如果某些几何性质不理想，譬如，保凸性、光顺性不好，那么调整就比较困难，要换一个型值点，前面算得的有些数据就不能用，就得重新计算，浪费不少.
>
> 如果给定一条已知曲线，称为目标曲线，要求构造一条由简单函数表示的曲线，跟它相合得比较好，这就是曲线拟合问题. 如果用插值办法来作，那么要在目标曲线上选择一些型值点作插值. 自然可以设想，插值曲线和目标曲线拟合得好坏，跟型值点的取法有关. 这样，要找好的型值点，就得不断计算插值，工作量是很大的.

另外一种考虑是脱离插值的办法，构造的曲线由一些控制点决定，曲线不一定要求通过这些控制点，但通过调整控制点使构造的曲线变动，达到拟合目标曲线的要求.

按这种想法，1962 年法国的 Bézier 和 Casteljau 各自独立地提出了现在称为 Bézier 曲线的曲线拟合手段.

Bézier 在法国雷诺汽车公司工作，而 Casteljau 在法国雪铁龙汽车公司工作. 他们都是为计算机辅助设计的需要而想出这种办法的. 因为 Bézier 很快就完成了实用的软件，并被迅速推广，因此将这种方法冠以他的名字.

定义 1　设 $P_i=\begin{pmatrix}x_i\\y_i\end{pmatrix}$，$i=0,1,2,\cdots,n$ 是平面上依次由左到右或者由右到左的 $n+1$ 个点，$B_{i,n}(t)=C_i^n t^i(1-t)^{n-i}$，$i=0,1,2,\cdots,n$，$C_i^n=\dfrac{n!}{i!\ (n-i)!}$ 是定义在 $0\leqslant t\leqslant 1$ 上的 n 次 Bernstein 多项式的 $n+1$ 个基函数，则称

$$\begin{pmatrix}x(t)\\y(t)\end{pmatrix}=P(t)=\sum_{i=0}^{n}P_iB_{i,n}(t) \tag{15}$$

为 n 次 Bézier 曲线，$P_i(i=0,1,2,\cdots,n)$ 称为控制点.

例 1　$n=2$，$P_0=\begin{pmatrix}0\\0\end{pmatrix}$，$P_1=\begin{pmatrix}\frac{1}{2}\\1\end{pmatrix}$，$P_2=$

$\begin{pmatrix}1\\ \frac{1}{2}\end{pmatrix}$. 对应的二次 Bézier 曲线为

$$4x(t)=0(1-t)^2+\frac{1}{2}C_1^2t(1-t)+1\cdot t^2=t$$

$$y(t)=0(1-t)^2+C_1^2t(1-t)+\frac{1}{2}t^2$$

$$=t\left(2-\frac{3}{2}t\right)$$

这是一条抛物线，通过点 P_0 与 P_2，但不通过点 P_1.

Bernstein 基函数 $B_{i,n}$ 有下列重要性质：

(1) 当 $t\in[0,1]$ 时，$B_{i,n}(t)\geqslant 0$.

(2) $B_{0,n}(t)+B_{1,n}(t)+\cdots+B_{n,n}(t)=(t+(1-t))^n=1$.

(3) $B_{i,n}(t)=B_{n-i,n}(1-t)$.

(4) $B'_{i,n}(t)=n[B_{i-1,n-1}(t)-B_{i,n-1}(t)]$，当 $t=0$ 时，$B_{-1,n-1}(t)=0$.

(5) $B_{i,n}(t)=(1-t)B_{i,n-1}(t)+tB_{i-1,n-1}(t)$，当 $i=0$ 时，$B_{-1,n-1}(t)=0$.

(6) $B_{i,n}(t)$ 在 $t=\frac{i}{n}$ 时达到最大值.

这些都是容易直接验证的. 对于 Bézier 曲线来说，从上述性质(1)(2)可知：它是控制点的带权平均，并且当 $t=0$ 时，$P(0)=P_0$；当 $t=1$ 时，$P(1)=P_n$. 又从

$$P'(t)=\sum_{i=0}^{n}P_iB'_{i,n}(t)=$$

$$n\sum_{i=0}^{n}P_iB_{i-1,n-1}(t)-$$

$$n\sum_{i=0}^{n}P_iB_{i,n-1}(t)=$$

$$n\sum_{i=0}^{n-1}(P_{i+1}-P_i)B_{i,n-1}(t)$$

我们知道，$\frac{y'(t)}{x'(t)}$ 是这条曲线在 t 处的切线方向，即

$$P'(0)=\begin{pmatrix}x'(0)\\y'(0)\end{pmatrix}=n(P_1-P_0)$$

故在 $t=0$ 时的切线方向为

$$\frac{y'(0)}{x'(0)}=\frac{y_1-y_0}{x_1-x_0}$$

同样，在 $t=1$ 处的切线方向为

$$\frac{y'(1)}{x'(1)}=\frac{(y_n-y_{n-1})}{(x_n-x_{n-1})}.$$

这告诉我们 Bézier 曲线不但通过点 P_0 与 P_n，而且还与直线 P_0P_1 和 $P_{n-1}P_n$ 相切.

将控制点 $P_0,P_1,\cdots,P_n$ 依次相连，终点 P_n 与始点 P_0 再相连，得到一个多边形，称为特征多边形，若它是凸的，它所包含的区域就称为凸包. 当特征多边形是凸的时，可以证明 Bézier 曲线落在这个凸包之内，这是因为

$$P(t)=\sum_{i=0}^{n}P_iB_{i,n}(t)$$

而 $\sum_{i=0}^{n}B_{i,n}(t)=1,B_{i,n}(t)\geqslant 0$.

当 $n=1$ 时，任何点 $Q=\lambda P_0+\mu P_1$，只要 $\lambda+\mu=1,\lambda\geqslant 0,\mu\geqslant 0$，都在 P_0,P_1 的连线上. 实际上 Q 的坐标 (x,y) 满足，$x=\lambda x_0+$

$\mu x_1, y=\lambda y_0+\mu y_1$，因而它在直线

$$y-y_0=\frac{y_1-y_0}{x_1-x_0}(x-x_0)$$

上，这就是 P_0，P_1 的连线. 另外若 $y_0<y_1$，则 (x,y) 满足 $x_0\leqslant x\leqslant x_1$，$y\leqslant y\leqslant y_1$，也即 Q 在线段 P_0P_1 上. 这就证明了 $P(t)$ 在线段 P_0P_1 上.

当 $n=2$ 时，对任何点 $Q=\lambda P_0+\lambda P_1+\nu P_2$，当 $\lambda+\mu+\nu=1$，$\lambda\geqslant 0$，$\mu\geqslant 0$，$\nu\geqslant 0$，都在以 P_0，P_1，P_2 为顶点的三角形中，实际上 $\mu P_1+\nu P_2=(\mu+\nu)U$，即

$$U=\frac{\mu}{\mu+\nu}P_1+\frac{\nu}{\mu+\nu}P_2$$

对 $n=1$ 的情况证明过，U 在线段 P_1P_2 上. 再由

$$Q=\lambda P_0+(\mu+\nu)U$$

可知，Q 在线段 P_0U 上，因此 Q 在 $\triangle P_0P_1P_2$ 中.

照此对 n 用数学归纳法，容易证明由任意 $n+1$ 个顶点 $P_i(i=0,1,2,\cdots,n)$ 围成的凸多边形区域 Ω 包含曲线

$$P(t)=\sum_{i=0}^{n}P_iB_{i,n}(t)$$

Casteljau 给出了如下定理：

定理 1 （作图定理）令 $P_{i,0}=P_i(i=0,1,2,\cdots,n)$ 是给定的平面上 $n+1$ 个点，依次构造

$$P_{i,1}=(1-t)P_{i,0}+tP_{i+1,0}, i=0,1,\cdots,n-1$$

$$P_{i,2}=(1-t)P_{i,1}+tP_{i+1,1}, i=0,1,\cdots,n-2$$

$$\vdots$$

$$P_{i,k}=(1-t)P_{i,k-1}+tP_{i+1,k-1},i=0,1,\cdots,n-k$$

$$P_{0,n}=(1-t)P_{0,n-1}+tP_{1,n-1}$$

则

$$P_{0,n}=P(t) \tag{16}$$

且

$$P'(t)=n(P_{1,n-1}-P_{0,n-1}) \tag{17}$$

证明　先证式(16). 对于 $n=1$,有

$$\begin{aligned}P(t)&=(1-t)P_0+tP_1\\&=(1-t)P_{0,0}+tP_{1,0}=P_{0,1}\end{aligned}$$

式(16) 成立. 对 $n=2$,有

$$\begin{aligned}P(t)=&P_0B_{0,2}(t)+P_1B_{1,2}(t)+P_2B_{2,2}(t)=\\&(1-t)[P_0(1-t)+P_1t]+\\&t[(1-t)P_1+tP_2]=\\&(1-t)P_{0,1}+tP_{1,1}=P_{0,2}\end{aligned}$$

所以式(16) 也成立. 今用数学归纳法,假定对 $k+1$ 个控制点的 Bézier 曲线式(16) 成立,我们来证明对 $k+2$ 个控制点式(16) 也成立. 为此考虑 $P_0,P_1,\cdots,P_k,P_{k+1}$ 是 $k+2$ 个控制点,此时 Bézier 曲线为

$$P(t)=\sum_{i=0}^{k+1}P_iB_{i,k+1}(t)$$

但

$$B_{i,k+1}(t)=(1-t)B_{i,k}(t)+tB_{i-1,k}(t)$$

于是

$$\begin{aligned}P(t)=&\sum_{i=0}^{k}P_i(1-t)B_{i,k}(t)+\sum_{i=1}^{k+1}P_itB_{i-1,k}(t)=\\&(1-t)\sum_{i=0}^{k}P_iB_{i,k}(t)+t\sum_{i=0}^{k}P_{i+1}B_{i,k}(t)\end{aligned}$$

(18)

但 $P_0B_{0,k}(t)+P_1B_{1,k}(t)+\cdots+P_kB_{k,k}(t)$ 是以 $P_0,P_1,\cdots,P_k$ 为控制点的 k 次 Bézier 曲线，而 $P_1B_{0,k}(t)+P_2B_{1,k}(t)+\cdots+P_{k+1}B_{k,k}(t)$ 是以 $P_1,P_2,\cdots,P_{k+1}$ 为控制点的 k 次 Bézier 曲线，按数学归纳法，它们分别为 $P_{0,k}$ 和 $P_{i,k}$. 于是以 $P_0,P_1,\cdots,P_k,P_{k+1}$ 为控制点的 Bézier 曲线按式(18) 为

$$P(t)=(1-t)P_{0,k}+tP_{1,k}=P_{0,k+1}$$

即式(16) 成立. 又对

$$P(t)=\sum_{i=0}^{n}P_iB_{i,n}(t)$$

两边求导，得

$$P'(t)=\sum_{i=0}^{n}P_iB'_{i,n}(t) \tag{19}$$

但 $B'_{i,n}(t)=n[B_{i-1,n-1}(t)-B_{i,n-1}(t)]$，将其代入式(19) 得

$$\begin{aligned}P'(t)&=n\sum_{i=0}^{n}P_i[B_{i-1,n-1}(t)-B_{i,n-1}(t)]=\\&n\left[\sum_{i=0}^{n-1}P_{i+1}B_{i,n-1}(t)-\sum_{i=0}^{n-1}P_iB_{i,n-1}(t)\right]=\\&n(P_{1,n-1}-P_{0,n-1})\end{aligned}$$

即式(17) 成立.

这个定理的几何意义是很明显的，即对任何 $t\in(0,1)$，$P(t)$ 的位置可以如图 3 求得.

Bézier 曲线的最大优点之一是：控制点如果构成凸多边形，即特征多边形是凸时，Bézier 曲线也是凸的.

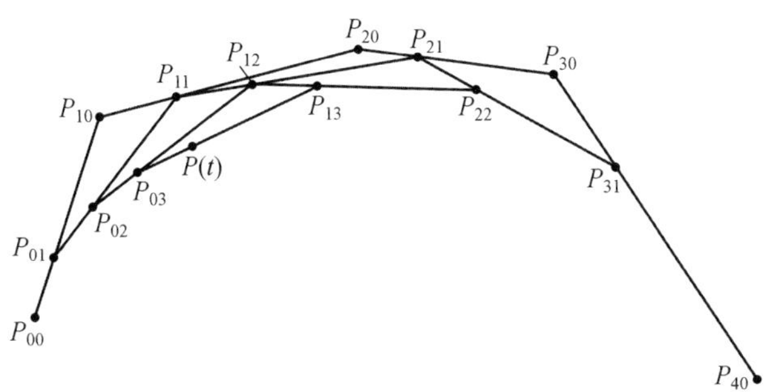

图 3

为此我们还要介绍另一个定理，称为 Bézier 曲线的分解定理. 首先指出在作图定理中，$P_0, P_1, \cdots, P_n$ 取定后，$P_{0,1}, P_{0,2}, \cdots, P_{0,n}$ 是由 t 唯一确定的. 同样 $P_{i,j}$ 也是由 t 唯一确定的，$P_{i,j}$ 可表示成 $P_{i,j}(t)$. 取定一个 $t=\omega$，于是就产生两组点：$P_{0,1}(\omega), P_{0,2}(\omega), \cdots, P_{0,n}(\omega)$ 和 $P_{1,n-1}(\omega), P_{2,n-2}(\omega), \cdots, P_{n,0}(\omega)$，每组点都可以构成一个特征多边形，也可以构造出以它们为控制点的两条 Bézier 曲线. 这样构造出来的 Bézier 曲线跟原来的，即以 $P_0, P_1, \cdots, P_n$ 为控制点的 Bézier 曲线究竟有什么关系？

我们记 $P_n(P_0, P_1, \cdots, P_n, t)$ 为以 $P_0, P_1, \cdots, P_n$ 为控制点的 Bézier 曲线在参数 t 时的坐标，则有如下定理：

定理 2　对于 $0 \leqslant \omega \leqslant 1$，有

$P_n(P_0, P_1, \cdots, P_n, t) =$

$$\begin{cases} P_n\left(P_0,P_{0,1}(\omega),\cdots,P_{0,n}(\omega),\dfrac{t}{\omega}\right) \\ \text{当 } 0\leqslant t\leqslant \omega \text{ 时} \\ P_n\left(P_{0,n}(\omega),P_{1,n-1}(\omega),\cdots,P_{n,0}(\omega),\dfrac{t-\omega}{1-\omega}\right) \\ \text{当 } \omega< t\leqslant 1 \text{ 时} \end{cases}$$

证明 先证 $t\leqslant\omega$ 的情况. 当 $n=1$ 时

$$\begin{aligned} P_n\left(P_0,P_{0,1}(\omega),\frac{t}{\omega}\right)= & \left(1-\frac{t}{\omega}\right)P_0+\frac{t}{\omega}P_{0,1}(\omega)= \\ & \left(1-\frac{t}{\omega}\right)P_0+ \\ & \frac{t}{\omega}((1-\omega)P_0+\omega P_1)= \\ & (1-t)P_0+tP_1= \\ & P_n(P_0,P_1,t) \end{aligned}$$

现在用数学归纳法. 假定命题当 $n=k$ 时成立, 对于 $n=k+1$ 的情况, 利用作图定理证明中的式(18), 有

$$\begin{gathered} P_{k+1}\left(P_0,P_{0,1}(\omega),\cdots,P_{0,k+1}(\omega),\frac{t}{\omega}\right)= \\ \left(1-\frac{t}{\omega}\right)P_k\left(P_0,P_{0,1}(\omega),\cdots,P_{0,k}(\omega),\frac{t}{\omega}\right)+ \\ \frac{t}{\omega}P_k\left(P_{0,1}(\omega),P_{0,2}(\omega),\cdots,P_{0,k+1}(\omega),\frac{t}{\omega}\right) \end{gathered} \tag{20}$$

但 $P_{0,i}(\omega)=(1-\omega)P_{0,i-1}(\omega)+\omega P_{1,i-1}(\omega)$, 即

$$\begin{gathered} P_k\left(P_{0,1}(\omega),P_{0,2}(\omega),\cdots,P_{0,k+1}(\omega),\frac{t}{\omega}\right)= \\ \sum_{i=0}^{k}P_{0,i+1}(\omega)B_{i,k}\left(\frac{t}{\omega}\right)= \end{gathered}$$

$$\sum_{i=0}^{k}(P_{0,i}(\omega)(1-\omega)+P_{1,i}(\omega)\omega)B_{i,k}\left(\frac{t}{\omega}\right)=$$

$$(1-\omega)P_k\left(P_0,P_{0,1}(\omega),\cdots,P_{0,k}(\omega),\frac{t}{\omega}\right)+$$

$$\omega P_k\left(P_{1,0}(\omega),P_{1,1}(\omega),\cdots,P_{1,k}(\omega),\frac{t}{\omega}\right)$$

将此式代入式(20),得

$$P_{k+1}\left(P_0,P_{0,1}(\omega),\cdots,P_{0,k+1}(\omega),\frac{t}{\omega}\right)=$$

$$\left(1-\frac{t}{\omega}\right)P_k\left(P_0,P_{0,1}(\omega),\cdots,P_{0,k}(\omega),\frac{t}{\omega}\right)+$$

$$\frac{t}{\omega}(1-\omega)P_k\left(P_0,P_{0,1}(\omega),\cdots,P_{0,k}(\omega),\frac{t}{\omega}\right)+$$

$$\frac{t}{\omega}\omega P_k\left(P_{1,0},P_{1,1}(\omega),\cdots,P_{1,k}(\omega),\frac{t}{\omega}\right)=$$

$$(1-t)P_k\left(P_0,P_{0,1}(\omega),\cdots,P_{0,k}(\omega),\frac{t}{\omega}\right)+$$

$$tP_k\left(P_{1,0},P_{1,1}(\omega)\cdots,P_{1,k}(\omega),\frac{t}{\omega}\right)\qquad(21)$$

再利用数学归纳法假定,有

$$P_k\left(P_0,P_{0,1}(\omega),\cdots,P_{0,k}(\omega),\frac{t}{\omega}\right)=$$

$$P_k(P_0,P_1,\cdots,P_k,t)$$

$$P_k\left(P_{1,0},P_{1,1}(\omega),\cdots,P_{1,k}(\omega),\frac{t}{\omega}\right)=$$

$$P_k(P_1,P_2,\cdots,P_{k+1},t)$$

于是从式(21)即得

$$P_{k+1}\left(P_0,P_{0,1}(\omega),\cdots,P_{0,k}(\omega),\frac{t}{\omega}\right)=$$

$$(1-t)P_k(P_0,P_1,\cdots,P_k,t)+$$

$$tP_k(P_1,P_2,\cdots,P_{k+1},t)=$$

$$P_{k+1}(P_0,P_1,\cdots,P_k,P_{k+1},t)$$

于是定理在 $t\leqslant\omega$ 时成立.

对于 $t>\omega$ 的情况,可利用 Bézier 曲线的对称性.实际上

$$P_n=\overline{P_0},P_{n-1}=\overline{P_1},\cdots,P_0=\overline{P_n},$$

$$1-t=\bar{t},1-\omega=\bar{\omega}$$

这样

$$P_{n,0},P_{n-1,1}(\omega),P_{n-2,2}(\omega),\cdots,P_{0,n}(\omega)$$

成为

$$\overline{P}_{0,0},\overline{P}_{0,1}(\bar{\omega}),\overline{P}_{0,2},\cdots,\overline{P}_{0,n}(\bar{\omega})$$

例如

$$P_{n-1,1}(\omega)=(1-\omega)P_{n-1}+\omega P_n=\\\bar{\omega}\overline{P}_1+(1-\bar{\omega})\overline{P}_0=\overline{P}_{0,1}(\bar{\omega})$$

$$P_{n-2,2}(\omega)=(1-\omega)P_{n-2,1}(\omega)+\omega P_{n-1,1}(\omega)=\\\bar{\omega}\overline{P}_{1,1}(\bar{\omega})+(1-\bar{\omega})P_{0,1}(\bar{\omega})=\\\overline{P}_{0,2}(\bar{\omega})$$

其余同样可得.

因为 $t>\omega$,所以 $\bar{t}<\bar{\omega}$,利用上面已证得的结果,有

$$P_n\left(\overline{P}_{0,0},\overline{P}_{0,1}(\bar{\omega}),\cdots,\overline{P}_{0,n}(\bar{\omega}),\frac{\bar{t}}{\bar{\omega}}\right)=\\P_n(\overline{P}_0,\overline{P}_1,\cdots,\overline{P}_n,\bar{t})=\\P_n(P_0,P_1,\cdots,P_n,t)$$

又

$$P_n\left(P_{0,n}(\omega),P_{1,n-1}(\omega),\cdots,P_{n,0}(\omega),1-\frac{\bar{t}}{\bar{\omega}}\right)=$$

$$P_n\left(P_{n,0}(\omega),P_{n-1,1}(\omega),\cdots,P_{0,n}(\omega),\frac{\bar{t}}{\bar{\omega}}\right)=$$

$$P_n\left(\overline{P}_{0,0},\overline{P}_{0,1}(\overline{\omega}),\cdots,\overline{P}_{0,n}(\overline{\omega}),\frac{\overline{t}}{\overline{\omega}}\right)=$$

$$P_n(P_0,P_1,\cdots,P_n,t)$$

则 $1-\dfrac{\overline{t}}{\overline{\omega}}=\dfrac{t-\omega}{1-\omega}$.

定理 3　若控制点构成的特征多边形是凸的，则由它们导出的 Bézier 曲线也是凸的.

证明　只要证明 Bézier 曲线上每一点 $P(\omega)$ 的切线都在曲线上方就可以了. 但是根据分解定理，每一点的切线控制式(17)为 $P_{0,n-1}(\omega)$ 和 $P_{1,n-1}(\omega)$ 的连线，$P_{0,n}(\omega)=P(\omega)$ 在这条线段上，它的切线方向也就是 $P'(\omega)$ 表示的方向，因为 $P_0,P_{0,1}(\omega),\cdots,P_{0,n}(\omega)$ 这些点构成的特征多边形也是凸的，而根据前面已知，以 $P_0,P_{0,1}(\omega),\cdots,P_{0,n}(\omega)$ 为控制点的 Bézier 曲线 $P_n\left(P_0,P_{0,1}(\omega),\cdots,P_{0,n}(\omega),\dfrac{t}{\omega}\right)$ 在它们的特征多边形之内，而当 $t\leqslant\omega$ 时

$$P_n(P_0,P_1,\cdots,P_n,t)=$$

$$P_n\left(P_0,P_{0,1}(\omega),\cdots,P_{0,n}(\omega),\frac{t}{\omega}\right)$$

因而 $P_n(P_0,P_1,\cdots,P_n,t)$ 在

$$P_{0,n-1}(\omega)P_{1,n-1}(\omega)$$

之下；当 $t>\omega$ 时，利用分解定理，有

$$P_n(P_0,P_1,\cdots,P_n,t)=$$

$$P_n\left(P_{0,n}(\omega),P_{1,n-1}(\omega),\cdots,P_{n,0}(\omega),\frac{t-\omega}{1-\omega}\right)$$

都在以 $P_{0,n}(\omega),P_{1,n-1}(\omega),\cdots,P_{n,0}(\omega)$ 这些点构成的特征多边形之内，因而也在 $P_{0,n-1}(\omega)P_{1,n-1}(\omega)$ 之下，从而知道整个 Bézier 曲线在 $P_{0,n-1}(\omega)P_{1,n-1}(\omega)$ 之下，这就证明了曲线的凸性.

因为 Bézier 曲线有这些好的性质，所以要将曲线升高、降低，只要将一个控制点升高、降低即可. 而调整一个控制点，从 $P(t)=P_0B_{0,n}(t)+P_1B_{1,n}(t)+\cdots+P_nB_{n,n}(t)$ 可知，只要修改一项就行了. 譬如 P_3 换成 Q_3，新的 Bézier 曲线

$$Q(t)=\sum_{\substack{i=0\\ i\neq 3}}^{n}P_iB_{i,n}(t)+Q_3B_{3,n}(t)=P(t)+(Q_3-P_3)B_{3,n}(t)$$

计算很方便. 因此 Bézier 曲线是很好的曲线拟合工具.

§3 苏步青论 Bézier 曲线的仿射不变量

本节的目的是找出 n 次平面 Bézier 曲线的内在仿射不变量，特别地，对于 3 次 Bézier 曲线的保凸性做出其充要条件的几何解释. 对于一般的情况下的保凸性问题，至今还没有解决. 著者仅在 4 次的场合详尽地讨论了曲线段上是否存在拐点的分析的（而不是几何的）充要条件，而最后举出几个实例，以说明特征多角形的凸性是充分条件，而不是必要条件.

3.1　n 次平面 Bézier 曲线的仿射不变量

设 $\boldsymbol{a}_0,\boldsymbol{a}_1,\cdots,\boldsymbol{a}_n$ 构成一条 n 次 Bézier 曲线段 B_n 的特征多角形，那么用 Ferguson 形式表达的这曲线段的方程是

$$\boldsymbol{Q}(t)=\boldsymbol{a}_0+\sum_{r=1}^{n}\boldsymbol{A}_r\frac{t^r}{r!},0\leqslant t\leqslant 1 \qquad (22)$$

式中

$$\boldsymbol{A}_r=(-1)^r\frac{n!}{(n-r)!}\sum_{i=1}^{r}(-1)^i\binom{r-1}{i-1}\boldsymbol{a}_i \qquad (23)$$

$$r=1,2,\cdots,n$$

如同我们常用的一样，令

$$P_{r,s}=\det|\boldsymbol{A}_r\boldsymbol{A}_s|,r<s \qquad (24)$$

$$P_{i,j}=\det|\boldsymbol{a}_i\boldsymbol{a}_j|,i<j \qquad (25)$$

我们容易算出

$$P_{rs}=(-1)^{r+s}\frac{(n!)^2}{(n-r)!(n-s)!}\cdot \left\{2\sum_{i=1}^{r-1}\sum_{j=i+1}^{r}(-1)^{i+j}\binom{r-1}{i-1}\binom{s-1}{j-1}p_{i,j}+\sum_{i=1}^{r}\sum_{j=r+1}^{s}(-1)^{i+j}\binom{r-1}{i-1}\binom{s-1}{j-1}p_{i,j}\right\},r<s \qquad (26)$$

如果把 $\boldsymbol{a}_j$ 的起点移放在 $\boldsymbol{a}_i$ 的终点处，这时所形成的有向三角形（图 4）的面积（带符号）就是 $p_{i,j}$.

现在，从式(22) 作拐点方程

$$\det|\boldsymbol{Q}'(t)\boldsymbol{Q}''(t)|=0$$

我们便有

$$\sum_{r=1}^{n}\sum_{s=2}^{n}\frac{P_{r,s}}{(r-1)!(s-2)!}t^{r+s-3}=0$$

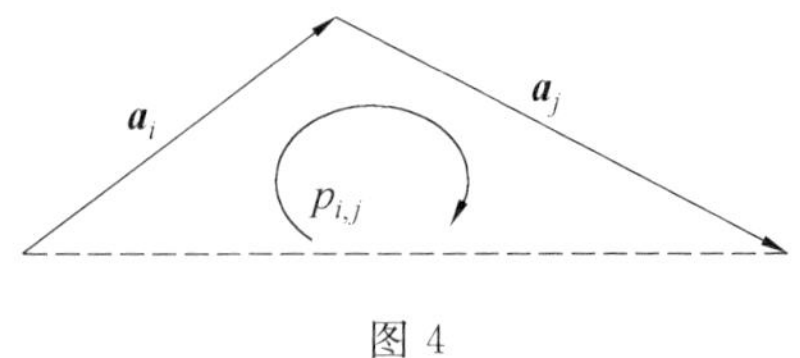

图 4

或

$$2\sum_{r=2}^{n-1}\sum_{s=r+1}^{n}\frac{P_{r,s}}{(r-1)!\ (s-2)!}t^{r+s-3}+$$

$$\sum_{s=2}^{n}\frac{P_{1,s}}{(s-2)!}t^{s-2}=0 \tag{27}$$

在 $P_{n-1,n}\neq 0$ 的假设下改写最后方程的右边，而且仅把其最高次的两项写成如下形式

$$f(t)\equiv\frac{1}{(2n-4)!}t^{2(n-2)}+R\frac{1}{(2n-5)!}t^{2n-5}+\cdots=0$$

式中已令

$$R=(2n-5)!\ (n-2)\frac{P_{n-2,n}}{P_{n-1,n}} \tag{28}$$

令

$$N=2(n-2),t^{*}=t+R \tag{29}$$

$$F(t^{*})\equiv f(t^{*}-R)$$

我们获得规范化的拐点方程，就是

$$\frac{1}{(2n-4)!}t^{*N}+\sum_{r=2}^{N}\frac{g_{N-r}^{*}}{(N-r)!}t^{*N-r}=0 \tag{30}$$

最后方程的特点是 t^{*} 的最高次项的系数是$\frac{1}{N!}$，而次高次项的系数恒等于 0. 按照著者的一个定理立刻可以断定：$N-1$ 个量

$$g_{N-r}^{*},r=2,3,\cdots,N$$

关于 t 的线性变换 T 有

$$t \to \bar{t} = ct + f, c \neq 0$$

分别是权 $N-r$ 的仿射不变量.

一般地,在 m 维仿射空间里一条 n 次 Bézier 曲线具有 $N-1$ 个关于 T 的相对不变量.不过,这时 $n > m$ 而且 $N = m(n-m)$.

在平面的情况下,我们可把 Bézier 曲线段 B_n 上不具有实拐点的充要条件归结为:规范方程(30) 在区间 $[R, 1+R]$ 上无实根.

必须指出,即使最后的条件满足,也不能保证 B_n 是凸的,因为在非单纯的特征多角形的场合,还有可能出现二重点或尖点.

3.2　三次平面 Bézier 曲线的保凸性

我们在本节特别考察三次平面 Bézier 曲线

$$\boldsymbol{Q}(t) = \boldsymbol{a}_0 + \boldsymbol{a}_1 f_1(t) + \boldsymbol{a}_2 f_2(t) + \boldsymbol{a}_3 f_3(t) \quad (31)$$

式中

$$f_1(t) = 3t - 3t^2 + t^3, f_2(t) = 3t^2 - 2t^3, f_3(t) = t^3$$

把式(31) 改成式(1),便有

$$\boldsymbol{A}_1 = 3\boldsymbol{a}_1, \boldsymbol{A}_2 = 6(-\boldsymbol{a}_1 + \boldsymbol{a}_2), \boldsymbol{A}_3 = 6(\boldsymbol{a}_1 - 2\boldsymbol{a}_2 + \boldsymbol{a}_3)$$

由此得出

$$\begin{cases} p \equiv P_{2,3} = 36(\mathfrak{A}_1 + \mathfrak{A}_2 + \mathfrak{A}_3) \\ q \equiv P_{3,1} = 18(\mathfrak{A}_2 + 2\mathfrak{A}_3), r \equiv P_{1,2} = 18\mathfrak{A}_3 \end{cases} \quad (32)$$

这里我们约定

$$\mathfrak{A}_1 = p_{2,3}, \mathfrak{A}_2 = p_{3,1}, \mathfrak{A}_3 = p_{1,2}$$

曲线 B_3 的唯一相对不变量是

$$I = \frac{1}{4} \frac{\mathfrak{A}_2^2 - 4\mathfrak{A}_1\mathfrak{A}_3}{(\mathfrak{A}_1 + \mathfrak{A}_2 + \mathfrak{A}_3)} \quad (33)$$

曲线段$(0 \leqslant t \leqslant 1)$ 上要出现振动(即多余的拐

点)，就必须有 $\mathfrak{A}_1\mathfrak{A}_3 > 0$. 此外，充要条件如下：

(1) $\mathfrak{A}_2^2 > 4\mathfrak{A}_1\mathfrak{A}_3$.

(2) $\mathfrak{A}_3, \mathfrak{A}_2 + 2\mathfrak{A}_3, \mathfrak{A}_1 + \mathfrak{A}_2 + \mathfrak{A}_3$ 有同一符号.

(3) $\dfrac{\mathfrak{A}_2 + 2\mathfrak{A}_3}{\mathfrak{A}_1 + \mathfrak{A}_2 + \mathfrak{A}_3} < 2$.

我们不妨假定 $\mathfrak{A}_3 > 0$. 因此 $\mathfrak{A}_1 > 0$ 而且条件(2)和(3)分别变为

$$2\mathfrak{A}_3 > -\mathfrak{A}_2, 2\mathfrak{A}_1 > -\mathfrak{A}_2 \tag{34}$$

当 B_3 的特征四角形为凸时，$\mathfrak{A}_2 < 0$(图 5)，由式(33)导出一个与条件(1)相矛盾的结果

$$4\mathfrak{A}_1\mathfrak{A}_3 > \mathfrak{A}_2^2$$

这就证明了曲线段上不出现振动. 这个结论对于一般的 B_n 也成立.

反之，当 B_3 的特征四角形为凹时，$\mathfrak{A}_2 > 0$(图 5). 此时式(33)自然成立. 所以，B_3 曲线段上要出现振动的充要条件变为

$$\mathfrak{A}_2 > 2\sqrt{\mathfrak{A}_1\mathfrak{A}_3} \tag{35}$$

就是说，面积 $\mathfrak{A}_2$ 大于二面积 $\mathfrak{A}_1, \mathfrak{A}_3$ 的几何平均值的两倍. 因此，为了振动不出现在 B_3 段上，充要条件是：面积 $\mathfrak{A}_2$ 等于或小于 $2\sqrt{\mathfrak{A}_1\mathfrak{A}_3}$

$$\mathfrak{A}_2 \leqslant 2\sqrt{\mathfrak{A}_1\mathfrak{A}_3} \tag{36}$$

为了保证 B_3 的凸性，除此条件以外，我们还必须考虑 B_3 上会不会出现奇点的问题. 这里我们仅限于对二重点的情况进行讨论，而把尖点看作二重点的极限场合.

为此，设

$$\boldsymbol{Q}(t_1) = \boldsymbol{Q}(t_2), t_1 \neq t_2, 0 < t_1, t_2 < 1 \tag{37}$$

是 B_3 的一个二重点. 从式(37)和(22)容易导出

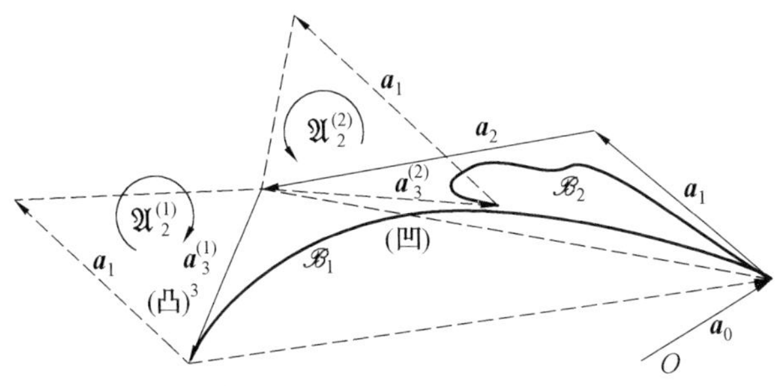

图 5

$$\{3-3(t_1+t_2)+(t_1^2+t_1t_2+t_2^2)\}\boldsymbol{a}_1+$$
$$\{3(t_1+t_2)-2(t_1^2+t_1t_2+t_2^2)\}\boldsymbol{a}_2+$$
$$(t_1^2+t_1t_2+t_2^2)\boldsymbol{a}_3=0$$

或改写为

$$\mu(\boldsymbol{a}_1+\boldsymbol{a}_2+\boldsymbol{a}_3)+(1-\mu)(\boldsymbol{a}_1+\boldsymbol{a}_2)=\lambda\boldsymbol{a}_1 \tag{38}$$

式中

$$\lambda=\frac{N_1}{D},\mu=\frac{N_2}{D} \tag{39}$$

而且

$$\begin{cases}D=3(t_1+t_2)-2(t_1^2+t_1t_2+t_2^2)\\N_1=3\{-1+2(t_1+t_2)-(t_1^2+t_1t_2+t_2^2)\}\\N_2=t_1^2+t_1t_2+t_2^2\end{cases} \tag{40}$$

我们将证明：在条件式(37)的限制下，必存在 t_1 和 t_2，使得

$$0<\lambda,\mu<1 \tag{41}$$

这就是说，特征四角形的首尾两边 $\boldsymbol{a}_1$ 和 $\boldsymbol{a}_3$ 相交于内点.

实际上，从式(37)得知

$$D>t_1+t_2-2t_1t_2>2(\sqrt{t_1t_2}-t_1t_2)>0,N_2>0$$

所以 $\mu>0$,而且式(41) 中只剩下三个不等式

$$t_1+t_2>t_1^2+t_1t_2+t_2^2>3(t_1+t_2-1)$$

$$2(t_1+t_2)>1+t_1^2+t_1t_2+t_2^2 \tag{42}$$

令

$$t_1+t_2=1+x, t_1t_2=y \tag{43}$$

上列不等式便化成

$$1-x+x^2>y>x(1+x), 0<x<\frac{1}{2} \tag{44}$$

这些不等式的解一定存在. 例如

$$x=\frac{1}{4}, t_1=\frac{3}{4}, t_2=\frac{1}{2}$$

这时 $y=\frac{3}{8}$. 对于这些,式(44) 满足.

这样,我们得到结论:平面三次 Bézier 曲线为凸的充要条件是特征四角形的首尾两边不相交,而且式(36) 成立.

假设三次 Bézier 曲线段的特征四角形第一边 $\boldsymbol{a}_1$ 和第三边 $\boldsymbol{a}_3$ 相交. 为了证明此时必存在二重点,令

$$1-x=\xi, y-x^2=\eta$$

我们容易解出

$$\xi=\frac{3-2\lambda}{2+\mu-\lambda}, \eta=\frac{\lambda}{2+\mu-\lambda}$$

可是 $0<\lambda,\mu<1$,所以

$$0<\xi<1, 0<\eta<1$$

因此,满足条件的 t_1,t_2 一定存在.

本节中叙述的特征四角形是单纯的意义必须加以补充:就是说,除了第一边和第三边不相交外,还必须添加另一条件:第三边或其延长同第一边的对称边(即同一起点而方向相反的边) 都不相交.

实际上

$$N_1=3(y-x^2),N_2-D=3(x+x^2-y)$$

而且

$$\lambda=3\,\frac{y-x^2}{D},\mu=3\,\frac{(x+1)x-y}{D}$$

在 $\mathfrak{A}_1\mathfrak{A}_3>0$ 的条件下，不妨假定 $\mathfrak{A}_1,\mathfrak{A}_3>0$. 这时，$\mathfrak{A}_2>0$，所以 $\lambda>1$ 的情况不会出现. 因此，我们只需考察 $\lambda<0$ 的情况：$y<x^2$.

如前文，假定 $t_1>t_2$. 如果 $\mu<1$，那么

$$x^2>y>x+x^2$$

于是

$$t_1+t_2<1$$

$$t_1(1-t_1)^2>t_2(1-t_2)^2$$

这种 t_1,t_2 必存在：$0<t_2<t_1<\dfrac{2}{3},t_1+t_2<1$.

相反地，如果 $\mu>1$，那么

$$t_1+t_2>1$$

$$t_1(1-t_1)^2<t_2(1-t_2)^2$$

这种 t_1,t_2 也必存在：$\dfrac{2}{3}<t_2<t_1<1,t_1+t_2>1$.

综合起来，我们有：

当特征四角形的第一边和第三边相交时，或者，当第一边的对称边同第三边（或其延长边）相交时，Bézier 曲线上必出现二重点.

3.3　四次平面 Bézier 曲线的拐点

本小节将特别讨论四次平面 Bézier 曲线的拐点分布. 此时，曲线 B_4 的参数表示是

$$Q(t)=\boldsymbol{a}_0+\boldsymbol{A}_1 t+\frac{1}{2!}\boldsymbol{A}_2 t^2+\frac{1}{3!}\boldsymbol{A}_3 t^3+\frac{1}{4!}\boldsymbol{A}_4 t^4$$

$$0\leqslant t\leqslant 1 \tag{45}$$

式中

$$\begin{aligned}&\boldsymbol{A}_1=4\boldsymbol{a}_1,\boldsymbol{A}_2=12(-\boldsymbol{a}_1+\boldsymbol{a}_2)\\&\boldsymbol{A}_3=24(\boldsymbol{a}_1-2\boldsymbol{a}_2+\boldsymbol{a}_3)\\&\boldsymbol{A}_4=24(-\boldsymbol{a}_1+3\boldsymbol{a}_2-3\boldsymbol{a}_3+\boldsymbol{a}_4)\end{aligned} \tag{46}$$

经过计算，我们有

$$\begin{aligned}&P_{1,2}=48p_{1,2}\\&P_{1,3}=96(-2p_{1,2}+p_{1,3})\\&P_{1,4}=96(3p_{1,2}-3p_{1,3}+p_{1,4})\\&P_{2,3}=288(p_{1,2}-p_{1,3}+p_{2,3})\\&P_{2,4}=288(-2p_{1,2}+3p_{1,3}-p_{1,4}-3p_{2,3}+p_{2,4})\\&P_{3,4}=576(p_{1,2}-2p_{1,3}+p_{1,4}+3p_{2,3}-2p_{2,4}+p_{3,4})\end{aligned} \tag{47}$$

B_4 的拐点方程可写为

$$f(t)\equiv P_{1,2}+P_{1,3}t+\frac{1}{2}(P_{1,4}+P_{2,3})t^2+\frac{1}{3}P_{2,4}t^3+\frac{1}{12}P_{3,4}t^4=0$$

或者改写为

$$\begin{aligned}&p_{1,2}+2(-2p_{1,2}+p_{1,3})t+\\&\{6(p_{1,2}-p_{1,3})+3p_{2,3}+p_{1,4}\}t^2+\\&2(-2p_{1,2}+3p_{1,3}-p_{1,4}-3p_{2,3}+p_{2,4})t^3+\\&(p_{1,2}-2p_{1,3}+p_{1,4}+3p_{2,3}-2p_{2,4}+p_{3,4})t^4=0\end{aligned} \tag{48}$$

在四次的场合

$$R=P_{2,4}/P_{3,4} \tag{49}$$

而且撇开了一个非零常因数外，$F(t^*)\equiv f(t^*-R)=$

0 表示规范方程

$$\frac{1}{4!}t^{*4}+(*)+\frac{1}{2!}G_2t^{*2}+G_3t^{*}+G_4=0 \tag{50}$$

式中 G_2,G_3,G_4 关于参数 t 的线性变换 T 分别是权 $-2,-3,-4$ 的仿射不变量

$$G_2=\frac{1}{2}\left\{\frac{P_{1,4}}{P_{3,4}}+\frac{P_{2,3}}{P_{3,4}}-\frac{1}{2}\left(\frac{P_{2,4}}{P_{3,4}}\right)^2\right\}$$

$$G_3=\frac{1}{2}\frac{P_{1,3}}{P_{3,4}}-\frac{1}{2}\frac{P_{2,4}}{P_{3,4}}\left(\frac{P_{1,4}}{P_{3,4}}+\frac{P_{2,3}}{P_{3,4}}\right)+\frac{1}{3}\left(\frac{P_{2,4}}{P_{3,4}}\right)^3$$

$$G_4=\frac{1}{2}\frac{P_{1,2}}{P_{3,4}}-\frac{P_{1,3}P_{2,4}}{P_{3,4}^2}+\frac{1}{4}\left(\frac{P_{2,4}}{P_{3,4}}\right)^2\left(\frac{P_{1,4}}{P_{3,4}}+\frac{P_{2,3}}{P_{3,4}}\right)-\frac{1}{8}\left(\frac{P_{2,4}}{P_{3,4}}\right)^4 \tag{51}$$

为了 B_4 曲线段 $\boldsymbol{Q}(t)(t\in[0,1])$ 上不出现实拐点，充要条件是方程(50) 在区间 $t^*\in[R,1+R]$ 无实根. 现在，把式(50) 改写为

$$t^{*4}+bt^{*2}+ct^{*}+d=0 \tag{52}$$

其中

$$b=12G_2,c=24G_3,d=24G_4 \tag{53}$$

设 μ 是三次方程的一个实根

$$\mu^3+p\mu+q=0 \tag{54}$$

这里我们已令

$$p=-\left(\frac{1}{12}b^2+d\right)=-12(G_2^2+2G_4)$$

$$q=-\frac{1}{8}\left(\frac{2}{27}b^3-\frac{8}{3}bd+c^2\right)=-8(2G_2^3-12G_2G_4+9G_3^2) \tag{55}$$

显然，p 和 q 分别是权 -4 和 -6(关于 T) 的仿射不变量，从而 μ 是权 -2 的仿射不变量.

又设

$$\alpha=+\sqrt{2\mu-\frac{2}{3}b},\beta=-\frac{c}{2\sqrt{2\mu-\frac{2}{3}b}} \tag{56}$$

那么,所论的方程(50)变为下列两个二次方程

$$x^2+\mu+\frac{1}{6}b-\alpha x-\beta=0 \tag{57}$$

$$x^2+\mu+\frac{1}{6}b+\alpha x+\beta=0 \tag{58}$$

因此,我们导出式(50)在区间 $t^*\in[R,1+R]$ 有无实根的判别不等式如下所示.

Ⅰ.四根全虚的条件

$$-\mu-\frac{2}{3}b<\frac{c}{\sqrt{2\mu-\frac{2}{3}b}}<\mu+\frac{2}{3}b \tag{59}$$

Ⅱ.两实、两虚的条件[①]

$$\begin{cases}2R+\sqrt{2\mu-\frac{2}{3}b}>0\\-\mu-\frac{2}{3}b<\frac{c}{\sqrt{2\mu-\frac{2}{3}b}}\end{cases} \tag{60}$$

或者

$$\begin{cases}2(1+R)+\sqrt{2\mu-\frac{2}{3}b}<0\\-\mu-\frac{2}{3}b<\frac{c}{\sqrt{2\mu-\frac{2}{3}b}}\end{cases} \tag{61}$$

Ⅲ.两虚、两实的条件

① 指的是式(57)有两实根,而式(58)则无虚根.

$$\begin{cases}\mu+\dfrac{2}{3}b<-\dfrac{c}{\sqrt{2\mu-\dfrac{2}{3}b}} \\ \sqrt{2\mu-\dfrac{2}{3}b}>2R\end{cases} \tag{62}$$

或者

$$\begin{cases}\mu+\dfrac{2}{3}b<-\dfrac{c}{\sqrt{2\mu-\dfrac{2}{3}b}} \\ \sqrt{2\mu-\dfrac{2}{3}b}>2(1+R)\end{cases} \tag{63}$$

Ⅳ. 四根全实的条件

$$\mu+\frac{2}{3}b<\frac{c}{\sqrt{2\mu-\dfrac{2}{3}b}}<-\mu-\frac{2}{3}b$$

或者

$$\begin{aligned}\sqrt{\mu-\frac{2}{3}b}&>\max[2(1+R),-2R] \\ &<\min[-2(1+R),2R]\end{aligned} \tag{64}$$

3.4　几个具体的例子

我们举出三个例子于下,其中的前两个说明:非凸的单纯特征多角形也可以有凸的 Bézier 曲线段. 附图都是刘鼎元先生经计算机绘制的.

例 2　$\boldsymbol{a}_1=(1,\sigma),\boldsymbol{a}_2=(3,-1),\boldsymbol{a}_3=(3,0),\boldsymbol{a}_4=(2,-5)$.

这时,$p_{1,2}=-19,p_{1,3}=-18,p_{1,4}=-17,p_{2,3}=3,p_{2,4}=-13,p_{3,4}=-15$. 从而拐点方程是

$$f(t)=+20t^4-42t^3-14t^2+40t-19=0$$

容易证明曲线段上没有拐点. 实际上,从

$$f'(0)=40, f'(1)=-34, f'(0.55)\doteq -0.205$$

$$f(0)=-19, f(1)=-15, f(0.55)\doteq -6.38$$

以及方程

$$f''(t)=+4(60t^2-63t-7)=0$$

在[1,0]里没有根的事实,便可断定 $f'(t)$ 在[0,1]里是单调函数,从而只有一个实根,也就是说 $f(t)$ 在[0,1]里仅有一个极大值. 这样,就明确了 $f(t)<0, t\in[0,1]$. 图 6 示意了对应的 B_4 曲线段.

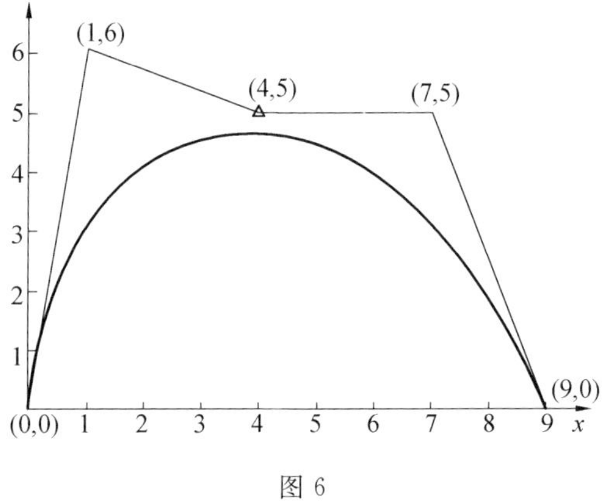

图 6

用前一节的判别条件可以更明确地做出结论. 此时

$$G_2=-0.127\ 25, G_3=0.004\ 55, G_4=0.039\ 86$$

$$b=-1.527, c=0.109\ 2, d=0.956\ 6$$

$$p=-1.151, q=-0.455\ 45$$

$$\varphi(\mu)=\mu^3-1.151\mu-0.455\ 45=0$$

$$\varphi'(\mu)=3\mu^2-1.151$$

近似根 $\mu=1.182$. 因此

$$\sqrt{2\mu-\frac{2}{3}b}=1.839,\frac{c}{\sqrt{2\mu-\frac{2}{3}b}}=0.059\ 38$$

$$\mu+\frac{2}{3}b=0.164$$

由此可见:条件(59) 成立,就是四个全是虚根.

例 3　$\boldsymbol{a}_1=(1,6),\boldsymbol{a}_2=(3,-2),\boldsymbol{a}_3=(3,1),\boldsymbol{a}_4=(2,-5)$.

这时,$p_{1,2}=-20,p_{1,3}=-17,p_{1,4}=-17,p_{2,3}=9,p_{2,4}=-11,p_{3,4}=-17$. 从而拐点方程是

$$f(t)\equiv 29t^4-64t^3-8t^2+46t-20=0$$

同例 2 一样,我们得知所论的 B_4 曲线也没有拐点(图 7).

同样,算出

$$G_2=-0.099\ 1,G_3=-0.002\ 56,G_4=0.029\ 11$$

$$b=-1.189\ 2,c=-0.061\ 4,d=0.698\ 7$$

$$p=-1.405\ 8,q=-0.261\ 9$$

$$\varphi(\mu)=\mu^3-1.405\ 8\mu-0.261\ 9=0$$

$$\varphi'(\mu)=3\mu^2-1.405\ 8$$

近似根 $\mu=1.27$. 因此

$$\sqrt{2\mu-\frac{2}{3}b}=1.825\ 6,\frac{c}{\sqrt{2\mu-\frac{2}{3}b}}=-0.033\ 6$$

$$\mu+\frac{2}{3}b=0.477\ 2$$

条件(59) 的成立表明,四个全是虚根.

例 4　$\boldsymbol{a}_1=(1,6),\boldsymbol{a}_2=(3,-6),\boldsymbol{a}_3=(3,5),\boldsymbol{a}_4=(2,-5)$.

这时,$p_{1,2}=-24,p_{1,3}=-13,p_{1,4}=-17,p_{2,3}=$

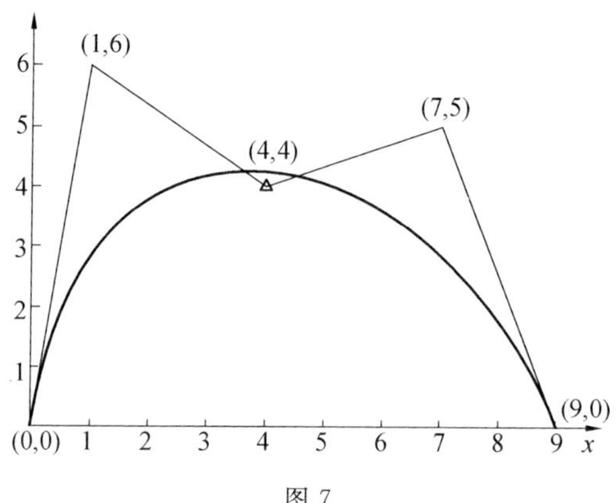

图 7

33, $p_{2,4}=-3$, $p_{3,4}=-25$. 从而拐点方程是

$$f(t)\equiv 65t^4-152t^3-16t^2+70t-24=0$$

所论的 B_4 曲线段上有两个实拐点(图 8)

$$A(2.072,2.848),B(4.062,2.75)$$

同样,算出

$$G_2=-0.0273, G_3=-0.0146, G_4=0.0177$$

$$b=-0.3276, c=0.3504, d=0.4248$$

$$p=-0.43374, q=-0.06141$$

$$\varphi(\mu)\equiv \mu^3-0.43374\mu-0.06141=0$$

$$\varphi'(\mu)=3\mu^2-0.43374$$

近似根 $\mu=0.7294$. 因此

$$\sqrt{2\mu-\frac{2}{3}b}=1.295, \mu+\frac{2}{3}b=0.511$$

$$2R=-0.9268$$

由此可见:两实、两虚的条件(60) 成立.

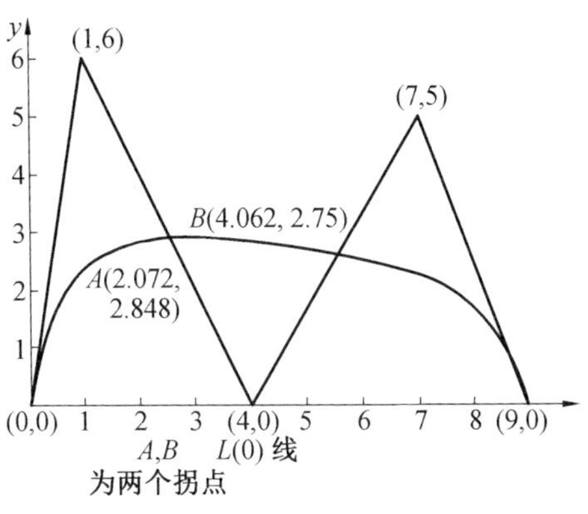

图 8

§4　华宣积论四次 Bézier 曲线的拐点和奇点

参数样条曲线中，三次曲线的应用最广，而且已经有了许多理论上的研究. 四次及五次参数样条曲线已经在应用的领域中出现. 这些曲线的拐点和奇点问题要比三次参数曲线复杂得多，几乎还没有详细的讨论，但这是有效地控制高次参数曲线时必然会碰到的问题. 本节继续这一工作，分析了四次 Bézier 曲线的拐点方程、尖点方程和二重点所满足的方程，得到了四次 Bézier 曲线无拐点的充要条件以及无二重点的一个充分条件. 这些结果都是用有关的仿射不变量表示的，可用来控制四次 Bézier 曲线的形状. 本节的讨论仅限于平面曲线的范围.

4.1 四次 Bézier 曲线的拐点

设以原点为起点，$\boldsymbol{a}_1$，$\boldsymbol{a}_2$，$\boldsymbol{a}_3$，$\boldsymbol{a}_4$ 为特征多边形的四次 Bézier 曲线段 B_4 的方程是

$$\begin{aligned}\boldsymbol{p}(t)=&4t(1-t)^3\boldsymbol{a}_1+6t^2(1-t)^2(\boldsymbol{a}_1+\boldsymbol{a}_2)+\\&4t^3(1-t)(\boldsymbol{a}_1+\boldsymbol{a}_2+\boldsymbol{a}_3)+\\&t^4(\boldsymbol{a}_1+\boldsymbol{a}_2+\boldsymbol{a}_3+\boldsymbol{a}_4),0\leqslant t\leqslant 1\end{aligned}\tag{65}$$

令

$$p_{ij}=\det|\boldsymbol{a}_i\boldsymbol{a}_j|,i<j$$

则 B_4 的拐点必须满足方程

$$\begin{aligned}&p_{12}+2(-2p_{12}+p_{13})t+\\&\{6(p_{12}-p_{13})+3p_{23}+p_{14}\}t^2+\\&2(-2p_{12}+3p_{13}-p_{14}-3p_{23}+p_{24})t^3+\\&(p_{12}-2p_{13}+p_{14}+3p_{23}-2p_{24}+p_{34})t^4=0\end{aligned}\tag{66}$$

不妨设 $p_{12}>0$，拐点方程(66)可写成

$$1+At+Bt^2+Ct^3+Dt^4=0\tag{67}$$

其中

$$\begin{cases}A=\dfrac{2(p_{13}-2p_{12})}{p_{12}}\\B=\dfrac{p_{14}-6p_{13}+3p_{23}+6p_{12}}{p_{12}}\\C=\dfrac{2(p_{24}-3p_{23}-2p_{12}-p_{14}+3p_{13})}{p_{12}}\\D=\dfrac{p_{12}-2p_{13}+p_{14}+3p_{23}-2p_{24}+p_{34}}{p_{12}}\end{cases}\tag{68}$$

令

$$s=\frac{1}{t},s^*=s+\frac{p_{13}-2p_{12}}{2p_{12}}$$

方程(66)或(67)化成

$$f(s^*)=s^{*4}+bs^{*2}+cs^*+d=0 \qquad (69)$$

其中

$$\begin{cases} b=\dfrac{(3p_{23}+p_{14})p_{12}-\dfrac{3}{2}p_{13}^2}{p_{12}^2} \\ c=\dfrac{1}{p_{12}^3}[p_{13}^3-p_{12}p_{13}(3p_{23}+p_{14})+2p_{24}p_{12}^2] \\ d=-\dfrac{1}{16}\left[\dfrac{3p_{13}^4}{p_{12}^4}-4\,\dfrac{p_{13}^2(3p_{23}+p_{14})}{p_{12}^3}+\right. \\ \qquad \left.16\,\dfrac{p_{13}p_{24}-p_{12}p_{34}}{p_{12}^2}\right] \end{cases}$$

显然 B_4 在(0,1)中无拐点的必要条件是 $p_{34}\geqslant 0$. 下面假定 $p_{12}>0, p_{34}\geqslant 0$,分别就 $c=0$ 和 $c\neq 0$ 进行讨论.

1. $c=0$.

式(69)变成

$$\left(s^{*2}+\frac{b}{2}\right)^2-\frac{b^2}{4}+d=0$$

为了使 B_4 在(0,1)中没有拐点,$f(s^*)$ 在 $\left(\dfrac{p_{13}}{2p_{12}},\infty\right)$ 中非负的充要条件是下列三种情况之一:

(1) $\dfrac{b^2}{4}-d\leqslant 0$.

(2) $\dfrac{b^2}{4}-d>0, p_{13}\geqslant 0, f_2\left(\dfrac{p_{13}}{2p_{12}}\right)\geqslant 0$,这里已记

$f_2(s^*)=s^{*2}+\dfrac{b}{2}-\sqrt{\dfrac{b^2}{4}-d}$.

(3) $\dfrac{b^2}{4}-d>0, p_{13}<0, f_2\left(\dfrac{p_{13}}{2p_{12}}\right)\geqslant 0$, $\dfrac{b}{2}-$

$\sqrt{\frac{b^2}{4}-d} \geqslant 0.$

经过计算可获得用 p_{ij} 来表示的条件(Ⅰ)(Ⅱ)和(Ⅲ)如下

$$\begin{cases} p_{13}^3 - p_{12}p_{13}(3p_{23}+p_{14}) + 2p_{24}p_{12}^2 = 0 \\ \left[\dfrac{(3p_{23}+p_{14})p_{12} - p_{13}^2}{p_{12}}\right]^2 \leqslant 4p_{12}p_{34} \end{cases} \tag{Ⅰ}$$

其中第二式亦可写成

$$(3p_{23}+p_{14})[(3p_{23}+p_{14})p_{12} - p_{13}^2] - 2p_{13}p_{24}p_{12} - 4p_{34}p_{12}^2 \leqslant 0$$

依赖于 $c=0$ 和勃吕格恒等式

$$p_{12}p_{34} - p_{13}p_{24} + p_{14}p_{23} = 0 \tag{70}$$

可以使它们互化

$$\begin{cases} p_{13} \geqslant 0 \\ p_{13}^3 - p_{12}p_{13}(3p_{23}+p_{14}) + 2p_{24}p_{12}^2 = 0 \\ \dfrac{(3p_{23}+p_{14})p_{12} - p_{13}^2}{p_{12}} \geqslant 2\sqrt{p_{12}p_{34}} \end{cases} \tag{Ⅱ}$$

$$\begin{cases} p_{13} < 0 \\ p_{13}^3 - p_{12}p_{13}(3p_{23}+p_{14}) + 2p_{24}p_{12}^2 = 0 \\ \dfrac{(3p_{23}+p_{14})p_{12} - p_{13}^2}{p_{12}} \geqslant 2\sqrt{p_{12}p_{34}} \\ \dfrac{3p_{23}+p_{14}}{p_{12}} > \dfrac{3}{2}\left(\dfrac{p_{13}}{p_{12}}\right)^2 \end{cases} \tag{Ⅲ}$$

2. $c \neq 0$.

令

$$g(\mu) = \mu^3 + p\mu + q$$

其中

$$p = -\left(\frac{1}{12}b^2 + d\right) = -\frac{(3p_{23}-p_{14})^2}{12p_{12}^2}$$

$$q=-\frac{1}{8}\left(\frac{2}{27}b^3-\frac{8}{3}bd+c^2\right)=$$

$$-\frac{1}{108}\{(3p_{23}+p_{14})^3-18(3p_{23}+p_{14})p_{23}p_{14}+$$

$$54[p_{12}p_{24}^2+p_{34}p_{13}^2-(3p_{23}+p_{14})p_{12}p_{34}]\}$$

易知

$$g\left(\frac{b}{3}\right)=-\frac{1}{8}c^2<0$$

方程 $g(\mu)=0$ 有一实根 $\mu>\frac{b}{3}$,此时

$$f(s^*)=f_1(s^*)f_2(s^*)$$

这里

$$f_1(s^*)=s^{*2}-\sqrt{2\mu-\frac{2}{3}b}s^*+\mu+\frac{b}{6}+\frac{c}{2\sqrt{2\mu-\frac{2}{3}b}}$$

$$f_2(s^*)=s^{*2}+\sqrt{2\mu-\frac{2}{3}b}s^*+\mu+\frac{b}{6}-\frac{c}{2\sqrt{2\mu-\frac{2}{3}b}}$$

它们的图像都是抛物线.

这时 $f(s^*)$ 在 $\left(\frac{p_{13}}{2p_{12}},\infty\right)$ 中非负的可能情况是:

(1) $f_1(s^*)\geqslant 0, f_2(s^*)\geqslant 0$.

(2) $f_1\left(\frac{p_{13}}{2p_{12}}\right)\geqslant 0, f_2\left(\frac{p_{13}}{2p_{12}}\right)\geqslant 0, \frac{\sqrt{2\mu-\frac{2}{3}b}}{2}\leqslant \frac{p_{13}}{2p_{12}}$(抛物线的顶点在所讨论的区间外).

(3) $f_2\left(\frac{p_{13}}{2p_{12}}\right)\geqslant 0, f_1(s^*)\geqslant 0, -\sqrt{2\mu-\frac{2}{3}b}\leqslant \frac{p_{13}}{2p_{12}}\leqslant\sqrt{2\mu-\frac{2}{3}b}$.

(4) $f_1\left(\frac{p_{13}}{2p_{12}}\right)<0$, $f_2\left(\frac{p_{13}}{2p_{12}}\right)<0$，在 $\left(\frac{p_{13}}{2p_{12}},\infty\right)$ 中 $f_1(s^*)$ 与 $f_2(s^*)$ 有公共根.

详细分析(1)，可获得条件

$$\begin{cases}0\leqslant(3p_{23}+p_{14})p_{12}-\frac{3}{2}p_{13}^2\leqslant|3p_{23}-p_{14}|p_{12}\\(3p_{23}-p_{14})^2|3p_{23}-p_{14}|-(3p_{23}+p_{14})^3+\\18(3p_{23}+p_{14})p_{23}p_{14}-54[p_{12}p_{24}^2+p_{34}p_{13}^2-\\(3p_{23}+p_{14})p_{12}p_{34}]\geqslant 0\end{cases}\tag{Ⅳ}$$

和

$$\begin{cases}(3p_{23}+p_{14})p_{12}<\frac{3}{2}p_{13}^2\\3p_{13}^2-2(3p_{23}+p_{14})p_{12}\leqslant|3p_{23}-p_{14}|p_{12}\\(3p_{23}-p_{14})^2|3p_{23}-p_{14}|-(3p_{23}+p_{14})^3+\\18(3p_{23}+p_{14})p_{23}p_{14}-54[p_{12}p_{24}^2+p_{34}p_{13}^2-\\(3p_{23}+p_{14})p_{12}p_{34}]\geqslant 0\end{cases}\tag{Ⅴ}$$

详细分析(2)，并利用恒等式(70)，得到

B_4 的特征多边形是凸的，且 $\boldsymbol{a}_1$ 与 $\boldsymbol{a}_4$ 的夹角不超过 π (Ⅵ)

分析(3)，得到

$$\begin{cases}3p_{23}+p_{14}\geqslant 0\\3p_{23}+p_{14}-|3p_{23}-p_{14}|\leqslant 0\\p_{13}^3-p_{12}p_{13}(3p_{23}+p_{14})+2p_{24}p_{12}^2\geqslant 0\\(3p_{23}-p_{14})^2|3p_{23}-p_{14}|-(3p_{23}+p_{14})^3+\\18(3p_{23}+p_{14})p_{23}p_{14}-54[p_{12}p_{24}^2+p_{34}p_{13}^2-\\(3p_{23}+p_{14})p_{12}p_{34}]\leqslant 0\end{cases}\tag{Ⅶ}$$

$$\begin{cases}3p_{23}+p_{14}\geqslant|3p_{23}-p_{14}|\\ p_{13}^3-p_{12}p_{13}(3p_{23}+p_{14})+2p_{24}p_{12}^2\geqslant 0\\ (3p_{23}+p_{14})p_{23}p_{14}+(3p_{23}+p_{14})p_{12}p_{34}-\\ p_{12}p_{24}^2-p_{34}p_{13}^2\leqslant 0\end{cases}\quad(\text{Ⅷ})$$

$$\begin{cases}3p_{23}+p_{14}<0\\ -\dfrac{3p_{23}+p_{14}}{2}-|3p_{23}-p_{14}|\leqslant 0\\ p_{13}^3-p_{12}p_{13}(3p_{23}+p_{14})+2p_{24}p_{12}^2\geqslant 0\\ (3p_{23}-p_{14})^2|3p_{23}+p_{14}|-(3p_{23}+p_{14})^3+\\ 18(3p_{23}+p_{14})p_{23}p_{14}-54[p_{12}p_{24}^2+p_{34}p_{13}^2-\\ (3p_{23}+p_{14})p_{12}p_{34}]\leqslant 0\end{cases}\quad(\text{Ⅸ})$$

$$\begin{cases}-\dfrac{3p_{23}+p_{14}}{2}-|3p_{23}-p_{14}|\geqslant 0\\ p_{13}^3-p_{12}p_{13}(3p_{23}+p_{14})+2p_{24}p_{12}^2\geqslant 0\end{cases}\quad(\text{Ⅹ})$$

情况(4)是不可能的.

归纳上面的讨论,我们得到:

定理 4　在 $p_{12}>0$ 的假定下,为了使 B_4 没有拐点的充要条件是 $p_{34}\geqslant 0$ 和条件(Ⅰ)～(Ⅹ)之一成立.

4.2　B_4 的尖点

B_4 的尖点由方程组

$$\begin{cases}(p_{14}-3p_{13}+3p_{12})t^2+3(p_{13}-2p_{12})t+3p_{12}=0\\ (p_{24}-3p_{23}+p_{12})t^3+3(p_{23}-p_{12})t^2+3p_{12}t-p_{12}=0\end{cases}\quad(71)$$

决定.如令 $s=\dfrac{1}{t}$,它可写成

$$\begin{cases}3p_{12}s^2+3(p_{13}-2p_{12})s+(p_{14}-3p_{13}+3p_{12})=0\\ -p_{12}s^3+3p_{12}s^2+3(p_{23}-p_{12})s+(p_{24}-3p_{23}+\\ p_{12})=0\end{cases}$$

经计算可以得到它的结式

$$E=27p_{34}p_{13}^{2}+27p_{12}p_{24}^{2}-27p_{12}p_{34}p_{14}-9p_{14}^{2}p_{23}+p_{14}^{3}-81p_{12}p_{34}p_{23} \tag{72}$$

当 $p_{14}-3p_{13}+3p_{12}$ 和 $p_{24}-3p_{23}+p_{12}$ 不全为零时，方程组有公共根的充要条件是 $E=0$，并且当 $3p_{13}^{2}-(9p_{23}+p_{12})p_{12}\neq 0$ 时，可求得

$$s=1+\frac{3p_{24}p_{12}-p_{13}p_{14}}{3p_{13}^{2}-(9p_{23}+p_{14})p_{12}}$$

这时 B_4 有尖点的条件是

$$\frac{3p_{24}p_{12}-p_{13}p_{14}}{3p_{13}^{2}-(9p_{23}+p_{14})p_{12}}>0$$

当 $3p_{13}^{2}-(9p_{23}+p_{14})p_{12}=0$ 时，可求得

$$s=\frac{-3(p_{13}-2p_{12})\pm\sqrt{9p_{13}^{2}-12p_{12}p_{14}}}{6p_{12}}$$

这时 B_4 有尖点的条件是

$$3p_{13}^{2}-4p_{12}p_{14}>0,p_{13}<0$$

如果要有两个尖点，则必须

$$-3p_{13}\pm\sqrt{9p_{13}^{2}-12p_{12}p_{14}}>0$$

从而可推出

$$p_{14}>0$$

当 $p_{14}-3p_{13}+3p_{12}=0,p_{24}-3p_{23}+p_{12}=0$ 时，方程组有不等于零的公共根的条件是

$$p_{23}=\frac{p_{12}^{2}+p_{13}^{2}-p_{13}p_{12}}{3p_{12}}$$

综上所述，我们得到了 B_4 在 $(0,1)$ 中有尖点的充要条件是下列三个条件之一成立，它们是：

1. $p_{14}-3p_{13}+3p_{12}$ 和 $p_{24}-3p_{23}+p_{12}$ 不全为零

$$E=0,3p_{13}^{2}-(9p_{23}+p_{14})p_{12}\neq 0$$

$$\frac{3p_{24}p_{12}-p_{13}p_{14}}{3p_{13}^2-(9p_{23}+p_{14})p_{12}}>0$$

2. $p_{14}-3p_{13}+3p_{12}$ 和 $p_{24}-3p_{23}+p_{12}$ 不全为零

$$E=0,3p_{13}^2-(9p_{23}+p_{14})p_{12}=0$$

$$3p_{13}^2-4p_{12}p_{14}>0,p_{13}<0$$

3. $p_{14}-3p_{13}+3p_{12}=p_{24}-3p_{23}+p_{12}=0,p_{12}>p_{13},p_{23}=\frac{p_{12}^2+p_{13}^2-p_{13}p_{12}}{3p_{12}}$.

特别地，第二个条件再加上 $p_{14}>0$ 是 B_4 有两个尖点的充要条件. 下面是一条有两个尖点的 B_4 的例子. 特征四边形的四条边向量是(9,0),(0,9),(−10,−18),(12,18). 图 9 是它的 B_4 的形状.

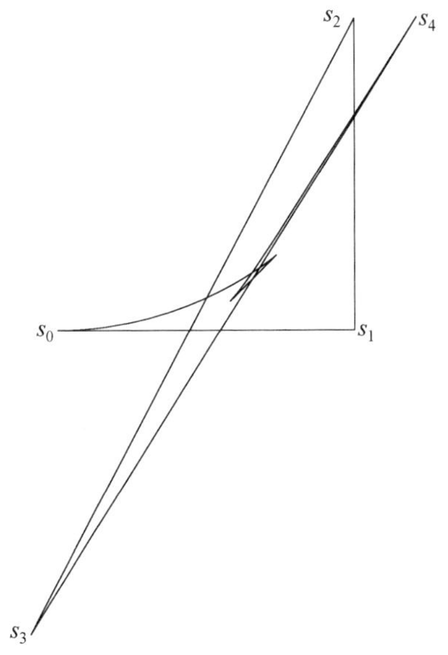

图 9

将本节的结论应用于一类特殊情形是有趣的. 设

B_4 的特征四边形的五个顶点是 $s_0(0,0)$，$s_1(0,\rho)$，$s_2(x,y)$，$s_3(-1,\sigma)$，$s_4(-1,0)$，这里 $\rho,\sigma>0$. 这时

$$\boldsymbol{a}_0=(0,\rho),\boldsymbol{a}_2=(x,y-\rho)$$

$$\boldsymbol{a}_3=(-1-x,\sigma-y),\boldsymbol{a}_4=(0,-\sigma)$$

$$p_{12}=-\rho x,p_{13}=\rho(1+x),p_{14}=0$$

$$p_{23}=(\sigma-\rho)x+y-\rho,p_{24}=-\sigma x,p_{34}=\sigma(1+x)$$

如图 10 所示，s_2 的改变可以适当地控制 B_4 的形状. 我们让 s_2 在两条平行线之间变动. 当 $p_{23}\geqslant 0$ 时，即 s_2 在 s_1s_3 的上方时，符合条件(Ⅵ)，B_4 无拐点和尖点. 当 $p_{23}<0$ 时，条件(Ⅰ)～(Ⅹ)中只有(Ⅸ)可能成立，而这时(Ⅸ)化成

$$p_{23}^3+[p_{12}p_{24}^2+p_{34}p_{13}^2-3p_{23}p_{12}p_{34}]\geqslant 0$$

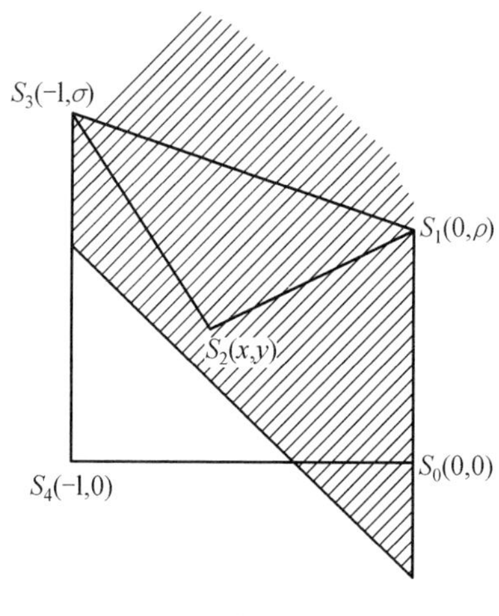

图 10

即

$$p_{23}^3+3\rho\sigma x(1+x)p_{23}-\rho\sigma^2x^3+\sigma\rho^2(1+x^3)\geqslant 0$$

取等号的三次方程的判别式是

$$\frac{\rho^2\sigma^2[\sigma x^3+\rho(x+1)^3]^2}{4}\geqslant 0$$

最后解出

$$p_{23}=\sigma x\sqrt[3]{\frac{\rho}{\sigma}}-\rho(1+x)\sqrt[3]{\frac{\sigma}{\rho}}$$

所以,我们可得到很简单的结论,当 s_2 在直线

$$(\sigma-\rho)x+y-\rho=\sigma x\sqrt[3]{\frac{\rho}{\sigma}}-\rho(1+x)\sqrt[3]{\frac{\sigma}{\rho}}$$

的上方(包括直线上)变动时,B_4 不出现拐点,也不出现尖点.

如取 $\rho=1,\sigma=8$,分界线是

$$5x+y+1=0$$

当我们取$(-0.2,0)$作为 s_2 时,对应的 B_4 没有拐点和尖点,因为$(-0.2,0)$在直线上.当我们取$(-0.2,-0.1)$作为 s_2 时,就有两个拐点出现,它们的坐标是$(-0.126\ 609\ 0,0.940\ 908\ 5)$和$(-0.222\ 765\ 1,1.413\ 777\ 0)$.如 s_2 取为$(-0.1,-0.4)$,对应的 B_4 也没有拐点和尖点.这时 s_2 位于 s_0s_4 的下方,但它仍在阴影区域之内.

4.3　B_4 有二重点的充要条件

设 B_4 有一个二重点 $\boldsymbol{P}_0$,对应的参数是 t_1 和 t_2,则 B_4 的方程可写成

$$\boldsymbol{P}(t)=\boldsymbol{P}_0+(t-t_1)(t-t_2)(\boldsymbol{E}_1t^2+\boldsymbol{E}_2t+\boldsymbol{E}_3)$$

$$0<t_1<t_2<1$$

将它与式(65)比较,可以得到

$$\begin{cases} \boldsymbol{E}_1 = \boldsymbol{a}_4 - 3\boldsymbol{a}_3 + 3\boldsymbol{a}_2 - \boldsymbol{a}_1 \\ \boldsymbol{E}_2 - \boldsymbol{E}_1\xi = 4(\boldsymbol{a}_3 - 2\boldsymbol{a}_2 + \boldsymbol{a}_1) \\ \boldsymbol{E}_3 - \boldsymbol{E}_2\xi + \boldsymbol{E}_1\eta = 6(\boldsymbol{a}_2 - \boldsymbol{a}_1) \\ \boldsymbol{E}_2\eta - \boldsymbol{E}_3\xi = 4\boldsymbol{a}_1 \end{cases}$$

其中

$$\xi = t_1 + t_2, \eta = t_1 t_2$$

该方程组有解的充要条件是

$$\begin{cases} [-4(\xi^2 - \eta) + 3(\xi^3 - 2\xi\eta)]\dfrac{p_{23}}{p_{12}} - (\xi^3 - 2\xi\eta)\dfrac{p_{24}}{p_{12}} = \\ 6\xi - 4 - 4(\xi^2 - \eta) + (\xi^3 - 2\xi\eta) \\ [-4(\xi^2 - \eta) + 3(\xi^3 - 2\xi\eta)]\dfrac{p_{13}}{p_{12}} - (\xi^3 - 2\xi\eta)\dfrac{p_{14}}{p_{12}} = \\ 6\xi - 8(\xi^2 - \eta) + 3(\xi^3 - 2\xi\eta) \end{cases} \tag{73}$$

或

$$\begin{cases} 4\left(1 - \dfrac{p_{23}}{p_{12}}\right)(\xi^2 - \eta) - \left(1 - \dfrac{3p_{23}}{p_{12}} + \dfrac{p_{24}}{p_{12}}\right)\cdot \\ (\xi^3 - 2\xi\eta) = 6\xi - 4 \\ -4\left(2 - \dfrac{p_{13}}{p_{12}}\right)(\xi^2 - \eta) + \left(3 - \dfrac{3p_{13}}{p_{12}} + \dfrac{p_{14}}{p_{12}}\right)\cdot \\ (\xi^3 - 2\xi\eta) = -6\xi \end{cases} \tag{74}$$

这里已经用到了 $\boldsymbol{a}_3$ 与 $\boldsymbol{a}_4$ 关于 $\boldsymbol{a}_1$ 和 $\boldsymbol{a}_2$ 的表达式

$$\boldsymbol{a}_3 = -\frac{p_{23}}{p_{12}}\boldsymbol{a}_1 + \frac{p_{13}}{p_{12}}\boldsymbol{a}_2, \boldsymbol{a}_4 = -\frac{p_{24}}{p_{12}}\boldsymbol{a}_1 + \frac{p_{14}}{p_{12}}\boldsymbol{a}_2 \tag{75}$$

经计算可知

$$\begin{vmatrix} 4\left(1 - \dfrac{p_{23}}{p_{12}}\right) & -\left(1 - \dfrac{3p_{23}}{p_{12}} + \dfrac{p_{24}}{p_{12}}\right) \\ -8 + 4\dfrac{p_{13}}{p_{12}} & 3 - \dfrac{3p_{23}}{p_{12}} + \dfrac{p_{14}}{p_{12}} \end{vmatrix} = 4D$$

$$\begin{vmatrix} 6\xi-4 & -\left(1-\dfrac{3p_{23}}{p_{12}}+\dfrac{p_{24}}{p_{12}}\right) \\ -6\xi & 3-\dfrac{3p_{13}}{p_{12}}+\dfrac{p_{14}}{p_{12}} \end{vmatrix}=$$

$$-3C\xi-4\left(3-\frac{3p_{13}}{p_{12}}+\frac{p_{14}}{p_{12}}\right)$$

$$\begin{vmatrix} 4\left(1-\dfrac{p_{23}}{p_{12}}\right) & 6\xi-4 \\ -8+4\dfrac{p_{13}}{p_{12}} & -6\xi \end{vmatrix}=\frac{24}{p_{12}}(p_{12}+p_{23}-p_{13})\xi-$$

$$\frac{16}{p_{12}}(2p_{12}-p_{13})$$

下面分别就 $D=0$ 和 $D\neq 0$ 来讨论.

1. $D=0$.

若 $p_{12}+p_{23}-p_{13}=0$，为了式(74)有解，则必须

$$C=0,2p_{12}-p_{13}=0,3-\frac{3p_{13}}{p_{12}}+\frac{p_{14}}{p_{12}}=0$$

最后解出

$$p_{13}=2p_{12},p_{23}=p_{12},p_{14}=3p_{12},p_{24}=2p_{12}$$

但它们不满足式(74)的第二式，此时式(74)无解.

当 $p_{12}+p_{23}-p_{13}\neq 0$，式(74)的解是

$$\begin{cases} \xi=t_1t_2=\dfrac{2(2p_{12}-p_{13})}{3(p_{12}+p_{23}-p_{13})} \\ \eta=t_1t_2=\dfrac{-6\xi+4\left(2-\dfrac{p_{13}}{p_{12}}\right)\xi^2-\left(3-\dfrac{3p_{13}}{p_{12}}+\dfrac{p_{14}}{p_{12}}\right)\xi^3}{4\left(2-\dfrac{p_{13}}{p_{12}}\right)-2\left(3-\dfrac{3p_{13}}{p_{12}}+\dfrac{p_{14}}{p_{12}}\right)\xi} \end{cases} \tag{76}$$

这时 B_4 最多只有一个二重点.

2. $D\neq 0$.

由式(74)可得到

$$\begin{cases}\xi^3+\dfrac{3C}{2D}\xi^2+\dfrac{2B}{D}\xi+\dfrac{2A}{D}=0\\ \eta=\xi^2+\dfrac{1}{4D}\left[3C\xi+4\left(3-\dfrac{3p_{13}}{p_{12}}+\dfrac{p_{14}}{p_{12}}\right)\right]\end{cases}\tag{77}$$

这时 B_4 最多有三个二重点或一个三重点.

这样,我们得到了以下的定理:

定理5 当 $D=0$ 时,B_4 有二重点的充要条件是由式(76)决定的 t_1,t_2 在 $(0,1)$ 之中;当 $D\neq 0$ 时,B_4 有二重点的充要条件是由式(76)决定的 t_1,t_2 在 $(0,1)$ 之中. B_4 最多只有三个二重点或者一个三重点.

容易说明这个最大的数目都是可以达到的. 实际上,只要在 $(0,1)$ 中任给四个数 t_1,t_2,t'_1 和 t'_2,由式(73)以及相应的加上"′"的方程,得到关于 $\dfrac{p_{23}}{p_{12}},\dfrac{p_{24}}{p_{12}}$ 的方程组和 $\dfrac{p_{13}}{p_{12}},\dfrac{p_{14}}{p_{12}}$ 的方程组. 可以证明当它的系数行列式等于零时,它们无解. 如果它的系数行列式不等于零,可唯一地决定 $\dfrac{p_{23}}{p_{12}},\dfrac{p_{24}}{p_{12}},\dfrac{p_{13}}{p_{12}}$ 和 $\dfrac{p_{14}}{p_{12}}$,利用式(75)就确定了一个特征多边形,由此决定的 B_4 就以 t_1,t_2 为一个二重点,以 t'_1,t'_2 为另一个二重点. 特别是 $t_2=t'_1$ 时,变成一个三重点. 下面是两个例子.

例5 $t_1=\dfrac{1}{4},t_2=\dfrac{1}{2},t'_1=\dfrac{1}{2},t'_2=\dfrac{3}{4}$.

解得

$$\frac{p_{23}}{p_{12}}=\frac{25}{17},\frac{p_{24}}{p_{12}}=-\frac{38}{17},\frac{p_{13}}{p_{12}}=-\frac{608}{272},\frac{p_{14}}{p_{12}}=\frac{7\ 392}{2\ 720}$$

特征四边形的边向量是

$$\boldsymbol{a}_1=(1,0),\boldsymbol{a}_2=(0,1),\boldsymbol{a}_3=\left(-\frac{25}{17},-\frac{608}{272}\right)$$

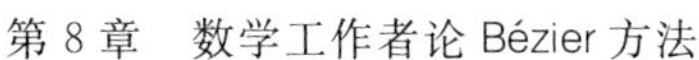

$$\boldsymbol{a}_4=\left(\frac{38}{17},\frac{7\ 392}{2\ 720}\right)$$

它的顶点是

$$(0,0),(1,0),(1,1),\left(-\frac{8}{17},-\frac{336}{272}\right),\left(\frac{30}{17},\frac{4\ 032}{2\ 720}\right)$$

此时有三重点$\left(\frac{21}{34},\frac{27}{170}\right)$.

例 6　$t_1=\frac{1}{4},t_2=\frac{1}{2},t'_1=\frac{1}{3},t'_2=\frac{2}{3}$.

解得特征四边形的顶点是

$$(0,0),(1,0),(1,1),\left(-\frac{11}{14},-\frac{3}{2}\right),\left(\frac{20}{7},\frac{12}{5}\right)$$

t_1,t_2 对应的二重点是$\left(\frac{17}{28},\frac{3}{20}\right)$, t'_1,t'_2 对应的二重点是$\left(\frac{368}{567},\frac{8}{45}\right)$. 第三个二重点是(0.643 613 9, 0.173 319 7). 图 11 和图 12 是它们的示意图. 二重点和三重点所在的部分特别放大了,并没有按照比例画出,目的是可以看得更清楚一些.

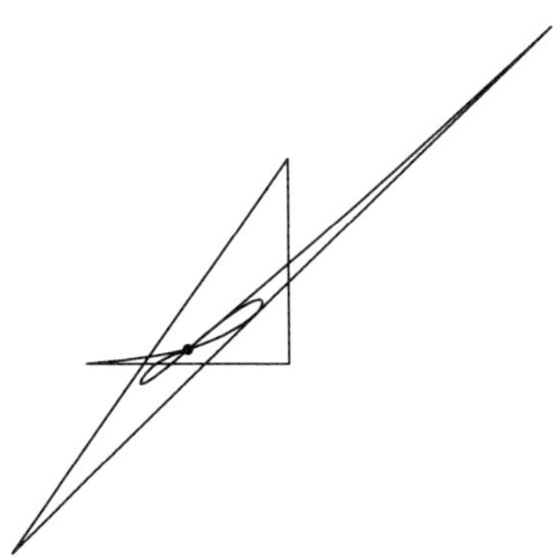

图 11

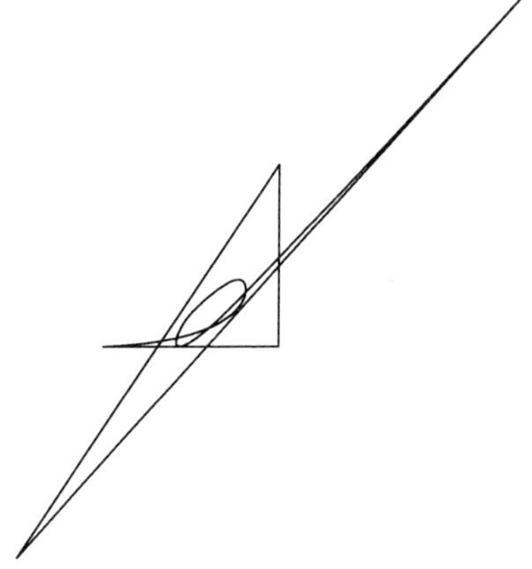

图 12

4.4 无二重点的一个充分条件

由式(74) 可解出

$$\frac{p_{13}}{p_{12}}=\frac{N_1-\dfrac{p_{14}}{p_{12}}(t_1^3+t_1^2t_2+t_1t_2^2+t_2^3)}{N}$$

$$\frac{p_{23}}{p_{12}}=\frac{N_2-\dfrac{p_{24}}{p_{12}}(t_1^3+t_1^2t_2+t_1t_2^2+t_2^3)}{N}$$

其中

$$N=4(t_1^2+t_1t_2+t_2^2)-3(t_1^3+t_1^2t_2+t_1t_2^2+t_2^3)$$

$$N_1=-6(t_1+t_2)+8(t_1^2+t_1t_2+t_2^2)-3(t_1^3+t_1^2t_2+t_1t_2^2+t_2^3)$$

$$N_2=4-6(t_1+t_2)+4(t_1^2+t_1t_2+t_2^2)-(t_1^3+t_1^2t_2+t_1t_2^2+t_2^3)$$

因为 $0<t_1<t_2<1$,所以

$$N>t_1^2+4t_1t_2+t_2^2-3t_1t_2(t_1+t_2)>$$

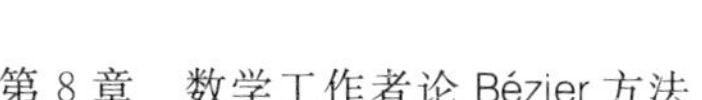

$$6t_1t_2-3t_1t_2(t_1+t_2)>0$$

$$N_1=\frac{-1}{t_2-t_1}[(6t_2^2-8t_2^3+3t_2^4)-(6t_1^2-8t_1^3+3t_1^4)]$$

令

$$M(t)=6t^2-8t^3+3t^4$$

则

$$M'(t)=12t(1-t)^2>0, t\in(0,1)$$

所以 $M(t)$ 单调上升，$N_1<0$.

同样可证

$$N_2<0$$

由此得出，当$\frac{p_{13}}{p_{12}}\geqslant 0,\frac{p_{14}}{p_{12}}\geqslant 0$或$\frac{p_{23}}{p_{12}}\leqslant 0,\frac{p_{24}}{p_{12}}\leqslant 0$时，$B_4$ 无二重点.

作为一个应用，我们看下面的例子. 特征多边形的四个顶点 s_0,s_1,s_3,s_4 已定，第一边与第四边相交于点 O(图 13). 可以证明第三个顶点 s_2 在 $\angle s_0Os_4$ 内选取时，对应的 B_4 不出现二重点. 这是因为此时$\frac{p_{14}}{p_{12}}>0$，根据上述结论，s_2 在图 13 的阴影区域中选取才可能有二重点. 但此时

$$\frac{p_{23}}{p_{12}}<0,\frac{p_{24}}{p_{12}}<0$$

所以无二重点.

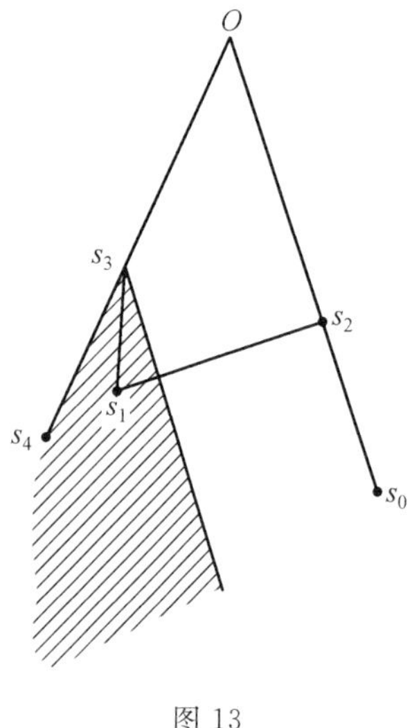

图 13

§5 带两个形状参数的五次 Bézier 曲线的扩展[①]

5.1 引言

以 Bernstein 基构造的 Bézier 曲线由于结构简单、直观成为几何造型工业中表示曲线(曲面)的重要工具之一.但曲线的位置相对于控制点是固定的,如果要调整曲线的形状一般可借助有理 Bézier 曲线和有理 B 样条曲线中的权因子来实现,但有一定的缺陷,如权因子如何选取、权因子对曲线形状的影响不是很清楚、求

① 本节作者翟芳芳.

导次数会增加及基求积不方便等.

近年来,人们通过形状参数来调整曲线的形状.

本节给出了一类带两个形状参数 α,β 的 Bézier 曲线,所定义的曲线不仅具有与五次 Bézier 曲线相类似的性质,而且还包含一些结果.形状参数 α,β 具有明显的几何意义:当 α 增大时,曲线向上逼近控制多边形;当 β 增大时,曲线从两侧逼近控制多边形.通过选取 α,β 的不同取值,可更灵活地调整曲线的形状.

5.2　基函数的定义及性质

定义 2　对于 $t\in[0,1]$,$\alpha,\beta\in\mathbf{R}$,称关于 t 的多项式

$$\begin{cases}B_0(t)=(1-\alpha t)(1-t)^5\\B_1(t)=(5+\alpha-3\alpha t+\beta t)(1-t)^4t\\B_2(t)=(10+2\alpha-\beta-2\alpha t+\beta t)(1-t)^3t^2\\B_3(t)=(10+2\alpha t-\beta t)(1-t)^2t^3\\B_4(t)=(5-2\alpha+\beta+3\alpha t-\beta t)(1-t)t^4\\B_5(t)=(1-\alpha+\alpha t)t^5\end{cases}\tag{78}$$

为带有参数 α,β 的六次多项式基函数,其中 $-5\leqslant\alpha\leqslant1$;$2\alpha-5\leqslant\beta\leqslant2\alpha+10$.

上述基函数具有如下性质:

性质 1　非负性、权性.可验证 $\sum\limits_{i=0}^{5}B_i(t)\equiv1$ 且 $B_i(t)\geqslant0,i=0,1,2,3,4,5$.

性质 2　对称性.可验证 $B_i(1-t)=B_{5-i}(t),i=0,1,2$.

性质 3　端点性质.

$B_0(0)=1$;

$B_i(0)=B'_2(0)=B'_3(0)=B'_4(0)=B'_5(0)=B''_3(0)=B''_4(0)=B''_5(0)=0, i=1,2,3,4,5$;

$B_5(1)=1$;

$B_i(1)=B'_0(1)=B'_1(1)=B'_2(1)=B'_3(1)=B''_0(1)=B''_1(1)=B''_2(1)=0, i=0,1,2,3,4$.

性质 4　单峰性. 即对每个基函数在[0,1]上有一个局部最大值.

性质 5　对参数 α,β 的单调性. 即当 $t\in[0,1]$ 时, $B_0(t)$ 和 $B_5(t)$ 是 α 的递减函数 β 的常函数, $B_2(t)$ 和 $B_3(t)$ 是 α 的递增函数 β 的递减函数, $B_1(t)$ 和 $B_4(t)$ 是 β 的递增函数. 而当 $t\in\left[0,\frac{1}{3}\right]$ 时, $B_1(t)$ 是 α 的递增函数, $B_4(t)$ 是 α 的递减函数; 当 $t\in\left[\frac{1}{3},\frac{2}{3}\right]$ 时, $B_1(t)$ 和 $B_4(t)$ 是 α 的递减函数; 当 $t\in\left[\frac{2}{3},1\right]$ 时, $B_1(t)$ 是 α 的递减函数, $B_4(t)$ 是 α 的递增函数.

性质 6　当 $\alpha=\beta=0$ 时, 则有 $B_i(t)=B_i^5(t)(i=0,1,2,3,4,5)$, 其中 $B_i^5(t)$ 表示五次 Bernstein 基函数. 此性质说明式(78)给出的基函数是五次 Bernstein 基函数的扩展.

5.3　曲线的构造及性质

定义 3　给定 6 个控制顶点 $P_i\in R^d(d=2,3;i=0,1,2,3,4,5)$, 对于 $t\in[0,1]$, 定义曲线

$$r(t)=\sum_{i=0}^{5}B_i(t)P_i \tag{79}$$

称式(79)所定义的曲线为带参数 α,β 的六次 Bézier 曲

线. 显然，当 $\alpha=\beta=0$ 时，曲线(79) 退化为五次 Bézier 曲线.

由上述基函数的性质，不难得到曲线(79) 具有以下性质：

性质 7　端点性质.

$r(0)=P_0, r(1)=P_5$；

$r'(0)=(5+\alpha)(P_1-P_0), r'(1)=(5+\alpha)(P_5-P_4)$；

$r''(0)=(20+4\alpha-2\beta)(P_2-P_1)-(20+10\alpha)\cdot(P_1-P_0)$；

$r''(1)=(20+10\alpha)(P_5-P_4)-(20+4\alpha-2\beta)(P_4-P_3)$.

此性质说明曲线(79) 插值于首末端点及与控制多边形的首末边相切，且在端点处的二阶导矢只与其相邻的 3 个控制顶点有关.

性质 8　凸包性. 由基函数的性质 1，曲线(79) 一定位于 $P_0, P_1, P_2, P_3, P_4, P_5$ 所围成的凸多边形内.

性质 9　对称性. 即以 $P_0, P_1, P_2, P_3, P_4, P_5$ 为控制多边形的六次 Bézier 曲线和以 $P_5, P_4, P_3, P_2, P_1, P_0$ 为控制多边形的六次 Bézier 曲线是相同的，只是方向相反. 由基函数的对称性，可得

$$r(1-t)=\sum_{i=0}^{5}B_i(1-t)P_{5-i}=\sum_{i=0}^{5}B_i(t)P_i=r(t)$$

性质 10　几何不变性和仿射不变性. 曲线仅依赖于控制顶点而与坐标系的位置和方向无关，即曲线的形状在坐标系平移和旋转后不变；同时，对控制多边形进行缩放和剪切等仿射变换后，所对应的新曲线就是相同仿射变换后的曲线.

性质 11 逼近性. 当 β 不变时,α 越大曲线越向上逼近控制多边形;当 α 不变时,β 越大曲线从两侧越逼近控制多边形,这可由基函数的性质 5 验证. 从而通过改变 α,β 的取值,本节所给出的曲线比五次 Bézier 曲线具有更好的逼近性和更灵活的逼近方式.

性质 12 变差缩减性(V. D.).

证明 先证明基函数组 $\{B_0(t),B_1(t),B_2(t),B_3(t),B_4(t),B_5(t)\}$ 在 $(0,1)$ 上满足笛卡儿符号法则,即对任一组常数列 $\{C_0,C_1,C_2,C_3,C_4,C_5\}$,有

$$\text{Zeros }(0,1)\left\{\sum_{k=0}^{5}C_kB_k(t)\right\}\leqslant SA(C_0,C_1,C_2,C_3,C_4,C_5) \tag{80}$$

其中 $\text{Zeros}(0,1)\{f(t)\}$ 表示 $f(t)$ 在区间 $(0,1)$ 内根的个数;$f(t)=\sum_{k=0}^{5}C_kB_k(t)$;$SA(C_0,C_1,C_2,C_3,C_4,C_5)$ 表示序列 $\{C_0,C_1,C_2,C_3,C_4,C_5\}$ 的符号改变次数.

不妨设 $C_0>0$,则 $SA(C_0,C_1,C_2,C_3,C_4,C_5)$ 可能的取值为 5,4,3,2,1,0.

(i) 当 $SA(C_0,C_1,C_2,C_3,C_4,C_5)=5$ 时,$C_5<0$;另外,$f(t)$ 在 $[0,1]$ 上是连续函数,$f(0)=C_0$,$f(1)=C_5$. 假设 $f(t)$ 在 $[0,1]$ 上有 6 个根,则 $f(1)=C_5>0$;故产生矛盾,所以式(80)成立.

(ii) 当 $SA(C_0,C_1,C_2,C_3,C_4,C_5)=4,3,2,1$ 时,采用上面同样的方法可证式(80)成立. 当 $SA(C_0,C_1,C_2,C_3,C_4,C_5)=0$ 时,显然式(80)成立,故结论成立.

下证变差缩减性. 令 l 为通过点 Q 且法向量为 $\boldsymbol{v}$ 的直线,如果 l 和控制多边形 $\langle P_0P_1P_2P_3P_4P_5\rangle$ 交于 P_kP_{k+1} 之间的边,则 P_k,P_{k+1} 一定位于 l 的两侧,有 $\boldsymbol{v}\cdot$

$(P_k - Q)$ 和 $\boldsymbol{v} \cdot (P_{k+1} - Q)$ 符号相反. 因此

$$SA\{\boldsymbol{v} \cdot (P_0 - Q), \boldsymbol{v} \cdot (P_1 - Q), \boldsymbol{v} \cdot (P_2 - Q), \boldsymbol{v} \cdot (P_3 - Q), \boldsymbol{v} \cdot (P_4 - Q), \boldsymbol{v} \cdot (P_5 - Q)\}$$

小于 $\langle P_0 P_1 P_2 P_3 P_4 P_5 \rangle$ 与 l 交点的个数.

另外, $r(t)$ 与 l 交点的个数等于 $\mathrm{Zeros}(0,1)\left\{\sum_{k=0}^{5} B_k(t)(P_k - Q) \cdot \boldsymbol{v}\right\}$. 所以, 根据上面的基函数组的笛卡儿符号法则 $r(t)$ 与 l 交点的个数小于

$$SA\{\boldsymbol{v} \cdot (P_0 - Q), \boldsymbol{v} \cdot (P_1 - Q), \boldsymbol{v} \cdot (P_2 - Q), \boldsymbol{v} \cdot (P_3 - Q), \boldsymbol{v} \cdot (P_4 - Q), \boldsymbol{v} \cdot (P_5 - Q)\}$$

从而结论得证

性质 13　保凸性. 由性质 12 知, 当控制多边形为凸时, 平面上任一直线与曲线的交点个数不超过 2, 因为直线与控制多边形的交点个数最多为 2.

5.4　结论

由带有参数 α, β 的六次多项式基函数构造的曲线具有五次 Bézier 曲线的特征, 如端点插值、端边相切、凸包性等. 在计算上, 比五次 Bézier 曲线计算量大, 可利用 Horner(海纳) 算法来计算曲线; 曲线的优点: 由于含有两个参数, 可以灵活地调整曲线的形状, 且 α, β 的几何意义明显, α 增大时, 曲线向上逼近控制多边形; β 增大时, 曲线从两侧逼近控制多边形.

Bernstein 逼近与 B 曲线及 B 曲面

第

9

§1 用 Bézier 函数证明 Bernstein 逼近定理

1989 年,中国科学技术大学的常庚哲教授得出了 Bézier 函数的若干代数的和极限的性质,在此基础上对 Bernstein 逼近定理做出了新的证明. 虽然这个证明比起标准证明来要长一些,但由于它包含着对于 Bézier 方法这一正在发展中的新领域的一些新的发现,所以应当有其独立的意义.

1.1　Bézier 基函数

20 世纪 60 年代，Bézier 在研究计算机辅助设计汽车车身时，定义了以下函数

$$f_{n,0}(x)\equiv 1$$

$$f_{n,k}(x)=\frac{(-x)^k}{(k-1)!}\frac{\mathrm{d}^{k-1}}{\mathrm{d}x^{k-1}}\left[\frac{(1-x)^n-1}{x}\right],k=1,2,\cdots,n \tag{1}$$

它们组成次数小于或等于 n 的多项式全体所成的线性空间的基底，在当今的“计算几何”中，被称为Bézier函数.

这些函数有如下已知的性质：

1.

$$f_{n,k}(x)=J_{n,k}(x)+J_{n,k+1}(x)+\cdots+J_{n,n}(x)$$
$$0\leqslant k\leqslant n \tag{2}$$

其中

$$J_{n,k}(x)=\binom{n}{k}x^k(1-x)^{n-k},0\leqslant k\leqslant n$$

是熟知的 Bernstein 函数.

2. 直接计算可得

$$f'_{n,k}(x)=nJ_{n-1,k-1}(x),k=1,2,\cdots,n \tag{3}$$

由前两条性质便可断言：

3. $f_{n,k}(x),k=1,2,\cdots,n$，在$[0,1]$上严格单调地从 0 上升到 1.

4. 由第一条性质，我们有

$$B_n(g,x)=g(0)+\sum_{k=1}^{n}\left[g\left(\frac{k}{n}\right)-g\left(\frac{k-1}{n}\right)\right]f_{n,k}(x) \tag{4}$$

这里 $B_n(g,x)$ 表示函数 $g(x)$ 的 n 次 Bernstein 多项式.

1.2 Bézier 函数的积分表示

由前面的性质 2 与 3 可知

$$f_{n,k}(x)=n\int_0^x J_{n-1,k-1}(u)\mathrm{d}u, k=1,2,\cdots,n \quad (5)$$

这种表达式有助于我们去估计 Bézier 函数的和式. 例如,由式(5) 得到

$$\sum_{k=l+1}^{n} f_{n,k}(x)=n\int_0^x \sum_{k=l+1}^{n} J_{n-1,k-1}(u)\mathrm{d}u \quad (6)$$

对于 $l=0$,因为

$$J_{n-1,0}(u)+J_{n-1,1}(u)+\cdots+J_{n-1,n-1}(u)\equiv 1$$

所以

$$\sum_{k=1}^{n} f_{n,k}(x)=nx \quad (7)$$

这个公式以后要常用到. 考察 $0<l<n$,由式(3) 与式(5),我们有

$$\sum_{k=l+1}^{n} J_{n-1,k-1}(u)=f_{n-1,l}(u)=(n-1)\int_0^u J_{n-1,l-1}(t)\mathrm{d}t$$

从而

$$\sum_{k=l+1}^{n} f_{n,k}(x)=n(n-1)\int_0^x \left[\int_0^u J_{n-1,l-1}(t)\mathrm{d}t\right]\mathrm{d}u$$

交换积分顺序,便得到

$$\sum_{k=l+1}^{n} f_{n,k}(x)=n(n-1)\int_0^x \left[\int_t^x J_{n-1,l-1}(t)\mathrm{d}u\right]\mathrm{d}t=$$

$$n(n-1)\int_0^x (x-t)J_{n-1,l-1}(t)\mathrm{d}t$$

最后得出

$$\sum_{k=l+1}^{n} f_{n,k}(x)=\frac{n!}{(l-1)!\ (n-l-1)!}\int_{0}^{x}(x-t)t^{l-1}\cdot (1-t)^{n-l-1}\mathrm{d}t,0<l<n \tag{8}$$

1.3　一个引理

定义函数

$$g_s(x)=\begin{cases}x,0\leqslant x<s\\ s,s\leqslant x\leqslant 1\end{cases} \tag{9}$$

其中 $s\in(0,1]$. 这是$[0,1]$上的一个连续函数. 假如 Bernstein 逼近定理正确,那么必须有

$$\lim_{n\to\infty}B_n(g_s,x)=g_s(x) \tag{10}$$

对 $x\in[0,1]$ 一致地成立. 由式(4) 可知

$$B_n(g_s,x)=\frac{1}{n}\sum_{k=1}^{[ns]}f_{n,k}(x)+\frac{\lambda_n}{n}$$

其中 $0\leqslant\lambda_n<1$ 且$[nx]$是不超过 ns 的最大整数. 为了证明式(10),我们必须且只需证明对于 $0<s\leqslant 1$ 有

$$\lim_{n\to\infty}\frac{1}{n}\sum_{k=1}^{[ns]}f_{n,k}(x)=\begin{cases}x,0\leqslant x\leqslant s\\ s,s\leqslant x\leqslant 1\end{cases} \tag{11}$$

对于 $x\in[0,1]$ 一致地成立.

对 $s=1$ 而言,由恒等式(7) 知,上述结果是成立的. 所以只需考虑 $0<s<1$. 令 $l=[ns]$. 由式(7) 及函数 $f_{n,k}(x)$ 在$[0,1]$上递增,对 $x\in[0,s]$,我们有

$$0\leqslant x-\frac{1}{n}\sum_{k=1}^{l}f_{n,k}(x)=\frac{1}{n}\sum_{k=l+1}^{n}f_{n,k}(x)\leqslant\frac{1}{n}\sum_{k=l+1}^{n}f_{n,k}(s) \tag{12}$$

而对 $x\in[s,1]$ 时,则有

$$s-\frac{1}{n}\sum_{k=l+1}^{n}f_{n,k}(s)=\frac{1}{n}\sum_{k=1}^{l}f_{n,k}(s)\leqslant\frac{1}{n}\sum_{k=1}^{l}f_{n,k}(x)\leqslant$$

$$\frac{1}{n}\sum_{k=1}^{l} f_{n,k}(1)=\frac{l}{n}\leqslant s \tag{13}$$

因此我们必须证明：

引理 1　令 $l=[ns]$，则我们有

$$\lim_{n\to\infty}\frac{1}{n}\sum_{k=l+1}^{n} f_{n,k}(s)=0 \tag{14}$$

对于 $s\in(0,1)$ 一致地成立.

证明　把式(8)中的 x 用 s 替换，采用 Beta 函数的记号，得到

$$\frac{1}{n}\sum_{k=l+1}^{n} f_{n,k}(s)=\frac{1}{\mathrm{B}(l,n-l)}\int_0^s (s-t)t^{l-1}(1-t)^{n-l-1}\mathrm{d}t$$

使用 Cauchy-Schwarz 不等式，我们有

$$\begin{aligned}
&\int_0^s (s-t)t^{l-1}(1-t)^{n-l-1}\mathrm{d}t\leqslant\\
&\left[\int_0^s (s-t)^2 t^{l-1}(1-t)^{n-l-1}\mathrm{d}t\right]^{\frac{1}{2}}\cdot\\
&\left[\int_0^s t^{l-1}(1-t)^{n-l-1}\mathrm{d}t\right]^{\frac{1}{2}}\leqslant\\
&\left[\int_0^1 (s^2-2st+t^2)t^{l-1}(1-t)^{n-l-1}\mathrm{d}t\right]^{\frac{1}{2}}\cdot\\
&[\mathrm{B}(l,n-l)]^{\frac{1}{2}}
\end{aligned}$$

因为

$$\begin{aligned}
&\int_0^1 (s^2-2st+t^2)t^{l-1}(1-t)^{n-l-1}\mathrm{d}t=\\
&s^2\mathrm{B}(l,n-l)-2s\mathrm{B}(l+1,n-l)+\\
&\mathrm{B}(l+2,n-l)=\\
&\left[s^2-2s\frac{l}{n}+\frac{(l+1)l}{(n+1)n}\right]\mathrm{B}(l,n-l)
\end{aligned}$$

于是

$$0\leqslant\frac{1}{n}\sum_{k=l+1}^{n}f_{n,k}(s)\leqslant\left[s^2-2s\,\frac{l}{n}+\frac{(l+1)l}{(n+1)n}\right]^{\frac{1}{2}}=$$

$$\left[\left(s-\frac{l}{n}\right)^2+\frac{l}{n}\left(1-\frac{l}{n}\right)\frac{1}{n+1}\right]^{\frac{1}{2}}\leqslant$$

$$\left[\frac{1}{n^2}+\frac{1}{4(n+1)}\right]^{\frac{1}{2}}$$

引理得证.

式(10)的一致收敛性也随之确立.

1.4　逼近定理的证明

设 $g(x)$ 是$[0,1]$上的连续函数. 依次连接点 $\left[\frac{k-1}{m},g\left(\frac{k-1}{m}\right)\right]$ 与点 $\left[\frac{k}{m},g\left(\frac{k}{m}\right)\right]$, $k=1,2,\cdots,m$, 所形成的分段线性函数用 $\varphi_m(x)$ 来记. 由 $g(x)$ 的一致连续性,只要取 m 充分大,就可以使 $\varphi_m(x)$ 一致逼近 $g(x)$ 到任意小的程度. 很容易验证

$$\varphi_m(x)=m\sum_{k=1}^{m}\left[g\left(\frac{k}{m}\right)-g\left(\frac{k-1}{m}\right)\right]\left[g_{\frac{k}{m}}(x)-g_{\frac{k-1}{m}}(x)\right]$$

这就是说 $\varphi_m(x)$ 可以表示为 $g_{\frac{1}{m}}(x),g_{\frac{2}{m}}(x),\cdots,g_{\frac{m-1}{m}}(x),g_1(x)\equiv x$ 的线性组合. 这里的 $g_s(x)$ 正是由式(9)所定义的函数. 由于在前面我们已证明过式(10),因此对上述的分段线性函数 $\varphi_m(x)$ 有

$$\lim_{n\to\infty}B_n(\varphi_m,x)=\varphi_m(x)$$

对于$[0,1]$上的 x 一致成立. 因此,使用常规而形式化的处理,便可证明:

Bernstein **逼近定理**　设 $g(x)$ 是$[0,1]$上的连续函数,则对 $x\in[0,1]$ 一致地成立着

$$\lim_{n\to\infty}B_n(g,x)=g(x)$$

§2　保凸插值样条曲线

西安交通大学的程正兴教授早在 1983 年就指出曲线设计是设计工程的重要课题.用向量样条,可使曲线经过型值点且有很好的逼近性质,但没有保凸性;Bézier 曲线,B 样条曲线等一类向量线性正算子,有很好的保凸性,但一般只通过首尾两个型值点.在实际设计中可提出这样的问题:能否使所作曲线既过型值点,又有保凸性呢?大家知道,逼近论与样条理论最基础的是研究一元函数逼近与插值,所以很自然地就会推广至逼近与插值向量值函数 $F(t):[a,b]\to X$(X 为 Banach 空间).但是,此方法不能用于把平面曲线逼近与拟合算法向多维推广.

本节的目的是构造与坐标系选取无关的 C^1,C^2 连续的曲线保凸及插值的平面算法,并把本节及以前的平面算法用到构造多维曲线中去.

一、三次 Bézier 曲线的良好性质使得可对它们进行光滑连接并保证所需的保形性与插值性.这里的光滑连接还不需要解方程组.

给型值点 $P_i(x_i,y_i)$,$i=0,1,\cdots,n$.以这些点为基础形成 $n+m$ 个接点,并形成 $n+m-1$ 个两边形,以便构成 $n+m-1$ 段二次 Bézier 曲线.所用方法与所选取的坐标系无关.

先处理内部型值点.记 $I_i=\{x\mid(x-x_i)(x_{i+1}-x_{i-1})\geqslant 0\}$,$I_i^*=\{x\mid(x-x_i)(x_{i+1}-x_{i-1})\leqslant 0\}$.又记 $C_i(x,y)=(y-y_j)(x_{i+1}-x_{i-1})-(y_{i+1}-y_{i-1})(x-$

x_i),则从 P_i 发出且平行于 $|P_{i-1}P_{i+1}|$ 的射线方程为:$C_i(x,y)=0, x\in I_i$. 以后这个射线方程记为集合$\{(x,y)\mid C_i(x,y)=0, x\in I_i\}, i=1,2,\cdots,n-1$. 这时进入 P_i 且平行于 $|P_{i-1}P_{i+1}|$ 的射线方程为集合$\{(x,y)\mid C_i(x,y)=0, x\in I_i^*\}, i=1,2,\cdots,n-1$.

1. 在 $C_i(x_{i+2},y_{i+2})\neq 0$ 时.

(1) $$\{(x,y)\mid C_i(x,y)=0,x\in I_i\}\cap\{(x,y)\mid C_{i+1}(x,y)=0,x\in I_{i+1}^*\}\tag{15}$$

非空,这个唯一公共点记为 Q_i.

(2) $\{(x,y)\mid C_i(x,y)=0,x\in I_i^*\}\cap\{(x,y)\mid C_{i+1}(x,y)=0,x\in I_{i+1}\}$

非空,公共点为(x,y),则取点

$$\left(\left[\left(1-\frac{a}{2}\right)(x_i+x_{i+1})-(1-a)x\right],\right.$$
$$\left.\left[\left(1-\frac{a}{2}\right)(y_i+y_{i+1})-(1-a)y\right]\right)$$

为新节点 P'_i,其中 $0\leqslant a<1$ 为实参数(特别地,可取 $a=0$). 这时记

$$Q_i\equiv([(2-a)x_i-(1-a)x],[(2-a)y_i-(1-a)y])$$

$$Q'_i\equiv([(2-a)x_{i+1}-(1-a)x],$$
$$[(2-a)y_{i+1}-(1-a)y])$$

(3) $\{(x,y)\mid C_i(x,y)=0,x\in I_i\}\cap\{(x,y)\mid C_{i+1}(x,y)=0,x\in I_{i+1}\}$ 或$\{(x,y)\mid C_i(x,y)=0,x\in I_i^*\}\cap\{(x,y)\mid C_{i+1}(x,y)=0,x\in I_{i+1}^*\}$ 之一非空. 这时取

$$P'_i\equiv\frac{x_i+x_{i+2}}{2},\frac{y_i+y_{i+1}}{2}$$

$$Q_i\equiv([x_i+\beta(x_{i+1}-x_{i-1})],[y_i+\beta(y_{i+1}-y_{i-1})])$$

其中β为正实参数(一般选β较小,如$\beta\leqslant\frac{1}{4}$),而$Q'_i$取为下述方程组的解(选$\beta$小到使式(16)有解)

$$\begin{cases}[2y-(y_i+y_{i+1})][(1-2\beta)x_{i+1}-x_i+2\beta x_{i-1}]= \\ [2x-(x_i+x_{i+1})][(1-2\beta)y_{i+1}-y_i+2\beta y_{i-1}] \\ C_{i+1}(x,y)=0,x\in I^*_{i+1}\end{cases}\tag{16}$$

2. 在$C_i(x_{i+2},y_{i+2})=0$时.

(1)$y_{i+1}-y_{i-1}$与$y_{i+2}-y_i$同号时,取$P'_i\equiv([x_i+x_{i+1}]/2,[y_i+y_{i+1}]/2)$,而取$Q_i\equiv([\gamma x_i+(1-\gamma)x_{i+2}],[\gamma y_i+(1-\gamma)y_{i+2}])$,$Q'_i\equiv([(1-\gamma)x_i+x_{i+1}-(1-\gamma)x_{i+2}],[(1-\gamma)y_i+y_{i+1}-(1-\gamma)y_{i+2}])$其中$0<\gamma\leqslant 1$为实参数.

(2)$y_{i+1}-y_{i-1}$与$y_{i+2}-y_i$异号时,取$Q_i\equiv([(1+a)x_i-ax_{i+2}],[(1+a)y_i-ay_{i+2}])$,$P'_i\equiv\left[\left(\frac{1}{2}+a\right)x_i+\frac{1}{2}x_{i+1}-ax_{i+2}\right],\left[\left(\frac{1}{2}+a\right)y_i+\frac{1}{2}y_{i+1}-ay_{i+2}\right]$,$Q'_i\equiv([ax_i+x_{i+1}-ax_{i+2}],[ay_i+y_{i+1}-ay_{i+2}])$,其中$a$为大于零的实参数.

3. 在两个端点处,Q_0与Q_{n-1}分别取为下述方程组的解

$$\begin{cases}[2y-(y_0+y_1)](x_1-x_0)= \\ -[2x-(x_0+x_1)](y_1-y_0) \\ C_1(x,y)=0,x\in I^*_1\end{cases}$$

$$\begin{cases}C_{n-1}(x,y)=0,x\in I_{n-1} \\ [2y-(y_n+y_{n-1})](x_{n-1}-x_n)= \\ -[2x-(x_n+x_{n+1})](y_{n-1}-y_n)\end{cases}$$

现在,设新增加的接点P'_i为$m-1$个.重排接点

为 $P_0, P'_0, P_1, P'_1, \cdots, P_i, P'_i, \cdots, P_{n-1}, P'_{n-1}, P_n$[在 P'_i 不存在时，取 $Q'_i \equiv (0,0)^{\mathrm{T}}$]. 引入记号 $\phi_i: \phi_0 = 0$, $\phi_{n-1} = 0$，对于 $i = 1, 2, \cdots, n-2$，当式(15)非空时，令 $\phi_i = 0$，否则 $\phi_i = 1$. 给平面上三点 A_1, A_2, A_3，定义曲线段

$$B(A_1, A_2, A_3, t) = \begin{cases} 0, \text{当 } t \overline{\in} [0,1] \text{ 时} \\ A_1(1-t)^2 + 2A_2(1-t)t + A_3 t^2 \\ \text{当 } t \in [0,1] \text{ 时} \end{cases} \tag{17}$$

所以，我们所要求的二次保凸插值曲线为

$$B_2(t) = \sum_{i=0}^{n-1} \left\{ B\left(P_i, Q_i, P'_i, (1+\phi_i)(t-i) + B\left(P'_i, Q'_i, P_{i+1} \times (1+\phi_i)\left(t-i-\frac{\phi_i}{2}\right)\right)\right)\right\}, t \in [0,n] \tag{18}$$

由式(18)，我们是对每个 Bézier 两边形作二次 Bézier 曲线. 由于 Bézier 曲线的起点和终点分别是它的特征多边形的第一和最后一个顶点，且在始点和终点处分别同它所对应的特征多边形的第一和最后一条边相切. 这样就得到 C^1 光滑的二次保凸插值曲线.

注 1　(1) 本节方法可用于已知型值点及每点上切线方向的问题.

(2) 如果作闭曲线，即周期情形，这时增加两点 $P_{-1} \equiv P_n, P_{n+1} \equiv P_0$，使点列 $P_0, P_1, \cdots, P_n$ 都变成内部点以产生新点.

(3) 对凸数据，只有式(15)是非空情形的，问题变得特别简单.

为此作出合适的一列 Bézier 三边形即可. 对点列 $\{P_i\}_0^n$,如注 1(2),设新增加的接点 P'_i 为 $m-1$ 个. 重排接点为 $P_0, P'_0, P_1, P'_1, \cdots, P_i, P'_i, \cdots, P_{n-1}, P'_{n-1}$, P_n[P'_i 不存在时不排,设这样的 i 组成的集合为 K,即 $K \equiv \{i \mid$ 对 $i=0,1,\cdots,n-1$,式(15)非空$\}$]. 并还记接点为 $\{P_i\}_0^{n+m-1}$. 也如上重排 Q_i, Q'_i 并记为 $\{Q_i\}_0^{n+m-2}$[P_i 坐标为(x_i, y_i),Q_i 坐标为(x_i^*, y_i^*)].

现在讨论对于相邻的两边形,当前边一个两边形已产生固定的 Bézier 三边形后,怎样产生后 Bézier 三边形,而使相邻两段 Bézier 曲线达到曲率连续. 这只有两种情况,我们一起讨论:如图 1、图 2,$P_{i-1}R_{i-1}S_{i-1}P_i$ 是已产生好的 Bézier 三边形,且有$(y_i - y_{i-1})(\tilde{x}_{i-1} - \bar{x}_{i-1}) = (\tilde{y}_{i-1} - \bar{y}_{i-1})(x_i - x_{i-1})$,其中$(\bar{x}_{i-1}, \bar{y}_{i-1})$ 与 $(\tilde{x}_{i-1}, \tilde{y}_{i-1})$ 分别是 R_{i-1}, S_{i-1} 的坐标.

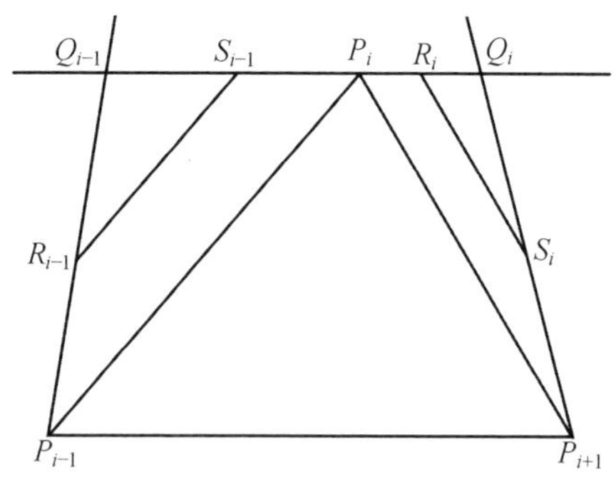

图 1

而$(0 < \lambda_{i-1} < 1)$

$$\begin{cases} \bar{x}_{i-1} = \lambda_{i-1} x_{i-1} + (1-\lambda_{i-1}) x_{i-1}^* \\ \bar{y}_{i-1} = \lambda_{i-1} y_{i-1} + (1-\lambda_{i-1}) y_{i-1}^* \end{cases}$$

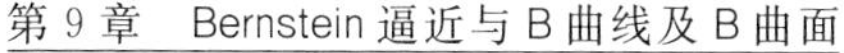

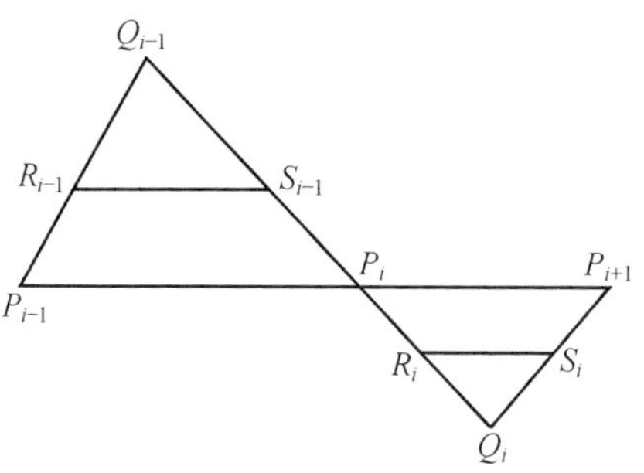

图 2

$$\begin{cases}\tilde{x}_{i-1}=\lambda_{i-1}x_i+(1-\lambda_{i-1})x_{i-1}^* \\ \tilde{y}_{i-1}=\lambda_{i-1}y_i+(1-\lambda_{i-1})y_{i-1}^*\end{cases} \tag{19}$$

记 $P_{i-1}R_{i-1}S_{i-1}P_i$ 作成的Bézier曲线为 $B_{i-1}(t)$. 设 $\boldsymbol{a}_1^*,\boldsymbol{a}_2^*,\boldsymbol{a}_3^*$ 依次是三边形 $P_{i-1}R_{i-1}S_{i-1}P_i$ 的各边,则

$$B'_{i-1}(1)=3\boldsymbol{a}_3^*, B''_{i-1}(1)=6(\boldsymbol{a}_3^*-\boldsymbol{a}_2^*)$$

而这时

$$\boldsymbol{a}_3^*=(1-\lambda_{i-1})\cdot(x_{i-1}^*-x_i,y_{i-1}^*-y_i)^{\mathrm{T}}$$
$$\boldsymbol{a}_i^*=\lambda_{i-1}(x_i-x_{i-1},y_i-y_{i-1})^{\mathrm{T}}$$

设 K_i 是曲线 $B_{i-1}(t)$ 在点 P_i 的曲率,则

$$K_i=\frac{2}{3}\left[\frac{|(x_{i-1}^*-x_i)[\lambda_{i-1}(y_{i-1}-y_i)-(1-\lambda_{i-1})(y_{i-1}^*-y_i)]|}{(1-\lambda_{i-1})^2[(x_{i-1}^*-x_i)^2+(y_{i-1}^*-y_i)^2]^{\frac{3}{2}}}-\frac{[\lambda_{i-1}(x_{i-1}-x_i)-(1-\lambda_{i-1})(x_{i-1}^*-x_i)](y_{i-1}^*-y_i)}{(1-\lambda_{i-1})^2[(x_{i-1}^*-x_i)^2+(y_{i-1}^*-y_i)^2]^{\frac{3}{2}}}\right] \tag{20}$$

为使整根曲线属于 C^2,必须使 $B_{i-1}(t)$ 与 $B_i(t)$ 在点 P_i 的曲率相等. $B_i(t)$ 在点 P_i 的曲率与式(20)类似,只是在式(20)中把 $x_{i-1},y_{i-1},x_{i-1}^*,y_{i-1}^*,\lambda_{i-1}$ 分别换为 x_i, $y_i,x_i^*,y_i^*,\lambda_i$ 的情形,这时叫式(20′). 由式(20)计算 K_i,再由式(20′)计算 λ_i. 我们现在看 λ_i 计算公式并证

明 $0<\lambda_i<1$.

令 $a\equiv x_i^*-x_i, b\equiv y_i^*-y_i, C\equiv x_{i+1}-x_i, d\equiv y_{i+1}-y_i, e\equiv\frac{3}{2}K_i(a^2+b^2)^{\frac{3}{2}}$,则可得

$$\lambda_i=1+\frac{|ad-bc|}{2e}\pm\left[\left(1+\frac{|ad-bc|}{2e}\right)^2-1\right]^{\frac{1}{2}}$$

取

$$\lambda_i=1+\frac{|ad-bc|}{2e}-\left[\left(1+\frac{|ad-bc|}{2e}\right)^2-1\right]^{\frac{1}{2}} \tag{21}$$

即可知 $0<\lambda_i<1$.

注 2 (1) 上述方法产生的曲线依赖曲线初始点的曲率值. 如给出其曲率值,则曲线唯一确定;否则可适当选取.

(2) 要作闭曲线时,曲线唯一,但要解方程组.

作三次保凸插值样条曲线步骤:(1) 确定型值点和各点切向量方程,用注 2(2) 的方法得到 $n+m-1$ 个 Bézier 两边形 $P_iQ_iP_{i+1}, i=0,1,\cdots,n+m-2$.

(2) 给定 K_0,用式(21) 计算 λ_0. 设 λ_{i-1} 已算出,用式(19) 计算 R_{i-1}, S_{i-1},进而用式(20) 计算 K_i,再用式(21) 计算 $\lambda_i(i=1,2,\cdots,n+m-1$,不必计算 $\lambda_{n+m-1})$.

(3) 把 $\{P_i\}, i=0,\cdots,n+m-2$ 换为原来的 $\{P_j\}$, $j=0,\cdots,n$ 与 $\{P'_j\}, j=0,\cdots,n-1$[当 $j\in K$ 时,取 $P'_j\equiv(0,0)^{\mathrm{T}}$], $\{R_i\},\{S_i\}, i=0,\cdots,n+m-2$ 边相应地变为 $\{R_j\},\{R'_j\},\{S_j\},\{S'_j\}, j=0,\cdots,n-1$[当 $j\in K$ 时,取 $R'_j\equiv(0,0)^{\mathrm{T}}, S'_j\equiv(0,0)^{\mathrm{T}}$].

(4) 设 A_1, A_2, A_3, A_4 是平面上四个点,定义曲线段

$$B(A_1,A_2,A_3,A_4,t)=\begin{cases}0,t\overline{\in}[0,1]\\A_1(1-t)^3+3A_2(1-t)^2t+3A_3(1-t)t^2+\\A_4t^3,t\in[0,1]\end{cases}\tag{22}$$

我们所要求的 C^2 连续的三次保凸插值曲线为

$$B_3(t)=\sum_{i=0}^{n-1}\left\{B\left(P_i,R_i,S_i,P'_i,(1+\phi_i)(t-i)+B\left(P'_i,R'_i,S'_i,P_{i+1}\times(1+\phi_i)\left(t-i-\frac{\phi_2}{2}\right)\right),t\in[0,n]\right)\right\}\tag{23}$$

注 3　构造二次、三次保凸插值曲线的方法，在 $\{(x,y)\mid C_i(x,y)=0\}$ 与 $\{(x,y)\mid C_{i+1}(x,y)=0\}$ 交为空集，或交集不与型值点 P_i,P_{i+1} 重合时是合适的；当交集与 P_i,P_{i+1} 之一重合时可对该方法变通使用. 当然，由于数据本身的原因，本方法有时也是达不到 C^1,C^2 连续的，如图 3 数据就是这样的. 步骤(3) 的方法在某个型值点 P_i 给定曲率 K_i 以代替在端点给定的 K_0，也是适用的.

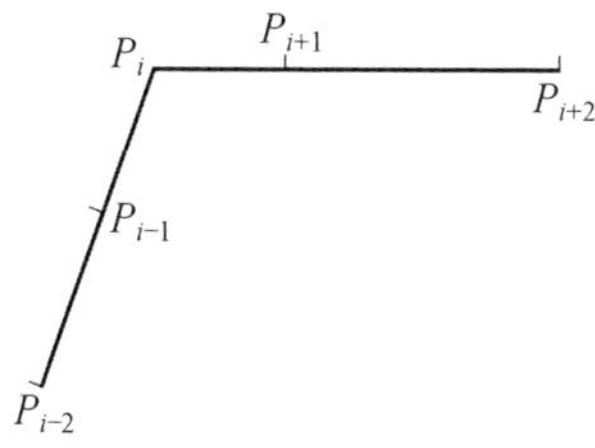

图 3

近年来，为了实用，构造了许多平面曲线拟合算法. 我们把这些平面曲线算法推广到 n 维空间曲线的算法中去.

用 n 维空间的型值点，借助于参数 τ 产生 n 组 X_iT 平面($i=1,2,\cdots,n$) 上的型值点，然后对于每个 X_iT 平面的型值点，用平面曲线算法(设参数为 t)，得到同一参数 t 的 n 条平面曲线 $\Gamma_i(t)$，则曲线

$$\Gamma(t)\equiv(\Gamma_1(t),\cdots,\Gamma_n(t))^{\mathrm{T}}$$

即是一条作好的 n 维曲线，现在给出基于注 3 的 n 维曲线算法.

1. 二次保凸插值曲线算法.

(1) 设 $\{P_j(x_{1,j},\cdots,x_{n,j})\}_0^n$ 为 n 维空间的型值点，点 P_j 所对应的参数为 τ_j. 这相当于区间 $[a,b]\equiv[\tau_0,\tau_m]$ 一个分划 $\Delta:a=\tau_0<\tau_1<\cdots<\tau_m=b$. 求 $\Gamma(\tau)$: $[a,b]\to R^n$，使 $\Gamma(\tau_j)=P_j$，$j=0,1,\cdots,m$. 设 $\Gamma(\tau)=(\Gamma_1(\tau),\Gamma_2(\tau),\cdots,\Gamma_n(\tau))^{\mathrm{T}}$，其中 $\Gamma_i(\tau)$，$i=1,\cdots,n$ 是它的分量. 现在作成 n 组点列 $\{P_{i,j}(x_{i,j},\tau_j)\}_j^m=0$，$i=1,\cdots,n$. 我们把 $\{P_{ij}\}_{j=0}^m$ 作为 X_iT 平面上的型值点.

(2) 对于 $X_iT(i=1,\cdots,n)$ 平面上的型值点 $\{P_{ij}\}_{j=0}^m$，用注 2(2) 的办法生成点列 $\{Q_{ij}\}$，$\{P'_{ij}\}$，$\{Q'_{ij}\}$ 和 $\{\phi_{ij}\}$，$j=0,1,\cdots,m-1(n=1,\cdots,n)$，则可求得

$$\begin{aligned}B_{2i}(t)=\sum_{j=0}^{m-1}\Big\{&B(P_{ij},Q_{ij},P'_{ij},(1+\phi_{ij})(t-j))+\\&B\Big(P'_{ij},Q'_{ij},P_{i,j+1}\times\\&(1+\phi_{ij})\Big(t-j-\frac{\phi_{ij}}{2}\Big)\Big)\Big\}\\&t\in[0,m],i=1,2,\cdots,n\end{aligned}\tag{24}$$

则 n 维空间的二次保凸插值曲线线为

$$B_2^*(t)=(B_{21}(t),B_{22}(t),\cdots,B_{2n}(t))^{\mathrm{T}}\tag{25}$$

命题 1　曲线 $B_2^*(t)$ 是保凸插值的 n 维空间的样条曲线.

注 4　在 1 条中,如不知 P_j 所对应的参数 τ_j,可取累加弦长参数:$\tau_0=0,\tau_j=\sum_{K=0}^{j-1}|P_K P_{K+1}|,j=1,\cdots,m$. 也可取等距参数:$\tau_j\equiv j,j=0,1,\cdots,m$.

2. 三次保凸插值曲线算法.

(1) 同 1 条 1 项.

(2) 对 $\{P_{ij}\}_{j=0}^{m}$ 生成点列 $\{Q_{ij}\}$,$\{P'_{ij}\}$,$\{Q'_{ij}\}$ 和 $\{\phi_{ij}\}(j=0,\cdots,m-1)$ 后,再用注 2(3) 的办法生成点列 $\{R_{ij}\}$,$\{S_{ij}\}$,$\{R'_{ij}\}$,$\{S'_{ij}\}(j=0,\cdots,m-1)$,则可得

$$\begin{aligned}B_{3i}(t)=\sum_{j=0}^{m-1}\Big\{&B(P_{ij},R_{ij},S_{ii},P'_{ij},(1+\phi_{ij})(t-j))+\\&B\Big(P'_{ij},R'_{ij},S'_{ij},P_{i,j+1}\times\\&(1+\phi_{ij})\Big(t-j-\frac{\phi_{ij}}{2}\Big)\Big)\Big\}\\&t\in[0,m],i=1,2,\cdots,n\end{aligned}\tag{26}$$

则 n 维空间的三次保凸插值曲线为

$$B_3^*(t)=(B_{31}(t),B_{32}(t),\cdots,B_{3n}(t))^{\mathrm{T}}\tag{27}$$

其他平面算法构造 n 维曲线算法的方法与上述类似,要注意选参数 t 时,对每个平面曲线分量要是同一的,且还可有与平面算法类似的收敛与收敛阶定理.

§3　三角 Bézier 曲面和四边 Bézier 曲面之间的相互转化

Bézier 曲面有两种不同的形式:三角 Bézier 曲面

和四边 Bézier 曲面,它们有着不同的基底和不同的几何拓扑结构,但是它们也有很多共同的性质,因此三角 Bézier 曲面和四边 Bézier 曲面之间的相互转化就成为 CAGD 里一个重要的研究课题. 大连理工大学应用数学系的刘志平、王仁宏两位教授于 2006 年用函数复合的方法实现两者之间的相互转化. 被复合的两个函数,一个用 Polar 形式表示,另一个用常见的 Bernstein 基形式表示.

三角 Bézier 曲面和四边 Bézier 曲面在计算机辅助几何设计(CAGD) 领域都有着广泛的应用,它们具有很多共同的性质,例如角点插值性、保凸性、变差减少性,等等,但这两种形式的曲面有着不同的基函数和不同的几何拓扑结构,因此,研究三角 Bézier 曲面和四边 Bézier 曲面间的相互转化是一个非常有意义的工作.

1982 年,Ingrid Brueckner 给出了从三角 Bézier 曲面到四边 Bézier 曲面的转化公式,他首先把 Bézier 曲面的定义域由三角形扩大为四边形,然后给出了一个递推公式,利用他给的递推公式就能求得四边 Bézier 曲面的控制顶点. 1987 年,Goldman 解决了问题的另一个方面:从四边 Bézier 曲面到三角 Bézier 曲面的转化,Goldman 通过连接四边形对角线的方式把四边 Bézier 曲面的定义域化成两个三角形,然后给出了三角 Bézier 曲面控制顶点的计算公式,上面两篇文献里的证明都只利用了 Bernstein 多项式的基本性质. 在国内,清华大学的胡事民教授在这个问题上也做出了很好的研究工作,他把三角形看作退化的四边形,同样给出了计算 Bézier 控制顶点的精确公式,并指出三角 Bézier 曲面和四边 Bézier 曲面间的相互转化实质上是

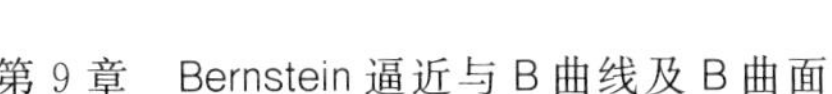

一个升阶(从三角到四边)或降阶(从四边到三角)问题.

对同样的问题,在本节中,我们用函数复合的方法加以考虑,这里要求被复合的两个函数,一个用 Polar 形式表示,另一个用常见的 Bernstein 基形式表示. 对于一般的复合函数求控制顶点问题,DeRose 做了大量的研究工作. 本节的主要思想:令 $H(p)=F(G(p))$,其中 $F(p)$ 是已知形式的 Bézier 曲面,f 是 F 的 Polar 形式,令 $G(p)=p$,并用想求形式的 Bézier 曲面表示,则利用 f 就可以求得 $H(p)=F(p)$ 的控制顶点,且 $H(p)$ 就是想求形式的 Bézier 曲面. 例如,从四边 Bézier 曲面到三角 Bézier 曲面的转化,只需把 $G(p)=p$ 表示为三角 Bézier 曲面形式.

在这一部分,我们给出后面证明过程所要用到的基础知识:Polar 形式定理和 Bézier 曲线、曲面的 Polar 形式表示.

(1)$m\times n$ 次四边 Bézier 曲面.

$$S(u,v)=\sum_{i=0}^{m}\sum_{j=0}^{n}s_{i,j}B_i^m(u)B_j^n(v),0\leqslant u,v\leqslant 1$$

其中 $B_i^m(u)=\frac{m!}{i!\ (m-i)!}u^i(1-u)^{m-i}$,$S=\{s_{i,j}:0\leqslant i\leqslant m,0\leqslant j\leqslant n\}$ 称为 $S(u,v)$ 的控制网格.

(2)n 次三角 Bézier 曲面.

$$T(u,v)=\sum_{i=0}^{n}\sum_{j=0}^{n-i}t_{i,j}B_{i,j}^n(u,v),u,v\geqslant 0,u+v\leqslant 1$$

其中 $B_{i,j}^n(u,v)=\frac{n!}{i!\ j!\ (n-i-j)!}u^iv^j(1-u-v)^{n-i-j}$,$T=\{T_{i,j}:0\leqslant i\leqslant n,0\leqslant j\leqslant n-i\}$ 称为 $T(u,v)$ 的控制网格.

(3)Polar 形式定理.

对任一n次多项式$F:R^s\to R^d$,唯一存在n重对称仿射变换$f:(R^s)^n\to R^d$,满足

$$f(\underbrace{u,\cdots,u}_{n})=F(u),u\in R^s$$

f 称为F 的 Polar 形式.

(4)Polar 形式的 Bézier 曲线.

给定定义在$\Delta=[r,s]$上的n次 Bézier 曲线,$F:R\to R^3$,$\forall u\in R,u=\frac{s-u}{s-r}r+\frac{u-r}{s-r}S$,令$r(u)=\frac{s-u}{s-r}$,$s(u)=\frac{u-r}{s-r}$,则$u\in[r,s]\Leftrightarrow 0\leqslant r(u),s(u)\leqslant 1$,且$r(u)+s(u)=1,u=r(u)r+s(u)s$. 设$f$是$F$的 Polar 形式

$$F(u)=f(\underbrace{u,\cdots,u}_{n})=r(u)f(u,\cdots,u,r)+s(u)f(u,\cdots,u,s)=\cdots=\sum_{i=0}^{n}B_i^{\Delta,n}(u)f(\underbrace{r,\cdots,r}_{n-i},\underbrace{s,\cdots,s}_{i})$$

式中$B_i^{\Delta,n}(u)=\frac{n!}{i!\ (n-i)!}r(u)^{n-i}s(u)^i$.

(5)Polar 形式的三角 Bézier 曲面.

n次三角 Bézier 曲面,$F:R^2\to R^3$,定义在$\Delta=\Delta(r,s,t)$上. $\forall u\in R^2$,设u关于$\Delta(r,s,t)$的重心坐标为$r(u),s(u),t(u)$,即$u=r(u)r+s(u)s+t(u)t,0\leqslant r(u),s(u),t(u)\leqslant 1,r(u)+t(u)+s(u)=1$. 设$f$是$F$的 Polar 形式

$$F(u)=f(\underbrace{u,\cdots,u}_{n})=\sum_{i=0}^{n}\sum_{j=0}^{n-i}B_{i,j,k}^{\Delta,n}(u)\cdot$$

$$f(\underbrace{r,\cdots,r}_{i},\underbrace{s,\cdots,s}_{j},\underbrace{t,\cdots,t}_{k})$$

式中 $B_{i,j,k}^{\Delta,n}=\dfrac{n!}{i!\ j!\ k!}r(u)^{i}s(u)^{j}t(u)^{k},i+j+k=n.$

注意，这里的 $u,r,s,t\in R^{2}$；$r(u),s(u),t(u)\in R$.

(6)Polar 形式的张量积 Bézier 曲面.

$m\times n$ 次 Bézier 曲面 $F:R\times R\rightarrow R^{3}$ 定义在 $[r_1,r_2]\times[s_1,s_2]$ 上类似于 Bézier 曲线的情况，$\forall u\in R$，$u=\dfrac{r_2-u}{r_2-r_1}r_1+\dfrac{u-r_1}{r_2-r_1}r_2$，令 $r_1(u)=\dfrac{r_2-u}{r_2-r_1}$，$r_2(u)=\dfrac{u-r_1}{r_2-r_1}$. 则 $u\in[r_1,r_2]\Leftrightarrow 0\leqslant r_1(u),r_2(u)\leqslant 1$. 同样，$v=s_1(v)s_1+s_2(v)s_2$，其中 $s_1(v)=\dfrac{s_2-v}{s_2-s_1}$，$s_2(v)=\dfrac{v-s_1}{s_2-s_1}$，设 f 是 F 的 Polar 形式

$$F(u,v)=f(\underbrace{u,\cdots,u}_{m};\underbrace{v,\cdots,v}_{n})=$$

$$\sum_{i=0}^{m}\sum_{j=0}^{n}B_{i}^{\Delta u,m}(u)B_{j}^{\Delta v,n}(v)\cdot$$

$$f(\underbrace{r_1,\cdots,r_1}_{m-i},\underbrace{r_2,\cdots,r_2}_{i};$$

$$\underbrace{s_1,\cdots,s_1}_{n-j},\underbrace{s_2,\cdots,s_2}_{j})$$

式中的

$$B_{i}^{\Delta u,m}(u)=\frac{m!}{i!\ (m-i)!}r_1(u)^{m-i}r_2(u)^{i}$$

$$B_{j}^{\Delta v,n}(v)=\frac{n!}{j!\ (n-j)!}s_1(u)^{n-j}s_2(u)^{j}$$

有了前面的准备工作，下面我们具体给出三角 Bézier 曲面和四边 Bézier 曲面之间的相互转化公式.

(1) 从四边 Bézier 曲面到三角 Bézier 曲面的转化(图 4).

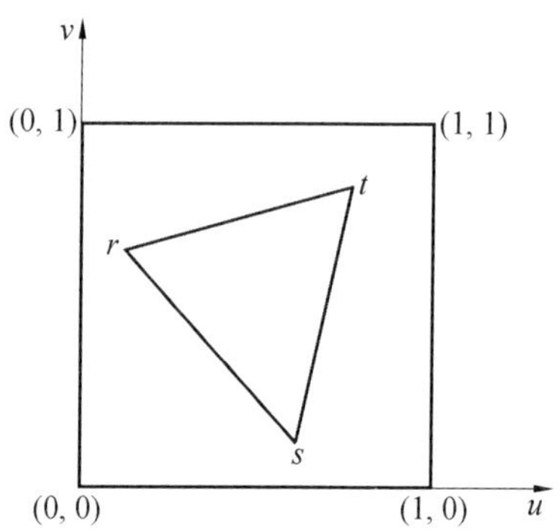

图 4　在四边形参数域内取三角形 $\Delta(r,s,t)$

已知 $m\times n$ 次四边 Bézier 曲面

$$F(p)=F(u,v)=\sum_{i=0}^{m}\sum_{j=0}^{n}f_{i,j}B_i^m(u)B_j^n(v),0\leqslant u,v\leqslant 1$$

$f(\underbrace{u,\cdots,u}_{m};\underbrace{v,\cdots,v}_{n})$ 是 F 的 Polar 形式,在 F 的参数域 $[0,1]\times[0,1]$ 取一个三角形 $\Delta=\Delta(r,s,t)$,r,s,t 的坐标分别为:(u_r,v_r),(u_s,v_s),(u_t,v_t). 现在求以三角形 Δ 为参数域的三角 Bézier 曲面,要求其与原来的四边 Bézier 曲面在同一个参数点对应同样的函数值. 具体的算法步骤:

(i) 构造由 $\Delta(r,s,t)$ 到 $\Delta(r,s,t)$ 的恒等映射 $G(p)=p$,要求 $G(p)$ 用三角 Bézier 曲面形式表示 $\forall p\in R^2$,设 p 关于 $\Delta(r,s,t)$ 的重心坐标为 $r(p)$, $s(p)$, $t(p)$,令 $G(p)=p=r(p)r+s(p)s+t(p)t$,则 $G(p)$ 即满足上述要求. p 关于原坐标系的横坐标 u_p 可表示为

$$u_p=r(p)u_r+s(p)u_s+t(p)u_t$$

同样

$$v_p = r(p)v_r + s(p)v_s + t(p)v_t$$

(ii) 利用 F 的 Polar 形式 f，计算

$$H(p) = F(G(p)) = F(p)$$

的控制顶点，由此得到的控制顶点就是要求的三角 Bézier 曲面的控制顶点

$$H(p) = F(G(p)) = F(u_p, v_p) = f(\underbrace{u_p, \cdots, u_p}_{m}; \underbrace{v_p, \cdots, v_p}_{n})$$

利用 $u_p = r(p)u_r + s(p)u_s + t(p)u_t$，$v_p = r(p)v_r + s(p)v_s + t(p)v_t$ 和 Polar 形式的性质

$$\begin{aligned} F(u_p, v_p) = f(\underbrace{u_p, \cdots, u_p}_{m}; \underbrace{v_p, \cdots, v_p}_{n}) = & \sum_{i=0}^{m}\sum_{j=0}^{m-i} \frac{m!}{i!\ j!\ k!} r^i(p)s^j(p)t^k(p) \cdot \\ & f(\underbrace{u_r, \cdots, u_r}_{i}, \underbrace{u_s, \cdots, u_s}_{j}, \\ & \underbrace{u_t, \cdots, u_t}_{k}; \underbrace{v_p, \cdots, v_p}_{n}) = \\ & \sum_{i=0}^{m}\sum_{j=0}^{m-i}\sum_{i'=0}^{n}\sum_{j'=0}^{n-i'} \frac{m!}{i!\ j!\ k!}\ \frac{n!}{i'!\ j'!\ k'!} \cdot \\ & r^{i+i'}(p)s^{j+j'}(p)t^{k+k'}(p) f(i,j,k;i',j',k') \end{aligned}$$

$f(i,j,k;i',j',k')$ 是 $f(\underbrace{u_r, \cdots, u_r}_{i}, \underbrace{u_s, \cdots, u_s}_{j}, \underbrace{u_t, \cdots, u_t}_{k}; \underbrace{v_r, \cdots, v_r}_{i'}, \underbrace{v_s, \cdots, v_s}_{j'}, \underbrace{v_t, \cdots, v_t}_{k'})$ 的简单记法，上面式子中的 $i+j+k=m$，$i'+j'+k'=n$.

令 $B_{I,J,K}^{\Delta;m+n} = \dfrac{(m+n)!}{I!\ J!\ K!} r^I(p)s^J(p)t^K(p)$，$I+J+K=m+n$，则 $B_{I,J,K}^{\Delta;m+n}$ 对应的控制顶点为

$$f_{I,J,K} = \sum_{i=0}^{m}\sum_{j=0}^{m-i}\sum_{i'=0}^{n}\sum_{j'=0}^{n-i'}$$

$$\frac{m!\ n!\ I!\ J!\ K!}{(m+n)!\ i!\ i'!\ j!\ j'!\ k!\ k'!}\cdot f(i,j,k;i',j',k')$$

$H(p)=F(p)$ 就可以表示为 $m+n$ 次三角 Bézier 曲面形式

$$H(p)=H(r(p),s(p),t(p))=\sum_{I=0}^{m+n}\sum_{J=0}^{m+n-I}f_{I,J,K}B_{I,J,K}^{\Delta,m+n}$$

(2) 从三角 Bézier 曲面到四边 Bézier 曲面的转化.

已知 n 次三角 Bézier 曲面 $F(p)$ 定义在 $\Delta=\Delta(r,s,t)$ 上,p 关于 Δ 的重心坐标为:$r(p),s(p),t(p)$. 即

$$p=r(p)r+s(p)s+t(p)t$$

$$F(p)=F(r(p),s(p),t(p))=\sum_{i=0}^{n}\sum_{j=0}^{n-i}f_{i,j,k}B_{i,j,k}^{n}(r(p),s(p),t(p))$$

以 r 为原点,rs 为 u 轴,rt 为 v 轴建立仿射坐标体系,记 r 点的坐标为(0,0),s 点的坐标为(1,0),t 点的坐标为(0,1),记以(1,1)为坐标的点为 w,现在求以四边形 $rswt$ 为参数域的四边 Bézier 曲面,要求其与原来给定的三角 Bézier 曲面在 Δ 内的同一点对应同样的函数值(图 5).

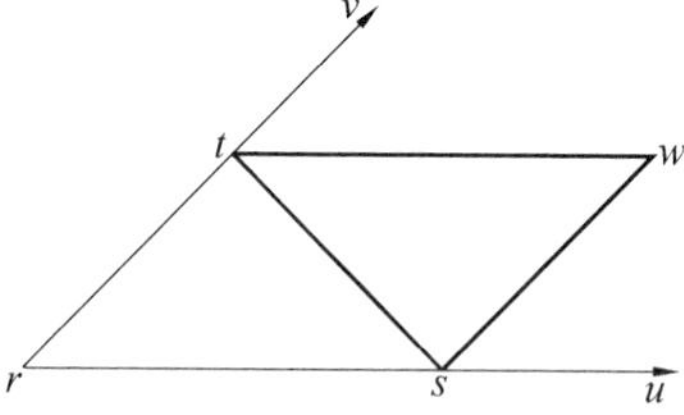

图 5　参数域由 $\Delta(r,s,t)$ 扩展为四边形 $rswt$

具体的算法步骤:

(i) 构造从四边形 $rswt$ 到四边形 $rswt$ 的恒等映射

$G(p)=p$,要求 $G(p)$ 用四边 Bézier 曲面形式表示,即

$$G(p)=G(u,v)=(1-u)(1-v)r+u(1-v)s+uvw+(1-u)vt$$

(ii) 利用 F 的 Polar 形式 f,计算

$$H(p)=F(G(p))=F(p)$$

的控制顶点,由此得到的控制顶点就是要求的四边 Bézier 曲面的控制顶点

$$\begin{aligned}H(p)=f(p)=f(\underbrace{p,\cdots,p}_{n})=\\
&(1-u)(1-v)f(r,\underbrace{p,\cdots,p}_{n-1})+\\
&u(1-v)f(s,\underbrace{p,\cdots,p}_{n-1})+\\
&uvf(w,\underbrace{p,\cdots,p}_{n-1})+\\
&(1-u)vf(t,\underbrace{p,\cdots,p}_{n-1})=\cdots=\\
&\sum_{i=0}^{n}\sum_{j=0}^{n-i}\sum_{k=0}^{n-i-j}\frac{n!}{i!\ j!\ k!\ (n-i-j-k)!}\cdot\\
&(1-u)^{n-j-k}u^{j+k}(1-v)^{i+j}\cdot\\
&v^{n-i-j}f(r^is^jw^kt^{n-i-j-k})\end{aligned}$$

式中 $f(r^is^jw^kt^{n-i-j-k})$ 是 $f(\underbrace{r,\cdots,r}_{i},\underbrace{s,\cdots,s}_{j},\underbrace{w,\cdots,w}_{k},\underbrace{t,\cdots,t}_{n-i-j-k})$ 的简单表示. 令 $K=j+k,I=i+j$,则

$$B_K^n(u)=\frac{n!}{K!\ (n-K)!}u^K(1-u)^{n-K}$$

$$B_I^n(v)=\frac{n!}{I!\ (n-I)!}(1-u)^Iu^{n-I}$$

则

$$B_K^n(u)B_I^n(v)=\frac{n!}{(j+k)!\ (n-j-k)!}u^{j+k}\cdot$$

$$(1-u)^{n-j-k}\frac{n!}{(i+j)!\,(n-i-j)!}\cdot(1-v)^{i+j}v^{n-i-j}$$

它所对应的控制顶点为

$$f_{K,I}=\sum_{i=0}^{n}\sum_{j=0}^{n-i}\sum_{k=0}^{n-i-j-k}\frac{(j+k)!\,(n-j-k)!\,(i+j)!\,(n-i-j)!}{n!\,i!\,j!\,k!\,(n-i-j-k)!}\cdot f(r^i s^j p^k t^{n-i-j-k})$$

$H(p)=F(p)$ 就可以表示为 $n\times n$ 次四边 Bézier 曲面形式

$$H(p)=H(u,v)=\sum_{K=0}^{n}\sum_{I=1}^{n}f_{K,I}B_K^n(u)B_I^n(v)$$

三角 Bézier 曲面和四边 Bézier 曲面之间的相互转化具有很强的实用价值,例如可以用来作曲面的剪裁.以前针对这个问题,都是用原来曲面的控制顶点计算得到新曲面的控制顶点,而本节却是利用了原来曲面函数的 Polar 形式直接生成新的控制顶点,Polar 形式和 Bernstein 基形式的混合使用充分利用了 Polar 形式的多元仿射性,简化了证明过程.

§4　多元样条研究中的 B 网方法

1990 年,浙江大学的郭竹瑞和贾荣庆两位教授介绍指出:

目前,在多元样条的研究工作中比较有效的三种方法是:B 样条方法、光滑余因子方法及 B 网方法.关于 B 样条方法,贾荣庆教授曾介绍了箱样条研究近年

来的进展.关于光滑余因子方法，王仁宏也做过介绍，关于 B 网方法，Farin 做了一系列研究.

首先，我们来考察单纯形上多项式的 B 网表示.我们以 $\mathbf{R}^m$ 表示 m 维实向量空间，而以 $\mathbf{Z}_+^m$ 表示全体 m 重指标的集合.对于 $\boldsymbol{a}=(a_1,\cdots,a_m)\in\mathbf{Z}_+^m$，其长定义为 $|\boldsymbol{a}|=\sum_{i=1}^{m}a_i$，而其阶乘定义为 $\boldsymbol{a}!=a_1!\cdots a_m!$.设 r 是一个非负整数，$|\boldsymbol{a}|=r$，定义

$$\binom{r}{\boldsymbol{a}}:=\frac{r!}{\boldsymbol{a}!}$$

我们以 $\boldsymbol{e}^i\in\mathbf{Z}_+^{m+1}$ 表示第 $i+1$ 个分量为 1，其余分量为 0 的多重指标，而以 $\boldsymbol{e}_i$ 表示 $\mathbf{R}^m$ 里第 i 个分量为 1 其余分量为 0 的向量.

设 $\boldsymbol{\sigma}$ 是 $\mathbf{R}^m$ 里一个非退化的单纯形，它的顶点是 $\boldsymbol{v}^0,\cdots,\boldsymbol{v}^m$，此时记 $\boldsymbol{\sigma}=\{\boldsymbol{v}^0,\cdots,\boldsymbol{v}^m\}$.对任意的 $x\in\mathbf{R}^m$ 存在唯一的 $(\xi_0,\cdots,\xi_m)\in\mathbf{R}^{m+1}$ 使得

$$\boldsymbol{x}=\sum_{i=0}^{m}\xi_i\boldsymbol{v}^i,\ \sum_{i=0}^{m}\xi_i=1$$

这样的 $\boldsymbol{\xi}=(\xi_0,\cdots,\xi_m)$ 称为是 $\boldsymbol{x}$ 关于单纯形 $\boldsymbol{\sigma}$ 的重心坐标.设 $\boldsymbol{u}^i=(u_1^i,\cdots,u_m^i)\in\mathbf{R}^m,i=0,\cdots,m$，记

$$V(\boldsymbol{u}^0,\boldsymbol{u}^1,\cdots,\boldsymbol{u}^m)=\begin{vmatrix}1 & 1 & \cdots & 1\\ u_1^0 & u_1^1 & \cdots & u_1^m\\ \vdots & \vdots & & \vdots\\ u_m^0 & u_m^1 & \cdots & u_m^m\end{vmatrix}/m! \quad (28)$$

即 $V(\boldsymbol{u}^0,\boldsymbol{u}^1,\cdots,\boldsymbol{u}^m)$ 是单纯形 $\{\boldsymbol{u}^0,\boldsymbol{u}^1,\cdots,\boldsymbol{u}^m\}$ 的有向体积.于是 $\boldsymbol{x}\in\mathbf{R}^m$ 关于单纯形 $\boldsymbol{\sigma}=\{\boldsymbol{v}^0,\cdots,\boldsymbol{v}^m\}$ 的重心坐标 $(\xi_0,\cdots,\xi_m)$ 可如下表示

$$\xi_i=V(\boldsymbol{v}^0,\cdots,\boldsymbol{v}^{i-1},\boldsymbol{x},\boldsymbol{v}^{i+1},\cdots,\boldsymbol{v}^m)/V(\boldsymbol{v}^0,\cdots,\boldsymbol{v}^m) \quad (29)$$

设 $\boldsymbol{y}\in\mathbf{R}^m$，而 f 是 $\mathbf{R}^m$ 上的一个实函数. f 在 x 处关于 $\boldsymbol{y}$ 的方向导数定义为

$$D_{\boldsymbol{y}}f(x):=\lim_{t\to0}(f(\boldsymbol{x}+t\boldsymbol{y})-f(\boldsymbol{x}))/t$$

算子 $D\boldsymbol{e}_j$ 将简记为 D_j.

对于 $\boldsymbol{x}\in\mathbf{R}^m$，$\boldsymbol{a}\in\mathbf{Z}_+^m$，单项式 $\boldsymbol{x}^{\boldsymbol{a}}$ 定义为 $x_1^{a_1}\cdots x_m^{a_m}$. 同样，$D^{\boldsymbol{a}}:=D_1^{a_1}\cdots D_m^{a_m}$. $\mathbf{R}^m$ 上所有多项式所成的空间记为 $\pi=\pi(\mathbf{R}^m)$，其中次数不大于 k 的多项式全体所成的子空间记为 $\pi_k=\pi_k(\mathbf{R}^m)$.

设在 $\mathbf{R}^m$ 里给定一个非退化的单纯形 $\boldsymbol{\sigma}=\{\boldsymbol{v}^0,\cdots,\boldsymbol{v}^m\}$. 对于 $\boldsymbol{a}=(a_0,\cdots,a_m)\in\mathbf{Z}_+^{m+1}$，令

$$B_{\boldsymbol{a}}(\boldsymbol{x})=\begin{bmatrix}|\boldsymbol{a}|\\\boldsymbol{a}\end{bmatrix}\boldsymbol{\xi}^{\boldsymbol{a}}$$

此处 $\boldsymbol{\xi}$ 是 $\boldsymbol{x}$ 关于 $\boldsymbol{\sigma}$ 的重心坐标. $B_{\boldsymbol{a}}$ 称为是相应于指标 $\boldsymbol{a}$ 的 Bernstein 多项式. 任意 $p\in\pi_k$ 都可以唯一地表示为

$$p=\sum_{|\boldsymbol{a}|=k}b(\boldsymbol{a})B_{\boldsymbol{a}}$$

称 $(b(\boldsymbol{a}))_{|\boldsymbol{a}|=k}$ 为多项式 p 关于 $\boldsymbol{\sigma}$ 的重心坐标. 令

$$x_{\boldsymbol{a},\boldsymbol{\sigma}}:=\sum_{i=0}^{m}\frac{a_iv^i}{k}\tag{30}$$

考虑对应

$$x_{\boldsymbol{a},\boldsymbol{\sigma}}\to b(\boldsymbol{a}),\ |\boldsymbol{a}|=k$$

这一映射称为是 p 关于单纯形 $\boldsymbol{\sigma}$ 的 Bernstein-Bézier 网，或简称为B网. 这样，多项式 p 与其B网表示 b 之间建立了一一对应关系. 在高维情形，de Boor 考察了 B 网的一系列性质.

定理1 (1)(de Casteljau算法) 设 $p=\sum_{|\boldsymbol{a}|=k}b(\boldsymbol{a})B_{\boldsymbol{a}}$，$\boldsymbol{x}$ 关于单纯形 $\boldsymbol{\sigma}=\{\boldsymbol{v}^0,\cdots,\boldsymbol{v}^m\}$ 的重心坐标是 $\boldsymbol{\xi}=$

$(\xi_0,\cdots,\xi_m)$，而 b_j 是集 $\{\boldsymbol{a}\in\mathbf{Z}_+^{m+1}:|\boldsymbol{a}|=k-j\}$ 到 $\mathbf{R}$ 的函数 $(j=0,\cdots,k)$，它由下面的公式所归纳定义

$$b_0(\boldsymbol{a})=b(\boldsymbol{a}),b_j(\boldsymbol{a})=\sum_{i=0}^{m}\xi_i b_{j-1}(\boldsymbol{a}+\boldsymbol{e}^i)$$

则

$$p(\boldsymbol{x})=b_k(0)$$

(2)(求导公式) 设 $\boldsymbol{z}=\sum_{i=0}^{m}\xi_i\boldsymbol{v}^i,\sum_{i=0}^{m}\xi_i=0,1\leqslant r\leqslant k$，而 $\boldsymbol{p}=\sum_{|\boldsymbol{a}|=k}b(\boldsymbol{a})B_{\boldsymbol{a}}$，则

$$(D_z)^r\boldsymbol{p}=\frac{k!}{(k-r)!}\sum_{|\boldsymbol{a}|=k-r}\left(\sum_{|\boldsymbol{\beta}|=r}\binom{\boldsymbol{r}}{\boldsymbol{\beta}}\boldsymbol{\xi}^{\beta}b(\boldsymbol{a}+\boldsymbol{\beta})\right)B_{\boldsymbol{a}}$$

(3)(求积公式) 设 $\boldsymbol{p}=\sum_{|\boldsymbol{a}|=k}b(\boldsymbol{a})B(\boldsymbol{a})$，则

$$\int_{\sigma}\boldsymbol{p}=\mathrm{Vol}[\boldsymbol{\sigma}]\sum_{|\boldsymbol{a}|=k}b(\boldsymbol{a})\Big/\binom{k+m}{k}$$

其中 $\mathrm{Vol}[\sigma]$ 表示 σ 的体积.

给出多项式的 B 网表示，可由 de Casteljau 算法计算出该多项式的任一点的值. 反过来，给出一个多项式 p，如何计算它的 B 网表示 b? 这就是所谓对偶基的问题. 赵康及孙家昶构造了一组对偶基.

定理 2　设 $\boldsymbol{\sigma}=\{\boldsymbol{v}^0,\boldsymbol{v}^1,\cdots,\boldsymbol{v}^m\}$ 是 $\mathbf{R}^m$ 里一个非退化的单纯形，λ_{β_j} 是由下决定的线性泛函

$$\lambda_{\beta_j}=\sum_{\boldsymbol{\alpha}\leqslant\boldsymbol{\beta}}\binom{\boldsymbol{\beta}}{\boldsymbol{\alpha}}\frac{(n-|\boldsymbol{\alpha}|)!}{n!}\prod_{i\neq j}(D_i-D_j)^{\alpha_i}f(\boldsymbol{e}_j)$$

这里 $\boldsymbol{\beta}\in\mathbf{Z}_+^m,|\boldsymbol{\beta}|\leqslant n$，则有

$$\lambda_{\beta_j}B_\lambda=\delta_{\boldsymbol{\beta}\bar{\boldsymbol{\lambda}}}$$

其中 $\bar{\boldsymbol{\lambda}}=(\lambda_0,\cdots,\lambda_{j-1},\lambda_{j+1},\cdots,\lambda_m)\in\mathbf{Z}_+^m,\delta_{\beta\lambda}$ 表示 Kronecker 记号.

现在我们来考虑由下定义的 Bernstein 算子 B_k，即

$$B_k f = \sum_{|\boldsymbol{\alpha}|=k} f(x_\alpha) B_\alpha$$

常庚哲及冯玉瑜曾研究了平面上三角形区域上的 Bernstein 多项式逼近的精确误差界问题. 吴正昌推广并改进他们的结果至高维情形. 特别地，吴正昌引进了"有心"单纯形的概念. 一个单纯形称为是有心的，若其外心落在该单纯形里. 记 ρ 为 σ 的"有心"面的外接球半径的最大值. 贾荣庆及吴正昌证明了如下结果：

定理 3　若 $f \in W^{2,\infty}$，$M := \sup_{1 \leqslant i,j \leqslant m} \| D_i D_j f \|_{\infty,\sigma}$，则

$$\| f - B_k f \|_\infty \leqslant \frac{m}{2} M \rho^2 \cdot \frac{1}{k}$$

而且上式中 $\frac{1}{k}$ 前的系数 $\frac{m}{2} M \rho^2$ 是最优的. 进一步，当 $k \to \infty$ 时，$\| f - B_k f \| = o\left(\frac{1}{k}\right)$ 当且仅当 f 是线性函数.

最后，我们讨论多元样条的 B 网表示. 设 $\Delta = \{\sigma_1, \cdots, \sigma_N\}$ 是 $\mathbf{R}^m$ 里单纯形的一个集合，其中任何两个单纯形之间规则相处. 记 $P = \bigcup_{i=1}^{N} \sigma_i$. 我们以 $\pi_{k,\Delta}$ 表示 Δ 上的 k 次样条函数(分片多项式函数) 全体所成的线性空间. 亦即，$s \in \pi_{k,\Delta}$ 当且仅当在每个单纯形 σ_i 上 s 与某个多项式 $p_i \in \pi_k$ 相一致. 记

$$\pi_{k,\Delta}^{\mu} = \pi_{k,\Delta} \cap C^{\mu}(P)$$

特别地，$\pi_{k,\Delta}^{0}$ 是全体连续的样条函数空间. 设 $s \in \pi_{k,\Delta}^{0}$，$s \mid \sigma_i = p_i \in \pi_k$，而 p_i 可以表示为

$$p_i = \sum_{|\boldsymbol{\alpha}|=k} b_{\alpha,\sigma_i} B_{\alpha,\sigma_i}$$

考虑集合

$$X = \{x_{\alpha,\sigma_i} : |\ a\ | = k, i = 1, \cdots, N\} \tag{31}$$

其中 $x_{\alpha,\sigma}$ 由式(30)所定义. 在集合 X 上可定义映射 b 如下

$$b: x_{\alpha,\sigma_i} \to b_{\alpha,\sigma_i},\ |\ \alpha\ | = k, i = 1, \cdots, N \tag{32}$$

称映射 b 是样条函数 s 的 B 网表示. 当 s 为连续时, 易见上述 b 是良好的定义的. 这样, 我们建立了 $s \in \pi_{k,\Delta}^0$ 与 s 的 B 网表示 b 之间的一一对应. 欲应用 B 网表示来研究多元光滑样条, 一个关键问题是 C^u 连续性如何通过 B 网来表示. 贾荣庆所给出的下述结果是比较便于应用的. 设

$$\boldsymbol{\sigma} = \{\boldsymbol{v}^0, \boldsymbol{v}^1, \cdots, \boldsymbol{v}^{m-1}, \boldsymbol{v}^m\}, \boldsymbol{\sigma}' = \{\boldsymbol{v}^0, \boldsymbol{v}^1, \cdots, \boldsymbol{v}^{m-1}, \boldsymbol{w}\}$$

是 $\mathbf{R}^m$ 里两个 m 维单纯形, 它们的交是

$$\boldsymbol{\tau} = \boldsymbol{\sigma} \cap \boldsymbol{\sigma}' = \{\boldsymbol{v}^0, \boldsymbol{v}^1, \cdots, \boldsymbol{v}^{m-1}\}$$

记 $V = V(\boldsymbol{v}^0, \boldsymbol{v}^1, \cdots, \boldsymbol{v}^m)$, $V_i = V(\boldsymbol{v}^0, \cdots, \boldsymbol{v}^{i-1}, \boldsymbol{w}, \boldsymbol{v}^{i+1}, \cdots, \boldsymbol{v}^m)$. 对于多重指标

$$\boldsymbol{\beta} = (\beta_0, \cdots, \beta_m) \in \mathbf{Z}_+^{m+1}, \text{令 } V^{\boldsymbol{\beta}} = \prod_{i=0}^m V_i^{\beta_i}$$

定理 4　若 S 在 $\boldsymbol{\sigma}$ 上与 $p \in \pi_k$ 相一致, 而在 $\boldsymbol{\sigma}'$ 上与 $p' \in \pi_k$ 相一致, 且

$$p = \sum_{|\boldsymbol{\alpha}|=k} b(\alpha) B_{\alpha,\boldsymbol{\sigma}}, p' = \sum_{|\boldsymbol{\alpha}|=k} b'(\alpha) B_{\alpha,\boldsymbol{\sigma}'}$$

再设 μ 是一个非负整数, 则 $S \in C^\mu(\boldsymbol{\sigma} \cup \boldsymbol{\sigma}')$ 的充分必要条件是: 对于所有 $r \leqslant \mu$ 及 $\boldsymbol{a} = (a_0, \cdots, a_{m-1}, 0) \in \mathbf{Z}_+^{m+1}$, $|\ \boldsymbol{a}\ | = k - r$ 成立

$$b'(\boldsymbol{a} + r\boldsymbol{e}^m) = \sum_{|\beta|=r} \binom{\boldsymbol{r}}{\boldsymbol{\beta}} b(\boldsymbol{a} + \boldsymbol{\beta}) V^\beta / V^r$$

有关这方面的研究，Chui 和 Lai 通过比较多项式的 Taylor 展式和多项式的重心坐标表示，得到单纯形剖分下的样条函数 C^μ 连续性条件的另一种形式. Chui 还研究过另一类所谓"平行六面体"型的 B 网及与此相关的样条函数 C^μ 连续条件.

设 P 是 $\mathbf{R}^m$ 里一个多面体，$\Delta=\{\sigma_1,\cdots,\sigma_N\}$ 是 P 的一个单纯剖分. 对正整数 k，式(31)中确定的 X 是相应的 B 网点全体所成的集合. 我们以 $|X|$ 表示 X 的元素数目，而以 $\mathbf{R}^X$ 表示 X 上实函数全体所成的空间. 在第 1 节我们已指出 $\pi_{k,\Delta}^0$ 与 $\mathbf{R}^X$ 作为线性空间是同构的，因此

$$\dim(\pi_{k,\Delta}^0)=|X|$$

设 τ 是 Δ 里两个单纯形 $\boldsymbol{\sigma}$ 与 $\boldsymbol{\sigma}'$ 的公共 $m-1$ 维面，r 是一个非负整数，$\boldsymbol{a}=(a_0,\cdots,a_{m-1},0)\in\mathbf{Z}_+^{m+1}$ 适合 $|\boldsymbol{a}|=k-r$，定义 $\mathbf{R}^X$ 上的线性泛函 $\lambda_{\tau,r,a}$ 如下

$$\lambda_{\tau,r,a}b=b(x_{a+re^m},\boldsymbol{\sigma}')-\sum_{|\beta|=r}\binom{r}{\beta}b(x_{a+\beta},\boldsymbol{\sigma})V^\beta/V^r$$

由定理 4 知，$s\in\pi_{k,\Delta}^\mu$ 的充要条件是其 B 网表示 b 适合

$$\lambda_{\tau,r,a}b=0$$

其中 τ 取遍 Δ 里任意两个单纯形的公共 $m-1$ 维面，$r\leqslant\mu$，而 $\boldsymbol{a}=(a_0,\cdots,a_m)$ 适合 $a_m=0$，$|\boldsymbol{a}|=k-r$. 以 $\Lambda=\Lambda_k^\mu$ 表示所有这样的线性泛函所张成的线性空间. 记

$$\Lambda^{\perp}:=\{b\in\mathbf{R}^X:\lambda\, b=0\ \forall\lambda\in\Lambda\}$$

于是，由以上讨论知线性空间 $\pi_{k,\Delta}^\mu$ 与 $(\Lambda_k^\mu)^\perp$ 是同构的. 因此我们有：

定理 5 $\dim(\pi_{k,\Delta}^\mu)=|X|-\dim(\Lambda_k^\mu)$.

确定 $\dim(\Lambda_k^\mu)$ 也并非是一件易事. 这样，定理 5 似

乎是将一个困难的问题转化为另一个困难的问题. 但是,应用定理 5 我们确实可以解决一些别的方法不易解决的问题.

以下我们只限于讨论二维情形. 设 Ω 是一个多边形,Δ 是 Ω 的一个三角剖分. 我们以 V,$\mathring{V}$ 及 V_b 分别表示 Δ 的顶点数、内顶点数及边界顶点数;E 及 $\mathring{E}$ 分别表示 Δ 的边数及内边数. 剖分 Δ 的一个内顶点 v 称为是奇异的,如果 Δ 恰好有 4 条棱相交于 v 且这 4 条棱形成两条直线. 我们以 V_s 表示 Δ 的所有奇异内点的数目.

当 $\mu=1$ 时,$\pi_{k,\Delta}^{\mu}$ 的维数问题首先由 Strang 研究. 对于 $k\geqslant 5$,Morgan 及 Scott 确定了 $\pi_{k,\Delta}^{1}$ 的维数并构造出一组局部基. 特别地,他们指出 $\pi_{2,\Delta}^{1}$ 的维数强烈依赖于剖分的几何形状. 之后,很多作者研究过 $k=3$ 及 4 的情形,但都没有给出完整的证明. 贾荣庆利用 B 网方法给出了如下结果:

定理 6　(1) $\dim(\pi_{4,\Delta}^{1})=E+3V+V_s+V_b$.

(2) 若在 Δ 的每一顶点 v 处给定一个三元数组 (a_v,x_v,y_v),则存在 $f\in\pi_{4,\Delta}^{1}$ 使得对所有 v,有

$$f(v)=a_v,D_1f(v)=x_v,D_2f(v)=y_v$$

情形 $k=3$ 至今还是悬而未决的,就是说,我们不知道 $\pi_{3,\Delta}^{1}$ 的维数是否依赖于剖分的几何形状. 在这方面,叶懋冬引进了单方向分划的概念,他证明了对于单方向分划 Δ 而言,有

$$\dim(\pi_{3,\Delta}^{1})=2V+V_b+V_s+1$$

并说明了在顶点处的插值是可行的.

为讨论一般情形,我们先要考察 Schumaker 关于维数的下界公式. 记

$$a=\frac{(k+1)(k+2)}{2},\beta=\frac{(k+1-\mu)(k-\mu)}{2}$$

$$r=\frac{[(k+1)(k+2)-(\mu+1)(\mu+2)]}{2}$$

设 v_i 是一个内顶点. 以 e_i 表示从 v_i 出发具有不同斜率的边的数目. 记

$$\sigma_i=\sum_{j=1}^{k-\mu}(\mu+j+1-je_i)_+$$

于是,Schumaker 关于维数的下界公式可叙述为

$$\dim(\pi_{k,\Delta}^{\mu})\geqslant\alpha+\beta\mathring{E}-r\mathring{V}+\sum_{i=1}^{\mathring{V}}\sigma_i \qquad (33)$$

但是,贾荣庆举出反例说明公式(33)不适用于多连通区域的情形. 我们以 c 表示 $\mathbf{R}^2\backslash\Omega$ 的有界连通分支的数目. 对于 Δ 的每一个顶点 v,以 Ω_v 表示所有以 v 为顶点的三角形的并集,以 d_v 表示 $\Omega_v\backslash\{v\}$ 的连通分支的数目再减去 1 所得的数,以 d 表示所有这些 d_v 的和. 于是,我们有:

定理 7 下述不等式成立

$$\dim(\pi_{k,\Delta}^{\mu})\geqslant a(1-c)+\beta\mathring{E}-r(\mathring{V}-d)+\sum_{i=1}^{\mathring{V}}\sigma_i \qquad (34)$$

在 $c=0$ 且 $d=0$ 的情形,王仁宏与卢旭光,以及 Alfeld 与 Schumaker 分别独立地证明了:当 $k\geqslant 4\mu+1$ 时式(33)中等号成立. 最近,洪东得到下面的结果:

定理 8 当 $k\geqslant 3\mu+2$ 时

$$\dim(\pi_{k,\Delta}^{\mu})=a(1-c)+\beta\mathring{E}-r(\mathring{V}-d)+\sum_{i=1}^{\mathring{V}}\sigma_i \qquad (35)$$

且 $\pi^{\mu}_{k,\Delta}$ 具有一组有局部支集的基. 进一步,若在 Δ 的每一顶点 v 处给定一组数 $\{a_{\delta,v}:\delta\in\mathbf{Z}^2_+,|\delta|\leqslant\mu\}$,则存在一个 $f\in\in\pi^{\mu}_{k,\Delta}$ 使得对所有顶点 v,有

$$D^{\delta}f(v)=a_{\delta,v},\ |\delta|\leqslant\mu$$

可以证明式(35)在 $k=3\mu+1$ 时仍成立. 我们猜测 $k\geqslant 3\mu+1$ 这一限制已不可再放松. 即有:

猜测 1　当 $k\leqslant 3\mu$ 时,存在一个三角剖分 Δ,使得式(34)中严格不等号成立.

在本节我们要探讨如何应用 B 网方法于样条函数空间逼近性质的研究.

设 P 是 $\mathbf{R}^m$ 里一个多面体,Δ 是 P 的一个单纯剖分. 以 $|\Delta|$ 表示 Δ 里单形的最大直径. 设 S 是 $\pi^0_{k,\Delta}$ 的一个子空间,定义

$$\mathrm{dist}(f,S):=\inf_{s\in S}\|f-s\|_{\infty}$$

如果存在非负整数 n,使得对任意 $f\in W^{n,\infty}$ 成立

$$\mathrm{dist}(f,S)\leqslant \mathrm{const}\,|\Delta|^n\,|f|_{n,\infty}$$

则称 S 具有阶至少为 n 的逼近. 使得上述命题成立的最大整数 n 称为是 S 具有的(最佳)逼近阶.

考虑 $S=\pi^{\mu}_{k,\Delta}$ 所具有的逼近阶. 当 $\mu=0$ 时,S 具有逼近阶 $k+1$. 但当 $\mu\geqslant 1$ 时,迄今为止的结果很少. 应用 B 网方法于逼近阶的研究出于如下考虑:作为线性空间 $\pi^0_{k,\Delta}$ 与 $\mathbf{R}^X$ 是同构的. 若在 $\pi^0_{k,\Delta}$ 上赋以 L_{∞} 范数,而在 $\mathbf{R}^X$ 上赋以 l_{∞} 范数,则两者的范数是相互等价的. 注意 $\mathbf{R}^X$ 的共轭空间里的范数应是 l_1 范数. 设 $g\in\pi^0_{k,\Delta}$,$S=\pi^{\mu}_{k,\Delta}$,而 $\Lambda=\Lambda^{\mu}_k$,则由以上讨论并应用对偶定理得

$$\mathrm{dist}(g,S)=\sup_{\lambda\in\Lambda}|\lambda g|/\|\lambda\| \tag{36}$$

现设 f 是一个连续函数,则存在一个唯一的 $g\in\pi^0_{k,\Delta}$ 使得 f 与 g 在网点集 X 上相一致. 这样,$f\rightarrow g$ 定义了

连续函数空间到 $\pi_{k,\Delta}^{0}$ 的一个线性投影算子 P. 由式(36) 我们可得如下结果:

定理 9　对于连续函数 f 成立

$$\left| \operatorname{dist}(f,S) - \frac{\sup\limits_{\lambda\in\Lambda} |\lambda Pf|}{\|\lambda\|} \right| \leqslant \| f - Pf \|$$

在上述定理中, $\| f - Pf \|$ 仅是一个局部逼近的问题,所以问题归结于估计$\dfrac{\sup\limits_{\lambda\in\Lambda} |\lambda Pf|}{\|\lambda\|}$. 当 Δ 是三方向分划时, de Boor 及 Höllig 利用 B 网方法证明了 $\pi_{3,\Delta}^{1}$ 所具有的逼近阶是 3.

关于任意三角剖分上的二元样条函数空间的逼近阶,最早的结果属于 Zenisěk 及 Bramble and Zlámal. 他们利用局部插值的方法证明了当 $k \geqslant 4\mu + 1$ 时, $\pi_{k,\Delta}^{\mu}$ 具有逼近阶 $k+1$. 最近, de Boor 及 Höllig 应用定理 9 给出了下面的结果:

定理 10　设 $S = \pi_{k,\Delta}^{\mu}$, 则当 $k \geqslant 3\mu + 2$ 时存在一个仅依赖于分划 Δ 的最小角的常数 const, 使得对所有充分光滑的 f, 有

$$\operatorname{dist}(f,S) \leqslant \text{const} \mid \Delta \mid^{k+1} \| f \|_{k+1,\infty}$$

换句话说,当 $k < 3\mu + 2$ 时,是否必存在一个分划,使得 $\pi_{k,\Delta}^{\mu}$ 的逼近阶不超过 k? 欲回答这一问题,只要考虑三方向分划即可. 当 $\mu = 1$ 时, Jia 对此问题做了肯定的回答.

如果剖分的组合结构具有某种特点,则条件 $k \geqslant 3\mu + 2$ 有可能放松. 我们有下面的结果:

定理 11　设 Δ 是平面上一个三角剖分, Δ 中每一内顶点的度数(从该点出发的边数) 是奇数. 并设 $S = \pi_{k,\Delta}^{\mu}$, $k = 3\mu + 1$, 则存在一个仅依赖于分划最小角的常

数 const 使得对所有充分光滑的 f,有

$$\mathrm{dist}(f,S) \leqslant \mathrm{const} \mid \Delta \mid^{k+1} \| f \|_{k+1,\infty}$$

当 $\mu=1,k=4$ 时,上述结果早已由梁学章得到.

下面我们要用 B 网方法统一处理有关正则剖分上的二元样条函数空间的一系列问题.

设 $\Omega=[a,b]\times[c,d]$ 是平面上一个矩形,并设

$$a=x_0<\cdots<x_m=b, c=y_0<\cdots<y_n=d$$

直线 $x=x_i(i=0,\cdots,m)$ 及 $y=y_j(j=0,\cdots,n)$ 将 Ω 剖分成 mn 个矩形.若在每个矩形 $[x_{i-1},x_i]\times[y_{j-1},y_j]$ 上添加一条连接 (x_{i-1},y_{j-1}) 及 (x_i,y_j) 的对角线,所得的剖分记为 $\Delta_{mn}^1,\Delta_{mn}^2$,称为是 Ⅱ 型剖分.均匀的 Ⅰ 型及 Ⅱ 型剖分分别称作三方向及四方向剖分.

设 Δ 是 Ω 的三方向或四方向剖分,由于 Δ 是贯穿剖分,故对于任意 k 及 μ,空间 $S_k^\mu(\Delta):=\pi_{k,\Delta}^\mu$ 的维数已经确定.在应用中常要考虑带边界条件的二元样条函数空间.令

$$S_k^{\mu,r}(\Delta):=\{s\in S_k^\mu(\Delta): D^a s\mid_{\partial\Omega}=0, \mid a\mid\leqslant r\}$$

$$\mathring{S}_k^\mu(\Delta):=\{s\in S_k^\mu(\Delta): s(x_1+b-a,x_2)= s(x_1,x_2)=s(x_1,x_2+d-c)\}$$

$\mathring{S}_k^\mu$ 中的元素称为是双周期样条函数.

定理 12　设 Δ_{mn}^1 是 Ω 的三方向剖分,则有

$$\dim(S_k^{1,0}(\Delta_{mn}^1))=(k-1)(k-2)mn-1, k\geqslant 3 \tag{37}$$

$$\dim(S_k^{1,0}(\Delta_{mn}^1))=\begin{cases}2(m-2)_+(n-2)_+, k=3\\ 6(m-1)(n-1), k=4\\ (k-1)(k-2)mn-\\ 2(k-1)(m+n)+5, k\geqslant 5\end{cases} \tag{38}$$

$$\dim(\mathring{S}_k^1(\Delta_{mn}^1)) = \begin{cases} 2mn+2, k=3, \\ 6mn+1, k=4, \\ (k-1)(k-2)mn, k \geqslant 5 \end{cases} \quad (39)$$

当 $k=3$ 时，式(37)及式(38)的结果属于 Chui，Schumaker 和 Wang. 他们使用了光滑余因子方法. 这一方法难以应用到高次样条空间的情形. 当 $k=3$ 时，式(39)的结果属于 Morshe.

对于四方向分划而言，当 $\mu=1$ 时，带各种边界条件的样条函数空间的维数及基底亦已研究清楚.

毫无疑问，应用 B 网方法可以比较容易地构造 B 样条.

二元样条插值是一个令人感兴趣的课题. 下面的结果属于郭竹瑞和沙震.

定理 13　给定 $\alpha_{ij}, \beta_{ij}, \phi_i, \eta_j, t_j, \xi_j, \psi_0, \psi_1, t_0$，存在唯一的 $s \in S_3^1(\Delta_{mn}^{(1)})$ 满足以下插值条件：

(1) $\left(s(i,j), \dfrac{\partial s}{\partial x}(x,j)\right) = (\alpha_{ij}, \beta_{ij}), i = \overline{0,n}, j = \overline{0,n}.$

(2) $\left(\dfrac{\partial s}{\partial y}(i,n), \dfrac{\partial^2 s}{\partial x \partial y}(i,n)^+\right) = (\phi_i, \eta_i), i = \overline{2,m}.$

(3) $\left(\dfrac{\partial s}{\partial y}(0,j), \dfrac{\partial^2 s}{\partial x \partial y}(1,j)^+\right) = (t_j, \xi_j), j = \overline{1,n}.$

(4) $\left(\dfrac{\partial s}{\partial y}(m,0), \dfrac{\partial s}{\partial y}(m,1), \dfrac{\partial s}{\partial y}(0,0)\right) = (\psi_0, \psi_1, t_0).$

若 $f \in c^4$，令

$$\alpha_{ij} = f(i,j), \beta_{ij} = \frac{\partial f}{\partial x}(i,j), \phi_i = \frac{\partial f}{\partial y}(i,n)$$

$$\eta_i = \frac{\partial^2 f}{\partial x \partial y}(i,n)^+, t_j = \frac{\partial f}{\partial y}(0,j), \xi_j = \frac{\partial^2 f}{\partial x \partial y}(1,j)^+$$

$$\psi_0=\frac{\partial f}{\partial y}(m,0),\psi_1=\frac{\partial f}{\partial y}(m,1),t_0=\frac{\partial f}{\partial y}(0,0)$$

则

$$\| f-s \| \leqslant \text{const}\ |\Delta|^2\left[\omega\left(\frac{\partial^4 f}{\partial x^i\partial y^{4-i}},|\Delta|\right)\right]$$

其中

$$\| D^4 f\| = \| f\|_{4,\infty},\omega(D^4 f,|\Delta|)=$$
$$\max_{0\leqslant i\leqslant 4}\left\{\omega\left(\frac{\partial^4 f}{\partial x^i\partial y^{4-i}},|\Delta|\right)\right\}$$

Bamberger 也讨论了类似问题，并举出了一些数值例子.郭竹瑞、沙震及吴正昌讨论了 $S_4^1(\Delta_{mn}^1)$ 的插值问题.叶懋冬考虑了四方向分划上二元样条的插值问题，得到如下结果：

定理 14　设 $f\in c^3([0,1]^2)$，$s\in S_2^1(\Delta_{mn}^2)$ 满足插值条件

$$\begin{cases}s(x_i,y_j)=f(x_i,y_j)\\ s(x_i,y_{\frac{1}{2}})=f(x_i,y_{\frac{1}{2}})\\ s(x_{\frac{1}{2}},y_j)=f(x_{\frac{1}{2}},y_j)\end{cases}$$
$$i=0,1,\cdots,m$$
$$j=0,1,\cdots,n$$

则 $\| f-s\| \leqslant 5\| D^2 f\| h^3+$

$$\frac{1}{16}\left[\omega_x\left(\frac{\partial^3 f}{\partial x^3},h\right)+\omega_y\left(\frac{\partial^3 f}{\partial y^3},h\right)\right]h^2$$

沙震也得到了类似结果.在《Ⅱ型三角剖分上三次双周期样条函数的插值与逼近》中他与宜培才一起考虑了 $\mathring{S}_3^1(\Delta_{mn}^2)$ 的插值问题.

§5 在某些正则区域上的多元 B 形式曲面

1995 年，西安电子科技大学的罗笑南、姜昱明两位教授通过在多面体区域上抬高维数的技巧给出了多元 B 形式中曲面的一般性定义. 由此我们构造了平行四边形域上、正六边形域上和正八边形域上 B 形式的同次曲面格式，并给出了其基函数的递推公式和求导公式. 同时他们也给出了正六边形域上插值角点的 B 形式同次曲面的表示式.

在文章《计算机辅助几何设计中的曲线与曲面》中我们给出了多元 B 形式曲面的一般性定义和在一个多面体中通过抬高维数构造 B 形式曲面的方法. 在本节中我们把这种方法应用于某些正则区域(平面四边形域、正六边形域和正八边形域）构造了一些丰富多彩的曲面族，并讨论了其性质.

我们采用 $\mathbf{R}^m$ 表示 m 维实向量空间，$\mathbf{Z}_+^m$ 表示全体 m 重非负整数集合，$\boldsymbol{a}=(a_1,\cdots,a_m)\in\mathbf{Z}_+^m$，记 $|\boldsymbol{a}|=\sum_{j=0}^{m}a_j$，$\boldsymbol{a}!=a_1!\cdots a_m!$. $\binom{n}{\boldsymbol{a}}=\frac{n!}{\boldsymbol{a}!}$，这里 $n\in\mathbf{Z}_+$.

定义 1 设 m 维 C^r 类流形 M 到 n 维 Euclid 空间 $\mathbf{R}^n$ 内的浸入为映射 P，M 与 P 合并的概念称为 $\mathbf{R}^n$ 的曲面(或称浸入的子流形)，当 $m=1,2,\cdots,n-1$ 时，这里皆称为曲面.

定义 2 若 Ω 是一个 n 维单纯形，w 是一个 C^r 类流形，且 $w\subset\Omega$，那么

$$P(u)=\sum_{|\boldsymbol{a}|=k}P_{\boldsymbol{a}}B_{\boldsymbol{a}}(\tau),u\in w$$

是 w 上的 k 次 B 形式曲面.

这里 $\boldsymbol{\tau}=(\xi_0,\xi_1,\cdots,\xi_n)$ 为 u 在 Ω 中的重心坐标，指标 $\boldsymbol{a}=(a_0,a_1,\cdots,a_n)\in \mathbf{Z}_+^{n+1}$，则

$$B_{\boldsymbol{a}}(\boldsymbol{\tau})=\binom{|\boldsymbol{a}|}{\boldsymbol{a}}\boldsymbol{\tau}^{a}=\binom{|\boldsymbol{a}|}{\boldsymbol{a}}\cdot \xi_0^{a_0}\cdot \xi_1^{a_1}\cdot \cdots \cdot \xi_n^{a_n}$$

称为多元 Bernstein 多项式.

我们取 $\boldsymbol{\sigma}=[v^1,v^2,v^3,v^4]=\{v \mid v=\sum_{j=1}^{4}\xi_j v^j,\sum_{j=1}^{4}\xi_j=1,\xi_j\geqslant 0\}$，$\sigma\subset R^2$ 且 $\boldsymbol{\sigma}$ 为平行四边形，抬高 $\boldsymbol{\sigma}$ 的维数可以得到单纯形 $\boldsymbol{\Omega}=(u^1,u^2,u^3,u^4)=\{u \mid u=\sum_{j=1}^{4}\xi_j u^j,\sum_{j=1}^{4}\xi_j=1,\xi_j\geqslant 0\}$. 根据定义 2，选择 $w=\left\{u \mid u=\sum_{j=1}^{4}\xi_j u^j,\xi_1+\xi_3=\xi_2+\xi_4=\frac{1}{2}\right\}$ 可以得到 w 上的 n 次 B 形式曲面

$$P(u)=\sum_{|a|=n}P_a B_a(\tau),u\in w$$

若给定正规的网格顶点 $P_{ij}(i,j=0,1,\cdots,n)$ 且令 $P_{i_1i_2i_3i_4}|_A=P_{ij}$，其中 A 表示下述指示的约束条件

$$A=\begin{pmatrix} i_2+i_3=i \\ i_3+i_4=j \\ i_1+i_2+i_3+i_4=n \end{pmatrix} \tag{40}$$

同时对重心坐标 $(\xi_1,\xi_2,\xi_3,\xi_4)$ 做如下变换

$$\begin{cases}\varepsilon=1-2\xi_1 \\ \eta=1-2\xi_2\end{cases},\varepsilon,\eta\in[0,1] \tag{41}$$

则可获得平行四边形域上的 B 形式同次曲面

$$P(u)=\sum_{i,j=0}^{n}P_{ij}H_{ij}^{n}(\varepsilon,\eta),\varepsilon,\eta\in[0,1] \tag{42}$$

其中

$$\begin{cases} H_{ij}^{n}(\varepsilon,\eta)=\sum\limits_{k=\max(0,i+j-n)}^{\min(i,j)} C_{ijk}^{n}(1-\varepsilon)^{n-i-j+k}\varepsilon^{k}\cdot(1-\eta)^{i-k}\cdot\eta^{j-k} \\ C_{ijk}^{n}=\dfrac{n!}{2^{n}(i-k)!\ k!\ (j-k)!\ (n-i-j+k)!} \end{cases} \tag{43}$$

容易证明基函数 $H_{ij}^{n}(\varepsilon,\eta)$ 具有如下性质：

1. 非负性和归一性

$$H_{ij}^{n}(\varepsilon,\eta)\geqslant 0,i,j=0,1,\cdots,n\text{ 且}\sum_{i,j=0}^{n}H_{ij}^{n}(\varepsilon,\eta)=1$$

2. $$H_{ij}(\varepsilon,\eta)\geqslant\frac{1}{2^{n}}B_{in}(\varepsilon)B_{jn}(\eta)$$

$$\varepsilon,\eta\in[0,1],i,j=0,1,\cdots,n \tag{44}$$

这里 $B_{ij}(\varepsilon),B_{jn}(\eta)$ 是 Bernstein 基函数. 由于

$(1-\varepsilon)^{n-i-j+k}\cdot\varepsilon^{k}(1-\eta)^{i-k}\eta^{j-k}\geqslant(1-\varepsilon)^{n-i}\varepsilon^{i}(1-\eta)^{n-j}\eta^{j}$

且 $\sum\limits_{k=\max(0,i+j-n)}^{\min(i,j)}C_{ijk}^{n}=\dfrac{1}{2^{n}}\dbinom{n}{i}\dbinom{n}{j}$，故得知式(44)成立.

3. 递推公式

$$H_{ij}^{n}(\varepsilon,\eta)=\frac{\varepsilon}{2}H_{i-1,j-1}^{n-1}(\varepsilon,\eta)+\frac{1-\varepsilon}{2}H_{ij}^{n-1}(\varepsilon,\eta)+\frac{n}{2}H_{ij-1}^{n-1}(\varepsilon,\eta)+\frac{1-n}{2}H_{i-1,j}^{n-1}(\varepsilon,\eta) \tag{45}$$

4. 求导公式

$$\begin{cases} \dfrac{\partial H_{ij}^{n}(\varepsilon,\eta)}{\partial\varepsilon}=\dfrac{n}{2}(H_{i-1,j-1}^{n-1}(\varepsilon,\eta)-H_{ij}^{n-1}(\varepsilon,\eta)) \\ \dfrac{\partial H_{ij}^{n}(\varepsilon,\eta)}{\partial\eta}=\dfrac{n}{2}(H_{i,j-1}^{n-1}(\varepsilon,\eta)-H_{i-1,j}^{n-1}(\varepsilon,\eta)) \end{cases} \tag{46}$$

若选择 $\overline{w}=\Big\{u\mid u=\sum\limits_{j=1}^{4}\xi_{j}u^{j},\xi_{1}+\xi_{2}=\dfrac{P_{1}}{n},\xi_{2}+\xi_{4}=$

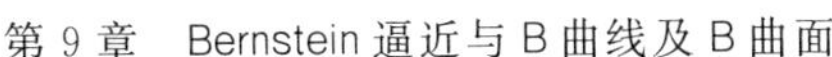

$\left.\frac{P_2}{n}, P_1+P_2=n\right\}$，其中 $P_1, P_2 \in \mathbf{Z}$，则我们可以把平行四边形域上的 B 形式同次曲面推广到更一般形式.

取指标的约束条件仍为式(40)，对重心坐标 $\{\xi_1, \xi_2, \xi_3, \xi_4\}$ 做如下变换

$$\begin{cases}\beta_1=P_1-n\xi_1, \beta_1 \in [0, P_1] \\ \beta_2=P_2-n\xi_n, \beta_2 \in [0, P_2]\end{cases} \tag{47}$$

则可获得两向剖分区域(图 6)上的 B 形式同次曲面

$$P(u)=\sum_{i, j=0}^{n} P_{ij} H_{ij}^{(P_1, P_2)}(\beta_1, \beta_2) \tag{48}$$

其中

$$\begin{cases}H_{ij}^{(P_1, P_2)}(\beta_1, \beta_2)=\sum\limits_{k=\max(0, i+j-n)}^{\min(i, j)} \overline{\mathrm{C}}_{ijk}^{n}(P_2-\beta_1)^{n-i-j+k} \cdot \\ \qquad \beta_1^k(P_2-\beta_2)^{i-k} \beta_2^{j-k} \\ \overline{\mathrm{C}}_{ijk}^{n}=\dfrac{n!}{(i-k)!\ k!\ (n-i-j+k)!\ (j-k)!}\end{cases} \tag{49}$$

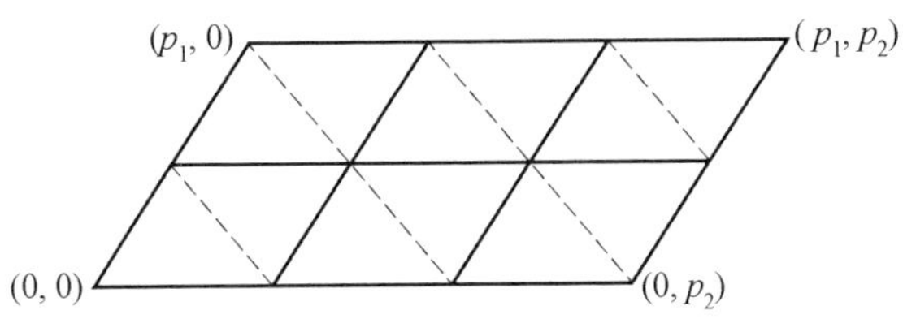

图 6

$H_{ij}^{(P_1, P_2)}(\beta_1, \beta_2)$ 存在如下递推公式

$$\begin{aligned}H_{ij}^{(P_1, P_2)}(\beta_1, \beta_2)=\frac{1}{n}[&\beta_1 H_{i-1, j-1}^{(P_1-1, P_2)}(\beta_1, \beta_2)+ \\ &(P_1-\beta_1) H_{ij}^{(P_2-1, P_2)}(\beta_1, \beta_2)+ \\ &\beta_2 H_{i, j-1}^{(P_1, P_2-1)}(\beta_1, \beta_2)+ \\ &(P_2-\beta_2) H_{i-1, j}^{(P_1, P_2-1)}(\beta_1, \beta_2)]\end{aligned}$$

$$\beta_1 \in [0,P_1],\beta_2 \in [0,P_2],i,j=0,1,\cdots,n \quad (50)$$

这正是两向剖分区域上B样条的递推公式，所以当 $P_1=P_2$ 时式(48)表示的是两向网格区域上的B样条.

给定正六边形域 $\boldsymbol{\sigma}=(v^1,v^2,\cdots,v^6)=\{v \mid v=\sum_{j=1}^{6}\xi_j v^j,\sum_{j=1}^{6}\xi_j=1,\xi_j\geqslant 0\}$，$\sigma\subset R^2$，抬高 $\boldsymbol{\sigma}$ 的维数成为高维单纯形

$$\boldsymbol{\Omega}=(u^1,u^2,\cdots,u^6)=\{u \mid u=\sum_{j=1}^{6}\xi_j u^j,\sum_{j=1}^{6}\xi_j=1,\xi_j\geqslant 0\}$$

选择 $w=\left\{u \mid u=\sum_{j=1}^{6}\xi_j u^j,\xi_1+\xi_2=\xi_3+\xi_4=\xi_5+\xi_6=\frac{1}{3}\right\}$，并给定 $\overline{P}_b(|b|=n,b\in\mathbf{Z}_+^6)$，则有 w 上的 n 次B形式曲面

$$P(u)=\sum_{|b|=n}P_b\frac{n!}{i_1!\ i_2!\ \cdots i_6!}\xi_1^{i_1}\xi_2^{i_2}\cdots\xi_6^{i_6} \quad (51)$$

令 $P_{i_1i_2\cdots i_6}|_A=P_{kl,h}$，其中 A 表示下述指标约束条件

$$A=\begin{pmatrix} i_4+i_5+i_6=k \\ i_3+i_4+i_5=l \\ i_2+i_3+i_4=h \\ i_1+i_2+\cdots+i_6=n \end{pmatrix} \quad (52)$$

并对 u 的重心坐标 $(\xi_1,\xi_2,\cdots,\xi_6)$ 做如下变换

$$\begin{cases} \alpha_1=1-3\xi_2 \\ \alpha_2=1-3\xi_4,\alpha_1,\alpha_2,\alpha_3\in[0,1] \\ \alpha_3=1-3\xi_6 \end{cases} \quad (53)$$

则可得如下同次曲面

$$P(u)=\sum_{k,l,h=0}^{n} P_{k,l,h}H_{k,l,h}^{n}(\alpha_1,\alpha_2,\alpha_3)\in[0,1]\tag{54}$$

其中

$$H_{k,l,h}^{n}(\alpha_1,\alpha_2,\alpha_3)=\sum_{A}\frac{n!}{3^n i_1!\ i_2!\ \cdots i_6!}\cdot \alpha_1^{i_1}(1-\alpha_1)^{i_2}\alpha_2^{i_3}(1-\alpha_2)^{i_4}\cdot \alpha_3^{i_5}(1-\alpha_3)^{i_6}\tag{55}$$

基函数 $H_{k,l,h}^{n}(\alpha_1,\alpha_2,\alpha_3)$ 具有如下性质：

1. $\sum\limits_{k,l,h=0}^{n} H_{k,l,h}^{n}(\alpha_1,\alpha_2,\alpha_3)=1$，且

$$H_{k,l,h}^{n}(\alpha_1,\alpha_2,\alpha_3)\geqslant 0$$

2. $H_{k,l,h}^{n}(\alpha_1,\alpha_2,\alpha_3)=\frac{\alpha_1}{3}H_{k,l,h}^{n-1}(\alpha_1,\alpha_2,\alpha_3)+$

$$\frac{(1-\alpha_1)}{3}H_{k,l,h-1}^{n-1}(\alpha_1,\alpha_2,\alpha_3)+$$

$$\frac{\alpha_2}{3}H_{k,l-1,h-1}^{n-1}(\alpha_1,\alpha_2,\alpha_3)+$$

$$\frac{(1-\alpha_2)}{3}H_{k-1,l-1,h-1}^{n-1}(\alpha_1,\alpha_2,\alpha_3)+$$

$$\frac{\alpha_3}{3}H_{k-1,l-1,h}^{n-1}(\alpha_1,\alpha_2,\alpha_3)+$$

$$\frac{(1-\alpha_3)}{3}H_{k-1,l,h}^{n-1}(\alpha_1,\alpha_2,\alpha_3)$$

$$\alpha_1,\alpha_2,\alpha_3\in[0,1]\tag{56}$$

下面我们讨论正六边形域上三向网格节点上的 B 形式同次曲面. 首先考虑正六边形域上三向网格节点的下标编码(图 7). 下标编码规则：

1. 选择节点下标 $\boldsymbol{a}\in\mathbf{Z}_+^3$，正六边形三向网格节点中最左边的节点定为编码起点，其下标为 $\boldsymbol{a}=(0,0,0)$.

2. 沿着右上方每前进一步下标的第一分量增加 1，沿着右下方每前进一步下标的第三分量增加 1，向正右方前进一步下标第二分量增加 1.

若 $a=b+k(1,-1,1)k\in\mathbf{Z}$，则称 a 等价于 b，记为 $a\approx b$，等价的下标在网格中归于同一点.

为了讨论方便把节点与节点下标等同起来.

引理 2 不同的正六边形三向网格节点不等价.

由规则 2 可知处于同一条网线上的节点不等价. 对于不处于同一条网线上的节点 a,b，根据剖分方式（图 7）可知，可找到两条网线分别经过 a,b 交于 c. 不妨设经过 a,c 的网线是向右上方的网线，所经过 b,c 的网线为右下方的网线，从而可知 $a=c+(k,0,0)$，$b=c+(0,0,j)$ 这表明 a 不等价于 b. 其他情况可做类似讨论.

引理 3 正六边形三向网格节点的总数

$$N=3n^2+3n+1 \tag{57}$$

由图 7 知

$$\begin{aligned}N=&(n+1)+(n+2)+\cdots+\\&2n+2n+1+2n+\cdots+(n+2)+(n+1)=\\&3n^2+3n+1\end{aligned}$$

设 $S=\{(k,l,h)\mid(k,l,h)\in\mathbf{Z}_+^3$，且 $k,l,h\leqslant n\}$，由给定的等价关系将 S 分割为等价类，现在来计算 S 中等价类的数目. 用 $\{a\}$ 表示与 a 等价的元素全体.

1. 若存在 $(k,0,h)\in\{a\}$，选择 $(k,0,h)$ 为代表元，这样的等价类共有 $(n+1)^2$ 种.

2. 若不存在 $(k,0,h)\in\{a\}$，那么代表元的选择可分下面三种情况：

(1) $(n,l,h)\in\{a\}$，$0<l\leqslant n$，$0\leqslant h<n$，共有 n^2

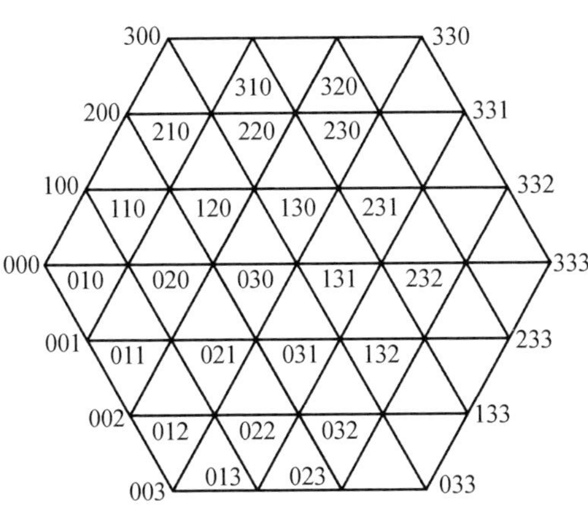

图 7

个等价类.

(2) $(k,l,n)\in\{a\}$，$0\leqslant k<n$，$0<l\leqslant n$，共有 n^2 个等价类.

(3) $(n,l,n)\in\{a\}$，$0<l\leqslant n$，共有 n 个等价类.

综上所述可得如下结论：

引理 4　等价关系 $a\approx a+k(1,-1,1)$ 将 S 划分为 $3n^2+3n+1$ 个等价类.

定理 15　上述在正六边形三向网格上的下标编码规则使 S 中的等价类与网格节点 1—1 对应.

当 $a\approx b$ 时，我们取 $P_a=P_b$ 可得正六边形三向网格上的曲面表示

$$P(u)=\sum_{(a)\in S}P_a\sum_{a\in(a)}H_a^n(a_1,a_2,a_3)\tag{58}$$

同样，若选择

$$\overline{w}=\left\{u\mid u=\sum_{j=1}^{6}\xi_j u^j,\xi_1+\xi_2=\frac{P_1}{n},\right.$$
$$\xi_3+\xi_4=\frac{P_2}{n},\xi_5+\xi_6=\frac{P_3}{n},$$

$$P_1+P_2+P_3=n\}$$

我们可将正六边形区域上的B形式同次曲面推广到更一般的形式

$$P(u)=\sum_{k,l,h=0}^{n}P_{k,l,h}H_{k,l,h}^{(P_1,P_2,P_3)}(\beta_1,\beta_2,\beta_3)$$

对于正六边形三向网格上的曲面表示我们有

$$P(u)=\sum_{(a)\in S}P_a\sum_{a\in(a)}H_0^{(P_1,P_2,P_3)}(\beta_1,\beta_2,\beta_3)$$

这里

$$\begin{cases}\beta_1=(P_1-n\xi_1)/n\\ \beta_2=(P_2-n\xi_3)/n\\ \beta_3=(P_3-n\xi_5)/n\end{cases}$$

给定正八边形域 $\boldsymbol{\sigma}=(v^1,\cdots,v^8)\subset R^2$，抬高其维数使其成为高维单纯形 $\boldsymbol{\Omega}=(u^1,\cdots,u^8)$，选择 $w=\{u\mid u=\sum_{j=1}^{8}\xi_j u^j,\xi_1+\xi_2=\xi_3+\xi_4=\xi_5+\xi_6=\xi_7+\xi_8=\frac{1}{4}\}$，并给定 $\overline{P}_b(|b|=n,b\in\mathbf{Z}_+^8)$，则有 w 上的B形式曲面 $P(u)=\sum_{|b|=n}\overline{P}_bB_b(\tau)$. 令 $\overline{P}_{i_1i_2\cdots i_8}\mid_A=P_{i,j,k,l}$，其中 A 表示如下约束条件

$$A=\begin{vmatrix}i_5+i_6+i_7+i_8=i\\ i_4+i_5+i_6+i_7=j\\ i_3+i_4+i_5+i_6=k\\ i_2+i_3+i_4+i_5=l\\ i_1+i_2+\cdots+i_8=n\end{vmatrix}\qquad(59)$$

并对 u 的重心坐标做如下变换，$\alpha_i=1-4\xi_{2i}$，$i=1,2,3,4$，则可得如下同次曲面

$$P(u)=\sum_{i,k,k,l=0}^{n}P_{i,j,k,l}H_{i,j,k,l}^{n}(\alpha_1,\alpha_2,\alpha_3,\alpha_4)$$

$$\alpha_i \in [0,1], i=1,2,3,4 \tag{60}$$

其中 $H^n_{i,j,k,l}(\alpha_1,\alpha_2,\alpha_3,\alpha_4)=\sum\limits_A B_{i_1 i_2 \cdots i_8}(\tau)$. 也可以对正八边形进行四向网格剖分(图 8),从而得到四向网格上的同次曲面.

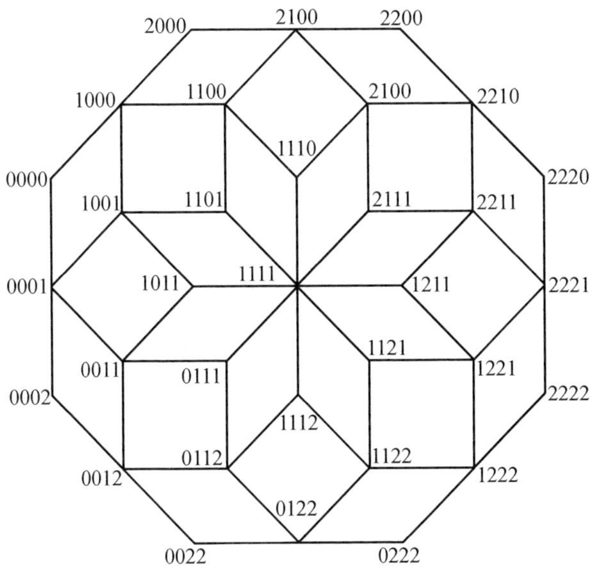

图 8

模糊系统与神经网络中的 Bernstein 多项式

第 10 章

§1 以 Bernstein 多项式为规则后件的模糊系统构造及算法

1.1 引言

自 1965 年 ZEDEH 教授首次提出模糊集概念以来，模糊系统理论在许多研究领域得到了广泛应用，尤其是常见的 Mamdani 模糊系统和 T-S 模糊系统得到了长足的发展和重点关注. 1985 年，日本学者 TAKAGI 与 SUGENO (T-S) 基于输入输出数据对率先建立了

T-S 模糊系统模型,并将其应用于非线性系统的控制中;1992 年,WANG 等人采用正则最小二乘法和模糊基函数研究了 Mamdani 模糊系统及其特性,并借助 Stone-Weierstrass 定理证明了该系统对连续函数具有逼近性,但对可积函数类的逼近性涉及很少. 2000 年,刘普寅等首次提出分片线性函数概念,并以此为桥梁研究了广义模糊系统对 Lebesgue 可积函数的泛逼近性问题. 2006 年,刘福才等也以非线性函数为输出后件,构造了一类 T-S 型模糊系统,并讨论了该系统的逼近性能. 2012 年,王贵君等将 Mamdani 模糊系统和 T-S 模糊系统进行合并,建立了混合模糊系统,并证明该混合系统不仅保持了逼近性能,而且可通过对输入变量分层来减少模糊规则数. 2015 年,张国英等基于分片线性函数研究了一类非线性 T-S 型模糊系统对 p-可积函数的逼近性. 以上工作为进一步探究模糊系统的逼近性奠定了理论基础.

Bernstein 多项式是基于某个给定函数而形成的一个特定型多元多项式,其在研究高维空间函数逼近或插值问题中发挥了重要作用. 2001 年,张恩勤等以一元多项式为规则后件,研究了一类模糊系统的插值特性,并借助插值法讨论了该系统的逼近精度问题. 但该结果仅限于单输入单输出的一维模糊系统. 本节以多元 Bernstein 多项式为规则后件,构造一类多输入单输出模糊系统,并利用随机剖分数所确定的 Bernstein 多项式给出该模糊系统的输出算法.

1.2　模糊系统的构造

通常,模糊规则后件对模糊系统的输出值影响较大，依据不同规则后件建立的模糊系统显然不同. 实际上，Mamdani 模糊系统的规则后件是一个模糊集，而 T-S 模糊系统的规则后件是关于输入变量的多元线性函数，且 Mamdani 模糊系统可视为 T-S 模糊系统的特例. 本节将采用多元 Bernstein 多项式取代规则后件建立异于 Mamdani 和 T-S 的一种模糊系统. 为此，首先对前件模糊集族实施一定限制，给出构造模糊系统的几个相关概念.

定义 1 设 $\{A_1,A_2,\cdots,A_N\}$ 为论域 $U\subset\mathbf{R}$ 上一个模糊集族，分别给出以下概念：

(1) 若每个模糊集 A_i 的核满足 $\mathrm{Ker}\ A_i\neq\varnothing, i=1,2,\cdots,N$，则称 $\{A_1,A_2,\cdots,A_N\}$ 在 U 上是标准的.

(2) 若 $\forall x\in U,\exists i_0\in\{1,2,\cdots,N\}$，使得 $A_{i_0}(x)>0$，则称 $\{A_1,A_2,\cdots,A_N\}$ 在 U 上是完备的. 完备性强调论域 U 被所给集族的支撑集完全覆盖，且不能有空隙.

(3) 若 $\forall x\in\mathrm{Ker}(A_j), j=1,2,\cdots,N$，满足 $A_i(x)=0(i\neq j)$，则称 $\{A_1,A_2,\cdots,A_N\}$ 在 U 上是一致的. 一致性强调 $\{A_1,A_2,\cdots,A_N\}$ 相邻模糊集的隶属函数之间必须相交，但不能过界.

下面，再来熟悉有关多元 Bernstein 多项式的一些概念. 因通过线性变换可将一般区间 $[a,b]$ 变换为 $[0,1]$，故可设 $[a_i,b_i]=[0,1], i=1,2,\cdots,n$，且只要在 $[0,1]^n=[0,1]\times[0,1]\times\cdots\times[0,1]$ 上讨论 Bernstein 多项式的结构问题即可.

设 $f(x)$ 是 $[0,1]^n$ 上的连续数，$m_1,m_2,\cdots,m_n$ 分别为 $[0,1]^n$ 空间每个坐标轴上 $[0,1]$ 闭区间的等距剖分数. 特别地，当 $n=1$ 时，$[0,1]$ 上一元 Bernstein 多项

式 $B_m(f,x)$ 可表示为

$$B_m(f,x)=\sum_{k=0}^{m} f\left(\frac{k}{m}\right) C_m^k x^k (1-x)^{m-k}$$

当 $n=2$ 时，$[0,1]\times[0,1]$ 上的二元 Bernstein 多项式 $B_{m_1,m_2}(f,(x_1,x_2))$ 可表示为

$$B_{m_1,m_2}(f,(x_1,x_2))=\\ \sum_{k_0=0}^{m_1}\sum_{k_2=0}^{m_2} f\left(\frac{k_1}{m_1},\frac{k_2}{m_2}\right) C_{m_1}^{k_1} C_{m_2}^{k_2}\times\\ x_1^{k_1} x_2^{k_2}(1-x_1)^{m_1-k_1}(1-x_2)^{m_2-k_2} \tag{1}$$

一般地，n 元 Bernstein 多项式可表示为

$$B_{m_1,m_2,\cdots,m_n}(f,(x_1,x_2,\cdots,x_n))=\\ \sum_{k_1=0}^{m_1}\sum_{k_2=0}^{m_2}\cdots\sum_{k_n=0}^{m_n} f\left(\frac{k_1}{m_1},\frac{k_2}{m_2},\cdots,\frac{k_n}{m_n}\right) C_{m_1}^{k_1} C_{m_2}^{k_2}\cdots C_{m_n}^{k_n}\times\\ x_1^{k_1} x_2^{k_2}\cdots x_n^{k_n}(1-x_1)^{m_1-k_1}(1-x_2)^{m_2-k_2}\times\cdots\times\\ (1-x_n)^{m_n-k_n}$$

若记

$$Q_{m_1,m_2,\cdots,m_n}^{k_1,k_2,\cdots,k_n}(x_1,x_2,\cdots,x_n)=\\ C_{m_1}^{k_1} C_{m_2}^{k_2}\cdots C_{m_n}^{k_n}\ x_1^{k_1} x_2^{k_2}\times\cdots\times\\ x_n^{k_n}(1-x_1)^{m_1-k_1}(1-x_2)^{m_2-k_2}\cdots(1-x_2)^{m_2-k_2}$$

则有

$$\sum_{k_1=0}^{m_1}\sum_{k_2=0}^{m_2}\cdots\sum_{k_n=0}^{m_n} Q_{m_1,m_2,\cdots,m_n}^{k_1,k_2,\cdots,k_n}(x_1,x_2,\cdots,x_n)=\\ \left(\sum_{k_1=0}^{m_1} C_{m_1}^{k_1} x_1^{k_1}(1-x_1)^{m_1-k_1}\right)\times\\ \left(\sum_{k_2=0}^{m_2} C_{m_2}^{k_2} x_2^{k_2}(1-x_2)^{m_2-k_2}\right)\times\cdots\times\\ \left(\sum_{k_n=0}^{m_n} C_{m_n}^{k_n} x_n^{k_n}(1-x_n)^{m_n-k_n}\right)=$$

$$(x_1+1-x_1)^{m_1}(x_2+1-x_2)^{m_2}\times\cdots\times(x_n+1-x_n)^{m_n}=1$$

故 n 元 Bernstein 多项式可简化为

$$B_{m_1,m_2,\cdots,m_n}(f,(x_1,x_2,\cdots,x_n))=\sum_{k_1=0}^{m_1}\sum_{k_2=0}^{m_2}\cdots\sum_{k_n=0}^{m_n}f\left(\frac{k_1}{m_1},\frac{k_2}{m_2},\cdots,\frac{k_n}{m_n}\right)\times Q_{m_1,m_2,\cdots,m_n}^{k_1,k_2,\cdots,k_n}(x_1,x_2,\cdots,x_n)$$

若 $\forall x=(x_1,x_2,\cdots,x_n)\in[0,1]^n$，则 n 元 Bernstein 多项式还可简化为

$$B_{m_1,m_2,\cdots,m_n}=\sum_{k_1=0}^{m_1}\sum_{k_2=0}^{m_2}\cdots\sum_{k_n=0}^{m_n}f\left(\frac{k_1}{m_1},\frac{k_2}{m_2},\cdots,\frac{k_n}{m_n}\right)Q_{m_1,m_2,\cdots,m_n}^{k_1,k_2,\cdots,k_n}(x) \tag{2}$$

现以二元 Bernstein 多项式为规则后件构造模糊系统，设二维 IF-THEN 模糊规则形如

$$R:\text{IF } x_1 \text{ is } A_{m_1}^1 \text{ and } x_2 \text{ is } A_{m_2}^2$$
$$\text{THEN } y \text{ is } B_{m_1,m_2}(f,(x_1,x_2))$$

其中，指标变量 $m_1=1,2,\cdots,N_1$；$m_2=1,2,\cdots,N_2$，而 $A_{m_i}^i$ 分别是论域 $U_i\subset\mathbf{R}$ 上前件模糊集，$i=1,2$，$B_{m_1,m_2}(f,(x_1,x_2))$ 是输出论域 $V\subset\mathbf{R}$ 上的规则后件，所有可能的模糊规则总数为 N_1N_2.

基于上述二维 IF-THEN 模糊规则、乘积推理机、单点模糊化和中心平均解模糊化，不难获得新模糊系统的解析表达式为

$$F(x_1,x_2)=$$

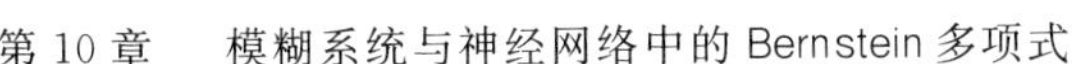

$$\frac{\sum_{m_1=1}^{N_1}\sum_{m_2=1}^{N_2}A_{m_1}^1(x_1)A_{m_2}^2(x_2)B_{m_1,m_2}(f,(x_1,x_2))}{\sum_{m_1=1}^{N_1}\sum_{m_2=1}^{N_2}A_{m_1}^1(x_1)A_{m_2}^2(x_2)} \tag{3}$$

其中，$B_{m_1,m_2}(f,(x_1,x_2))$ 的下标 m_1,m_2 分别为 x_1 和 x_2 坐标轴上闭区间$[0,1]$的剖分数；$A_{m_1}^1$ 和 $A_{m_2}^2$ 分别为 x_1 和 x_2 轴上一致标准完备的前件模糊集.

注 1　因模糊系统(3) 随输入变量(x_1,x_2) 随机变化，其所属剖分区域也随之改变，故称 Bernstein 多项式 $B_{m_1,m_2}(f,(x_1,x_2))$ 的指标变量 m_1,m_2 为随机剖分数. 实际上，随机剖分数 m_1 和 m_2 与论域$[0,1]\times[0,1]$ 上的剖分数 N_1 和 N_2 有本质区别，m_1 由输入点(x_1,x_2)第 1 个分量对应 x_1 轴上的非零前件模糊集随机确定，m_2 由第 2 个分量对应 x_2 轴上非零前件模糊集随机确定，参见图 1.

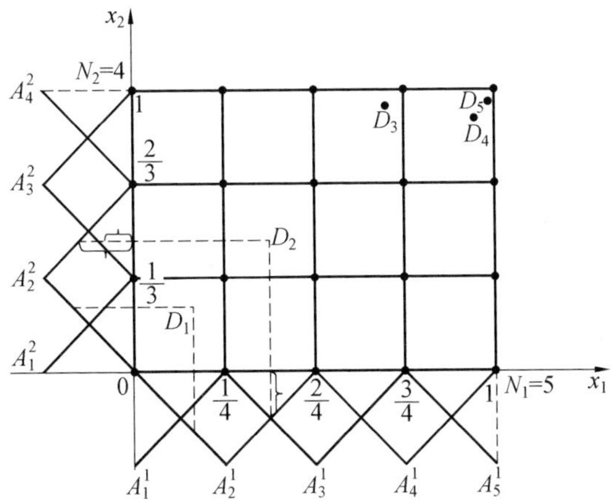

图 1　$[0,1]\times[0,1]$ 上$(N_1=5,N_2=4)$的等距剖分图

下面,按图 1 所示选取样本点 $D_2=\left(\frac{3}{8},\frac{4}{9}\right)$ 来说明随机剖分数 m_1 和 m_2 是如何随机生成的. 例如,输入点 D_2 第 1 分量 $\frac{3}{8}$ 在 x_1 轴上对应非零模糊集为 A_2^1 和 A_3^1;第 2 分量 $\frac{4}{9}$ 在 x_2 轴上对应非零模糊集为 A_2^2 和 A_3^2. 此时共有 4 条模糊规则,且随机剖分数 m_1,m_2 的取值有以下 4 种情形

$$\begin{cases}m_1=2,m_2=2\\m_1=2,m_2=3\\m_1=3,m_2=2\\m_1=3,m_2=3\end{cases}$$

同理,若输入样本点 $D_1=\left(\frac{3}{16},\frac{2}{9}\right)$,则随机剖分数 m_1,m_2 也有 4 种取值

$$\begin{cases}m_1=1,m_2=1\\m_1=1,m_2=2\\m_1=2,m_2=1\\m_1=2,m_2=2\end{cases}$$

特别地,当输入点取图 1 中的格点时,仅对应 1 条模糊规则,且该模糊系统的输出计算更简单. 例如,若输入点为 $\left(\frac{3}{4},\frac{1}{3}\right)$,则随机剖分数 m_1,m_2 仅有 1 组取值:$m_1=4,m_2=2$. 据此不难计算以二元 Bernstein 多项式 $B_{m_1,m_2}(f,(x_1,x_2))$ 为规则后件的模糊系统的输出值.

类似地,设 n 维模糊规则为:

R:IF x_1 is $A_{m_1}^1$ and x_2 is $A_{m_2}^2$,$\cdots$,x_n is $A_{m_n}^n$,

THEN y is $B_{m_1,m_2,\cdots,m_n}(f,(x_1,x_2,\cdots,x_n))$.

依乘积推理机、单值模糊化和中心平均解模糊化，可得 n 维模糊系统的输出为

$$F(x)=\frac{\sum_{m_1=1}^{N_1}\sum_{m_2=1}^{N_2}\cdots\sum_{m_n=1}^{N_n}A_{m_1}^1(x_1)A_{m_2}^2(x_2)\cdots A_{m_n}^n(x_n)}{\sum_{m_1=1}^{N_1}\sum_{m_2=1}^{N_2}\cdots\sum_{m_n=1}^{N_n}A_{m_1}^1(x_1)A_{m_2}^2(x_2)\cdots A_{m_n}^n(x_n)}\times B_{m_1,m_2,\cdots,m_n}(f,x) \tag{4}$$

其中，输入变量 $x=(x_1,x_2,\cdots,x_n)\in[0,1]^n$，而 $A_{m_i}^i(i=1,2,\cdots,n)$ 分别为 x_i 轴上一致标准完备的前件模糊集，N_i 为 x_i 轴$[0,1]$上的剖分数，m_i 为 x_i 轴的随机剖分数，$B_{m_1,m_2,\cdots,m_n}(f,x)$ 按式(3) 计算.

特别地，若取前件模糊集为三角形隶属函数，则有

$$\sum_{m_1=1}^{N_1}\sum_{m_2=1}^{N_2}\cdots\sum_{m_n=1}^{N_n}A_{m_1}^1(x_1)A_{m_2}^2(x_2)\cdots A_{m_n}^n(x_n)=\sum_{m_1=1}^{N_1}A_{m_1}^1(x_1)\sum_{m_2=1}^{N_2}A_{m_2}^2(x_2)\cdots\sum_{m_n=1}^{N_n}A_{m_n}^n(x_n)=1$$

此时，$\forall x=(x_1,x_2,\cdots,x_n)\in[0,1]^n$，模糊系统(4) 可进一步简化为

$$F(x)=\sum_{m_1=1}^{N_1}\sum_{m_2=1}^{N_2}\cdots\sum_{m_n=1}^{N_n}A_{m_1}^1(x_1)A_{m_2}^2(x_2)\cdots A_{m_n}^n(x_n)\times B_{m_1,m_2,\cdots,m_n}(f,x) \tag{5}$$

至此，以多元 Bernstein 多项式为规则后件构造了多输入单输出模糊系统(4) 的输出表达式，并通过选取输入样本点和图 1 分析了随机剖分数的生成过程.

1.3　模糊系统逼近及算法

模糊系统可近似表示某些信息不完整的未知函

数，通常只得知所给函数 f 在某论域内所有点或局部点的取值(数据对)，并不知该函数的解析表达式. 否则，若 f 的解析式已知，再去构造烦琐的模糊系统将毫无意义. 因此，具有逼近性能的模糊系统才更有理论价值.

下面给出可由 Bernstein 多项式逼近连续函数的一个引理，进而给出该模糊系统的逼近性证明和输出算法.

引理 1 设 f 是 $[0,1]^n$ 上多元连续函数，则 $\forall \varepsilon > 0$ 和 $x=(x_1,x_2,\cdots,x_n)\in[0,1]^n$，$\exists\, m_1,m_2,\cdots,m_n\in \mathbf{N}_+$，使得 $|B_{m_1,m_2,\cdots,m_n}(f,x)-f(x)|<\varepsilon$.

定理 1 设 f 是 $[0,1]^n$ 上一个连续函数，则对 $\forall \varepsilon>0$，存在形如式(4)的基于 Bernstein 多项式的模糊系统 F，使得 $\forall x=(x_1,x_2,\cdots,x_n)\in[0,1]^n$，有

$$|F(x)-f(x)|<\varepsilon$$

证明 设基于连续函数 $f(x)$ 的 n 元 Bernstein 多项式 $B_{m_1,m_2,\cdots,m_n}(f,x)$ 如式(2)所示. 此外，给定 $[0,1]^n$ 空间一个等距剖分，且第 x_i 轴 $[0,1]$ 上的剖分数为 N_i，$i=1,2,\cdots,n$，其中 $A^i_{m_i}$ 为对应 x_i 轴上的前件模糊集，而 $m_1,m_2,\cdots,m_n$ 为由输入变量生成的随机剖分数.

此时，对 $\forall \varepsilon>0$ 和 $x=(x_1,x_2,\cdots,x_n)\in[0,1]^n$，由式(4)和引理 1 可得

$$|F(x)-f(x)|=$$

$$\left|\frac{\sum\limits_{m_1=1}^{N_1}\sum\limits_{m_2=1}^{N_2}\cdots\sum\limits_{m_n=1}^{N_n}A^1_{m_1}(x_1)A^2_{m_2}(x_2)\cdots A^n_{m_n}(x_n)}{\sum\limits_{m_1=1}^{N_1}\sum\limits_{m_2=1}^{N_2}\cdots\sum\limits_{m_n=1}^{N_n}A^1_{m_1}(x_1)A^2_{m_2}(x_2)\cdots A^n_{m_n}(x_n)}\right.\times$$

$$(B_{m_1,m_2,\cdots,m_n}(f,x)-f(x))\Big| \leqslant$$

$$\frac{\sum_{m_1=1}^{N_1}\sum_{m_2=1}^{N_2}\cdots\sum_{m_n=1}^{N_n}A_{m_1}^{1}(x_1)A_{m_2}^{2}(x_2)\cdots A_{m_n}^{n}(x_n)}{\sum_{m_1=1}^{N_1}\sum_{m_2=1}^{N_2}\cdots\sum_{m_n=1}^{N_n}A_{m_1}^{1}(x_1)A_{m_2}^{2}(x_2)\cdots A_{m_n}^{n}(x_n)}\times$$

$$|B_{m_1,m_2,\cdots,m_n}(f,x)-f(x)|<\varepsilon$$

因此，以多元 Bernstein 多项式为规则后件的模糊系统在$[0,1]^n$ 上对连续函数具有逼近性. 此结论对进一步研究模糊系统具有重要意义.

注 2　通过线性变换可将一般闭区间$[a,b]$ 变换为$[0,1]$. 故此定理可推广至 $\mathbf{R}^n$ 空间中的任意 n 维长方体，即以 Bernstein 多项式为规则后件的模糊系统可在 n 维长方体上逼近连续函数. 此外，直观上看，虽然模糊系统式(4) 相对简单. 但要具体计算该系统的输出值却较为复杂. 究其原因主要是多元 Bernstein 多项式的每个分量都有自身的随机剖分数，从而导致计算步骤烦琐. 为此，接下来将给出该模糊系统的输出算法，并假设 f 是$[0,1]^n$ 上的连续函数.

输出算法

第 1 步　剖分论域. 在每个坐标轴 $x_i(i=1,2,\cdots,n)$ 所属区间$[0,1]$ 上进行 N_i-1 等距分割，分割点为 $j/N_i, j=0,1,2,\cdots,N_i$，相应剖分数为 $N_1,N_2,\cdots,N_n$，分割后每个轴上小区间长度均为 $1/(N_i-1)$. 再过每个分点作垂线，即可获得论域空间$[0,1]^n$ 上的一个剖分.

第 2 步　定义前件模糊集. 在每个坐标轴$[0,1]$ 上以每个分点为峰值点定义一致标准完备的前件模糊集族，通常取这些模糊集为三角形或梯形隶属函数，且每个轴上可定义 N_i 个模糊集，$i=1,2,\cdots,n$，其中两端模糊集的隶属函数图像为半三角形或半梯形，参见图1.

第 3 步 确定随机剖分数. 根据所输入样本点 $x=(x_1,x_2,\cdots,x_n)$ 确定每个分量在所属小区间起作用的非零前件模糊集，从而获得 Bernstein 多项式 $B_{m_1,m_2,\cdots,m_n}(f,x)$ 所有可能的随机剖分数 $m_1,m_2,\cdots,m_n$ 的若干组合.

第 4 步 计算 $B_{m_1,m_2,\cdots,m_n}(f,x)$. 依据所得随机剖分数 $m_1,m_2,\cdots,m_n$ 的所有可能组合，计算 Bernstein 多项式 $B_{m_1,m_2,\cdots,m_n}(f,x)$ 在所给样本点 $x=(x_1,x_2,\cdots,x_n)$ 处的值.

第 5 步 计算隶属度值. 根据输入样本点 $x=(x_1,x_2,\cdots,x_n)$ 计算每个坐标轴上对应非零前件模糊集的隶属度值 $A^i_{m_j}(x_i)$，$i=1,2,\cdots,n$.

第 6 步 计算系统输出值. 将第 4 步和第 5 步所得值代入式(4)，得模糊系统的最终输出值.

注 3 实际中，通过给定逼近精度 ε 适当选取第 1 步所涉及的剖分数 N_i，简单起见，也可选取 $N_1=N_2=\cdots=N_n$. 此外，为计算方便，第 2 步要求前件模糊集一致标准完备. 例如，取三角形二相波隶属函数，则每个输入样本点对应的随机剖分数 $m_i(i=1,2,\cdots,n)$ 仅有 2 种取值. 此时模糊系统共有 2^n 条规则. 特别当输入样本点为格点(顶点)时，所有随机剖分数 m_i 只有 1 种取值，此时，该系统仅有 1 条模糊规则.

1.4 实例分析

前文给出了以 Bernstein 多项式为规则后件的模

糊系统的输出算法. 该算法的关键是计算 Bernstein 多项式在样本点的输出值. 下面，仅以样本点 D_2 为例给出 $F\left(\frac{3}{8},\frac{4}{9}\right)$ 的详细计算过程.

例 1　设二元连续函数 $f(x_1,x_2)=x_1^2+x_2^2,(x_1,x_2)\in[0,1]\times[0,1]$，前件模糊集的隶属函数选取三角形二相波，试按式(5) 计算二元模糊系统在样本点 D_2 的输出值 $F\left(\frac{3}{8},\frac{4}{9}\right)$.

解　在不考虑逼近精度的情况下，先设 $N_1=5$，$N_2=4$(图 1)，两个坐标轴上前件模糊集的隶属函数可通过适当左右平移其中某一个得到. 由式(5) 有

$$F\left(\frac{3}{8},\frac{4}{9}\right)=$$

$$\sum_{m_1=1}^{5}\sum_{m_2=1}^{4}A_{m_1}^{1}\left(\frac{3}{8}\right)A_{m_2}^{2}\left(\frac{4}{9}\right)B_{m_1,m_2}\left(f,\left(\frac{3}{8},\frac{4}{9}\right)\right)$$

按照输出算法，样本点 D_2 在 x_1 轴上对应的非零模糊集为 A_2^1 和 A_3^1，在 x_2 轴上对应的非零模糊集为 A_2^2 和 A_3^2，由图 1 易得其隶属函数. 此时，共有 4 条模糊规则，故随机剖分数也有 4 组取值，即

$$(m_1,m_2)=(2,2);(2,3);(3,2);(3,3)$$

因此，模糊系统输出的 $F\left(\frac{3}{8},\frac{4}{9}\right)$ 可进一步表示为

$$\begin{aligned}F\left(\frac{3}{8},\frac{4}{9}\right)=A_2^1\left(\frac{3}{8}\right)&\left(A_2^2\left(\frac{4}{9}\right)B_{2,2}\left(f,\left(\frac{3}{8},\frac{4}{9}\right)\right)+\right.\\&\left.A_3^2\left(\frac{4}{9}\right)B_{2,3}\left(f,\left(\frac{3}{8},\frac{4}{9}\right)\right)\right)+\\&A_3^1\left(\frac{3}{8}\right)\left(A_2^2\left(\frac{4}{9}\right)B_{3,2}\left(f,\left(\frac{3}{8},\frac{4}{9}\right)\right)\right)+\end{aligned}$$

$$A_3^2\left(\frac{4}{9}\right)B_{3,3}\left(f,\left(\frac{3}{8},\frac{4}{9}\right)\right) \tag{6}$$

其中,前件模糊集 A_2^1,A_3^1,A_2^2 和 A_3^2 的隶属函数由图 1 很容易确定. 例如,A_3^1 和 A_2^2 的隶属函数分别为

$$A_3^1(x_1)=\begin{cases}4x_1-1,\frac{1}{4}\leqslant x_1<\frac{1}{2}\\3-4x_1,\frac{1}{2}\leqslant x_1\leqslant\frac{3}{4}\\0,其他\end{cases}$$

$$A_2^2(x_2)=\begin{cases}3x_2,0\leqslant x_2<\frac{1}{3}\\2-3x_2,\frac{1}{3}\leqslant x_2\leqslant\frac{2}{3}\\0,其他\end{cases}$$

不难计算 $A_2^1\left(\frac{3}{8}\right)=A_3^1\left(\frac{3}{8}\right)=\frac{1}{2}$;$A_2^2\left(\frac{4}{9}\right)=\frac{2}{3}$, $A_3^2\left(\frac{4}{9}\right)=\frac{1}{3}$. 接下来以 $B_{2,2}\left(f,\left(\frac{3}{8},\frac{4}{9}\right)\right)$ 为例,计算每个 Bernstein 多项式在样本点 D_2 处的取值.

由式(1) 和 $f(x_1,x_2)=x_1^2+x_2^2$ 可得

$$B_{2,2}\left(f,\left(\frac{3}{8},\frac{4}{9}\right)\right)=$$

$$\sum_{k_1=0}^{2}\sum_{k_2=0}^{2}C_2^{k_1}C_2^{k_2}f\left(\frac{k_1}{2},\frac{k_2}{2}\right)\left(\frac{3}{8}\right)^{k_1}\left(\frac{4}{9}\right)^{k_2}\left(\frac{5}{8}\right)^{2-k_1}\left(\frac{5}{9}\right)^{2-k_2}=$$

$$\sum_{k_2=0}^{2}C_2^{k_2}f\left(0,\frac{k_2}{2}\right)\left(\frac{4}{9}\right)^{k_2}\left(\frac{5}{8}\right)^{2}\left(\frac{5}{9}\right)^{2-k_2}+$$

$$\sum_{k_2=0}^{2}2C_2^{k_2}f\left(\frac{1}{2},\frac{k_2}{2}\right)\frac{3}{8}\left(\frac{4}{9}\right)^{k_2}\frac{5}{8}\left(\frac{5}{9}\right)^{2-k_2}+$$

$$\sum_{k_2=0}^{2}C_2^{k_2}f\left(1,\frac{k_2}{2}\right)\left(\frac{3}{8}\right)^{2}\left(\frac{4}{9}\right)^{k_2}\left(\frac{5}{9}\right)^{2-k_2}\approx 0.578\ 8.$$

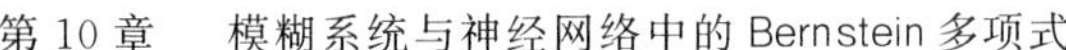

同理，可算得 $B_{2,3}\left(f,\left(\frac{3}{8},\frac{4}{9}\right)\right)\approx 0.5376$，$B_{3,2}\left(f,\left(\frac{3}{8},\frac{4}{9}\right)\right)\approx 0.5397$，$B_{3,3}\left(f,\left(\frac{3}{8},\frac{4}{9}\right)\right)\approx 0.4986$. 并将其代入式(6)，可立得最终输出值 $F\left(\frac{3}{8},\frac{4}{9}\right)\approx 0.5455$.

实际上，所给函数 f 在样本点 $\left(\frac{3}{8},\frac{4}{9}\right)$ 的实际取值为 $f\left(\frac{3}{8},\frac{4}{9}\right)=\left(\frac{3}{8}\right)^2+\left(\frac{4}{9}\right)^2\approx 0.3382$. 直观来看，随机选取剖分数 $N_1=5$，$N_2=4$ 进行计算，该系统的输出值与函数在样本点的实际取值接近，这主要由基于 Bernstein 多项式的模糊系统具有逼近性所决定.

为更好地研究本节设计系统逼近性的精度及特点，再选取几个样本点计算系统的输出，并将其输出与函数值及 Mamdani 模糊系统的输出进行对比.

样本点为 $D_1=\left(\frac{3}{16},\frac{2}{9}\right)$，$D_3=\left(\frac{11}{16},\frac{17}{18}\right)$，$D_4=\left(\frac{15}{16},\frac{8}{9}\right)$ 和 $D_5=\left(\frac{31}{32},\frac{17}{18}\right)$，如图 1 所示，分别计算以 Bernstein 多项式为规则后件的模糊系统的输出 $F(D_i)(i=1,3,4,5)$，并分别比较该模糊系统和以往 Mamdani 模糊系统在样本点的取值. 方便起见，记 Mamdani 模糊系统在各样本点的输出为 $M(D_i)(i=1,2,\cdots,5)$. 具体计算过程参见列 1，结果见表 1.

表 1　2 类模糊系统在 5 个样本点处的输出及精度比较

序号	样本点	$F(D_i)$	$M(D_i)$	$f(D_i)$	$\lvert F(D_i)-f(D_i)\rvert$	$\lvert M(D_i)-f(D_i)\rvert$
1	$D_1=\left(\frac{3}{16},\frac{2}{9}\right)$	0.295 0	0.120 9	0.084 5	0.210 5	0.036 4
2	$D_2=\left(\frac{3}{8},\frac{4}{9}\right)$	0.545 5	0.378 5	0.338 2	0.207 3	0.040 3
3	$D_3=\left(\frac{11}{16},\frac{17}{18}\right)$	1.436 7	1.391 8	1.364 6	0.072 1	0.027 2
4	$D_4=\left(\frac{15}{16},\frac{8}{9}\right)$	1.689 7	1.693 6	1.669 0	0.020 7	0.024 6
5	$D_5=\left(\frac{31}{32},\frac{17}{18}\right)$	1.850 5	1.852 7	1.830 5	0.020 0	0.022 2

从表 1 的结果中不难发现，Mamdani 模糊系统的输出值误差较为稳定，这是由于 Mamdani 模糊系统后件输出只与样本点所在剖分区域的 4 个顶点有关. 而以 Bernstein 多项式为规则后件的模糊系统的输出受样本点所在区域影响较大，且样本点离原点越远误差越小，这主要由 Bernstein 多项式的自身特性所决定. 事实上，以 Bernstein 多项式为模糊系统的规则后件正是本节的创新点. 虽然某些点的输出，本节的系统不及 Mamdani 模糊系统理想，但当样本点接近(1,1)点时，以 Bernstein 多项式为规则后件的模糊系统的实际输出优于 Mamdani 模糊系统. 例如，在样本点 D_4 和 D_5 处，以 Bernstein 多项式为规则后件的模糊系统的输出误差明显较 Mamdani 模糊系统小.

1.5　结论

构造了依据 Bernstein 多项式的多元模糊系统，特别是在前件模糊集选取三角形二相波时获得了更为简化的模糊系统. 证明了该模糊系统具有逼近性，还给出了该系统的输出算法. 当然，计算由随机剖分数确定的 Bernstein 多项式在样本点的取值尤为重要. 事实上，本节只是在随机给定剖分数基础上设计了输出算法，实际问题中剖分数是依据逼近精度适当选取的. 目前该系统的逼近精度并不十分理想，有待继续探讨.

§2　基于 Bernstein 多项式构造前向神经网络的遗传算法

通化师范学院数学学院的陶玉杰，湖南工学院数学科学与能源工程学院李艳红，辽东学院师范学院数学系孙刚三位教授于 2021 年介绍了一元 Bernstein 多项式的逼近定理和基本性质，并引入二元甚至 n 元 Bernstein 多项式，从而根据一元 Bernstein 多项式在相邻等距剖分点的差值为后置连接权构造一个三层前向神经网络；其次，通过编码机制、模拟选择、遗传复制、交叉和变异等操作给出算法运行过程；最后，利用误差函数和适用度函数对前置连接权及阈值进行迭代更新设计遗传算法. 实验结果表明该算法有效.

人工神经网络不仅具有非线性和适应性的信息处理能力，而且能克服传统人工智能方法对直觉模式、语音识别、非结构化信息处理等方面的缺陷，使其在专家系统、模式识别和智能控制等领域得到广泛应用. 陈天平对神经网络中的系统识别提出了逼近的概念，并证明了可积函数可用一元函数逼近非线性泛函；王建军等在距离空间上讨论了基于多项式函数高维前向神经网络的插值逼近性.

Bernstein 多项式为函数逼近理论中的一个经典多项式，是依赖于给定函数在等距剖分意义下形成的特殊结构型多元多项式.

本节针对由一元 Bernstein 多项式构造的 SISO 三层前向神经网络模型设计遗传算法，并利用适用度函数对前置连接权及其阈值进行迭代更新设计该网络的遗传算法. 通过引入 Bernstein 多项式构造后置连接权参数，并以此建立单输入、单输出前向神经网络和设计遗传算法，避免该算法陷入局部极小值，以提高算法优化性能并解决算法早熟收敛的问题.

2.1 Bernstein 多项式

Bernstein 多项式是基于某个给定函数构造的一个特定类型多项式，其对 $\mathbf{R}^n$ 空间中多元函数逼近和插值问题的研究具有重要作用. 由于通过线性变换可将一般闭区间$[a,b]$变换为$[0,1]$，故可设$[a_i,b_i]=[0,1]$，$i=1,2,\cdots,n$. 本节通过引入一元 Bernstein 多项式、逼近定理及其基本性质，进而给出二维甚至 n 维 Bernstein 多项式及其基本性质.

定义 2 设 f 是定义在$[0,1]$上的实值函数，自然数 m 是$[0,1]$上的等距剖分数，分点坐标为 $x_i=\dfrac{i}{m}$，$i=0,1,2,\cdots,m$，则函数 f 在$[0,1]$上的一元 Bernstein 多

项式表示为

$$B_m(f,x)=\sum_{i=0}^{m} f\left(\frac{i}{m}\right) C_m^i x^i (1-x)^{m-i} \tag{7}$$

特别地，当 $f(x)$ 恒为 1 时，由二项式定理显然有

$$B_m(1,x)=\sum_{i=0}^{m} C_m^i x^i (1-x)^{m-i}=(x+1-x)^m=1.$$

定理 2　设 $C[0,1]$ 表示 $[0,1]$ 上全体连续函数的集合，则 $\forall f \in C[0,1]$，存在一元 Bernstein 多项式 $B_m(f,x)$，使得 $\lim\limits_{m\to\infty}\max\limits_{0\leqslant x\leqslant 1} | B_m(f,x)-f(x) |=0$.

由定理 2 知，$C[0,1]$ 空间上任意连续函数均可用一元 Bernstein 多项式逼近.

定理 3　若函数 $f(x)$ 在 $[0,1]$ 上每个等分点 $x_i=\frac{i}{m}$ 均有定义，$i=0,1,2,\cdots,m$，则一元 Bernstein 多项式 $B_m(f,x)$ 在 $[0,1]$ 上一致连续.

命题 1　一元 Bernstein 多项式是由一个给定函数诱导为多项式的变换，即

$$f(x)\xrightarrow{B_m} B_m(f;x), \forall x \in [0,1]$$

算子 B_m 具有下列性质：

(1) $B_m(f+g,x)=B_m(f,x)+B_m(g,x)$，$B_m(k\cdot f,x)=k\cdot B_m(f,x)$，$k\in \mathbf{R}$；

(2) 若 $f(x)\geqslant g(x)$，则 $B_m(f,x)\geqslant B_m(g,x)$；

(3) $B_m(1,x)=1$，$B_m(x,x)=x$；

(4) $B_m(f,0)=f(0)$，$B_m(f,1)=f(1)$.

一元 Bernstein 多项式的性质在许多逼近问题中应用广泛.

下面考虑一元 Bernstein 多项式的高维情形. 当 $n=2$ 时，若 $f(x)$ 是 $[0,1]\times[0,1]$ 上的连续函数，则可

在$[0,1]\times[0,1]$上定义二元 Bernstein 多项式 $B_{m_1,m_2}(f,(x_1,x_2))$为

$$B_{m_1,m_2}(f,(x_1,x_2))=\sum_{k_1=0}^{m_1}\sum_{k_2=0}^{m_2}f\left(\frac{k_1}{m_1},\frac{k_2}{m_2}\right)\mathrm{C}_{m_1}^{k_1}\mathrm{C}_{m_2}^{k_2}x_1^{k_1}x_2^{k_2}(1-x_1)^{m_1-k_1}\cdot(1-x_2)^{m_2-k_2}$$

一般情况下，若设$f(x)$是$[0,1]^n$上的n元连续函数，则可在$[0,1]^n$上定义n元 Bernstein 多项式 $B_{m_1,m_2,\cdots,m_n}(f,(x_1,x_2,\cdots,x_n))$为

$$B_{m_1,m_2,\cdots,m_n}(f,(x_1,x_2,\cdots,x_n))=\sum_{k_1=0}^{m_1}\sum_{k_2=0}^{m_2}\cdots\sum_{k_n=0}^{m_n}f\left(\frac{k_1}{m_1},\frac{k_2}{m_2},\cdots,\frac{k_n}{m_n}\right)\times\mathrm{C}_{m_1}^{k_1}\mathrm{C}_{m_2}^{k_2}\cdots\mathrm{C}_{m_n}^{k_n}\times x_1^{k_1}x_2^{k_2}\cdots x_n^{k_n}(1-x_1)^{m_1-k_1}(1-x_2)^{m_2-k_2}\cdots(1-x_n)^{m_n-k_n}$$

其中，参数$m_1,m_2,\cdots,m_n$依次是空间$[0,1]^n=[0,1]\times[0,1]\times\cdots\times[0,1]$中每个坐标轴上$[0,1]$的等距剖分数，$\left(\frac{k_1}{m_1},\frac{k_2}{m_2},\cdots,\frac{k_n}{m_n}\right)$为$[0,1]^n$空间网格剖分的顶点坐标. 若令

$$Q_{m_1,m_2,\cdots,m_n}^{k_1,k_2,\cdots,k_n}(x_1,x_2,\cdots,x_n)=\mathrm{C}_{m_1}^{k_1}\mathrm{C}_{m_2}^{k_2}\cdots\mathrm{C}_{m_n}^{k_n}x_1^{k_1}x_2^{k_2}\cdots x_n^{k_n}\times(1-x_1)^{m_1-k_1}(1-x_2)^{m_2-k_2}\cdots(1-x_n)^{m_n-k_n}$$

则$Q_{m_1,m_2,\cdots,m_n}^{k_1,k_2,\cdots,k_n}(x_1,x_2,\cdots,x_n)$也称为基函数. 显然，在不考虑函数$f(x)$的情况下，根据二项式定理易得

$$\sum_{k_1=0}^{m_1}\sum_{k_2=0}^{m_2}\cdots\sum_{k_n=0}^{m_n}Q_{m_1,m_2,\cdots,m_n}^{k_1,k_2,\cdots,k_n}(x_1,x_2,\cdots,x_n)=$$

$$\left(\sum_{k_1=0}^{m_1} C_{m_1}^{k_1} x_1^{k_1}(1-x_1)^{m_1-k_1}\right)\times$$
$$\left(\sum_{k_2=0}^{m_2} C_{m_2}^{k_2} x_2^{k_2}(1-x_2)^{m_2-k_2}\right)\times\cdots\times$$
$$\left(\sum_{k_n=0}^{m_n} C_{m_n}^{k_n} x_n^{k_n}(1-x_n)^{m_n-k_n}\right)=$$
$$(x_1+1-x_1)^{m_1}(x_2+1-x_2)^{m_2}\cdots(x_n+1-x_n)^{m_n}=1$$

故基于$[0,1]^n$上连续函数$f(x)$的n元 Bernstein 多项式可简单地表示为

$$B_{m_1,m_2,\cdots,m_n}(f,(x_1,x_2,\cdots,x_n))=$$
$$\sum_{k_1=0}^{m_1}\sum_{k_2=0}^{m_2}\cdots\sum_{k_n=0}^{m_n} f\left(\frac{k_1}{m_1},\frac{k_2}{m_2},\cdots,\frac{k_n}{m_n}\right)\times$$
$$Q_{m_1,m_2,\cdots,m_n}^{k_1,k_2,\cdots,k_n}(x_1,x_2,\cdots,x_n)$$

$\forall x=(x_1,x_2,\cdots,x_n)\in[0,1]^n$，$n$元 Bernstein 多项式还可进一步表示为

$$B_{m_1,m_2,\cdots,m_n}(f,x)=\sum_{k_1=0}^{m_1}\sum_{k_2=0}^{m_2}\cdots\sum_{k_n=0}^{m_n} f\left(\frac{k_1}{m_1},\frac{k_2}{m_2},\cdots,\frac{k_n}{m_n}\right)\times Q_{m_1,m_2,\cdots,m_n}^{k_1,k_2,\cdots,k_n}(x)$$

同理，n元 Bernstein 多项式具有类似命题 1 的一些基本性质.

2.2　SISO 三层前向神经网络模型

一般神经网络是指模拟人脑结构和功能的一种以计算机为工具的信息处理系统，它不仅能通过网络建立输入和输出变量之间的静态非线性映射关系，而且可剔除与这种非线性映射关系差别较大的样本，从而采用遗传算法将样本应用于实验参数的优化中. 通常可用一元Bernstein多项式和Sigmodial转移函数构造最简单的SISO三层前向神经网络模型，其中转移函数σ连续递增，且满足$\lim\limits_{x \to \infty}\sigma(x)=1$，$\lim\limits_{x \to -\infty}\sigma(x)=0$. 一个最简单的SISO三层前向神经网络解析式可表示为

$$g(x)=\sum_{i=1}^{p} v_i \cdot \sigma(u_i x+\theta_i) \tag{8}$$

其中输入变量$x \in \mathbf{R}$，隐含层神经元数目为p，u_i为输入层神经元与隐含层神经元的前置连接权，θ_i为隐含层神经元的阈值，v_i为隐含层神经元与输出层神经元之间的后置连接权，$i=1,2,\cdots,p$，σ为Sigmodial型转移函数，例如取$\sigma(x)=\dfrac{1}{1+e^{-x}}$. SISO三层前向神经网络拓扑结构如图2所示.

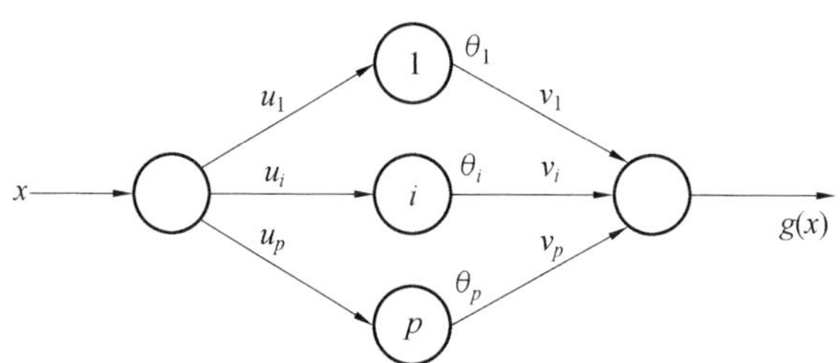

图2　SISO三层前向神经网络拓扑结构

下面借助一元Bernstein多项式(7)在[0,1]上相邻等距剖分点的差值选取后置连接权v_i，从而给出SISO三层前向神经网络的解析表达式. 为此，可在闭区间[0,1]上实施m一等距分割，分点为$x_i=\dfrac{i}{m}$，$i=1,2,\cdots,m$，其中m为剖分数，且分割后每个小区间长度均为$\dfrac{1}{m}$.

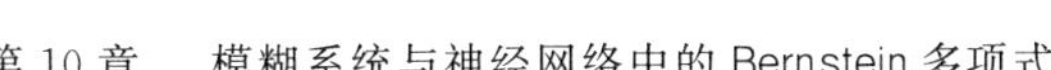

为了简单,针对式(8) 本节只引入一元 Bernstein 多项式对后置连接权参数 v_i 进行设置,其他前置连接权 u_i 和阈值 θ_i 均通过设计遗传算法实现. 采用一元 Bernstein 多项式(7) 在相邻分割点的差值确定后置连接权 v_i 的取值,即令

$$v_i = B_m\left(f, \frac{i}{m}\right) - B_m\left(f, \frac{i-1}{m}\right), i = 1, 2, \cdots, m$$

其中当 $m < i \leqslant p$ 时,由于 $1 < \dfrac{i}{m} \notin [0,1]$,故约定 $f\left(\dfrac{i}{m}\right)$ 恒为 0,从而 $B_m(0, x)$ 恒为 0,因此仅需考虑 $i = 1, 2, \cdots, m$,即可取 $p = m$. 此时,式(8) 的 SISO 三层前向神经网络可表示为

$$g(x) = B_m(f, 0) + \sum_{i=1}^{m}\left(B_m\left(f, \frac{i}{m}\right) - B_m\left(f, \frac{i-1}{m}\right)\right) \cdot \sigma(u_i x + \theta_i) \tag{9}$$

其中输入变量 $x \in \mathbf{R}$,转移函数 σ 为 Sigmodial 函数,且满足 $B_m(f, 0) = f(0)$.

由定理 2 知,若 $f(x)$ 是[0,1] 上的连续函数,则必存在一元 Bernstein 多项式 $B_m(f, x)$ 使其逼近 $f(x)$.

一般神经网络算法普通优于其他机器学习算法,但神经网络算法所需的数据量及高计算成本也不容易忽视. 本节根据一元 Bernstein 多项式构造的神经网络(9) 虽然仅限于处理一维数据,但所需数据量相对较少,且较易实现. 如果在只能获取少量数据或数据不全的情况下采用 SISO 前向神经网络学习算法,则可避免许多复杂过程即可解决问题. 例如,根据大气温度随时间变化可采集一维数据序列,用简单的 SISO 前向神经网络较易求解问题.

2.3 算法设计

传统BP算法基于微积分理论的推导过程，具有很强的通用性且应用广泛，缺点是隐藏层结构不宜确定、初始权值随意性大、收敛速度慢及平均误差较大，遗传算法是建立在自然选择和遗传学基础上的自适应概率性搜索算法，主要通过模拟生物自然演化过程获得较好的全局最优解，其主要优势是可调节性强，并可通过调整局部算法适应整体问题，因变异的存在使搜索过程不会陷入局部极小值. 通常，遗传算法的运行过程基于编码机制、模拟选择、遗传复制、交叉和变异等，遵循优胜劣汰的原则进行种群优化，最终获得最优个体. 一般情况下，该算法运行过程主要为如下 3 个步骤.

(1) 种群初始化和编码机制. 在输入论域中随机产生一组群体，种群大小一般为梁色体长度的 2 ～ 3 倍，为使精度不受影响，可对染色体选取实数编码，使每条染色体由各实参变量构成一个向量，合适的群体规模对遗传算法的收敛有重要意义，群体过小很难求得满意结果，群体过大则计算复杂，因此，根据经验种群规模大小一般控制为 30 ～ 200 个.

(2) 适应度函数的确定. 适应度是评价个体是否适应环境的指标，在算法运行中适应度函数的选择非常重要，应遵循连续性、通用性和一致性原则. 这是因为适应度可直接影响遗传算法的收敛速度和优化效率. 通常用均方根误差函数作为筛选时的适应度函数. 误差函数主要由神经网络的实际输出和期望输出决定，因此可根据输入 - 输出数据对定义误差函数，不

妨设给定单输入、单输出数据对为 $(x^i;y^i)$, $i=1,2,\cdots,m$，其中 $x^i,y^i\in\mathbf{R}$. 误差函数定义为

$$E=\sqrt{\frac{1}{m}\sum_{i=1}^{m}(g(x^i)-y^i)^2}$$

其中 $g(x^j)$ 为神经网络(9)的实际输出，$y^i(i=1,2,\cdots,m)$ 为该网络的期望输出.

为了简单，本节将 SISO 三层前向神经网络(9)中除后置连接权 v_i 外的调节参数 u_i 和 θ_i 依次统一记为个体向量 $\boldsymbol{W}$，则误差函数 E 可抽象地通过向量 $\boldsymbol{W}$ 表示为 $E(\boldsymbol{W})$. 为此，定义适应度函数 $F(\boldsymbol{W})=\frac{1}{1+\lambda E(\boldsymbol{W})}$，其中 $\lambda\in[0,1]$ 为权重因子，且误差越小，适应度值越大，个体越优秀.

(3) 选择、交叉和变异操作. 在生物选择过程中，基因的选择操作是从种群中选择优秀个体作为父母基因、淘汰劣质基因的遗传操作. 在选择操作中可采用轮盘赌选择法，轮盘赌选择法是指其中每个个体与适应度成比例. 不妨设种群大小为 N，E_j 为第 j 个个体的适应度，则第 j 个个体被选择的概率为 $P_j=\frac{E_j}{\sum_{k=1}^{N}E_k}$，且个体适应值越大，被选择的概率越大；反之亦然.

此外，交叉操作使得遗传算法有良好的优化能力，根据交叉概率可将被选择的父母基因进行随机交换，最终产生新的基因组合.

下面利用遗传算法针对 SISO 三层前向神经网络(9)的前置连接权 u_i 和阈值 θ_i 进行优化，使得实际输出 $g(x^i)$ 按任意精度逼近输出 y^i. 不妨将每条染色体表示为该神经网络的调节参数，并将两组调节参数 u_i

和 $\theta_i(i=1,2,\cdots,m)$ 依次简记为一个参数向量 $\boldsymbol{W}$，即

$$\boldsymbol{W}=(u_1,u_2,\cdots,u_m;\theta_1,\theta_2,\cdots,\theta_m)\triangleq (w_1,w_2,\cdots,w_i,\cdots,w_{2m})$$

SISO 三层前向神经网络(9) 的局部遗传算法步骤如下：

(1) 种群初始化. 随机产生初始种群 $\boldsymbol{W}(0)$，种群个体数为 N，误差为 ε，最大迭代次数为 T.

(2) 计算适应度. 利用编码操作对种群内的个体实数编码，作为初始种群 $\boldsymbol{W}(0)$，并将 N 个个体代入式(3) 得到神经网络的实际输出，再将其代入适应度函数 $F(\boldsymbol{W})=\dfrac{1}{1+\lambda E(\boldsymbol{W})}$ 得到每个个体的适应度，其适应度值记为 $F(\boldsymbol{W}_i(0))$，$i=1,2,\cdots,N$，且网络输入为 $\boldsymbol{W}=(w_1,w_2,\cdots,w_i,\cdots,w_{2m})$，数据对 $(x^i;y^i)$ 中的第二个分量 y^i 为期望输出.

(3) 选择、交叉和变异操作. 首先，通过对种群中的个体进行选择，将种群内的 N 个个体按其适应值从大到小排序；其次，以交叉概率 P_c 选择拟要交叉的第 i 个个体 $\boldsymbol{W}_i$，并将其与第 j 个个体 $\boldsymbol{W}_j(i,j=1,2,\cdots,N)$ 按下式进行交叉运算

$$\begin{cases}\boldsymbol{W}'_i(t)=\alpha\boldsymbol{W}_i(t)+(1-\alpha)\boldsymbol{W}_j(t)\\ \boldsymbol{W}'_j(t)=\alpha\boldsymbol{W}_j(t)+(1-\alpha)\boldsymbol{W}_i(t)\end{cases}$$

其中 $\boldsymbol{W}'_i(t)$，$\boldsymbol{W}'_j(t)$ 是交叉后个体，$\alpha\in[0,1]$ 是交叉算子. 对于交叉后个体 $\boldsymbol{W}'_i(t)=(w'_{i1},w'_{i2},\cdots,w'_{im})$，选取变异方程 $w''_{ik}=\beta\sup\limits_{1\leqslant k\leqslant m}w'_{ik}+(1-\beta)w'_{ik}$，$k=1,2,\cdots,m$，其中 $\beta\in[-p_k,p_k]$. 按变异概率 P_m 对个体每个分量进行变异计算，从而得到下一代群体 $\boldsymbol{W}''_i(t)$，并重新计算适应度值，其中变异后下一代群体表示为

$\boldsymbol{W}''_i(t)=(w''_{i1},w''_{i2},\cdots,w''_{im})$.

(4) 若存在 i 使误差函数满足 $E(\boldsymbol{W}''_i(t))<\varepsilon$ 或达到最大迭代步数 T,则转步骤(5);否则,令 $t=t+1$,返回步骤(3) 重新操作.

(5) 进行解码操作,并输出 $\boldsymbol{W}''_i(t)$,$i=1,2,\cdots,N$.

局部算法是根据一元 Bernstein 多项式诱导的神经网络(9) 所构造的误差函数 $E(\boldsymbol{W})$ 进行优化,主要优化前置连接权 u_i 和阈值 $\theta_i(i=1,2,\cdots,m)$,而后置连接权参数 v_i 是按一元 Bernstein 多项式(7) 给定,即 $v_i=B_m\left(f,\dfrac{i}{m}\right)-B_m\left(f,\dfrac{i-1}{m}\right)$,$i=1,2,\cdots,m$. 显然,被优化的参数减少了.

Bézier 曲线的模型①

附录 1

§1 引　　言

1.1 简介

正是在雷诺汽车公司的设计院里,

① 对竞赛问题的背景研究是有其上限的,即对竞赛试题所涉及的高等背景只宜进行"导游式"的简介并提供进一步了解的路径.借本文的发表之机,我们向大家推荐由法国国家数学教育名誉总监 Gilbert Demengel 教授和 MAFPEN 及 IREM 数学所模型学专家 Jean-Pierre Pouget 博士的著作《曲线与曲面的数学贝齐尔模型 B－样条模型 NURBS 模型》一书(商务印书馆,北京,2000 年),该书全面且权威地介绍了 Bernstein 多项式及 Bézier 曲线,并附有多幅利用 Bézier 曲线设计的飞机、汽车、摩托车外形曲线图及丰富的文献.

此外,欲了解最新进展,中国科学技术大学出版社出版的《计算几何和几何设计最新进展》(2006 年)也是一本有价值的书.

一位法国工程师 Bézier 提出了设计汽车零部件的特殊的理论，利用它可在计算机上直接设计各种形体. 1962 年这个模型提出后，雷诺汽车公司曾用它开发了 UNISURF 软件. 1982 年首次在学术界公布后，Bézier 曲线就成了今天各种 CAD 软件的基本模型之一，用于包括机械、航空、汽车、形体设计、字体设计等各种领域.

1.2　多种面目

Bézier 曲线可从不同的方面引入，每种方法都从各自的角度显示了它在形体设计方面的能力. 在这里我们将用等价定义从不同角度(点、约束向量、重心等)来介绍 Bézier 曲线，还会对各种计算方法、几何特性以及实际应用中出现的问题加以说明.

§2　第一种定义法：点定义法

Bézier 曲线的经典定义是建立在 Bernstein 多项式基础上的.

2.1　Bernstein 多项式

Bernstein 在 20 世纪初曾用这些多项式来逼近函数，在 Bézier 模型中则与“Bézier 点”(也叫“定义点”，或者被错误地叫作“控制点”) 联系在一起. Bernstein 多项式的主要性质表现在二项式$(t+(1-t))^n$ 的展开式中.

(1) 定义.

设 n 为自然数，对于 0 到 n 之间的任意整数 i($i \in [[0,n]]$)[①]，用下式来定义指标为 i 的 n 次 Bernstein 多项式 B_n^i[②]

$$B_n^i(t) = C_n^i t^i (1-t)^{n-i}$$

其中 C_n^i 为二项式系数 $\frac{n!}{i!\ (n-i)!}$，t 为实变量，大多数情况下在区间[0,1]中变化.

例子：

$n=0, B_0^0(t)=1$;

$n=1, B_1^0(t)=1-t, B_1^1(t)=t$;

$n=2, B_2^0(t)=(1-t)^2, B_2^1(t)=2t(1-t), B_2^2(t)=t^2$;

$n=3, B_3^0(t)=(1-t)^3, B_3^1(t)=3t(1-t)^2, B_3^2(t)=3t^2(1-t), B_2^3(t)=t^3$;

(2) 性质.

Bézier 模型的特性大多基于 Bernstein 多项式的性质.

(P1)：$\sum_{i=0}^{i=n} B_n^i(t)=1$，即“单元划分性”.

它源于二项式公式

$$\sum_{i=0}^{i=n} C_n^i t^i (1-t)^{n-i} = (t+(1-t))^n = 1$$

(P2) 恒正性：$\forall t \in [0,1], B_n^i(t) \geqslant 0$.

因为多项式的两因子在 t 介于[0,1]间时都恒正.

---

① 双括号[[0,n]]表示 0 到 n 之间的整数集合.

② B_n^i 表示法与 C_n^i 表示法一致，不采用像 $B(i,n,t)$ 或 $B_{i,n}(t)$ 等较复杂的记法.

(P3) 递推性：$\forall i \in [[1,n-1]]$，$B_n^i(t)=(1-t)B_{n-1}^i(t)+tB_{n-1}^{i-1}(t)$.

(i) 当 $i=n$ 或 $i=0$ 时，显然成立. 对其他值可利用二项式系数的 Pascal 关系式来证明，即

$$
\begin{aligned}
B_n^i(t)=&\mathrm{C}_n^i t^i(1-t)^{n-i}=\\
&(\mathrm{C}_{n-1}^i+\mathrm{C}_{n-1}^{i-1})t^i(1-t)^{n-i}=\\
&\mathrm{C}_{n-1}^i t^i(1-t)^{n-i}+\mathrm{C}_{n-1}^{i-1}t^i(1-t)^{n-i}=\\
&(1-t)\mathrm{C}_{n-1}^i t^i(1-t)^{n-i-1}+\\
&t\mathrm{C}_{n-1}^{i-1}t^{i-1}(1-t)^{n-i}=\\
&(1-t)B_{n-1}^i(t)+tB_{n-1}^{i-1}(t)
\end{aligned}
$$

(ii) 递推计算法

对[0,1]间的给定 t 值，取初值

$$B_i^i(t)=t^i, B_{i-1}^{i-1}(t)=t^{i-1},\cdots,B_2^2(t)=t^2,B_1^1(t)=t$$

$$B_1^0(t)=1-t,B_2^0(t)=(1-t)^2,\cdots,$$

$$B_{n-2}^0(t)=(1-t)^{n-2}$$

$$B_{n-1}^0(t)=(1-t)^{n-1}$$

再递推

$$B_n^i(t)=(1-t)B_{n-1}^i(t)+tB_{n-1}^{i-1}(t)$$

(iii) 树图表示法(图1)

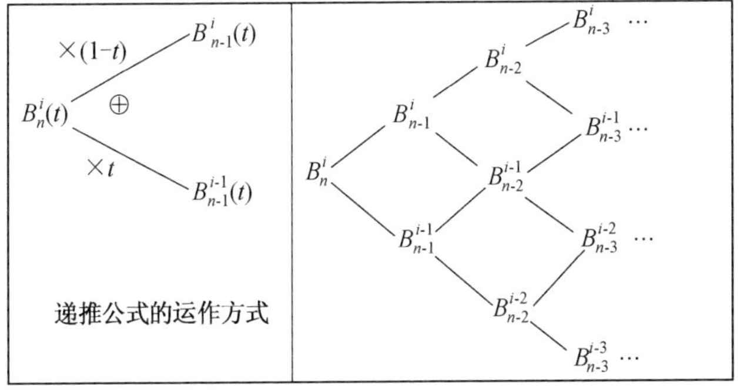

图1

上下指标都应大于或等于零，且上指标不应大于下指标. 当这些约束不再满足时，右边的树图展开停止. 在下图中，圈号表示递推停止项(其后项被叉掉)，树图停止于初值，也就是说，树图的停止项对应于实际应用中的初值.

取初值

$$B_2^2(t)=t^2$$

$$B_1^1(t)=t, B_1^0(t)=1-t$$

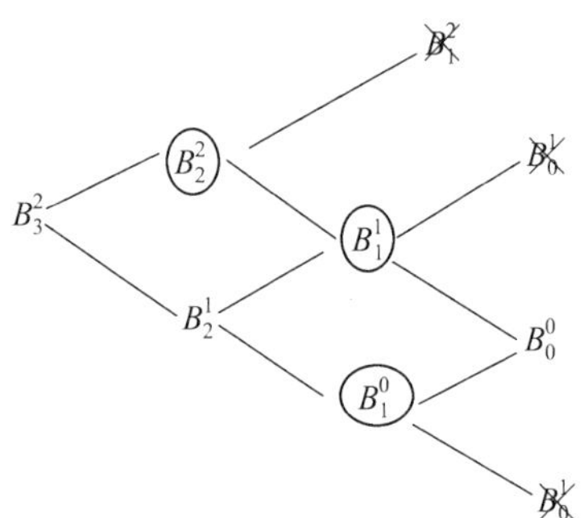

(* 表示左树图被嫁接到该树上) 取初值

$$B_2^2(t)=t^2, B_1^1(t)=t, B_1^0(t)=1-t$$

$$B_2^0(t)=(1-t)^2$$

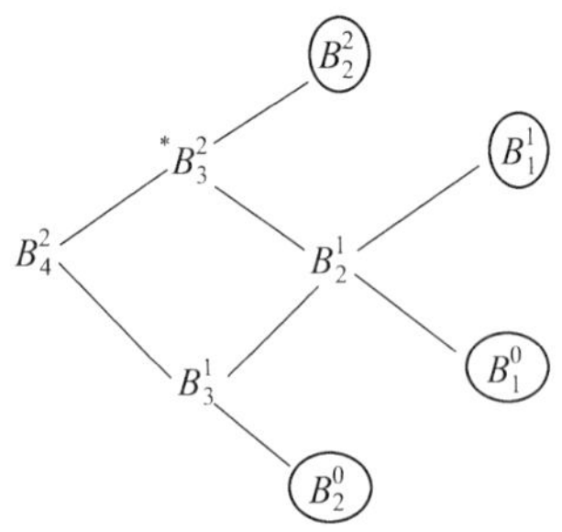

(3) 几个 Bernstein 多项式曲线的例子.

当 t 在 0 与 1 之间变化，绘曲线图，用(Γ_n^i) 表示.

① 当 $n=1$ 时，曲线为平行于第一和第二象限角平分线的直线段；

② 当 $n=2$ 时，曲线为抛物线段；

③ 当 $n=3$ 时，曲线为立方曲线. 下面是变化表格与对应的曲线图(图 2).

n=2 的变化表与曲线图		n=3 的变化表与曲线图	
t	0　$\frac{1}{2}$　1	t	0　$\frac{1}{3}$　$\frac{2}{3}$　1
$(B_2^0)'(t)=2(t-1)$	−2　−　0	$B_3^0(t)=(1-t)^3$	1 ↘ 0
$B_2^0(t)=(1-t)^2$	1 ↘ 0	$B_3^{1\prime}=(3-3t)(1-3t)$	3　+　0　−　0
$(B_2^1)'(t)=2-4t$	2　+　0　−　−2	$B_3^1(t)=3t(1-t)^2$	0 ↗ $\frac{4}{9}$ ↘ 0
$B_2^1(t)=2t(1-t)$	0 ↗ $\frac{1}{2}$ ↘ 0	$(B_3^2)'=(2-3t)$	0　+　0　−　−3
$B_2^2(t)=t^2$	0 ↗ 1	$B_3^2(t)=3t^2(1-t)$	0 ↗ $\frac{4}{9}$ ↘ 0
		$B_3^3(t)=3t^3$	0 ↗ 1

图 2

(4)Bernstein 多项式之间的关系.

除了对 i 和 n 都有效的递推公式(P3) 外，还有一些其他公式，其中只有一个指标发生变化.

(R1)n 固定,i 变化:

利用关系式

$$C_n^i=\frac{n-i+1}{i}C_n^{i-1}$$

多项式 B_n^i 可用 B_n^{i-1} 表达.因为 B_n^i 可写成

$$B_n^i(t)=\frac{n-i+1}{i}\cdot\frac{t}{1-t}C_n^{i-1}t^{i-1}(1-t)^{n-i-1}$$

而后 3 个因子的乘积是一个 Bernstein 多项式,故有

$$B_n^i(t)=\frac{n-i+1}{i}\cdot\frac{t}{1-t}B_n^{i-1}(t)$$

这样,不断地降低 i 值 $(i\geqslant 1)$ 直到初始条件

$$B_n^0(t)=(1-t)^n$$

就可得到计算 B_n^i 的递推公式

$$B_n^i(t)=\left(\frac{n-i+1}{i}\cdot\frac{t}{1-t}\right)\cdot\left(\frac{n-i+2}{i-1}\cdot\frac{t}{1-t}\right)\cdot\cdots\cdot\left(\frac{n}{1}\cdot\frac{t}{1-t}\right)B_n^0(t)$$

例如,$n=3$ 时,有

$$B_3^3(t)=\frac{1}{3}\ \frac{t}{1-t}B_3^2(t)$$

$$B_3^2(t)=\frac{t}{1-t}B_3^1(t)$$

$$B_3^1(t)=\frac{3t}{1-t}B_3^0(t)$$

代入 $B_3^0(t)=(1-t)^3$ 中,可逐步得到其他三个三次多项式.

(R2)n 变化,i 固定:

利用另一个二项式系数关系式

$$\mathrm{C}_n^i = \frac{n}{n-i}\mathrm{C}_{n-1}^i$$

可得

$$B_n^i(t) = \frac{n}{n-1}\mathrm{C}_{n-1}^i t^i (1-t)^{n-i-1}(1-t)$$

故

$$B_n^i(t) = \frac{n}{n-i}(1-t)B_{n-1}^i(t)$$

我们得到另一个初始条件为 $B_i^i(t) = t^i$ 的递推公式

$$B_n^i(t) = \left[\frac{n}{n-i}(1-t)\right]\cdot\left[\frac{n-1}{n-1-i}(1-t)\right]\cdot\cdots\cdot\left[\frac{i+1}{1}(1-t)\right]B_i^i(t)$$

例如，$i=3$ 时，n 从 4 开始变化，第一个可得到 B_4^3 即

$$B_4^3(t) = \frac{4}{1}(1-t)B_3^3(t) = 4t^3(1-t)$$

注 1　关系式(P3) 是两个变量的双重递推，而 (R1) 和(R2) 是关于一个变量的单一递推.

(R3) i 和 n 都固定，t 重新成为变量：

其实多项式 B_n^i 是一阶线性微分方程(E_n^i)

$$t(1-t)x' + (nt-i)x = 0$$

的一个特解. 也就是说

$$t(1-t)(B_n^i)'(t) + (nt-i)B_n^i(t) = 0 \qquad \text{(R3)}$$

成立. 实际上，因为多项式函数 $t \to B_n^i(t)$ 的导数为

$$(B_n^i)'(t) = \mathrm{C}_n^i i t^{i-1}(1-t)^{n-i} - \mathrm{C}_n^i t^i (n-i)(1-t)^{n-i-1}$$

两边同乘以 $t(1-t)$ 即得(R3)，它对任意实数 t 都有效. 请注意微分方程(E_n^i) 是齐次(右边无项) 一阶线性的，其解一般由所有与 B_n^i 成比例的多项式组成(为了重新证明它，可在[0,1] 区间上解微分方程，既然是多

项式，当然可以延伸到实域 **R** 上). 因为在 $t=0$ 和 $t=1$ 这两点 x' 的系数为零，所以如果在这两点外给定一个初始条件，如 $t=\frac{1}{2}$，我们就可这样来描写 B_n^i：

每个 Bernstein 多项式 B_n^i 都是对应的微分方程 (E_n^i)：$t(1-t)x'+(nt-i)x=0$ 在 **R** 或 $[0,1]$ 上满足 $x\left(\frac{1}{2}\right)=\mathrm{C}_n^i\left(\frac{1}{2}\right)^n$ 的唯一解.

(5) $[0,1]$ 上的积分性质.

先考虑 $n=3$ 的情况

$$\int_0^1 B_3^0(t)\,\mathrm{d}t=\int_0^1(1-t)^3\,\mathrm{d}t=\left[-\frac{(1-t)^4}{4}\right]_0^1=\frac{1}{4}$$

$$\int_0^1 B_3^1(t)\,\mathrm{d}t=\int_0^1(3t-6t^2+3t^3)\,\mathrm{d}t=\left[\frac{3}{2}t^2-2t^3+\frac{3}{4}t^4\right]_0^1=\frac{1}{4}$$

$$\int_0^1 B_3^2(t)\,\mathrm{d}t=\int_0^1(3t^2-3t^3)\,\mathrm{d}t=\left[t^3-\frac{3}{4}t^4\right]_0^1=\frac{1}{4}$$

$$\int_0^1 B_3^0(t)\,\mathrm{d}t=\int_0^1 t^3\,\mathrm{d}t=\left[\frac{t^4}{4}\right]_0^1=\frac{1}{4}$$

这些积分完全相等，可以证明 $n=2$ 时的 3 个积分都等于$\frac{1}{3}$.

一般说来,对任何正整数 n,有

$$\forall i \in [[0,n]], \int_0^1 B_n^i(t)\,\mathrm{d}t = \frac{1}{n+1}$$

也就是说,被横坐标轴,直线 $t=0$ 和 $t=1$,以及曲线 Γ_n^i 所围成的区域的面积总等于$\frac{1}{n+1}$.

证明 因$\int_0^1 t^n\,\mathrm{d}t = \frac{1}{n+1}$,故只需证明所有的积分 $I_n^i = \int_0^1 B_n^i(t)\,\mathrm{d}t$($\forall i \in [[0,n-1]]$)满足 $I_n^i = I_n^{i+1}$ 即可. 设

$$v' = t^i, u = (1-t)^{n-i}$$

利用分部积分,有

$$\begin{aligned} I_n^i = & \mathrm{C}_n^i \left(\left[(1-t)^{n-i} \cdot \frac{t^{i+1}}{i+1} \right]_0^1 + \right. \\ & \left. \int_0^1 \frac{n-i}{i+1} t^{i+1} (1-t)^{n-i-1}\,\mathrm{d}t \right) = \\ & \mathrm{C}_n^i \frac{n-i}{i+1} \int_0^1 t^{i+1} (1-t)^{n-i-1}\,\mathrm{d}t \end{aligned}$$

因 $\mathrm{C}_n^i \frac{n-i}{i+1} = \mathrm{C}_n^{i+1}$,故上面实际上就是 B_n^{i+1} 的积分. 因此,$I_n^i = I_n^{i+1}$, $\forall i \in [[0,n-1]]$,证毕.

(6) 多项式向量空间中 B_n^i 的线性无关性.

(i) 大家都知道由次数小于或等于 n 的多项式 P_n 所组成的向量空间具有无数组基底,最常用的就是由 $n+1$ 个单项式 X^i(或 t^i,若更喜欢这种记号的话)组成的正则基底(i 取 0 到 n 的所有值). 但是,并非总是它最适合于计算.

命题1 $n+1$ 个 Bernstein 多项式 B_n^i 是向量空间 Γ_n 的一组基底.

证明 因有 $n+1$ 个多项式，故只需证明它们线性无关.

设 $n+1$ 个实数 λ_i 使多项式 $Q=\sum_{0}^{n}\lambda_i B_n^i$ 为零项式，取 $t=0$ 和 $t=1$ 即可得 $\lambda_0=\lambda_n=0$. 把 $t(1-t)$ 从 Q 中提出来，原假设可写成 $Q_1=\sum_{1}^{n-1}\lambda_i B_n^i$ 是个零项式. 再取 $t=0$ 和 $t=1$ 可得 $\lambda_1=\lambda_{n-1}=0$，如此继续下去. 若 n 为奇数($n=2p+1$)，这种方法使用 $p+1$ 次后，所有系数都将为零. 若 n 为偶数($n=2p$)，p 次运算后，除 λ_p 以外的所有 λ_i 皆为零. 故只剩下 $\lambda_p C_n^p$ 一项，而它要为零只能 λ_p 也为零，即所有系数都为零.

(ii) 基底变换.

由上可知，在正则基底上用 $U_n=\sum_{i=0}^{i=n}a_i t^i$ 表示的任何一个 n 次多项式 U_n，也可在上述基底上表示：$U_n=\sum_{i=0}^{i=n}b_i B_n^i$.

设变换矩阵 $\boldsymbol{M}_n$ 把正则基底变到 Bernstein 基底，其逆矩阵$(\boldsymbol{M}_n)^{-1}$ 则为 Bernstein 基底到正则基底的变换矩阵. 用$(\boldsymbol{a})$ 和$(\boldsymbol{b})$ 表示元素为 a_i 和 b_i 的 $n+1$ 阶单列矩阵，于是我们有

$$(\boldsymbol{a})=\boldsymbol{M}_n\cdot(\boldsymbol{b}) \text{ 和 } (\boldsymbol{b})=(\boldsymbol{M}_n)^{-1}\cdot(\boldsymbol{a})$$

我们知道，矩阵 $\boldsymbol{M}_n$ 的每列元素是 Bernstein 多项式在正则基底上的坐标. 一般说来，把 B_n^i 用二项式展开即可得到这些坐标.

例如 $n=3$，Bernstein 多项式展开式为

$$B_3^0=(1-t)^3=1-3t+3t^2-t^3$$

$$B_3^1=3t(1-t)^2=3t-6t^2+3t^3$$

$$B_3^2 = 3t^2(1-t) = 3t^2 - 3t^3$$

$$B_3^3 = t^3$$

第一个多项式在正则基底上的坐标为 1，－3，3，－1，同样可得其他几个多项式的坐标. 由此，可得变换矩阵

$$\boldsymbol{M}_3 = \begin{pmatrix} 1 & 0 & 0 & 0 \\ -3 & 3 & 0 & 0 \\ 3 & -6 & 3 & 0 \\ -1 & 3 & -3 & 1 \end{pmatrix}$$

解线性方程组

$$(\boldsymbol{a}) = \boldsymbol{M}_n \cdot (\boldsymbol{b})$$

便可得到逆矩阵，使得

$$(\boldsymbol{b}) = (\boldsymbol{M}_n)^{-1} \cdot (\boldsymbol{a})$$

因为是三角矩阵，所以这个方程组很简单

$$\begin{cases} b_0 = a_0 \\ -3b_0 + 3b_1 = a_1 \\ 3b_0 - 6b_1 + 3b_2 = a_2 \\ -b_0 + 3b_1 - 3b_2 + b_3 = a_3 \end{cases} \Rightarrow \begin{cases} b_0 = a_0 \\ b_1 = \dfrac{3a_0 + a_1}{3} \\ b_2 = \dfrac{3a_0 + 2a_1 + a_2}{3} \\ b_3 = a_0 + a_1 + a_2 + a_3 \end{cases}$$

故

$$(\boldsymbol{M}_3)^{-1} = \begin{pmatrix} 1 & 0 & 0 & 0 \\ 1 & \frac{1}{3} & 0 & 0 \\ 1 & \frac{2}{3} & \frac{1}{3} & 0 \\ 1 & 1 & 1 & 1 \end{pmatrix}$$

一般情形：

多项式 B_n^i 在正则基底上可写成

$$B_n^i(t) = \mathrm{C}_n^i t^i (1-t)^{n-i} =$$

$$\mathrm{C}_n^i t^i \sum_{k=0}^{k=n-1} \mathrm{C}_{n-i}^k (-t)^k =$$

$$\sum_{k=0}^{k=n-i} \mathrm{C}_{n-i}^{k} \mathrm{C}_{n}^{i} (-1)^{k} t^{i+k}$$

因此，$n+1$ 阶方阵 $\boldsymbol{M}_n$ 的第 i 列第 j 行的元素等于 $(-1)^{j-i}\mathrm{C}_n^i\mathrm{C}_{n-i}^{j-i}$，$i,j$ 都在 0 与 n 之间变化.

$$\boldsymbol{M}_n=\begin{pmatrix} 1 & 0 & & & & \\ -\mathrm{C}_n^1 & \mathrm{C}_n^1 & & \boldsymbol{0} & & \\ \mathrm{C}_n^2 & -\mathrm{C}_n^1\mathrm{C}_{n-1}^1 & & & & \\ -\mathrm{C}_n^3 & \mathrm{C}_n^1\mathrm{C}_{n-1}^2 & \ddots & & & \\ \mathrm{C}_n^4 & -\mathrm{C}_n^1\mathrm{C}_{n-1}^3 & \cdots & (-1)^{j-i}\mathrm{C}_n^i\mathrm{C}_{n-i}^{j-i} & \cdots & 0 \\ \vdots & \vdots & & \ddots & \cdots & 0 \\ (-1)^n\mathrm{C}_n^n & (-1)^{n-1}\mathrm{C}_n^1\mathrm{C}_{n-1}^{n-1} & \cdots & \cdots & \cdots & 1 \end{pmatrix}$$

这是个三角矩阵，其逆矩阵可用解三角方程组的方法获得.

2.2 Bézier 曲线的第一种定义

(1) 符号公式与定义.

设 n 为正整数，$P_0,P_1,P_2,\cdots,P_n$ 为平面或三维空间的任意 $n+1$ 个点，O 为任意选定的坐标原点. 由下面向量公式定义的点 $M(t)$ 的轨迹就是所谓的 Bézier 曲线，t 在 $[0,1]$ 间变化

$$\overrightarrow{OM(t)}=\sum_{i=0}^{i=n} B_n^i(t)\,\overrightarrow{OP_i}$$

点 $P_0,P_1,P_2,\cdots,P_n$ 称为“定义点”中“Bézier 点”，有时也叫作“控制点”(英语 control 有操纵之意，这种叫法最好避免). 依次连接这些点而得到的多边形折线叫作“曲线的特征多边形”. 我们以后将会看到曲线与原点 O 的选择无关.

例子：

当 $n=1$ 时,有

$$\overrightarrow{OM(t)}=(1-t)\overrightarrow{OP_0}+t\overrightarrow{OP_1}$$

这意味着 M 是点 P_0 和 P_1 的加权重心,加权系数为 $1-t$ 和 t. 因 $t\in[0,1]$,故曲线变成直线段$[P_0,P_1]$. 当两点重合时,曲线缩为一点.

当 $n=2$ 时,有

$$\overrightarrow{OM(t)}=(1-t)^2\overrightarrow{OP_0}+2t(1-t)\overrightarrow{OP_1}+t^2\overrightarrow{OP_2}$$

这意味着如果三个定义点不共线的话,那么 M 就在三点所决定的平面上,其轨迹是个抛物线,端点是 P_0 和 P_1. 若三点共线(或有重合点),我们又得到一个直线段,甚至一个点.

当 $n=3$ 时,有

$$\overrightarrow{OM(t)}=(1-t)^3\overrightarrow{OP_0}+3t(1-t)^2\overrightarrow{OP_1}+3t^2(1-t)\overrightarrow{OP_2}+t^3\overrightarrow{OP_3}$$

若四点不共面,我们得到一条空间曲线或挠曲线. 若四点共面但不共线,则是一条平面三次曲线. 暂且不考虑次的退化,但以后将会看到退化现象还是有些用处的.

(i) 重要性质.

曲线只取决于定义点而与坐标原点无关. 真是有幸,否则此模型理论不会有用. 我们说这条性质是固有性质. 在上面的 $n=1$ 和 $n=2$ 的例子中已看得很清楚,现证明一般情形下也为真. 取另一原点 O',证 $\forall t$ 有

$$\sum_{i=0}^{i=n}B_n^i(t)\overrightarrow{O'P_i}=\overrightarrow{O'O}+\sum_{i=0}^{i=n}B_n^i(t)\overrightarrow{OP_i}.$$

实际上,因 $\sum\limits_{i=0}^{i=n}B_n^i(t)=1$,左边分解后有两项,其中一项为 $\sum\limits_{i=0}^{i=n}B_n^i(t)\overrightarrow{O'O}$,即 $O'O$. 证毕.

(ii) 定义的符号形式.

我们用符号[*]和括号指数来分别定义向量$\overrightarrow{OP}_i$的符号积和符号幂,即

$$\overrightarrow{OP}_0[*]\overrightarrow{OP}_k=\overrightarrow{OP}_k$$

$$\overrightarrow{OP}_1[*]\overrightarrow{OP}_k=\overrightarrow{OP}_{k+1}$$

$$(\overrightarrow{OP}_0)^{[k]}=\overrightarrow{OP}_0,(\overrightarrow{OP}_0)^{[k]}=\overrightarrow{OP}_k$$

Bézier 曲线上的一点 M 可写成

$$\overrightarrow{OM}(t)=((1-t)\overrightarrow{OP}_0+t\overrightarrow{OP}_1)^{[n]}$$

实际上用二项式公式展开并利用上面的符号约定即可得到上节的定义式

$$\begin{aligned}\overrightarrow{OM}(t)=&\sum_{k=0}^{k=n}C_n^k t^k(\overrightarrow{OP}_1)^{[k]}[*](1-t)^{n-k}(\overrightarrow{OP}_0)^{[n-k]}=\\&\sum_{k=0}^{k=n}C_n^k t^k(1-t)^{n-1}\overrightarrow{OP}_0[*]\overrightarrow{OP}_k=\\&\sum_{k=0}^{k=n}C_n^k t^k(1-t)^{n-k}\overrightarrow{OP}_k=\\&\sum_{k=0}^{k=n}B_n^k(t)\overrightarrow{OP}_k\end{aligned}$$

(2) 定义的矩阵形式,数值表示法.

设$(\boldsymbol{B}_t)_n$为$n+1$阶单列矩阵,其元素是 Bernstein 多项式$B_n^i(t)$;$(\overrightarrow{\boldsymbol{OP}})_n$为元素是向量$\overrightarrow{OP}_i$的$n+1$阶单列矩阵. 对应的单行矩阵,即转置矩阵在左上角用t表示. 利用矩阵乘法公式可得

$$\overrightarrow{OM}(t)={}^t(\overrightarrow{\boldsymbol{OP}})_n\cdot(\boldsymbol{B}_t)_n={}^t(\boldsymbol{B}_t)_n(\overrightarrow{\boldsymbol{OP}})_n$$

设$\boldsymbol{T}_n$为元素是乘方t^i的$n+1$阶单列矩阵,从而我们有

$$(\boldsymbol{B}_t)_n={}^t(\boldsymbol{M}_n)\cdot\boldsymbol{T}_n$$

由此可得

$$\overrightarrow{OM}(t)={}^{t}(\overrightarrow{\boldsymbol{OP}})_n\cdot{}^{t}(\boldsymbol{M}_n)\boldsymbol{T}_n={}^{t}(\overrightarrow{\boldsymbol{OQ}})_n\cdot\boldsymbol{T}_n$$

点 Q_j 所对应的单列矩阵$(\overrightarrow{\boldsymbol{OQ}})_n$ 的转置矩阵满足等式

$$^{t}(\overrightarrow{\boldsymbol{OP}})_n\cdot{}^{t}(\boldsymbol{M}_n)={}^{t}(\overrightarrow{\boldsymbol{OQ}})_n$$

也就是说$(\overrightarrow{\boldsymbol{OQ}})_n=\boldsymbol{M}_n(\overrightarrow{\boldsymbol{OP}})_n$. 上面的$\overrightarrow{OM}(t)$ 表达式是一个在正则基底 t^i 上,系数为向量的多项式,很明显它很适用于计算机上的数值计算. 但这种 Bézier 曲线的所谓"数值表示法"有一个缺陷,那就是曲线的几何性质不太容易看出.

(3) 重心性质.

(i) 重心解释法.

由于 $B_n^i(t)$ 恒正且总和($i=0$ 到 $i=n$) 等于 1, Bézier 曲线定义式告诉我们,对任一给定的[0,1]间的 t 值,$M(t)$ 是点 $P_0,P_1,P_2,\cdots,P_n$ 的加权重心,加权系数为 $B_n^i(t)$.

(ii) 力学解释法[作用在 $M(t)$ 点上的引力,见图 3].

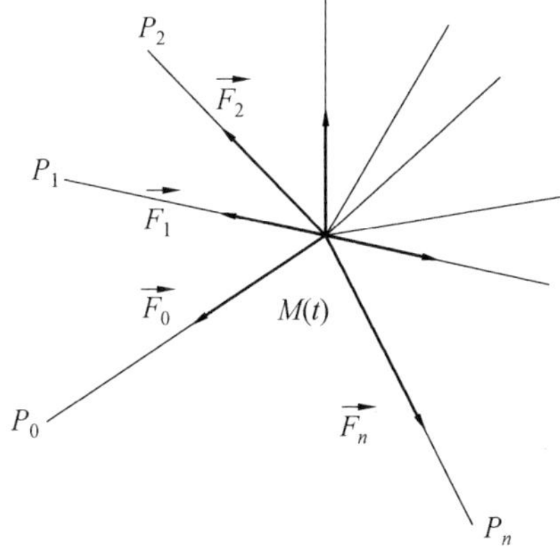

图 3

这种解释法可使人感到 Bézier 模型在驾驭曲线方面的能力：点 $M(t)$ 受到来自每个点 P_i 的引力 $\vec{F_i}=B_n^i\overrightarrow{MP_i}$ 的作用，这些引力的合力为零，即 $\sum_0^n\vec{F_i}=\vec{0}$. 也就是说，在任一时刻点 M 处于那个唯一的静态平衡位置.

例子：

下面用纯粹的几何方法来寻找 $n=2$ 时 Bézier 曲线上的一个点. 如图 4，点 $M\left(\frac{1}{2}\right)$ 在引力 $\frac{1}{4}\overrightarrow{MP_0}$，$\frac{1}{2}\overrightarrow{MP_1}$ 和 $\frac{1}{4}\overrightarrow{MP_2}$ 的作用下处于平衡状态，即

$$\frac{1}{4}\overrightarrow{MP_2}+\frac{1}{2}\overrightarrow{MP_1}+\frac{1}{4}\overrightarrow{MP_2}=\mathbf{0} \qquad (1)$$

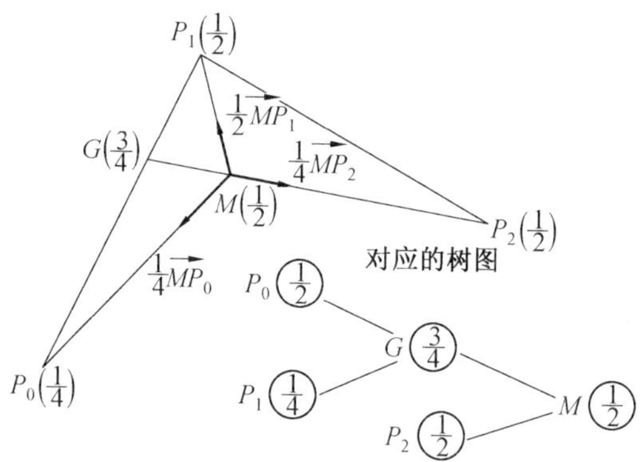

图 4

我们可先找 P_0 和 P_1 的重心 G，两点的分数分别是$\frac{1}{4}$ 和$\frac{1}{2}$. 利用重心性质，有

$$\left(\frac{1}{4}+\frac{1}{2}\right)\overrightarrow{MG}=\frac{1}{4}\overrightarrow{MP_0}+\frac{1}{2}\overrightarrow{MP_1}$$

式(1) 变成

$$\frac{3}{4}\overrightarrow{MG}+\frac{1}{4}\overrightarrow{MP_2}=\mathbf{0}$$

也就是说

$$\overrightarrow{GM}=\frac{1}{4}\overrightarrow{GP_2}$$

注 2　对任意 t 值，与 t 对应的 G 点可用同种方法求得. 这种构造方法下面将加以推广.

(iii) 模型的整体性.

每个引力 $\vec{F}_i$ 与两个互不相关的因素有关，它们是：

① 由 $B_n^i(t)$ 组成的加权系数；

② 定义点 P_i 的位置.

当 $t=0$ 时，只有 P_0 有用：因 $i>0$ 时 $B_n^i(0)=0$，这时 $M(0)=P_0$. 由于连续性，当 t 很接近 0 时，$M(t)$ 点受 P_0 强烈吸引，其他点作用很小.

当 $t=1$ 时情况一模一样，只需把 P_0 换成 P_n.

当上面两点是 Bézier 曲线首尾的两个端点，在这两点之外，定义点对曲线的影响是整体性的. 为了更好地看到这点，我们来逐步"分割"Bernstein 曲线 Γ_n^i. 当 t 从 0 变到 1 时，这些多项式相对数值的大小变化情况就一目了然.

下面图 5 的右图是 $n=3$ 时的曲线图. 可以看出：

当 $t=0$ 时，只有 P_0 有作用. 当 t 逐渐增大时，P_0 影响虽仍然最大，但在不断减小，而 P_1，P_2 和 P_3 的作用开始很小，却逐渐增大. 到了 $\frac{1}{3}$ 时，P_1 的影响变得最大了. 到了 $\frac{1}{2}$ 时，P_1 和 P_2 的影响一样大，P_0 和 P_3 的作用也相等，但相比之下要小些.

实际上，曲线“仿照”其特征多边形的形状.

这条通性可从图 5 的左图中窥见出来.

Bézier 模型的这条整体性也可以从移动定义点的位置来观测曲线如何随之改变中得到.

为简单起见，假设只有点 P_k 移动，移动量 $\vec{D}=\overrightarrow{P_kQ_k}$，新的 Bézier 曲线是点 M' 的轨迹，即

$$\overrightarrow{OM}'(t)=\sum_{i=0}^{i=n}B_n^i(t)\overrightarrow{OP}_i+B_n^k(t)(\overrightarrow{OQ}_k-\overrightarrow{OP}_k)=\overrightarrow{OM}(t)+B_n^k(t)\vec{D}$$

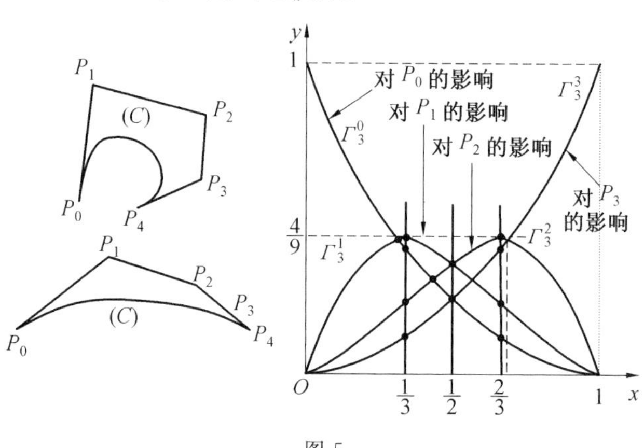

图 5

从上式可知，曲线上所有的点都跟着进行了大小不等的平移，但移动方向却是一致的，那就是点 P_k 的移动方向，见图 6. 改变一个定义点的位置，整个曲线随之改变. 在图 6 中，当 P_2 移到 P_2' 时，曲线由(C)变到(C′). 在一般情况下，只需把每个 Bézier 点的移动引起的曲线的改变叠加起来即可.

利用 Bernstein 多项式的性质，可以研究点 M 在不同 t 值时的变化情况.

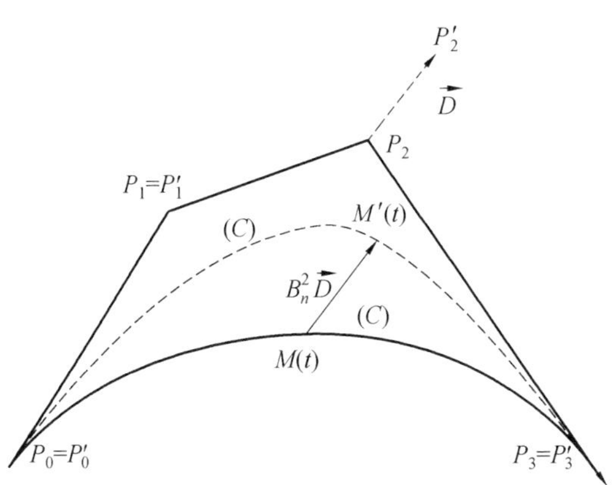

图 6

使用一个数学软件得到的示例:

用一个实验室程序绘出的七次 Bézier 曲线(图 7). 细线对应 Bézier 点 P_0 至 P_7,粗线是当 P_3 变到 P'_3 时细线的变化结果. 它们都是空间曲线. 请注意一个定义点的改变引起了整个曲线的变化.

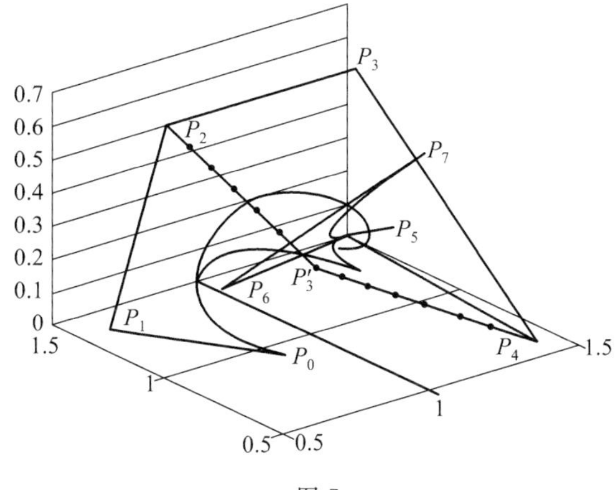

图 7

(iv) 凸包络概念.

请回忆一下这个概念：二维或三维仿射空间 E 的点组成的集合 A 被称为凸集，如果它满足下列条件：连接 A 中任意一对点 (m, m') 的线段 (m, m') 也在 A 中，也就是说：$\forall \mu \in [0,1]$，满足

$$\overrightarrow{om''} = \mu \overrightarrow{om} + (1-\mu)\overrightarrow{om'}$$

的点 m'' 仍属于 A. 当 A 为凸集时，由 A 中任意的点组成的有限子集的重心(加权系数为正)仍属于 A. 故有定义如下：

有限点集 $A = \{Q_0, Q_1, \cdots, Q_n\}$ 的凸包络 $\Gamma(A)$ 为包含这些点的最小凸集. 当这些点都在同一平面上时，可先画出所有连接任意两点的线段，再画出包含所有这些线段的最小封闭多边形. 由它围成的区域就是 $\Gamma(A)$. 多边形的边由上面已经画出的某些线段组成.

如果这些点不在同一平面上，情况差不多，只是凸包络是一个多面体区域，多面体的棱边与连接 A 中任意两点的某些线段重合[图 8(a)]. 最简单的情况之一就是不在同一平面上的四点集[图 8(b)]，其凸包络就是由顶点为 A, B, C, D 的四面体的棱边围成的四面体区域.

设有一 Bézier 曲线，其定义点为 P_i，$0 \leqslant i \leqslant n$. 由重心性质可知，对任一 t 值，曲线上的点 $M(t)$ 属于这些点 P_i 的凸包络. 请看前面的七次空间曲线，两条曲线整个都在其 Bézier 点的凸包络之中.

命题 2　任何 Bézier 曲线都包含于其定义点集的

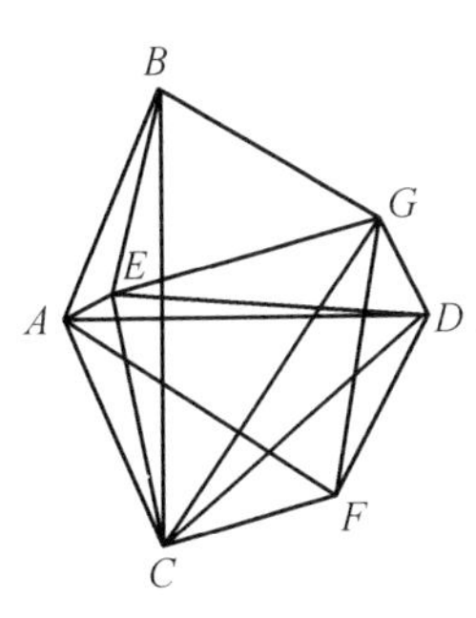

ACFDGBA 围成的凸包络区域

(a)

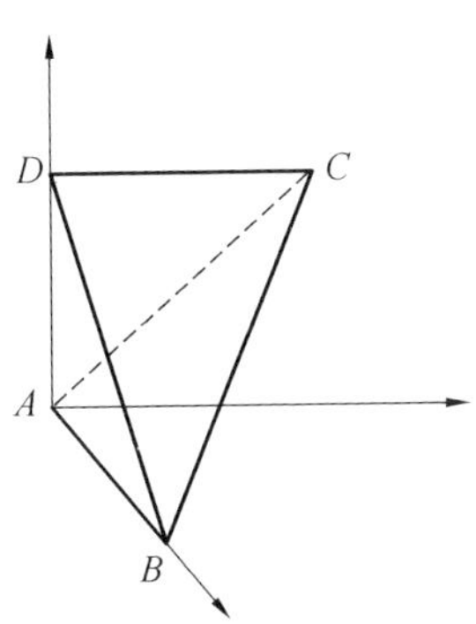

凸包络 = 四面体 ABCD 围成的区域

(b)

图 8

凸包络之中.[①]

概要图(图 9):

图 9 的左图中，曲线完全在五边形 $P_0P_1P_2P_3P_4P_0$ 的里面.

图 9 的右图中，定义点集的凸包络，即多边形 $P_0P_1P_2P_3P_4P_0$ 包含了整个曲线.

(4) 可逆性.

先观察一下三次曲线的“可逆性”：用 $1-u$ 取代 t 得到的还是一条 Bézier 曲线，因为 t 和 u 仍在同一区间取值，只是取值方向相反.

变量替换后，点 M 的定义式变成

$$\overrightarrow{OM}(1-u)=u^3\ \overrightarrow{OP}_0+3(1-u)u^2\ \overrightarrow{OP}_1+$$

---

① 在之后将会看到，若用多项式 f_m^i 来定义 Bézier 曲线，那么这条性质会很明显：n 次曲线是 n 维空间里被关在由坐标轴向量组成的广义“立方体”里的曲线的投影.

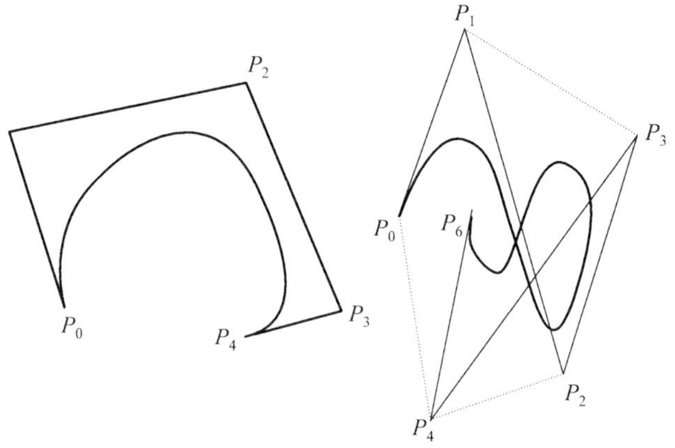

图 9

$$3(1-u)^2u\overrightarrow{OP}_2+(1-u)^3\overrightarrow{OP}_3$$

因 $u\in[0,1]$,点 $M(1-u)$ 仍在曲线上.令

$$Q_0=P_3,Q_1=P_2,Q_2=P_1,Q_3=P_0$$

得

$$\overrightarrow{OM}'(u)=(1-u)^3\overrightarrow{OQ}_0+3(1-u)^2u\overrightarrow{OQ}_1+3(1-u)u^2\overrightarrow{OQ}_2+u^3\overrightarrow{OQ}_3$$

点 $M'(u)$ 等同于点 $M(1-u)$,曲线与原曲线重合,但走向相反.很容易把可逆性推广到 n 次曲线,只需在求和定义式中作指标替换 $i=n-j$ 即可

$$\overrightarrow{OM}(1-u)=\overrightarrow{OM}'(u)=\sum_0^n C_n^i(1-u)^iu^{n-i}\overrightarrow{OP}_i=\sum_0^n C_n^{n-j}(1-u)^{n-j}u^j\overrightarrow{OP}_{n-j}$$

令 $P_{n-j}=Q_j$,并利用等式 $C_n^{n-j}=C_n^j$,得等式

$$\overrightarrow{OM}'(u)=\sum_{j=0}^{j=n}B_n^j(u)\cdot\overrightarrow{OQ}_j$$

定义点还是原来的那些定义点，只是次序反过来了. M' 沿反方向行走 M 的曲线.

(5) 曲线形状的改变.

改变 Bézier 曲线有好几种方法：

(i) 重复定义点.

如果希望某定义点 P_i 对曲线形状有较大的影响，对曲线上的点有较强的吸引力的话，可使这点重复几次. 也就是说，在定义点的序列中多取几次这个点(曲线次数将增高). 例如：对应于点 P_0, P_1, P_2 的 Bézier 抛物线段，如果使点 P_1 重复两次，那么可得到定义点为 P_0, P_1, P_1, P_2 的三次曲线. 新曲线是点 M_1 的集合

$$\begin{aligned}\overrightarrow{OM}_1(t) = &(1-t)^3\,\overrightarrow{OP}_0 + 3t(1-t)^2\,\overrightarrow{OP}_1 + \\ &3t^2(1-t)\,\overrightarrow{OP}_1 + 3t^3\,\overrightarrow{OP}_2 = \\ &(1-t)^3\,\overrightarrow{OP}_0 + (3t(1-t)^2 + \\ &3t^2(1-t))\,\overrightarrow{OP}_1 + t^3\,\overrightarrow{OP}_2 = \\ &(1-t)^3\,\overrightarrow{OP}_0 + 3t(1-t)\,\overrightarrow{OP}_1 + \\ &t^3\,\overrightarrow{OP}_2\end{aligned}$$

注 3　可以说这条曲线是另一条定义点为 P_0, P_1, P'_1, P_2 的三次空间曲线在平面(P_0, P_1, P_2)上的投影，直线(P_1, P'_1)平行于投影方向. 也就是说，点 P'_1 的投影与点 P_1 重合.

这个看法属于仿射不变性的范畴，投影后的 Bézier 曲线的定义点是 P_0, P_1, P'_1, P_2 的投影.

(ii) 增添定义点.

若希望在某定义点的邻近更强地吸引 Bézier 曲线，那么只需在这点的周围增添一些新的定义点，整个曲线将会改变(模型的整体性). 但在这点的局部附近，

曲线的变化更大. 当然,由于定义点增多,曲线次数增大.

例子:

设有二次 Bézier 曲线,即一抛物线弧,定义点为 P_0, P_1, P_2. 假设在线段$[P_0 P_1]$和$[P_2 P_1]$上分别添加定义点 Q_1 和 Q_2,满足

$$\overrightarrow{OQ}_1=\eta\overrightarrow{OP}_0+(1-\eta)\overrightarrow{OP}_1$$

和

$$\overrightarrow{OQ}_2=\eta\overrightarrow{OP}_2+(1-\eta)\overrightarrow{OP}_1$$

(η 接近 0 时,两点都靠近 P_1) 新的四次曲线由下式定义

$$\begin{aligned}\overrightarrow{OM}'(t)=&(1-t)^4\overrightarrow{OP}_0+4t(1-t)^3\overrightarrow{OQ}_1+\\&6t^2(1-t)^2\overrightarrow{OP}_1+\\&4t^3(1-t)\overrightarrow{OQ}_2+t^4\overrightarrow{OP}_2=\\&(1-t)^3[1-t+4\eta t]\overrightarrow{OP}_0+\\&[4(1-\eta)t(1-t)^3+6t^2(1-t)^2+\\&4(1-\eta)t^3(1-t)]\overrightarrow{OP}_1+\\&t^3[t+4\eta(1-t)]\overrightarrow{OP}_2\end{aligned}$$

我们完全可以讨论向量$\overrightarrow{MM'}$的变化情况,但为简便起见,取 $\eta=\frac{1}{4}, t=\frac{1}{2}$. 这时

$$\overrightarrow{OM}'=\frac{1}{8}[\overrightarrow{OP}_0+6\overrightarrow{OP}_1+\overrightarrow{OP}_2]$$

而

$$\overrightarrow{OM}=\frac{1}{4}[\overrightarrow{OP}_0+2\overrightarrow{OP}_1+\overrightarrow{OP}_2]$$

比较两式明显看出点 $M'\left(\frac{1}{2}\right)$ 比点 $M\left(\frac{1}{2}\right)$ 更靠近点

P_1, P_1 的重心系数由 $\frac{1}{2}$ 变成了 $\frac{3}{4}$. 从图 10 中可看出 P_1 的附加引力.

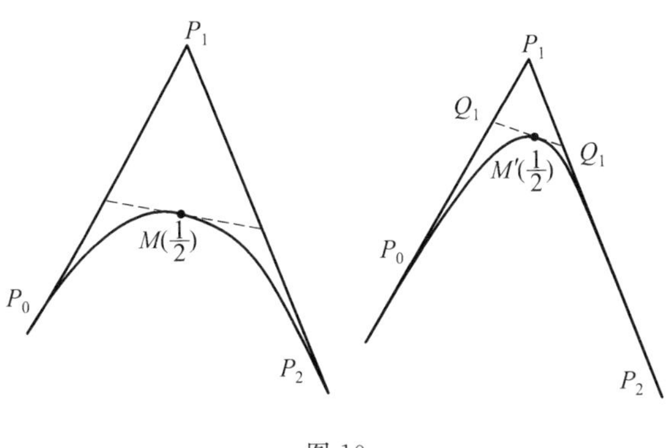

图 10

添加的两定义点 Q_1 和 Q_2 使整个曲线向点 P_1 靠近. 例如,参数为 $\frac{1}{2}$ 的点.

(iii) 减少定义点的个数.

需要说明这项手续的动机是什么,一般来说它将改变曲线的次数. 如果想求得满足一定条件的曲线,那么动机可能是为了简化数值计算. 一个有趣的问题就是怎样减少定义点的个数而使曲线保持不变,这个问题以后将讨论.

注 4　可以做到:对于一个给定的 t 值,当减少定义点个数时,$M(t)$ 点保持不变. 例如,只需用 P_k 和 P_{k+1} 的重心 P'_k 代替它们即可,重心系数是确定的数值 $B_n^k(t)$ 和 $B_n^{k+1}(t)$. 很明显,点 $M(t)$ 没有变. 但这种情况没什么意思,因为曲线整体改变了,并且新的点已不再属于 Bézier 曲线的定义范围了.

2.3 Bézier 曲线的变换

(1) 仿射变换;模型不变性.

点变换是仿射变换,在点变换下 Bézier 模型不变.也就是说,Bézier 曲线变换后仍是 Bézier 曲线(即可用 Bézier 点和 Bernstein 多项式加以定义),曲线变换后的 Bézier 点是变换前定义点的变换.

先举个例子:

第一种变换:位似变换.

设 $\boldsymbol{B}$ 为一空间向量,a 为非零实数,O 为空间一点.变换 $\mathscr{H}$ 使点 M 对应点 M':$\overrightarrow{OM'}=a\overrightarrow{OM}+\boldsymbol{B}$. 考虑一条 n 次 Bézier 曲线,其定义点为 P_i,移动点记为 $M(t)$. 变换后的曲线是 $M'(t)$ 的集合

$$\overrightarrow{OM}'(t)=\boldsymbol{B}+a\sum_0^n B_n^i(t)\overrightarrow{OP}_i$$

因 $\boldsymbol{B}=\sum_0^n B_n^i(t)\boldsymbol{B}$,可把向量 $\boldsymbol{B}$ 和实数 a 放入求和号内,即

$$\begin{aligned}\overrightarrow{OM}(t)=\sum_0^n B_n^i(t)a\overrightarrow{OP}_i+\sum_0^n B_n^i(t)\boldsymbol{B}=\\ \sum_0^n B_n^i(t)(a\overrightarrow{OP}_i+\boldsymbol{B})=\\ \sum_0^n B_n^i(t)\overrightarrow{O\mathscr{H}}(P_i)\end{aligned}$$

$\mathscr{H}$具有变换不变性.

请注意,这个变换由两个部分组成:一部分是中心为 O,比率为 a 的位似变换;另一部分是等于向量 $\boldsymbol{B}$ 的平移. 若 $a=1$,$\mathscr{H}$是一个平移变换;若 $\boldsymbol{B}$ 为零,则是一个中心为 O 的位似变换. 无论怎样,都是一个位似变换,

其变换中心是不难求得的.

一般情形.

给定一仿射映射 $\mathscr{A}$,存在一线性映射 $\mathscr{L}$,使得对空间任何一点 m,有(用点 + 向量标记法)

$$\mathscr{A}(m)=\mathscr{A}(o)+\mathscr{L}(\overrightarrow{om})$$

其中 o 是选定的空间原点.

若 M 是某一 Bézier 曲线上的点,令

$$\mathscr{A}(M)=\mathscr{M}',\mathscr{A}(O)=O'$$

因 $\mathscr{L}$ 线性,故

$$\mathscr{M}'=O'+\mathscr{L}\left(\sum_{0}^{n}B_n^i(t)\overrightarrow{OP}_i\right)=O'+\sum_{0}^{n}B_n^i(t)\mathscr{L}(\overrightarrow{OP}_i)$$

令

$$\mathscr{A}(P_i)=P'$$

这时

$$\overrightarrow{O'M'}=\sum_{0}^{n}B_n^i(t)\mathscr{L}(\overrightarrow{OP}_i)=\sum_{0}^{n}B_n^i(t)\overrightarrow{O'P'}_i$$

这就是所谓的不变性.

由此可知(说个较为重要的例子),正投影或平行于一条直线的斜投影把平面或空间的 Bézier 曲线投影在一个平面上,得到的平面曲线也是 Bézier 曲线,其定义点是原曲线定义点在平面上的(正或斜)的投影.

特例:平面相似变换.

包含了平移、位似和旋转的相似变换,是平面仿射映射中应用最广的变换之一.

使用复数可使这种相似变换的书写非常简洁. 对平面某一正相似变换 S,可找两复数 a 和 b,使点 $m'=S(m)$ 的附标 z' 与点 m 的附标 z 之间满足等式 $z'=az+b$.

留给读者去证明在这种特殊情况下，Bézier 模型的不变性. 另外，利用公式 $z'=a\bar{z}+b$ 还可用同种办法处理平面反相似变换的情形.

例如，有一、二次 Bézier 曲线(图 11)，定义点为 P_0，P_1，P_2，在平面直角坐标系中的坐标或复平面中的复标为 z_0，z_1，z_2，这是一条抛物线弧(C). 试确定经过以点 Ω 为中心(附标为 -1)，比值为$\sqrt{2}$，转角$\frac{\pi}{4}$的相似变换后，(C) 所变成的 Bézier 曲线. 我们知道，变换后的二次 Bézier 曲线的定义点 P'_0，P'_1，P'_2 是(C) 的定义点的变换. 故只需确定它们即可. 相似变换的复数书写很直接，即为

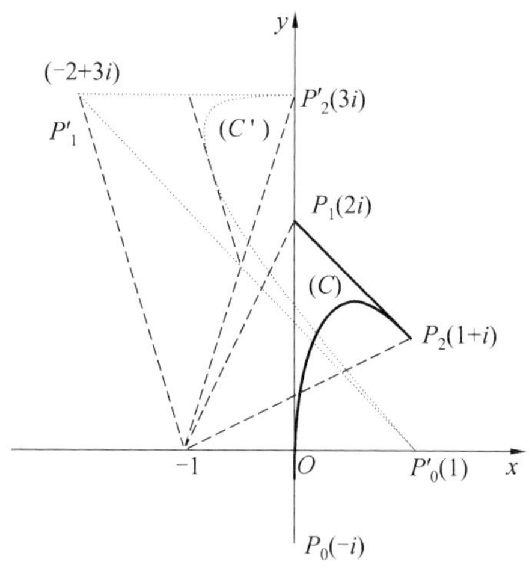

图 11

$$z'+1=\sqrt{2}\,\mathrm{e}^{\mathrm{i}\frac{\pi}{4}}(z+1)$$

或

$$z'=(1+\mathrm{i})z+\mathrm{i}$$

用此公式便可求得(C)变换后所得到的抛物线弧的 Bézier 点，也就可以得到抛物线弧本身. 在图 11 中，我们选择 P_0, P_1, P_2 三点的复标分别是 $-\mathrm{i}, 2\mathrm{i}, 1+\mathrm{i}$.

(2) 非仿射变换.

一般来说，变换后不再是 Bézier 曲线了. 为此，只需考察一下平面反演变换 I，这是一个把 z 与它的共轭复数的倒数 $\frac{1}{\bar{z}}$ 对应的复变换. 一次 Bézier 曲线一般变为一个圆弧. 这足以说明问题了.

请看另一个例子：定义点复标为 $\mathrm{i}, 1+\mathrm{i}$ 和 i 的抛物线弧. 移动点复标的共轭复数为

$$\bar{z} = -(1-t)^2\mathrm{i} + 2t(1-t)(1-\mathrm{i}) + t^2 = 2t - t^2 + \mathrm{i}(t^2-1)$$

其倒数为

$$\frac{(2t-t^2) - \mathrm{i}(t^2-1)}{(2t-t^2)^2 + (t^2-1)^2}$$

这甚至不是一个多项式.

2.4 在其他多项式基底上的展开

(1) 向量表达式.

n 次 Bézier 曲线的经典定义采用的是次数小于或等于 n 的多项式空间 P_n 中的 Bernstein 多项式 B_n^i(i 在 0 和 n 间变化) 组成的基底. 若使用 P_n 的正则基底，$M(t)$ 的向量定义式则按 t 的乘方来排列

$$\overrightarrow{OM}(t) = \sum_{j=0}^{j=n} t^j \, \overrightarrow{OQ}_j$$

上式叫作“正则定义式”，Q_j 称作“正则定义点”.

借助原来定义中的 Bézier 点 P_i 可求得 Q_j. 为此，把 Taylor 公式应用于系数是向量的多项式上，可得

$$\overrightarrow{OM}(t)=\overrightarrow{OM}(0)+t\frac{\mathrm{d}\overrightarrow{OM}}{\mathrm{d}t}(0)+\frac{t^2}{2}\frac{\mathrm{d}^2\overrightarrow{OM}}{\mathrm{d}t^2}(0)+\cdots+\frac{t^j}{j!}\frac{\mathrm{d}^j\overrightarrow{OM}}{\mathrm{d}t^j}(0)+\cdots+\frac{t^n}{n!}\frac{\mathrm{d}^n\overrightarrow{OM}}{\mathrm{d}t^n}(0)$$

可见展开式中 t^j 的系数是

$$\overrightarrow{OQ}_j=\frac{1}{j!}\frac{\mathrm{d}^j\overrightarrow{OM}}{\mathrm{d}t^j}(0)=\frac{1}{j!}\sum_{i=0}^{i=n}(B_n^i)^{(j)}(0)\cdot\overrightarrow{OP}_i$$

例子：

在 n 较小时，虽然可以借助二项式公式来展开 Bernstein 多项式，但通常还是习惯用上面的式子. 取 $n=3$，求 B_3^i 在 $t=0$ 时的导数

$$B_3^0=(1-t)^3\Rightarrow(B_3^0)'=-3(1-t)^2\Rightarrow(B_3^0)''=6(1-t)\Rightarrow(B_3^0)'''=-6$$

$$B_3^1=3t(1-t)^2\Rightarrow(B_3^1)'=3(1-4t+3t^2)\Rightarrow(B_3^1)''=6(-2+3t)\Rightarrow(B_3^1)'''=18$$

$$B_3^2=3t^2(1-t)\Rightarrow(B_3^2)'=3(2t-3t^2)\Rightarrow(B_3^2)''=6(1-3t)\Rightarrow(B_3^2)'''=-18$$

$$B_3^3=t^3\Rightarrow(B_3^3)'=3t^2\Rightarrow(B_3^3)''=6t\Rightarrow(B_3^3)'''=6$$

代入$\overrightarrow{OQ}_j$ 展开式后有

$$\overrightarrow{OQ}_0=\overrightarrow{OP}_0$$

$$\overrightarrow{OQ}_1=-3\overrightarrow{OP}_0+3\overrightarrow{OP}_1$$

$$\overrightarrow{OQ}_2=3\overrightarrow{OP}_0-6\overrightarrow{OP}_1+3\overrightarrow{OP}_2$$

$$\overrightarrow{OQ}_3=-\overrightarrow{OP}_0+3\overrightarrow{OP}_1-3\overrightarrow{OP}_2+\overrightarrow{OP}_3$$

再借助公式

$$\overrightarrow{OM}(t)=\sum_{j=0}^{j=3}t^j\,\overrightarrow{OQ}_j$$

计算就结束了.

为了考察新的公式与曲线形状的关系，不妨取 P_0 为原点 O，并把连接定义点的向量显示出来，我们有

$$\overrightarrow{P_0M}(t)=3t\,\overrightarrow{P_0P_1}+3t^2[\overrightarrow{P_1P_0}+\overrightarrow{P_1P_2}]+t^3[\overrightarrow{P_0P_3}+3\,\overrightarrow{P_2P_1}]$$

除第一个向量外，其他向量系数不像是与曲线有什么明显的关系，并且随指数的增加系数越来越复杂；另外还失去了重心解释法，力学解释法，系数的一些对称性，以及可逆性等. 我们说正则定义点 Q_j 不太适用. 然而，这种多项式的"正则"书写法却大大方便了数值计算(见前面讲的数值公式和其他一些问题，如参数变换，次的虚拟增高，插值法等).

注 5　历史上，这种按 t 乘方展开的形式是最早被使用的，尤其被 Ferguson 采用. 但即使对简单的例子，这种展开式与曲线形状的关系都不明显，点 Q_j 的选择对 $\overrightarrow{OM}(t)$ 变换的影响也难以解释(见下节的例子). 利用 Ferguson 模型，需要好几个小时才能画出曲线图来.

(2) 解析(或矩阵)表达式.

坐标原点为 O 的仿射空间 ε 中点 $\overline{m}$ 的坐标等同于基底为坐标轴的向量空间中向量 $\overrightarrow{OM}$ 的分量. 按 Bernstein 多项式展开(Bernstein 书写法)和按 t 的乘方展开(正则书写法)的公式分别如下

$$\begin{cases}\overrightarrow{OM}=\sum\limits_{j=0}^{j=n}t^{j}\,\overrightarrow{OQ}_{j}\\ \overrightarrow{OM}=\sum\limits_{j=0}^{j=n}B_{n}^{j}\,\overrightarrow{OP}_{j}\end{cases}$$

点 P 已知，使用矩阵公式 $(\overrightarrow{OP})_n=\boldsymbol{M}_n\cdot(\overrightarrow{OP})_n$ 可求得点 Q. 令 P 和点 Q 的单列横坐标矩阵为 $(\boldsymbol{x}_P)$ 和 $(\boldsymbol{x}_Q)$（纵坐标和竖坐标为 $(\boldsymbol{y}_P)$，$(\boldsymbol{y}_Q)$ 和 $(\boldsymbol{z}_P)$，$(\boldsymbol{z}_Q)$），我们有

$$(\boldsymbol{x}_Q)=\boldsymbol{M}_n\cdot(\boldsymbol{x}_P)$$

对另两坐标，有类似公式.

注 6　$\boldsymbol{M}_n$ 是可逆矩阵，已知点 Q 也可求得点 P. 因此可说，一个系数为向量的多项式曲线一定是 Bézier 曲线.

举一个 $n=3$ 的例子，它会使我们看到曲线与点 Q 的相对位置之间的关系，以及上面所说的按 t 乘方展开的正则书写法的几何缺陷.

在坐标系 (O,U,V) 中，四个 Bézier 点的坐标分别是 $(0,0)$，$(0,1)$，$(\lambda,-\lambda)$，$(0,\mu)$，试求在正则基底上曲线的表达式. 为此，只需确定曲线的正则定义点 Q_0，Q_1，Q_2，Q_3.

在前面的矩阵公式里，用四个点 P 的横坐标 $0,0,\lambda,0$ 代替 x_j，用它们的纵坐标 $0,1,-\lambda,\mu$ 代替 y_j，用 x'_j 和 y'_j 表示 Q 的坐标，我们有

$$\begin{pmatrix}x'_0\\x'_1\\x'_2\\x'_3\end{pmatrix}=\begin{pmatrix}1&0&0&0\\-3&3&0&0\\3&-6&3&0\\1&3&-3&1\end{pmatrix}\begin{pmatrix}x_0\\x_1\\x_2\\x_3\end{pmatrix}=\begin{pmatrix}0\\0\\3\lambda\\-3\lambda\end{pmatrix}$$

$$\begin{pmatrix} y'_0 \\ y'_1 \\ y'_2 \\ y'_3 \end{pmatrix} = \begin{pmatrix} 1 & 0 & 0 & 0 \\ -3 & 3 & 0 & 0 \\ 3 & -6 & 3 & 0 \\ 1 & 3 & -3 & 1 \end{pmatrix} \begin{pmatrix} y_0 \\ y_1 \\ y_2 \\ y_3 \end{pmatrix} = \begin{pmatrix} 0 \\ 3 \\ -6-3\lambda \\ 3+3\lambda+\mu \end{pmatrix}$$

点 Q_0, Q_1, Q_2, Q_3 的坐标分别是 $(0,0)$，$(0,3)$，$(3\lambda, -6-3\lambda)$，$(-3\lambda, 3+3\lambda+\mu)$. 曲线被包含在顶点为 P_0, P_1, P_2, P_3 的四边形内，但四个 Q 点的扩散却是戏剧性的. 在图 12 的两个图中，(λ, μ) 的取值不同.

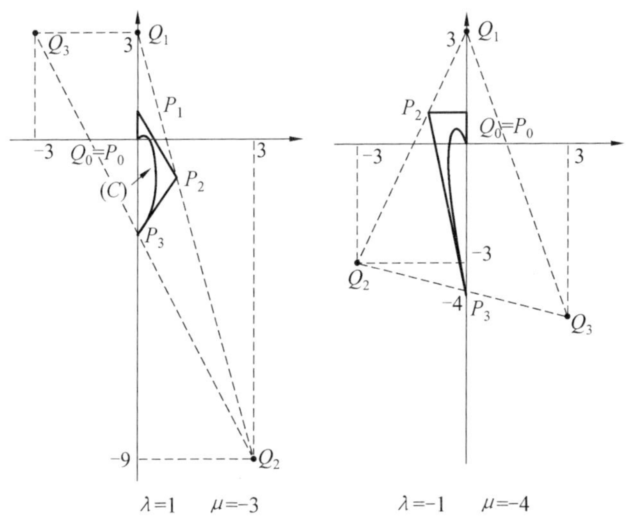

图 12

一些局部性质（见下节），如在点 P_0 的向量 $\overrightarrow{P_0P_1}$ 和在点 P_3 的向量 $\overrightarrow{P_3P_2}$ 所具有特性都远不能被点 Q 所满足. 这些点 Q，除了最头几个外，都相当分散并远离“表演舞台”. 除此之外，曲线不被点 Q 的凸包络所包含.

注 7　我们还可利用其他基底. 不排除对于某些

特殊情况，其他基底比 Bernstein 多项式基底更适用，但寻找新基底时不要忘记，模型与坐标系的无关性，以及驾驭形状的能力都是绝对必要的.

§3　Bézier 曲线的局部性质

3.1　逐次导向量，切线

(1) 导向量.

Bernstein 多项式无穷可导，定义 Bézier 曲线的向量函数也因而无穷可导. P 阶导向量函数可写成

$$\frac{\mathrm{d}^p \overrightarrow{OM}}{\mathrm{d}t^p}(t)=\sum_{i=0}^{i=n}\frac{\mathrm{d}^p B_n^i}{\mathrm{d}t^p}(t)\,\overrightarrow{OP}_i=\sum_{i=0}^{i=n}(B_n^i)^{(p)}(t)\,\overrightarrow{OP}_i$$

请注意等式中导数的标记法，以后会用到它.

(2) 切线，曲线两端点上的切线.

由向量函数定义的曲线上某点处的切线与在这点的一阶非零导向量重合.

Bézier 向量函数的一阶导数为

$$\frac{\mathrm{d}\overrightarrow{OM}}{\mathrm{d}t}(t)=\sum_{i=0}^{i=n}\mathrm{C}_n^i\left(it^{i-1}(1-t)^{n-i}-(n-i)t^i(1-t)^{n-i-1}\right)\overrightarrow{OP}_i$$

在 $t=0$ 的曲线端点 P_0 处，只有第一项和第二项不为零，在这点的导向量可用连接 Bézier 曲线的头两个定义点的向量表示

$$\frac{\mathrm{d}\overrightarrow{OM}}{\mathrm{d}t}(0)=-n\,\overrightarrow{OP}_0+n\,\overrightarrow{OP}_1=n\,\overrightarrow{P_0P_1}$$

同理，$t=1$ 时只有最后两项不为零，可得类似等式

$$\frac{\mathrm{d}\,\overrightarrow{OM}}{\mathrm{d}t}(1)=-n\,\overrightarrow{OP}_{n-1}+n\,\overrightarrow{OP}_n=n\,\overrightarrow{P_{n-1}P_n}$$

这些性质及其推广是另一种定义法的基础(见 §4).

命题 3　若 P_0 和 P_1 不重合,那么直线(P_0P_1)就是 Bézier 曲线在始点 $P_0=M(0)$ 处的切线. 同样,若 P_{n-1} 和 P_n 不重合,那么直线($P_{n-1}P_n$)就是曲线在 $P_n=M(1)$ 处的切线.

注 8　若 P_0 和 P_1 重合(重合定义点),可以验证:若 P_k 是第一个与 P_0 不重合的定义点,那么 Bézier 曲线在 P_0 处的切线就是直线(P_0P_k);同样,在点 P_n 处的切线是(P_tP_n),其中 P_t 是与 P_n 不重合的下标最大的点.

这条性质对控制曲线形状的影响:

曲线两端点的切线对曲线形状的影响是很重要的(图 13),尤其在 n 值较小时,如 2 或 3 时,其作用是很有趣的.

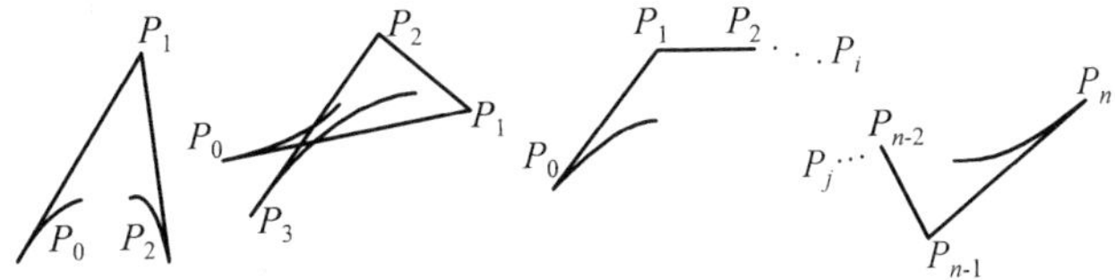

图 13

相反,在曲线的其他点,切线与所有控制点都有关,这可从导数公式看出,它也再次显示了 Bézier 模型的整体性. 怎样确定任意点处的切线这一问题,在以后关于矢端概念的章节中会加以讨论.

(3) 二阶和三阶导向量.

仍只看曲线端点 P_0 和 P_1 的情形,一般情形留着以后讲 Bézier 曲线的等价定义时再谈.

多项式 B_n^i 有因子 t^i，故在 $t=0$ 点的二阶导向量只与头三个定义点有关. 同理，对三阶导向量，只有头四个定义起作用

$$\frac{\mathrm{d}^2}{\mathrm{d}t^2}\overrightarrow{OM}(0)=(B_n^0)''(0)\cdot\overrightarrow{OP}_0+(B_n^1)''(0)\cdot\overrightarrow{OP}_1+(B_n^2)''(0)\cdot\overrightarrow{OP}_2=n(n-1)\overrightarrow{OP}_0-2n(n-1)\overrightarrow{OP}_1+n(n-1)\overrightarrow{OP}_2$$

$$\frac{\mathrm{d}^3}{\mathrm{d}t^3}\overrightarrow{OM}(0)=(B_n^0)'''(0)\cdot\overrightarrow{OP}_0+(B_n^1)'''(0)\cdot\overrightarrow{OP}_1+(B_n^2)'''(0)\cdot\overrightarrow{OP}_2+(B_n^3)'''(0)\cdot\overrightarrow{OP}_3=n(n-1)(n-2)[-\overrightarrow{OP}_0+3\overrightarrow{OP}_1-3\overrightarrow{OP}_2+\overrightarrow{OP}_3]$$

我们发现，以后可以证明这些向量可用特征多边形"边向量"来表示，这推广了一阶导向量的性质. 例如

$$\frac{\mathrm{d}^2}{\mathrm{d}t^2}\overrightarrow{OM}(0)=-n(n-1)[\overrightarrow{P_0P_1}-\overrightarrow{P_1P_2}]$$

因此，特征多边形的头两个边向量决定了二阶连续的问题，尤其是关于曲率的问题(见 §4).

3.2 Bézier 曲线的局部问题

用 Bézier 曲线的正则定义法(见上几节)，可写出 $M(t)$ 在给定坐标系中的坐标，于是可用经典方法研究局部问题.

但 Bézier 模型的有趣之处就在于可用几何工具来做这些研究，并在大多数情况下能给出珍贵的图像. 这

些工具,特别是矢端曲线,将在下面加以介绍.

我们举两个例子,第一个例子是关于拐点的问题,第二个例子研究二重点、拐点以及切线平行于坐标轴的切点.

例 1 三次曲线定义点 P_0,P_1,P_2,P_3 的坐标为 $(-1,0),(0,-1),(0,1),(1,0)$. 把 Bernstein 多项式展开后可得 $M(t)$ 的坐标

$$\begin{cases} x=f(t)=-1+3t-3t^2+2t^3 \\ y=g(t)=-3t+qt^2-6t^3=-6t(t-1)(t-\frac{1}{2}) \end{cases}$$

其导数为

$$\begin{cases} x'(t)=3-6t+6t^2 \\ y'(t)=-3+18t-18t^2 \end{cases}$$

$$\begin{cases} x''(t)=-6+12t \\ y''(t)=18-36t \end{cases}$$

$$\begin{cases} x'''(t)=12 \\ y'''(t)=-36 \end{cases}$$

在参数为$\frac{1}{2}$ 的点,二阶导向量为零.

实际上,我们有

$$\begin{cases} x(\frac{1}{2})=0 \\ y(\frac{1}{2})=0 \end{cases} \begin{cases} x'(\frac{1}{2})=\frac{3}{2} \\ y'(\frac{1}{2})=\frac{3}{2} \end{cases} \begin{cases} x''(\frac{1}{2})=0 \\ y''(\frac{1}{2})=0 \end{cases} \begin{cases} x'''(\frac{1}{2})=12 \\ y'''(\frac{1}{2})=-36 \end{cases}$$

可以验证

$$V^{(3)}(\frac{1}{2})\Lambda\vec{V}'(\frac{1}{2})\neq\mathbf{0}$$

因此这是一个拐点,曲线的图形也证明了这一点. 曲线可以精确地画出,如图 14 所示

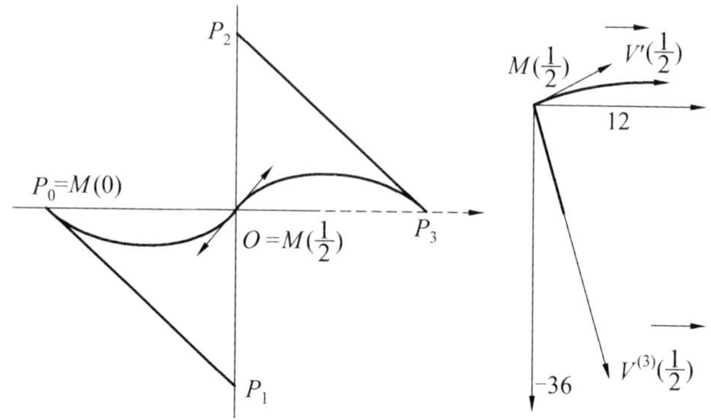

图 14

图 14 的左图绘出了曲线的总体形状，右图绘出了拐点处的二阶和三阶导向量.

例 2 三次曲线定义点坐标为$(-1,0)$，(μ,μ)，$(-\mu,\mu)$，$(1,0)$，其中 μ 大于零. $M(t)$ 的坐标不难求得，为

$$\begin{cases} x=f(t)=-(1-t)^3+t^3+3\mu t(1-t)(1-2t) \\ y=g(t)=3\mu t(1-t) \end{cases}$$

其导数为

$$\begin{cases} f'(t)=3[2t^2(1+3\mu)-2t(1+3\mu)+1+\mu] \\ g'(t)=3\mu[1-2t] \end{cases}$$

$f'(t)$ 的根取决于判别式 $\delta=4(1+3\mu)(\mu-1)$ 的符号

$$\begin{cases} f''(t)=6(1+3\mu)(2t-1) \\ g''(t)=-6\mu \end{cases}$$

我们来研究点 $M\left(\frac{1}{2}\right)$.

由于可逆性和定义点的对称性，参数为$\frac{1}{2}$ 的点一定很特别. 实际上，$f\left(\frac{1}{2}\right)=0$，也就是说，点 $M\left(\frac{1}{2}\right)$ 在

纵坐标轴上. 另外, $g'\left(\frac{1}{2}\right)=0$. 如果 $f'\left(\frac{1}{2}\right)\neq 0$, 那么在这点的切线是水平的.

"交叉点"或二重点存在性讨论:

在只知道曲线的大致形状和两端点切线时, 有时可以预测在曲线理论中被称为所谓"二重点"的存在性, 我们叫它"交叉点". 在这里, 可以预测这种点存在, 并且还在纵轴上.

我们知道 $f(t)$ 的一个根, 因式分解后有

$$f(t)=(2t-1)[t^2(1+3\mu)-t(1+3\mu)+1]$$

若中括号里的三项式在取 t_1 和 t_2 两值时为零的话, 那么

$$t_1+t_2=1$$

故

$$g(t_1)=g(t_2)$$

这意味着在纵轴上的这点, 曲线确实有二重点. 相反, 当这个三项式不能为零时, 就不会有二重点. 三项式的判别式 $\Delta=3(1+3\mu)(\mu-1)$ 与 δ 成正比; 它只在 $\mu=1$ 时为零.

拐点:

同样, 曲线的形状可以让人猜测拐点的存在与否. 因向量 $\mathbf{V}''$ 在这里恒不为零, 故对拐点有等式

$$\frac{g''(t)}{f''(t)}=\frac{g'(t)}{f'(t)}$$

简化后得

$$t^2(1+3\mu)-t(1+3\mu)+\mu=0$$

其判别式 $(1+3\mu)(1-\mu)$ 仅当 $\mu<1$ 时为正. 有了上面的准备工作, 可以开始进行讨论了. 因有对称性, 故

不妨只在区间 $I=[0,\frac{1}{2}]$ 内讨论.

第一类情况:$\mu<1$.

因判别式 $\delta<0$,故导数 $f'(t)$ 不会取 0 值,在 I 上恒正. 函数 f 和 g 在 I 上递增. 图 15 是 $\mu=\frac{3}{4}$ 时的曲线图.

点 A 处的切线水平,曲线没有交叉点,但当 t 为上面方程在 I 上的根时,曲线有拐点 J.

对 $\mu=\frac{3}{4}$,可求得根 $t\approx 0.36$;$x\approx 0.35$;$y\approx 0.52$.

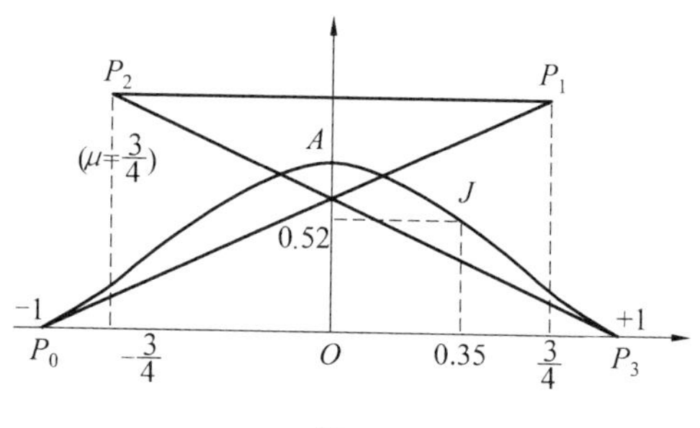

图 15

第二类情况:$\mu=1$.

前面的三个判别式皆为零,很容易发现没有水平切线,但有一个尖点,在这点的切线垂直. 因为我们一方面有 $\mathbf{V}'(\frac{1}{2})=(0,0)$,$\mathbf{V}''(\frac{1}{2})=(0,-6)$,另外纵轴是对称轴,说明尖点是第一类尖点(图 16).

第三类情况:$\mu>1$.

判别式 δ 和 Δ 都为正,说明 $f'(t)$ 可在 I 上为零,f

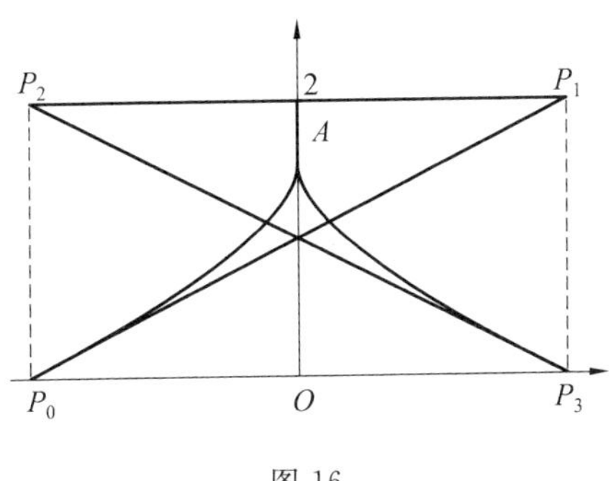

图 16

可在 $t_1 \neq \frac{1}{2}$ 时为零. 故存在二重点 D 和切线垂直的点 B.

函数变化表如下(表 1):

表 1

t	0		t'_1		$\frac{1}{2}$
$f'(t)$		$+$	0	$-$	
$f(t)$	-1	↗	$f(t'_1)$	↘	0
$g(t)$	0	↗	$g(t'_1)$	↗	$\frac{3\mu}{4}$

图 17 是 $\mu = 2$ 时的曲线图.

交叉点 D 对应两值: $t_1 \approx 0.17$ 和 $t_2 \approx 0.83$.

它处在纵轴上,纵坐标为: $Y_D \approx 0.847$. 至于对切线垂直的点 B,可求得 $t'_1 \approx 0.24$,其坐标 $x_B \approx 0.144$, $y_B \approx 1.1$.

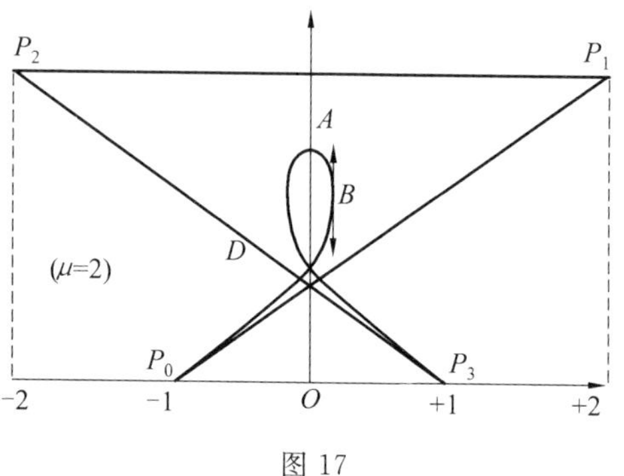

图 17

§4 第二种定义法:向量与制约

4.1 n 维空间曲线的定义

设 $\mathbf{V}_0,\mathbf{V}_1,\mathbf{V}_2,\cdots,\mathbf{V}_n$ 是仿射平面或仿射空间 ε(甚至可假设其维数是任意的)的 $n+1$ 个向量,f_n^i(i 在 0 与 n 间取值)为 $n+1$ 个 n 次多项式函数,其实变量 t 在 $[0,1]$ 内变化,且有 $f_n^0(t)=1$. $\vec{\varepsilon}$ 为与仿射空间 ε 对应的向量空间. 我们用 $\vec{\varepsilon}$ 中的向量等式来定义 ε 中的随 t 变化的点 M,即

$$\overrightarrow{OM}(t)=\sum_{i=0}^{i=n} f_n^i(t)\mathbf{V}_i=\mathbf{V}_0+\sum_{i=1}^{i=n} f_n^i(t)\mathbf{V}_i$$

在以后的计算中,我们都假设 $\vec{\varepsilon}$ 的维数大于或等于 n,向量 $\mathbf{V}_1,\mathbf{V}_2,\cdots,\mathbf{V}_n$ 在 $\vec{\varepsilon}$ 中线性无关.

现在来确定 f_n^i. 下面给出的制约可以保证我们能用曲线 $M(t)$ 来连接空间 ε 中的两点 M_0 和 M_1.

两个位置条件:曲线始于 M_0,终于 M_1,即 $M(0)=M_0$,$M(1)=M_1$.

两个端点条件:向量$\mathbf{V}_1$与曲线相切于M_0,向量$\mathbf{V}_n$与曲线相切于M_1.

两个二阶制约:在$t=0$处的二阶导向量只与$\mathbf{V}_1$和$\mathbf{V}_2$有关(在$t=1$点只与$\mathbf{V}_n$和$\mathbf{V}_{n-1}$有关)

$$\begin{cases}\overrightarrow{OM}''(0)=(f_n^1)''(0)\cdot\mathbf{V}_1+(f_n^2)''(0)\cdot\mathbf{V}_2\\\overrightarrow{OM}''(1)=(f_n^{n-1})''(1)\cdot\mathbf{V}_{n-1}+(f_n^2)''(1)\cdot\mathbf{V}_n\end{cases}$$

如此类推,P阶导向量在$t=0$和$t=1$点分别只与前P个向量和后P个向量有关.这个条件直到$n-1$阶时都成立.具体地说就是

$$\overrightarrow{OM}^{(p)}(0)=\sum_{j=1}^{j=p}(f_n^j)^{(p)}(0)\cdot\mathbf{V}_j$$

$$\overrightarrow{OM}^{(p)}(1)=\sum_{j=0}^{j=p-1}(f_n^{n-j})^{(p)}(1)\cdot\mathbf{V}_{n-j}$$

例如,在$n=3$时,有下面6个向量条件式

$$\begin{cases}\overrightarrow{OM}(0)=\mathbf{V}_0\\\overrightarrow{OM}(1)=\sum_0^3\mathbf{V}_i\end{cases}$$

$$\begin{cases}\overrightarrow{OM}'(0)=(f_3^1)'(0)\cdot\mathbf{V}_1\\\overrightarrow{OM}'(1)=(f_3^3)'(1)\cdot\mathbf{V}_3\end{cases}$$

$$\begin{cases}\overrightarrow{OM}''(0)=(f_3^1)''(0)\cdot\mathbf{V}_1+(f_3^2)''(0)\cdot\mathbf{V}_2\\\overrightarrow{OM}''(1)=(f_3^3)''(1)\cdot\mathbf{V}_2+(f_3^3)''(1)\cdot\mathbf{V}_3\end{cases}$$

4.2 多项式 f_3^i 的确定

上面的约束条件可写成下面的等式

$$\begin{cases}f_3^1(0)\cdot\mathbf{V}_1+f_3^2(0)\cdot\mathbf{V}_2+f_3^3(0)\cdot\mathbf{V}_3=\mathbf{0}\\f_3^1(1)\cdot\mathbf{V}_1+f_3^2(1)\cdot\mathbf{V}_2+f_3^3(1)\cdot\mathbf{V}_3=\mathbf{V}_1+\mathbf{V}_2+\mathbf{V}_3\end{cases}$$

$$\begin{cases}(f_3^1)'(0)\cdot\boldsymbol{V}_1+(f_3^2)'(0)\cdot\boldsymbol{V}_2+(f_3^3)'(0)\cdot\boldsymbol{V}_3=\\(f_3^1)'(0)\cdot\boldsymbol{V}_1\\(f_3^1)'(1)\cdot\boldsymbol{V}_1+(f_3^2)'(1)\cdot\boldsymbol{V}_2+(f_3^3)'(1)\cdot\boldsymbol{V}_3=\\(f_3^3)'(1)\cdot\boldsymbol{V}_3\end{cases}$$

$$\begin{cases}(f_3^1)''(0)\cdot\boldsymbol{V}_1+(f_3^2)''(0)\cdot\boldsymbol{V}_2+(f_3^3)''(0)\cdot\boldsymbol{V}_3=\\(f_3^1)''(0)\cdot\boldsymbol{V}_1+(f_3^2)''(0)\cdot\boldsymbol{V}_2\\(f_3^1)''(1)\cdot\boldsymbol{V}_1+(f_3^2)''(1)\cdot\boldsymbol{V}_2+(f_3^3)''(1)\cdot\boldsymbol{V}_3=\\(f_3^2)''(1)\cdot\boldsymbol{V}_2+(f_3^3)''(1)\cdot\boldsymbol{V}_3\end{cases}$$

因 $\boldsymbol{V}_1,\boldsymbol{V}_2,\boldsymbol{V}_3$ 线性无关,系数对比后可得 12 个条件式

$$f_3^i(0)=0$$

$$f_3^i(1)=1$$

$$(f_3^3)'(0)=(f_3^2)'(0)=0$$

$$(f_3^1)'(1)=(f_3^2)'(1)=0$$

$$(f_3^3)''(0)=(f_3^1)''(1)=0$$

可借助它们来确定 3 个多项式的 12 个系数($12=4\times3$).

虽可用未知系数法来确定这些系数,但利用 Taylor 公式显得更漂亮:对 f_3^1 有

$$f_3^1(t)=f_3^1(1)+(t-1)(f_3^1)'(1)+\frac{1}{2}(t-1)^2(f_3^1)''(1)+k(t-1)^3=1+k(t-1)^3$$

因 $f_3^1(0)=0$,故 $k=1$. 同理,f_3^3 在 0 点展开给出

$$f_3^3(t)=f_3^3(0)+t(f_3^3)'(0)+\frac{t^2}{2}(f_3^3)''(0)+Lt^3=Lt^3$$

因

$$f_3^3(1)=1$$

故

$$L=1$$

最后，因

$$f_3^2(1)=1 \text{ 和 } (f_3^2)'(1)=0$$

在点1处的 Taylor 公式给出

$$f_3^2(t)=1+A(t-1)^2+B(t-1)^3$$

又因

$$f_3^2(0)=0 \text{ 和 } (f_3^2)'(0)=0$$

故有

$$1+A-B=0$$

和

$$-2A+3B=0$$

求得

$$A=-3, B=-2$$

因此

$$\begin{cases} f_3^1(t)=1+(t-1)^3=t^3-3t^2+3t \\ f_3^2(t)=1-3(t-1)^2-2(t-1)^3=3t^2-2t^3 \\ f_3^3(t)=t^3 \end{cases}$$

4.3　一般情形

用线性无关性进行系数对比，可以把 $n=3$ 的特例加以推广

$$\forall i \in [[1,n]], f_n^i(0)=0, f_n^i(1)=1$$

$$\forall j \in [[1,n-1]], \forall i > j, (f_n^i)^{(j)}(0)=0$$

$$\forall i \leqslant n-j, (f_n^i)^{(j)}(1)=0$$

命题4　对大于或等于2的任意整数 n，$n+1$ 个 n 次多项式 f_n^i 由下式定义（注意有 $i-1$ 阶导数）：$f_n^0(t)=1$ 且 $\forall i \in [[1,n]]$，有

$$f_n^i(t)=\frac{(-t)^i}{(i-1)!}(\frac{(1-t)^n-1}{t})^{(i-1)}$$

证明　当 $i=1$ 时,多项式 $1-f_n^1(t)$ 及其前 $n-1$ 阶导数都在 $t=1$ 时为零,故

$$1-f_n^1(t)=K(1-t)^n$$

左右两边取 $t=0$,可得

$$K=1$$

所以

$$f_n^1(t)=(-t)(\frac{(1-t)^n-1}{t})^{(0)}$$

当 $i=2$ 时,多项式 $1-f_n^2(t)$ 及其前 $n-2$ 阶导数都在 $t=1$ 时为零.既然次数是 n,因此可写成

$$1-f_n^2(t)=(At+B)(1-t)^{n-1}$$

利用函数及其导数在点 O 的数值就可以求出 A 和 B

$$A=n-1,B=1$$

故

$$f_n^2(t)=1-nt(1-t)^{n-1}-(1-t)^n=$$

$$t^2\left[\frac{-nt(1-t)^{n-1}-((1-t)^n-1)}{t^2}\right]=$$

$$t^2\frac{\mathrm{d}}{\mathrm{d}t}\left[\frac{((1-t)^n-1)}{t}\right]$$

一般来说,当 $i>1$ 时,多项式 f_n^i 及其前 $i-1$ 阶导数在 $t=0$ 时都为零,故

$$f_n^i(t)=t^iP(t)$$

其中 P 为 $n-i$ 次多项式.

令 $h=1-t^iP$,利用 $t=1$ 时的条件可知,h 及其前 $n-i$ 阶导数在 1 点都为零.故

$$h=(1-t)^{n-i+1}u$$

其中 u 为 $i-1$ 次多项式.

令函数

$$Q=\frac{(-1)^i}{(i-1)!}\left(\frac{(1-t)^n-1}{t}\right)^{(i-1)}$$

因$(1-t)^n-1$有因子t,故上式是关于多项式的求导,其结果是个$n-i$次多项式.另外,借助Leibniz公式可知,第一项等于$-\frac{(1-t)^n-1}{t^i}$,其他项等于$A_k\frac{(1-t)^{n-k}}{t^{i-k}}$,其中$1\leqslant k\leqslant i-1$.两边乘以$-t^i$后,除了常数项$-1$外,其他项都有因子$(1-t)^{n-i+1}$.故

$$1-t^iQ=(1-t)^{n-i+1}v$$

其中多项式v的次数严格小于i.减去等式$1-t^iP=(1-t)^{n-i+1}u$后发现多项式$u-v$可被t^i整除,而其次数却严格小于i.故只能$v=u$,即$P=Q$证毕.

4.4　Bézier 曲线的第二种定义

(1) **命题5**　给定平面或三维空间中的$n+1$个向量$\mathbf{V}_0,\mathbf{V}_1,\mathbf{V}_2,\cdots,\mathbf{V}_n$,由下式定义的点$M(t)$的轨迹是这样的一条$n$次Bézier曲线,其定义点$P_0,P_1,\cdots,P_n$满足

$$\mathbf{V}_0=\overrightarrow{OP_0},\mathbf{V}_1=\overrightarrow{P_0P_1},\mathbf{V}_2=\overrightarrow{P_1P_2},\cdots,\mathbf{V}_n=\overrightarrow{P_{n-1}P_n}$$

$$\overrightarrow{OM}(t)=\mathbf{V}_0+\sum_{i=1}^{i=n}f_n^i(t)\cdot\mathbf{V}_i$$

其中函数f_n^i是上节讨论过的多项式.

现在来证明它与原来的含有Bernstein多项式的公式等价.

先看看$n=3$时的特例,把上式展开并合并同类项后得

$$\overrightarrow{OM}(t)=\mathbf{V}_0+(1-(1-t)^3)\mathbf{V}_1+$$

$$
\begin{aligned}
&(3t^2-2t^3)\mathbf{V}_2+t^3\mathbf{V}_3=\\
&\overrightarrow{OP}_0+(1-(1-t)^3)(\overrightarrow{OP}_1-\overrightarrow{OP}_0)+\\
&(3t^2-2t^3)(\overrightarrow{OP}_2-\overrightarrow{OP}_1)+\\
&t^3(\overrightarrow{OP}_3-\overrightarrow{OP}_2)=\\
&(1-t)^3\,\overrightarrow{OP}_0+(1-(1-t)^3-3t^2+2t^3)\,\overrightarrow{OP}_1+\\
&(3t^2-2t^3-t^3)\,\overrightarrow{OP}_2+t^3\,\overrightarrow{OP}_3=\\
&(1-t)^3\,\overrightarrow{OP}_0+3t(1-t)^2\,\overrightarrow{OP}_1+\\
&3t^2(1-t)\,\overrightarrow{OP}_2+t^3\,\overrightarrow{OP}_3
\end{aligned}
$$

在一般情形下,从第二种定义式出发,有

$$
\begin{aligned}
\overrightarrow{OM}(t)=\overrightarrow{OP}_0+\sum_1^n f_n^i(t)\cdot(\overrightarrow{OP}_i-\overrightarrow{OP}_{i-1})=\\
\sum_{i=0}^{i=n-1}(f_n^i(t)-f_n^{i+1}(t))\,\overrightarrow{OP}_i+f_n^n(t)\,\overrightarrow{OP}_n
\end{aligned}
$$

不难看出,已有

$$f_n^n=B_n^n$$

以及

$$
\begin{aligned}
f_n^0-f_n^1=1-\left(-t\,\frac{(1-t)^n-1}{t}\right)=\\
(1-t)^n=B_n^0(t)
\end{aligned}
$$

故只需证明 $f_n^i(t)-f_n^{i+1}(t)$ 为 Bernstein 多项式 $B_n^i(t)$ 即可 $(1\leqslant i\leqslant n-1)$

$$
\begin{aligned}
f_n^i(t)-f_n^{i+1}(t)=\frac{(-t)^i}{i\,!}\left[i\left(\frac{(1-t)^n-1}{t}\right)^{(i-1)}+\right.\\
\left.t\left(\frac{(1-t)^n-1}{t}\right)^{(i)}\right]
\end{aligned}
$$

借助 Leibniz 公式可发现中括号内为 $t\cdot\left(\frac{(1-t)^n-1}{t}\right)$ 的 i 阶导数:$C_i^l=1$ 且 t 的二阶以上的导

数皆为零,故只剩中括号内的那两项.

因此,有

$$
\begin{aligned}
f_n^i(t)-f_n^{i+1}(t)=&\frac{(-t)^i}{i!}((1-t)^n-1)^{(i)}=\\
&\frac{n(n-1)(n-2)\cdots(n-i+1)}{i!}\cdot\\
&t^i(1-t)^{n-i}=\\
&\mathrm{C}_n^i t^i(1-t)^{n-i}=\\
&B_n^i(t)
\end{aligned}
$$

也就是说

$$\overrightarrow{OM}(t)=\sum_{i=0}^{n}B_n^i(t)\cdot\overrightarrow{OP}_i$$

证毕.

(2) 这种定义法的结论.

用 Bernstein 多项式得到的一些性质也可在这里得到.另外,定义中采用的约束条件还有几何意义,尤其是过渡条件和曲率条件,显得比第一种定义法来得明了些:

(i) 曲线的起点($t=0$) 为 P_0,切向量为 $\mathbf{V}_1$;终点($t=1$) 为 P_n,切向量为 $\mathbf{V}_n$(设它们都不为零).

(ii) 一般情况下,在 $M(0)$ 和 $M(1)$ 点,k 阶导向量分别只取决于前 k 个向量和后 k 个向量 $\mathbf{V}_i$. 因此,在这两点的曲率一般只需用最前 2 个和最后 2 个向量就可求得(见下节).

(iii) 对曲线形状的影响.

因为每个逐次相加的加权向量 $f_n^i\mathbf{V}_i$ 与 $\mathbf{V}_i$ 共线,所以用它们来控制曲线的形状就明显了(图 18). 又由于所有的向量 $\mathbf{V}_i$ 都参与了移动点 $M(t)$ 的定义,故模型的整体性一目了然.

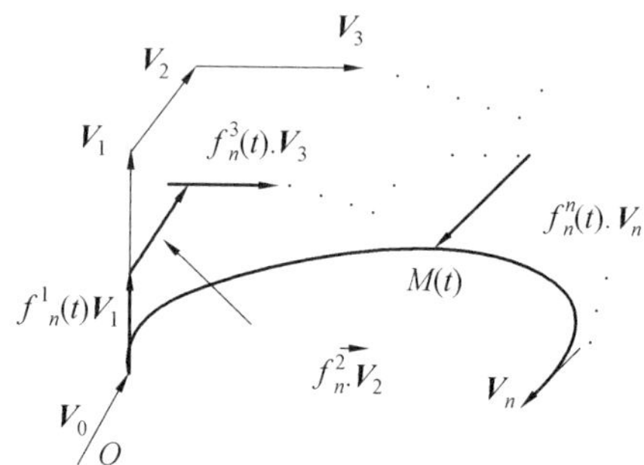

图 18

(iv) 这一整体性的另一结果是:若改变一个(或几个)特征多边形向量,那么整个曲线随之而变.

(3) 曲线端点的曲率.

(i) 一阶和二阶导向量的计算.

借助多项式 f_n^1 和 f_n^2 的导数在 $t=0$ 和 $t=1$ 点的性质,可得

$$\frac{\mathrm{d}}{\mathrm{d}t}\overrightarrow{OM}(0)=(f_n^1)'(0)\mathbf{V}_1$$

和

$$\frac{\mathrm{d}^2}{\mathrm{d}t^2}\overrightarrow{OM}(0)=(f_n^1)''(0)\mathbf{V}_1+(f_n^2)''(0)\mathbf{V}_2$$

代入导数值,得

$$\frac{\mathrm{d}}{\mathrm{d}t}\overrightarrow{OM}(0)=n\cdot\mathbf{V}_1$$

$$\frac{\mathrm{d}^2}{\mathrm{d}t^2}\overrightarrow{OM}(0)=-n(n-1)\mathbf{V}_1+n(n-1)\mathbf{V}_2$$

同理,在 $t=1$ 时,有

$$\frac{\mathrm{d}}{\mathrm{d}t}\overrightarrow{OM}(1)=n\cdot\mathbf{V}_n$$

$$\frac{d^2}{dt^2}\overrightarrow{OM}(1)=-n(n-1)\cdot\mathbf{V}_n+n(n-1)\mathbf{V}_{n-1}$$

(ii) 空间曲线的密切平面.

如果向量 $\mathbf{V}_1$ 和 $\mathbf{V}_2$ 不共线,那么它俩所决定的平面正是曲线在起点 $M(0)=P_0$ 处的密切平面,这是因为它正是 $t\rightarrow M(t)$ 在这点的一阶和二阶导向量的平面.由此可见,曲线在起点的主法线正是在平面($\mathbf{V}_1$,$\mathbf{V}_2$)上的 $\mathbf{V}_1$ 的垂线.

(iii) 曲率中心的确定.

$M(0)$ 点的曲率可用经典公式算出

$$R_0=\frac{\|\overrightarrow{OM}'(0)\|}{\|\overrightarrow{OM}'\Lambda\overrightarrow{OM}''(0)\|}$$

设 $\mathbf{V}_1\Lambda\mathbf{V}_2$ 不为零,用前节公式,有

$$\frac{d}{dt}\overrightarrow{OM}(0)\Lambda\frac{d^2}{dt^2}\overrightarrow{OM}(0)=n^2(n-1)\mathbf{V}_1\Lambda\mathbf{V}_2=$$

$$n^2(n-1)\|\mathbf{V}_1\|\ \|\mathbf{V}_2\|\cdot\sin\theta\boldsymbol{\omega}$$

其中 θ 为 $\mathbf{V}_1$ 与 $\mathbf{V}_2$ 的夹角.

因

$$\|\mathbf{V}_1\|\ \|\mathbf{V}_2\|\sin\theta=\|\mathbf{V}_1\|\cdot P_0H$$

其中 H 为 P_2 在点 P_0 的主法线上的投影,故有

$$R_0=\frac{n^3\|\mathbf{V}_1\|^3}{n^2(n-1)\|\mathbf{V}_1\Lambda\mathbf{V}_2\|}=\frac{n\|\mathbf{V}_1\|^2}{(n-1)\cdot P_0H}$$

过点 P_1 作直线(HP_1)的垂线,与主法线交于点 Ω'.平面几何告诉我们

$$\|\mathbf{V}_1\|^2=P_0H\cdot P_0\Omega'$$

故曲率半径为

$$R_0=\frac{n}{n-1}P_0\Omega'$$

我们显然用了这样一个事实:对任一空间曲线点,Ω 在主法线上,如图 19 所示. 同理,对端点 P_n,需用向量 $\mathbf{V}_n$ 和 $\mathbf{V}_{n-1}$,情况一样.

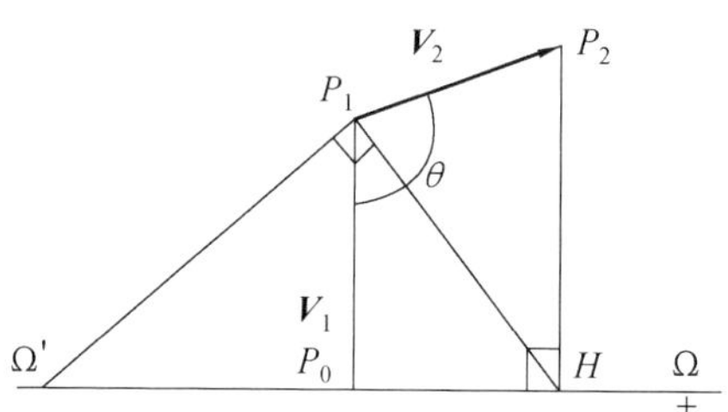

图 19　曲率中心 Ω 由下式给出:$\overline{P_0\Omega}=-\frac{n}{n-1}\overline{P_0\Omega'}$

注 9　以后会看到,用变量替换

$$t=t_0+(1-t_0)u$$

可使 Bézier 曲线上的点 $M(t_0)$ 变成这条曲线上某一弧线的起点. 这条弧线的特征多边形的前几个边向量一旦确定,就可利用上面已看过的方法来求起点的切线、密切平面和曲率. 我们也可在任意一点处画出前两阶导向量.

(4) 空间曲线的挠率.

(i) Frenet 公式.

设某一空间曲线的向量 $\frac{\mathrm{d}}{\mathrm{d}t}\overrightarrow{OM}(0)$,$\frac{\mathrm{d}^2}{\mathrm{d}t^2}\overrightarrow{OM}(0)$ 和 $\frac{\mathrm{d}^3}{\mathrm{d}t^3}\overrightarrow{OM}(0)$ 组成了空间坐标轴. $\boldsymbol{T}$ 和 $\mathbf{N}$ 是沿 $\frac{\mathrm{d}}{\mathrm{d}t}\overrightarrow{OM}(0)$ 和 $\overrightarrow{P_0\Omega}$ 的单位向量,它们互相垂直,令单位向量 $\boldsymbol{B}$ 使 $(\boldsymbol{T},\mathbf{N},\boldsymbol{B})$ 右手正交,它们组成了曲线在这点的"Frenet-Serret 坐标系".

令 $\frac{\mathrm{d}s}{\mathrm{d}t}=\left\|\frac{\mathrm{d}}{\mathrm{d}t}\overrightarrow{OM}\right\|$,有 $\frac{\mathrm{d}}{\mathrm{d}s}\overrightarrow{OM}=\boldsymbol{T}$(其中 s 为从曲

线起点开始算起的弧长微分). Frenet 公式如下

$$\begin{cases}\frac{\mathrm{d}}{\mathrm{d}s}\boldsymbol{T}=\frac{1}{R}\boldsymbol{N}\\ \frac{\mathrm{d}}{\mathrm{d}s}\boldsymbol{N}=-\frac{1}{R}\boldsymbol{T}-\frac{1}{T}\boldsymbol{B}\\ \frac{\mathrm{d}}{\mathrm{d}s}\boldsymbol{B}=\frac{1}{T}\boldsymbol{N}\end{cases}$$

R 和 T 分别为曲线在 $M(t)$ 点的曲率半径和挠率半径.

因　$$\frac{\mathrm{d}^2}{\mathrm{d}t^2}\overrightarrow{OM}=\frac{\mathrm{d}}{\mathrm{d}t}(s'\boldsymbol{T})=s''\boldsymbol{T}+\frac{(s')^2}{R}\boldsymbol{N}$$

$$\frac{\mathrm{d}^3}{\mathrm{d}t^3}\overrightarrow{OM}=s'\frac{\mathrm{d}}{\mathrm{d}s}\left(s''\boldsymbol{T}+\frac{(s')^2}{R}\boldsymbol{N}\right)$$

在最后一个导数中,只有 $-\frac{(s')^2}{RT}\boldsymbol{B}$ 一项与 $\boldsymbol{B}$ 共线,故有公式

$$\left(\frac{\mathrm{d}^3}{\mathrm{d}t^3}\overrightarrow{OM}\right)\cdot\boldsymbol{B}=-\frac{(s')^2}{RT}$$

(ii) Bézier 曲线的曲率、挠率.

仍然只考虑 $M(0)$ 点,其 Frenet 坐标系已知. 在 $t=0$ 点的三阶导向量只与前三个边向量有关

$$\frac{\mathrm{d}^3}{\mathrm{d}t^3}\overrightarrow{OM}(0)=n(n-1)(n-2)(\mathbf{V}_1-2\mathbf{V}_2+\mathbf{V}_3)$$

因 $\boldsymbol{B}$ 垂直于前两个向量,故

$$n(n-1)(n-2)\mathbf{V}_3\boldsymbol{B}=-\frac{(S')^3}{RT}$$

又因 $\boldsymbol{B}$ 是单位向量,上面的标积等于 $\overline{P_0H_3}$,其中 H_3 为 $\mathbf{V}_3$ 的端点 P_3 在 $\boldsymbol{B}$ 上的正投影. 代入一阶导向量的值,得

$$\frac{(n-1)(n-2)}{n^2}\overline{P_0H_3}=-\frac{1}{RT}\|\mathbf{V}_1\|^3$$

把上式经过适当变换可得出 T 的几何构造和解

释.

§5 Bézier 曲线的几何绘制

5.1 参数曲线

在一个给定的坐标系下,Bézier 曲线移动点 $M(t)$ 的坐标是 t 的多项式函数,它与定义点 P_i 的坐标以及 Bernstein 多项式有关,多项式的次数 n 也叫作曲线的次数.

Bézier 曲线问题属于更一般的参数曲线问题,即绘制一条曲线(至少确定其大体形状),它的参数方程为

$$\{x=f(t), y=g(t)\}$$

或

$$\{x=f(t), y=g(t), z=h(t)\}$$

对后一种情况,把三个沿坐标轴投影的曲线进行影像组合就可画出三维空间曲线.

多项式函数 f, g, h 都可导,做出它们的变化表格,并标出导数的正负号,便可画图.

曲线的绘制可像绘制机那样,根据相互的变化情况,向左或向右移动一定数值,又向上或向下移动一定数值.对曲线的某些点,尤其是它的端点,曲线的一些已知的几何特性(如切线)可帮助进行它的绘制或检验.

5.2 四个例子

为简化起见,考虑三个三阶 Bézier 曲线,其定义点

都是 P_0,P_1,P_2,P_3，只是次序不同.

借此机会再来看看定义点连接次序是怎样影响曲线整体形状的，以及三次 Bézier 曲线的拐点与尖点.

例1　定义点 P_0,P_1,P_2,P_3 在坐标系 $(0,\boldsymbol{l},\boldsymbol{y})$ 中的坐标依次为 $(0,0),(0,1),(1,1),(1,0)$. 利用定义式得

$$x=f(t)=3t^2(1-t)+t^3=3t^2-2t^3$$

$$y=g(t)=3t(1-t)^2+3t^2(1-t)=3t-3t^2$$

$$f'(t)=6t(1-t)$$

$$g'(t)=3-6t$$

其变化情况见下表(表2)：

表2

t	0		$\frac{1}{2}$		1
$f'(t)$	0		+		0
$f(t)$	0	↗	$\frac{1}{2}$	↗	1
$g(t)$	0	↗	$\frac{3}{4}$	↘	0
$g'(t)$	3	+	0	−	−3

Bézier 曲线如图20所示.

为简化起见，切线用向量表示，只画出了方向，而没有考虑大小. 实际上，在参数为0和1的端点，真正的导向量分别等于 $\overrightarrow{P_0P_1}$ 和 $\overrightarrow{P_2P_3}$ 的三倍.

例2　还是上面的定义点，但次序不同. P_0,P_1,P_2,P_3 的坐标依次为 $(0,0),(1,0),(0,1),(1,1)$，我们有

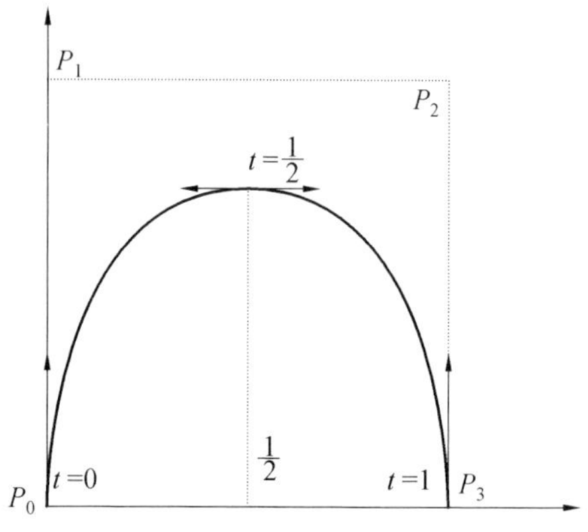

图 20

$$\begin{cases} x=f(t)=3t(1-t)^2+t^3=3t-6t^2+4t^3 \\ y=g(t)=3t^2(1-t)+t^3=3t^2-2t^3 \end{cases}$$

以及
$$\begin{cases} f'(t)=3-12t+12t^2 \\ g'(t)=6t(1-t) \end{cases}$$

请读者自己做出变化表格.曲线如图 21 所示.

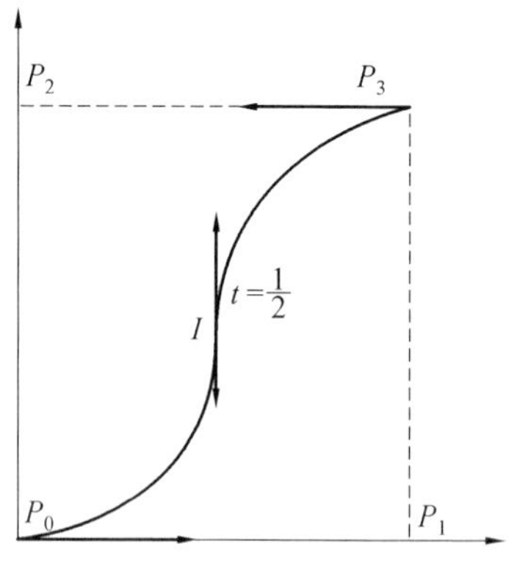

图 21

因 $g'(0)=0, g'(1)=0$,故在点 P_0 和 P_3 的切线都

水平，并且分别与向量 $\overrightarrow{P_0P_1}$，$\overrightarrow{P_2P_3}$ 共线. 因 $f'\left(\frac{1}{2}\right)=0$，故在 $t=\frac{1}{2}$ 的点，切线垂直. 不难看出这是一个拐点.

例 3 P_0, P_1, P_2, P_3 的坐标依次为 $(0,0)$，$(1,1)$，$(0,1)$，$(1,0)$. 坐标函数及其导数都不难算出

$$x=f(t)=3t(1-t)^2+t^3=3t-6t^2+4t^3$$

$$y=g(t)=3t(1-t)^2+3t^2(1-t)=3t-3t^2$$

$$f'(t)=3-12t+12t^2$$

$$g'(t)=3-6t$$

其变化情况见下表（表3）：

表 3

t	0		$\frac{1}{2}$		1
$f'(t)$	3	+	0	+	3
$f(t)$	0	↗	$\frac{1}{2}$	↗	1
$g(t)$	0	↗	$\frac{3}{4}$	↘	0
$g'(t)$	3	+	0	−	−3

Bézier 曲线如图 22 所示.

在点 P_0，切线与 $\overrightarrow{P_0P_1}$ 共线，角系数 $\frac{g'(0)}{f'(0)}=1$；在点 P_3，切线与 $\overrightarrow{P_3P_2}$ 共线，角系数 $\frac{g'(1)}{f'(1)}=-1$；在 $t=\frac{1}{2}$ 的点 R，切线垂直，这是个尖点. 可以验证

$$\lim_{t\to\frac{1}{2}}\frac{3(1-2t)}{3(1-2t)^2}=\pm\infty$$

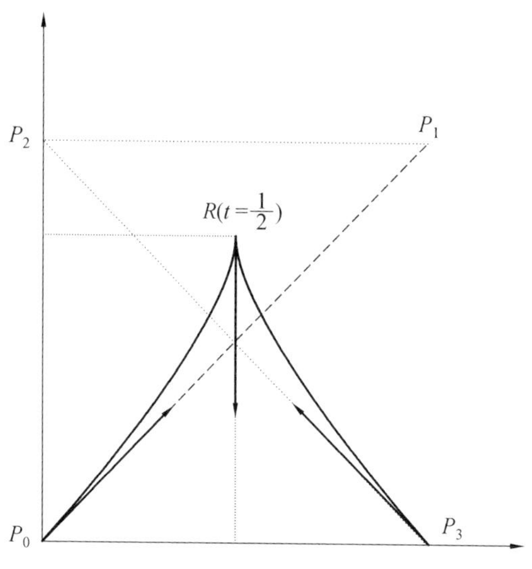

图 22

在 $t=\frac{1}{2}$ 左边为 $+\infty$,在右边为 $-\infty$.

例 4　设三次 Bézier 曲线 Γ 为空间曲线,其定义点 P_0,P_1,P_2,P_3 在坐标系$(0,\boldsymbol{i},\boldsymbol{j},\boldsymbol{k})$中的坐标依次为$(0,0,0),(0,1,1),(1,1,0),(1,0,1)$.把这条曲线投影在坐标平面上,得到的平面曲线的定义点是原曲线的定义点在坐标平面上的投影.例如,在平面(xoy)上的投影曲线(C_1)的定义点为 P_0,P_2'',P_2,P_3',其中 P_2'' 是 P_1 在这个平面上的投影,P_3' 则是 P_3 的投影,(C_1)正是例 1 中的曲线.同样,在平面(yoz)上的投影曲线(C_3)的定义点为 P_0,P_1,P_2'',P_3'',这是例 3 中的曲线,尖点为 R.最后,Γ 在平面(xoz)上的投影曲线(C_2)的定义点为 P_0,P_3'',P'_3,P_3,它有一个拐点 I,是例 2 中的曲线(图 23).

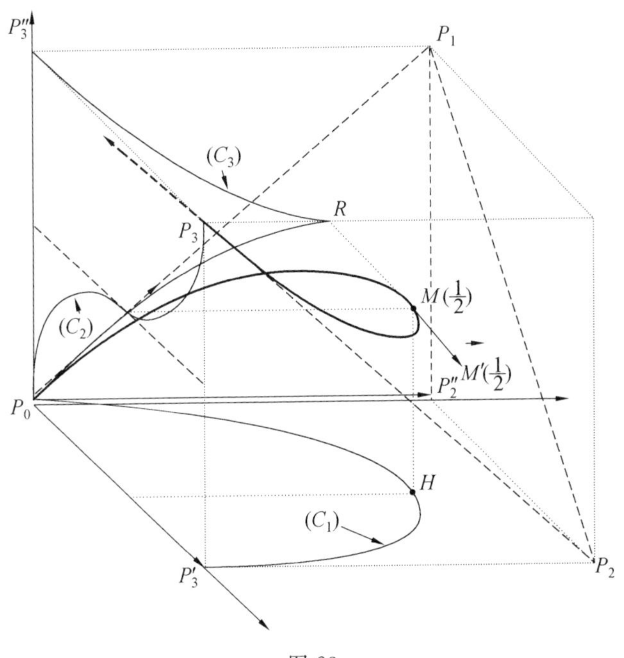

图 23

上面绘出了曲线 Γ 在空间的大体形状. 特征多边形 $P_0P_1P_2P_3$ 用粗虚线表示，Γ 为粗实线，其两端点的切线用粗虚线向量表示，它们分别与（P_0P_1）和（P_2P_3）共线. 投影曲线都用细实线表示. 除了两端点外，还画了 Γ 的一个点，那就是 $M\left(\frac{1}{2}\right)$，它在坐标面上的投影分别是（$C_1$）上的点 H，（C_2）的拐点 I 和（C_3）的尖点 R.

借助曲线 Γ 的向量定义式可以证明 Γ 在空间没有尖点. 在点 $M\left(\frac{1}{2}\right)$，切线 $\overrightarrow{M'}\left(\frac{1}{2}\right)$ 垂直于平面（yoz），这也是为什么 Γ 在（yoz）上的投影有一个尖点的原因.

另外，在这点的二阶导向量与 $\boldsymbol{j}$ 平行，故在这点的密切平面是个水平面，它在平面 (yoz) 上的投影是尖点 R 的切线.

§6 第三种定义法:"重心"序列法

6.1 概要

第一步，看看为什么用"重心"这个词，为此先引进一个向量序列，然后在 $n=3$ 时给出 Bézier 曲线的第三种定义.

第二步，研究当 n 为任意正整数时，怎样用第一种定义法中的定义点和 Bernstein 多项式来引进重心序列，并证明三种定义等价.

最后，我们将介绍怎样采用这种定义方法来寻找 Bézier 曲线的移动点，以及过这点的切线. 重心序列法还可以和数值计算法联系起来.

6.2 De Casteljau 算法

(1) 向量序列.

令 $t\in[0,1]$，n 为正整数，$\left(\overrightarrow{OP^{(k)}}(t)\right)_{\begin{cases}0\leqslant k\leqslant n\\0\leqslant j\leqslant n-k\end{cases}}$ 为一双标向量序列，满足递推公式

$$\overrightarrow{OP_j^{(k)}}(t)=(1-t)\,\overrightarrow{OP_j^{(k-1)}}(t)+t\,\overrightarrow{OP_{j+1}^{(k-1)}}(t)$$

$$0<k\leqslant n,0\leqslant j\leqslant n-k$$

初始向量的端点 $P_j^{(0)}$ 为 Bézier 点 P_j.

请看 $n=3$ 时的递推情况

$$k=1:\begin{cases} j=0:\overrightarrow{OP}_0^{(1)}(t)=(1-t)\overrightarrow{OP}_0^{(0)}+t\overrightarrow{OP}_1^{(0)} \\ j=1:\overrightarrow{OP}_1^{(1)}(t)=(1-t)\overrightarrow{OP}_1^{(0)}+t\overrightarrow{OP}_2^{(0)} \\ j=2:\overrightarrow{OP}_2^{(1)}(t)=(1-t)\overrightarrow{OP}_2^{(0)}+t\overrightarrow{OP}_3^{(0)} \end{cases}$$

$$k=2:\begin{cases} j=0:\overrightarrow{OP}_0^{(2)}(t)=(1-t)\overrightarrow{OP}_0^{(1)}+t\overrightarrow{OP}_1^{(1)} \\ j=1:\overrightarrow{OP}_1^{(2)}(t)=(1-t)\overrightarrow{OP}_1^{(1)}+t\overrightarrow{OP}_2^{(1)} \end{cases}$$

$$k=3,j=0:\overrightarrow{OP}_0^{(3)}(t)=(1-t)\overrightarrow{OP}_0^{(2)}+t\overrightarrow{OP}_1^{(2)}$$

(2) $\overrightarrow{OP}_0^{(3)}(t)$ 的计算示意图.

两种选择皆可:一种是利用公式一直递推到初值,另一种是从初值一直迭代到$\overrightarrow{OP}_0^{(3)}(t)$. 为方便起见,在图 24 中上指标括号被省略.

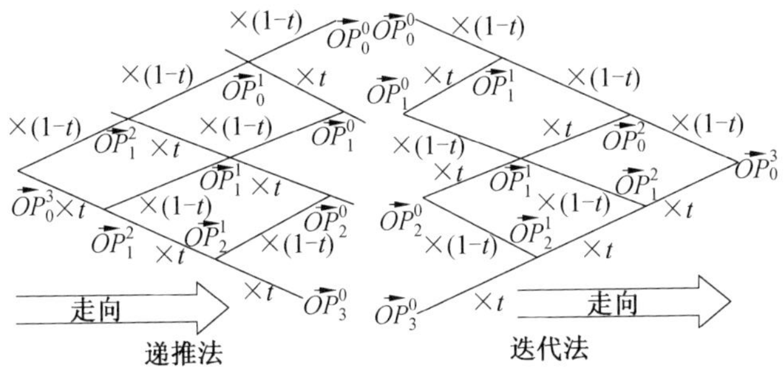

图 24

(3) 回到第一种定义式.

我们来证明,当 $n=3$ 时,$P_0^{(3)}(t)$ 正是控制点 P_0^0, P_1^0, P_2^0, P_3^0 的三次 Bézier 曲线上的点 $M(t)$. 用递推公式可得

$$\begin{aligned}\overrightarrow{OP}_0^{(3)}(t)=&(1-t)\{(1-t)[(1-t)\overrightarrow{OP}_0^{(0)}+t\overrightarrow{OP}_1^{(0)}]+\\ &t[(1-t)\overrightarrow{OP}_1^{(0)}+t\overrightarrow{OP}_2^{(0)}]\}+\\ &t\{(1-t)[(1-t)\overrightarrow{OP}_1^{(0)}+t\overrightarrow{OP}_2^{(0)}]+\\ &t[(1-t)\overrightarrow{OP}_2^{(0)}+t\overrightarrow{OP}_3^{(0)}]\}=\end{aligned}$$

$$(1-t)^3\ \overrightarrow{OP}_0^{(0)}+3t(1-t)^2\ \overrightarrow{OP}_1^{(0)}+$$
$$3t^2(1-t)\ \overrightarrow{OP}_2^{(0)}+t^3\ \overrightarrow{OP}_3^{(0)}$$

最后一行正是三次 Bézier 曲线的第一种定义式.

(4)De Casteljau 几何构造法①.

对给定的 t 值,点 $P_j^{(k)}$ 是点 $P_j^{(k-1)}$ 和 $P_{j+1}^{(k-1)}$ 的加权重心,加权系数等于 $1-t$ 和 t. 用几何方法一步一步地寻找重心就可求得三次 Bézier 曲线上的任何一点(以后会看到它将被推广到一般情形). 为了有个初步的认识,不妨求参数为 $\frac{1}{3}$ 的点 $M\left(\frac{1}{3}\right)=P_0^{(3)}\left(\frac{1}{3}\right)$.

三次 Bézier 曲线上的点 $M\left(\frac{1}{3}\right)$ 的几何求法(图 25),其中 P_0^0,P_1^0,P_2^0,P_3^0 是曲线的定义点.

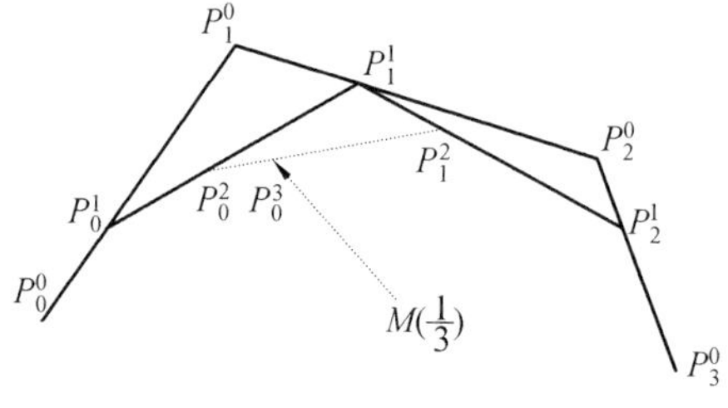

图 25

图 26 则不断连接各线段的中点,直到得到点 $M\left(\frac{1}{2}\right)=P_0^{(3)}\left(\frac{1}{2}\right)$.

这两个特例只是很粗糙地反映了这种算法的威力. 不要因此而忘记在通常情况下这种方法只需要求

① 这个简明的构造法曾是 De Casteljau 1959 年工作的起点.

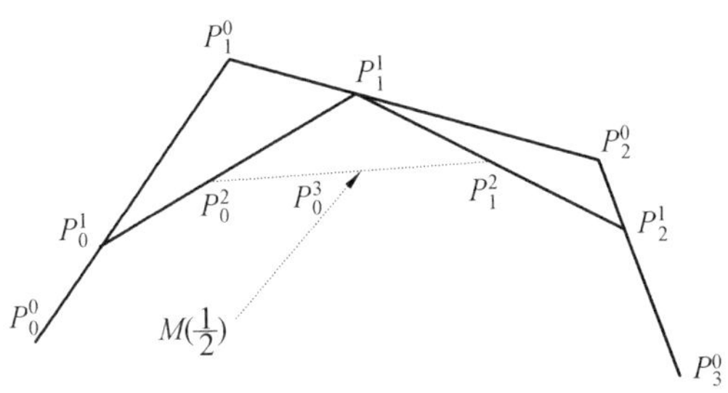

图26　同一条Bézier曲线上的 $M(\frac{1}{2})$ 的几何求法

一系列两点的重心，并且加权系数不变. 这个构造方法十分有名. 另外，当参数 t 在区间 $[0,1]$ 之外时，这种方法仍然有效.

(5) 屋架与形状.

这种模型对曲线形状的控制是明显的. 特征多边形线段组成的"屋架"支撑着曲线. 即使线段之间比例保持不变，屋架照样可以改变. 很易想象，当移动定义点时，铰接的屋架怎样随之变化，这同时也更好地反映了模型的整体性.

(6) 计算方法.

有递推与迭代两种算法：

(i) 迭代法.

$P_j^{(k)}(t)$ 被贮存在一个 $n+1$ 阶方阵中，方阵的元素记作 $P(J,K)$.

① 算法原理.

开始时用初值填充第一列(即 $k=0$ 列)，然后逐步填充各列. 因这是一个三角矩阵，故每列都有一个填充时不能超过的行指标. 最后一列只有一个元素要填，那就是要求的结果 $P(0,N)$.

② 程序概要.

{对变量 t 在[0,1]中的一个给定值 T}

{赋初值}

$N \leftarrow$ 输入 n 的值

{给第一列赋初值}

J 从 0 变到 N,步长为 1
$P(J,0) \leftarrow$ 输入 P_J^0 的值
J 循环结束

{计算}

{给一列的终止指标 F 赋初值}

$F \leftarrow N-1$

K 从 1 变到 N,步长为 1{即一列一列地变化}
{填充某列}
J 从 0 变到 F,步长为 1
$P(J,K) \leftarrow (1-T) \times P(J,K-1) +$
$TP(J+1,K-1)$
打印 $P(J,K)$(若想逐步画出重心序列的话)
J 循环结束
进入下一列之前先确定其终止指标 F
$F \leftarrow F-1$
K 循环结束

{打印 P_0^n}

画出 $P(0,N)${它是 Bézier 曲线上的点}

注 10 若想计算一系列的点 $P_0^{(n)}(t)$,例如,每当 t 变化 0,1 时就求一个点,那么只需把上面的程序放入一个循环节中,即:

$\begin{cases} T \text{ 从 } 0 \text{ 变到 } 1\text{，步长为 } 0.1 \\ \{\text{上面的程序}\} \\ T \text{ 循环结束} \end{cases}$

例如，三次 Bézier 曲线迭代算法：

输入定义点坐标：$P_0^0, P_1^0, P_2^0, P_3^0$

选择绘图精度：$P \leftarrow 0.1?\ 0.01?\ \cdots$

$$\begin{cases} t \text{ 从 } 0 \text{ 变到 } 1\text{，步长为 } P \\ \quad \begin{cases} K \text{ 从 } 1 \text{ 变到 } 3\text{，步长为 } 1 \\ \begin{cases} J \text{ 从 } 0 \text{ 变到 } 3-k\text{，步长为 } 1 \\ \overrightarrow{OP}_J^{(k)} = (1-t)\overrightarrow{OP}_J^{(k-1)} + t\,\overrightarrow{OP}_{J+1}^{(k-1)} \\ J \text{ 循环结束} \end{cases} \\ K \text{ 循环结束} \end{cases} \\ \text{画出点 } P_0^{(3)} \\ t \text{ 循环结束} \end{cases}$$

读者可自己写一个完整的程序来计算一个三次 Bézier 曲线的点 $M(t)$ 的坐标.

(ii) 递推法.

对$[0,1]$间的给定 t 值，用下面的递推法求 $P(0,N)$：

$P(J,N)$

$$\begin{cases} \text{输入初值 } P(0,0), P(1,0), \cdots, P(N,0) \\ \text{计算} \\ P(J,N) = (1-t)P(J,N-1) + tP(J+1,N-1) \end{cases}$$

下面是计算 $P(0,3)$ 直到初始值的递推运作方式表(表 3)：

表 3

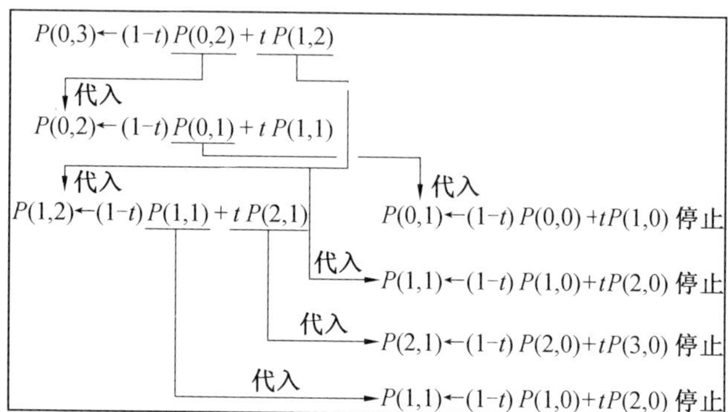

6.3 用第一种定义法引进向量序列

(1) 重心序列第一列 $P_j^{(1)}$ 的引入.

我们将从 Bézier 曲线的第一种定义出发,用三种不同的方式引入上面所谈的向量序列,同时也会使下面这条性质一目了然

$$\forall t \in [0,1], M(t) = P_0^{(n)}(t)$$

三种方法都要利用 Pascal 公式

$$C_n^i = C_{n-1}^{i-1} + C_{n-1}^i$$

(i) 向量计算法.

把定义式 $\overrightarrow{OM}(t) = \sum_{i=0}^{n} B_n^i(t)\overrightarrow{OP}_i$ 右边的第一项和最末项提出来,有

$$\begin{aligned}\overrightarrow{OM}(t) = &(1-t)^n\overrightarrow{OP}_0 + \sum_{i=1}^{n-1}(C_{n-1}^{i-1} + C_{n-1}^i)\cdot\\ &(1-t)^{n-i}t^i\overrightarrow{OP}_i + t^n\overrightarrow{OP}_n = \\ &(1-t)^n\overrightarrow{OP}_0 + \sum_{i=1}^{n-1}C_{n-1}^{i-1}(1-t)^{n-i}t^i\overrightarrow{OP}_i + \\ &\sum_{i=1}^{n-1}C_{n-1}^i(1-t)^{n-i}t^i\overrightarrow{OP}_i + t^n\overrightarrow{OP}_n =\end{aligned}$$

$$(1-t)^{n-1}((1-t)\overrightarrow{OP}_0+t\overrightarrow{OP}_1)+$$
$$\sum_{k=2}^{n-1}C_{n-1}^{k-1}(1-t)^{n-k}t^k\overrightarrow{OP}_k+$$
$$\sum_{i=1}^{n-2}C_{n-1}^{i}(1-t)^{n-i}t^i\overrightarrow{OP}_i+$$
$$t^{n-1}(t\overrightarrow{OP}_n+(1-t)\overrightarrow{OP}_{n-1})$$

中间的两个求和号可合起来，为此只需对第一个求和号作指标变换 $k=j+1$. 在合起来的求和号里有一个因子是 Bernstein 多项式，也就是说有

$$\sum_{j=1}^{n-2}C_{n-1}^{j}(1-t)^{n-j-1}t^j[t\overrightarrow{OP}_{j+1}+(1-t)\overrightarrow{OP}_j]=$$
$$\sum_{j=1}^{n-2}B_{n-1}^{j}[t\overrightarrow{OP}_{j+1}+(1-t)\overrightarrow{OP}_j]$$

代入前面的式子，并利用 $P_j^{(1)}$ 与 P_j^0（即 P_j）的关系式，有

$$\overrightarrow{OM}(t)=(1-t)^{n-1}\overrightarrow{OP}_0^{(1)}(t)+$$
$$\sum_{j=1}^{n-2}B_{n-1}^{j}(t)\overrightarrow{OP}_j^{(1)}(t)+$$
$$t^{n-1}\overrightarrow{OP}_{n-1}^{(1)}(t)=$$
$$\sum_{j=0}^{n-1}B_{n-1}^{j}(t)\overrightarrow{OP}_j^{(1)}(t)$$

这一结果很像是一个 $n-1$ 阶 Bézier 曲线的定义式，但不要忘记 $\overrightarrow{OP}_j^{(1)}$ 是 t 的函数（为简化书写，以后有时不写 t），千万不要把它与 $n-1$ 阶 Bézier 曲线定义式混淆起来.

但在这里重要的是，对给定的 t 值，这 $n-1$ 个向量与 Bézier 向量 $\overrightarrow{OP}_i$ 很简单地联系在一起. 说它简单是因为 $P_j^{(1)}(t)$ 是点 P_j 和 P_{j+1} 的重心，加权系数为 $1-t$ 和 t. 这种从点 P_j（即 $P_j^{(0)}$）到 $P_j^{(1)}(t)$ 的过渡，可以不断

地重复，每一步上指标都增加一个单位. 上节的双指标向量序列就这样可以用 Bézier 曲线的第一种定义法来引入.

(ii)"重心"或"力学"方法.

在 §2 中我们说过，对给定的 t 值，点 $M(t)$ 受来自各定义点 P_i 的引力 $\vec{F}_i$（与 $\overrightarrow{MP}_i$ 共线）的吸引，并处于平衡状态. 现在来把这一受力体系换成另一等价体系. 除了 $i=0$ 和 $i=n$ 外，$\vec{F}_i$ 可看成是两个与之共线的力 $\vec{F}'_i$ 与 $\vec{F}''_i$ 之和

$$\vec{F}'_i = C_{n-1}^{i-1} t^i (1-t)^{n-i} \overrightarrow{MP}_t$$

$$\vec{F}''_i = C_{n-1}^{i} t^i (1-t)^{n-i} \overrightarrow{MP}_i$$

（图 27）重新把这些力配对：$\{\vec{F}_0, \vec{F}'_1\}$ 一对，分别与 $\overrightarrow{MP}_0$，$\overrightarrow{MP}_1$ 共线；$\{\vec{F}''_1, \vec{F}'_2\}$ 一对，分别与 $\overrightarrow{MP}_1$，$\overrightarrow{MP}_2$ 共线. 一般说来，$\{\vec{F}''_i, \vec{F}'_{i+1}\}$ 一对，分别与 $\overrightarrow{MP}_i$，$\overrightarrow{MP}_{i+1}$ 共线（图 28）. 最后一对为 $\{\vec{F}''_{n-1}, \vec{F}_n\}$，分别与 $\overrightarrow{MP}_{n-1}$，$\overrightarrow{MP}_n$ 共线. 每一对力再被其合力 G_i 代替

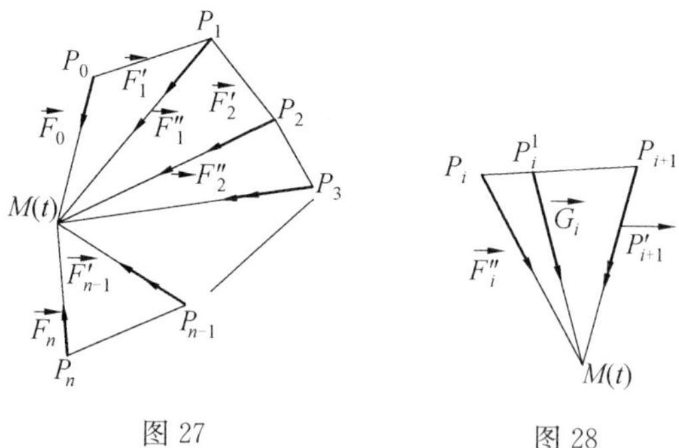

图 27　　　　图 28

$$G_i = C_{n-1}^{i} t^i (1-t)^{n-i} \overrightarrow{MP}_i + C_{n-1}^{i} t^{i+1} (1-t)^{n-i-1} \overrightarrow{MP}_{i+1} =$$

$$C_{n-1}^{i} t^i (1-t)^{n-i-1} [(1-t) \overrightarrow{MP}_i + t \overrightarrow{MP}_{i+1}] =$$

$$B_{n-1}^{i}[(1-t)\overrightarrow{MP}_{i}+t\overrightarrow{MP}_{i+1}]$$

这时，自然就可引进点 P_i 与 P_{i+1} 的重心了(加权系数 $1-t$ 与 t)

$$\overrightarrow{OP}_{i}^{(1)}=(1-t)\overrightarrow{OP}_{i}+t\overrightarrow{OP}_{i+1}$$

(图 29). 原受力体系与新的受力体系的等价性可写成

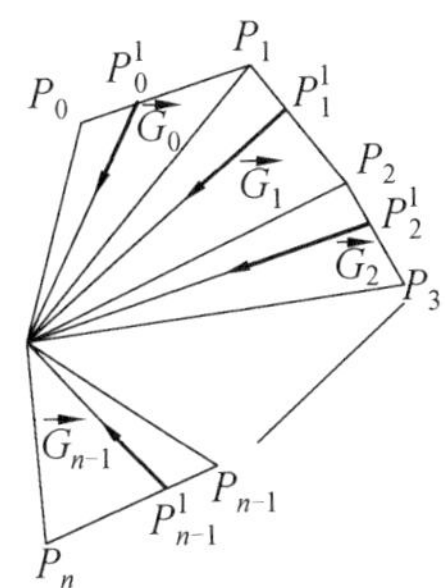

图 29

$$\overrightarrow{OM}(t)=\sum_{j=0}^{n-1}B_{n-1}^{j}(t)\overrightarrow{OP}_{j}^{1}(t)$$

(iii) 符号计算法.

利用定义式 $\overrightarrow{OP}_{0}^{(1)}(t)=(1-t)\overrightarrow{OP}_{0}+t\overrightarrow{OP}_{1}$ 以及 §2 的符号积形式可得

$$\overrightarrow{OP}_{i}^{(1)}(t)=(1-t)\overrightarrow{OP}_{i}+t\overrightarrow{OP}_{i+1}=\overrightarrow{OP}_{0}^{(1)}(t)[*]\overrightarrow{OP}_{i}$$

我们发现符号积保持上指标数值不变.

把它推广到第二代“重心序列”，有

$$\begin{aligned}\overrightarrow{OP}_{0}^{(2)}(t)=(1-t)\overrightarrow{OP}_{0}^{(1)}+t\overrightarrow{OP}_{1}^{(1)}&=\\ \overrightarrow{OP}_{0}^{(1)}[*][(1-t)\overrightarrow{OP}_{0}+t\overrightarrow{OP}_{1}]&=\\ [(1-t)\overrightarrow{OP}_{0}+t\overrightarrow{OP}_{1}]^{[2]}&=\\ (\overrightarrow{OP}_{0}^{(1)})^{[2]}&\end{aligned}$$

或者说

$$\overrightarrow{OP}_i^{(2)}=\overrightarrow{OP}_0^{(2)}[*]\overrightarrow{OP}_i$$

把它再推后一代，可得

$$\overrightarrow{OP}_0^{(3)}=(\overrightarrow{OP}_0^{(1)})^{[3]}$$

用数学归纳法可把这一结果推广到只有一点的第 n 代

$$\overrightarrow{OP}_0^{(n)}=(\overrightarrow{OP}_0^{(1)})^{[n]}=$$
$$((1-t)\overrightarrow{OP}_0+t\overrightarrow{OP}_1)^{[n]}=$$
$$\overrightarrow{OM}(t)$$

也可利用符号积的结合性来证明上式.

(2)Bézier 曲线的第三种定义.

把定义点 P_i 记成 $P_i^{(0)}$，上节已知道可以从 $P_i^{(0)}$ 过渡到 $P_i^{(1)}$，并可用它们来表示 $\overrightarrow{OM}(t)$. 当 t 给定后，两种表达式类型相同，只是指数 n 变成 $n-1$. 可以把这种过渡方法重复使用，把 $n-1$ 变到 $n-2$，$P_i^{(1)}$ 变成 $P_i^{(2)}$，$n-1$ 次循环以后有

$$\overrightarrow{OM}(t)=B_1^0(t)\overrightarrow{OP_0^{(n-1)}}+B_1^1(t)\overrightarrow{OP_1^{(n-1)}}$$

最后一次重复后有

$$\overrightarrow{OM}(t)=B_0^0(t)\overrightarrow{OP_0^{(n)}(t)}=\overrightarrow{OP_0^{(n)}(t)}$$

这就是上面利用符号算法得到的等式.

命题 6 设 Bézier 曲线 (C) 的 $n+1$ 个定义点为 $(P_i)_{0\leqslant i\leqslant n}$，令 $(P_i^{(k)})$ 为这样的一个重心序列：(整数 k 从 0 变到 n，对每个 k 值，整数 i 从 0 变到 $n-k$) 起点 $P_i^{(0)}$ 与 P_i 重合，第 k 代点由下式生成

$$\overrightarrow{OP}_i^{(k)}=(1-t)\overrightarrow{OP}_i^{(k-1)}+t\overrightarrow{OP}_{i+1}^{(k-1)}$$

那么，第 n 代点只有一个点，它与曲线上的移动点 $M(t)$ 重合，即

$$\forall t\in[0,1],P_0^{(n)}(t)=M(t)$$

关于证明的几点说明：

实际上,可以严格证明上面的命题.另外,即使有时在上面那些等式中不写 t,也不要忘记在证明中假设 t 为定值,但可取[0,1]中任何一值.不难看出,在这个区间外它仍然成立.

6.4　导向量的 De Casteljau 算法

现在来证明上节的重心序列不仅可以用来确定移动点,同时还可以用来确定在这点 $\overrightarrow{OM}$ 的逐次导向量.不妨借助符号记法来证明.首先引进牛顿差分算符 Δ:它把任一序列 (u_j),无论是向量序列还是其他什么序列,与序列 $(\Delta u_j)=u_{j+1}-u_j$ 进行对应.

(1) 作用于重心序列的算符 Δ.

在下面,Δ 与其乘方算符只作用于重心序列的下标,如

$$\Delta\,\overrightarrow{OP}_i=\overrightarrow{OP}_{i+1}-\overrightarrow{OP}_i$$

$$\Delta^2\,\overrightarrow{OP}_i=\Delta\,\overrightarrow{OP}_{i+1}-\Delta\,\overrightarrow{OP}_i=\overrightarrow{OP}_{i+2}-2\,\overrightarrow{OP}_{i+1}+\overrightarrow{OP}_i$$

把点 P_i 换成 $P_i^{(k)}$ 后等式仍有效,上指标 k 在等式左右不变.

(2) 导向量的符号表达式.

对 n 次符号幂求导,可得

$$\frac{\mathrm{d}}{\mathrm{d}t}\overrightarrow{OM}=n((1-t)\,\overrightarrow{OP}_0+t\,\overrightarrow{OP}_1)^{[n-1]}[\,*\,]\cdot(-\overrightarrow{OP}_0+\overrightarrow{OP}_1)=n((1-t)\,\overrightarrow{OP}_0+t\,\overrightarrow{OP}_1)^{[n-1]}[\,*\,]\Delta\,\overrightarrow{OP}_0$$

利用 §6 的公式后可得一个初步结果

$$\frac{1}{n}\,\frac{\mathrm{d}}{\mathrm{d}t}\overrightarrow{OM}=(\overrightarrow{OP}_0^{(1)})^{[n-1]}[\,*\,]\,\overrightarrow{OP}_1-$$

$$
\begin{aligned}
&(\overrightarrow{OP}_0^{(1)})^{[n-1]}[*]\overrightarrow{OP}_0=\\
&\overrightarrow{OP_1^{(n-1)}}-\overrightarrow{OP_0^{(n-1)}}=\\
&\Delta\overrightarrow{OP_0^{(n-1)}}
\end{aligned}
$$

再求一次导，并再利用 §6 的公式，还可得到

$$
\begin{aligned}
\frac{\mathrm{d}^2}{\mathrm{d}t^2}\overrightarrow{OM}(t)=&n(n-1)((1-t)\overrightarrow{OP}_0+t\overrightarrow{OP}_1)^{[n-2]}[*]\\
&(-\overrightarrow{OP}_0+\overrightarrow{OP}_1)^{[2]}=\\
&n(n-1)\overrightarrow{OP_0^{(n-2)}}[*]\\
&(\overrightarrow{OP}_2-2\overrightarrow{OP}_1+\overrightarrow{OP}_0)=\\
&n(n-1)(\overrightarrow{OP_2^{(n-2)}}-2\overrightarrow{OP_1^{(n-2)}}+\overrightarrow{OP_0^{(n-2)}})
\end{aligned}
$$

这个公式反映了 Δ 与符号幂的转换关系，实际上

$$
\begin{aligned}
\frac{\mathrm{d}^2}{\mathrm{d}t^2}\overrightarrow{OM}(t)=&n(n-1)\overrightarrow{OP_0^{(n-2)}}[*]\Delta^2\overrightarrow{OP}_0=\\
&n(n-1)\Delta^2\overrightarrow{OP_0^{(n-2)}}
\end{aligned}
$$

用数学归纳法可得

$$
\begin{aligned}
\frac{\mathrm{d}^k}{\mathrm{d}t^k}\overrightarrow{OM(t)}=&\frac{n!}{(n-k)!}\overrightarrow{OP_0^{n-k}}[*]\Delta^k\overrightarrow{OP}_0=\\
&\frac{n!}{(n-k)!}\Delta^k\overrightarrow{OP_0^{(n-k)}}
\end{aligned}
$$

注 11　在以后讨论曲面时会看到参数 t 可被 (u,v) 取代.

(3) 切线问题.

一阶导向量等于 $n\Delta\overrightarrow{OP_0^{(n-1)}}=n\overrightarrow{P_0^{(n-1)}P_1^{(n-1)}}$，故对于给定的 t 值及其对应的重心序列，有结论如下：

命题 7　Bézier 曲线在 $M(t)$ 点的导向量等于 $\overrightarrow{nP_0^{(n-1)}P_1^{(n-1)}}$，若它不为零的话，那么它也是在这点的切线向量.

还有一些其他的与上面不同的证明方法，例如借

助 §2 的微分方程(R_3) 就可证明它.

注 12　可以证明,如果命题中的那个向量为零,那么 $P_i^{(n-2)}$ $(i=0,1,2)$ 三点共线,这条直线就是切线.

(4) 曲率问题.

用重心序列的 $n-2$ 代点很容易给二阶导向量一个几何解释. 令

$$\overrightarrow{OP_2^{(n-2)}}+\overrightarrow{OP_0^{(n-2)}}=2\,\overrightarrow{OJ^{(n-2)}}$$

其中 J^{n-2} 是$[P_0^{(n-2)}P_2^{(n-2)}]$ 的中点,那么

$$\overrightarrow{\Delta^2 OP_0^{(n-2)}}=2(\overrightarrow{OJ^{(n-2)}}-\overrightarrow{OP_1^{(n-2)}})=\overrightarrow{2P_1^{(n-2)}J^{n-2}}$$

借助在 $M(t)$ 点的两个导向量就可用几何方法来构造在这点处的曲率中心(见 §4). 在图 30 中,粗线向量只给出了导向量的方向,一旦知道 n 值,便可利用适当比例画出大小和方向.

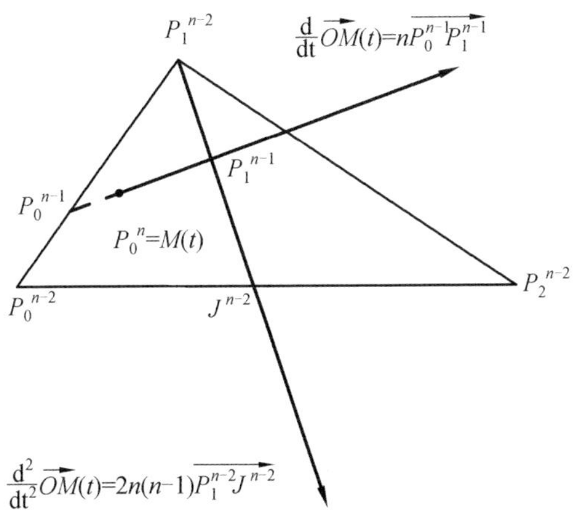

图 30

命题 8　曲线在 $M(t)$ 点的二阶导向量可借助重心序列第 $n-2$ 代的三个点求得,它等于 $2n(n-1)\cdot$

$\overrightarrow{P_1^{(n-2)}J^{n-2}}$,其中 J^{n-2} 是$[P_0^{(n-2)}P_2^{(n-2)}]$的中点.

6.5 用于几何绘制

(1) 抛物线的绘制.

这是一条 $n=2$ 的 Bézier 曲线,其移动点以及在这点的切线的几何绘制法是众所周知的.图 31 给出了参数为$\frac{1}{5}$的点的几何求法. $P_0^{(1)}$ 和 $P_1^{(1)}$ 分别是 P_0P_1 和 P_1P_2 的加权系数为$\frac{1}{5}$和$\frac{4}{5}$的重心.

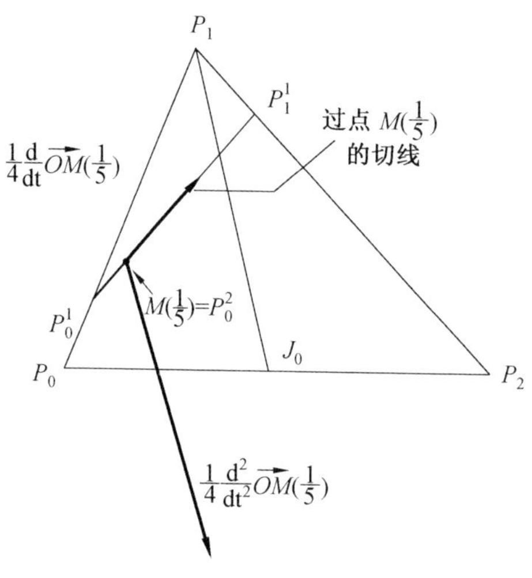

图 31

要寻找的移动点是 $P_0^{(1)}$ 和 $P_1^{(1)}$ 的重心,系数同上.这点的切线与线段$[P_0^1P_1^1]$重合.二阶导向量为 $4\overrightarrow{P_1J^0}$,其中 J^0 是$[P_0P_2]$的中点.图 31 中两个导向量都缩小为原来的$\frac{1}{4}$,可以求出抛物线上一点的曲线中

心(即使在这条 Bézier 弧线以外,该方法也适用).

(2) 一般曲线的绘制.

不失一般性,我们在这里给出一个求五次曲线移动点及其在这点的切线的例子. 为方便起见,在图 32 中选择的参数为$\frac{1}{2}$. 曲线多边形,即起始多边形,用粗线表示,上指标为 1 和 2 的多边形线段用细线表示,第 3 号线用虚线表示. 第 4 号线缩进成一条直线段,用粗线表示. 如果 $P_0^{(4)}$,$P_1^{(4)}$ 两点不重合的话,那么这条线就是曲线在 $M(t)=P_0^{(5)}$ 的切线.

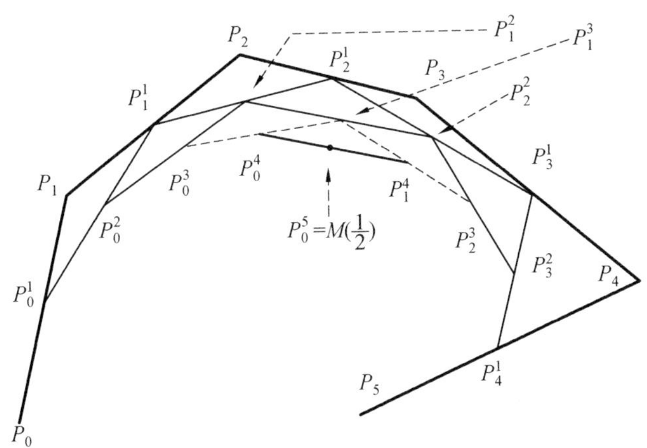

图 32

注 13　如果多边形的一端线段很短,那么这一端附近的重心序列都很靠近这端,就像曲线被一个多重定义点吸引过来一样. 如果边长很长,那么曲线就离得较远.

(3) 增添或减少定义点个数的问题.

在某些时候能改变曲线的次数是很有意思的. 多

项式次数的减少能使计算简化.而人为地增加次数后，用移动定义点的方法来进行曲线变形会更加自如.在后面关于矢端的章节中再来研究这个问题.当然也可以借助上面的几何方法来讨论它.

(i) 抛物线.

问题 1 有一抛物线段，它是定义点 P_0，P_1，P_2 的二次 Bézier 曲线.试找出一个三次 Bézier 的特征多边形，使得这个看起来是三次的曲线与抛物线段重合.

解 如果这条曲线存在的话，那么其定义点为 P_0，Q_1，Q_2，P_2，其中 Q_1，Q_2 一定分别在线段 $[P_0P_1]$ 和 $[P_1P_2]$ 上(图 33).同样，抛物线的点 $M\left(\frac{1}{2}\right)$ 与要找的三次曲线的点 $M'\left(\frac{1}{2}\right)$ 重合.请注意，三次曲线在 $M'\left(\frac{1}{2}\right)$ 的切线与在 $M\left(\frac{1}{2}\right)$ 的切线重合，而后者平行于(P_0P_2)(Thalès 定理).借助 $M'\left(\frac{1}{2}\right)$ 及其切线的几何性质，可知$\overrightarrow{Q_1Q_2}$ 与(P_0P_2)平行.

设 q 是点 M' 的切线与(P_0P_1)的交点，因它是$[Q_0^{(1)}Q_1]$的中点，故

$$\overrightarrow{P_0q}=\frac{3}{4}\overrightarrow{P_0Q_1}$$

设 B 是点 M 切线与$[P_0P_1]$的交点，因

$$\overrightarrow{P_0B}=\frac{1}{2}\overrightarrow{P_0P_1}$$

故 q 与 B 两点重合等价于

$$\overrightarrow{P_0Q_1}=\frac{2}{3}\overrightarrow{P_0P_1}$$

在这个条件下，两条次数严格小于 3 的曲线有三元重

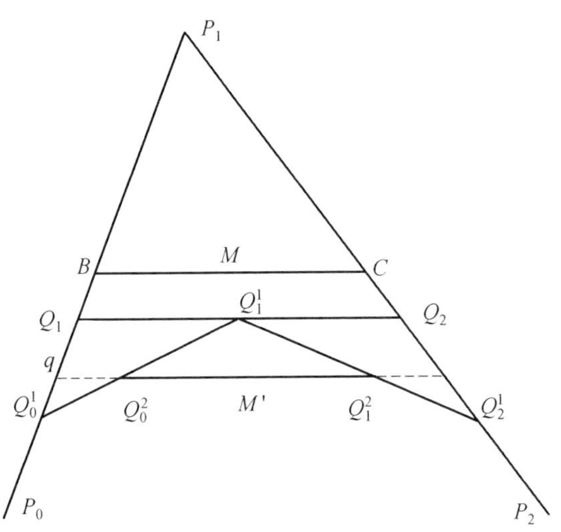

图 33

合，故两曲线将重合.

结论 1　如果(P_0P_1)和(P_2P_3)的交点 T 满足

$$P_0P_1=\frac{2}{3}P_0T, P_3P_2=\frac{2}{3}P_3T$$

那么四点特征多边形 $P_0P_1P_2P_3$ 实际上定义的是一个二次曲线.

(ii) 三次 Bézier 曲线.

问题 2　试求一条三次曲线的定义点，已知这条曲线在某一点处一阶导向量为零. 一般说来，这是一个尖点.

解　不妨取参数为 $\frac{1}{2}$ 来讨论. 这点的切向量 $\overrightarrow{P_0^{(2)}P_1^{(2)}}$ 为零，其充分必要条件是 $P_0^{(1)}$ 与 $P_2^{(1)}$ 重合. 也就是说，线段$[P_0P_1]$与$[P_2P_3]$中点重合.

结论 2　如果三次曲线的特征多边形的线段$[P_0P_1]$与$[P_2P_3]$中点重合，那么参数为$\frac{1}{2}$的点是曲线的尖点.

请读者自行研究在其他参数值时的情形.

§7　矢端曲线

7.1　定义

已知 Bézier 曲线(C)是点$M(t)$的轨迹，现在令

$$\overrightarrow{OM}(t)=\vec{V}(t)$$

那么

$$\overrightarrow{OH}_1(t)=\frac{\mathrm{d}}{\mathrm{d}t}\overrightarrow{OM}(t)=\vec{V}'(t)$$

点H_1的轨迹(C_1)叫作(C)的矢端曲线. 如果

$$\frac{d^2}{dt^2}\overrightarrow{OM}(t)=\vec{V}''(t)$$

不为零，那么它确定了(C_1)在点$H_1(t)$的切线方向；否则由第一个不为零的导向量来确定方向.

7.2　推广

(1) 三次曲线.

三次 Bézier 曲线定义为

$$\overrightarrow{OM}=(1-t)^3\overrightarrow{OP}_0+3t(1-t)^2\overrightarrow{OP}_1+3t^2(1-t)\overrightarrow{OP}_2+t^3\overrightarrow{OP}_3$$

其矢端曲线的向量定义式不难计算，即

$$\overrightarrow{OH_1(t)}=-3(1-t)^2\overrightarrow{OP}_0+3(1-t)^2\overrightarrow{OP}_1-6t(1-t)\overrightarrow{OP}_1+6t(1-t)\overrightarrow{OP}_2-$$

$$3t^2\ \overrightarrow{OP_2}+3t^2\ \overrightarrow{OP_3}=$$
$$3[(1-t)^2(\overrightarrow{OP_1}-\overrightarrow{OP_0})+$$
$$2(1-t)(\overrightarrow{OP_2}-\overrightarrow{OP_1})+$$
$$t^2(\overrightarrow{OP_3}-\overrightarrow{OP_2})]$$

令$\overrightarrow{P_0P_1}=\vec{V}_1,\overrightarrow{P_1P_2}=\vec{V}_2,\overrightarrow{P_2P_3}=\vec{V}_3$，可得到一个二次Bézier曲线的位似

$$\overrightarrow{OH_1(t)}=3[(1-t)^2\vec{V}_1+2(1-t)\vec{V}_2+t^2\vec{V}_3]=$$
$$3[(1-t)^2\ \overrightarrow{OD_0}+2(1-t)\ \overrightarrow{OD_1}+t^2\ \overrightarrow{OD_2}]$$

其中D_0,D_1,D_2是这个二次曲线的Bézier点，它们可以从同一个点(不一定非是O不可)画原曲线特征多边形边向量$\overrightarrow{P_0P_1},\overrightarrow{P_1P_2},\overrightarrow{P_2P_3}$的等阶向量而得到.

图34是比例尺为$\frac{1}{3}$的矢端曲线.

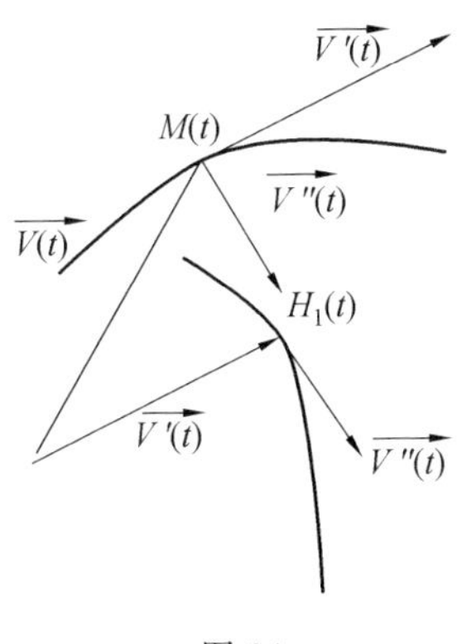

图34

(2)n次曲线.

可以用上面方法来计算，但借助任意n次Bézier曲线的符号定义式以及§6中的公式更简单.

例如，对一阶导向量，有

$$\frac{\mathrm{d}}{\mathrm{d}t}\overrightarrow{OM}(t)=n((1-t)\overrightarrow{OP}_0+t\overrightarrow{OP}_1)^{[n-1]}[*]\Delta\overrightarrow{OP}_0$$

$n-1$ 次符号乘方展开式中的通项为

$$B_{n-1}^{i}\overrightarrow{OP}_i[*](\overrightarrow{OP}_1-\overrightarrow{OP}_0)$$

即

$$B_{n-1}^{i}(\overrightarrow{OP}_{i+1}-\overrightarrow{OP}_i)$$

或

$$B_{n-1}^{i}\overrightarrow{P_iP}_{i+1}$$

取任意一点 O，令

$$\overrightarrow{OD}_i=\overrightarrow{P_iP}_{i+1}$$

上式变成

$$\overrightarrow{OH}_1(t)=\frac{\mathrm{d}}{\mathrm{d}t}\overrightarrow{OM}(t)=n\sum_{0}^{n-1}B_{n-1}^{i}(t)\overrightarrow{OD}_i$$

矢端曲线是一个 $n-1$ 次 Bézier 曲线的位似，位似比为 n，定义为 D_i，i 从 0 变到 $n-1$.

下面两图(图 33、图 34)既画出了定义点特征多边形，又画出了矢端曲线. 命题 9 是矢端曲线性质的总结.

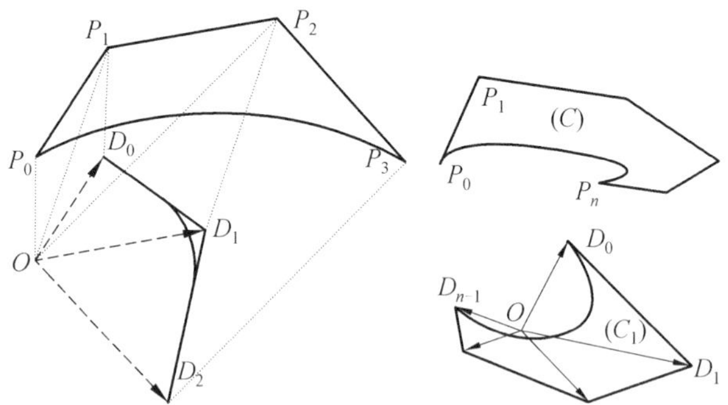

图 33　三次曲线的矢端曲线　图 34　n 次曲线的矢端曲线

命题 9 n 次 Bézier 曲线的矢端曲线是一个 $n-1$ 次 Bézier 曲线的位似,位似比为 n,位似中心可选任何一点 O. 如果原曲线的特征多边形的边向量记为 $\vec{V}_i$,那么矢端曲线的定义点 D_i 满足 $\overrightarrow{OD}_j=\vec{V}_{j+1}$,也就是说是从 O 点画出的向量 $\vec{V}_{j+1}$ 的终点.

结论 3 (1) 这种从曲线(C) 求矢端曲线(C_1) 的过程可以重复. 如可以求二阶矢端曲线(C_2),它是一个 $n-2$ 次 Bézier 曲线 $H_2(t)$ 的位似[比例为 $n(n-1)$],这是因为

$$\overrightarrow{OH}_2(t)=\frac{\mathrm{d}^2}{\mathrm{d}t^2}\overrightarrow{OM}(t)=\frac{\mathrm{d}}{\mathrm{d}t}\overrightarrow{OH}_1(t)$$

(2) 如果移动点 $M(t)$ 不是点 O,那么知道矢端曲线(C_1) 就知道了曲线(C) 在这点的切线. 高阶矢端曲线容许我们计算逐次导向量. 因此 §6 的关于导向量与曲率中心的算法也可用这种方法求得.

(3) 可用矢端曲线进行 Bézier 曲线奇点的几何研究,或者来解决一些像切线与曲率之类的问题. 借助几何研究可得出一些有用的计算方法.

§8 Bézier 曲线的几何

一些问题可完全用上面见过的几何方法来解决. 通过绘图可以检验用其他方法得到的结果,还可提供一些有价值的结论.

说明 在用几何方法求解 Bézier 曲线问题的大多数情况时,一般都对这条曲线与一条给定的直线的交点的真实性进行讨论. 这条曲线只是另一条曲线(t

在整个实域 K 上变化而得到的“整体”曲线）的一部分. 在不少情况下并不进行这种讨论，在求解后进行绘图就能知道这些点的位置及其对应的参数值. 请记住，Bézier 曲线的几何性质当 t 在$[0,1]$之外时一般也成立.

8.1　抛物线情形

为使读者熟悉上面的性质，还是先举 $n=2$ 的抛物线例子，尽管其几何性质已十分清楚. 二次曲线是由两个不共线边向量决定的. 另外，n 次曲线的 $n-2$ 次矢端曲线一般是一条抛物线，可不断向上“索源”直到曲线本身.

(1) 切线问题.

二次 Bézier 曲线的矢端曲线 (C_1) 是条直线段 $[D_0D_1]$，对已知的 t 值，向量 $2\overrightarrow{OH_1}$ 是抛物线在点 $M(t)$ 的切向量，其中 H_1 是线段 $[D_0D_1]$ 上的参数为 t 的点.

问题 1　求平行于一条给定直线 (D_0) 的抛物线的切线.

按图 37 可画出要求的切线和点 M. 矢端曲线由线段 S_0S_1 组成，过点 O 平行于 (D_0) 的直线与线段 S_0S_1 交于 T(见上面关于交点真实性的问题的说明). 因为

$$\overrightarrow{OT}=(1-t)\overrightarrow{OS}+t\overrightarrow{OS_1}$$

即

$$\frac{\overline{TS_1}}{\overline{TS_0}}=1-\frac{1}{t}\text{①}$$

① $\overline{TS_1}$ 表示 $\overrightarrow{TS_1}$ 的长度，下同.

故矢端曲线的点 T 的参数 t 是已知的. 剩下来就是求抛物线上参数为 t 的点 M,这只需按比例在抛物线定义多边形的向量上取点并应用 §6 中讲的几何方法即可.

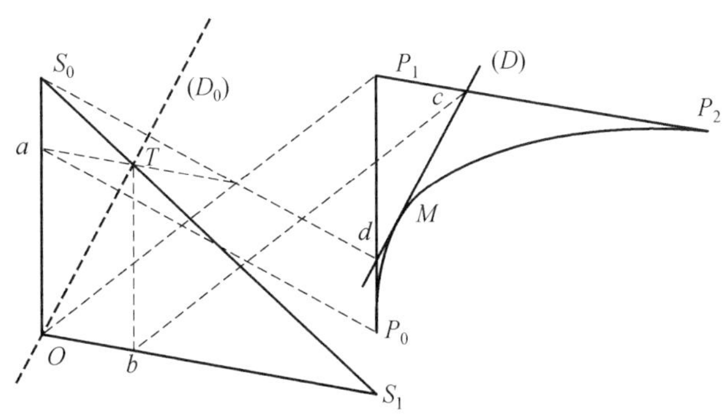

图 37

作图细节:

T_a 平行于 OS,则有

$$S_0a = P_0d$$

$$Ob = P_1c$$

故

$$\frac{\overline{dP_1}}{\overline{dP_0}} = \frac{\overline{cP_2}}{\overline{cP_1}} = \frac{\overline{TS_1}}{\overline{TS_0}}$$

点 M 在直线(cd)上并按上面比值分割线段[cd].

这个问题一旦解决,其他问题都迎刃而解,例如:

问题 2　给定抛物线上的点 M,试求曲线上的另一点 M',使在 M 与 M' 的切线相互垂直.

既然切线的方向已知,可用上面的方法求解. 不难把它推广到一般情形,即求曲线上一点 M',使在 M 与 M' 的切线的交角成一定值.

问题 3　给定一条 Bézier 抛物线段，试找出其顶点的切线、准线与焦点. 抛物线的两条互相垂直的切线交于准线，利用两次上面的结果可求得准线上两点. 然后再找平行于准线的切线，即过顶点的切线，焦点随即可知. 也可画出连接 P_1 与 $[P_0P_2]$ 中点的直线，抛物线轴与之平行，求与此轴垂直的切线即可.

(2) 曲率问题.

可以把曲线上一点 M 看作是另一条二次曲线的起点(或终点)，然后采用 §4 中的方法.

M, Q_1, P_2 是起点为 M、终点 P_2 的一条抛物线弧(图 38). 我们知道，起点的曲率主要取决于两个边向量 $\vec{V}_1=\overrightarrow{MQ_1}$，$\vec{V}_2=\overrightarrow{Q_1P_2}$.

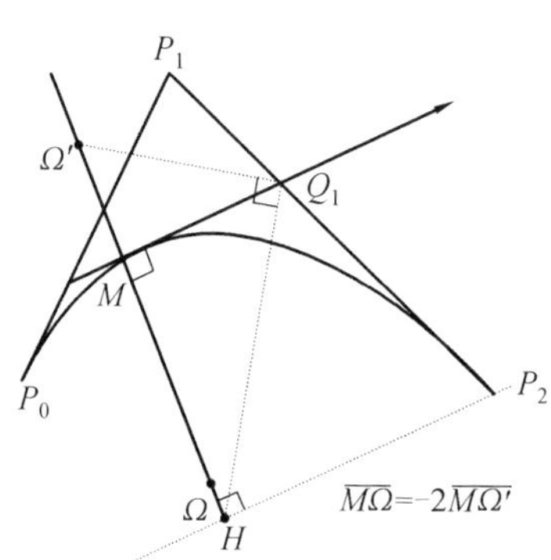

图 38

H 是 P_2 在点 M 法线上的投影，法线上另一点 Ω' 使 $\triangle HQ_1\Omega'$ 为直角三角形，曲率中心 Ω 由下式给出

$$\overrightarrow{M\Omega}=-\frac{n}{n-1}\overrightarrow{M\Omega'}=-2\overrightarrow{M\Omega'}$$

注 14 读者不妨把这一节与 §6 中的(5) 进行比较.

(3) 与直线相交的问题.

可以用解析法,也可用向量法来解决这个问题,但最终都要解一个二次方程. 定义点多边形 $P_0P_1P_2$ 的边向量$\overrightarrow{P_1P_0}$ 和$\overrightarrow{P_1P_2}$ 线性无关,任意一条直线 D 可用两向量表示出来.

D的方向由已知向量(a,b)给定,在直线上取一点(a',b'),直线方程便可写成

$$\overrightarrow{P_1M}(\mu)=(a\mu+a')\overrightarrow{P_1P_0}+(b\mu+b')\overrightarrow{P_1P_2}$$

当原点在 P_1 时,曲线方程变成

$$\overrightarrow{P_1M}(t)=(1-t)^2\overrightarrow{P_1P_0}+t^2\overrightarrow{P_1P_2}$$

在交点处两式相等

$$(a\mu+a')\overrightarrow{P_1P_0}+(b\mu+b')\overrightarrow{P_1P_2}=$$
$$(1-t)^2\overrightarrow{P_1P_0}+t^2\overrightarrow{P_1P_2}$$

因分量相等,所以

$$(1-t)^2=a\mu+a',t^2=b\mu+b'$$

消去 μ,得 t 的一元二次方程

$$b(1-t)^2-at^2+ab'-a'b=0$$

求其根看是否在区间$[0,1]$中即可,对应的μ值给出要找的交点.

特例 当直线D经过P_1时,a',b'为零,上面两式相比得

$$\left(\frac{1-t}{t}\right)^2=\frac{a}{b}$$

只有当 a,b 同号时才可能有解. 也就是说,D 在以 P_1 为顶点的特征多边形角内. 这时

$$\frac{1-t}{t}=\sqrt{\frac{a}{b}}\text{，因 }0<t\leqslant 1$$

这个比值正好可以用来几何构造参数为 t 的点.

8.2　三次曲线问题

我们已经知道，三次 Bézier 曲线可以有拐点、尖点之类的奇点，其矢端曲线一般是条抛物线，可用它来刻画三次曲线的特点. 有这样一个问题：怎样画一条有奇点的三次曲线？

(1) 三次曲线的尖点.

问题 1　求一条三次 Bézier 曲线，它在参数为 t_0 处有第一类尖点.

由于参数为 t_0 的点 M 是个尖点，故

$$\frac{\mathrm{d}}{\mathrm{d}t}\overrightarrow{OM}(t_0)=\mathbf{0}$$

但下两个导向量不为零且不共线，矢端曲线的点 $H(t_0)$ 与极点重合. 但极点可任意支配，把它放在点 $H(t_0)$ 就可"反过来"画出三次曲线的边向量.

因为对一个真正的抛物线，一阶和二阶导向量从不共线，故上面的条件是充分必要条件. 这意味着在三次曲线上得到的那个尖点一定是第一类尖点. 当然，如果取一个定义点共线的二次 Bézier 曲线，一阶与二阶导向量将共线，但由此得到的三次曲线的定义点也将共线. 也就是说是一个退化的三次曲线.

图 39 是求三次曲线定义点的具体例子.

例子：A，B，C 是抛物线的定义点，三次曲线的比例尺为$\frac{1}{2}$. 为了较易画图，我们选择了 $t_0=\frac{1}{2}$.

(2) 三次曲线的拐点.

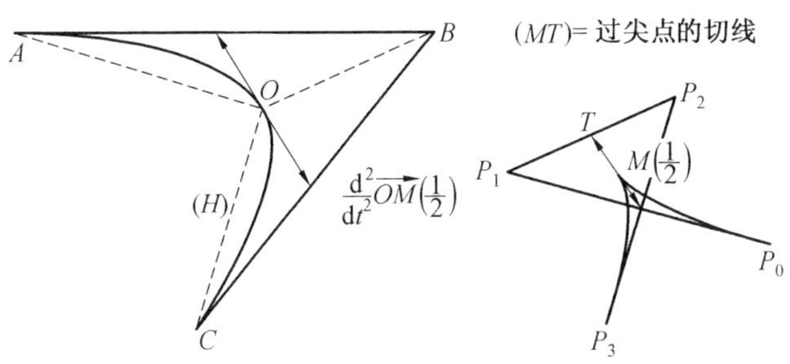

图 39

问题 2　求一条有拐点的三次 Bézier 曲线.

解　不妨选择拐点参数 $t_0=\frac{1}{3}$，但方法对其他参数都有效. 在这点一阶和二阶导向量不为零，但共线. 在矢端曲线的点 $H\left(\frac{1}{3}\right)$，向量 $\overrightarrow{OH}$ 和 $\frac{d}{dt}\overrightarrow{OH}$ 共线. 也就是说，直线 (OH) 与抛物线相切于点 H（图 40）.

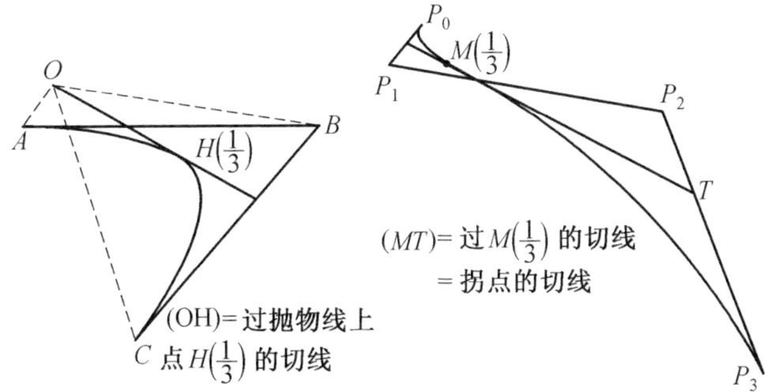

图 40

既然抛物线已画出，用已知的几何方法可求得点 $H\left(\frac{1}{3}\right)$ 与过这点的切线，极点 O 就可在这条切线上随意选择. 然后只需“反过来”画出要找的三次曲线的特征多边形的边向量即可.

注 15　因为点 O 可在切线上随意选择,所以对同一个抛物线及参数 $\frac{1}{3}$ 有无穷个解. 故可以给要找的三次曲线加上附加要求,例如希望三个边向量之一与某一给定的方向平行. 另请注意,当点 O 在抛物线外面的时候,一般有两条切线,故有两个拐点,请看下面的问题:

问题 3　求一条有两个拐点的三次 Bézier 曲线,已知一个拐点参数为 $\frac{1}{3}$,另一个拐点的参数为 $\frac{3}{4}$.

解　仍然取上面的抛物线,用已知的方法画出在点 $H\left(\frac{1}{3}\right)$ 和 $H\left(\frac{3}{4}\right)$ 的两条切线. 取它们的交点为极点 O,再"反过来"构造要找的三次曲线的边向量,得到的曲线有两个拐点(图 41).

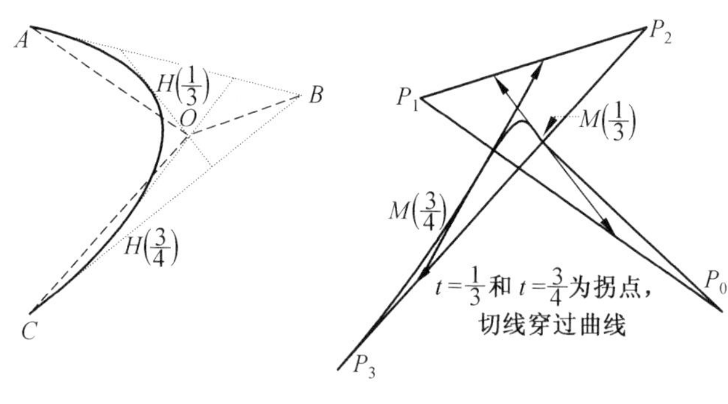

图 41

(3) 与给定方向平行的切线.

问题 4　给定一条直线 D_0 和一条三次 Bézier 曲线,求与 D_0 平行的所有切线.

解　求解方法已在研究抛物线时讲过了. 三次曲

线的矢端曲线一般是条抛物线. 过极点 O 并与 D_0 平行的直线 D 与抛物线弧最多交于两点，故最多只有两个解. 还得看其参数是否在区间[0,1] 中，有必要的话也可接受区间以外的解. 整个问题便归结为求直线与抛物线相交的问题，这在前节已讲过.

画出矢端曲线(H)，再计算或用几何方法(如果抛物线画得很精确的话) 求出直线 D_0 与抛物线的交点(如果存在的话). 在图 42 中有两个交点，参数为 t_1 和 t_2. 最后画出 $M(t_1)$ 和 $M(t_2)$ 点即可. 例如，$M(t_2)$ 由下式确定

$$\frac{Aa'}{AB}=\frac{P_0a}{P_0P_1}=\frac{P_1b}{P_1P_2}=\frac{P_2c}{P_2P_3}=$$

$$\frac{ad}{ab}=\frac{be}{bc}=\frac{dM(t_2)}{de}$$

(图 42).

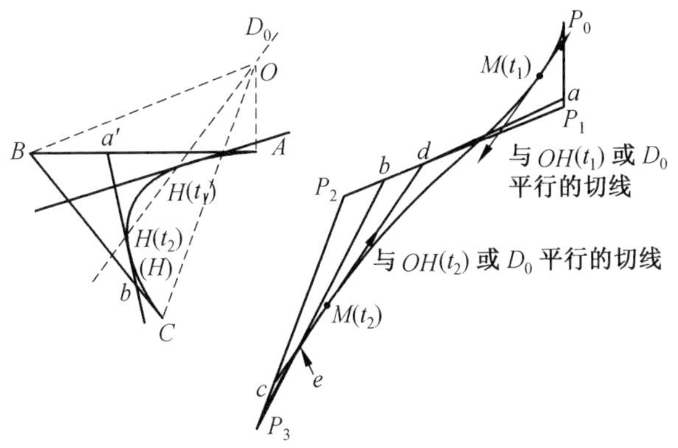

图 42

(4) 三次 Bézier 曲线的二重点或交叉点.

在 §3 中已用坐标的变化与对称性讨论过二重点

的问题.

这里用向量和解析法来研究三次曲线,它一般归结为求解一个二次方程.

令三次曲线的边向量为 $\mathbf{V}_1,\mathbf{V}_2,\mathbf{V}_3$,设它们在同一平面上,且 $\mathbf{V}_1$ 和 $\mathbf{V}_2$ 是组基底,那么

$$\mathbf{V}_3 = a\mathbf{V}_1 + b\mathbf{V}_2$$

移动点由下式给出

$$\begin{aligned}\overrightarrow{OM}(t) = (t^3 - 2t^2 + 3t)\mathbf{V}_1 + \\ (3t^2 - 2t^3)\mathbf{V}_2 + \\ t^3(a\mathbf{V}_1 + b\mathbf{V}_2)\end{aligned}$$

重点 M 对应两个不同的参数值 t_1 和 t_2,满足

$$M(t_1) = M(t_2)$$

等式两边 $\mathbf{V}_1$ 和 $\mathbf{V}_2$ 的分量分别相等,故

$$\begin{cases}(a+1)(t_1^3 - t_2^3) - 3(t_1^2 - t_2^2) + 3(t_1 - t_2) = 0 \\ (b-2)(t_1^3 - t_2^3) + 3(t_1^2 - t_2^2) = 0\end{cases}$$

消去 $t_1 = t_2$ 的解之后

$$\begin{cases}(a+1)(t_1^2 + t_1t_2 + t_2^2) - 3(t_1 + t_2) + 3 = 0 \\ (b-2)(t_1^2 + t_1t_2 + t_2^2) + 3(t_1 + t_2) = 0\end{cases}$$

在这个对称系统中,令

$$t_1 + t_2 = S, t_1^2 + t_1t_2 + t_2^2 = U$$

可得一个关于 S 和 U 的一次方程组.相加后即得 U,然后可算出 S.假设 $a+b-1 \neq 0$(否则无解),那么

$$U = S^2 - P = \frac{3}{1-a-b}$$

$$S = \frac{2-b}{1-a-b}$$

$$P = t_1t_2 = S^2 - U = \frac{(2-b)^2 - 3(1-a-b)}{(1-a-b)^2}$$

相加为 S,相乘为 P 的问题是一个一元二次方程的问

题

$$x^2-\frac{2-b}{1-a-b}x+\frac{(2-b)^2-3(1-a-b)}{(1-a-b)^2}=0$$

根据所知的关于 Bézier 三次曲线的一般形态，我们知道，如果想要有交叉点，可以假设a和b为负数. 但我们还是在一个较大的范围(但不是一般范围) 内进行讨论，设 $b<2$ 和 $1-a-b>0$，这时 $S>0$. 令

$$(b-2)^2=\mu(1-a-b)$$

其中 $\mu>0$，上面方程变成

$$x^2-\frac{\mu}{2-b}x+\frac{\mu(\mu-3)}{(b-2)^2}=0$$

其判别式 $\Delta=\frac{3\mu(4-\mu)}{(b-2)^2}$，当 Δ 和 P 都为正，即 $3\leqslant\mu\leqslant 4$ 时，方程有两个正根.

为有一个感性认识，取 $\mu=3.5, b=-2, a=-\frac{11}{7}$，上面条件都满足，解方程得重点的两个参数

$$t_1\approx 0.15, t_2\approx 0.724$$

图 43 中 $\mathbf{V}_1, \mathbf{V}_2$ 给定，用a,b画出第三个向量，然后用已知的几何方法画出点 $M(t_1)$ 和 $M(t_2)$(发现它们确实重合)，以及在这两点的切线，即重点 D 的切线. 为更好地表示曲线，还画出了点 $M(0,5)$ 及其过这点的切线.

一般地，当 $3\leqslant\mu\leqslant 4$ 时，两个正根为$\frac{1}{2(2-b)}\cdot(\mu\pm\sqrt{3\mu(4-\mu)})$. 因此，如果 $\mu+\sqrt{3\mu(4-\mu)}\leqslant 2(2-b)$ 且 $3\leqslant\mu\leqslant 4$，那么两个根都在$[0,1]$内，曲线有重点.

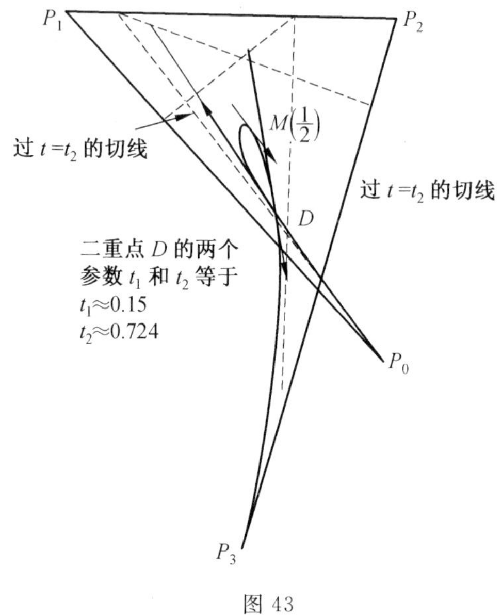

图 43

8.3 四次曲线问题

四次曲线的矢端曲线是一条三次曲线. 有些问题，如求平行于某一个给定方向的切线，可用同样的方法求解. 但其他问题显然用纯几何方法是几乎不能求解的.

(1) 尖点.

问题 1 求一条在参数为 t_0 处有尖点的四次 Bézier 曲线.

解 从一条三次曲线出发，用几何方法画出参数为 t_0 的点，这点将是极点(图 44 中参数为$\frac{1}{2}$).

连接 O 与 A,B,C,D，然后从点 P_0 开始把向量

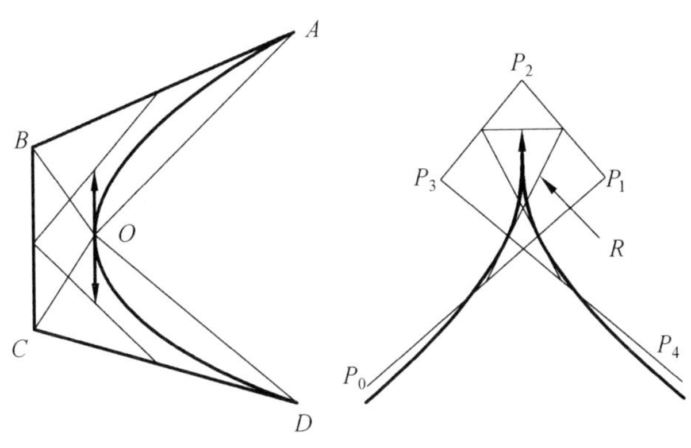

图 44

$\overrightarrow{OA}$，$\overrightarrow{OB}$，$\overrightarrow{OC}$ 和$\overrightarrow{OD}$ 首尾相接，得到一条曲线的特征多边形，要找的曲线就是这条曲线的一个位似.

注 16　对于三次曲线的尖点问题，因极点 O 选在矢端抛物线上，故不可能为重点. 对于四次曲线，矢端曲线是三次曲线，它可以有重点，故四次曲线可以有两个尖点. 下面我们来研究它.

问题 2　求一条有两个尖点的四次 Bézier 曲线.

解　问题实际上在注 16 中已几乎解决了. 取 § 3 中的三次曲线作为矢端曲线，极点 O 选在三次曲线的交叉点上，这点的两个参数对应四次曲线上的两个尖点，如图 45 所示. 如果要求在事先给定的两个参数上出现尖点，问题当然要复杂些，它归结为求一条在给定参数处出现二重点的三次曲线问题.

注 17　如果重点选在矢端曲线的尖点，那么在与之对应的点 M 的一阶和二阶导向量都为零. 一般地，三阶导向量变成了切线，点 M 是一个普通点.

问题 3　是否存在有第二类尖点的四次曲线？如

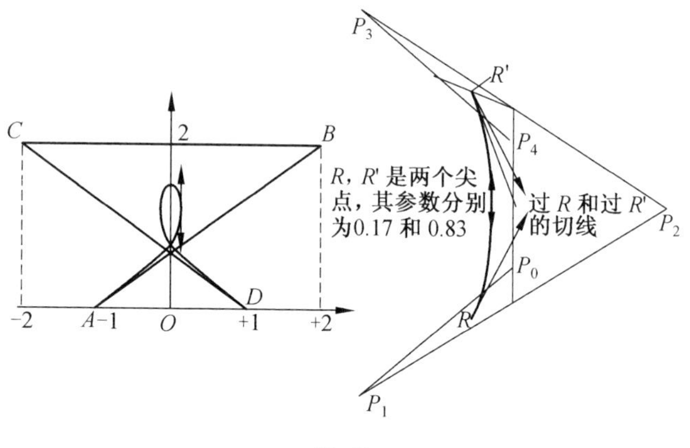

图 45

果存在，请找出一个来.

解 先看看这样一个点的特点：在这点 $\frac{\mathrm{d}}{\mathrm{d}t}\overrightarrow{OM}(t)=0$. 如果$\frac{\mathrm{d}^2}{\mathrm{d}t^2}\overrightarrow{OM}(t)$不为零，那么它就是切线向量，这时三阶导向量要么为零，要么与之共线. 设四阶导向量与$\frac{\mathrm{d}^2}{\mathrm{d}t^2}\overrightarrow{OM}(t)$一起组成了一组基底，$t\to\overrightarrow{OM}(t)$在这点的展开式显示了它是第二类尖点. 也就是说，在矢端曲线上与之对应的点是一个拐点.

下面给出一个实例，首先用本节前面第二部分讲的方法画出一条有一个拐点的三次曲线(图 44 中的左图)，然后把极点 O 取在拐点，反过来构造出特征多边形，得到的四次 Bézier 曲线确实有一个第二类尖点(图 46 中的右图).

如果三次曲线有两个拐点，那么有两种方法选择尖点的参数，两种方法选择矢端曲线的极点.

(2) 拐点.

原理还是一样：只需把极点 O 取在三次矢端曲线

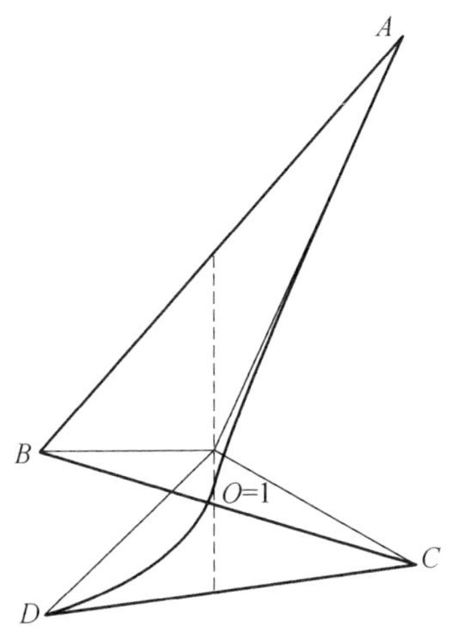

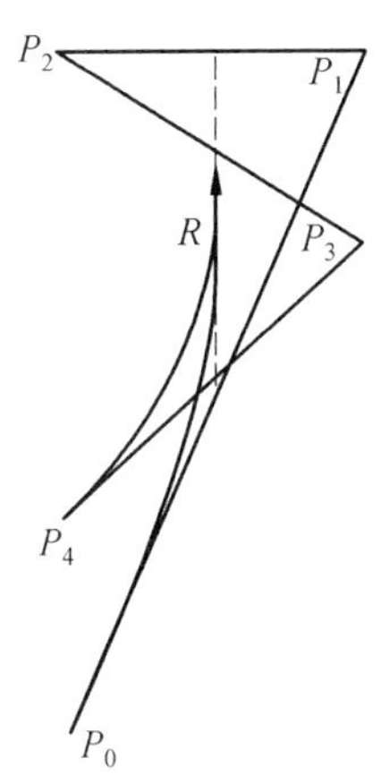

图 46

的一条切线上. 请注意,三次曲线有时可从一点引出三条切线,这可用解析几何方法来证明. 如果把这点取为矢端曲线的极点 O,四次曲线将有三个拐点. 当然,还需看这三点的参数是否在$[0,1]$中. 画图就留给读者了.

曲率问题:

对曲率问题,我们知道参数为 0 的点是比较好算的,问题归结为把曲线上的一点变成一条"子弧"的起点. 下面简略讨论一下这个问题.

8.4　Bézier **曲线的子弧**

(1) 几何分析.

对于抛物线,问题很容易解决. 对于三次曲线,还得先在矢端曲线上确定子弧,然后再回到三次曲线上,用平行性画出子弧的特征多边形,或严格地说是其位似.

图 47 中的左图示例中 M_0 的参数为$\frac{1}{3}$，P_3 的参数为 1. 矢端曲线上点 H_0 的参数为$\frac{1}{3}$. 子弧的特征多边形是 H_0DC 的比例为$\frac{2}{3}$ 的位似，从 M_0 和 P_3 引两条切线就可画出子弧$[M_0, M(1)]_{(C)}$ 的特征多边形，即 $M_0Q_1Q_2P_3$.

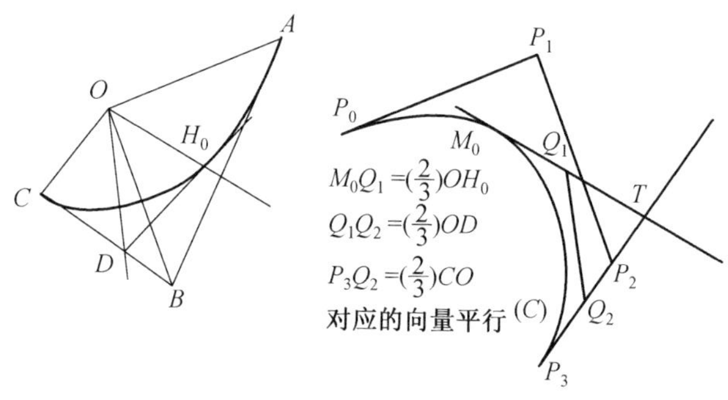

图 47

(2) 矩阵形式(或数值形式).

在 §2 中曾用变量 t 的乘方表示向量$\overrightarrow{OM}$，现在再来利用这个矩阵公式.

变量代换公式 $t=t_0+(t_1-t_0)u$ 把区间$[0,1]$变成区间$[t_0,t_1]$. 乘方 t^k 是 u 的 k 次多项式(二项式公式的结果)，因此可确定一个方阵 $\boldsymbol{\Phi}_n(t_0,t_1)$，使

$$(\boldsymbol{T}_n)=\boldsymbol{\Phi}_n(t_0,t_1)\cdot(\boldsymbol{U}_n)$$

$(\boldsymbol{U}_n)$ 是 U 的乘方的 $n+1$ 阶单列矩阵，§2 中(2) 的公式变成

$\overrightarrow{OM}(t=t_0+(t_1-t_0)u)={}^t(\overrightarrow{\boldsymbol{OP}})_n\cdot{}^t\boldsymbol{M}_n\cdot(\boldsymbol{T}_n)=$

$$^{t}(\overrightarrow{\boldsymbol{OP}})_{n}\ {}^{t}\boldsymbol{M}_{n}\boldsymbol{\Phi}_{n}(t_{0},t_{1})\cdot\boldsymbol{U}_{n}$$

令子弧的 Bézier 点的向量为$\overrightarrow{OP}_{j}$，那么

$$^{t}(\overrightarrow{\boldsymbol{OP}'})_{n}\cdot{}^{t}\boldsymbol{M}_{n}\cdot(\boldsymbol{U}_{n})={}^{t}(\overrightarrow{\boldsymbol{OP}})_{n}\ {}^{t}\boldsymbol{M}_{n}\boldsymbol{\Phi}_{n}(t_{0},t_{1})\cdot(\boldsymbol{U}_{n})$$

因此

$$^{t}(\overrightarrow{\boldsymbol{OP}'})_{n}\cdot{}^{t}\boldsymbol{M}_{n}={}^{t}(\overrightarrow{\boldsymbol{OP}})_{n}\ {}^{t}\boldsymbol{M}_{n}\boldsymbol{\Phi}_{n}(t_{0},t_{1})$$

即

$$^{t}(\overrightarrow{\boldsymbol{OP}'})_{n}={}^{t}(\overrightarrow{\boldsymbol{OP}})_{n}\ {}^{t}\boldsymbol{M}_{n}\boldsymbol{\Phi}_{n}(t_{0},t_{1})({}^{t}\boldsymbol{M}_{n})^{-1}$$

我们建议读者自己在低阶情况下进行一下计算. 上式也可写成用正则定义点 Q 和 Q' 来表达的数值形式.

(3) 重心序列.

先看一下二次曲线 C 的子弧 Ca，这条子弧首尾两点的参数为 $t=0$ 和 $t=a$. 根据 §6 中的讨论，我们知道点 $M(a)$ 就是第二代重心点 $P_{0}^{(2)}(a)$，它也是子弧的特征多边形的最后一个顶点 Q_2. 剩下来要找第二个顶点 Q_1. 我们知道，对于抛物线弧，第二个顶点是弧在两个端点的切线的交点. 因在点 $M(a)$ 的切线向量为 $\overrightarrow{P'_{0}(a)P'_{1}(a)}$，故第二个顶点其实就是点 $P_{0}^{(1)}(a)$. 这个结果可推广到 n 次 Bézier 曲线 C 的子弧 Ca 上：

Ca 的特征多边形的顶点 Q_i 正是下标为 0，参数为 a 的重心序列点，也就是说，$Q_i=P_{0}^{(i)}(a)$.

为了证明这个结论，取重心序列为定义点，对应的曲线定义式如下

$$\overrightarrow{OM}_{a}(t)=\left(\left(1-\frac{t}{a}\right)\overrightarrow{OQ}_{0}+\frac{t}{a}\overrightarrow{OQ}_{1}\right)^{(n)}$$

其中参数 t 除以 a 是为了再回到区间[0,1]上. 用 P_0 取代 Q_0，$(1-a)\overrightarrow{OP}_{0}+a\overrightarrow{OP}_{1}$ 取代$\overrightarrow{OQ}_{1}$ 后，上式变成 $((1-t)\overrightarrow{OP}_{0}+t\overrightarrow{OP}_{1})^{(n)}$，这正是原始曲线 C 的符号

定义式，证毕.

同理可证：

如果子弧首尾两点的参数为 b 和 1，那么其特征多边形的顶点正是参数为 b 的重心序列点，即 $Q_i = P_i^{n-i}(b)$.

这些非常简单的性质将会被用来研究两个 Bézier 曲线过渡的问题(见 §6 中关于样条曲线的插值法).

8.5　阶次的增减

在此说明一下，Bézier 曲线特征多边形的零边或非零边的个数并不总是等于曲线真正的次数. 最简单的例子就是作一个有三个顶点的特征多边形，曲线的表面次数是 2. 先用几何方法看一看.

(1) 一条二次 Bézier 曲线的真正次数.

如果三个顶点 P_0, P_1, P_2 不共线，那么曲线是一个抛物线弧，真正次数是 2. 现在假设这三点共线，那么边向量满足 $\mathbf{V}_2 = k\mathbf{V}_1$，这是一条直线段，取 P_0 为原点移动，点定义式为

$$\overrightarrow{OM} = (2t - t^2)\mathbf{V}_1 + t^2\mathbf{V}_2 = (2t - t^2 + kt^2)\mathbf{V}_i$$

可见，当且仅当 $k=1$ 时，曲线真正的次数为 1，这时 P_1 是线段 $[P_0P_2]$ 的中点，矢端曲线缩为两个重合的点，这是一个充分必要条件，因为在其他情况下矢端曲线是两个不重合的点.

(2) 推论.

先看看三次曲线，如果它的真正次数为 2，那么其一阶矢端曲线的真正次数为 1，二阶矢端曲线是两个重合的点. 如果三次曲线的真正次数为 1，那么其四个定义点共线，且 $\overrightarrow{P_0P_1} = \overrightarrow{P_1P_2} = \overrightarrow{P_2P_3}$，一阶矢端曲线缩

为三个重合的点.

在一般情况下,可像这样逐次考察矢端曲线,直到发现有点 P 重合.用数学归纳法可证明下面的命题:

命题 10　一条Bézier曲线的特征多边形有 n 个边向量,其表面次数为 n.曲线的真正次数为 r 的充要条件是当且仅当它的 r 阶矢端曲线由 $n+1-r$ 个重合点组成.

命题是有了,但还有些实用问题需要解决.例如:

问题 1　曲线的真正次数小于表面次数,试确定对应于真正次数的曲线的特征多边形.

问题 2　试画一条表面次数为 n 而真正次数为 r 的Bézier曲线.

问题 3　给定一条Bézier曲线,试着人为地添加定义点,增加曲线的表面次数,而曲线本身不变.

(3) 减少顶点个数(问题1).

(i) 三次曲线.

① 定义点不共线的情形.

如果一条三次曲线的真正次数是2,并且定义点不共线,那么从几何上看它是一条抛物线,两端点的切线足以定义这条曲线.用直线(P_0P_1)和(P_3P_2)的交点 T 取代 P_1 和 P_2 两点,得到的 P_0,T,P_3 三点就是要找的三次曲线缩为抛物线的定义点.

② 定义点共线的情形.

可以把它看成是上面的一个极限情形,但用矢端曲线来分析也同样简单.矢端曲线的次数为1,由共线的点 Q_0,Q_1,Q_2 组成,其中 Q_1 是[Q_0,Q_2]的中点.

(ii) 四次曲线.

矢端曲线是一条真正次数为2的三次曲线,采用上面的方法，用一个点取代 2 个定义点，得到矢端曲线的新的特征多边形. 再“反过来”画出原曲线的新的特征多边形. 特例都容易研究.

(4) 增加顶点个数(问题 2 和 3).

(i) 关于问题 2 的例子.

在图 48 的例子中，Bézier 曲线的表面次数为 2，但真正的次数为 1，定义点 A,B,C 共线，B 是 $[AC]$ 的中点.

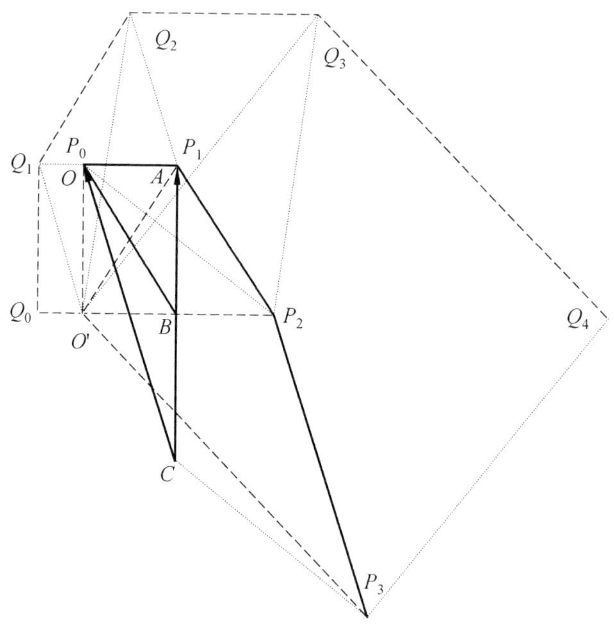

图 48

把它假设为一条三次曲线的矢端曲线，这条三次曲线的真正次数是 2. 为了节约画图空间，把 P_0 和 P_1 点取在点 O 和 A，画与 $\overrightarrow{OB}$ 和 $\overrightarrow{OC}$ 相等的向量 $\overrightarrow{P_1P_2}$ 和

$\overrightarrow{P_2P_3}$,得到一个三次曲线的特征多边形,这条曲线其实是条抛物线.为了使图面清楚,取新极点 O',画出 5 个定义点,它其实对应的是条三次曲线.

(ii) 关于问题 3 的例子.

给定一个真正的抛物线弧,三个定义点为 P_0,P_1,P_2(不共线),问题归结为要找两点 Q_1 和 Q_2(当然在线段$[P_0P_1]$和$[P_2P_1]$上),使得定义点为 P_0,Q_1,Q_2,P_2 的三次曲线与抛物线重合.

先画出抛物线的矢端曲线,不看位似比 2 的话,它就是线段 $P_1P'_2$,如图 49 所示.

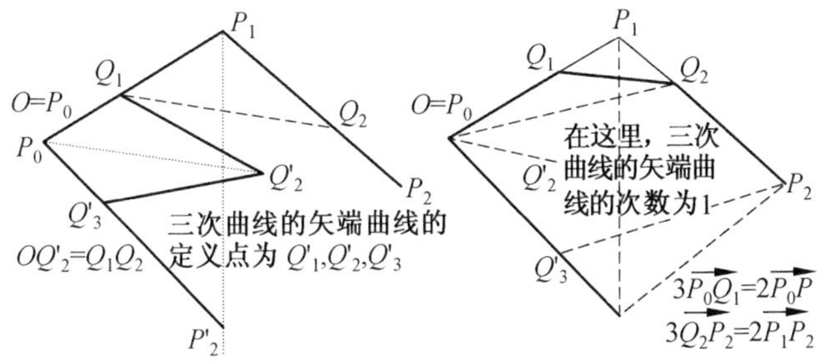

图 49

对于任意的 Q_1,Q_2,定义点为 P_0,Q_1,Q_2,P_2 的三次曲线的矢端曲线是定义点为 Q_1,Q'_2,Q'_3 的抛物线的比例为 3 的位似.如果想得到矢端曲线的$\frac{3}{2}$的位似的话,就得取

$$\overline{OQ_1}=\frac{2}{3}\overline{OP_1},\overline{OQ'_3}=\frac{2}{3}\overline{P_1P_2}$$

故

$$\overline{P_1Q_2}=\frac{1}{3}\overline{P_1P_2}$$

命题 11　设真正次数为 2 的 Bézier 曲线的定义点 P_0,P_1,P_2 不共线，那么与它重合的表面次数为 3 的曲线的定义点为 P_0,Q_1,Q_2,P_2，其中 Q_1,Q_2 分别在线段 $[P_0P_1]$ 和 $[P_1P_2]$ 上，且满足等式

$$\overline{P_0Q_1}=\frac{2}{3}\overline{P_0P_1},\overline{P_1Q_2}=\frac{1}{3}\overline{P_1P_2}$$

(iii) 一般情形.

例子：图 50 中，我们从一个四次曲线出发(定义点为五个 P 点)，用上面的方法得到一个五次曲线，定义点为 P_0,P_4 以及四个 Q 点.

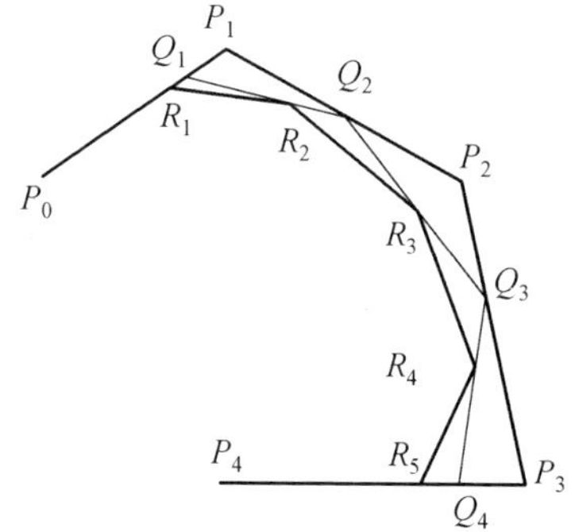

图 50

接着做下去可以得到一个六次曲线，定义点为 P_0,P_4，再加上五个 R 点. 取 Q_1,Q_2 为例，它们满足

$$\overline{P_0Q_1}=\frac{4}{5}\overline{P_0P_1},\overrightarrow{P_1Q_2}=\frac{3}{5}\overrightarrow{P_1P_2}$$

同样，点 R_1 和 R_2 由下式确定

$$\overrightarrow{P_0R_1}=\frac{5}{6}\overrightarrow{P_0Q_1},\overrightarrow{Q_1R_2}=\frac{4}{6}\overrightarrow{Q_1Q_2}$$

命题 12　设 Bézier 曲线的定义点为 $P_0,P_1,P_2,\cdots,P_n$，那么与它重合的 $n+1$ 次 Bézier 曲线的 $n+$

2 个定义点为 $P_0, Q_1, Q_2, \cdots, Q_n, P_n$，其中点 Q 满足等式

$$\overrightarrow{P_kQ_{k+1}}=\frac{n-k}{n+1}\overrightarrow{P_kP_{k+1}}, 0\leqslant k\leqslant n-1$$

证明　采用 Bézier 曲线的第一种定义法，$n+1$ 次曲线的移动点 $M'(t)$ 的定义式为

$$\begin{aligned}\overrightarrow{OM'}(t)=&(1-t)^{n+1}\overrightarrow{OP_0}+\sum_1^n B_{n+1}^k(t)\overrightarrow{OQ_k}+t^{n+1}\overrightarrow{OP_n}=\\&(1-t)^{n+1}\overrightarrow{OP_0}+\sum_0^{n-1}B_{n+1}^{k+1}(t)\overrightarrow{OQ_{k+1}}+\\&t^{n+1}\overrightarrow{OP_n}\end{aligned}$$

因为
$$\begin{aligned}\overrightarrow{OQ_{k+1}}=&\overrightarrow{OP_k}+\frac{n-k}{n+1}(\overrightarrow{OP_{k+1}}-\overrightarrow{OP_k})=\\&\frac{k+1}{n+1}\overrightarrow{OP_k}+\frac{n-k}{n+1}\overrightarrow{OP_{k+1}}\end{aligned}$$

所以上面求和号可分解成两项.另外不难证明

$$\frac{k+1}{n+1}B_{n+1}^{k+1}=tB_n^k$$

$$\frac{n-k}{n+1}B_{n+1}^{k+1}=(1-t)B_n^{k+1}$$

故 $M'(t)$ 的定义式可以写成

$$\begin{aligned}\overrightarrow{OM'(t)}=&t[\sum_0^{n-1}B_n^k\overrightarrow{OP_k}+t^n\overrightarrow{OP_n}]+\\&(1-t)[(1-t)^n\overrightarrow{OP_0}+\sum_1^n B_n^k\overrightarrow{OP_k}]=\\&t\overrightarrow{OM}(t)+(1-t)\overrightarrow{OM}(t)=\\&(t+1-t)\overrightarrow{OM}(t)=\\&\overrightarrow{OM}(t)\end{aligned}$$

因此点 M 与点 M' 重合，证毕.

(5) 次数提升问题的解析与矩阵解答法.

先看看从二次变到三次的问题. 给定 Bézier 定义点 P_0, P_1, P_2, 可求得正则定义点 Q, 使得

$$\overrightarrow{OM}(t)=(1-t)^2\,\overrightarrow{OP_0}+2t(1-t)\,\overrightarrow{OP_1}+t^2\,\overrightarrow{OP_2}=\overrightarrow{OQ_0}+t\,\overrightarrow{OQ_1}+t^2\,\overrightarrow{OQ_2}$$

令与已知的二次曲线重合的三次曲线的 Bézier 定义点为 P', 我们有

$$\overrightarrow{OM}(t)=(1-t)^3\,\overrightarrow{OP'_0}+3t(1-t)^2\,\overrightarrow{OP'_1}+3t^2(1-t)\,\overrightarrow{OP'_2}+t^3\,\overrightarrow{OP'_3}=\overrightarrow{OQ_0}+t\,\overrightarrow{OQ_1}+t^2\,\overrightarrow{OQ_2}+\mathbf{0}$$

在等式的右边人为地加上零向量 $\mathbf{0}$, 是为了利用同类项系数相等的性质来确定三次曲线的 Bézier 定义点 P'_0. 我们留给读者来完成计算并找出新旧定义点之间的关系.

注 13　用这个方法可以把曲线的次数直接提升好几个单位. 上面的解析或向量求解法也可用矩阵形式表达. 我们直接讨论一般情形.

一般情形:矩阵求解形式

从 §2 的等式 $\overrightarrow{(\boldsymbol{OQ})_n}=\boldsymbol{M}_n\,\overrightarrow{(\boldsymbol{OP})_n}$ 出发, 两边乘以逆矩阵得

$$\overrightarrow{(\boldsymbol{OP})_n}=(\boldsymbol{M}_n)^{-1}\,\overrightarrow{(\boldsymbol{OQ})_n}$$

设一条曲线的正则定义点 Q 是已知的, 这时在等式右边的列矩阵尾上加上零向量, 并把 n 换成 $n+1$ 就可计算与这条曲线重合的 $n+1$ 次曲线的 Bézier 定义点 P', 即

$$\overrightarrow{(\boldsymbol{OP'})_{n+1}}=(\boldsymbol{M}_{n+1})^{-1}\cdot\begin{pmatrix}\overrightarrow{OQ}\\ \mathbf{0}\end{pmatrix}_{n+1}$$

取 O 为空间坐标系的原点, 把点的坐标代入便可

计算这条人为提升到 $n+1$ 次的曲线的 Bézier 点的坐标. 例如,对于上面讲到的例子,关于横坐标,我们有

$$\begin{pmatrix} x(P'_0) \\ x(P'_1) \\ x(P'_2) \\ x(P'_3) \end{pmatrix} = (\boldsymbol{M}_3)^{-1} \begin{pmatrix} x(Q_0) \\ x(Q_1) \\ x(Q_2) \\ 0 \end{pmatrix}$$

可以把这个方法推广到把曲线阶数提升到任意阶数的情形,因为矩阵 $\boldsymbol{M}_n$ 及其逆矩阵显然对任何 n 都是已知的,所以这个方法特别适合于数值计算.

§9　形体设计

9.1　几种可能的方法

对于设计满足一定要求的复杂形体,我们有两种可能的工作方法:

1. 要么在一条 n 次曲线上工作,改变其定义点的位置. 我们已经看过,这可以改变曲线的整体形状.

2. 要么在几条 n 次曲线上工作,改变其定义点的个数.

不难发现,在次数较低的情况下,在某些特定的位置很容易画出满足要求的曲线弧. 但是,即使我们拥有几何工具和方法,也较难画出具有诸如尖点或拐点之类的曲线.

因此,一般用一组简单的 Bézier 曲线弧首尾连接在一起来设计复杂形体.

9.2 复合曲线

复合曲线由一组简单的二次或三次曲线组成，其中一条曲线的终点是下一条曲线的起点. 因为在连接点处曲线的连接性质甚至曲率都完全是已知的，所以使用起来很灵活.

复合曲线中两条尾随曲线的简单式连接，曲率守恒式连接，“拐点式”连接，“尖点式”连接都可以办到. 另外，还可以画出封闭曲线，设计重点、双连等具有其他性质的曲线. 下面举出几个例子：

(1) 两条曲线的曲率连续过渡问题.

为简化起见，只使用抛物线弧. 图 51 中的左图给出了几种不同类型的过渡方式. 若要求在连接点处两条弧有相同的曲率，过渡可能会更加完美. 采用在曲线的端点构造曲率中心的方法，我们可以做到保持同一曲率或者相反曲率的过渡. 然而，这些过渡只是几何类型的：这些向量的分量可能一阶或二阶不可导，这是因为它们不一定保留一阶或二阶导向量.

在图 51 的右图中，两条抛物线在端点相连处有相同的曲率. 其中的一条曲线可以假设成是给定的，定义点为 A, B, C，另一条的端点 A' 与 A 重合，其特征多边形的第一个边向量 $\overrightarrow{A'B'}$ 与 $\overrightarrow{AB}$ 共线，但方向相反. 采用 §8 中求曲率中心的几何方法可画出相对于第一条曲线的点 Ω'，因为两条曲线次数相等，所以它也是第二条曲线的点 Ω'(如果曲率相反的话，它将是相对于 A 的对称点).

反过来，可画出点 H'，它是第二条抛物线的未知的定义点 C' 在 A 处法线(两条曲线共同的法线) 上的

投影. 因此点 C' 在射线 Δ 上(图 51). 对于相反曲率以及点 A 是"尖点"之类的情形,处理起来也不难.

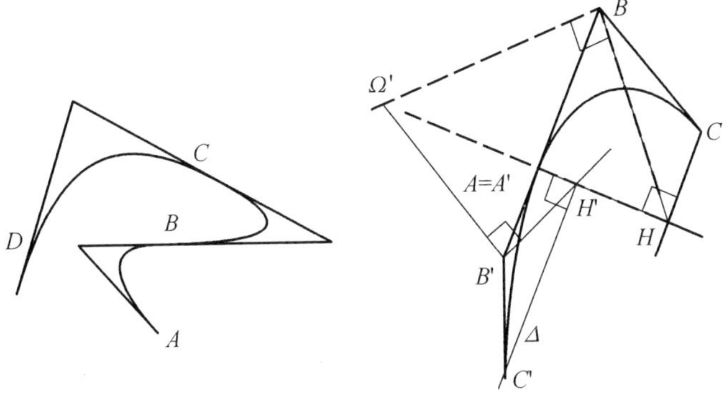

图 51

同样,可以处理一条抛物线与一条三次曲线的过渡问题,只需注意:对于抛物线

$$\overline{A\Omega}=-2\,\overline{A\Omega'}$$

而对于三次曲线

$$\overline{A\Omega_1}=-\frac{3}{2}\,\overline{A\Omega'_1}$$

故

$$\Omega=\Omega_1\Leftrightarrow\overline{A\Omega'_1}=\frac{4}{3}\,\overline{A\Omega'}$$

H' 随之便可画出.

(2) 二重点图案.

我们知道,处理 Bézier 曲线重点的存在性与位置不是一件易事. 但当曲线交于对称轴时却很容易利用对称性来制造重点. 以一条三次曲线为例(图 52),定义点为 A,B,C,D,首尾两端的切线相互平行. 如果我们想使参数为$\frac{1}{2}$ 的点 d 为重点,并使它在与 AB 垂直

的线段 AC 上，那么通过计算可以证明 $\overrightarrow{CD}=3\,\overrightarrow{BA}$.

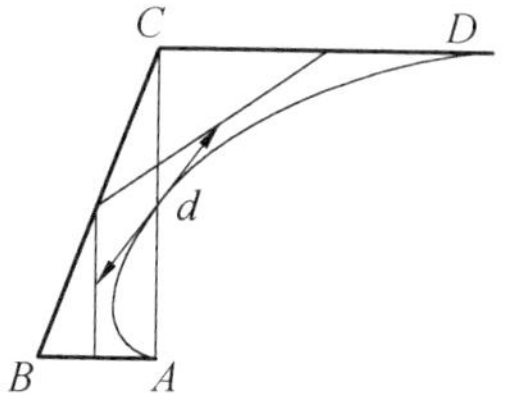

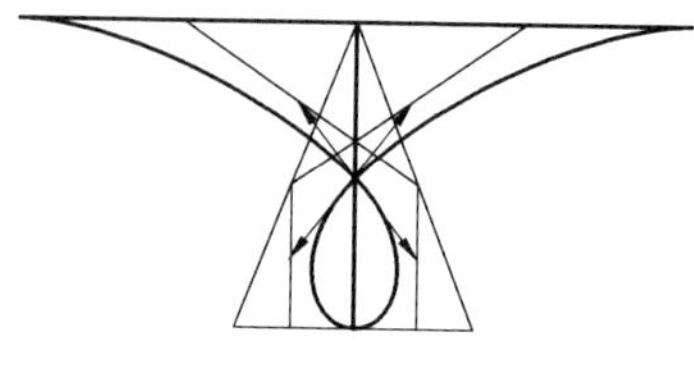

图 52

这条三次曲线与它相对于 (AC) 的对称图形连在一起组成的曲线在点 d 有个重点. 把合在一起的曲线进行平移可得到下面的图案(图 53).

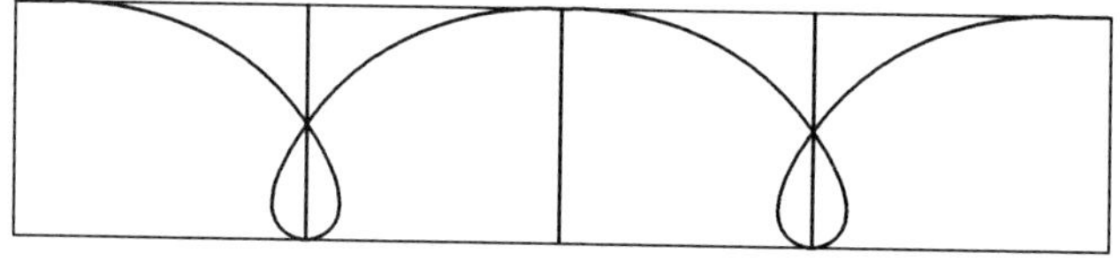

图 53

最后，通过适当布置，特征多边形使对应的曲线相交也很容易制造重点. 图 54 中我们使两条抛物线与一条三次曲线相交.

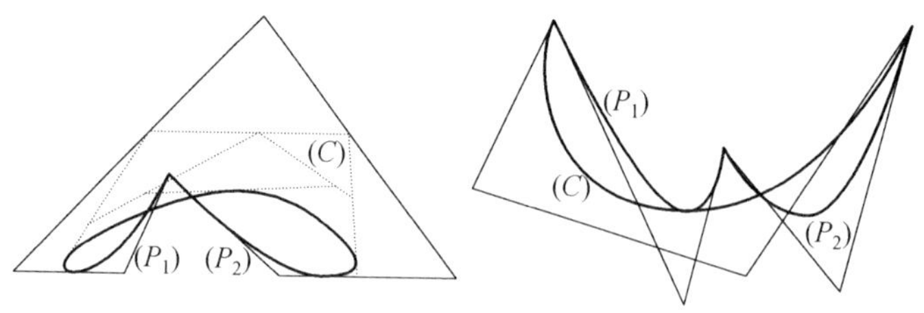

图 54

用一条曲线连接两条已知曲线，在两个衔接点处

曲率连续过渡(图 55).

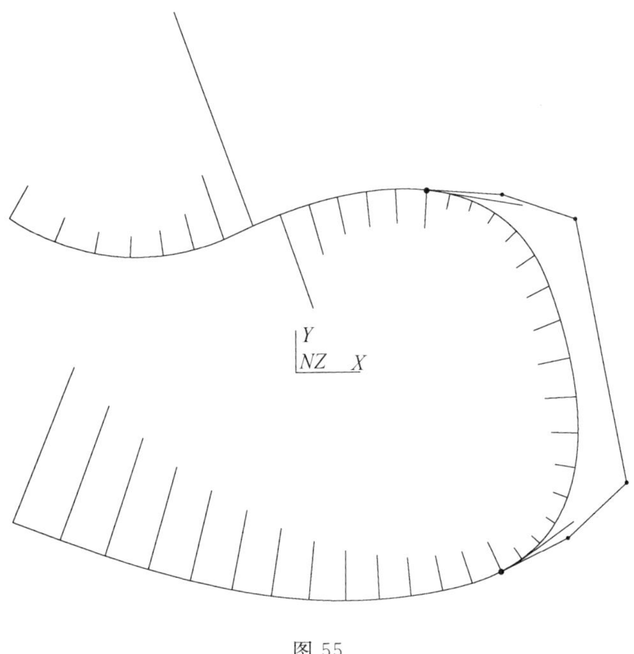

图 55

Weierstrass 定理

附录 2

§1 Weierstrass 第一及第二定理的表述

按照思维的自然发展，为了把一个在给定的区间上已知的连续函数近似地表示成多项式，我们曾用插补的方法，也就是提出了寻求这样的一个多项式的问题，使得在这个区间上某些预定的点处，这个多项式恰好与给定的函数取同样的值；同时，为了要使问题具有完全确定的性质，我们要求多项式的次数较插补点的个数少一. 我们已经知道，在这些条件下，如果说插补多项式的存在与唯一已有保证，但对近似性质却不能这样说；相反，与插补点的个数

和位置以及被插补函数的性质有关，在各基点之间的区间内，插补多项式与给定的函数有大小不等的误差. 甚至有这样的现象被指出来了，在某些情况下，当基点的个数增加时，插补多项式不趋近于给定的函数，而在各基点的中间振动却无限地扩大. 由此可见，如果我们对任意一个在给定的区间中连续的函数提出一致逼近的问题，那么，要解决这个问题，各种插补方法就不完全适用，而利用别的一些方法可能具有更大的成效. 本节就要讲述这个问题.

首先，在本节中我们要阐明，对于任意一个在有限闭区间中连续的函数，利用次数足够高的多项式来逼近它在原则上是可能的，并且要考虑这种逼近的各种不同方法.

其次，我们要证实 Lagrange 的插补过程不能化为这种逼近法：就是说，任何一组插补基点不能有效保证插补式收敛于任意的连续函数.

最后，我们要从可能的方法中指出 Lagrange 的插补过程的这样的变形，使得对于给定的组基点——用增高插补多项式的次数作代价——总能够对任意的连续函数达到无限制的一致逼近.

定理 1　(第一定理) 如果 $f(x)$ 是在有限闭区间 $[a,b]$ 上连续的实变数函数，那么无论 ε 是怎样小的一个预定的正数，总可找到这样的一个多项式 $P(x)$，使得对于变数 x 在所考虑的区间上的一切值，不等式

$$|P(x)-f(x)|<\varepsilon \tag{1}$$

成立.

定理 2　(第二定理) 如果 $f(x)$ 是具有周期 2π 并且在基本区间 $[-\pi,\pi]$ 上连续的实变数函数，那么无

论 ε 是怎样小的一个预定的正数,总可找到这样的一个三角多项式 $T(x)$,使得对于变数 x 在所考虑的区间上的一切值,不等式

$$|T(x)-f(x)|<\varepsilon \tag{2}$$

成立.

这两个定理可用另一种方式来表述:

定理 1′ 任一在有限闭区间$[a,b]$上连续的实变数函数 $f(x)$,可以展开为在这个区间上一致收敛的多项式级数.

定理 2′ 任一具有周期 2π 并且在基本区间$[-\pi,\pi]$上连续的实变数函数 $f(x)$,可以展开为在这个区间上一致收敛的三角多项式级数.

实际上,设 $\varepsilon_1,\varepsilon_2,\cdots,\varepsilon_n,\cdots$ 是以零为极限的正数序列

$$\lim_{n\to\infty}\varepsilon_n=0$$

根据定理 1,可以选得这样的一列多项式 $P_n(x)$,使得对于 $a\leqslant x\leqslant b$,不等式

$$|P_n(x)-f(x)|<\varepsilon_n, n=1,2,3,\cdots$$

成立.

由此可见,对于所考虑的区间上的一切值 x,有

$$\lim_{n\to\infty}P_n(x)=f(x)$$

一致成立.换句话说,多项式级数

$$P_1(x)+[P_2(x)-P_1(x)]+[P_3(x)-P_2(x)]+\cdots+[P_n(x)-P_{n-1}(x)]+\cdots$$

在区间$[a,b]$上一致收敛并且表示函数 $f(x)$.于是由定理 1 推得定理 1′.

反之,设函数 $f(x)$ 在区间$[a,b]$上可以展开为一致收敛的多项式级数

$$f(x)=Q_1(x)+Q_2(x)+\cdots+Q_n(x)+\cdots$$

这就是说,不论 $\varepsilon(>0)$ 是怎样的小,总可选得这样大的正整数 n,使得对于所给区间上的一切值 x,有不等式

$$|f(x)-[Q_1(x)+Q_2(x)+\cdots+Q_n(x)]|<\varepsilon$$

因此,如果我们令

$$P(x)=Q_1(x)+Q_2(x)+\cdots+Q_n(x)$$

就得到定理 1.

定理 2 与定理 2′ 的等价性可以完全同样地说明.

Weierstrass 定理具有明显的几何解说. 函数 $y=f(x)$(在定理 1 中) 可用这样的曲线来表示,每一条平行于 Oy 轴的直线 $x=x_0(a\leqslant x_0\leqslant b)$ 都与它相交于一点且仅相交于一点. 定理 1 断定说,当我们把这条曲线向上并向下平行于 Oy 轴移动时,不论所得到的曲线带形是怎样的"狭窄"(图 1),总可找到这样的一个多项式 $y=P(x)$,使得对应于它的曲线整个落在所说的带形内. 关于定理 2,类似的断言也是正确的.

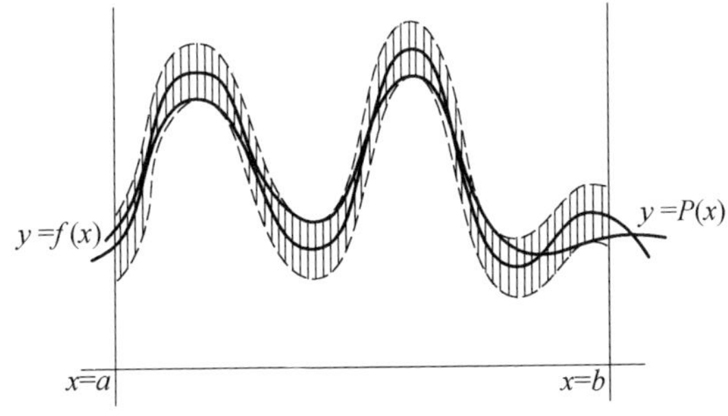

图 1

注 1　我们知道,连续函数项的一致收敛级数的和表示一个连续函数. 所以 Weierstrass 定理所指出的

连续函数的性质,可以作为连续函数的定义:如果在区间$[a,b]$上定义的函数$f(x)$可以展开为在这个区间上一致收敛的多项式级数,那么称它在这个区间上是连续的.

注 2　我们只要就某一确定的区间$[\alpha,\beta]$来证明定理1,就立刻可把它推广到任何有限区间$[a,b]$上去.事实上,如果函数$f(x)$在区间$[a,b]$上连续,那么函数

$$f_1(x) \equiv f\left(\frac{b(x-\alpha)-a(x-\beta)}{\beta-\alpha}\right)$$

就在区间$[\alpha,\beta]$上连续,因而可以选得一多项式$P_1(x)$使得

$$|P_1(x)-f_1(x)|<\varepsilon, \alpha \leqslant x \leqslant \beta$$

于是,引进新的多项式

$$P(x) \equiv P_1\left(\frac{\beta(x-a)-\alpha(x-b)}{b-a}\right)$$

我们就得到

$$|P(x)-f(x)|<\varepsilon, a \leqslant x \leqslant b$$

同样,定理2可以转变到具有任意周期Ω的周期函数的情形.

注 3　定理1中区间的有限性与闭合性的假设是极重要的.实际上,定理(如无适当的改变)不能扩张到像区间$[a,\infty]$那样的情形,因为当变数无限地增大时,任一多项式的绝对值增大到无穷,由此已经可以看出,在这个区间上连续函数$f(x)$不能任意选择.同样不能用非闭的区间(a,b)来代替闭的区间$[a,b]$,因为任一多项式是在点$x=a$处连续的,因此,如果$f(x)$只在$(a,b]$中连续,但在$x=a$处不连续,那么要用多项

式来逼近它，会成为不可能的事. 如在区间 $0 < x \leqslant \frac{2}{\pi}$ 中定义的函数 $f(x) = \sin \frac{1}{x}$ 就是一个例子.

由于 Weierstrass 定理非常重要，我们在下面将给出定理 1 的三个不同的证明，再给出定理 2 的证明，并说明定理 $1'$ 与定理 $2'$ 中的一个可由另一个推出.

此外，在后面的叙述中还要介绍定理 2 的两个观点不同的证明：一个也是 Fejer 的，而另一个是 Bernstein 的.

与用多项式来逼近已知函数的可能性问题直接相联系的，是有关这个逼近法的性质的另一个问题；换句话说，就是有关近似多项式的次数 n 与近似程度 ε 之间怎样相关联的问题.

§2 第一定理的 Lebesgue 的证明

这个证明可分成几个部分.

1. 由等式

$$y = \begin{cases} x, 当\ x \geqslant 0 \\ -x, 当\ x \leqslant 0 \end{cases}$$

所定义的函数 $y = |x|$（图 2），可以展开为在区间 $[-1,1]$ 上一致收敛的多项式级数.

由 Taylor 级数的一般理论我们知道，不论 ε 是怎样的小，函数 $\sqrt{1-t}$（$|t| < 1$）总可以展开为在区间 $|t| \leqslant 1 - \varepsilon$ 上一致收敛的级数

$$\sqrt{1-t} = 1 - \frac{1}{2}t - \frac{1}{2 \times 4}t^2 - \frac{1 \times 3}{2 \times 4 \times 6}t^3 - \cdots -$$

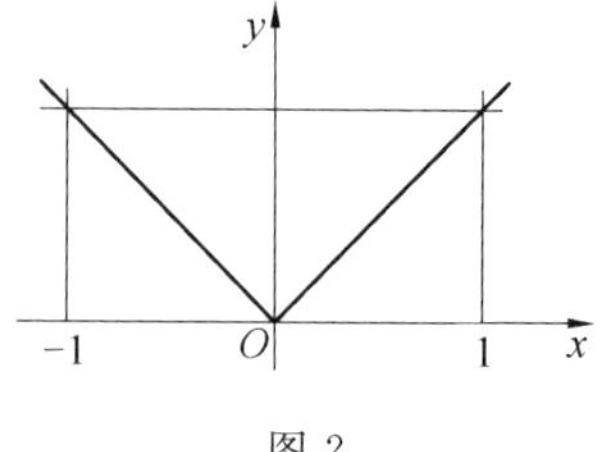

图 2

$$\frac{1\times 3\times\cdots\times(2n-3)}{2\times 4\times 6\times\cdots\times(2n)}t^{2n}-\cdots$$

不难证实，在所给的情况下，甚至在闭区间 $|t|\leqslant 1$ 上收敛性以及一致收敛性都成立.

事实上，Taylor 展开式

$$f(t)=f(0)+\frac{f'(0)}{1!}t+\frac{f''(0)}{2!}t^2+\cdots+\frac{f^{(n)}(0)}{n!}t^n+R_n$$

中的余项可以写成积分的形式

$$R_n=\frac{t^{n+1}}{n!}\int_0^1 f^{(n+1)}(tu)(1-u)^n\mathrm{d}u$$

在现在的情况下，有

$$R_n=-\frac{1\times 1\times 3\times\cdots\times(2n-1)}{2\times 2\times 4\times\cdots\times 2n}t^{n+1}\int_0^1\left(\frac{1-u}{1-tu}\right)^n\frac{\mathrm{d}u}{\sqrt{1-tu}}$$

因此，注意到当 $0\leqslant u\leqslant 1$ 时，$\frac{1-u}{1-tu}$ 不是负的并且是 u 的不增函数，所以 $\frac{1-u}{1-tu}\leqslant 1$，于是便得

$$|R_n|<\frac{1}{2}\times\frac{1\times 3\times\cdots\times(2n-1)}{2\times 4\times\cdots\times 2n}\int_0^1\frac{\mathrm{d}u}{\sqrt{1-u}}$$

不等式的右端不依赖于 t，当 n 无限增加时它趋近于 0；因此

$$\lim_{n\to\infty}|R_n|=0$$

（对于区间 $|t|\leqslant 1$ 上所有的 t 值是一致的）

令 $t=1-x^2$,我们得到展开式

$$
\begin{aligned}
|x| &= +\sqrt{x^2}=+\sqrt{1-(1-x^2)}= \\
&1-\frac{1}{2}(1-x^2)-\frac{1}{2\times 4}(1-x^2)^2-\cdots- \\
&\frac{1\times 3\times\cdots\times(2n-3)}{2\times 4\times\cdots\times 2n}(1-x^2)^n-\cdots \quad (3)
\end{aligned}
$$

对于满足不等式

$$|1-x^2|\leqslant 1$$

或

$$|x|\leqslant\sqrt{2}$$

的 x 值,这个展开式是一致收敛的.

取级数(3)中足够多的项,就可以得到一个在区间$[-1,1]$上的多项式,它与$|x|$的误差可任意小.

2. 由等式

$$\lambda(x)=\begin{cases}x,当\ x\geqslant 0\\ 0,当\ x\leqslant 0\end{cases}$$

所定义的函数 $y=\lambda(x)$(图 3),可展开为在区间$[-1,1]$上一致收敛的多项式级数.

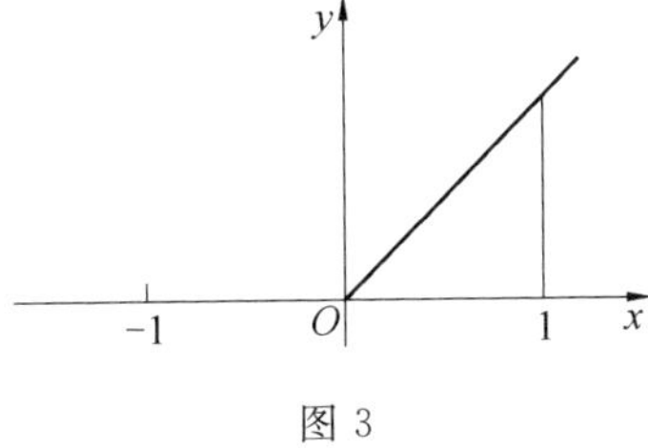

图 3

这可从等式

$$\lambda(x)=\frac{|x|+x}{2}$$

推得. 值得注意的是,$x>0$ 时函数 $\lambda(x)$ 是线性的,

$x<0$ 时也是如此.

3. 设 $y=\tau(x)$ 是在区间 $[0,1]$ 上定义的这样一个函数,它满足等式

$$\tau(x_i)=y_i, i=0,1,2,\cdots,n$$

$$0=x_0<x_1<x_2<\cdots<x_{n-1}<x_n=1$$

并且在所有区间 $[x_{i-1},x_i]$ $(i=1,2,\cdots,n)$ 上,它具有连续与线性的条件,这就是说

$$\tau(x)=y_{i-1}+(y_i-y_{i-1})\frac{x-x_{i-1}}{x_i-x_{i-1}}, x_{i-1}\leqslant x\leqslant x_i$$

那么 $\tau(x)$ 可以展开为在区间 $[0,1]$ 上一致收敛的多项式级数.

在几何上,函数 $\tau(x)$ 可用顶点具有坐标 $M(x_i,y_i)$, $i=0,1,2,\cdots,n$ 的折线来表示(图 4).

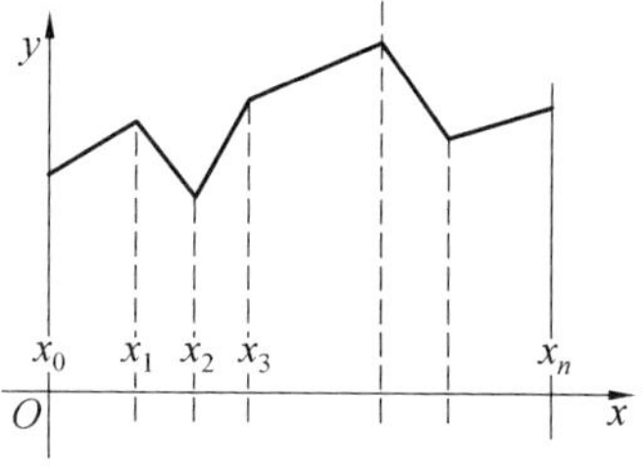

图 4

上述断言的正确性可由这个事实推出来,那就是我们可以把函数 $\tau(x)$ 表示成下面的有限和

$$\tau(x)=y_0+\sum_{i=0}^{n-1}c_i\lambda(x-x_i) \tag{4}$$

并且系数 c_i 由等式

$$\tau(x_k)=y_0+\sum_{i=0}^{k-1}c_i(x_k-x_i)=y_k, k=1,2,\cdots,n$$

来决定,这些等式形成一个可解方程组.

于是等式(4)对于点 x_i 成立,并且它在各个区间上必定也成立,因为它的左右两端都是变数 x 的线性函数.

我们令

$$K=\sum_{i=0}^{n-1}|c_i|$$

设 $P(x)$ 是这样的多项式,它在区间$[-1,1]$上满足不等式

$$|\lambda(x)-P(x)|<\frac{\varepsilon}{K}$$

于是我们有不等式

$$\left|\tau(x)-\left[y_0+\sum_{i=0}^{n-1}c_iP(x-x_i)\right]\right|\leqslant$$

$$\sum_{i=0}^{n-1}|c_i||\lambda(x-x_i)-P(x-x_i)|<$$

$$\frac{\varepsilon}{K}\sum_{i=0}^{n-1}|c_i|=\varepsilon$$

所以

$$y_0+\sum_{i=0}^{n-1}c_iP(x-x_i)$$

是给出函数 $\tau(x)$ 的逼近的一个多项式.

4.现在可以在一般情况下来证明定理 1.设在区间$[0,1]$上给定了连续函数 $f(x)$,不论$\frac{\varepsilon}{3}$是怎样小的数,总可以选得这样小的 $\delta(>0)$,使得由不等式

$$|x'-x''|<\delta,0\leqslant x'\leqslant 1,0\leqslant x''\leqslant 1$$

可得不等式

$$|f(x')-f(x'')|<\frac{\varepsilon}{3}$$

把区间$[0,1]$分成这样的子区间$[x_{i-1},x_i]$,使得

每个区间的长度 $x_i - x_{i-1}$ 小于 δ. 如果 $x_{i-1} \leqslant x \leqslant x_i$，那么 $x - x_i < \delta$，因而

$$f(x) - f(x_i) < \frac{\varepsilon}{3}$$

作函数 $y = \tau(x)$，使对应于顶点具有坐标 $(x_i, f(x_i))$ 的折线，如果 $x_{i-1} \leqslant x \leqslant x_i$，那么 $\tau(x)$ 显然夹在数 $\tau(x_{i-1})$ 与 $\tau(x_i)$ 之间，即 $f(x_{i-1})$ 与 $f(x_i)$ 之间，而由

$$| f(x_{i-1}) - f(x_i) | < \frac{\varepsilon}{3}$$

推出

$$| \tau(x) - f(x_i) | < \frac{\varepsilon}{3}$$

最后，设 $P(x)$ 是这样的多项式，当 $0 \leqslant x \leqslant 1$ 时

$$| \tau(x) - P(x) | < \frac{\varepsilon}{3}$$

于是当 x 属于区间 $[x_{i-1}, x_i]$ 时，我们得到

$$\begin{aligned} | f(x) - P(x) | \leqslant | f(x) - f(x_i) | + | f(x_i) - {} & \\ \tau(x) | + | \tau(x) - P(x) | < {} & \\ \frac{\varepsilon}{3} + \frac{\varepsilon}{3} + \frac{\varepsilon}{3} = \varepsilon & \end{aligned}$$

因此，多项式 $P(x)$ 满足定理 1 的要求.

§3　第一定理的 Landau 的证明

在前面所叙述的 Weierstrass 定理的 Lebesgue 证法中，以采用多角形折线来替代已知连续曲线作为出发点，而与定理发现者采用过的方法相近的 Landau 方

法,则完全是在另一观点上建立起来的.

设 $\Omega_n(x,t)$ 是在区域 $0\leqslant x\leqslant 1, 0\leqslant t\leqslant 1$ 上给定的两变数 x 与 t 的函数,并且它依赖于数 n,在这里 n 取一切的正整数值. 此外,还设 $\Omega_n(x,t)$ 满足下列各条件:

(1) $\Omega_n(x,t)$ 不是负的,并且对于变数 t 是可积分的.

(2) 无论 δ 是怎样小的正数,关系式

$$\lim_{n\to\infty}\int_{|x-t|>\delta}\Omega_n(x,t)\mathrm{d}t=0 \tag{5}$$

对于变数 x 的一切值是一致成立的,并且积分是展布在满足不等式

$$|x-t|>\delta$$

的点 t 的范围上的.

(3)
$$\lim_{n\to\infty}\int_{|x-t|<\delta}\Omega_n(x,t)\mathrm{d}t=1 \tag{6}$$

对于

$$\eta\leqslant x\leqslant 1-\eta, 0<\eta<\frac{1}{2}$$

上的一切值 x 是一致的.

设 $f(x)$ 是定义在区间 $[0,1]$ 上的任意一个连续函数,引进函数

$$f_n(x)=\int_0^1\Omega_n(x,t)f(t)\mathrm{d}t, n=1,2,3,\cdots$$

不难证实

$$\lim_{n\to\infty}f_n(x)=f(x) \tag{7}$$

对于 $\eta\leqslant x\leqslant 1-\eta$ 上的一切值 x 是一致的. 实际上,可以写

$$f_n(x)=\int_{\mathrm{I}}\Omega_n(x,t)f(t)\mathrm{d}t+\int_{\mathrm{II}}\Omega_n(x,t)f(t)\mathrm{d}t \tag{8}$$

其中第一个积分展布在区间$[0,1]$中满足不等式$|t-x|<\delta$的那些t值上，而第二个积分展布在区间的其余部分上. 我们这样来选取δ，使得由不等式$|x'-x''|<\delta$可得不等式

$$|f(x')-f(x'')|<\frac{\varepsilon}{4}$$

由公式(8)显然推得

$$\begin{aligned}f_n(x)-f(x)=&\int_{\mathrm{I}}\Omega_n(x,t)[f(t)-f(x)]\mathrm{d}t+\\&\int_{\mathrm{II}}\Omega_n(x,t)[f(t)-f(x)]\mathrm{d}t+\\&f(x)\left[\int_0^1\Omega_n(x,t)\mathrm{d}t-1\right]\end{aligned}$$

所以

$$\begin{aligned}|f_n(x)-f(x)|\leqslant&\int_{\mathrm{I}}\Omega_n(x,t)\,|f(t)-f(x)|\,\mathrm{d}t+\\&\int_{\mathrm{II}}\Omega_n(x,t)\,|f(t)-f(x)|\,\mathrm{d}t+\\&|f(x)|\cdot\left|\int_0^1\Omega_n(x,t)\mathrm{d}t-1\right|\end{aligned}\tag{9}$$

设M是$|f(x)|$在所考虑的区间上的最大值. 如果n足够大，使得不等式

$$\left|\int_0^1\Omega_n(x,t)\mathrm{d}t-1\right|<\frac{\varepsilon}{3M},\eta\leqslant x\leqslant 1-\eta$$

与

$$\int_{\mathrm{II}}\Omega_n(x,t)\mathrm{d}t<\frac{\varepsilon}{6M}$$

[对于区间$(0,1)$的一切值x]都成立，那么注意积分号$\int_{\mathrm{I}}$下有$|f(t)-f(x)|<\frac{\varepsilon}{4}$，而积分号$\int_{\mathrm{II}}$下有$|f(t)-f(x)|\leqslant|f(t)|+|f(x)|\leqslant 2M$时，我们

便由不等式(9)(假定 $\varepsilon < M$) 得到

$$
\begin{aligned}
|f_n(x)-f(x)| &< \frac{\varepsilon}{4}\cdot\int_{\mathrm{I}}\Omega_n(x,t)\,\mathrm{d}t+2M\cdot \\
&\int_{\mathrm{II}}\Omega_n(x,t)\,\mathrm{d}t+ \\
&M\cdot\left|\int_0^1\Omega_n(x,t)\,\mathrm{d}t-1\right|< \\
&\frac{\varepsilon}{4}\left(1+\frac{\varepsilon}{3M}\right)+ \\
&2M\cdot\frac{\varepsilon}{6M}+M\cdot\frac{\varepsilon}{3M}= \\
&\frac{\varepsilon}{3}+\frac{\varepsilon}{3}+\frac{\varepsilon}{3}=\varepsilon
\end{aligned}
$$

于是关系式(7)已建立.

为了要证明 Weierstrass 的定理 1,现在只要证实可以找到函数序列 $\Omega_n(x,t)$,这些函数具备(1)—(3)各性质并且是变数 x 的多项式:在最后这个条件下,函数 $f_n(x)$ 也是变数 x 的多项式.

Landau 所指出的函数 $\Omega_n(x,t)$ 具有下面的形式

$$
\begin{aligned}
\Omega_n(x,t) &= \frac{1}{2}\times\frac{1\times3\times5\times\cdots\times(2n+1)}{2\times4\times6\times\cdots\times2n} \\
&[1-(x-t)^2]^n= \\
&\frac{[1-(x-t)^2]^n}{\int_{-1}^{+1}(1-t^2)^n\,\mathrm{d}t}
\end{aligned}
$$

显然,$\Omega_n(x,t)$ 是 x 的多项式并且不能取负值[性质(1)]. 另外,如果 $|x-t|\geqslant\delta$,那么

$$
\Omega_n(x,t)<\frac{(1-\delta^2)^n}{\int_{-\frac{\delta}{2}}^{+\frac{\delta}{2}}(1-t^2)^n\,\mathrm{d}t}<\frac{1}{\delta}\left(\frac{1-\delta^2}{1-\frac{\delta^2}{4}}\right)^n
$$

而右端和$\frac{1}{n}$同时趋近于零[由此得性质(2)].

最后我们设$\eta\leqslant x\leqslant 1-\eta, 0<\eta<\frac{1}{2}$;于是我们得到

$$\int_0^1 \Omega_n(x,t)\mathrm{d}t=\frac{\int_0^1[1-(t-x)^2]^n\mathrm{d}t}{\int_{-1}^{+1}(1-t^2)^n\mathrm{d}t}=$$
$$\frac{\int_{-x}^{1-x}(1-t^2)^n\mathrm{d}t}{\int_{-1}^{+1}(1-t^2)^n\mathrm{d}t}=$$
$$1-\frac{\int_{-1}^{-x}(1-t^2)^n\mathrm{d}t+\int_{1-x}^{1}(1-t^2)^n\mathrm{d}t}{\int_{-1}^{+1}(1-t^2)^n\mathrm{d}t}$$

所以

$$\left|\int_0^1\Omega_n(x,t)\mathrm{d}t-1\right|\leqslant\frac{\int_{-1}^{-\eta}(1-t^2)^n\mathrm{d}t+\int_{\eta}^{1}(1-t^2)^n\mathrm{d}t}{\int_{-1}^{+1}(1-t^2)^n\mathrm{d}t}=$$
$$\frac{\int_{\eta}^{1}(1-t^2)^n\mathrm{d}t}{\int_0^1(1-t^2)^n\mathrm{d}t}<\frac{\int_{\eta}^{1}(1-t^2)^n\mathrm{d}t}{\int_0^{\frac{\eta}{2}}(1-t^2)^n\mathrm{d}t}<$$
$$\frac{2}{\eta}\left(\frac{1-\eta^2}{1-\frac{\eta^2}{4}}\right)^n$$

最后该不等式的右端与$\frac{1}{n}$同时趋近于零[性质(3)]. 于是

$$f(x)=\lim_{n\to\infty}\frac{1}{2}\times\frac{1\times3\times5\times\cdots\times(2n+1)}{2\times4\times6\times\cdots\times2n}$$

$$\int_0^1 f(t)[1-(x-t)^2]^n \mathrm{d}t$$

[对于 $\eta \leqslant x \leqslant 1-\eta\left(0<\eta<\frac{1}{2}\right)$ 是一致的]

所以,Weierstrass 定理已就区间 $[\eta, 1-\eta]$ 证明了,因而对于任何有限的区间也就证明了.

§4　第一定理的 Bernstein 的证明

Bernstein 的方法能够避免一切计算,因为它的论证是在二项展开式

$$(p+q)^n=\sum_{m=0}^{n} \mathrm{C}_n^m p^m q^{n-m} \tag{10}$$

的熟知性质上建立的. 我们要简略回忆一下著名的被称为"大数法则"的 Bernoulli 定理的内容;顺便也要指出在定理的证明中为我们所需要的由 Chebyshev 提出的细节.

设 E 是一件在若干次试验的结果中可能发生的或不能发生的事件;设 x 是在试验的结果中 E 发生的概率($0 \leqslant x \leqslant 1$). 我们假定,试验的次数 n 是任意的. 用 m 表示在 n 次试验的结果中事件 E 发生的次数. 于是 Bernoulli 定理断定说,不论 η 与 $\delta(\eta, \delta>0)$ 是怎样小的数,对于足够大的值 $n[n>n_0=n_0(\eta, \delta)]$,不等式

$$\text{概率}\left\{\left|\frac{m}{n}-x\right|>\delta\right\}<\eta$$

成立(其中"概率{　}"表示括号内的关系式的概率). 换句话说,使事件 E 发生的次数与任意的试验次数之比与在单独试验中事件发生的概率两者相差超过所给

任意小数的那种概率，在试验的次数足够大时会小于任意小的数.

Chebyshev 天才地给出了这个定理的简单证明，这个证明建立在应用数学期望的方法上，它可由下面的辅助定理推出来：如果 U 是某一个量，在试验的结果中可能取这种或者是另一种非负的数值，并且 A 是它的数学期望，那么

$$\text{概率}\{U > At^2\} < \frac{1}{t^2} \tag{11}$$

其中 t 是任一正数.

如果我们令

$$U = \left(\frac{m}{n} - x\right)^2$$

就可得到 Bernoulli 定理. 大家知道

$$A = \text{数学期望}\left(\frac{m}{n} - x\right)^2 = \frac{x(1-x)}{n} \leqslant \frac{1}{4n}$$

由不等式(11) 推得

$$\text{概率}\left\{\left|\frac{m}{n} - x\right| > \frac{t}{2\sqrt{n}}\right\} < \frac{1}{t^2}$$

然后只要取

$$t = \frac{1}{\sqrt{\eta}}, n_0 = \left[\frac{1}{4\eta\delta^2}\right]$$

就证明了 Bernoulli 定理.

重要的是，上面给出的数 n_0 可算作不依赖于 x.

另外，我们注意，在 n 次试验中事件 E 发生 m 次的概率等于

$$\mathrm{C}_n^m x^m (1-x)^{n-m}$$

显然

$$\sum_{m=0}^{n} C_n^m x^m (1-x)^{n-m} = 1 \tag{12}$$

我们规定在记号

$$\sum_{m=0}^{n} = \sum\nolimits_{\mathrm{I}} + \sum\nolimits_{\mathrm{II}}$$

中,和 $\sum_{\mathrm{I}}$ 是对那些使不等式 $\left|\frac{m}{n}-x\right| \leqslant \delta$ 成立的 m 值求和的,而和 $\sum_{\mathrm{II}}$ 是对那些使相反的不等式 $\left|\frac{m}{n}-x\right| > \delta$ 成立的 m 值求和的.

显然,概率

$$\left\{\left|\frac{m}{n}-x\right| > \delta\right\} = \sum\nolimits_{\mathrm{II}} C_n^m x^m (1-x)^{n-m}$$

根据 Bernoulli 定理,只要 $n > n_0$,就有

$$\sum\nolimits_{\mathrm{I}} C_n^m x^m (1-x)^{n-m} < \eta \tag{13}$$

至于和 $\sum_{\mathrm{I}}$,则由公式(12) 推得

$$\sum\nolimits_{\mathrm{I}} C_n^m x^m (1-x)^{n-m} \leqslant 1 \tag{14}$$

有了这些初步说明以后,我们来讨论 Bernstein 指出的多项式. 设 $f(x)$ 是在区间$[0,1]$上给定的任意一个连续函数. 设 M 是它的模的极大值,并设 δ 是这样小的一个数,使得当 $|x'-x''|<\delta$ 时,有 $|f(x')-f(x'')|<\frac{\varepsilon}{2}$. 最后设 $\eta=\frac{\varepsilon}{4M}$. 所说的多项式具有下面的形式

$$B_n(x) = \sum_{m=0}^{n} f\left(\frac{m}{n}\right) C_n^m x^m (1-x)^{n-m} \tag{15}$$

我们来证明

$$\lim_{n\to\infty} B_n(x) = f(x) \tag{16}$$

对于区间[0,1]上的一切值 x 是一致的.

事实上,令 $n > n_0$,并利用不等式(13)与(14),我们得到

$$
\begin{aligned}
|B_n(x)-f(x)| &= \left|\sum_{m=0}^{n} f\left(\frac{m}{n}\right) C_n^m x^m (1-x)^{n-m} - f(x)\sum_{m=0}^{n} C_n^m x^m (1-x)^{n-m}\right| = \\
&\left|\sum_{m=0}^{n}\left[f\left(\frac{m}{n}\right)-f(x)\right]\cdot C_n^m x^m (1-x)^{n-m}\right| \leqslant \\
&\sum\nolimits_{\mathrm{I}}\left|f\left(\frac{m}{n}\right)-f(x)\right|\cdot C_n^m x^m (1-x)^{n-m} + \\
&\sum\nolimits_{\mathrm{II}}\left[\left|f\left(\frac{m}{n}\right)\right|+|f(x)|\right]\cdot C_n^m x^m (1-x)^{n-m} < \\
&\frac{\varepsilon}{2}\sum\nolimits_{\mathrm{I}} C_n^m x^m (1-x)^{n-m} + 2M\sum\nolimits_{\mathrm{II}} C_n^m x^m (1-x)^{n-m} < \\
&\frac{\varepsilon}{2}\cdot 1 + 2M\cdot\eta = \frac{\varepsilon}{2}+\frac{\varepsilon}{2} = \varepsilon
\end{aligned}
$$

注 1 实际上前面所叙述的证明,不依赖于概率论及其原理,被利用到的是数学上一定的结果,那就是,对于 n 的一切足够大的值[$n > n_0, n_0 = n_0(\eta,\delta)$],不等式(13)成立,概率论中的术语却可以完全避免.要想证实这一点,我们直接来证明不等式(13)就好了(而这与 Bernoulli 定理的证明是等价的).

因为在和

$$\sum\nolimits_{\text{II}} C_n^m x^m (1-x)^{n-m}$$

中，m 的值满足不等式 $\left|\frac{m}{n}-x\right|>\delta$，所以

$$\sum\nolimits_{\text{II}} C_n^m x^m (1-x)^{n-m} < \frac{1}{\delta^2}\sum\nolimits_{\text{II}}\left(\frac{m}{n}-x\right)^2 \cdot C_n^m x^m (1-x)^{n-m} \leqslant \frac{1}{\delta^2 n^2}\sum_{m=0}^{n}(m-nx)^2 \cdot C_n^m x^m (1-x)^{n-m} \tag{17}$$

另外，把恒等式

$$\sum_{m=0}^{n} C_n^m p^m q^{n-m} = (p+q)^n \tag{18}$$

对于变数 p 微分，然后用 p 相乘，我们得到

$$\sum_{m=0}^{n} m C_n^m p^m q^{n-m} = np(p+q)^{n-1} \tag{19}$$

再作一次同样的运算，得

$$\sum_{m=0}^{n} m^2 C_n^m p^m q^{n-m} = np(np+q)(p+q)^{n-2} \tag{20}$$

在恒等式(18)(19)与(20)中令 $p=x, q=1-x$，再分别用 n^2x^2，$-2nx$ 与 1 去乘它们并且相加起来，我们算出式(17)右端的和

$$\sum_{m=0}^{n}(m-nx)^2 C_n^m x^m (1-x)^{n-m} = nx(1-x) \leqslant \frac{1}{4}n$$

因此，由不等式(17)推出

$$\sum\nolimits_{\text{II}} C_n^m x^m (1-x)^{n-m} < \frac{1}{4\delta^2 n}$$

显然，要不等式(13)成立就只要把 n 选得大于 $\frac{1}{4\delta^2\eta}$，这就是所需要证明的一切.

注 2　不难了解，作为 Landau 与 Bernstein 的方法的基础，是同样的思想，区别在于依赖于连续变化的参数 t 的函数 $\Omega_n(x,t)$，在这里为依赖于整数指标 m 的函数

$$\Omega_n\left(x,\frac{m}{n}\right)=\mathrm{C}_n^m x^m(1-x)^{n-m}$$

所代替，而积分

$$\int \Omega_n(x,t)f(t)\mathrm{d}t$$

为相应的和

$$\sum \Omega_n\left(x,\frac{m}{n}\right)f\left(\frac{m}{n}\right)$$

所代替.

函数 $\Omega_n\left(x,\frac{m}{n}\right)$ 的性质完全类似于 $\Omega_n(x,t)$ 的性质. 引用斯提叶斯积分

$$\int f(t)\mathrm{d}_t\Psi_n(x,t)$$

并要求函数 $\Psi_n(x,t)$ 满足下列各条件：(1) $\Psi_n(x,t)$ 是变数 t 的不减函数；(2) 在由不等式 $|t-x|>\delta$（其中 δ 是正数）所定义的区间中，$\Psi_n(x,t)$ 的全变差当 n 无限增加时关于 x 一致地趋近于零；(3) 在整个区间 $0\leqslant x\leqslant 1$ 上，$\Psi_n(x,t)$ 的全变差当 n 无限增加时关于 x 一致地趋近于 1；这样就可以把上述两种情形统一起来.

例 1　试作多项式 $B_{10}(x)$，使其逼近于图 5 中由经验曲线所给出的函数 $f(x)$. 多项式 $B_{10}(x)$ 具有下面的形状（图 5）：

解

$$\begin{aligned}B_{10}(x)=&0.25\times(1-x)^{10}+0.47\times 10x(1-x)^9+\\&0.65\times 45x^2(1-x)^8+\end{aligned}$$

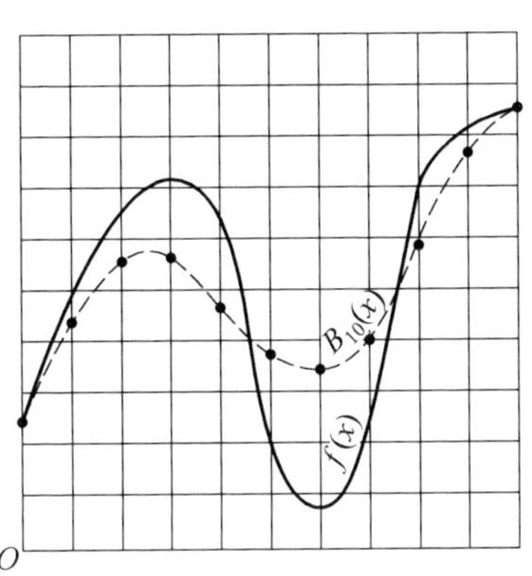

图 5

$$0.72\times 120x^3(1-x)^7+$$
$$0.65\times 210x^4(1-x)^6+$$
$$0.20\times 252x^5(1-x)^5+$$
$$0.08\times 210x^6(1-x)^4+$$
$$0.23\times 120x^7(1-x)^3+$$
$$0.69\times 45x^8(1-x)^2+$$
$$0.83\times 10x^9(1-x)+0.86\times x^{10}$$

下面是在形如 $\frac{m}{10}$ 的点处已知函数的值与近似多项式的值的对照表.

x	0.0	0.1	0.2	0.3	0.4	0.5	0.6	0.7	0.8	0.9	1.0
$B_{10}(x)$	0.25	0.43	0.56	0.57	0.48	0.38	0.35	0.41	0.58	0.77	0.86
$f(x)$	0.25	0.47	0.65	0.72	0.65	0.20	0.08	0.23	0.69	0.83	0.86

例 2 试作适用于一般形式的区间 (a,b) 的 Bernstein 多项式.

解 令 $b-a=L$, $F(t)\equiv f(a+tL)$, 我们写出关于函数 $F(t)$ 的近似等式

$$F(t) \approx \sum_{m=0}^{n} F\left(\frac{m}{n}\right) C_n^m t^m (1-t)^{n-m}$$

重新引进函数 $f(t)$ 并作替换 $t=\frac{x-a}{L}$，我们得到

$$f(x) \approx \sum_{m=0}^{m} f\left(a+\frac{m}{n}L\right) C_n^m \frac{(x-a)^m (b-x)^{n-m}}{L^n}$$

例 3　试用 Bernstein 多项式来逼近在区间(−1, 1)中的函数 $f(x)=|x|$.

解　多项式 $B_{2n}(x)$ 可由下列公式给出

$$B_{2n}(x)=\sum_{m=0}^{2n}\left|-1+\frac{m}{n}\right| C_{2n}^m \frac{(1+x)^m(1-x)^{2n-m}}{2^{2n}}=$$

$$\frac{1}{n}\left(\frac{1-x^2}{4}\right)^n \sum_{v=1}^{n} v C_{2n}^{n-v}\left[\left(\frac{1+x}{1-x}\right)^v+\left(\frac{1-x}{1+x}\right)^v\right]$$

例 4　试就区间 (a,b) 来计算对于函数 $f(x)=e^{kx}$ 的 $B_n(x)$.

解　$$B_n(x)=e^{ka}\left[\left(\frac{b-x}{L}\right)+\left(\frac{x-a}{L}\right)e^{k\frac{L}{n}}\right]^n=$$

$$e^{ka}\left[1+\left(e^{k\frac{L}{n}}-1\right)\frac{x-a}{L}\right]^n,$$

$$L=b-a$$

例 5　试就区间 $\left(-\frac{\pi}{2},\frac{\pi}{2}\right)$ 来计算对于函数 $f(x)=\cos x$ 的 $B_n(x)$.

解　$$B_n(x)=\frac{1}{2}\left[\left(\cos\frac{\pi}{2n}+\mathrm{i}\,\frac{2x}{\pi}\sin\frac{\pi}{2n}\right)^n+\left(\cos\frac{\pi}{2n}-\mathrm{i}\,\frac{2x}{\pi}\sin\frac{\pi}{2n}\right)^n\right]$$

§5　Bernstein 多项式的若干性质

我们要估计当用多项式 $B_n(x)$ 来代替已知函数 $f(x)$ 时所产生的误差的阶，这时我们要对 $f(x)$ 略微多假设一点：设 $f(x)$ 在区间 $(0,1)$ 内具有连续的并且满足 Lipschitz 条件

$$\omega_2(\delta)\leqslant K\delta \tag{21}$$

的二级导数 $f''(x)$[其中 $\omega_2(\delta)$ 是 $f''(x)$ 的连续模].

首先我们注意，把恒等式(18)逐次对变数 p 微分并用 p 去乘，得到一些新的恒等式

$$np(p+q)^{n-1}=\sum_0^n m\mathrm{C}_n^m p^m q^{n-m}$$

$$n(n-1)p^2(p+q)^{n-2}+np(p+q)^{n-1}=\sum_0^n m^2\mathrm{C}_n^m p^m q^{n-m}$$

$$n(n-1)(n-2)p^3(p+q)^{n-3}+3n(n-1)p^2(p+q)^{n-2}+np(p+q)^{n-1}=\sum_0^n m^3\mathrm{C}_n^m p^m q^{n-m}$$

$$n(n-1)(n-2)(n-3)p^4(p+q)^{n-4}+6n(n-1)(n-2)p^3(p+q)^{n-3}+7n(n-1)p^2(p+q)^{n-2}+np(p+q)^{n-1}=\sum_0^n m^4\mathrm{C}_n^m p^m q^{n-m}$$

等. 这些恒等式经过 $p=x,q=1-x$ 代入以后成为

$$\begin{cases}\sum_0^n C_n^m x^m(1-x)^{n-m}=1\\ \sum_0^n mC_n^m x^m(1-x)^{n-m}=nx\\ \sum_0^n m^2C_n^m x^m(1-x)^{n-m}=n(n-1)x^2+nx\\ \sum_0^n m^3C_n^m x^m(1-x)^{n-m}=\\ n(n-1)(n-2)x^3+3n(n-1)x^2+nx\\ \sum_0^n m^4C_n^m x^m(1-x)^{n-m}=n(n-1)(n-2)(n-3)x^4+\\ 6n(n-1)(n-2)x^3+7n(n-1)x^2+nx\end{cases}\tag{22}$$

等.于是应用二项式公式,我们得到

$$\sum_{m=0}^n (m-nx)^4C_n^m x^m(1-x)^{n-m}=$$
$$3n^2x^2(1-x)^2+nx(1-x)(1-6x+6x^2)<An^2\tag{23}$$

其中 A 是常数,既不依赖于 x,也不依赖于 n.

回转来作逼近的估计,我们可以写出

$$B_n(x)-f(x)=\sum_{m=0}^n\left[f\left(\frac{m}{n}\right)-f(x)\right]C_n^m x^m(1-x)^{n-m}$$

可是,因为按照 Taylor 公式有

$$f\left(\frac{m}{n}\right)-f(x)=\left(\frac{m}{n}-x\right)f'(x)+$$
$$\frac{1}{2}\left(\frac{m}{n}-x\right)^2 f''(\xi_n^{(m)})=$$
$$\left(\frac{m}{n}-x\right)f'(x)+\frac{1}{2}\left(\frac{m}{n}-x\right)^2 f''(x)+$$

$$\frac{1}{2}\left(\frac{m}{n}-x\right)^2\left[f''(\xi_n^{(m)})-f''(x)\right]$$

并且 $\xi_n^{(m)}$ 介于$\frac{m}{n}$ 与 x 之间,所以由此推得

$$B_n(x)-f(x)=f'(x)\sum_{m=0}^{n}\left(\frac{m}{n}-x\right)C_n^m x^m(1-x)^{n-m}+$$
$$\frac{1}{2}f''(x)\sum_{m=0}^{n}\left(\frac{m}{n}-x\right)^2 C_n^m x^m(1-x)^{n-m}+$$
$$\frac{1}{2}\sum_{m=0}^{n}\left(\frac{m}{n}-x\right)^2\left[f''(\xi_n^{(m)})-f''(x)\right]C_n^m x^m(1-x)^{n-m}$$

因为右端的第一个和为零,而第二个和可化为 $\frac{x(1-x)}{n}$,所以由最后的等式得

$$\left|B_n(x)-f(x)-\frac{1}{2}f''(x)\cdot\frac{x(1-x)}{n}\right|\leqslant$$
$$\frac{1}{2}\sum_{m=0}^{n}\left(\frac{m}{n}-x\right)^2\left|f''(\xi_n^{(m)})-f''(x)\right|\cdot C_n^m x^m(1-x)^{n-m} \tag{24}$$

把最后这个和分成 $\sum_{\mathrm{I}}$ 与 $\sum_{\mathrm{II}}$ 两部分:凡使不等式

$$\left|\frac{m}{n}-x\right|\leqslant n^{-\frac{5}{12}}$$

成立的那些项都归入第一个和 $\sum_{\mathrm{I}}$,而使这个不等式不成立的那些项就归入第二个和 $\sum_{\mathrm{II}}$.

在第一个和中,由不等式(21)我们得到

$$\left|f''(\xi_n^{(m)})-f''(x)\right|\leqslant\omega_2(\left|\xi_n^{(m)}-x\right|)\leqslant\omega_2(n^{-\frac{5}{12}})\leqslant Kn^{-\frac{5}{12}}$$

因而

$$\sum_{\mathrm{I}} \leqslant K n^{-\frac{5}{12}} \sum_{\mathrm{I}} \left(\frac{m}{n}-x\right)^{2} C_{n}^{m} x^{m}(1-x)^{n-m} <$$

$$K n^{-\frac{5}{12}} \sum_{\mathrm{I}} n^{-\frac{5}{6}} C_{n}^{m} x^{m}(1-x)^{n-m} \leqslant K n^{-\frac{5}{4}}$$

在第二个和中

$$\mid f''(\xi_{n}^{(m)}-f''(x)) \mid \leqslant 2M_{2}$$

其中 M_2 是 $f''(x)$ 的最大模，因此

$$\sum_{\mathrm{II}} \leqslant 2M_{2} \sum_{\mathrm{II}} \left(\frac{m}{n}-x\right)^{2} C_{n}^{m} x^{m}(1-x)^{n-m} <$$

$$2M_{2} \sum_{\mathrm{II}} n^{\frac{5}{6}} \left(\frac{m}{n}-x\right)^{4} C_{n}^{m} x^{m}(1-x)^{n-m} <$$

$$2M_{2} n^{\frac{5}{6}} \sum_{m=0}^{n} \left(\frac{m}{n}-x\right)^{4} C_{n}^{m} x^{m}(1-x)^{n-m}$$

利用不等式(23)，于是又推出

$$\sum_{\mathrm{II}} < 2M_{2} n^{\frac{5}{6}} \cdot \frac{1}{n^{4}} \cdot A n^{2} = 2AM_{2} n^{-\frac{7}{6}} \qquad (26)$$

比较不等式(24)(25)与(26)，我们肯定

$$\left| B_{n}(x)-f(x)-\frac{1}{2} \frac{x(1-x)}{n} f''(x) \right| <$$

$$\frac{1}{2} K n^{-\frac{5}{4}} + AM_{2} n^{-\frac{7}{6}}$$

所以我们最后得到

$$\lim_{n \to \infty} n[B_{n}(x)-f(x)] = \frac{1}{2} x(1-x) f''(x) \qquad (27)$$

或者，写成渐近等式的形式

$$B_{n}(x)-f(x) \sim \frac{1}{2n} x(1-x) f''(x) \qquad (28)$$

由此可见，函数 $f(x)$ 用 Bernstein 多项式的逼近，至少在区间中所有一切使二级导数 $f''(x)$ 不为零的内点处，其阶是 $\frac{1}{n}$；如果又有 $f''(x)=0$，那么逼近的阶就

更高.巧妙的是,逼近的阶不依赖于函数 $f(x)$ 的性质.

Bernstein 多项式的另一重要而有价值的性质,在此要提出如下:如果被逼近的函数 $f(x)$ 有连续的导数 $f'(x)$,那么各个逼近多项式 $B_n(x)$ 的导数以 $f'(x)$ 为其极限,即

$$\lim_{n\to\infty} B'_n(x)=f'(x) \tag{29}$$

作出多项式 $B_{n+1}(x)$ 的导数

$$\begin{aligned}B'_{n+1}(x)=&\sum_{m=0}^{n+1} f\left(\frac{m}{n+1}\right)\mathrm{C}_{n+1}^m\left[mx^{m-1}(1-x)^{n-m+1}-\right.\\&\left.(n+1-m)x^m(1-x)^{n-m}\right]=\\&(n+1)\sum_{m=0}^{n}\left[f\left(\frac{m+1}{n+1}\right)-f\left(\frac{m}{n+1}\right)\right]\cdot\\&\mathrm{C}_n^m x^m(1-x)^{n-m}\end{aligned}$$

其次,根据 Lagrange 定理,由此推得

$$\begin{aligned}B'_{n+1}(x)=&\sum_{m=0}^{n} f'(\xi_n^{(m)})\mathrm{C}_n^m x^m(1-x)^{n-m}=\\&\sum_{m=0}^{n} f'\left(\frac{m}{n}\right)\mathrm{C}_n^m x^m(1-x)^{n-m}+\\&\sum_{m=0}^{n}\left[f'(\xi_n^{(m)})-f'\left(\frac{m}{n}\right)\right]\mathrm{C}_n^m x^m(1-x)^{n-m}\\&\left(\frac{m}{n+1}<\xi_n^{(m)}<\frac{m+1}{n+1}\right)\end{aligned} \tag{30}$$

等式(30)右端的第一个和趋向于极限 $f'(x)$,这是由假设,导数 $f'(x)$ 是连续的得出的.我们来证实第二个和趋向于零.用 $\omega_1(\delta)$ 表示函数 $f'(x)$ 的连续模,我们得到

$$\begin{aligned}&\left|\sum_{m=0}^{n}\left[f'(\xi_n^{(m)})-f'\left(\frac{m}{n}\right)\right]\mathrm{C}_n^m x^m(1-x)^{n-m}\right|\leqslant\\&\omega_1\left(\frac{1}{n}\right)\sum_{m=0}^{n}\mathrm{C}_n^m x^m(1-x)^{n-m}=\omega_1\left(\frac{1}{n}\right)\end{aligned}$$

由此推得所需要的结论.

也可以一般地证明,如果 $f(x)$ 具有连续的 k 级导数 $f^{(k)}(x)$,那么导数 $B_n^{(k)}(x)$ 有极限 $f^{(k)}(x)$,即

$$\lim_{n\to\infty} B_n^{(k)}(x)=f^{(k)}(x), k=1,2,\cdots \tag{31}$$

实际上

$$\begin{aligned}
B_{n+k}^{(k)}(x)=&\sum_{m=0}^{n+k} f\left(\frac{m}{n+k}\right) C_{n+k}^{m} \frac{\mathrm{d}^k}{\mathrm{d}x^k}\left[x^m(1-x)^{n+k-m}\right]=\\
&\sum_{m=0}^{n+k} f\left(\frac{m}{n+k}\right) C_{n+k}^{m} \sum_{h=0}^{k}(-1)^{k-h}\cdot\\
&C_k^h\left[(m-h+1)\cdots m\right]\cdot\\
&\left[(n+h-m+1)\cdots(n+k-m)\right]\cdot\\
&x^{m-h}(1-x)^{n+h-m}=\\
&\sum_{h=0}^{k}(-1)^{k-h} C_k^h \sum_{m=h}^{n+k} f\left(\frac{m}{n+k}\right) C_{n+k}^{m} \frac{m!}{(m-h)!}\cdot\\
&\frac{(n+k-m)!}{(n+h-m)!} x^{m-h}(1-x)^{n+h-m}=\\
&\sum_{h=0}^{k}(-1)^{k-h} C_k^h \sum_{m=0}^{n} f\left(\frac{m+h}{n+k}\right)\cdot\\
&C_{n+k}^{m+h} \frac{(m+h)!}{m!}\cdot\\
&\frac{(n+k-m-h)!}{(n-m)!} x^m(1-x)^{n-m}=\\
&\frac{(n+k)!}{n!}\sum_{m=0}^{n}\left[\sum_{h=0}^{k}(-1)^{k-h} C_k^h f\left(\frac{m+h}{n+k}\right)\right]\cdot\\
&C_n^m x^m(1-x)^{n-m}
\end{aligned}$$

在对指标 h 求和的结果中,所得到的不是别的东西,而是函数 $f(x)$ 在点

$$x=\frac{m}{n+k}$$

处与增量 $\frac{1}{n+k}$ 相对应的 k 级有限差分;用

$\Delta_k f\left(\frac{m}{n+k}\right)$ 表示这个有限差分,我们有

$$B_{n+k}^{(k)}(x)=\frac{(n+k)!}{n!}\sum_{m=0}^{n}\Delta_k f\left(\frac{m}{n+k}\right)C_n^m x^m(1-x)^{n-m}$$

因此得到

$$\Delta_k f\left(\frac{m}{n+k}\right)=\left(\frac{1}{n+k}\right)^k f^{(k)}(\xi_n^{(m)})$$

其中

$$\frac{m}{n+k}<\xi_n^{(m)}<\frac{m+k}{n+k}$$

因而可以写成

$$B_{n+k}^{(k)}(x)=\left(1-\frac{1}{n+k}\right)\left(1-\frac{2}{n+k}\right)\cdots\left(1-\frac{k-1}{n+k}\right)\cdot\sum_{m=0}^{n}f^{(k)}(\xi_n^{(m)})C_n^m x^m(1-x)^{n-m}$$

或者,换一个写法

$$\begin{aligned}B_{n+k}^{(k)}(x)=&\sum_{m=0}^{n}f^{(k)}(x)C_n^m x^m(1-x)^{n-m}+\\&\sum_{m=0}^{n}[f^{(k)}(\xi_n^{(m)})-f^{(k)}(x)]C_n^m x^m(1-x)^{n-m}-\\&\left[1-\left(1-\frac{1}{n+1}\right)\cdots\left(1-\frac{k-1}{n+k}\right)\right]\cdot\\&\sum_{m=0}^{n}f^{(k)}(\xi_n^{(m)})C_n^m x^m(1-x)^{n-m}\end{aligned}\tag{32}$$

在式(32)的右端三个和中,第一个和等于 $f^{(k)}(x)$,第二个和趋近于零(这可像对于 $k=1$ 的情形一样加以证明);最后,第三个和也趋近于零,因为在这个和的前面方括号中的因子无限地减小,而和的本身显然不超过 M_k. 在这里,M_k 是 $f^{(k)}(x)$ 的最大模,于是等于式(31) 得到证明.

从已证明的命题顺便推出这样的推论：如果函数 $f(x)$ 在区间 $(0,1)$ 中是无限级可微的，那么对于任何整数 $k(k\geqslant 0)$，多项式 $B_n^{(k)}(x)$ 一致地趋近于 $f^{(k)}(x)$. 换句话说，级数

$$f(x)=B_1(x)+\sum_{n=1}^{\infty}[B_{n+1}(x)-B_n(x)]$$

可以逐项微分任意多次.

当假定函数 $f(x)$ 在线段 $(0,1)$ 上或者在某个部分闭线段 $(\alpha,\beta)(0\leqslant\alpha<\beta\leqslant 1)$ 上具备正则性时，可以做出更多的结论，那就是多项式 $B_n(x)$ 不仅在这个线段上而且也在某个包含它的复数区域中一致收敛于 $f(x)$；由此自然推得极限关系 $B_n(x)\to f(x)$ 的无限级可微性. 推广多项式 $B_n(x)$ 的性质到复数区域上的这项研究是由 Kantorovich 于 1931 年开始的，并且在 Bernstein 的著作中得到了最后的完整结果.

§6 第二定理的证明以及第一定理与第二定理的联系

假定函数 $f(x)$ 是连续的并且具有周期 2π. 要想证明定理 2，只要证明可以选得一个（关于变数 x 的）三角多项式序列

$$\Omega_n(x,t),n=0,1,2,\cdots$$

这些多项式（关于两个变数）具有周期 2π，并且在区域 $0\leqslant x\leqslant 2\pi,0\leqslant t\leqslant 2\pi$ 中满足下列各个要求：

（1）多项式 $\Omega_n(x,t)$ 不是负的并且对于变数 t 是可积分的；

(2) 无论 $\delta(\delta>0)$ 是怎样小的数，关系式

$$\lim_{n\to\infty}\int_{x+\delta}^{x+2\pi-\delta}\Omega_n(x,t)\,\mathrm{d}t=0$$

对于基本区间中变数 x 的所有一切值一致地成立；

(3) 关系式

$$\lim_{n\to\infty}\int_{x-\delta}^{x+\delta}\Omega_n(x,t)\,\mathrm{d}t=1$$

对于基本区间中变数 x 的所有一切值一致地成立.

由此看来，譬如说，可以令

$$\Omega_n(x,t)=\frac{1}{2\pi}\cdot\frac{2\cdot 4\cdot\cdots\cdot 2n}{1\cdot 3\cdot\cdots\cdot(2n-1)}\cos^{2n}\frac{x-t}{2}=$$

$$\frac{\cos^{2n}\frac{x-t}{2}}{\int_0^{2\pi}\cos^{2n}\frac{t}{2}\,\mathrm{d}t}$$

实际上，首先知道 $\Omega_n(x,t)$ 确实是以 2π 为周期的三角多项式. 这一点可由公式

$$\cos^2\frac{x-t}{2}=\frac{1}{2}[1+\cos(x-t)]=$$

$$\frac{1}{2}(1+\cos x\cos t+\sin x\sin t)$$

以及 $\cos x$ 与 $\sin x$ 的正整幂能用倍弧的余弦与正弦线性地表达出来(按照 de Moivre 公式) 这一事实明显地看出. 性质(1) 是明显的，性质(2) 可由以下事实推出：当

$$x+\delta<t<x+2\pi-\delta$$

时，不等式

$$\cos^{2n}\frac{x-t}{2}<\cos^{2n}\frac{\delta}{2}$$

成立，另一方面

$$\int_0^{2\pi}\cos^{2n}\frac{t}{2}\mathrm{d}t>\int_0^{\frac{\delta}{2}}\cos^{2n}\frac{t}{2}\mathrm{d}t>\frac{\delta}{2}\cos^{2n}\frac{\delta}{4}$$

所以在所说的区间中

$$\Omega_n(x,t)<\frac{2}{\delta}\left(\frac{\cos\dfrac{\delta}{2}}{\cos\dfrac{\delta}{4}}\right)^{2n}$$

因而

$$\lim_{n\to\infty}\Omega_n(x,t)=0$$

(一致成立),由此推得(2).最后,性质(3)可由性质(2)推出,只要注意

$$\int_0^{2\pi}\Omega_n(x,t)\mathrm{d}t=\frac{\int_0^{2\pi}\cos^{2n}\dfrac{x-t}{2}\mathrm{d}t}{\int_0^{2\pi}\cos^{2n}\dfrac{t}{2}\mathrm{d}t}=1$$

于是证明了

$$f(x)=\lim_{n\to\infty}\frac{1}{2\pi}\cdot\frac{2\cdot 4\cdot\cdots\cdot 2n}{1\cdot 3\cdot\cdots\cdot(2n-1)}\int_0^{2\pi}f(t)\cos^{2n}\frac{x-t}{2}\mathrm{d}t$$

(对于 x 的一切值一致地成立)

定理 2 可以作为定理 1 的推论而得到,我们现在要叙述的证明属于 Vallee-Poussin.

我们首先假定,所给的连续的并且具有周期 2π 的函数 $f(x)$ 是偶的.函数 $f(\arccos t)$ 在区间$[-1,1]$中关于变数 t 是连续的,并且 $\arccos t$ 的值是选得满足条件 $0\leqslant\arccos t\leqslant\pi$ 的.根据定理 1,存在着这样的多项式 $P(t)$,使得不等式

$$|f(\arccos t)-P(t)|<\varepsilon,\ -1\leqslant t\leqslant 1 \quad (33)$$

成立,其中 ε 是任意小的正数.可是这个不等式显然和

下面的等价

$$|f(x)-P(\cos x)|<\varepsilon, 0\leqslant x\leqslant \pi \tag{34}$$

在这里用 $-x$ 来替代 x[这是可以的,因为 $f(x)$ 与 $P(\cos x)$ 是偶函数],我们看出,如果不等式(34)可以这样表达的话,自然它对于整个基本区间 $[-\pi,\pi]$ 成立,因而对于 x 的一切值也成立.

转到一般的情形,我们现在假定 $f(x)$ 是任何一个以 2π 为周期的连续函数.于是函数

$$\varphi(x)\equiv f(x)+f(-x)$$

$$\psi(x)\equiv[f(x)-f(-x)]\sin x$$

具有同样的性质,并且除此以外,也有偶的性质.根据已证明的事实,无论 ε 是怎样小的一个正数,可以指出这样的多项式 $P(t)$ 与 $Q(t)$,使得对于 x 的一切值,有不等式

$$|\varphi(x)-P(\cos x)|<\frac{\varepsilon}{2}$$

$$|\psi(x)-Q(\cos x)|<\frac{\varepsilon}{2}$$

由此推得

$$|\varphi(x)\sin^2 x-P(\cos x)\sin^2 x|<\frac{\varepsilon}{2}$$

$$|\psi(x)\sin x-Q(\cos x)\sin x|<\frac{\varepsilon}{2}$$

而最后用加法得到

$$|[\varphi(x)\sin^2 x+\psi(x)\sin x]-[P(\cos x)\sin^2 x+Q(\cos x)\sin x]|<\varepsilon$$

即

$$|2f(x)\sin^2 x-T_1(x)|<\varepsilon \tag{35}$$

其中 $T_1(x)$ 表示三角多项式

$$P(\cos x)\sin^2 x+Q(\cos x)\sin x$$

把应用到 $f(x)$ 上的讨论同样应用到函数 $f\left(x+\frac{\pi}{2}\right)$ 上去，我们可指出这样的三角多项式 $T_2(x)$，使得它满足不等式

$$\left|2f\left(x+\frac{\pi}{2}\right)\sin^2 x-T_2(x)\right|<\varepsilon$$

在这里把 x 换为 $x-\frac{\pi}{2}$，我们得到

$$|2f(x)\cos^2 x-T_3(x)|<\varepsilon \tag{36}$$

其中 $T_3(x)$ 又是一个三角多项式. 把不等式(35)与(36)相加起来并用 2 去除，我们得到

$$|f(x)-T(x)|<\varepsilon \tag{37}$$

其中 $T(x)\equiv\frac{T_1(x)+T_3(x)}{2}$ 是一个三角多项式.

反之，定理 1 可同样简单地从定理 2 推出来. 设 $f(x)$ 是在区间$[-1,1]$上给定的连续函数. 根据定理 2，存在着三角多项式 $T(x)$，对于 x 的一切值，它满足不等式

$$|f(\cos x)-T(x)|<\varepsilon$$

由此推知，把 x 换为 $-x$ 以后，有 $|f(\cos x)-T(-x)|<\varepsilon$，又有

$$\left|f(\cos x)-\frac{T(x)+T(-x)}{2}\right|<\varepsilon \tag{38}$$

三角多项式 $T(x)$ 具有 $T(x)=C(x)+S(x)$ 的形式，其中

$$C(x)=\sum_{k=0}^{n}a_k\cos kx,S(x)=\sum_{k=1}^{n}b_k\sin kx$$

因为显然

$$\frac{T(x)+T(-x)}{2}=C(x)$$

所以不等式(38) 可变成

$$\left|f(\cos x)-\sum_{k=0}^{n}a_k\cos kx\right|<\varepsilon$$

在这里用 $\arccos x$ 来代替 x，我们得到对于区间 $[-1,1]$ 上 x 的一切值都成立的不等式

$$\left|f(x)-\sum_{k=0}^{n}a_kT_k(x)\right|<\varepsilon$$

其中

$$T_k(x)=\cos k\arccos x$$

是 Chebyshev 多项式. 于是定理 1 已证明.

注 3　定理 1 也可以用这样的方法得到：如果连续函数 $f(x)$ 譬如说是在区间 $[-1,1]$ 上给定的，那么可以首先保持它的连续性，把它开拓到整个区间 $[-\pi,\pi]$ 上去，使得等式 $f(-\pi)=f(\pi)$ 成立；然后利用周期性条件 $f(x+2\pi)=f(x)$ 把它开拓到 x 的一切值上去. 在不等式

$$|f(x)-T(x)|<\frac{\varepsilon}{2}$$

中[其中 $T(x)$ 是三角多项式]，$T(x)$ 的每个形如 $\cos kx$ 或 $\sin kx$ 的项可以用由公式

$$\begin{cases}\cos t=\sum\dfrac{(-1)^nt^{2n}}{(2n)!}\\[2ex]\sin t=\sum\dfrac{(-1)^nt^{2n+1}}{(2n+1)!}\end{cases}\tag{39}$$

得到的 Taylor 展开式中若干个项来代替，使得这时总的误差不超过 $\frac{\varepsilon}{2}$；于是得到满足不等式

$$|f(x)-P(x)|<\varepsilon$$

的通常多项式 $P(x)$.

为了要用类似的方法从定理1导出定理2,可以利用 Taylor 展开式

$$\arcsin x=\sum_{1}^{\infty}c_n x^n,\ |x|\leqslant 1,\ |\arcsin x|\leqslant\frac{\pi}{2}$$

由此推得

$$x=\sum_{1}^{\infty}c_n\sin^n x \tag{40}$$

并且在区间 $\left[-\frac{\pi}{2},\frac{\pi}{2}\right]$ 上该式必然一致收敛. 用 $\frac{\pi}{2}-x$ 代替 x,经过移项后我们得到

$$x=\frac{\pi}{2}-\sum_{0}^{\infty}c_n\cos^n x \tag{41}$$

(在区间 $[0,\pi]$ 上具有一致收敛性)

令 $f(x)=\varphi(x)+\psi(x)$,其中

$$\varphi(x)=\frac{f(x)+f(2\pi-x)}{2},\psi(x)=\frac{f(x)-f(2\pi-x)}{2}$$

并且恒等式

$$\varphi(2\pi-x)=\varphi(x),\psi(2\pi-x)=-\psi(x)$$

显然成立.

设 $P_1(x)$ 是求得的这样一个多项式,使得当 $0\leqslant x\leqslant\pi$ 时

$$|\varphi(x)-P_1(x)|<\frac{\varepsilon}{4}$$

在 $P_1(x)$ 中用和

$$\frac{\pi}{2}-\sum_{0}^{N}c_n\cos^n x$$

代替 x,其中 N 足够的大,使得用多项式

$$T_1(x)=P_1\left(\frac{\pi}{2}-\sum_0^N c_n\cos^n x\right)$$

来代替多项式 $P_1(x)$ 时，总的误差不超过 $\frac{\varepsilon}{4}$，于是有不等式

$$|\varphi(x)-T_1(x)|<\frac{\varepsilon}{2},0\leqslant x\leqslant\frac{\pi}{2} \tag{42}$$

另外，设 $P_2(x)$ 是求得的这样一个多项式，使得 $|\psi(x)-P_2(x)|<\frac{\varepsilon}{4}\left(-\frac{\pi}{2}\leqslant x\leqslant\frac{\pi}{2}\right)$. 利用公式(40)，我们像前面一样得到三角多项式

$$T_2(x)=P_2\left(\sum_0^{N'} c'_n\sin^n x\right)$$

它满足不等式

$$|\psi(x)-T_2(x)|<\frac{\varepsilon}{2},-\frac{\pi}{2}\leqslant x\leqslant\frac{\pi}{2} \tag{43}$$

不等式(42) 与(43) 对于 x 的一切值都"自动地"成立. 令 $T_1(x)+T_2(x)=T(x)$，我们借此得到

$$\begin{aligned}|f(x)-T(x)|\leqslant&|\varphi(x)-T_1(x)|+\\&|\psi(x)-T_2(x)|<\varepsilon\end{aligned} \tag{44}$$

§7　关于插补基点的 Faber 定理

证实了在等距离基点的情形下，插补多项式不一定趋近于被插补的连续函数后，我们试问：是否终究不能这样来选择插补基点，使插补过程对于任何连续函数都收敛？就这方面来看，譬如说 Chebyshev 的基点

是否比较适当些?

在解答是肯定的情形下,我们就会得到Weierstrass 定理的新的证明方法.

可是回答只能是否定的:任何一组基点都不能使得插补过程对于任何的连续函数收敛.

为了证明这一点,我们必须从稍远一点的地方着手,同时我们要从三角多项式的情形开始.

我们来证实下面的断言.不论变数 θ 的值如何以及正整数 n 的值如何,三角多项式

$$\lambda(\theta)=\sum_{k=1}^{n}\frac{\sin(2k-1)\theta}{2k-1}$$

与

$$\mu(\theta)=\sum_{k=1}^{n}\frac{\sin(2k-1)\theta}{k} \tag{45}$$

都是一致有界的,这就是说它满足不等式

$$|\lambda(\theta)|<L,\ |\mu(\theta)|<M \tag{46}$$

其中 L 与 M 是绝对常数.

施行微分法,得到

$$\lambda'(\theta)=\sum_{k=1}^{n}\cos(2k-1)\theta=\frac{\sin 2n\theta}{2\sin\theta}$$

考察 $\lambda'(\theta)$ 的符号,我们肯定在区间 $\left[0,\frac{\pi}{2}\right]$ 上,$\lambda(\theta)$ 在点

$$\theta_m=\frac{2m-1}{2n}\pi,m=1,2,\cdots,\left[\frac{n+1}{2}\right]$$

处有极大值,并且在点

$$\theta'_m=\frac{m}{n}\pi,m=1,2,\cdots,\left[\frac{n}{2}\right]$$

处有极小值.极大值 $\lambda(\theta_m)$ 随着数码 m 的增加而减小.

事实上

$$\lambda(\theta_{m+1})-\lambda(\theta_m)=\int_{\theta_m}^{\theta_{m+1}}\lambda'(\theta)\mathrm{d}\theta=$$

$$\frac{1}{2}\int_{\frac{2m-1}{2n}\pi}^{\frac{2m+1}{2n}\pi}\frac{\sin 2n\theta}{\sin\theta}\mathrm{d}\theta=$$

$$\frac{1}{2}\int_{\frac{2m-1}{2n}\pi}^{\frac{m}{n}\pi}\frac{\sin 2n\theta}{\sin\theta}\mathrm{d}\theta+$$

$$\frac{1}{2}\int_{\frac{m}{n}\pi}^{\frac{2m+1}{2n}\pi}\frac{\sin 2n\theta}{\sin\theta}\mathrm{d}\theta=$$

$$\frac{1}{2}\int_{\frac{2m-1}{2n}\pi}^{\frac{m}{n}\pi}\sin 2n\theta\Big(\frac{1}{\sin\theta}-$$

$$\frac{1}{\sin\left(\theta+\frac{\pi}{2n}\right)}\Big)\mathrm{d}\theta<0$$

因为在积分的区间中，$\sin 2n\theta$ 是负的，而在括号中的表达式是正的. 同样极小值 $\lambda(\theta'_m)$ 随着 m 的增加而增加. 最小的极小值等于

$$\lambda(\theta'_1)=\sum_{k=1}^{n}\frac{\sin(2k-1)\frac{\pi}{n}}{2k-1}$$

因为在上面这个和中离首项与离末项位置相同的两项，其分子的绝对值相等，所以这些项的和是正的，因而 $\lambda(\theta'_1)>0$，由此推得当 $0<\theta<\frac{\pi}{2}$ 时，$\lambda(\theta)>0$. 另外，在这同一个区间中

$$\lambda(\theta)\leqslant\lambda(\theta_1)=\sum_{k=1}^{n}\frac{\sin(2k-1)\frac{\pi}{2n}}{2k-1}$$

当 n 无限增大时，最后这个和显然有有限的极限

$$\lim_{n\to\infty}\sum_{k=1}^{n}\frac{\sin(2k-1)\frac{\pi}{2n}}{2k-1}=\frac{1}{2}\int_0^{\pi}\frac{\sin\theta}{\theta}\mathrm{d}\theta>0$$

由此推出不等式(46)中第一式(目前还只是对于区间$\left[0,\frac{\pi}{2}\right]$而言).为了推广它到$\theta$的一切值上去,只要注意

$$\lambda(\pi-\theta)=\lambda(\theta),\lambda(-\theta)=-\lambda(\theta)$$

转到不等式(46)中第二式,我们来考虑新的多项式

$$\lambda(\theta)-\frac{1}{2}\mu(\theta)=\sum_{k=1}^{n}\frac{\sin(2k-1)\theta}{2k(2k-1)}$$

因为

$$\left|\lambda(\theta)-\frac{1}{2}\mu(\theta)\right|<\sum_{k=1}^{n}\frac{1}{2k(2k-1)}<\sum_{k=1}^{\infty}\frac{1}{2k(2k-1)}=\lg 2$$

所以利用不等式(46)中第一式,由此推得

$$|\mu(\theta)|<2(L+\lg 2)\equiv M$$

现在可以证明,多项式

$$v(\theta)=\frac{\cos\theta}{n}+\frac{\cos 2\theta}{n-1}+\cdots+\frac{\cos n\theta}{1}-\frac{\cos(n+1)\theta}{1}-\cdots-\frac{\cos(2n-1)\theta}{n-1}-\frac{\cos 2n\theta}{n}$$

对于θ与n的任何值满足不等式

$$|v(\theta)|<N \tag{47}$$

其中N是一绝对常数.事实上

$$|v(\theta)|=\left|\sum_{k=1}^{n}\frac{1}{k}[\cos(n-k+1)\theta-\cos(n+k)\theta]\right|=\left|2\sin\frac{2n+1}{2}\theta\cdot\sum_{k=1}^{n}\frac{1}{k}\cdot\sin(2k-1)\frac{\theta}{2}\right|\leqslant$$

$$2\left|\mu\left(\frac{\theta}{2}\right)\right| < 2M \equiv N$$

综上所述,不难计算 N,可是 N 的数值如何,对之后的内容来讲并不重要.

因为要证明已给 n 次的插补多项式可以和被插补的函数有很大程度的差别,我们现在要讨论一个基本辅助定理,可是这个辅助定理也有其独立的意义.

存在着一个正数 τ(绝对常数),它具有这样的性质:不论 $\theta_i(i=0,1,2,\cdots,n)$ 是区间$[0,\pi]$上怎样的 $n+1$ 个不同的点,总可以作出一个 n 次的偶的(即可由余弦表达的)多项式 $T^*(\theta)$,使得在各个点 θ_i 处它的绝对值不超过 1,即

$$|T^*(\theta_i)| \leqslant 1 \tag{48}$$

并且它在某个点 $\theta=\theta^*$ 处满足不等式

$$|T^*(\theta^*)| \geqslant \tau \lg n \tag{49}$$

令

$$\psi(\theta)=\frac{1}{N}\left(\frac{\cos\theta}{n}+\frac{\cos 2\theta}{n-1}+\cdots+\frac{\cos n\theta}{1}\right)$$

$$\chi(\theta)=-\frac{1}{N}\left(\frac{\cos\overline{n+1}\,\theta}{1}+\frac{\cos\overline{n+2}\,\theta}{2}+\cdots+\frac{\cos 2n\theta}{n}\right)$$

我们看出,对于任意的 n 与 θ,这些多项式的和

$$\varphi(\theta)\equiv\psi(\theta)+\chi(\theta)\left(\equiv\frac{v(\theta)}{N}\right) \tag{50}$$

的绝对值不超过 1,即

$$|\varphi(\theta)| \leqslant 1 \tag{51}$$

用 α 表示某一个暂时未确定的、以后要加选择的实数,并且作一个次数为 n 的偶的插补多项式 $T(\alpha,\theta)$,使得在各个点 θ_i 处,它所取的值与 $2n$ 次的多项式

$$\Phi(\alpha,\theta)\equiv\frac{1}{2}[\varphi(\alpha-\theta)+\varphi(\alpha+\theta)]$$

所取的值相同.这个多项式具有如下的形式

$$T(\alpha,\theta)=\sum_{k=0}^{n}\frac{1}{2}[\varphi(\alpha-\theta_k)+\varphi(\alpha+\theta_k)]l_k(\theta) \tag{52}$$

其中 $l_k(\theta)$ 是满足条件

$$l_i(\theta_k)=\begin{cases}0,当\ i\neq k\\1,当\ i=k\end{cases},i,k=0,1,\cdots,n$$

的 n 次的偶三角多项式.注意公式(50),又可以写

$$\begin{aligned}T(\alpha,\theta)=&\sum_{k=0}^{n}\frac{1}{2}[\psi(\alpha-\theta_k)+\psi(\alpha+\theta_k)]l_k(\theta)+\\&\sum_{k=0}^{n}\frac{1}{2}[\chi(\alpha-\theta_k)+\chi(\alpha+\theta_k)]l_k(\theta)=\\&\frac{1}{2}[\psi(\alpha-\theta)+\psi(\alpha+\theta)]+\\&\sum_{k=0}^{n}\frac{1}{2}[\chi(\alpha-\theta_k)+\chi(\alpha+\theta_k)]l_k(\theta)\end{aligned}$$

因为 $\psi(\theta)$ 的次数等于 n,而 $\chi(\theta)$ 的次数高于 n.

令 $\theta=\alpha$,我们得到

$$\begin{aligned}T(\alpha,\alpha)=\frac{1}{2}\psi(0)+\Big\{\frac{1}{2}\psi(2\alpha)+\sum_{k=0}^{n}\frac{1}{2}[\chi(\alpha-\theta_k)+\\\chi(\alpha+\theta_k)]l_k(\alpha)\Big\}\end{aligned}$$

在"{ }"中的表达式是参数 α 的三角多项式,其中的常数项等于零①.由此可见,可以这样选择 $\alpha=\alpha^*$,使得这

① 实际上,$l_k(\alpha)$ 只包含依赖于 $\cos m\alpha$ 的项,其中 $m\leqslant n$,而 $\chi(\alpha-\theta_k)+\chi(\alpha+\theta_k)$ 只包含依赖于 $\cos m\alpha$ 与 $\sin m\alpha$ 的项,其中 $m>n$,而作乘法时常数项不能产生.

个表达式成为零[1]于是我们得到

$$T(\alpha^*,\alpha^*)=\frac{1}{2}\psi(0)=\frac{1}{2N}\left(\frac{1}{n}+\frac{1}{n-1}+\cdots+\frac{1}{1}\right)>\frac{1}{2N}\lg n \tag{53}$$

现在我们用等式

$$T^*(\theta)\equiv T(\alpha^*,\theta)$$

来定义 n 次多项式 $T^*(\theta)$. 这个多项式满足所提出的要求:

(1) 由关系式(52), $T^*(\theta_i)=T(\alpha^*,\theta_i)=\Phi(\alpha^*,\theta_i)$, 因而

$$|T^*(\theta_i)|=|\Phi(\alpha^*,\theta_i)|\leqslant\frac{1}{2}[|\varphi(\alpha^*-\theta_i)|+|\varphi(\alpha^*+\theta_i)|]\leqslant 1$$

(2) 根据不等式(53), 令 $\theta^*=\alpha^*$, 我们得到

$$T^*(\alpha^*)=T(\alpha^*,\alpha^*)>\tau\lg n, \text{其中 } \tau=\frac{1}{2N}$$

这就证明了我们的辅助定理.

所证的辅助定理立刻可转移到基本区间 $(-1,1)$ 中的通常多项式上去:存在着这样的正数 τ, 使得无论 $x_i(i=0,1,\cdots,n)$ 是区间 $[-1,1]$ 上怎样的 $n+1$ 个不同的点,总可以作出一个具备下述性质的 n 次多项式 $P^*(x)$, 则:

1° $|P^*(x_i)|\leqslant 1, i=0,1,\cdots,n$.

2° $|P^*(x^*)|>\tau\lg n, -1\leqslant x^*\leqslant 1$.

(只要作一个对应于点 $\theta_i=\arccos x_i$ 的多项式 $T^*(\theta)$,

---

[1] 如果在三角多项式 $T(\theta)$ 中缺少常数项,则 $\int_0^{2\pi}T(\theta)\mathrm{d}\theta=0$, 这就表明在整个周期中 $T(\theta)$ 不能保持符号不变.

然后令 $\cos\theta = x, \cos\theta^* = x^*$，并令 $P^*(x) = T^*(\arccos x)$)

我们现在提出这样的问题：如果知道在区间(-1,1)中的 n 次多项式 $P(x)$ 在点 $x_i(i=0,1,\cdots,n)$ 处的绝对值不超过1，问在(-1,1)中它能取怎样的最大值 G? 因为

$$P(x) \equiv \sum_{i=0}^{n} P(x_i) L_i(x)$$

其中

$$L_i(x) = \frac{A(x)}{A'(x_i)(x-x_i)}, A(x) = \prod_{i=1}^{n}(x - x_i)$$

所以

$$|P(x)| \leqslant \sum_{i=0}^{n} |P(x_i)| \cdot |L_i(x)| \leqslant \sum_{i=0}^{n} |L_i(x)| \leqslant \max_{-1\leqslant x\leqslant 1} \sum_{i=0}^{n} |L_i(x)| = G$$

设 x^* 是这样的点，使得

$$\sum_{i=0}^{n} |L_i(x^*)| = G$$

(求得的 G 值是精确的，因为它是由条件 $Q_i(x) = \operatorname{sgn} L_i(x^*)$ 所确定的 n 次多项式 $Q(x)$ 在点 x^* 处所达到的值.)

由前所证可见，无论点 $x_i, i=0,1,\cdots,n$ 如何，不等式

$$G > \tau \lg n \tag{54}$$

一定成立.

我们现在来设想不论用怎样的方法取任意的基点

$$x_m^{(n)}, m=0,1,\cdots,n; n=1,2,\cdots$$

而作出的插补过程. 设 G_n 是满足不等式

$$|P(x_m^{(n)})| \leqslant 1, m=0,1,\cdots,n$$

的 n 次多项式 $P(x)$ 的最大的绝对值；设 $Q_n(x)$ 是所说的一类中的多项式，它在某一点 x_n^* 处达到数值 G_n

$$|Q_n(x_n^*)| = G_n \tag{55}$$

对于我们来说，重要的是，从不等式(54)可推出

$$\lim_{n\to\infty} G_n = \infty \tag{56}$$

各个数值 G_n 具有这样的性质，使得由不等式 $|f(x_m^{(n)})| \leqslant M$ 可得

$$|P_n(f;x)| \leqslant MG_n, -1 \leqslant x \leqslant 1 \tag{57}$$

根据 Weierstrass 定理，我们来证明，不论 n 如何，总可以作出次数 $n' > n$ 的多项式 $R_{n'}(x)$，使得：

1° $|R_{n'}(x)| < 2, -1 \leqslant x \leqslant 1.$

2° $|P_n(R_{n'}, x_n^*)| > \frac{1}{2}G_n.$

事实上，设 $F(x)$ 是满足条件 $F(x_m^{(n)}) = Q_n(x_m^{(n)})$ 与 $|F(x)| < 1$ 的任意的连续函数. 根据 Weierstrass 定理，存在着这样的多项式 $R_{n'}(x)$，使得 $|R_{n'}(x) - F(x)| < \varepsilon$. 现在可以把数 ε 选得很小，使得最后这个不等式保证不等式 1° 与 2° 成立；这可由下面的事实推出：$P_n(R_{n'}, x_n^*)$ 是数量 $R_{n'}(x_m^{(n)})$ 的连续函数，这个数与 $F(x_m^{(n)})$ 亦即与 $Q_n(x_m^{(n)})$ 的差可以任意地小，并且有等式 $|P_n(Q_n; x_n^*)| = |Q_n(x_n^*)| = G_n$.

选择整数序列

$$n_0 < n_1 < n_2 < \cdots < n_p < \cdots$$

及与之对应的多项式

$$R_{n'_0}(x), R_{n'_1}(x), R_{n'_2}(x), \cdots, R_{n'_p}(x), \cdots$$

使得不等式

$$n_p < n'_p < n_{p+1}, p=0,1,2,\cdots \tag{58}$$

与

$$G_{n_{p+1}} > G_{n_p}^2, p = 0, 1, 2, \cdots \tag{59}$$

成立;由公式(56),最后的不等式是可能的.我们有

$$|R_{n'_p}(x)| < 2, -1 \leqslant x \leqslant 1 \tag{60}$$

$$|P_{n_p}(R_{n'_p}; x_{n_p}^*)| > \frac{1}{2} G_{n_p} \tag{61}$$

现在可以作出连续函数 $f(x)$

$$f(x) = \sum_{p=1}^{\infty} \frac{1}{\sqrt{G_{n_p}}} \cdot R_{n'_p}(x) \tag{62}$$

对于这个函数来说,与所给的基点组对应的插补过程是发散的.

函数 $f(x)$ 的连续性从不等式(60)以及级数 $\sum_{p=1}^{\infty} \frac{1}{\sqrt{G_{n_p}}}$ 的收敛性可以推得.我们现在来计算 $P_{n_k}(f; x)$

$$P_{n_k}(f; x) = \sum_{p=1}^{k-1} \frac{1}{\sqrt{G_{n_p}}} \cdot R_{n'_p}(x) + \frac{1}{\sqrt{G_{n_k}}} \cdot P_{n_k}(R_{n'_k}; x) + P_{n_k}(\rho_k; x) \tag{63}$$

其中已令

$$\rho_k(x) = \sum_{p=k+1}^{\infty} \frac{1}{\sqrt{G_{n_p}}} \cdot R_{n'_p}(x) \tag{64}$$

考虑式(63)右端三项中的各项.由不等式(60)以及级数 $\sum_{p=1}^{\infty} \frac{1}{\sqrt{G_{n_p}}}$ 的收敛性,知第一项当 k 增大时保持小于某一常数.对于第三项来说,这也同样是正确的:事实上,由式(64)可见

$$|\rho_k(x)| < 2 \sum_{p=k+1}^{\infty} \frac{1}{\sqrt{G_{n_p}}} < \frac{2}{\sqrt{G_{n_{k+1}}} - 1}$$

于是利用式(56)(57)与(59)推得

$$|P_{n_k}(\rho_k;x)|<\frac{2G_{n_k}}{\sqrt{G_{n_{k+1}}}-1}<\frac{2\sqrt{G_{n_{k+1}}}}{\sqrt{G_{n_{k+1}}}-1}\to 2$$

至于第二项,则如不等式(61)所指出,当 $x=x_{n_k}^*$ 时它大于 $\frac{1}{2}\sqrt{G_{n_k}}$,因而无限地增大. 由所有这些结果推得

$$\lim_{k\to\infty}P_{n_k}(f;x_{n_k}^*)=\infty$$

可见 $P_n(f;x)$ 不一致趋近于 $f(x)$.

上面所说的 Faber 的否定结果可以与下面由 Erdös 和 Turan 所得到的肯定结果做一比较. 当利用平方收敛性替代一致收敛性以减弱收敛性概念时,"通用的"插补基点系是存在的. 确切地说:

设 $p(x)$ 是在区间$[a,b]$上给定的某一个正的权;$\{\Phi_n(x)\}$ 是与权 $p(x)$ 相联系的正交多项式系;$x_m^{(n)}$ $(m=1,2,\cdots,n)$ 是多项式 $\Phi_n(x)$ 的根;$\{P_n(f,x)\}$ 是对于函数 $f(x)$ 作成的具有基点 $x_m^{(n)}$,$m=1,2,\cdots,n$ 的 Lagrange 插补多项式系,$f(x)$ 是在所考虑的区间上给定的函数. 在这种情况下,不论 $f(x)$ 是区间$[a,b]$上怎样的连续函数,平方收敛性

$$\lim_{n\to\infty}\int_a^b\{P_n(f,x)-f(x)\}^2p(x)\mathrm{d}x=0 \tag{65}$$

总成立.

由此立即推知,只要权 $p(x)$ 在我们的区间上具有正的下界

$$p(x)\geqslant m>0$$

那么关系式(65)可以用不含权的下列形式替代

$$\lim_{n\to\infty}\int_a^b\{P_n(f,x)-f(x)\}^2\mathrm{d}x=0 \tag{66}$$

例如,在把勒让得多项式的零点当作插补基点的

情况下,这是成立的.

§8 Fejer 的收敛插补过程

重新回到通常的 Lagrange 插补法.虽然如我们所见,"通用的"Lagrange 的插补基点系不存在,但是,不论所给的被插补的连续函数如何,在适当选择基点时,还是可能改变插补过程使得它收敛的.这就是说,我们要证实,例如,当 $2n-1$ 次的插补多项式 $P_{2n-1}(x)$ 是这样作出时,收敛性成立:在 Chebyshev 基点 $x_m^{(n)}=\cos\frac{2m-1}{2n}\pi$ 处,插补多项式与所给的函数符合

$$P_{2n-1}(f;x_m^{(n)})=f(x_m^{(n)})$$

并且在这些基点处,它们的导数为零

$$P'_{2n-1}(f;x_m^{(n)})=0,m=1,2,\cdots,n$$

关于多项式 $P_{2n-1}(f;x)$ 的公式可由之前的公式得到,并且包含有导数的项都失去了

$$P_{2n-1}(f;x)=\sum_{m=1}^{n}f(x_m^{(n)})h_m^{(n)}(x) \tag{67}$$

其中

$$\begin{cases}h_m^{(n)}(x)=\dfrac{1}{n^2}(1-xx_m^{(n)})\left[\dfrac{T_n(x)}{x-x_m^{(n)}}\right]^2\\ T_n(x)=\cos n\arccos x\end{cases} \tag{68}$$

因为 $|x_m^{(n)}|<1$,并且假定了 $|x|\leqslant 1$,所以由式(68)可见

$$h_m^{(n)}(x)\geqslant 0 \tag{69}$$

除此以外,在式(67)中令 $f(x)\equiv 1$,我们确定

$$\sum_{m=1}^{n} h_m^{(n)}(x) \equiv 1 \tag{70}$$

注意到最后的等式,我们可以写

$$f(x) = \sum_{m=1}^{n} f(x) h_m^{(n)}(x) \tag{71}$$

并且由式(67) 减去式(71),我们得到[利用不等式(69)]

$$|P_{2n-1}(f;x) - f(x)| = \left|\sum_{m=1}^{n} [f(x_m^{(n)}) - f(x)] h_m^{(n)}(x)\right| \leqslant \sum_{m=1}^{n} |f(x_m^{(n)}) - f(x)| h_m^{(n)}(x) \tag{72}$$

把最后这个和分成为两个

$$\sum_{m=1}^{n} = \sum\nolimits_{\mathrm{I}} + \sum\nolimits_{\mathrm{II}}$$

凡使 $|x_m^{(n)} - x| < \delta$ 的项列入和 $\sum_{\mathrm{I}}$ 之内,而使 $|x_m^{(n)} - x| \geqslant \delta$ 的项列入和 $\sum_{\mathrm{II}}$ 之内,其中 δ 是这样选择的正数,使得由不等式 $|x' - x''| < \delta(-1 \leqslant x' \leqslant 1, -1 \leqslant x'' \leqslant 1)$ 可得不等式 $|f(x') - f(x'')| < \frac{\varepsilon}{2}$[由 $f(x)$ 的连续性,这是可能的]. 于是根据不等式(69) 与式(70),我们对于第一个和得到

$$\sum\nolimits_{\mathrm{I}} |f(x_m^{(n)}) - f(x)| h_m^{(n)}(x) < \frac{\varepsilon}{2} \sum\nolimits_{\mathrm{I}} h_m^{(n)}(x) \leqslant \frac{\varepsilon}{2} \sum_{m=1}^{n} h_m^{(n)}(x) = \frac{\varepsilon}{2} \tag{73}$$

至于第二个和,则用 M 表示 $f(x)$ 在线段$(-1,1)$ 上的最大模时,我们就得到

$$\sum\nolimits_{\mathrm{II}} |f(x_m^{(n)}) - f(x)| h_m^{(n)}(x) \leqslant$$

$$2M\sum_{\mathrm{II}} h_m^{(n)}(x) \tag{74}$$

现在我们注意,当 $|x_m^{(n)}-x|\geqslant\delta$ 时,由式(68) 推得

$$h_m^{(n)}(x)\leqslant\frac{1}{n^2}\cdot 2\cdot\left(\frac{1}{\delta}\right)^2=\frac{2}{\delta^2 n^2}$$

所以由不等式(74) 可得

$$\sum_{\mathrm{II}} |f(x_m^{(n)})-f(x)|\cdot h_m^{(n)}(x)\leqslant\frac{4M}{\delta^2 n}$$

因此,我们最后从式(72) 得到

$$|P_{2n-1}(f;x)-f(x)|<\frac{\varepsilon}{2}+\frac{4M}{\delta^2 n}$$

选取任意小的数 ε,及与它相对应的 δ,然后取次数 n 足够大,使得不等式

$$\frac{4M}{\delta^2 n}<\frac{\varepsilon}{2}$$

成立,我们得到结论

$$|P_{2n-1}(f;x)-f(x)|<\varepsilon$$

不难了解,在 Fejer 的插补过程中,收敛性是用了在插补多项式的次数增加到两倍的代价而达到的. Bernstein 证明了,同样的结果可以在增加到次数不大于 $1+\varepsilon$ 倍(其中 ε 是任意小的数) 时得到.

另外,Fejer 已经证明,多项式 $P_{2n-1}(f;x)$ 的导数为零的条件可以大大地减弱:只要在插补基点处这些导数的值不增加得太快.例如,在条件

$$|P'_{2n-1}(f;x_m^{(n)})|<\frac{\varepsilon_n}{\sqrt{1-x_m^{(n)2}}}\cdot\frac{n}{\lg n},\varepsilon_n\to 0 \tag{75}$$

下,定理的结论仍然有效.

关于 Bernstein 型和 Bernstein-Grünwald 型插值过程①

附录 3

§1 引 言

众所周知，根据 Faber 定理，Lagrange 插值多项式不可能对一切连续函数一致收敛. 为此，Bernstein 和 Grünwald 将 Lagrange 插值多项式修改，引入了如下两类所谓 Bernstein 插值过程和 Bernstein-Grünwald 插值过程，我们分别简称为 B－过程和 BG－过程.

记 $T_n(x)=\cos n\theta(x=\cos\theta)$ 为第一类 Chebyshev 多项式

$$x_k=\cos\theta_k=\cos\frac{(2k-1)\pi}{2n},k=1,2,\cdots,n$$

① 谢庭藩. 数学学报，1985，28(4)：455－469.

是 $T_n(x)$ 的 n 个零点. 用

$$l_k(x)=\frac{(-1)^{k+1}(1-x_k^2)^{\frac{1}{2}}}{n}\cdot\frac{T_n(x)}{x-x_k},k=1,2,\cdots,n$$

表示 Lagrange 插值基本多项式. Bernstein 定义 B－过程如下: 设 $f\in C[-1,1]$, 则

$$B_n(f,x)=\sum_{k=1}^{n}f(x_k)\varphi_k(x)$$

其中

$$\varphi_1(x)=\frac{1}{4}[3l_1(x)+l_2(x)]$$

$$\varphi_n(x)=\frac{1}{4}[l_{n-1}(x)+3l_n(x)]$$

$$\varphi_k(x)=\frac{1}{4}[l_{k-1}(x)+2l_k(x)+l_{k+1}(x)]$$

$$k=2,3,\cdots,n-1$$

Grünwald 定义 BG－过程如下

$$G_n(f,x)=\sum_{k=1}^{n}f(x_k)\varphi_k(x)$$

这里

$$\varphi_k(x)=\varphi_k(\theta)=\frac{1}{2}\left[l_k\left(\theta+\frac{\pi}{2n}\right)+l_k\left(\theta-\frac{\pi}{2n}\right)\right]$$

$$k=1,\cdots,n$$

$$x=\cos\theta,l_k(\theta)=l_k(\cos\theta)$$

Bernstein 和 Grünwald 分别证明了: 对于 $f\in C[-1,1]$, $B_n(f,x)$ 和 $G_n(f,x)$ 在 $[-1,1]$ 上一致收敛于 $f(x)$.

其后, Bellman, O. Киш, Varma 研究了有关节点的 B－过程, 而 Mills 和 Varma, Chauhan 和 Srivastava 研究了 BG－过程. 迄今为止, 关于这两类插值过程逼

近阶的最好估计是

$$O\left(\omega\left(f,\frac{\sqrt{1-x^2}}{n}+\frac{1}{n^2}\right)\right) \tag{1}$$

由此产生如下的问题：插值过程 $B_n(f,x)$ 和 $G_n(f,x)$ 的逼近阶估计式(1) 是否是最好的？它们的饱和阶是什么？本章 §2 首先考虑相应于第二类 Chebyshev 多项式零点的 B－过程 $B_n^*(f,x)$，而 §3 考虑修正的 BG－过程 $G_n^*(f,x)$. 我们证明了：$B_n^*(f,x)$ 和 $G_n^*(f,x)$ 的逼近阶能用

$$O\left(\omega_2\left(f,\frac{\sqrt{1-x^2}}{n}\right)+\omega\left(f,\frac{1}{n^2}\right)\right)$$

来估计，在 §4 中，我们提出一般定理，利用一般定理可以证明 $B_n(f,x)$ 和 $G_n(f,x)$ 的饱和阶是$\frac{1}{n^2}$，它们的逼近阶分别可用

$$O\left(\omega_2\left(f,\frac{\sqrt{1-x^2}}{n}\right)+\omega\left(f,\frac{1}{n^2}\right)\right)$$

$$\text{和 } O\left(\omega_2\left(f,\frac{1}{n}\right)+\omega\left(f,\frac{1}{n^2}\right)\right) \tag{2}$$

来估计，而且式(2) 中“$\omega\left(f,\frac{1}{n^2}\right)$”一项不能省去. 由此，回答了上面提出的问题.

§2　关于一个 B－过程

Varma 考虑了第二类 Chebyshev 多项式 $U_n(x)=\frac{\sin(n+1)\theta}{\sin\theta}(x=\cos\theta)$ 的零点 $t_k=\cos\theta_k=\cos\frac{k\pi}{n+1}$

$(k=1,2,\cdots,n)$ 为节点的 B－过程如下

$$B_n^*(f,x)=\sum_{k=1}^{n}f(t_k)m_k(x)$$

这里

$$r_k(x)=\frac{(-1)^{k+1}(1-t_k^2)U_n(x)}{(n+1)(x-t_k)},k=1,2,\cdots,n$$

$$m_1(x)=\frac{1}{4}[3r_1(x)+r_2(x)]$$

$$m_n(x)=\frac{1}{4}[r_{n-1}(x)+3r_n(x)]$$

$$m_k(x)=\frac{1}{4}[r_{k-1}(x)+2r_k(x)+r_{k+1}(x)],$$

$$k=2,\cdots,n-1$$

为获得性质更好的逼近阶，Varma 将 $B_n^*(f,x)$ 修改成

$$B_n^{**}(f,x)=\sum_{k=1}^{n}f(t_k)P_k(x)$$

其中

$$P_1(x)=m_1(x)+\frac{1}{2}m_2(x)$$

$$P_k(x)=\frac{1}{2}[m_k(x)+m_{k+1}(x)],k=2,\cdots,n-2$$

$$P_{n-1}(x)=\frac{1}{2}m_{n-1}(x),P_n(x)=m_n(x)$$

Varma 证得：对于 $f\in C[-1,1]$

$$B_n^*(f,x)-f(x)=O\left(\omega\left(f,\frac{1}{n}\right)\right)$$

$$B_n^{**}(f,x)-f(x)=O\left(\omega\left(f,\frac{\sqrt{1-x^2}}{n}+\frac{1}{n^2}\right)\right)$$

我们使用不同于 Varma 的方法证得：

定理 1　对于 $f\in C[-1,1]$，有

$$B_n^*(f,x)-f(x)=O\left(\omega_2\left(f,\frac{\sqrt{1-x^2}}{n}\right)+\omega\left(f,\frac{1}{n^2}\right)\right)$$

$$n\geqslant 3$$

成立，这里记号“O”与 n,x 及 f 都无关.

引理 1　下式

$$\sum_{k=1}^{n}|m_k(x)|=O(1)$$

成立.

引理 2　设 $p_{n-1}(x)\in\prod_{n-1}$（$\prod_{n-1}$ 表示阶不超过 $n-1$ 的代数多项式全体），则

$$\begin{aligned}B_n^*(p_{n-1},x)=&\frac{1}{4}[p_{n-1}(\cos(\theta-2t))+2p_{n-1}(\cos\theta)+\\&p_{n-1}(\cos(\theta+2t))]+\frac{1}{4}[p_{n-1}(\cos\theta_1)-\\&p_{n-1}(1)]\tilde{r}_1(\theta)+\frac{1}{4}[p_{n-1}(\cos\theta_n)-\\&p_{n-1}(-1)]\tilde{r}_n(\theta)\end{aligned}\tag{3}$$

其中 $\tilde{r}_n(\theta)=r_n(\cos\theta)$，$t=\frac{\pi}{2(n+1)}$.

证明　显然有

$$\begin{aligned}B_n^*(f,x)=&\frac{1}{4}\sum_{k=1}^{n}[f(t_{k-1})+2f(t_k)+\\&f(t_{k+1})]r_k(x)+\frac{1}{4}[f(t_1)-\\&f(1)]r_1(x)+\frac{1}{4}[f(t_n)-\\&f(-1)]r_n(x)\end{aligned}\tag{4}$$

因为，当 $p_{n-1}(x)\in\prod_{n-1}$ 时

$p_{n-1}(\cos(\theta-2t))+2p_{n-1}(\cos\theta)+p_{n-1}(\cos(\theta+2t))$ 仍然属于 $\prod_{n-1}$. 于是，根据 Lagrange 插值多项式的性质推得

$$\frac{1}{4}\sum_{k=1}^{n}[p_{n-1}(\cos(\theta_k-2t))+2p_{n-1}(\cos\theta_k)+$$
$$p_{n-1}(\cos(\theta_k+2t))]r_k(\theta)=$$
$$\frac{1}{4}[p_{n-1}(\cos(\theta-2t))+2p_{n-1}(\cos\theta)+$$
$$p_{n-1}(\cos(\theta+2t))]$$

由上式和式(4) 立即推出式(3) 成立.

引理 3 下式

$$\sum_{k=1}^{n}\omega_2\left(f,\frac{\sqrt{1-t_k^2}}{n}\right)|m_k(x)|=$$
$$O\left(\omega_2\left(f,\frac{\sqrt{1-x^2}}{n}\right)+\omega\left(f,\frac{1}{n^2}\right)\right) \tag{5}$$

成立.

证明 由引理 1 知

$$|m_k(x)|=O(1),k=1,2,\cdots,n \tag{6}$$

又有

$$m_k(x)=\frac{(-1)^{k+1}\sin^2 t\sin(n+1)\theta}{n+1}\cdot$$
$$\left\{\frac{\cot\frac{1}{2}(\theta-\theta_k)}{\sin\frac{1}{2}(\theta-\theta_{k-1})\sin\frac{1}{2}(\theta-\theta_{k+1})}+\right.$$
$$\left.\frac{\cot\frac{1}{2}(\theta+\theta_k)}{\sin\frac{1}{2}(\theta+\theta_{k-1})\sin\frac{1}{2}(\theta+\theta_{k+1})}\right\}+$$

$$\frac{(-1)^{k+1}4\cos\theta_k\sin^2 tU_n(x)}{n+1}$$

$$k=2,\cdots,n-1,t=\frac{\pi}{2(n+1)} \tag{7}$$

利用式(6)我们有

$$\omega_2\left(f,\frac{\sin\theta_1}{n}\right)|m_1(x)|+\omega_2\left(f,\frac{\sin\theta_n}{n}\right)|m_n(x)|=$$

$$O\left(\omega_2\left(f,\frac{1}{n^2}\right)\right) \tag{8}$$

利用下述不等式和引理 1 知

$$\sin\theta_k\leqslant\sin\theta+|\theta-\theta_k| \tag{9}$$

我们有

$$\sum_{k=2}^{n-1}\omega_2\left(f,\frac{\sin\theta_k}{n}\right)|m_k(x)|\leqslant\sum_{k=2}^{n-1}\omega_2\left(f,\frac{\sin\theta}{n}\right)|m_k(x)|+$$

$$\sum_{k=2}^{n-1}\omega_2\left(f,\frac{|\theta-\theta_k|}{n}\right)|m_k(x)|=$$

$$O\left(\omega_2\left(f,\frac{\sin\theta}{n}\right)\right)+R \tag{10}$$

设 θ_j 满足 $|\theta-\theta_j|=\min\limits_{1\leqslant k\leqslant n}|\theta-\theta_k|$，记 $i=|k-j|$，于是

$$\frac{1}{2}|\theta_j-\theta_k|\leqslant|\theta-\theta_k|\leqslant 2|\theta_j-\theta_k|,k\neq j \tag{11}$$

现在，利用式(6)，注意到式(7)，并利用不等式

$$\left|\sin\frac{1}{2}(\alpha-\beta)\right|\leqslant\sin\frac{1}{2}(\alpha+\beta),0\leqslant\alpha,\beta\leqslant\pi \tag{12}$$

得到

$$R=O\left(\omega_2\left(f,\frac{1}{n^2}\right)\right)+\sum_{\substack{k=2\\k\neq j,j\pm1}}^{n-1}\omega_2\left(f,\frac{|\theta-\theta_k|}{n}\right)|m_k(x)|=$$

$$O\left(\omega_2\left(f,\frac{1}{n^2}\right)\right)+O(1)\left\{\sum_{\substack{k=2\\k\neq j,j\pm1}}^{n-1}\omega_2\left(f,\frac{2\mathrm{i}\pi}{n^2}\right)\cdot\right.$$

$$\frac{1}{n^3\left|\sin\frac{1}{2}(\theta-\theta_{k-1})\sin\frac{1}{2}(\theta-\theta_k)\sin\frac{1}{2}(\theta-\theta_{k+1})\right|}+$$

$$\left.\sum_{\substack{k=2\\k\neq j,j\pm1}}^{n-1}\omega_2\left(f,\frac{2\mathrm{i}\pi}{n^2}\right)\frac{|U_n(x)|}{n^3}\right\}=O\left(\omega_2\left(f,\frac{1}{n^2}\right)\right)+$$

$$R_1+R_2 \tag{13}$$

显然

$$R_2=O\left(\omega_2\left(f,\frac{1}{n^2}\right)\sum_{k=1}^{n}\mathrm{i}\cdot\frac{1}{n^2}\right)=O\left(\omega\left(f,\frac{1}{n^2}\right)\right)$$

又有

$$R_1=O\left(\omega\left(f,\frac{1}{n^2}\right)\right)\cdot\sum_{\substack{k=2\\k\neq j,j\pm1}}^{n-1}\mathrm{i}\Big/\left[n^3\left|\sin\frac{1}{2}(\theta-\theta_{k-1})\cdot\right.\right.$$

$$\left.\left.\sin\frac{1}{2}(\theta-\theta_k)\sin\frac{1}{2}(\theta-\theta_{k+1})\right|\right]=O\left(\omega\left(f,\frac{1}{n^2}\right)\right)$$

将上面两式代入式(13)得

$$R=O\left(\omega\left(f,\frac{1}{n^2}\right)\right)$$

再将上式代入式(10)并结合式(8)即得式(5).

定理 1 的证明 根据 De Vore 的结果，对于每一 $f\in C[-1,1]$，存在一个 n 次代数多项式 $p_n(f)$ 和一个绝对常数 $c>0$，使得

$$|f(x)-p_n(f,x)|\leqslant c\omega_2\left(f,\frac{\sqrt{1-x^2}}{n}\right),n\geqslant 2 \tag{14}$$

现设 $p_{n-1}(x)=p_{n-1}(f,x)$，则由引理 2 我们有

$$B_n^*(f,x)-f(x)=B_n^*(f-p_{n-1},x)+$$
$$\frac{1}{4}\{[p_{n-1}(\cos(\theta-2t))-$$

$$
\begin{aligned}
&f(\cos(\theta-2t))]+\\
&2[p_{n-1}(\cos\theta)-f(\cos\theta)]+\\
&[p_{n-1}(\cos(\theta+2t))-\\
&f(\cos(\theta+2t))]\}+\\
&\frac{1}{4}[f(\cos(\theta-2t))-\\
&2f(\cos\theta)+f(\cos(\theta+2t))]+\\
&\frac{1}{4}\{[p_{n-1}(\cos\theta_1)-p_{n-1}(1)]\tilde{r}_1(\theta)+\\
&[p_{n-1}(\cos\theta_n)-p_{n-1}(-1)]\tilde{r}_n(\theta)\}=\\
&I_1+I_2+I_3+I_4 \qquad (15)
\end{aligned}
$$

利用式(14) 和引理 3 得到

$$
\begin{aligned}
I_1&=O(1)\sum_{k=1}^{n}\omega_2\left(f,\frac{\sqrt{1-t_k^2}}{n}\right)|m_k(x)|=\\
&O\left(\omega_2\left(f,\frac{\sqrt{1-x^2}}{n}\right)+\omega\left(f,\frac{1}{n^2}\right)\right) \qquad (16)
\end{aligned}
$$

利用式(14) 不难推得

$$
I_2=O\left(\omega_2\left(f,\frac{\sqrt{1-x^2}}{n}\right)+\omega\left(f,\frac{1}{n^2}\right)\right) \qquad (17)
$$

显然

$$
\begin{aligned}
I_3=&\frac{1}{4}[f(\cos(\theta-2t))-2f(\cos\theta\cos 2t)+\\
&f(\cos(\theta+2t))]+\frac{1}{2}[f(\cos\theta\cos 2t)-\\
&f(\cos\theta)]=O\left(\omega_2\left(f,\frac{\sqrt{1-x^2}}{n}\right)+\omega\left(f,\frac{1}{n^2}\right)\right)
\end{aligned}
$$

(18)

下面估计 I_4,利用式 (14) 有

$|p_{n-1}(\cos\theta_1)-p_{n-1}(1)|\leqslant$

$$|p_{n-1}(\cos\theta_1)-f(\cos\theta_1)|+|f(\cos\theta_1)-f(1)|+$$
$$|f(1)-p_{n-1}(1)|=$$
$$O\left(\omega_2\left(f,\frac{\sin\theta_1}{n}\right)+\omega\left(f,2\sin^2\frac{\theta_1}{2}\right)\right)=O\left(\omega\left(f,\frac{1}{n^2}\right)\right)$$

同理

$$|p_{n-1}(\cos\theta_n)-p_{n-1}(-1)|=O\left(\omega\left(f,\frac{1}{n^2}\right)\right)$$

由上面两式和显然的估计

$$|r_k(\theta)|=|r_k(\cos\theta)|\leqslant 3,k=1,2,\cdots,n \tag{19}$$

得到

$$I_4=O\left(\omega\left(f,\frac{1}{n^2}\right)\right) \tag{20}$$

最后合并式(15)—(18)和式(20),定理1获证.

注1　定理1中$B_n^*(f,x)$的逼近阶不可能改进为

$$O\left(\omega_2\left(f,\frac{\sqrt{1-x^2}}{n}\right)\right)$$

事实上,对于函数$f_0(x)=x$,有

$$\begin{aligned}B_{2n}^*(f_0,1)-f_0(1)=&\frac{1}{4}[\cos(\theta-2t)-2\cos\theta+\\&\cos(\theta+2t)]+\\&\frac{1}{4}[\cos\theta_1-1]r_1(\theta)+\\&\frac{1}{4}[\cos\theta_{2n}+1]r_{2n}(\theta)=\\&-2\sin^2\frac{\pi}{2(2n+1)}\end{aligned}$$

由此可知

$$|B_n^*(f_0,1)-f_0(1)|\sim\omega\left(f_0,\frac{1}{n^2}\right)$$

定理2　设$f\in C[-1,1]$,则

$$B_n^{**}(f,x)-f(x)=O\left(\omega\left(f,\frac{\sqrt{1-x^2}}{n}+\frac{1}{n^2}\right)\right),n\geqslant 3 \tag{21}$$

并且,上述逼近阶不可能改进为

$$O\left(\omega_2\left(f,\frac{\sqrt{1-x^2}}{n}\right)+\omega\left(f,\frac{1}{n^2}\right)\right)$$

证明 应用定理 1,显然有

$$\begin{aligned}&B_n^{**}(f,x)-f(x)=\\&B_n^*(f,x)-f(x)+\frac{1}{2}\sum_{k=1}^{n}[f(t_k-1)-\\&f(t_k)]m_k(x)+\frac{1}{2}[f(t_1)-f(t_0)]m_1(x)+\\&\frac{1}{2}[f(t_n)-f(t_{n-1})]m_n(x)=\\&O\left(\omega_2\left(f,\frac{\sqrt{1-x^2}}{n}\right)+\omega\left(f,\frac{1}{n^2}\right)\right)+\\&\frac{1}{2}\sum_{k=1}^{n}[f(t_{k-1})-f(t_k)]m_k(x)\end{aligned} \tag{22}$$

又有

$$\begin{aligned}|f(t_k-1)-f(t_k)|\leqslant{}&|\omega(f,t_{k-1}-t_k)|\leqslant\\&\omega(f,2\sin t\sin(\theta_k-t))\leqslant\\&2\omega(f,\sin\theta\sin t+\sin^2 t)+\\&2\omega(f,\sin t\,|\sin(\theta-\theta_k)|)\leqslant\\&2\omega\left(f,\frac{\sqrt{1-x^2}}{n}+\frac{1}{n^2}\right)+\\&2\omega\left(f,\frac{1}{n^2}\right)[1+n\cdot\\&|\sin(\theta-\theta_k)|]\end{aligned}$$

将上式代入式(22),利用引理 2 不难得到式(21).

现在假设 $B_n^{**}(f,x)$ 的逼近阶可以改进为

$$O\left(\omega_2\left(f,\frac{\sqrt{1-x^2}}{n}\right)+\omega\left(f,\frac{1}{n^2}\right)\right) \tag{23}$$

令 $f_0(x)=x$，则有

$$B_n^{**}(f_0,x)-f_0(x)=O\left(\frac{1}{n^2}\right) \tag{24}$$

另外，由式(22)我们有

$$\begin{aligned}\Delta_{2n}(x)=B_{2n}^{**}(f_0,x)-f_0(x)=&\\ &\frac{1}{2}\sum_{k=1}^{2n}[t_{k-1}-t_k]m_k(x)+O\left(\frac{1}{n^2}\right)=\\ &\sum_{k=1}^{2n}\sin t\cos t\sin\theta_k m_k(x)-\\ &\sum_{k=1}^{2n}\sin^2 t\cos\theta_k m_k(x)+O\left(\frac{1}{n^2}\right)=\\ &\frac{1}{2}\sin 2t\sum_{k=1}^{2n}\sin\theta_k m_k(x)+O\left(\frac{1}{n^2}\right)\end{aligned} \tag{25}$$

因为

$$\sin\theta_k=2\sin\frac{1}{2}(\theta_k\pm\theta)\left[\cos\theta\cos\frac{1}{2}(\theta_k\pm\theta)\pm\sin\theta\sin\frac{1}{2}(\theta_k\pm\theta)\right]\mp\sin\theta$$

所以，由式(7)我们有

$$\begin{aligned}I_{2n}(x)=\sum_{k=1}^{2n}\sin\theta_k m_k(x)=\sum_{k=1}^{2n}&\left[(-1)^{k-1}\sin\theta_k\sin^2 t\cdot\right.\\ &\left.\sin(2n+1)\theta\cos\frac{1}{2}(\theta+\theta_k)\right]\Big/\left[(2n+1)\cdot\right.\\ &\left.\sin\frac{1}{2}(\theta+\theta_{k-1})\sin\frac{1}{2}(\theta+\theta_k)\sin\frac{1}{2}(\theta+\theta_{k+1})\right]+\\ &\sum_{k=1}^{2n}\left[(-1)^{k-1}\sin\theta_k\sin^2 t\sin(2n+1)\theta\cdot\right.\end{aligned}$$

$$\cos\frac{1}{2}(\theta-\theta_k)\Big]\Big/\Big[(2n+1)\sin\frac{1}{2}(\theta-\theta_{k-1})\cdot$$

$$\sin\frac{1}{2}(\theta-\theta_k)\sin\frac{1}{2}(\theta-\theta_{k+1})\Big]+O\left(\frac{1}{n}\right)=$$

$$\sum_{k=1}^{2n}\Big[(-1)^{k-1}\sin\theta\sin^2 t\sin(2n+1)\theta\cos\frac{1}{2}(\theta+$$

$$\theta_k)\Big]\Big/\Big[(2n+1)\sin\frac{1}{2}(\theta+\theta_{k-1})\sin\frac{1}{2}(\theta+\theta_k)\cdot$$

$$\sin\frac{1}{2}(\theta+\theta_{k+1})\Big]+\sum_{k=1}^{2n}\Big[(-1)^{k-1}\cdot$$

$$\sin\theta_k\sin^2 t\sin(2n+1)\theta\cos\frac{1}{2}(\theta-\theta_k)\Big]\Big/\Big[(2n+$$

$$1)\sin\frac{1}{2}(\theta-\theta_{k-1})\sin\frac{1}{2}(\theta-\theta_k)\sin\frac{1}{2}(\theta-$$

$$\theta_{k+1})\Big]+O\left(\frac{1}{n}\right)$$

在上式中，令 $x=\cos\frac{\pi}{2}=0$，则有

$$I_{2n}(0)=(-1)^n\sum_{k=1}^{2n}\frac{(-1)^k\sin^2 t\cos\frac{1}{2}\left(\frac{\pi}{2}+\theta_k\right)}{(2n+1)\prod_{i=k-1}^{k+1}\sin\frac{1}{2}\left(\frac{\pi}{2}+\theta_i\right)}+$$

$$(-1)^n\sum_{k=1}^{2n}\frac{(-1)^{k-1}\sin^2 t\cos\frac{1}{2}\left(\frac{\pi}{2}-\theta_k\right)}{(2n+1)\prod_{i=k-1}^{k+1}\sin\frac{1}{2}\left(\frac{\pi}{2}-\theta_i\right)}+$$

$$O\left(\frac{1}{n}\right)=(-1)^n J_1+(-1)^n J_2+O\left(\frac{1}{n}\right)\tag{26}$$

先估计 J_2，即

$$J_2=\sum_{k=1}^{n}+\sum_{k=n+1}^{2n}=J_{21}+J_{22}$$

注意到 $\theta_k=\pi-\theta_{2n-k+1}$，则

$$J_{22}=\sum_{k=n+1}^{2n}\frac{(-1)^{k-1}\sin^2 t\cos\frac{1}{2}\left(\frac{\pi}{2}-\pi+\theta_{2n-k+1}\right)}{(2n+1)\prod_{i=k-1}^{k+1}\sin\frac{1}{2}\left(\frac{\pi}{2}-\pi+\theta_{2n-i+1}\right)}=$$

$$\sum_{k=n+1}^{2n}\frac{(-1)^{k}\sin^2 t\sin\frac{1}{2}\left(\frac{\pi}{2}+\theta_{2n-k+1}\right)}{(2n+1)\prod_{i=k-1}^{k+1}\cos\frac{1}{2}\left(\frac{\pi}{2}+\theta_{2n-i+1}\right)}=$$

$$\sum_{k=1}^{2n}\frac{(-1)^{k-1}\sin^2 t\sin\frac{1}{2}\left(\frac{\pi}{2}+\theta_{k}\right)}{(2n+1)\prod_{i=k-1}^{k+1}\cos\frac{1}{2}\left(\frac{\pi}{2}+\theta_{i}\right)}=J_{21}$$

于是

$$J_2=2J_{21}=\frac{2\sin^2 t}{2n+1}\cdot$$

$$\left\{\sum_{k=1}^{n-1}\frac{(-1)^{k-1}\cos\frac{1}{2}\left(\frac{\pi}{2}-\theta_k\right)}{\sin\frac{1}{2}\left(\frac{\pi}{2}-\theta_{k-1}\right)\sin\frac{1}{2}\left(\frac{\pi}{2}-\theta_k\right)\sin\frac{1}{2}\left(\frac{\pi}{2}-\theta_{k+1}\right)}+\right.$$

$$\left.\frac{(-1)^{n}\cos\frac{1}{2}\left(\frac{\pi}{2}-\theta_n\right)}{\sin\frac{1}{2}\left(\frac{\pi}{2}-\theta_{n-1}\right)\sin\frac{1}{2}\left(\frac{\pi}{2}-\theta_n\right)\sin\frac{1}{2}\left(\theta_{n+1}-\frac{\pi}{2}\right)}\right\}=$$

$$\frac{2\sin^2 t}{2n+1}\{J'_{21}+J''_{21}\}$$

由于 J'_{21} 中各项的符号正负交错变化且各项的绝对值单调递增，所以 J'_{21} 中按绝对值最大项

$$J_M=\frac{(-1)^{n-2}\cos\frac{1}{2}\left(\frac{\pi}{2}-\theta_{n-1}\right)}{\sin\frac{1}{2}\left(\frac{\pi}{2}-\theta_{n-2}\right)\sin\frac{1}{2}\left(\frac{\pi}{2}-\theta_{n-1}\right)\sin\frac{1}{2}\left(\frac{\pi}{2}-\theta_n\right)}$$

与 J'_{21} 同号，注意到 J_M 又与 J''_{21} 同号，所以

$$|J_M|\frac{2\sin^2 t}{2n+1}\leqslant|J_2|\leqslant|J_M+J''_{21}|\frac{2\sin^2 t}{2n+1}$$

从而推得

$$|J_2|\sim 1 \tag{27}$$

同理可得

$$J_k=2\sum_{k=1}^{n}\frac{(-1)^k\sin^2 t\cos\frac{1}{2}\left(\frac{\pi}{2}+\theta_k\right)}{(2n+1)\prod\limits_{i=k-1}^{k+1}\sin\frac{1}{2}\left(\frac{\pi}{2}+\theta_i\right)}$$

并且上述级数是一交错级数，故有

$$|J_1|\leqslant\frac{2\sin^2 t\cos\frac{1}{2}\left(\frac{\pi}{2}+\theta_1\right)}{(2n+1)\prod\limits_{i=0}^{2}\sin\frac{1}{2}\left(\frac{\pi}{2}+\theta_i\right)}=O\left(\frac{1}{n^3}\right) \tag{28}$$

由式(26)—(28)得

$$|I_{2n}(0)|\sim 1$$

于是，由上式和式(25)得

$$|\Delta_{2n}(0)|=\frac{1}{2}\sin 2t\,|I_{2n}(0)|+O\left(\frac{1}{n^2}\right)\sim\frac{1}{n} \tag{29}$$

但由式(24)得

$$\Delta_{2n}(0)=O\left(\frac{1}{n^2}\right)$$

这与式(29)矛盾.由此可知，式(23)的阶不可能达到，证毕.

定理 2 表明 Varma 试图通过修改算子 $B_n^*(f,x)$ 以获得点态的逼近阶，但实际的结果并不成功，修正后的算子 $B_n^{**}(f,x)$ 的逼近性能反而比 $B_n^*(f,x)$ 差.究

其原因乃是 $B_n^{**}(f,x)$ 已不再具有类似于式(3)那样的性质.可以证明,如果我们进行"对称型"的修改

$$\overline{B}_n(f,x)=\sum_{k=1}^{n}f(t_k)\overline{P}_k(x)$$

$$\overline{P}_1(x)=\frac{1}{4}[3m_1(x)+m_2(x)]$$

$$\overline{P}_n(x)=\frac{1}{4}[m_{n-1}(x)+3m_n(x)]$$

$$\overline{P}_k(x)=\frac{1}{4}[m_{k-1}(x)+2m_k(x)+m_{k+1}(x)]$$

$$k=2,\cdots,n-1$$

那么,$\overline{B}_n(f,x)$ 就具有形如式(23)的阶.

§3 关于一个 BG — 过程

我们修改 $G_n(f,x)$,定义

$$G_n^*(f,x)=\sum_{k=1}^{n}f(x_k)\mu_k(x)$$

这里

$$\begin{aligned}\mu_k(x)=&\frac{1}{2}[\varphi_k(\theta-t)+\varphi_k(\theta+t)]=\\&\frac{1}{4}[l_k(\theta-2t)+2l_k(\theta)+l_k(\theta+2t)]=\\&\Big\{(-1)^{k+1}\sin^2 t\sin\theta_k\cos n\theta\Big[2\sin^2\theta\cos^2 t-\\&\cos\theta\sin\frac{1}{2}(\theta-\theta_k-2t)\sin\frac{1}{2}(\theta+\theta_k-2t)-\\&\cos\theta\sin\frac{1}{2}(\theta-\theta_k+2t)\sin\frac{1}{2}(\theta+\theta_k+2t)\Big]\Big\}\Big/\end{aligned}$$

$$\Big\{8n\sin\frac{1}{2}(\theta-\theta_k)\sin\frac{1}{2}(\theta-\theta_k-2t)\cdot$$
$$\sin\frac{1}{2}(\theta-\theta_k+2t)\sin\frac{1}{2}(\theta+\theta_k)\cdot$$
$$\sin\frac{1}{2}(\theta+\theta_k-2t)\cdot$$
$$\sin\frac{1}{2}(\theta+\theta_k+2t)\Big\} \tag{30}$$

其中 $t=\frac{\pi}{2n}$.

定理 3　设 $f\in C[-1,1]$,则

$$G_n^*(f,x)-f(x)=O\left(\omega_2\left(f,\frac{\sqrt{1-x^2}}{n}\right)+\omega\left(f,\frac{1}{n^2}\right)\right)$$

其中记号"O"与 n,x 及 f 均无关.

证明　我们知道

$$\sum_{k=1}^{n}|\mu_k(x)|=O(1) \tag{31}$$

由 $G_n^*(f,x)$ 的定义和 Lagrange 插值多项式的性质推得,对于任何 $p_{n-1}(x)\in\prod\limits_{n-1}$,有

$$G_n^*(p_{n-1},x)=\frac{1}{4}[p_{n-1}(\cos(\theta-2t))+2p_{n-1}(\cos\theta)+$$
$$p_{n-1}(\cos(\theta+2t))] \tag{32}$$

现在我们证明

$$\sum_{k=1}^{n}\omega_2\left(f,\frac{\sin\theta_k}{n}\right)|\mu_k(x)|=$$
$$O\left(\omega_2\left(f,\frac{\sqrt{1-x^2}}{n}\right)+\omega\left(f,\frac{1}{n^2}\right)\right) \tag{33}$$

事实上,由式(30)和式(31)我们有

$$\sum_{k=1}^{n}\omega_2\left(f,\frac{\sin\theta_k}{n}\right)|\mu_k(x)|=$$

$$O(1)\sum_{k=2}^{n-1}\left\{\omega_2\left(f,\frac{\sin\theta_k}{n}\right)\sin\theta_k\sin^2\theta\mid\cos n\theta\mid\right\}/$$

$$\left\{n^3\left|\sin\frac{1}{2}(\theta-\theta_k)\sin\frac{1}{2}(\theta-\theta_k-2t)\cdot\right.\right.$$

$$\sin\frac{1}{2}(\theta-\theta_k+2t)\sin\frac{1}{2}(\theta+\theta_k)\cdot$$

$$\left.\left.\sin\frac{1}{2}(\theta+\theta_k-2t)\sin\frac{1}{2}(\theta+\theta_k+2t)\right|\right\}+$$

$$O(1)\sum_{k=2}^{n-1}\left\{\omega_2\left(f,\frac{\sin\theta_k}{n}\right)\sin\theta_k\mid\cos n\theta\mid\right\}/$$

$$\left\{n^3\left|\sin\frac{1}{2}(\theta-\theta_k)\sin\frac{1}{2}(\theta-\theta_k+2t)\cdot\right.\right.$$

$$\left.\left.\sin\frac{1}{2}(\theta+\theta_k)\sin\frac{1}{2}(\theta+\theta_k+2t)\right|\right\}+$$

$$O(1)\sum_{k=2}^{n-1}\left\{\omega_2\left(f,\frac{\sin\theta_k}{n}\right)\sin\theta_k\mid\cos n\theta\mid\right\}/$$

$$\left\{n^3\left|\sin\frac{1}{2}(\theta-\theta_k)\sin\frac{1}{2}(\theta-\theta_k-2t)\cdot\right.\right.$$

$$\left.\left.\sin\frac{1}{2}(\theta+\theta_k)\sin\frac{1}{2}(\theta+\theta_k-2t)\right|\right\}+$$

$$O\left(\omega_2\left(f,\frac{1}{n^2}\right)\right)=r_1+r_2+r_3+O\left(\omega_2\left(f,\frac{1}{n^2}\right)\right)\tag{34}$$

我们需要下面几个显然的不等式

$$\sin\theta_k\leqslant\sin\theta+2\sin t+|\sin(\theta\pm\theta_k\pm2t)|$$

$$k=1,\cdots,n\tag{35}$$

$$\sin\theta\leqslant2\sin\frac{1}{2}(\theta+\theta_k\pm2t),k=2,\cdots,n-1\tag{36}$$

$$\sin\theta\leqslant2\sin\frac{1}{2}(\theta+\theta_k),\sin\theta_k\leqslant2\sin\frac{1}{2}(\theta+\theta_k)$$

$$k=1,\cdots,n\tag{37}$$

$$\left|\sin\frac{1}{2}(\theta-\theta_k-2t)\right|\leqslant\sin\frac{1}{2}(\theta+\theta_k+2t)$$

$$k=2,\cdots,n-1 \tag{38}$$

现在,利用光滑模的性质及式(36)和(37)得

$$\begin{aligned}
r_1=&O\left(\omega_2\left(f,\frac{\sin\theta}{n}\right)\right)\sum_{k=2}^{n-1}\left(1+\frac{\sin^2\theta_k}{\sin^2\theta}\right)\cdot\\
&\{\sin^2\theta\mid\cos n\theta\mid\}/\left\{n^3\left|\sin\frac{1}{2}(\theta-\theta_k)\cdot\right.\right.\\
&\sin\frac{1}{2}(\theta-\theta_k-2t)\sin\frac{1}{2}(\theta-\theta_k+2t)\cdot\\
&\left.\left.\sin\frac{1}{2}(\theta+\theta_k-2t)\sin\frac{1}{2}(\theta+\theta_k+2t)\right|\right\}=\\
&O\left(\omega_2\left(f,\frac{\sin\theta}{n}\right)\right)\left\{\sum_{k=2}^{n-1}[\mid\cos n\theta\mid]/\right.\\
&\left[n^3\left|\sin\frac{1}{2}(\theta-\theta_k)\sin\frac{1}{2}(\theta-\theta_k-2t)\cdot\right.\right.\\
&\left.\left.\sin\frac{1}{2}(\theta-\theta_k+2t)\right|\right]\sum_{k=2}^{n-1}[\sin^2\theta_k\mid\cos n\theta\mid]/\\
&\left[n^3\left|\sin\frac{1}{2}(\theta-\theta_k)\sin\frac{1}{2}(\theta-\theta_k-2t)\sin\frac{1}{2}(\theta-\theta_k+2t)\cdot\right.\right.\\
&\left.\left.\left.\sin\frac{1}{2}(\theta+\theta_k-2t)\sin\frac{1}{2}(\theta+\theta_k+2t)\right|\right]\right\}=\\
&O\left(\omega_2\left(f,\frac{\sin\theta}{n}\right)\right)\{r_{11}+r_{12}\}
\end{aligned}\tag{39}$$

显然

$$r_{11}=O(1)$$

由式(35)(36)和式(38)(12)可以得到

$$\begin{aligned}
r_{12}=&O(1)\left\{\sum_{k=2}^{n-1}[\mid\cos n\theta\mid]/\left[n^3\left|\sin\frac{1}{2}(\theta-\theta_k)\cdot\right.\right.\right.\\
&\left.\left.\sin\frac{1}{2}(\theta-\theta_k-2t)\sin\frac{1}{2}(\theta-\theta_k+2t)\right|\right]+
\end{aligned}$$

$$\sum_{k=2}^{n-1}[\sin^2 t\mid\cos n\theta\mid]/\left[n^3\left|\sin\frac{1}{2}(\theta-\theta_k)\cdot\right.\right.$$

$$\sin\frac{1}{2}(\theta-\theta_k-2t)\sin\frac{1}{2}(\theta-\theta_k+2t)\sin\frac{1}{2}(\theta+\theta_k-2t)$$

$$\left.\left.\sin\frac{1}{2}(\theta+\theta_k+2t)\right|\right]+$$

$$\sum_{k=2}^{n-1}(\mid\cos n\theta\mid/[n^3\mid\sin\frac{1}{2}(\theta-\theta_k)\sin\frac{1}{2}(\theta-$$

$$\theta_k+2t)\mid\sin(\theta+\theta_k-2t)]\Bigg\}=O(1)$$

于是,将上述两个估计式代入式(39)得

$$r_1=O\left(\omega_2\left(f,\frac{\sin\theta}{n}\right)\right)\tag{40}$$

类似地,可证得

$$r_2=O(1)\left\{\sum_{k=2}^{n-1}\omega_2\left(f,\frac{\sin\theta}{n}\right)\cdot\right.$$

$$\frac{\mid\cos n\theta\mid}{n^3\left|\sin\frac{1}{2}(\theta-\theta_k)\sin\frac{1}{2}(\theta-\theta_k-2t)\sin\frac{1}{2}(\theta-\theta_k+2t)\right|}+$$

$$\sum_{k=2}^{n-1}w(f,\frac{1}{n^2})[1+n\mid\sin\frac{1}{2}(\theta-\theta_k)\mid]\cdot$$

$$\left.\frac{\mid\cos n\theta\mid}{n^3\left|\sin\frac{1}{2}(\theta-\theta_k)\sin\frac{1}{2}(\theta-\theta_k-2t)\sin\frac{1}{2}(\theta-\theta_k+2t)\right|}\right\}=$$

$$O\left(\omega_2\left(f,\frac{\sin\theta}{n}\right)+\omega\left(f,\frac{1}{n^2}\right)\right)\tag{41}$$

同理

$$r_3=O\left(\omega_2\left(f,\frac{\sin\theta}{n}\right)+\omega\left(f,\frac{1}{n^2}\right)\right)\tag{42}$$

结合式(34)和式(40)—(42)得到式(33).

由式(31)—(33)利用证明定理1的方法不难证得

定理 3 成立.

定理 4　设 $f \in C[-1,1]$，并定义 $g(\theta)=f(\cos\theta)$，则存在常数 c_1 和 $c_2(0<c_1<c_2)$，使得

$$c_1\omega_2\left(g,\frac{1}{n}\right)\leqslant \|G_n^*(f,x)-f(x)\|\leqslant c_2\omega_2\left(g,\frac{1}{n}\right)$$

证明　由式(32)，我们有

$$\begin{aligned}&G_n^*(f,x)-f(x)=\\&G_n^*(f-p_{n-1},x)+\frac{1}{4}\{[p_{n-1}(\cos(\theta-2t))-\\&f(\cos(\theta-2t))]+2[p_{n-1}(\cos\theta)-f(\cos\theta)]+\\&[P_{n-1}(\cos(\theta+2t))-f(\cos(\theta+2t))]\}+\\&\frac{1}{4}[g(\theta-2t)-2g(\theta)+g(\theta+2t)]\end{aligned}\tag{43}$$

在上式中令 $p_{n-1}(x)$ 是 $f(x)$ 的 $n-1$ 阶最佳逼近多项式，则由式(31) 和 Jackson 定理得到

$$\begin{aligned}\|G_n^*(f,x)-f(x)\|&=O\left(E_{n-1}^*(g)+\omega_2\left(g,\frac{1}{n}\right)\right)=\\&O\left(\omega_2\left(g,\frac{1}{n}\right)\right)\end{aligned}\tag{44}$$

由式(43) 还得到

$$\begin{aligned}&\|g(\theta-2t)-2g(\theta)+g(\theta+2t)\|=\\&O(\|G_n^*(f,x)-f(x)\|+E_{n-1}^*(g))=\\&O(\|G_n^*(f,x)-f(x)\|)\end{aligned}$$

由上式不难推得

$$\omega_2\left(g,\frac{1}{n}\right)=O(\|G_n^*(f,x)-f(x)\|)\tag{45}$$

结合式(44) 和式(45)，定理 4 获证.

§4 一般定理

现设 $x_k = x_k^{(n)} = \cos\theta_k^{(n)}(k=1,\cdots,n)$，且

$$-1 \leqslant x_n^{(n)} < x_{n-1}^{(n)} < \cdots < x_1^{(n)} \leqslant 1$$

又设 $\Phi_k(x)$ 是 $n-1$ 次代数多项式，则

$$L_n(f,x) = L_n(f,\theta) = \sum_{k=1}^{n} f(x_k^{(n)})\Phi_k(x) =$$

$$\sum_{k=1}^{n} f(\cos\theta_k^{(n)})\Phi_k(\cos\theta) \qquad (46)$$

是 $C_{[-1,1]} \Rightarrow \prod_{n-1}$ 的线性算子. 应用证明定理 1、定理 3 和定理 4 的方法可以证明下述一般定理.

定理 5　假设算子(46)满足下列条件：

(1) $\sum_{k=1}^{n} |\Phi_k(x)| = O(1)$.

(2) 对于每一 $p_{n-1}(x) \in \prod_{n-1}$ 和某个 $t = t_n = \frac{c}{n}$(c 为正的常数)有

$$L_n(p_{n-1},x) = \frac{1}{4}[p_{n-1}(\cos(\theta - t)) + 2p_{n-1}(\cos\theta) +$$

$$p_{n-1}(\cos(\theta + t))], x = \cos\theta$$

或者

$$L_n(p_{n-1},x) = \frac{1}{2}[p_{n-1}(\cos(\theta - t)) + p_{n-1}(\cos(\theta + t))]$$

那么成立

$$L_n(f,x) - f(x) = O\left(\omega_2\left(f,\frac{1}{n}\right) + \omega\left(f,\frac{1}{n^2}\right)\right) \qquad (47)$$

定理 6 假定算子(46) 满足定理 5 的条件(1) 和(2),还满足条件

$$\sum_{k=1}^{n}\omega_2\left(f,\frac{\sqrt{1-x_k^2}}{n}\right)\mid \Phi_k(x)\mid=$$

$$O\left(\omega_2\left(f,\frac{\sqrt{1-x^2}}{n}\right)+\omega\left(f,\frac{1}{n^2}\right)\right)$$

则成立

$$L_n(f,x)-f(x)=O\left(\omega_2\left(f,\frac{\sqrt{1-x^2}}{n}\right)+\omega\left(f,\frac{1}{n^2}\right)\right) \tag{48}$$

定理 7 假定算子(46) 满足定理 5 的条件(1) 和(2),则存在常数 c_1 和 $c_2(0<c_1<c_2)$,使得

$$c_1\omega_2\left(g,\frac{1}{n}\right)\leqslant \| L_n(f,x)-f(x)\| \leqslant c_2\omega_2\left(g,\frac{1}{n}\right) \tag{49}$$

这里 $g(\theta)=f(\cos\theta)$.

将定理 6 和定理 5 分别应用于 §1 的算子 $B_n(f,x)$ 和 $G_n(f,x)$,可以证明它们分别能用形如式(48) 和(49) 的阶来估计. 同时,它们满足定理 7 的条件,所以式(49) 亦成立. 由此推出算子 $B_n(f,x)$ 和 $G_n(f,x)$ 都具有饱和阶$\frac{1}{n^2}$.

A Note on Approximation by Bernstein Polynomials①

附录4

By establishing an identity for $S_n(x): \sum_{j=0}^{n} | j/n - x | \binom{n}{j} x^j (1-x)^{n-j}$, the present paper shows that a pointwise asymptotic estimate cannot hold for $S_n(x)$, and at the same time, obtains a better result than that in R. Bojanic and F. H. Cheng. © 1993 Academic Press, Inc.

§ 1 Introduction

Let $C[0,1]$ be the space of continuour

① 谢庭藩. 数学学报, 1985, 28(4): 455-469.

functions on $[0,1]$, $B_n(f,x)$ is the usual Bernstein polynomial of degree n to $f(x)$, that is

$$B_n(f,x)=\sum_{j=0}^{n} f(j/n)P_{nj}(x)$$

where for $j=0,1,\cdots,n$

$$P_{nj}(x)=\binom{n}{j}x^j(1-x)^{n-j}$$

It is well-known that $B_n(f,x)$ converges uniformly to $f(x)\in C[0,1]$, and

$$|B_n(f,x)-f(x)|\leqslant c\omega(f,n^{-\frac{1}{2}}) \tag{1}$$

where $c=\frac{5}{4}$, $\omega(f,t)$ is the modulus of continuity of f in $[0,1]$. The best possible constant in (1) is

$$\frac{4\ 306+837\sqrt{6}}{5\ 832}$$

Write

$$S_n(x)=\sum_{j=0}^{n}\left|\frac{j}{n}-x\right|P_{nj}(x)$$

Then

$$S_n(x)=O\left(\left(\frac{x(1-x)}{n}\right)^{\frac{1}{2}}\right)$$

R. Bojanic[43] proved that

$$S_n(x)=\left(\frac{2x(1-x)}{\pi n}\right)^{\frac{1}{2}}+o(n^{-\frac{1}{2}}),n\to\infty \tag{2}$$

Recently, R. Bojanic and F. H. Cheng improved it to the following

$$S_n(x)=\left(\frac{2x(1-x)}{\pi n}\right)^{\frac{1}{2}}+O(n^{-1}(x(1-x))^{-\frac{1}{2}})$$

$$x\in(0,1) \tag{3}$$

Clearly, the estimate (3) is meaningless at endpoints $x=\pm 1$. Therefore it is natural to ask if it can be improved to include the endpoints. For example, can we get the following estimate

$$S_n(x)=\left(\frac{2x(1-x)}{\pi n}\right)^{\frac{1}{2}}+O(n^{-1}) \tag{4}$$

At the same time, from the above results, it appears very likely that the following pointwise asymptotic estimate for $S_n(x)$ will hold

$$S_n(x)=\left(\frac{2x(1-x)}{\pi n}\right)^{\frac{1}{2}}+o\left(\left(\frac{x(1-x)}{n}\right)^{\frac{1}{2}}\right),n\rightarrow\infty \tag{5}$$

Is it true? If not, what pointwise estimate for $S_n(x)$ exists?

The present paper will deal with these questions. We first establish an identity for $S_n(x)$ by a simple and different approach from the others. In particular we show that (5) cannot hold, and meanwhile obtain a pointwise estimate for $S_n(x)$ which is stronger than (4).

§ 2 Results

Theorem 1 We have for $0\leqslant x<1$

$$S_n(x)=2x(1-x)^{n-[nx]}\binom{n-1}{[nx]}x^{[nx]}$$

and

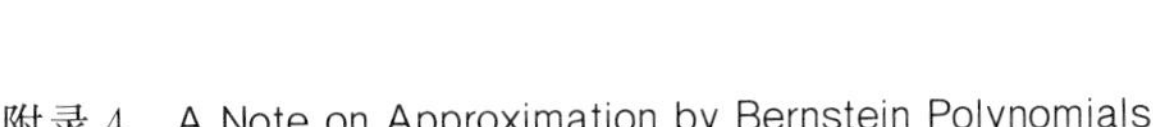

$$S_n(1)=0$$

where $[x]$ is the greatest integer not exceeding x.

Theorem 2　Let $\{\lambda_n\}$ be any given increasing nonnegative sequence. Then there is a sequence $\{x_n\}$, $\lim_{n\to\infty} x_n=0$, such that

$$\lim_{n\to\infty} \lambda_n S_n(x_n)\left(\frac{2x_n(1-x_n)}{\pi n}\right)^{-\frac{1}{2}}=0$$

Corollary 1　The formula (5) cannot hold.

Theorem 3　We have for $x\in[0,1]$

$$S_n(x)=\left(\frac{2x(1-x)}{\pi n}\right)^{\frac{1}{2}}+O\left(\frac{\sqrt{x(1-x)}}{\sqrt{n}(nx(1-x)+1)}\right)$$

Corollary 2　We have for $x\in[0,1]$

$$S_n(x)=\left(\frac{2x(1-x)}{\pi n}\right)^{\frac{1}{2}}+O(n^{-1}) \qquad (6)$$

Theorem 4　Let $f(x)$ be an integral of some function $\phi(x)$ of bounded variation on $[0,1]$, that is

$$f(x)=f(0)+\int_0^x \phi(t)\mathrm{d}t, x\in[0,1]$$

Then for any $x\in[0,1]$

$$\left|B_n(f,x)-f(x)-\sigma\left(\frac{2x(1-x)}{2\pi n}\right)^{\frac{1}{2}}\right|\leqslant$$

$$\frac{\sigma}{2}\frac{M\sqrt{x(1-x)}}{\sqrt{n}(nx(1-x)+1)}+\frac{2}{n}\sum_{k=1}^{[\sqrt{n}]}V_{x-x/k}^{x+(1-x)/k}(\phi_x)$$

where M is a constant independent of n and x, $V_a^b(\phi_x)$ is the total variation of ϕ_x on $[a,b]$

$$\phi_x(t)=\begin{cases}\phi(t)-\phi(x-), t<x\\ 0, t=x\\ \phi(t)-\phi(x+), t>x\end{cases}$$

$$\sigma=\phi(x+)-\phi(x-)$$

and

$$f(x+)=\lim_{t\to x+0}f(t),f(x-)=\lim_{t\to x-0}f(t)$$

§ 3 Proofs

Proof of Theorem 1 Let

$$A_s(x)=2\sum_{j=0}^{s}\left(x-\frac{j}{n}\right)\binom{n}{j}x^j(1-x)^{n-j}$$

then we have for $0\leqslant s\leqslant n-1$

$$A_s(x)=2x(1-x)^{n-s}\binom{n-1}{s}x^s \qquad (7)$$

Suppose that (7) holds for $0\leqslant s\leqslant n-2$((7)evidently holds for $s=0$), then

$$A_{s+1}(x)=A_s(x)+2\left(x-\frac{s+1}{n}\right)\binom{n}{s+1}\cdot$$

$$x^{s+1}(1-x)^{n-s-1}=$$

$$2x(1-x)^{n-s-1}\binom{n-1}{s}\left((1-x)+\right.$$

$$\left.\left(x-\frac{s+1}{n}\right)\frac{n}{s+1}\right)x^s=$$

$$2x(1-x)^{n-s-1}\binom{n-1}{s}\left(\frac{n}{s+1}-1\right)x^{s+1}=$$

$$2x(1-x)^{n-s-1}\binom{n-1}{s+1}x^{s+1}$$

thus (7) holds by induction. At the same time, it is not difficult to see that

$$A_n(x)=0 \tag{8}$$

Therefore for $\frac{k-1}{n}\leqslant x<\frac{k}{n}$

$$S_n(x)=\sum_{j=0}^{n}\left|\frac{j}{n}-x\right|\binom{n}{j}x^j(1-x)^{n-j}=$$

$$\sum_{j=0}^{k-1}\left(x-\frac{j}{n}\right)\binom{n}{j}x^j(1-x)^{n-j}+$$

$$\sum_{j=k}^{n}\left(\frac{j}{n}-x\right)\binom{n}{j}x^j(1-x)^{n-j}=$$

$$2\sum_{j=0}^{k-1}\left(x-\frac{j}{n}\right)\binom{n}{j}x^j(1-x)^{n-j}+$$

$$\sum_{j=0}^{n}\left(\frac{j}{n}-x\right)\binom{n}{j}x^j(1-x)^{n-j}=$$

$$2\sum_{j=0}^{k-1}\left(x-\frac{j}{n}\right)\binom{n}{j}x^j(1-x)^{n-j}$$

by (8), that is, $S_n(x)=A_{k-1}(x)$. Combining it with (7) we obtain that for $0\leqslant x<1$

$$S_n(x)=2x(1-x)^{n-[nx]}\binom{n-1}{[nx]}x^{[nx]}$$

and evidently

$$S_n(1)=0$$

Proof of Theorem 2　Taking $x_n=\lambda_n^{-2}n^{-2}$, we have[①]

$$S_n(x_n)=2\lambda_n^{-2}n^{-2}(1-\lambda_n^{-2}n^{-2})^n\sim\lambda_n^{-2}n^{-2}$$

by Theorem 1, while

---

① By $A_n\sim B_n$ we indicate that there is a positive constant M independent of n such that $M^{-1}\leqslant A_n/B_n\leqslant M$.

$$\left(\frac{2x_n(1-x_n)}{\pi n}\right)^{\frac{1}{2}} \sim \lambda_n^{-1} n^{-\frac{3}{2}}$$

that is

$$\lambda_n S_n(x_n)\left(\frac{2x_n(1-x_n)}{\pi n}\right)^{-\frac{1}{2}} \sim n^{-\frac{1}{2}}$$

thus we get the required result.

Proof of Theorem 3 First we discuss the case $\frac{2}{n} \leqslant x \leqslant \frac{1}{2}$. Without loss of generality assume that $n \geqslant 4$. Write $[nx]=v$. Then

$$1-\frac{v}{n}=1-x+\rho, 0 \leqslant \rho < \frac{1}{n} \tag{9}$$

From Theorem 1, it follows that

$$S_n(x)=2x(1-x+\rho)\frac{n! \ x^v(1-x)^{n-v}}{v! \ (n-v)!}$$

By using Stirling formula

$$n! = \sqrt{2\pi n} n^n \mathrm{e}^{-n} \mathrm{e}^{\theta_n/(12n)}, \ |\theta_n| \leqslant 1$$

we get

$$S_n(x)=2x(1-x+\rho)\left(\frac{n}{2\pi v(n-v)}\right)^{\frac{1}{2}} \cdot$$

$$\frac{n^n}{v^v(n-v)^{n-v}} x^v(1-x)^{n-v}(1+O(v^{-1}))$$

While

$$W=\left(\frac{nx}{v}\right)^v\left(\frac{n(1-x)}{n-v}\right)^{n-v}$$

we see (9) yields that

$$\sqrt{\frac{n^2}{v(n-v)}}=\sqrt{\frac{1}{x(1-x)}}+O(n^{-1}x^{-\frac{3}{2}})$$

hence

$$S_n(x) = 2x(1 - x + \rho)(1 + O(v^{-1})) \cdot \left(\frac{1}{\sqrt{x(1-x)}} + O(n^{-1}x^{-\frac{3}{2}})\right)\sqrt{\frac{1}{2\pi n}}W \tag{10}$$

It is not difficult to deduce that

$$\begin{aligned}
-\ln W &= v\ln\frac{v}{nx} + (n-v)\ln\left(\frac{1}{1-x}\left(1-\frac{v}{n}\right)\right) = \\
&v\ln\left(1 + x^{-1}\left(\frac{v}{n} - x\right)\right) + \\
&(n-v)\ln\left(1 - \frac{1}{1-x}\left(\frac{v}{n} - x\right)\right) = \\
&vx^{-1}\left(\frac{v}{n} - x\right) - (n-v) \cdot \\
&\frac{1}{1-x}\left(\frac{v}{n} - x\right) + O(v^{-1}) = \\
&nx^{-1}(1-x)^{-1}\left(\frac{v}{n} - x\right)^2 + \\
&O(v^{-1}) = O(v^{-1})
\end{aligned}$$

Therefore

$$W = 1 + O(v^{-1})$$

Combining it with (10) we get

$$S_n(x) = 2x(1 - x + \rho)(1 + O(v^{-1})) \cdot \left(\frac{1}{\sqrt{x(1-x)}} + O(n^{-1}x^{-\frac{3}{2}})\right)\sqrt{\frac{1}{2\pi n}}$$

that is

$$S_n(x) = \sqrt{\frac{2x(1-x)}{\pi n}} + O(x^{-\frac{1}{2}}n^{-\frac{3}{2}})$$

for $\frac{1}{2} \leqslant x \leqslant \frac{2}{n}$. Meanwhile the symmetry implies that

$$S_n(x)=\sqrt{\frac{2x(1-x)}{\pi n}}+O((1-x)^{-\frac{1}{2}}n^{-\frac{3}{2}})$$

for $\frac{1}{2}\leqslant x\leqslant 1-\frac{2}{n}$, or

$$S_n(x)=\sqrt{\frac{2x(1-x)}{\pi n}}+O(\frac{1}{n^{\frac{3}{2}}\sqrt{x(1-x)}})$$

for $\frac{1}{2}\leqslant x\leqslant 1-\frac{2}{n}$. In the case $0\leqslant x<\frac{2}{n}$, by Theorem 1 we have

$$S_n(x)-\sqrt{\frac{2x(1-x)}{\pi n}}=2x(1-x)^n-\sqrt{\frac{2x(1-x)}{\pi n}}=$$

$$O\left(\frac{\sqrt{x(1-x)}}{\sqrt{n}\,(nx(1-x)+1)}\right)$$

The same result is also valid for $1-\frac{2}{n}<x\leqslant 1$. Therefore for $0\leqslant x\leqslant 1$

$$S_n(x)=\sqrt{\frac{2x(1-x)}{\pi n}}+O\left(\frac{\sqrt{x(1-x)}}{\sqrt{n}\,(nx(1-x)+1)}\right)$$

In particular

$$S_n(x)=\sqrt{\frac{2x(1-x)}{\pi n}}+O(n^{-1})$$

that is (6) fo Corollary 2.

Proof of Theorem 4 Applying Theorem 3, we have the desired result.

Note added in proof. Recently the second author has recognized from Gonska's letter that a formula similar to Theorem 1 had been proved by Schurer and Steutel [F. Schurer and F. W. Steutel, "On the De-

gree of Approximation of Functions in $C^1[0,1]$ by Bernstein Polynomials", T. H.-Report 75-WSK-07 (Onderafdeling der Wiskunde), Technische Hogeschool Eindhoven, The Netherlands, 1975] (this work does not appear to be particularly well known).

数值分析中的 Bernstein 多项式

附录 5

§1 Bernstein 多项式的一些性质

由前面的讨论可知，虽然给定函数 $f(x)$ 的最优的均匀逼近可由广义多项式保证且以这些多项式去逼近的方法也是最好的，但因为在一般情形下没有有效的方法去作广义多项式，所以利用均匀趋于 $f(x)$ 的另一些多项式是适当的. 其中特别重要的是 Bernstein 多项式 $B_n(x)$，按照 $f(x)$ 在区间[在其中可实现函数 $f(x)$ 以多项式 $B_n(x)$ 的逼近]的离散点处的一些特殊值去作这些多项式并没有任何困难. 被 Bernstein 推广了的伏罗诺夫斯卡娅的研究证明了，虽

然函数 $f(x)$ 的微分性质在 $n\to\infty$ 时对 Chebyshev 的最优逼近的递减的阶有影响，但以多项式 $B_n(x)$ 来逼近的阶却与 $f(x)$ 的性质无关. 更详细些说，在伏罗诺夫斯卡娅的著作中所得的结果显示，对于任一区间[0,1]上有连续二阶导数 $f''(x)$ 的函数 $f(x)$，极限等式

$$\lim_{n\to\infty} n\left[f(x)-\sum_{m=0}^{n}\binom{n}{m}f\left(\frac{m}{n}\right)x^m(1-x)^{n-m}\right]=$$

$$-\frac{1}{2}x(1-x)f''(x) \tag{1}$$

是成立的.

欲证明式(1)，我们假定函数 $f(x)$ 在区间[0,1]内有连续二阶导数并考虑差

$$f(x)-B_n(x)=\sum_{m=0}^{n}\binom{n}{m}x^m(1-x)^{n-m}\left[f(x)-f\left(\frac{m}{n}\right)\right]$$

由 Taylor 公式

$$f\left(\frac{m}{n}\right)-f(x)=\left(\frac{m}{n}-x\right)f'(x)+$$

$$\frac{1}{2}\left(\frac{m}{n}-x\right)^2 f''\left[x+\left(\frac{m}{n}-x\right)\theta\right],0<\theta<1$$

可以写出

$$f(x)-B_n(x)=-f'(x)\sum_{m=0}^{n}\binom{n}{m}$$

$$x^m(1-x)^{n-m}\left(\frac{m}{n}-x\right)-$$

$$\frac{1}{2}\sum_{m=0}^{n}\binom{n}{m}x^m(1-x)^{n-m}\left(\frac{m}{n}-x\right)^2\cdot$$

$$f''\left[x+\left(\frac{m}{n}-x\right)\theta\right]$$

此等式右端的第一个和是消失的，第二个和可写

作

$$-\frac{1}{2}f''(x)\sum_{m=0}^{n}\left(\frac{m}{n}-x\right)^{2}\binom{n}{m}x^{m}(1-x)^{n-m}-$$

$$\frac{1}{2}\sum_{m=0}^{n}\left(\frac{m}{n}-x\right)^{2}\binom{n}{m}x^{m}(1-x)^{n-m}\alpha_{m}$$

其中

$$\alpha_{m}=f''\left[x+\left(\frac{m}{n}-x\right)\theta\right]-f''(x)$$

这后两个和中的第一个等于

$$-\frac{x(1-x)f''(x)}{2n}$$

今将第二个和分成两个和：$\sum'$ 和 $\sum''$，在 $\sum'$ 中包含着使 $\left|\frac{m}{n}-x\right|\leqslant\frac{1}{\sqrt[4]{n}}$ 的一些项，而在 $\sum''$ 中的是所有其他的项.

于是

$$\left|\sum{}'\right|\leqslant\varepsilon_{n}\sum_{m=0}^{n}\left(\frac{m}{n}-x\right)^{2}\binom{n}{m}x^{m}(1-x)^{n-m}=\frac{x(1-x)}{n}\varepsilon_{n}$$

其中

$$\varepsilon_{n}=\max_{\left|\frac{m}{n}-x\right|\leqslant\frac{1}{\sqrt[4]{n}}}|\alpha_{m}|$$

随 n 的增大而与 $\frac{m}{n}-x$ 同趋于零，又因为 $\left|\frac{m}{n}-x\right|>\frac{1}{\sqrt[4]{n}}$，所以

$$\left|\sum{}''\right|\leqslant\frac{M}{2}\sum_{m=0}^{n}\frac{\left(\frac{m}{n}-x\right)^{4}}{\left(\frac{m}{n}-x\right)^{2}}\binom{n}{m}x^{m}(1-x)^{n-m}\leqslant$$

$$\frac{M\sqrt{n}}{2}\sum_{m=0}^{n}\left(\frac{m}{n}-x\right)^{4}\binom{n}{m}x^{m}(1-x)^{n-m}$$

其中 M 表示

$$\left|f''\left[x+\left(\frac{m}{n}-x\right)\theta\right]-f''(x)\right|$$

在区间$[0,1]$上的上确界. 上一不等式可改写成如下形式

$$\left|\sum{}''\right|\leqslant\frac{M}{2n\sqrt{n}}\left\{3x^{2}(1-x)^{2}+\frac{x(1-x)[1-6x(1-x)]}{n}\right\}$$

因此

$$\left|\sum_{m=0}^{n}\left(\frac{m}{n}-x\right)^{2}\binom{n}{m}x^{m}(1-x)^{n-m}\alpha_{m}\right|\leqslant\frac{\rho_{n}}{n}$$

其中

$$\rho_{n}=x(1-x)\varepsilon_{n}+\frac{M}{2\sqrt{n}}\left\{3x^{2}(1-x)^{2}+\frac{x(1-x)[1-6x(1-x)]}{n}\right\}$$

随 n 的增大而趋于零.

因此, 极限等式(1)得证. 我们可用它来写出渐近关系式

$$f(x)-B_{n}(x)\sim\frac{1}{2n}x(1-x)f''(x)$$

对于在 $f''(x)$ 变为零的各个点

$$\lim_{n\to\infty}n[f(x)-B_{n}(x)]=0$$

因此, 在区间$[0,1]$内任意一个具有不消失的连续二阶导数的函数 $f(x)$ 不能用 n 次的 Bernstein 多项式以其阶比 $\frac{1}{n}$ 高的近似来逼近. 对于使 $f''(x)$ 变为零的各个点, 逼近的阶较高. 在 $f''(x)\equiv 0$ 的情形, 便达

到线性函数，它与 Bernstein 多项式

$$f(0)+[f(1)-f(0)]x=B_1(x)$$

一致.

等式(1) 的更一般的形式

$$f(x)-B_n(x)=-\sum_{k=1}^{2v}\frac{S_{k,n}(x)}{k!}f^{(k)}(x)-\frac{\varepsilon}{n^v} \quad (2)$$

是 Bernstein 得到的，其中 ε 随 n 的增大而趋于零.

如果 $f(x)$ 有连续的高阶导数，则渐近等式(2) 能使我们作出更快的趋于 $f(x)$ 的多项式.

例如，对于在区间[0,1] 上逼近在此区间上有四阶连续导数的 $f(x)$ 的多项式

$$\sum_{m=0}^{n}\left[f\left(\frac{m}{n}\right)-\frac{x(1-x)}{2n}f''\left(\frac{m}{n}\right)\right]\binom{n}{m}x^m(1-x)^{n-m}$$

$$0\leqslant x\leqslant 1$$

下列渐近等式是成立的

$$f(x)-\sum_{m=0}^{n}\left[f\left(\frac{m}{n}\right)-\frac{x(1-x)}{2n}f''\left(\frac{m}{n}\right)\right]\cdot$$

$$\binom{n}{m}x^m(1-x)^{n-m}=$$

$$\left[\frac{x^2(1-x)^2}{8}f^{(4)}(x)-\frac{x(1-x)(1-2x)}{6}f'''(x)\right]\cdot$$

$$\frac{1}{n^2}+\frac{\rho_n}{n^2}$$

其中 ρ_n 随 n 增大而趋于零.

§2　关于被逼近的函数的导数与 Bernstein 逼近多项式间的联系

今叙述一个定理①,它说:如果 $f(x)$ 在区间$[0,1]$的每个点处都有连续的 k 阶导数 $f^{(k)}(x)$,则对 $r=1,2,\cdots,k$,导数 $B_n^{(r)}(x)$ 在区间$[0,1]$上均匀趋于 $f^{(r)}(x)$.

首先对 $k=1$ 来证此定理.将 $B_n(x)$ 的导数表示成

$$B'_n(x)=n\sum_{m=0}^{n-1}\left[f\left(\frac{m+1}{n}\right)-f\left(\frac{m}{n}\right)\right]\binom{n-1}{m}\cdot x^m(1-x)^{n-m-1}$$

并注意到

$$n\left[f\left(\frac{m+1}{n}\right)-f\left(\frac{m}{n}\right)\right]=f'(\xi_m),\frac{m}{n}<\xi_m<\frac{m+1}{n}$$

由此可得

$$B'_n(x)=\sum_{m=0}^{n-1}f'(\xi_m)\binom{n-1}{m}x^m(1-x)^{n-m-1}=$$
$$\sum_{m=0}^{n-1}f'\left(\frac{m}{n-1}\right)\binom{n-1}{m}x^m(1-x)^{n-m-1}+$$
$$\sum_{m=0}^{n-1}\left[f'(\xi_m)-f'\left(\frac{m}{n-1}\right)\right]\binom{n-1}{m}\cdot$$

---

① 此定理在C. M. 尼哥里斯基的论文中是作为И. Н. 赫罗道夫斯基定理而引入的,认为是他在全苏联数学会的著作 Ⅰ 中发表的(哈力阔夫,1930).但在那里并未找到赫罗道夫斯基的文章.此处所引的证明就观念上说与 В. Л. 冈查洛夫的证明是一致的.

$$x^m(1-x)^{n-m-1}$$

上一等式右端的第一个和，在全区间$[0,1]$上均匀的趋于极限$f'(x)$；因为按条件，导数$f'(x)$是连续的，而此和的本身也就是对导数$f'(x)$的$n-1$次Bernstein多项式. 第二个和的绝对值不大于

$$\max_{\left|\xi_m-\frac{m}{n-1}\right|<\frac{1}{n}}\left|f'(\xi_m)-f'\left(\frac{m}{n-1}\right)\right|$$

但因$f'(x)$在区间$[0,1]$上是连续的，所以它在此区间上均匀连续. 因此，不论$\varepsilon>0$怎样小，恒有$n=n(\varepsilon)$使得对$[0,1]$中满足不等式

$$\left|\xi_m-\frac{m}{n-1}\right|<\frac{1}{n}$$

的所有值ξ_m和$\frac{m}{n-1}$，使不等式

$$\max\left|f'(\xi_m)-f'\left(\frac{m}{n-1}\right)\right|<\varepsilon$$

成立.

因此，第二个和均匀的趋于零. 故对于$k=1$，定理得证.

不难证实

$$B''_n(x)=n(n-1)\sum_{m=0}^{n-2}\left[f\left(\frac{m+2}{n}\right)-2f\left(\frac{m+1}{n}\right)+f\left(\frac{m}{n}\right)\right]\cdot\binom{n-2}{m}x^m(1-x)^{n-m-2}$$

一般地

$$B_n^{(k)}(x)=n(n-1)\cdots[n-(k-1)]\cdot\sum_{m=0}^{n-k}\Delta^k f\left(\frac{m}{n}\right)\binom{n-k}{m}x^m(1-x)^{n-m-k}$$

其中$\Delta^k f\left(\frac{m}{n}\right)$是函数$f(x)$在点$x=\frac{m}{n}$处对于彼此相

距$\frac{1}{n}$的一串 x 值的 k 阶有限差分.

但据前文中确立 $\Delta^n f(a)$ 和 $f^{(n)}(\xi)$ 间的联系的一个公式,可以写出

$$n^k \Delta^k f\left(\frac{m}{n}\right) = f^{(k)}(\xi_m), \frac{m}{n} < \xi_m < \frac{m+k}{n}$$

因此

$$B_n^{(k)}(x) = \left(1 - \frac{1}{n}\right)\left(1 - \frac{2}{n}\right) \cdots \left(1 - \frac{k-1}{n}\right) \cdot \sum_{m=0}^{n-k} f^{(k)}(\xi_m) \binom{n-k}{m} x^m (1-x)^{n-m-k}$$

今可将这个表达式改写为

$$B_n^{(k)}(x) = \prod_{s=1}^{k-1}\left(1 - \frac{s}{n}\right) \sum_{m=0}^{n-k} f^{(k)}\left(\frac{m}{n-k}\right) \binom{n-k}{m} x^m (1-x)^{n-m-k} + \prod_{s=1}^{k-1}\left(1 - \frac{s}{n}\right) \sum_{m=0}^{n-k} \left[f^{(k)}(\xi_m) - f^{(k)}\left(\frac{m}{n-k}\right)\right] \binom{n-k}{m} \cdot x^m (1-x)^{n-m-k}$$

且在以后,我们假定 $\left|\xi_m - \frac{m}{n-k}\right| < \frac{k}{n}$,这是因为 ξ_m 和$\frac{m}{n-k}$都属于长为$\frac{k}{n}$的同一个区间$\left[\frac{m}{n}, \frac{m+k}{n}\right]$.

上一等式右端的第一项在全区间[0,1]上均匀的趋于极限 $f^{(k)}(x)$,因为在和前的系数随 n 的增大趋于1,而和本身则是对于函数 $f^{(k)}(x)$ 的 $n-k$ 次 Bernstein 多项式.第二个和的绝对值不超过

$$\max_{\left|\xi_m - \frac{m}{n-k}\right| < \frac{k}{n}} \left| f^{(k)}(\xi_m) - f^{(k)}\left(\frac{m}{n-k}\right) \right|$$

因而据 $f^{(k)}(x)$ 的区间[0,1]上的均匀连续性,此和均

匀的趋于零.

因此,如果函数 $f(x)(0 \leqslant x \leqslant 1)$ 有连续导数 $f^{(k)}(x)$,则

$$\lim_{n \to \infty} B_n^{(k)}(x) = f^{(k)}(x)$$

对 x 是均匀的.

今根据所证,可陈述下一结果:对于在区间$[0,1]$内的无限次可微函数 $f(x)$,级数

$$f(x) = B_1(x) + [B_2(x) - B_1(x)] + \cdots + [B_{n+1}(x) - B_n(x)] + \cdots$$

可逐项微分任意多次,只要 x 在区间$[0,1]$内,而且于此所得的级数在区间$[0,1]$内均匀收敛.

§3　最小偏差递减的快慢

由于 Weierstrass 的关于在给定区间上的连续函数能用充分高次的多项式以任意的逼近来表示的这一定理,使得当 $n \to \infty$ 时,$E_n(f)$ 递减的快慢问题获得巨大的意义. Weierstrass 定理一点也没有谈到当 $n \to \infty$ 时,$E_n(f) \to 0$ 的快慢. 此处简单地介绍一下关于被逼近函数的构造性质对它的最优的逼近 $E_n(f)$ 的递减阶数的影响问题. 我们指出,函数 $f(x)$ 的微分性质(连续性,满足 Lipschitz 条件,可微性等)对它的最优的逼近 $E_n(f)$ 在 $n \to \infty$ 时是有影响的. 函数 $f(x)$ 的微分性质和量 $E_n(f)$ 递减的快慢之间的联系在 Bernstein 和 Jackson 的工作中出色地得出了. 如果说 Bernstein 关注的是函数 $f(x)$ 的性质按最优的逼近 $E_n(f)$ 的性能而进行的研究,则 Jackson 关注的是由关于函数 $f(x)$

的构造性质能判定最优的逼近的微小性的阶的一些定理.

曾有人注意,对于在给定区间内不具备连续可微性的连续函数,如

$$f(x)=|x|^{p},p=0$$

用多项式来逼近的问题.曾注意过 $|x|^{s}$ 的最优逼近的递减的阶的问题. Bernstein 已证明过,$|x|$ 在$[-1,1]$上借助于次数 n 递增的诸多项式的最优逼近的阶等于 $\frac{1}{n}$. 后来他还证明,当 $n\to\infty$ 时,渐近等式

$$E_{n}(|x|^{p})\sim\frac{\mu(p)}{n^{p}}$$

是成立的,其中 $\mu(p)$ 是参数 p 的连续函数,它在所有 p 的整值处变为零.

由于具有"角点"的连续函数可用多项式逼近,能否使 $E_{n}(f)$ 趋于零的速度加快的问题就是极为重要的了.此问题,瓦雷－布桑曾对一个特殊问题表述过,是说"能不能将折线的纵坐标用 n 次的多项式以其阶不高于 $\frac{1}{n}$ 的误差来近似表示,知道这一点是很要紧的". 对此问题的完全回答是 Bernstein 给出的. 他曾证明,有正数 A 和 B 存在,能使

$$\frac{A}{n}<E_{n}(|x|)<\frac{B}{n}$$

如已经指出的,Jackson 的研究使我们能按被逼近函数的构造性质来判定关于最优的逼近 $E_{n}(f)$ 递减的快慢,因而这样便使关于在给定区间上连续函数的逼近的 Weierstrass 定理更精密了. 在 Bernstein 的研究中,函数的构造性质是未知的,是按最优的逼近 $E_{n}(f)$

递减的性质来对构造性质得出结论. 本书的范围不允许我们更详尽地叙述这些卓越的研究,但是我们仍然要将Bernstein许多定理中的一个与其对应的Jackson逆定理做一下比较,由此也稍许详细地说明了这类研究在函数的最优逼近理论中的价值.

例如,此处便是有关的结果. 按 Jackson 定理,如果 $f(x)$ 是周期为 2π 的连续函数且它有 $r\geqslant 0$ 阶导数,此导数满足幂次为 $\alpha(0<\alpha<1)$ 且带常数 $M>0$ 的 Lipschitz 条件(x'' 和 x' 为区间$[0,2\pi]$的任意点)

$$|f^{(r)}(x'')-f^{(r)}(x')|\leqslant M|x''-x'|^{\alpha}\qquad(3)$$

则有常数 $k_1>0$ 存在,能使对 $f(x)$ 的最优的三角逼近,不等式

$$E_n(f)\leqslant\frac{k_1}{n^{r+\alpha}}\qquad(4)$$

成立. 对这个函数 $f(x)$,Bernstein 定理断定,如果对于被 n 次三角多项式逼近的周期函数 $f(x)$,不等式(4)满足(在不等式的右端应以另一常数 k 代替 k_1),则函数 $f(x)$ 有满足 Lipschitz 条件(3)的连续 r 阶导数.

这两个定理可结合成为一个定理.

定理 1 欲使属于周期为 2π 的周期类函数 $f(x)$ 有满足 Lipschitz 条件(3)的 $r\geqslant 0$ 阶导数,必要(Jackson)且充分(Bernstein)的条件为不等式(4)成立.

当 $\alpha=1$ 时,条件(4)是必要的,但它不是充分的.

编辑手记

本书的主角 Bernstein 1899 年先是毕业于巴黎大学,1901 年又毕业于巴黎多科工艺学院,1904 年获数学博士学位,是一位名符其实的数学精英.

有人说:"研究并不只是学院知识分子的专长.实际上,由于远离现实生活,尤其由于丧失真切的关怀,学院研究越来越接近于词语的癌变,只在叽叽喳喳的研讨会上才适合生存."(陈嘉映"执着于真切的关怀"《读书》2009.12,P.28)

Bernstein 的研究领域在数学中是偏应用的,他主要研究多项式逼近理论.这一理论的起源是在蒸汽机车刚问世时,要解决将热产生的动力以四边形传杆传递到火车轮时如何能实现均匀平稳.另外,Bernstein 还研究了偏微分方程和概率论.而这两个领域中的问题来源大都是物理世界中提出来的.特别是今天金融学中常用的随机微分方程,Bernstein 那时就将其拿来用于对概率论方法进行研究.他的研究使我们感觉到数学无处不在.这正如一段电影台词,48 岁的布拉德·皮特在全球同步首映的香奈儿影片《总有你在》中,念了一段意境悠远的广告词——“不管我去哪,你都在.我的运,我的命.”

本书还有一部分内容是与 Bézier 曲面有关,而 Bézier 曲面最耀眼的应用就是在汽车外形设计中的应用,所以为了增强感性认识,我们特别加了一个很长的附录,其作者就是使用此方法的总监,在此对其表示感谢并惊叹于应用之巧妙.巴贝奇对此有一个理论,剑桥大学“卢卡斯讲座”数学教授,牛顿的继任查尔斯·巴贝奇的最大贡献不在于提出了什么理论,而在于将数学方法引入管理领域,试图用数学方法来解决管理问题,他还创造性地将人的脑力劳动进行了分工,他以桥梁和公路学校的校长 G. F. 普罗尼为例来说明.普罗尼在准备绘制一套详尽的数学表时,成功地把他的工作人员分成熟练、半熟练和不熟练三类,进而把比较复杂的任务交给能力强的数学家去完成,把比较简单的但又是必须做的杂务,交给只会加减法的人去做,这样保存了能力较强的数学家进行复杂工作的实力.

本书最初是由一个竞赛试题的解法产生的.当一项大赛出来之后会有许多教练员去研究新的解法.缺乏高深素养的人往往会给出表面上十分花哨但没什么本质性新意的方法.而像常庚哲这样的大家给出的解法才能使我们嗅到一丝近代数学的气息,并从中领悟到试题背后的东西,也就是试题的背景.这样一来二去材料越积越多便成了现在这个样子.

1942 年出生于中国,1962 年入读牛津大学历史系,后转而研究哲学的牛津大学高级研究员德里克·帕菲特被许多人视为英语世界最具原创性的道德哲学家.他写了一本名为《论何者重要》的书.帕菲特希望他的书尽可能地接近完美,他希望回答所有可能的反驳.为此,他把书稿送给所有他认识的哲学家,征求批评,有 250 多人提交了他们的评论.他花了好几年的时间修正每一个错误.随着他订正错误,澄清论证,书变得越来越厚.他本来是想写一本小书,结果变成了一部厚达 1 400 页的书.本书作者显然不想这样做.

在奥斯汀的《傲慢与偏见》中有一句令人记忆犹新又追悔莫及的名言:"将爱埋藏得太深有时是一件坏事."所以,我们要及时将我们喜爱的题目及背景拿出来与大家分享.这是出版的乐趣.江西教育出版社前社长傅伟中说:"只要我们锲而不舍,循而不拘,学而不厌,诚而不伪,出版犹如'我们青春岁月里的初恋',永远不会成为出版人生涯中的一件坏事."

苏轼有"常行于所当行,常止于所不可不止"的语句. 数学工作室致力于重版数学经典,传播数学文化是我们在"行于所当行".

刘培杰
2022 年 12 月 26 日
于哈工大